Ina Goy
**Kants Theorie der Biologie**

# Kantstudien-Ergänzungshefte

―

Im Auftrag der Kant-Gesellschaft
herausgegeben von
Manfred Baum, Bernd Dörflinger
und Heiner F. Klemme

**Band 190**

ISBN 978-3-11-062695-7
e-ISBN (PDF) 978-3-11-047323-0
e-ISBN (EPUB) 978-3-11-047226-4
ISSN 0340-6059

**Library of Congress Cataloging-in-Publication Data**
A CIP catalog record for this book has been applied for at the Library of Congress.

**Bibliografische Information der Deutschen Nationalbibliothek**
Die Deutsche Nationalbibliothek verzeichnet diese Publikation in der Deutschen Nationalbibliografie; detaillierte bibliografische Daten sind im Internet über http://dnb.dnb.de abrufbar.

© 2018 Walter de Gruyter GmbH, Berlin/Boston
Dieser Band ist text- und seitenidentisch mit der 2017 erschienenen gebundenen Ausgabe.
Druck und Bindung: Hubert & Co. GmbH & Co. KG, Göttingen

♾ Gedruckt auf säurefreiem Papier
Printed in Germany

www.degruyter.com

Ina Goy

# Kants Theorie der Biologie

Ein Kommentar. Eine Lesart.
Eine historische Einordnung

DE GRUYTER

# Vorwort

*„Was kann ich wissen? Was soll ich thun? Was darf ich hoffen?"* (*KrV* A 805/B 833) – Kants drei große Fragen. Für gewöhnlich sagt man, dass Kant die erste Frage in der ersten *Kritik* mit der theoretischen Philosophie, einer Theorie der Natur nach Verstandesgesetzen, und die zweite Frage in der zweiten *Kritik* mit der praktischen Philosophie, einer Theorie der Freiheit nach dem Vernunftgesetz, beantwortet. In diesem Buch möchte ich die These vertreten, dass die dritte Frage nicht allein jene ist, die Kant in der *Religion*, sondern jene, die Kant schon in der dritten *Kritik* beantwortet. Kant beschreibt die dritte Frage als eine solche, die „praktisch und theoretisch zugleich" (*KrV* A 805/B 833) ist, weil sie danach fragt, ob der Mensch hoffen darf, dass er das, was ihm seine praktische Vernunft nach dem Vernunftgesetz als moralisches Wesen zu tun aufgibt, in einer Natur, in welcher der handelnde Mensch als Naturwesen unter die Naturgesetze fällt, verwirklichen kann.

Aber warum beantwortet Kant dann die Frage danach, was der Mensch hoffen darf, in der dritten *Kritik*, besonders in einer Theorie organisierter Wesen? Weil, was der Mensch hoffen darf, ist, dass Pflanzen, Tiere und Menschen als Naturwesen einen Übergang von dem, was der Mensch nach Naturgesetzen des Verstandes wissen kann, zu dem, was er nach dem Vernunftgebot tun soll, möglich machen, indem sie ihm das Zweckförmige im Schönen und in der organisierten Natur aufzeigen. Denn Pflanzen, Tiere und Menschen als Naturwesen fallen unter die Naturgesetze des Verstandes zum einen; sie sind Gegenstände des Verstandes überhaupt. Sie sind aber auch, als zweckförmige Gegenstände der Natur, vernunftförmig geordnet und erfüllen damit jene Forderung nach Vernunftförmigkeit der Natur, welche die reine praktische Vernunft an den Menschen stellt, wenn sie ihm aufträgt, das Gesetz der Freiheit in einer Natur, die ihren eigenen Naturgesetzen gehorcht, zu verwirklichen. Dass es Pflanzen, Tiere und Menschen als Naturwesen gibt, die das zweckförmig Schöne und das zweckförmig Organisierte als Naturwesen verkörpern, lässt den Menschen hoffen, dass auch das Zweckförmige, was er selbst in der Natur hervorbringt, den Forderungen der reinen praktischen Vernunft genügen kann, und dass die Welt, in der sich der Mensch als freies Vernunftwesen denkt, und die Natur, in der er lebt und nach Naturgesetzen als Naturwesen agiert, nicht auseinanderfallen.

# Inhalt

**Zitierweise und Siglen** —— XI

**Einleitung** —— XV

## Teil 1 Kants Theorie der Biologie. Ein Kommentar

1.1 Zur Genese der Theorie organisierter Wesen in Kants Schriften —— 3
1.1.1 Die *Theorie des Himmels* —— 5
1.1.2 Der *Beweisgrund* Essay —— 6
1.1.3 Die Schriften über Menschenrassen —— 9
1.1.4 Die Rezensionen von Herders „Ideen" —— 13
1.1.5 Die *Metaphysischen Anfangsgründe* der Naturwissenschaft —— 14
1.1.6 Die Teleologie in der ersten und zweiten *Kritik* —— 15
1.1.7 Noch einmal zu den *Teleologischen Prinzipien* —— 19
1.1.8 Die *Kritik der Urtheilskraft* —— 22

1.2 Ein Kommentar zur zweiten „Einleitung" und zur „Kritik der teleologischen Urtheilskraft" —— 23
1.2.1 Ein Kommentar zur zweiten „Einleitung" —— 23
1.2.2 Ein Kommentar zur „Analytik" (§§ 61–8) der „Kritik der teleologischen Urtheilskraft" —— 59
1.2.3 Ein Kommentar zur „Dialektik" (§§ 69–78) der „Kritik der teleologischen Urtheilskraft" —— 89
1.2.4 Ein Kommentar zur „Methodenlehre" (§§ 79–91) der „Kritik der teleologischen Urtheilskraft" —— 138

## Teil 2 Kants Theorie der Biologie. Eine Lesart

2.1 Organisierte Wesen und mechanische Kräfte und Gesetze —— 192
2.1.1 Was sind und was erklären mechanische Kräfte und Gesetze? —— 194
2.1.2 Mechanische Kräfte und Gesetze und empirische oder apriorische Verstandesbegriffe —— 205
2.1.3 Mechanische Kräfte und Gesetze als geschaffene Zweitursachen der Natur —— 207

2.1.4 Exkurs: Mechanische Kräfte und Gesetze. Schwimmen und Vogelflug —— 208

2.2 Organisierte Wesen und physisch teleologische Kräfte und Gesetze —— 214
2.2.1 Was sind und was erklären physisch teleologische Kräfte und Gesetze? —— 216
2.2.2 Physisch teleologische Kräfte und Gesetze und empirisch apriorische Vernunftbegriffe —— 223
2.2.3 Physisch teleologische Kräfte und Gesetze als geschaffene Zweitursachen der Natur —— 226
2.2.4 Exkurs: Zur Mehrdeutigkeit des Zweckbegriffs im Begriff eines Naturzwecks —— 231

2.3 Organisierte Wesen und moralteleologische Kräfte und Gesetze —— 234
2.3.1 Was sind und was erklären moralteleologische Kräfte und Gesetze —— 235
2.3.2 Moralteleologische Kräfte und Gesetze und apriorische Vernunftbegriffe —— 245
2.3.3 Moralteleologische Kräfte und Gesetze als geschaffene Zweitursachen der Vernunft —— 247

2.4 Ein Blick zurück, ein Blick voraus —— 250

2.5 Die Einheit der mechanischen und physisch teleologischen Kräfte und Gesetze in Gottes theoretischem Verstand —— 251
2.5.1 Die Vereinbarkeit der mechanischen und physisch teleologischen Kräfte und Gesetze im menschlichen Bewusstsein —— 252
2.5.2 Die Einheit der mechanischen und physisch teleologischen Kräfte und Gesetze im theoretischen Bewusstsein Gottes —— 255
2.5.3 Der physikotheologische Beweis für das theoretische Bewusstsein Gottes —— 257

2.6 Die Einheit der physisch teleologischen und moralteleologischen Kräfte und Gesetze in Gottes theoretisch praktischem Verstand —— 269
2.6.1 Die Vereinbarkeit der physisch teleologischen und moralteleologischen Kräfte und Gesetze im menschlichen Bewusstsein —— 270
2.6.2 Die Einheit der physisch teleologischen und moralteleologischen Kräfte und Gesetze im theoretisch praktischen Bewusstsein Gottes —— 273

2.6.3 Der ethikotheologische Beweis für das theoretisch praktische Bewusstsein Gottes —— 276

2.7 Die Einheit Gottes —— 278
2.7.1 Zwei Beweise, ein Gott —— 280
2.7.2 Schluss —— 284

## Teil 3 Kants Theorie der Biologie. Eine historische Einordnung

3.1 Die Präformationslehre —— 288
3.1.1 Die ovistische Präformationslehre —— 289
3.1.2 Die animalkulistische Präformationslehre —— 301

3.2 Einwände gegen die Präformationslehre —— 308
3.2.1 Die Entstehung der Keime und das Problem des infiniten Regresses —— 309
3.2.2 Trembleys Polypenversuche und das Problem der Selbstregeneration —— 312
3.2.3 Bastarde und das Problem der zweigeschlechtlichen Vererbung —— 314

3.3 Die Epigenesislehre —— 315
3.3.1 Mechanische Formen der Epigenesislehre —— 321
3.3.2 Vitalistische Formen der Epigenesislehre —— 333

3.4 Kants Verhältnis zu präformistischen und epigenetischen Lehren —— 345
3.4.1 Kants Aussagen zu präformistischen und epigenetischen Lehren —— 348
3.4.2 Kants Aussagen zu Vertretern präformistischer und epigenetischer Lehren —— 357
3.4.3 Elemente präformistischer Lehren in Kants Ansatz —— 369
3.4.4 Elemente epigenetischer Lehren in Kants Ansatz —— 378

**Bibliografie** —— 386

**Personenregister** —— 405

**Sachregister** —— 409

# Zitierweise und Siglen

## 1. Zitierweise

Kant wird nach der Ausgabe der Preußischen Akademie der Wissenschaften (*Akademie-Ausgabe*) zitiert, z. B. *TP* 8:160.12 = *Über den Gebrauch teleologischer Principien in der Philosophie*, Band 8, Seite 160, Zeile 12. Für Zitate aus der *Kritik der reinen Vernunft* werden die Seitenzahlen der ersten (= A) und/oder der zweiten Auflage (= B) angegeben, z. B. *KrV* A 413 = Seite 413 nach der Originalpaginierung der ersten Auflage, *KrV* B 80 = Seite 80 nach der Originalpaginierung der zweiten Auflage der *Kritik der reinen Vernunft*. Kant-Stellen, die im Original sehr eng beieinander liegen, fasse ich in einer Stellenangabe zusammen, die hinter dem letzten, unter dieselbe Stellenangabe fallenden Zitat steht. – Auf die sonstige Literatur wird mit dem Verfassernamen, dem Erscheinungsjahr und der Seitenangabe Bezug genommen.

## 2. Siglen

| | |
|---|---|
| *Ank. Phys. Geogr.* | Entwurf und Ankündigung eines Collegii der physischen Geographie nebst einem Anhange einer kurzen Betrachtung über die Frage: Ob die Westwinde in unsern Gegenden darum feucht seien, weil sie über ein großes Meer streichen 1757 (2:1–12) |
| *ANTH, Theorie des Himmels* | Allgemeine Naturgeschichte und Theorie des Himmels, oder Versuch von der Verfassung und dem mechanischen Ursprunge des ganzen Weltgebäudes, nach Newtonischen Grundsätzen abgehandelt 1755 (1:215–368) |
| *Anthropologie* | Anthropologie in pragmatischer Hinsicht 1798 (7:117–334) |
| *Beobachtungen* | Beobachtungen über das Gefühl des Schönen und Erhabenen 1764 (2:205–56) |
| *Beweisgrund* | Der einzig mögliche Beweisgrund zur Demonstration des Daseins Gottes 1763 (2:63–164) |
| *Briefe* | Kants Briefwechsel 1747–1803 (10–3) |
| *Deutlichkeit* | Untersuchung über die Deutlichkeit der Grundsätze der natürlichen Theologie und Moral 1764 (2:273–302) |
| *EE* | Erste Einleitung in die „Kritik der Urtheilskraft" 1790 (20:193–251) |

| | |
|---|---|
| *Ende* | Das Ende aller Dinge 1794 (8:325–40) |
| *Entdeckung* | Über eine Entdeckung, nach der alle Kritik der reinen Vernunft durch eine ältere entbehrlich gemacht werden soll 1790 (8:185–251) |
| *Erdbeben* | Geschichte und Naturbeschreibung der merkwürdigsten Vorfälle des Erdbebens, welches an dem Ende des 1755ten Jahres einen großen Theil der Erde erschüttert hat 1756 (1:417–28) |
| *Erde* | Die Frage, ob die Erde veralte, physikalisch erwogen 1754 (1:193–214) |
| *Funk* | Gedanken bei dem frühzeitigen Ableben des Herrn Johann Friedrich von Funk 1760 (2:37–44) |
| GMS, *Grundlegung* | Grundlegung zur Metaphysik der Sitten 1785 (4:385–464) |
| *Idee* | Idee zu einer allgemeinen Geschichte in weltbürgerlicher Absicht 1784 (8:15–32) |
| KpV, zweite *Kritik* | Kritik der praktischen Vernunft 1788 (5:1–163) |
| KrV, erste *Kritik* | Kritik der reinen Vernunft A-Auflage 1781 (4:1–252), B-Auflage 1787 (3:1–552) |
| KU, dritte *Kritik* | Kritik der Urtheilskraft 1790 (5:165–485) |
| *Logik* | Immanuel Kant's Logik. Ein Handbuch zu Vorlesungen, herausgegeben von Gottlieb Benjamin Jäsche 1800 (9:1–150) |
| MAN | Metaphysische Anfangsgründe der Naturwissenschaft 1786 (4:465–565) |
| *Monadologia physica* | Metaphysicae cum geometria iunctae usus in philosophia naturali, cuius specimen I. continet monadologiam physicam 1756 (1:473–87) |
| MR, *Menschenrasse* | Bestimmung des Begriffs einer Menschenrace 1785 (8:89–106) |
| MS | Die Metaphysik der Sitten 1797 (6:203–494) |
| OP | Opus postumum 1796–1801 (21–2) |
| *Pädagogik, Päd.* | Pädagogik, herausgegeben von Friedrich Theodor Rink 1803 (9:437–500) |
| *Phys. Geogr.* | Physische Geographie, herausgegeben von Friedrich Theodor Rink 1802 (9:151–436) |
| *Prol., Prolegomena* | Prolegomena zu einer jeden künftigen Metaphysik, die als Wissenschaft wird auftreten können 1783 (4:253–384) |

## 2. Siglen — XIII

| | |
|---|---|
| *R, Rassen* | Von den verschiedenen Rassen der Menschen 1775 (2:427–44) |
| *Refl.* | Kants handschriftliche Notizen aus dem Zeitraum 1765–1800 (14–20 und 23) |
| *Rel., Religion* | Die Religion innerhalb der Grenzen der bloßen Vernunft 1793 (6:1–202) |
| *Rezension Herder* | Recensionen von I. G. Herders Ideen zur Philosophie der Geschichte der Menschheit 1785 (8:43–66) |
| *Rezension Schulz* | Recension von Schulz's Versuch einer Anleitung zur Sittenlehre für alle Menschen, ohne Unterschied der Religion, nebst einem Anhange von den Todesstrafen 1783 (8:9–14) |
| *Schätzung* | Gedanken von der wahren Schätzung der lebendigen Kräfte und Beurtheilung der Beweise, deren sich Herr von Leibniz und andere Mechaniker in dieser Streitsache bedient haben, nebst einigen vorhergehenden Betrachtungen, welche die Kraft der Körper überhaupt betreffen 1747 (1:1–182) |
| *Streit* | Der Streit der Fakultäten 1798 (7:1–116) |
| *TP, Teleologische Prinzipien* | Über den Gebrauch teleologischer Principien in der Philosophie 1788 (8:157–84) |
| *Träume* | Träume eines Geistersehers, erläutert durch die Träume der Metaphysik 1766 (2:315–84) |
| *Vorl. Danz. Rationaltheol.* | Danziger Rationaltheologie nach Baumbach, gehalten ca. 1783/4, nachgeschrieben von Christoph Coelestin Mrongovius (28/2.2:1226–319) |
| *Vorl. Met. Dohna* | Vorlesungen zur Metaphysik, nachgeschrieben von Heinrich Graf zu Dohna-Wundlacken um 1792/3 (28/2.1:611–704) |
| *Vorl. Met. Herder* | Vorlesung zur Metaphysik, nachgeschrieben von Johann Gottfried Herder ca. 1762–64 (28:1–166) |
| *Vorl. Met. Herder Nachtr.* | Vorlesung zur Metaphysik, Nachträge zu Johann Gottfried Herders Nachschrift (28/2.1:839–962) |
| *Vorl. Met. $K_2$* | Vorlesungen zur Metaphysik $K_2$ (28/2.1:705–816), anonym nachgeschrieben in den frühen 1790er Jahren |
| *Vorl. Met. $L_1$* | Vorlesungen zur Metaphysik $L_1$ (28/1:167–350), anonym nachgeschrieben Mitte bis Ende der 1770er Jahre |

| | |
|---|---|
| *Vorl. Met. Schön* | Vorlesung zur Metaphysik, verfasst in den 1780er Jahren, nachgeschrieben von Heinrich Theodor von Schön ca. 1789–91 (28/1:461–524) |
| *Vorl. Met. Volckmann* | Vorlesung zur Metaphysik, nachgeschrieben von Johann Wilhelm Volckmann ca. 1784/5 (28:351–460) |
| *Vorl. Nat. Theol. Volckmann* | Natürliche Theologie Volckmann nach Baumbach, verfasst ca. 1783/4, benannt nach Johann Heinrich Volckmann (28/2.2:1126–225) |
| *Vorl. Rationaltheol. Pölitz* | Philosophische Religionslehre nach Pölitz, verfasst ca. 1783/4, anonym nachgeschrieben, ab der zweiten Auflage herausgegeben von Karl Heinrich Ludwig Pölitz und Friedrich Theodor Rink (28/2.2:989–1126) |
| *Vulkane* | Über die Vulkane im Monde 1785 (8:67–76) |
| *ZE* | Zweite Einleitung in die „Kritik der Urtheilskraft" 1790 (5:171–99) |
| *ZeF* | Zum ewigen Frieden 1795 (8:341–86) |

# Einleitung

Die Arbeit „Kants Theorie der Biologie. Ein Kommentar. Eine Lesart. Eine historische Einordnung" besteht aus drei Teilen. Der erste Teil enthält einen werkgeschichtlichen Überblick über jene Schriften bis zum Jahre 1790, in denen Kant eine Theorie organisierter Wesen oder Teile einer solchen Theorie entwickelt hat. Er umfasst Kants *ANTH*, den *Beweisgrund* Essay, die Schriften über Menschenrassen, Kants Rezension von Herders „Ideen", die *MAN*, Passagen zur Teleologie in der ersten und zweiten *Kritik*, die *TP* und die *KU*. Durch diesen Überblick lassen sich die beiden Fragestellungen exponieren, auf die Kants Theorie organisierter Wesen eine Antwort gibt. Zum einen stellt Kant schon früh fest, dass ihm ein Charakteristikum fehlt, das über die mechanischen Eigenschaften hinaus die spezifische Besonderheit organisierter Wesen beschreibt. Kant findet dieses spezifische Charakteristikum in der inneren Organisation, der zweckmäßigen Form organisierter Wesen. Die ihr zugrunde liegenden Kräfte und Gesetze sind bildende Kräfte und physisch teleologische Gesetze. Parallel entsteht durch Kants beginnende kritische Fundierung der Philosophie und deren Ausarbeitungen in der theoretischen und praktischen Philosophie das Teleologieproblem der kritischen Philosophie, in dem Kant nach einer Lösung dafür sucht, wie moralische Kräfte und Gesetze (zweite *Kritik*), die dem Menschen aufgeben, moralische Zwecke in der Natur und Erfahrungswelt zu verwirklichen, in einer Natur (erste *Kritik*) verwirklicht werden können, die mechanischen Kräften und Gesetzen gehorcht. Die Lösung dieses Problems wird durch das Auffinden zweckmäßig geordneter Gegenstände möglich, die als zweckmäßige Gegenstände Teil einer rein vernünftigen Ordnung, und die als Gegenstände der Erfahrungswelt dennoch Teil der natürlichen Ordnung sind; zu diesen Gegenständen gehören die organisierten Wesen der Natur.

Der erste Teil des Buches enthält außerdem einen Kommentar zu Kants Theorie organisierter Wesen in der zweiten „Einleitung", der „Analytik", der „Dialektik" sowie der „Methodenlehre" der „Kritik der teleologischen Urtheilskraft" der *KU*. In diesem Kommentar wird der Kantische Text paraphrasiert und dabei argumentativ rekonstruiert. Es wird analysiert, welche Fragen Kant in einem Abschnitt oder Paragrafen stellt, ob und wo im Text Kant diese Fragen mit Thesen und Argumenten für seine Thesen beantwortet, wo er Beispiele gibt und Exkurse einfügt. Es wird auch untersucht, ob und warum die von Kant behandelten Fragen, Thesen und Argumente verschiedene Lesarten generieren. Die Analyse bleibt eng am Kantischen Text und der originalen Abfolge der Lehrstücke. An wichtigen Stellen wird auf Forschungsbeiträge, vor allem aus der neueren Aufsatzliteratur, verwiesen, die in einzelne Kontroversen einführen.

Im zweiten Teil dieser Arbeit schlage ich eine systematische Lesart vor, die herausstellt, nicht wie Kants Text, sondern wie Kants Theorie organisierter Wesen aufgebaut ist. Dieser Teil enthält Auseinandersetzungen mit alternativen Interpretationen aus der systematischen Kantforschung, und zwar vor allem jenen wenigen Positionen, die in den letzten 30 Jahren über einzelne Abhandlungen zu Detailproblemen hinaus Lesarten der Kantischen Theorie organisierter Wesen oder Ansätze zu solchen Lesarten entwickelt haben.[1] Meine Lesart lässt sich in sechs Thesen zusammenfassen: Aus der Perspektive der menschlichen Urteilskraft sind organisierte Wesen, erstens, mechanische Maschinen, denn sie unterliegen mechanischen Bewegungen und Veränderungen, die unter mechanische Kräfte und Gesetze fallen. Aus der Perspektive der menschlichen Urteilskraft sind organisierte Wesen, zweitens, physisch teleologische Wesen, denn ihre mechanischen Bewegungen und Veränderungen richten sich auf die Erfüllung natürlicher Zwecke. Mechanische Kräfte und Gesetze der Bewegung und Veränderung können physisch teleologischen Kräften und Gesetzen untergeordnet werden. Verschiedene mechanische Kräfte und Gesetze finden eine ihnen übergeordnete Einheit in natürlichen Zwecken. Aus der Perspektive der menschlichen Urteilskraft sind organisierte Wesen, drittens, nicht nur natürliche Zwecke und als solche relative (End-)Zwecke in sich selbst, sondern sie dienen in externen Beziehungen als Mittel zur Realisierung eines moralischen Reichs der Zwecke als absolutem (End-)Zweck. Physisch teleologische Kräfte und Gesetze können moralteleologischen Kräften und Gesetzen untergeordnet werden. Verschiedene natürliche Zwecke finden eine ihnen übergeordnete Einheit in moralischen Zwecken. Damit ergeben sich drei Perspektiven der menschlichen Beurteilung von organisierten Wesen: die mechanische, die physisch teleologische und die moralteleologische Perspektive.

Die Anwendung von drei verschiedenen Arten von Kräften und Gesetzen auf dieselben Wesen gibt Fragen nach der Einheit dieser Kräfte und Gesetze, nach der Zusammenstimmung ihrer Ordnungen auf, und öffnet Kants Betrachtungen für eine neue Dimension. Diese ist, dass organisierte Wesen den Menschen an Gott und an Gottes Schöpfung glauben lassen, da nur ein nicht-menschliches Bewusstsein im strengen Sinne Einheit ihrer Ordnungen repräsentieren und hervorbringen kann. Aus der Perspektive der menschlichen Urteilskraft sind, viertens, organisierte Wesen durch mechanische und physisch teleologische Kräfte und Gesetze der Natur charakterisiert. Beide Arten von Kräften und Gesetzen der

---

[1] Zu denken ist vor allem an Angela Breitenbach, Manfred Frank und Véronique Zanetti, Hannah Ginsborg, Paul Guyer, Eckart Förster, John McFarland, Peter McLaughlin, Marcel Quarfood, Rachel Zuckert und Clark Zumbach.

Natur stehen nicht im Konflikt miteinander, weil der Mensch glaubt, dass sie ursprünglich in Gottes Bewusstsein eins sind und Gott als Grundlage seiner Schöpfung dienen. Organisierte Wesen lassen den Menschen aus theoretischen Gründen an einen intelligenten, intentionalen Gott glauben, der die Einheit der mechanischen und physisch teleologischen Kräfte und Gesetze der Natur hervorgebracht hat. Fünftens, aus der Perspektive der menschlichen Urteilskraft sind organisierte Wesen durch physisch teleologische und moralteleologische Kräfte und Gesetze charakterisiert. Beide Arten von Kräften und Gesetzen der Natur und der Moral stehen nicht im Konflikt miteinander, weil der Mensch glaubt, dass sie ursprünglich im Bewusstsein Gottes eins sind und Gott als Grundlage seiner Schöpfung dienen. Organisierte Wesen lassen den Menschen aus theoretischen und praktischen Gründen an einen theoretisch intelligenten und praktisch weisen Gott glauben, der die Einheit der physisch teleologischen und moralteleologischen Ordnungen hervorgebracht hat. Sechstens, die zweckvolle Existenz von organisierten Wesen, eingebettet in eine zweckvolle Schöpfung, lässt den Menschen an einen, und nur einen Gott glauben; jener Gott, der die ursprüngliche Einheit der Kräfte und Gesetze der Natur erschafft, ist derselbe Gott, der die Einheit der Kräfte und Gesetze der Natur und Moral erschafft.

Die ersten drei dieser Thesen charakterisieren organisierte Wesen vom Standpunkt des Menschen und menschenmöglichen gesetzlichen Ordnungen aus. Die anderen drei Thesen charakterisieren organisierte Wesen von einer menschenmöglichen, regulativen Vorstellung eines göttlichen Standpunktes und von der Einheit der göttlichen Ordnung aus. Die ersten drei Ordnungen beschreiben sekundäre, geschaffene Ordnungen von Kräften und Gesetzen der Natur und der Moral. Diese hängen von der primären Ordnung, ihrer Einheit im schöpfenden Bewusstsein Gottes ab. Diese selbst wiederum ist eine regulative Idee der reflektierenden Urteilskraft. – Die Annahme der zweckmäßigen Einheit der Dinge gehört für Kant, wie für andere große abendländische Denker, etwa Aristoteles, Leibniz und Hegel, zum Fundament der Philosophie und wird selbst, als ein systembildendes Prinzip, nicht hinterfragt. Der teleologische Holismus kann, als Prinzip der Kantischen Philosophie, nicht aus anderen Dingen erklärt werden, sondern und weil er der Erklärung aller anderen Dinge selbst zugrunde liegt.

Der dritte Teil dieser Arbeit untersucht systematische Beziehungen zwischen Kants Theorie organisierter Wesen und historischen Strömungen der Naturforschung des 17. und 18. Jahrhunderts und setzt sich mit Positionen aus der historischen Kantforschung auseinander.[2] Dafür werden zunächst anhand signifi-

---

[2] Wichtige Autoren in der historischen Forschung sind Timothy Lenoir, Robert Richards, Phillip Sloan und Joan Steigerwald; vor allem aber Philippe Huneman und John Zammito.

kanter Charakteristika historische ovistische und animalkulistische präformistische sowie mechanische und vitalistische epigenetische Theorien systematisiert. Es wird gezeigt, welche Argumente zur Ablösung der Präformations- durch die Epigenesislehre geführt haben. Anschließend wird untersucht, ob und inwiefern man Kants Theorie organisierter Wesen im Lichte ovistischer und animalkulistischer präformistischer sowie mechanischer und vitalistischer epigenetischer Lehren lesen kann, obgleich Kant selbst seine Lehre weder als das eine noch als das andere charakterisiert hat. Es werden zunächst alle Stellen aufgesucht, in denen sich Kant zu den Begriffen der animalkulistischen und ovistischen Form der Präformationslehre sowie der mechanischen und vitalistischen Form der Epigenesislehre äußert oder Stellung zu Vertretern beider Lehren bezieht. Dann wird untersucht, ob sich Kant zentrale präformistische Theorieelemente angeeignet hat, wie die Annahme der Schöpfung, die Existenz präformierter Keime und eine eingeschlechtliche Vererbungslehre, oder ob sich in seinem Ansatz epigenetische Theorieelemente nachweisen lassen, wie die Autonomie der Natur und deren kreative Kräfte und Gesetze und eine zweigeschlechtliche Vererbungslehre.

Als Ergebnis der Analysen zeigt sich, dass Kant in den Rassenschriften eine stärkere Form der Präformationslehre vertritt, da Kant in diesen Abhandlungen die Annahme der Schöpfung voraussetzt. In der *KU* schwächt sich der Präformismus ab, da die erkenntniskritische Wende der Kantischen Philosophie keinen dogmatischen, sondern nur einen hypothetischen Gottesbegriff erlaubt. In den Rassenschriften entwickelt Kant eine Theorie präformierter Keime und Anlagen, ohne sich einer ovistischen oder animalkulistischen Interpretation der Keime und Anlagen und den damit verbundenen eingeschlechtlichen Vererbungslehren anzuschließen. In der *KU* spricht Kant nicht mehr von präformierten Keimen, erwähnt aber noch immer den Begriff von Anlagen. In der *KU* verschiebt sich der Fokus weg von einer Theorie präformierter Anlagen am Anfang der Schöpfung hin zu deren *telos*, der zweckmäßigen Einheit der Dinge in Gottes Bewusstsein.

Zum anderen verbindet Kant eine mehr oder weniger abgeschwächte Form der Präformationslehre mit einem epigenetischen Modell mechanischer und physisch teleologischer Kräfte und Gesetze der Natur. Diese sind der Natur als Zweitursachen anerschaffen, insofern vertritt Kant keine starke Version der Epigenesislehre, in der die Natur gänzlich eigenständig sein müsste. Die Kräfte und Gesetze der Natur sind aber dennoch, als geschaffene, selbständig wirksam. Der epigenetisch schöpferische Aspekt dieser Kräfte und Gesetze der Natur liegt für Kant eher in vitalistischen zeugenden oder bildenden Kräften und in physisch teleologischen Gesetzen der Natur, die, im Zusammenspiel mit den zweckmäßigen Intentionen Gottes, die zweckmäßige Form der organisierten Wesen hervorbringen und eine Adaptation des organisierten Wesens an die Umwelt ermöglichen. Kant steht der vitalistischen Richtung der Epigenesislehre näher als der mechanistischen. Mit den Vertretern einer Epigenesislehre teilt Kant auch die zweigeschlechtliche Vererbung der elterlichen Merkmale in den Nachkommen. –

Die Arbeiten zu „Kants Theorie der Biologie. Ein Kommentar. Eine Lesart. Eine historische Einordnung" haben im Jahre 2006 begonnen. Das Buchprojekt wurde in den Jahren 2008–2013 von der Deutschen Forschungsgemeinschaft gefördert. Im Jahre 2010 habe ich eine internationale Tagung veranstaltet, aus der der Sammelband „Kant's Theory of Biology" (2014) mit Beiträgen der wichtigsten gegenwärtigen Forscher zu Kants Theorie organisierter Wesen hervorgegangen ist. Ich bedanke mich bei allen Freunden, Kollegen und Förderern, die meine Arbeit über viele Jahre hinweg begleitet und unterstützt haben.

Ina Goy                                    Tübingen, im März 2016

Teil 1
**Kants Theorie der Biologie. Ein Kommentar**

Der erste Teil dieses Buches enthält eine werkgeschichtliche Zusammenfassung jener Schriften Kants bis zum Jahre 1790, in denen Kant eine Theorie organisierter Wesen oder Teile einer solchen Theorie entwickelt (1.1). Die Darstellung umfasst die *ANTH* (1.1.1), den *Beweisgrund* Essay (1.1.2), Kants drei Schriften über Menschenrassen (1.1.3), die Rezension von Herders „Ideen" (1.1.4), die *MAN* (1.1.5), Passagen zur Teleologie aus der ersten und zweiten *Kritik* (1.1.6), die *TP* (1.1.7) und die *KU* (1.1.8). Im Zuge dieser Zusammenfassung werden jene Fragen exponiert, auf die Kants Theorie organisierter Wesen eine Antwort gibt. Zum einen stellt Kant schon früh fest, dass ihm ein Charakteristikum fehlt, das über die mechanischen Eigenschaften hinaus die spezifische Besonderheit organisierter Wesen beschreibt. Kant findet dieses spezifische Charakteristikum in der inneren Organisation, der zweckmäßigen Form organisierter Wesen. Die ihr zugrunde liegenden Kräfte und Gesetze sind bildende Kräfte und physisch teleologische Gesetze. Parallel entsteht durch Kants beginnende kritische Fundierung der Philosophie und deren Ausarbeitungen in der theoretischen und praktischen Philosophie das Teleologieproblem der kritischen Philosophie, in dem Kant nach einer Lösung dafür sucht, wie moralische Kräfte und Gesetze (zweite *Kritik*), die dem Menschen aufgeben, moralische Zwecke in der Natur und Erfahrungswelt zu verwirklichen, in einer Natur (erste *Kritik*) verwirklicht werden können, die mechanischen Kräften und Gesetzen gehorcht. Die Lösung dieses Problems wird durch das Auffinden zweckmäßig geordneter Gegenstände möglich, die als zweckmäßige Gegenstände Teil einer rein vernünftigen Ordnung, und die als Gegenstände der Erfahrungswelt dennoch Teil der natürlichen Ordnung sind; zu diesen Gegenständen gehören die organisierten Wesen der Natur.

Der erste Teil dieses Buches enthält außerdem einen Kommentar zu Kants Theorie organisierter Wesen. In diesem Kommentar gebe ich eine textnahe, systematisch argumentative Rekonstruktion der zweiten „Einleitung" (1.2.1), der „Analytik" (1.2.2), der „Dialektik" (1.2.3.) und der „Methodenlehre" der „Kritik der teleologischen Urtheilskraft" (1.2.4) der *KU*.

## 1.1 Zur Genese der Theorie organisierter Wesen in Kants Schriften

Vor 1790 verzweigen sich Kants Gedanken zur zweckmäßig organisierten Natur in einzelnen kleineren Schriften oder Teilen von Schriften.[1] Zwischen ihnen finden

---

[1] Es gibt einige zusammenfassende Darstellungen der lebenswissenschaftlichen Texte Kants. Eine kurze Einführung gibt McLaughlin (1989a, 24–35). Umfangreicher nehmen McFarland

thematische Sprünge und Verschiebungen statt, die nicht nahtlos aneinander passen. Schon früh, in der *Theorie des Himmels* (1755) und im *Beweisgrund* (1763), wird greifbar, dass Kant ein Bewusstsein von einem Unterschied hat, der zwischen organisierten Wesen und anderen Gegenständen, etwa physikalischen natürlichen Objekten oder Kunstprodukten, besteht. Ab 1775 tritt die Analyse der Entstehungsprinzipien organisierter Wesen stärker in den Vordergrund. Eine der wesentlichen Aussagen in den Rassenschriften ist Kants Theorem von der Erzeugung organisierter Wesen aus Keimen und Anlagen. Die Grundgedanken der Organisation als Prinzip organisierter Wesen und der Ausrichtung organisierter Wesen auf Zwecke sowie die Annahme, dass organisierte Wesen durch teleologische Erklärungen repräsentiert werden, tauchen im engen Zusammenhang mit der organisierten Natur zum ersten Mal 1785, am Ende der zweiten Rassenschrift, auf. Parallel wendet Kant die Zwecklehre auf die Theorie der Ideen in der ersten *Kritik* (1781/7), auf die Zweckformeln des kategorischen Imperativs in der *GMS* (1785) und auf die Lehre vom höchsten Gut der zweiten *Kritik* (1788) in der theoretischen und der praktischen Philosophie an; sie hält darüber hinaus Einzug in Kants geschichtsphilosophisches und, in diesem Zusammenhang, auch in Kants anthropologisches und politisches Denken. Gleichzeitig arbeitet Kant 1786 in den *MAN* die Darlegung seiner physikalisch mechanischen Naturlehre aus, die er als einen Bereich der speziellen Metaphysik versteht. Im Jahre 1788 erlangt Kant Klarheit darüber, dass teleologische Prinzipien den Rang transzendentaler Prinzipien haben, die, wie die transzendentalen Erkenntnisprinzipien der ersten *Kritik*, einen gegenstandsindikativen, wenn auch keinen gegenstandskonstitutiven Status für eine bestimmte Gruppe von Gegenständen, nämlich organisierte Wesen, haben. Im Jahre 1790 führt Kant diese verschiedenen Denkbewegungen in der *KU* zusammen und trägt eine Theorie organisierter Wesen vor, die auf drei Arten von Kräften und Gesetzen – den mechanischen, physisch teleologischen und moralteleologischen Kräften und Gesetzen – und deren Einheit in der regulativen Idee eines göttlichen Bewusstseins beruht. In der *KU* findet Kant zum einen die gesuchte Theorie organisierter Wesen, zum anderen erkennt er, dass organisierte Wesen, neben ästhetisch zweckmäßigen Objekten, eine entscheidende Rolle für die Einheit des Systems der Philosophie und ihrer beiden Teile, der theoretischen und der praktischen Philosophie, spielen. Denn neben den zweckmäßig schönen Dingen sind es vor allem zweckmäßig organisierte Wesen – Pflanzen, Tiere und Menschen als Naturwesen – die den Menschen an die Einheit der Philosophie, und

---

(1970) und Zammito (1992) auf die Genese der kantischen Theorie organisierter Wesen vor der Abfassung der *KU* Bezug. Sehr ausführlich ist Fishers (2008) noch nicht publizierte Dissertation.

an einen möglichen Übergang von der Philosophie der Natur zur Philosophie der Freiheit glauben lassen.

Über organisierte Wesen schreibt Kant bekanntlich in einer Zeit, in der die Biologie als wissenschaftliche Disziplin noch nicht unter einem eigenen Namen etabliert ist. Die Biologie als Einzelwissenschaft im modernen Sinne erwähnen erstmals Gottfried Reinhold Treviranus in seinem Buch *Biologie oder Philosophie der lebenden Natur* (1802) und Jean-Baptiste Lamarck in der *Hydrogéologie* (1802). Das Wort ‚Biologie' ist aber schon im Titel des dritten Bandes von Michael Christoph Hanovs *Philosophiae naturalis sive physicae dogmaticae: Geologia, biologia, phytologia generalis et dendrologia* aus dem Jahre 1766 enthalten und wird von Theodor Gustav Roose im Jahre 1797 im Vorwort seiner Schrift *Grundzüge der Lehre von der Lebenskraft* verwendet. Der Sache nach gehörte die Untersuchung von Lebewesen vor und in Kants Zeit zu verschiedenen anderen akademischen Disziplinen, etwa der Naturgeschichte und Naturbeschreibung, der Physiologie, der Physik, der Medizin, der Anatomie und der Theologie. Bedeutende Ergebnisse in der Naturforschung wurden aber nicht nur von Wissenschaftlern, sondern vereinzelt auch von Laien erzielt,[2] die sich, fernab institutioneller Forschung und akademischer Disziplinen, der Erforschung der Natur aus religiösen Motiven zuwandten, etwa dem, Gottes Wunderwerke in der Schöpfung zu preisen.

**1.1.1 Die *Theorie des Himmels***

Die *Theorie des Himmels* (1755) ist eine Abhandlung über die Entstehung und das physikalische Wesen des Kosmos sowie der mechanischen Bewegungen der Himmelskörper, die zugleich einen physikotheologischen Gottesbeweis enthält. Als Kant sie schreibt, ist er dreißig Jahre alt und begeisterter Anhänger der Lehre Isaac Newtons (1643–1727). In dieser Frühschrift findet sich eine erste wichtige systematische Bemerkung über organisierte Wesen. In einer Reflexion über die mechanische Bildung des Kosmos im Großen erwähnt Kant Pflanzen und Tiere als Objekte, die nicht allein mechanischen Gesetzen der Bewegung zu folgen scheinen. Die Andersartigkeit dieser Wesen bleibt für Kant 1755 unerklärbar:

> Mich dünkt, man könne hier in gewissem Verstande ohne Vermessenheit sagen: *Gebet mir Materie, ich will eine Welt daraus bauen!* das ist, gebet mir Materie, ich will euch zeigen, wie eine Welt daraus entstehen soll. Denn wenn Materie vorhanden ist, welche mit einer wesentlichen Attractionskraft begabt ist, so ist es nicht schwer diejenigen Ursachen zu bestimmen, die zu der Einrichtung des Weltsystems, im Großen betrachtet, haben beitragen

---

[2] Man denke etwa an Antoni van Leeuwenhoek (1632–1723).

> können. [...] Kann man aber wohl von den geringsten Pflanzen oder Insect sich solcher Vortheile rühmen? Ist man im Stande zu sagen: *Gebt mir Materie, ich will euch zeigen, wie eine Raupe erzeugt werden könne?* Bleibt man hier nicht bei dem ersten Schritte aus Unwissenheit der wahren innern Beschaffenheit des Objects und der Verwickelung der in demselben vorhandenen Mannigfaltigkeit stecken? Man darf es sich also nicht befremden lassen, wenn ich mich unterstehe zu sagen: daß eher die Bildung aller Himmelskörper, die Ursache ihrer Bewegungen, kurz, der Ursprung der ganzen gegenwärtigen Verfassung des Weltbaues werde können eingesehen werden, ehe die Erzeugung eines einzigen Krauts oder einer Raupe aus mechanischen Gründen deutlich und vollständig kund werden wird (*ANTH* 1:229.37–230.26).

Dass sich organisierte Wesen durch mechanische, aber nicht allein durch mechanische Erklärungen charakterisieren lassen, ist ein Gedanke, der sich bis ans Ende der kritischen Philosophie erhält; es ist bemerkenswert, dass Kant diese Vorstellung bereits 1755 niederschreibt.

### 1.1.2 Der *Beweisgrund* Essay

Ein ähnlicher Gedanke taucht acht Jahre später, beinahe unverändert, im 1763 verfassten *Beweisgrund* Essay auf. Der Mensch sei, schreibt Kant nun,

> nicht vermögend die Naturursachen deutlich zu machen, wodurch das verächtlichste Kraut nach völlig begreiflichen mechanischen Gesetzen erzeugt werde, und man wagt sich an die Erklärung von dem Ursprunge eines Weltsystems im Großen. Allein ist jemals ein Philosoph auch im Stande gewesen, nur die Gesetze, wornach der Wachsthum oder die innere Bewegung in einer schon vorhandenen Pflanze geschieht, dermaßen deutlich und mathematisch sicher zu machen, wie diejenige gemacht sind, welchen alle Bewegungen der Weltkörper gemäß sind. Die Natur der Gegenstände ist hier ganz verändert. Das Große, das Erstaunliche ist hier unendlich begreiflicher als das Kleine und Bewundernswürdige (*Beweisgrund* 2:138.21–31).

Diese zweite wichtige Passage aus der Frühphilosophie findet sich in der siebten Betrachtung der zweiten Abteilung des *Beweisgrund* Essays. Wie in der *Theorie des Himmels* entwickelt Kant dort eine kosmogonisch-kosmologische Hypothese von der Bildung der Welt im Großen, nach welcher der Ursprung der Himmelskörper und die Ursache ihrer Bewegungen mechanisch erklärt werden kann. Diese Hypothese wird wie in der *Theorie des Himmels* mit einem physikotheologischen Gottesbeweis verbunden. Während sich die Welt im Großen nach mechanischen Gesetzen erklären lässt, gesteht sich Kant die Unwissenheit des Menschen in Bezug auf die Welt im Kleinen ein. Die gesetzlichen Ordnungen organisierter Wesen zu verstehen ist Kant auch 1763 noch nicht möglich.

Im *Beweisgrund* Essay diskutiert Kant einen ontologischen und einen physikotheologischen Gottesbeweis; er ist in diesen Jahren von der philosophischen Beweisbarkeit der Existenz Gottes überzeugt. Kant stellt das ontologische Argument als den einzigen gültigen Beweisgrund Gottes über das physikotheologische Argument, gibt aber der Diskussion des physikotheologischen Argumentes in der zweiten Abteilung des Essays ungleich größeren Raum. Dies ist für die dritte *Kritik* insofern von großer Bedeutung, als Kant neben der oben genannten, wichtigen Stelle vor dem Hintergrund des physikotheologischen Argumentes Analysen zum Verhältnis zwischen göttlicher und natürlicher Ordnung durchführt, die zu den ausführlichsten zählen, die Kant Zeit seines Lebens vorgenommen hat.

In der zweiten Abteilung des *Beweisgrundes* trägt Kant ein gegenüber der Tradition verbessertes physikotheologisches Argument vor. Er unterscheidet verschiedene Zusammenhänge zwischen der göttlichen und der natürlichen Ordnung und differenziert zunächst zwischen einer moralischen und einer unmoralischen Abhängigkeit der Dinge von Gott. Die Abhängigkeit der Dinge von Gott ist eine moralische, wenn Gottes Wille und Wahl der Grund für das Dasein der Dinge sind. Die Abhängigkeit der Dinge von Gott dagegen ist eine unmoralische, wenn die innere Möglichkeit der Dinge und ihre Tauglichkeit zur Übereinstimmung und Einheit im Ganzen von Gottes Weisheit abhängig sind. Denn die Übereinstimmung zur Einheit im Ganzen enthält dann nichts Zufälliges und ist durch die Weisheit Gottes, nicht aber durch den Willen und eine Wahl Gottes bedingt (*Beweisgrund* 2:103.20 – 8).

Kant erwägt weiterhin, ob und in welcher Form Dinge durch übernatürliche oder durch natürliche Ursachen bewirkt werden, ob übernatürliche Ursachen einer Mitwirkung der Natur bedürfen, und wenn ja, in welcher Form. Gegenstände gehören der übernatürlichen Ordnung an, wenn sie entweder im materialen oder im formalen Sinne von Gott abhängig sind. Im materialen Sinne übernatürlich sind Gegenstände dann, wenn ihre nächste wirkende Ursache außerhalb der Natur ist. Im formalen Sinne übernatürlich sind Gegenstände, wenn die Art und Weise, wie die Kräfte der Natur auf die Hervorbringung einer Wirkung gerichtet sind, nicht durch natürliche Ursachen begründet werden kann, sondern Gott voraussetzen. Wenn Gegenstände der Natur im formalen Sinne übernatürlich sind, kann Gott natürliche Ursachen als Mitursachen verwenden, um Wirkungen hervorzubringen. Nicht zur übernatürlichen, sondern zur natürlichen Ordnung gehören Gegenstände, wenn sie in den Kräften der Natur entweder hinreichend begründet sind, oder wenn sie durch natürliche Kräfte in der Art und Weise bestimmt sind, wie sie auf eine Wirkung gerichtet sind (*Beweisgrund* 2:103.27 – 104.7).

Außerdem differenziert Kant zwischen Gegenständen, die einer zufälligen, und Gegenständen, die einer notwendigen Ordnung der Natur angehören. Der zufälligen Ordnung der Natur gehören Naturdinge dann an, wenn der natürliche

Grund, der eine ähnliche Art von Wirkungen nach einem Gesetz hervorbringt, nicht zugleich der Grund von anders gearteten Wirkungen ist, die einem anderen Gesetz folgen. Einer notwendigen Ordnung der Natur gehören Naturgegenstände an, wenn viele, an ihnen wirkende Naturgesetze eine notwendige Einheit zeigen und derselbe Grund, der sie zur Übereinstimmung mit einem Naturgesetz zwingt, auch die Übereinstimmung mit einem anderen Naturgesetz veranlasst (*Beweisgrund* 2:106.12–25). Beide Arten der Naturordnung können in Verknüpfung mit einer übernatürlichen Ordnung vorgestellt werden.

Kants Analysen möglicher Zusammenhänge zwischen göttlicher und natürlicher Ordnung münden in eine Betrachtung des physikotheologischen Gottesbeweises. Physikotheologische Argumente können auf zwei Weisen durchgeführt werden. Entweder schließt der Mensch aus der Schönheit und Ordnung in den zufälligen Zügen der Natur auf ein höchstes Wesen als Grund dieser Schönheit und Ordnung in der Natur. Oder er schließt aus der Schönheit und Ordnung, die er in den notwendigen Zügen der Natur wahrnimmt, auf ein höchstes Wesen als Grund der Schönheit und Ordnung in der Möglichkeit der Dinge der Natur (*Beweisgrund* 2:116.11–8, *Beweisgrund* 2:117.1–3). Obwohl die erstgenannte Form der Physikotheologie sinnlich lebhaft, für den gemeinen Verstand leicht fasslich, in der Weise der Überzeugung natürlich und vertraut ist, zudem einen anschaulichen Begriff Gottes liefert, ist sie dennoch nicht konsistent. Denn eine zufällige Harmonie und Schönheit der Natur steht in Spannung mit einer notwendigen göttlichen Wohlgeordnetheit der Natur (*Beweisgrund* 2:118.14–119.20). Auch ist die Methode Kant zu wenig philosophisch (*Beweisgrund* 2:119.21).

Kants Verbesserung der Physikotheologie besteht darin, dass sie den Schluss auf das göttliche Wesen nicht nur aus der Ordnung und Schönheit der zufälligen, sondern aus den zufälligen und notwendigen Zügen der Natur zieht; wobei nur eine vollkommene, formale und materiale Abhängigkeit der Natur von Gott einen Beweis für das Dasein Gottes abgibt. Gott, so Kant 1763, ist in der besten Form des physikotheologischen Argumentes der Grund nicht nur des Daseins (der Wirklichkeit), sondern auch der Möglichkeit aller Dinge.

Fünf „Grade" (*Beweisgrund* 2:134.24) der Abhängigkeit der Natur von Gott betrachtend argumentiert Kant für diese größtmögliche, formale und materiale Abhängigkeit der Natur von Gott. Der Mensch könnte, erstens, eine einzelne Begebenheit der Natur, zweitens, die Mechanik einer einzelnen Begebenheit in der Natur als von Gott abhängig betrachten. Drittens, könnte man annehmen, dass gewisse Teile der Natur von der Schöpfung her beständig so eingerichtet sind, oder viertens, dass die gesamte Natur der Schöpfung untergeordnet ist. Schließlich könnte er, fünftens, die notwendigen, allgemeinen Gesetze der Natur und ihr harmonisches Verhältnis zu Regeln vernünftiger Wesen einem göttlichen Urheber als Grund zuschreiben (*Beweisgrund* 2:134.24–137.6). – Vergleicht man den *Be-*

*weisgrund* mit der auf ihn folgenden Entwicklung der Kantischen Philosophie, so ist auffällig, dass Kant 1763 einen Gottesbegriff konzipiert, der aus einem physikotheologischen, theoretischen Argument für die Existenz Gottes gewonnen wird, und Gott als Schöpfer der materialen und formalen Charakteristika der Natur und des Menschen denkt – des letzteren auch im Sinne eines praktischen Wesens. Damit wird auf dem Standpunkt des *Beweisgrund* Essays die Einheit natürlicher und vernünftigen Wesen, auch des Menschen, insofern er ein moralisch praktisches Vernunftwesen ist, aus der theoretischen Vernunft Gottes begründet. Ich komme darauf zurück.

### 1.1.3 Die Schriften über Menschenrassen

In den Jahren 1775, 1785 und 1788 verfasst Kant drei Schriften zum Thema Rassen. In ihnen setzt er sich mit dem Problem der Entstehung organisierter Wesen im engeren Sinne, nämlich dem der Erzeugung verschiedener Rassen des Menschen, auseinander. Stärker als in der *KU* bewegt sich Kant in diesen Schriften in Begriffen und Vorstellungen der historischen Naturforschung seiner Zeit. Er spricht von Schöpfung, von Keimen und Anlagen, von der Entwicklung und Ausfaltung der Eigenschaften des künftigen Lebewesens aus diesen Keimen und Anlagen, dem Überleben und Fortbestehen der Keime und Anlagen in verschiedenen Umwelten und entwickelt Theorien der Vererbung von Merkmalen der Eltern in gesunden Nachkommen und in Missgeburten oder Bastarden.

In der ersten Rassenschrift aus dem Jahre 1775 vertritt Kant die Auffassung, dass die Einteilung der Tierreiche in Gattungen und Arten auf dem Gesetz der Fortpflanzung gründet, das besagt, dass die Einheit der Gattung auf der Einheit der zeugenden Kraft beruht (R 2:430.1–2). Alle Menschen, so Kant, gehören einem einzigen Stamm, der Gattung des Menschen, an (R 2:430.3); dieser kann sich je nach Einflüssen des Klimas und der Umgebung in vier Rassen entfalten: in Weiße, Neger, Hunnen und Hindus (R 2:432.5–7). Der Ursprung der verschiedenen Rassen liegt in den präformierten Keimen und Anlagen des einen Menschenstammes. Keime begründen, dass bestimmte besondere Teile, die in der Natur des organischen Körpers angelegt sind, ausgewickelt werden. Anlagen dagegen sind Dispositionen, die die Größe und das Verhältnis dieser Teile untereinander bestimmen (R 2:434.5–9). Im Jahre 1775 vertritt Kant die Ansicht, dass organische (erst ab 1790 sagt Kant ‚organisierte') Körper nicht allein durch den Zufall oder durch physisch mechanische Kräfte erzeugt werden können, sondern eine Zeugungskraft besitzen, die bestimmt, was sich künftig entfalten soll. In der ersten Rassenschrift definiert Kant außerdem die Bedeutungen von Begriffen wie ‚Stamm',

‚Gattung', ‚Familie', ‚Art', ‚Abartung', ‚Ausartung', ‚Rasse', ‚Spielart', ‚Varietät' und ‚Schlag' (R 2:429.6 – 430.28).³

In der zweiten Schrift zur Bestimmung des Begriffs der Menschenrasse aus dem Jahre 1785 bleibt Kant inhaltlich weitestgehend auf dem Standpunkt der Rassenschrift von 1775 stehen. Er bietet aber eine systematischere Theorie der Einheit des Menschenstammes, der in ihm liegenden Keime und Anlagen, und der Zeugungskraft an, aus denen die vier Rassen entwickelt werden können. Eine wichtige Weiterentwicklung der zweiten Rassenschrift ist die Annahme eines Prinzips der Organisation in der Natur, das Kant der Vererbungslehre zugrunde legt. Ab 1785 macht Kant die Naturteleologie (Organisation) zum Fundament einer Theorie organisierter Wesen und stellt ein physisch teleologisches neben das mechanische Erklärungsprinzip der Natur.

Im Einzelnen wiederholt Kant, dass es nur einen einzigen Menschenstamm, aber vier Rassen oder Klassen von Menschen gibt, die auf vier notwendigen, erblichen Unterschieden der Hautfarbe gründen. Es gibt weiße, schwarze, gelbe und kupferrote Menschen (*MR* 8:93.13, 17, 18, 20). Jede dieser Hautfarben kommt relativ „isolirt" (*MR* 8.93.12) voneinander in verschiedenen Gebieten der Erde vor; jede dieser Hautfarben ist erblich. Keine andere Eigenschaft als die der Hautfarbe ist notwendig erblich; nur sie begründet die Annahme von Klassen- oder Rassenunterschieden der Menschen. Zeugen ein schwarzer Vater und eine weiße Mutter miteinander Nachkommen, vererben sich die Hautfarben beider Elternteile im Nachkommen zum Blendling, Mittelschlag oder Bastard. Werden dagegen Krankheiten wie Schwindsucht oder Wahnsinn in einzelnen Familien vererbt, entstehen innerfamiliäre Nachartungen, die zwar von innerfamiliären Nachartungen in anderen Familien verschieden sind, aber keine verschiedenen Klassen oder Rassen der Menschen definieren.

Ohne die Annahme des einen Menschenstammes könnte nicht erklärt werden, warum *verschiedene* Klassen oder Rassen überhaupt miteinander zeugen. Denn das können sie nur, weil sie alle zu einem einzigen Stamm gehören. Auch bliebe unklar, warum sie dennoch die Eigentümlichkeiten ihrer Hautfarben bei der Zeugung von Nachkommen beibehalten. Denn dies ist nur möglich, weil Keime und Anlagen eines einzigen Menschenstammes den verschiedenen Hautfarben, und damit der Unterscheidung in Rassen und Klassen noch zugrunde liegen. Die dem Menschenstamm innewohnende Zeugungskraft ist eine Kraft, die das ur-

---

3 Historisch zeitnahe Erläuterungen und Kommentare zu systematischen Grundbegriffen der Kantischen Rassenschriften, aber auch der *KU* (wie ‚Natur', ‚Naturforschung', ‚Naturbeschreibung', ‚Naturgeschichte', ‚Organisation und organisierte Körper', ‚Stamm', ‚Gattung', ‚Abartung', ‚Nachartung', ‚Rasse', ‚Spielart', ‚Varietät', ‚Schlag', ‚Keime', ‚Anlagen', ‚Leben', ‚Bildungstrieb', ‚Bildungskraft' etc.) finden sich in Girtanner (1796).

anfängliche Modell enthält, aus dem die Natur die Nachkommen bildet und das den Spielraum für Änderungen und Varianten des ursprünglichen Modells in verschiedenen Klimaten und Umgebungen festlegt. Die Zeugungskraft ist in allen Menschen dieselbe, aber ihre Wirkung führt zu verschiedenen Effekten: den vier Rassen. Vor dem Hintergrund dieser Annahmen definiert Kant die Rasse als einen Begriff, der gegenüber dem der Einheit des Menschenstammes sekundär ist. Die Verschiedenheit der vier Rassen ergibt sich aus der Verschiedenheit der Hautfarben als notwendigen und erblichen, physischen Charakteristika. Nicht nur auf den Menschen bezogen, sondern allgemeiner, ist eine Rasse jener Klassenunterschied der Lebewesen ein- und desselben Stammes, der unausweichlich erblich ist.

Die entscheidende neue Wendung der zweiten Rassenschrift ist der Gedanke der teleologischen Organisation organischer Wesen. Kant behauptet nun, dass der Mensch deshalb in organischen Wesen auf das Vorhandensein „anerschaffene[r] Keime" (MR 8:103.2) schließt, weil er der Betrachtung organischer Wesen das „Zweckmäßige in einer Organisation" (MR 8:102.36) als Prinzip zugrunde legt. Es bleibt dabei in der Schwebe, wie stark Kant die Annahme der Zweckmäßigkeit der Organisation an eine theologische These bindet. Kant spricht einerseits von „anerschaffene[n]" (MR 8:103.2) Keimen und deren „Auswickelung" (MR 8:104.26) und verwendet einen Schöpfungsgedanken, der zweifellos auf die Annahme eines schöpfenden Gottes verweist. Andererseits beschreibt Kant die Organisation als eine „von der Natur sehr weislich getroffene Anstalt" (MR 8:103.19) zur Entfaltung der Eigenschaften organischer Wesen und verweist auf die Eigenständigkeit der Natur (ich komme darauf im dritten Teil meines Buches zurück).

Im Jahre 1786 wendet sich Georg Forster (1754–1794) in zwei Abhandlungen über die Menschenrassen gegen Kants Rassenschriften aus den Jahren 1775 und 1785. Gegen Kant vertritt er die Meinung, dass die erblichen Eigenarten der Schwarzen ursprünglich eingepflanzt sind und dass es deshalb nicht nur einen, sondern zwei ursprüngliche Stämme des Menschengeschlechts geben müsse: die Neger als den einen und alle anderen Menschen als einen zweiten, davon verschiedenen Menschenstamm (Forster 1786a, 78; Forster 1786b, 152, bes. 161–6; vgl. TP 8:169.1). Kant antwortet Forster im Jahre 1788 mit einer dritten Abhandlung zur Rassenproblematik, den TP.[4]

---

[4] Vgl. zum weiteren Hintergrund Bernasconis (2001) Sammlung von Primärquellen zur Entwicklung eines wissenschaftlichen Begriffs der Rasse im 18. Jahrhundert, die neben den Texten der Kant-Forster-Kontroverse Abhandlungen zum Rassenbegriff von Carl Linne (1707–1778), Pierre-Louis Moreau de Maupertuis (1698–1759), George-Louis Leclerc de Buffon (1707–1788), Christoph Girtanner (1760–1800), Johann Friedrich Blumenbach (1752–1840), Samuel Stanhope Smith (1750–1819) und Charles White (1728–1813) enthält.

Auch in den *TP* definiert Kant zunächst die Begriffe ‚Stamm', ‚Rasse', ‚Abartung' und ‚Schlag'. Er insistiert gegen Forster, dass nicht nur die Eigenschaften der Schwarzen, sondern auch die der Weißen, Roten und Gelben ursprünglich eingepflanzt sind, und es daher vier Rassen geben müsse. Den Rassenunterschieden liegen aber nicht wie bei Forster zwei, sondern ein einziger Menschenstamm zugrunde (*TP* 8:168.27–170.15).

In den *TP* erläutert Kant ausführlicher, wie er sich die Keime und Anlagen des einen Menschenstammes und ihre Wirkungen vorstellt. Die allerersten, ursprünglichen Anlagen sind nicht unter verschiedene Menschen verteilt, sondern in einem ersten Menschenpaar vereint. Dadurch passen jene frühen Nachkommen des ersten Menschenpaares, in denen noch alle ursprünglichen Anlagen aktiv sind, zu allen Klimaten, und derjenige Keim, der sich im umgebenden Klima am besten entwickelt, kann sich fortan erhalten. Je nachdem, wo sich die Nachkommen des ersten Paares niederlassen und die Erzeugung der Nachkommen über lange Zeit fortsetzten, entwickelt sich derjenige Keim, der den Nachkommen das für eine Erdgegend und für ein Klima angemessene Leben erlaubt (*TP* 8:172.27–173.29). Nach Kant ist nicht so, dass schon feststehende Anlagen und Keime bestimmen, wo auf der Erde sich die Menschen niederlassen können, sondern die Menschen lassen sich an einem Platz auf der Erde nieder, und entfalten aus ihrem Erbgut unter all jenen Eigenschaften, die in ihren Keimen und Anlagen vorhanden sind, diejenigen, die zu ihrer Umwelt am besten passen. Auf diese Weise entstehen nach Kant die vier Rassen. Sie entwickeln sich lokal über lange Zeit hinweg zweckmäßig aus den Anlagen und Keimen und bleiben an einem bestimmten Zeitpunkt, bei dem, was sie sind, stehen. Ab diesem Zeitpunkt sind die Rassen bestimmt und keine weiteren Rassen können gebildet werden.

In den *TP* beantwortet Kant aber nicht nur Forsters Herausforderung seiner Rassen- und Vererbungslehre des Menschen, die den Mittelteil der Schrift ausmacht. Sondern Kant fügt den *TP* auch programmatische Passagen bei (*TP* 8:159.1–60.33, *TP* 8:178.3–184.29), in denen sich ein Wendepunkt für Kants kritische Philosophie vorbereitet. Denn 1788 erkennt Kant die fundamentale Bedeutung von Endursachen in der Natur und ebnet physisch teleologischen Erklärungen den Weg in das Fundament der kritischen Philosophie. Um vieles deutlicher als in der zweiten Rassenschrift reagiert Kant in den *TP* auf die Problematik der „Dialektik" und der Anhänge zur „Dialektik" der ersten *Kritik*, in denen Kant teleologische Prinzipien schon im kritischen Sinne einzuführen beginnt. Ich komme gleich darauf zurück (siehe Abschnitt 1.1.6 und 1.1.7).

### 1.1.4 Die Rezensionen von Herders „Ideen"

Etwa zeitgleich mit der zweiten Rassenschrift, im Jahre 1785, rezensiert Kant die ersten zehn Bücher (den ersten und zweiten Teil) von Johann Gottfried Herders „Ideen zu einer Philosophie der Geschichte der Menschheit" (1784–1791) (*Rezension Herder* 8:43–66)[5]. Für Kants Entwicklung der Theorie organisierter Wesen ist an dieser Rezension vor allem Kants Kritik an Herders Konzeption einer einzigen organischen Kraft interessant, die bei Herder die Unterschiede aller Gattungen und Arten erklärt. Kant kontrastiert die These von der einen organischen Kraft mit seiner Theorie der Keime und Anlagen aus den Rassenschriften und kommentiert skeptisch, Herder rechne „nicht auf Keime, sondern [auf] eine organische Kraft" (*Rezension Herder* 8:48.5–6). Es gebe für Herder nur ein einziges „organische[s] Principium der Natur", „nur eine und dieselbe organische Kraft", die „jetzt *bildend* (im Stein), jetzt *treibend* (in Pflanzen), jetzt *empfindend*, jetzt *künstlich bauend*" (*Rezension Herder* 8:48.13–6) tätig sei, wobei das Schema der vollkommenen Organisation der Mensch sei – Thesen, die nach Kant der Präzision bedürfen.

Kant antwortet Herder, dass die „Einheit der organischen Kraft", die „selbstbildend in Ansehung der Mannigfaltigkeit aller organischen Geschöpfe [...] den ganzen Unterschied ihrer mancherlei Gattungen und Arten ausmache", eine „Idee" (*Rezension Herder* 8:54.28–34) sei, die außerhalb der beobachtenden Naturlehre liege und zur spekulativen Philosophie gehöre. Eine Kraft, die alles organisiert und für die das „Schema der Vollkommenheit" der Organisation der „Mensch" (*Rezension Herder* 8:52.25–6) sei, sei schlechte, da „dogmatische" (*Rezension Herder* 8:54.10) Metaphysik.[6] Kant teilt auch Herders These nicht, dass

---

[5] Neben älteren Darstellungen, wie der von Vorländer ($^3$1992, 317–23), behandeln etwa Zammito (1992), Sloan (2006), Ameriks (2009) und Zuckert (2014) Momente im Verhältnis zwischen Kant und Herder, die für Kants Theorie organisierter Wesen generisch sind. Zammito hat einen großen Teil seiner Forschung Kant und Herder gewidmet.

[6] Zuckert (2014) hat Kants Kritik an Herders dogmatischer Metaphysik untersucht. Bezüglich der Annahme einer einzigen organischen Kraft kommt sie zum Schluss, dass Kants Einwände nicht auf Kants metaphysischen Annahmen über den Unterschied zwischen menschlichen Wesen und anderen organischen Lebensformen oder auf der Verschiedenheit organischer Wesen und unorganischer Materie beruhen, sondern eher erkenntnistheoretische Gründe haben. Kant weise Herders Position zurück, weil sie weder durch die Beobachtung der Natur und induktive Verallgemeinerungen noch durch die Gesetze der natürlichen Arten unterstützt werden kann. Nach Kants Ansicht ist Herders Lebenskraft etwas Unbedingtes, das notwendig über Evidenzen oder Erfahrungen des Menschen hinausgeht und verliert sich so in dogmatische Metaphysik. Zuckert meint, Kants Standpunkt in dieser Kritik weiche von dem ab, was er in der *KrV* und der *KU* vertritt und stehe für eine Übergangsphase in Kants Denken.

der zur Humanität gebildete Mensch der Inbegriff der Organisation aller anderen Lebewesen ist, zu dem die Form der Organisation in Steinen, Kristallen, Metallen, Pflanzen und Tieren aufsteigt. Nach Herder ist ein Geschöpf, je organisierter es ist, desto zusammengesetzter aus anderen, niederen Reichen. Daher vereint der Mensch in sich die Organisationen der anderen Geschöpfe (*Rezension Herder* 8:49.27–37). Kant dagegen glaubt, dass „die mancherlei Stufen der immer vollkommneren Organisation" ganz „*verschiedene* Wesen" (*Rezension Herder* 8:53.3) besetzen und hält es für unplausibel, dass sich die Organisationen aller Wesen der menschlichen Organisation annähern. Diese Bemerkung ist insofern interessant, als Kant in der *KU* vertreten wird, dass der Mensch als noumenales, rein vernünftiges Wesen in einem gewissen Sinne Endzweck der Schöpfung ist.

### 1.1.5 Die *Metaphysischen Anfangsgründe* der Naturwissenschaft

Neben der Fortbildung des naturteleologischen Denkens in den kleinen Schriften der 1780er Jahre entwickelt Kant im Jahre 1786 in den *MAN* einen mechanistischen Ansatz der Naturlehre, der eine der wichtigen Quellen für die mechanistischen Aspekte der Theorie organisierter Wesen in der *KU* bildet. In den *MAN* beschreibt Kant jene Inhalte einer speziellen „Metaphysik der körperlichen Natur", einer „*rationale[n] Physik*" oder „rationalen Physiologie" (*KpV* A 846/B 874), die er in der ersten *Kritik* bereits angekündigt, aber noch nicht ausgearbeitet hat.[7] Diese rationale Physik gliedert sich in vier Teile: die Phoronomie, Dynamik, Mechanik und Phänomenologie.

In der „Phoronomie" oder Bewegungslehre (Kinematik) bestimmt Kant materielle Körper als das Ruhende oder „*Bewegliche im Raume*" (*MAN* 4:480.6). Ruhe ist dabei die „beharrliche Gegenwart [...] an demselben Orte" (*MAN* 4:485.2–3). Die Bewegung wird in verschiedene, grundlegende Arten der Bewegung unterschieden. Einfache Bewegungen sind „*drehend* (ohne Veränderung des Orts) oder fortschreitend" (*MAN* 4:483.8–9). Einfache drehende Bewegungen kehren oder kehren nicht in sich selbst zurück. Einfache fortschreitende Bewegungen erweitern entweder den Raum oder sind auf einen gegebenen Raum eingeschränkt. Im Gegensatz dazu entstehen „*zusammengesetze[] Bewegung[en]*" aus „zwei oder

---

[7] Die rationale Physik ist neben der rationalen Psychologie, der rationalen Kosmologie und der rationalen Theologie einer von vier Bereichen der speziellen Metaphysik (*KrV* B 874), die Kant in der ersten *Kritik* erwähnt. Anders als die allgemeine Metaphysik oder Ontologie, welche die allgemeinen Prinzipien der Erkenntnis von Erfahrungsgegenständen überhaupt behandelt, erörtern die speziellen Metaphysiken die Prinzipien von je spezifischen Gegenstandsbereichen (Körper, Seele, Welt, Gott).

mehreren gegebenen [Bewegungen] in einem [b]eweglichen" (*MAN* 4:486.31–3) Objekt.

Gemäß der „Dynamik" ist ein materieller Körper das Bewegliche im Raume, insofern er einen bestimmten Raum erfüllt (*MAN* 4:496.6) und andere Körper daran hindert, denselben Raum zu erfüllen. Beides wird durch die bewegenden Kräfte der „*Anziehung[ ]*" and „*Zurückstoßung[ ]*" (*MAN* 4:498.17, 21) ermöglicht. Gäbe es keine Anziehungskraft, würde sich die Materie „ins Unendliche zerstreuen" (*MAN* 4:508.30–1). Gäbe es keine Zurückstoßungskraft, würde sie „in einem mathematischen Punkt zusammenfließen" (*MAN* 4:511.10). Anziehung und Abstoßung als bewegende Kräfte erklären, wie materielle körperliche Objekte ihren Ort im Raume erfüllen und erhalten.

In den drei Gesetzen der „Mechanik" betrachtet Kant die Kommunikation (*MAN* 4:536.15) der Bewegung zwischen zwei materiellen Körpern. Besonders das zweite und dritte Gesetz der Mechanik sind für Kants Theorie des Mechanismus in der *KU* interessant. Das zweite Gesetz der Mechanik sagt, dass „[a]lle Veränderung der Materie […] eine äußere Ursache" habe, weil „jeder Körper […] in seinem Zustand der Ruhe oder Bewegung, in derselben Richtung und mit derselben Geschwindigkeit" beharrt, „wenn er nicht durch eine äußere Ursache genöthigt wird, diesen Zustand zu verlassen" (*MAN* 4:543.16–20). Das dritte Gesetz der Mechanik bestimmt, dass „[i]n aller Mittheilung der Bewegung […] Wirkung und Gegenwirkung einander jederzeit gleich" (*MAN* 4:544.32–3) sind. – Im vierten Lehrstück der rationalen Physik, der „Phänomenologie", diskutiert Kant die Modi der Möglichkeit, Wirklichkeit und Notwendigkeit der Bewegung der Materie.

### 1.1.6 Die Teleologie in der ersten und zweiten *Kritik*

Zu den Voraussetzungen der Kantischen Lehre von organisierten Wesen gehört, wenngleich mittelbar, auch Kants Einführung der Zwecklehre in anderen Bereichen der Philosophie, so insbesondere in der Ideenlehre der „Dialektik" und in den Anhängen zur „Dialektik" der ersten *Kritik*, und deren Wiederaufnahme im Lehrstück vom höchsten moralischen Gut in der „Dialektik" der zweiten *Kritik*.[8]

---

[8] Bei Zuckert (2007, 26–63, bes. 61–3) findet sich eine hilfreiche Besprechung des Verhältnisses der Anhänge zur „Dialektik" zur Problemstellung der zweckmäßigen Einheit der empirischen Mannigfaltigkeit der Natur in der dritten *Kritik* aus der Perspektive der theoretischen Philosophie. Ostaric (2009) zeigt die Beziehungen zwischen Kants Analyse der Systematizität der Natur im transzendentalen Ideal, in den Anhängen zur „Dialektik" der ersten *Kritik* und in der dritten *Kritik* auf. Sie behält dabei jedoch auch, über Zuckert hinaus, den Zusammenhang zwi-

Obgleich Kant in beiden Passagen noch keine Theorie organisierter Wesen entwickelt, tragen die Diskussionen der Zwecklehre in diesen Texten wesentlich zur Problemexposition der dritten *Kritik* bei. In der *KrV* geht es um das höchste Erkenntnisziel, die systematische Einheit des Wissens, in der *KpV* um das höchste Handlungsziel, zum einen, die systematische Einheit der moralischen Einstellungen der Handelnden als Grund, zum anderen, die Glückseligkeit aller Handelnden als Folge der moralischen Handlung. Letztere setzt, ohne dass es Kant schon ausspricht, einen teleologischen Naturbegriff voraus.

In der ersten *Kritik* erläutert Kant die theoretische Vernunft als das spezifisch teleologische, spekulative Vermögen des menschlichen Bewusstseins, das systematische Einheit unter Verstandesbegriffen schafft. Während der Verstand durch empirische Begriffe auf Objekte in der Erfahrungswelt bezogen ist, bezieht sich die Vernunft nicht auf Objekte in der Erfahrungswelt, sondern auf den Verstand. Die Vernunft selbst erzeugt keine Begriffe von Objekten, sondern ordnet nur die Begriffe, die sie im Verstand vorfindet, und gibt ihnen Einheit: „Die Vernunft hat also eigentlich nur den Verstand und dessen zweckmäßige Anstellung zum Gegenstande; und wie dieser das Mannigfaltige im Object durch Begriffe vereinigt, so vereinigt jene ihrerseits das Mannigfaltige der Begriffe durch Ideen" (*KrV* A 643 – 4/ B 671 – 2). Durch Ideen richtet die Vernunft den Verstand auf einen imaginären Punkt, von dem aus sie der Verstandeserkenntnis größtmögliche Einheit bei größtmöglicher Ausbreitung geben kann (*KrV* A 644/B 672). Der Verstand produziert, etwa wenn er kausale Erklärungen durchführt, Bedingungsreihen, bemerkt selbst aber nicht, dass er kausale Bedingungsreihen produziert. Er selbst ist für die Einheit kausaler Erklärungen in einer verknüpften Reihe nicht empfänglich. Denn es ist die Vernunft, welche durch eine Idee die systematische Einheit der Verstandeserkenntnis und deren Zusammenhang aus einem Prinzip bewirkt. Denn eine Vernunftidee ist kein „Begriff vom Objecte", „sondern von der durchgängigen Einheit dieser Begriffe, so fern dieselbe dem Verstande zur Regel dient" (*KrV* A 645/B 673).

Die Vernunfteinheit ist ein „*logisches* Princip" (*KrV* A 648/B 676), das den verschiedenen Verstandesbegriffen Einheit und Zusammenhang verschafft. Sie gliedert sich in drei untergeordnete Prinzipien. Das erste ist das der Homogenisierung, ein Prinzip der Gleichartigkeit des Mannigfaltigen unter höheren Gattungen („*Homogenität*"); das zweite das der Mannigfaltigkeit, ein Prinzip der Varietät des Gleichartigen unter niederen Arten („*Specification*"); das dritte das der Verwandtschaft, ein Prinzip der Affinität aller Begriffe, das einen kontinuierlichen

---

schen theoretischer und praktischer und die Überordnung der praktischen über die theoretische Vernunft im Blick.

Übergang zwischen allen Begriffen erlaubt („*Continuität*") (*KrV* A 657–8/ B 685–6).

Kant betont mit Nachdruck, dass dem logischen Prinzip der Vernunfteinheit der Verstandesregeln ein transzendentales Prinzip der Einheit zugrunde liegt. Das transzendentale Prinzip der Einheit steht für die Einheit in *der Natur der Dinge* selbst. Kant glaubt, dass es diese Einheit in der Natur der Dinge selbst ist, welche die Vernunft zu ihren logischen Operationen der Vereinheitlichung antreibt (*KrV* A 650–1/B 678–9, *KrV* A 660/B 688). – In der ersten *Kritik* unterscheidet Kant aufbauend auf die drei Verstandeskategorien der Relation drei Arten von Ideen der Vernunft: psychologische, kosmologische und theologische Ideen. Diese drei Arten von Ideen sind nicht auf einen ihnen korrespondierenden Gegenstand in der Erfahrungswelt und dessen Bestimmung bezogen, sondern fungieren als Regeln, die dem empirischen Gebrauch des Verstandes zur systematischen Einheit verhelfen. Psychologische, kosmologische und theologische Vernunftideen sind „*regulative[ ]* Principien der systematischen Einheit des Mannigfaltigen der empirischen Erkenntniß überhaupt" (*KrV* A 671/B 699); sie erweitern die Erfahrungserkenntnis und gehen über diese hinaus, ohne ihr zu widersprechen. Dass die Vernunft notwendig nach solchen Ideen verfahren muss, begründet Kant dadurch, dass sich aus Verstandesbegriffen nur eine zufällige empirische Einheit (ein Aggregat) des Wissens ergibt. Das Ideal des Wissens aber ist die systematische Einheit, ein System des Wissens (*KrV* A 674/B 702).

Anders als in der dritten *Kritik* sind Vernunftideen der ersten *Kritik* zwar teleologisch auf Einheit gerichtet. Aber weder die Vernunftbegriffe selbst (Seele, Welt, Gott) noch die in ihnen gedachte, notwendige systematische Einheit der Verstandesbegriffe wird „aus der Natur geschöpft" (*KrV* A 645/B 673). Nach Kants Ideenlehre der ersten *Kritik* sind Ideen Begriffe, in denen a priori notwendige Einheit gedacht wird, die jedoch keine objektive Entsprechung in der Erfahrung haben. Die Natur zeige „niemals ein Beispiel vollkommener systematischer Einheit" (*KrV* A 681/B 709). In der dritten *Kritik* dagegen ist es die „Erfahrung", welche die menschliche Urteilskraft auf die Idee eines „Zwecks der Natur" (*KU* 5:366.27–9) leitet. Den Ideen von Naturzwecken entsprechen Objekte in der Erfahrungswelt; Ideen von Naturzwecken sind empirische Begriffe, in denen die Vernunft eine a priori notwendige Einheit sucht. Diese Art von Ideen hat Kant in der ersten *Kritik* noch nicht vor Augen, obwohl er Ideen bereits als das betrachtet, was systematische Einheit in die empirische Mannigfaltigkeit der Natur (Erfahrung) bringt.

Kant lehrt, dass den Ideen (Seele, Welt, Gott) in der ersten *Kritik* keine Bedeutung für die Konstitution und Erkenntnis von Erfahrungsgegenständen zukommt (anders als den Kategorien des Verstandes). Sie dienen als regulative Hypothesen, anhand derer die Vernunft nach Einheit in den Verstandeserkenntnissen sucht, aber sie konstituieren kein theoretisches Wissen. Da ihr Wert für die Erkenntnis gering ist, die theoretische Vernunft aber dennoch nicht davon abläßt, diese Ideen zu entwerfen, muss ihre eigentliche Aufgabe und Rechtfertigung eine andere sein. Kant zeigt in der Postulatenlehre der zweiten *Kritik*, dass die Aufgabe der Ideen der theoretischen Vernunft nicht aus der theoretischen, sondern aus der praktischen Perspektive verständlich wird. Sie dienen als Voraussetzungen der Idee des höchsten moralischen Gutes, in dem der Mensch seinen letzten Zweck und seine Bestimmung sieht. Das höchste moralische Gut ist die Idee einer „besten Welt" (*KpV* 5:125.23), in der alle sittlich denkenden Menschen mit jenem Maß an Glückseligkeit in der Welt (Natur) belohnt werden, das aus ihrer Sittlichkeit folgt und dem Maß ihrer Sittlichkeit entspricht. Ich skizziere diesen Gedanken nur soweit, wie er für die hiesige Untersuchung relevant ist.

Kant geht davon aus, dass die oberste Bedingung des höchsten Gutes die vollkommene Angemessenheit der Gesinnungen der Menschen zum moralischen Gesetz ist (*KpV* 5:122.6–7). Da nur heilige Wesen als reine Vernunftwesen einen rein vernunftbestimmten Willen besitzen, während die vernünftige Willensbestimmung des Menschen immer durch konkurrierende Neigungen beeinträchtigt wird, bleibt für den Menschen nur der „ins *Unendliche* gehende[] *Progressus*" (*KpV* 5:122.13) einer moralischen Besserung, in dem er seinen Willen zu einem rein vernunftbestimmten, gleichsam heiligen Willen fortbildet. Dieser unendliche Fortschritt der moralischen Besserung kann dem Menschen aber nur gewährt werden, wenn man ihm eine unsterbliche Seele zugesteht, die eine ins unendliche fortdauernde Bildung der moralischen Persönlichkeit erlaubt. Das zweite Element der Idee des höchsten Gutes ist die aus der Sittlichkeit der Gesinnungen folgende und ihr angemessene Glückseligkeit (*KpV* 5:124.14). Unter dieser versteht Kant den „Zustand eines vernünftigen Wesens in der Welt", dem „im Ganzen seiner Existenz *alles nach Wunsch und Willen geht*" – ein Gedanke, der „auf der Übereinstimmung der Natur zu seinem ganzen Zwecke" (*KpV* 5:124.21–4), das heißt, auf dem Gedanken einer zweckmäßigen Natur beruht.

Kant operiert an dieser Stelle, noch vor den Lehren zur Zweckmäßigkeit der Natur der dritten *Kritik*, mit der Vorstellung einer Erfahrungswelt oder Natur, die eine dem moralischen Endzweck (dem höchsten Gut) entsprechende, zweckmäßige Form besitzt. Kant handhabt in der zweiten *Kritik* den Unterschied zwischen Welt und Natur nie deutlich, gerade deshalb, weil er noch einen mechanischen Naturbegriff vertritt, der nicht zwischen Naturgegenständen und anderen mechanischen Gegenständen unterscheidet und der nicht jene Zweckmäßigkeit der Form der Natur beinhaltet, die Kant für sein Argument eigentlich braucht. Kant verschleiert diesen Umstand geflissentlich in der *KpV*.

Die dritte, in die Idee des höchsten Gutes eingehende Idee ist die Idee Gottes (*KpV* 5:125.22) – eines Gottes, der eine Proportionalität zwischen den sittlichen

Gesinnungen der Menschen und Glücksgütern, die sie durch ihr Handeln erlangen, garantiert, indem er beide, Freiheit und Natur, moralische und natürliche Zwecke, in sich selbst als „*höchste[m] ursprünglichen Gut[ ]*" (*KpV* 5:125.24) vereint. Aus der Einheit von Freiheit und Natur im höchsten ursprünglichen Gut in Gott wird das für den Menschen erfahrbare (zweit)höchste Gut abgeleitet (*KpV* 5:125.22–3), die Vereinbarkeit von Freiheit und Natur.

Mit der Theorie vom höchsten Gut entsteht, von Kant selbst nie hinreichend thematisiert, eines der Hauptprobleme, für das Kants Theorie der organisierten Wesen in der *KU* eine Lösung aufzeigen soll: die Suche nach einer zweckförmigen Natur. Denn nur eine zweckförmig geordnete Natur kann die zweite Komponente des höchsten Guts bilden und einer Gesinnung des Menschen entsprechen, die auf sittliche Zwecke gerichtet ist. Die zeitgleich zur *KpV* verfasste Schrift *TP* zeigt, dass sich Kant des Problems eines fehlenden teleologischen Naturverständnisses nicht nur bewusst war, sondern dass er bereits erste Gedanken zur Lösung dieses Problems entwickelt.

### 1.1.7 Noch einmal zu den *Teleologischen Prinzipien*

Kant beginnt die *TP* aus dem Jahre 1788 mit dem Hinweis, dass die Naturerklärung sowohl theoretischer als auch teleologischer Prinzipien bedarf. Theoretischer Prinzipien bedarf sie, wenn sie sich auf den Bereich der Erfahrung, der Physik beschränkt. Teleologischer Erklärungen bedarf sie, wenn sie über die Erfahrung hinaus nach der obersten Ursache der Erfahrungswelt fragt und in den Bereich der Metaphysik übergeht. So habe Kant in der *KrV* gezeigt, dass Gotteserkenntnis auf theoretischem Wege nicht erklärt werden kann und stattdessen moralteleologischer Erklärungen bedarf. Ebenso habe er in der Schrift *MR* den einen Stamm der Menschen, samt seiner zweckmäßigen Entfaltung in vier Menschenrassen aus einer Zeugungskraft und aus Keimen und Anlagen in einem teleologischen Prinzip der Organisation begründet. Da der Begriff eines organisierten Wesens jedoch Zweckbegriffe enthält und nur durch die systematische Verbindung von Endursachen gedacht werden kann, muss man, so Kant 1788 mit aller Deutlichkeit, in der vollständigen Erklärung der Natur einen Schritt über die Naturwissenschaft hinaus in die Metaphysik tun.

> Allein ebenderselbe Grundsatz, daß alles in der Naturwissenschaft natürlich erklärt werden müsse, bezeichnet zugleich die Grenzen derselben. Denn man ist zu ihrer äußersten Grenze gelangt, wenn man den letzten unter allen Erklärungsgründen braucht, der noch durch *Erfahrung* bewährt werden kann. Wo diese aufhören, und man mit selbst erdachten Kräften der Materie nach unerhörten und keiner Belege fähigen Gesetzen es anfangen muß, da ist man schon über die Naturwissenschaft hinaus, ob man gleich noch immer Naturdinge als

Ursachen nennt, zugleich aber ihnen Kräfte beilegt, deren Existenz durch nichts bewiesen, ja sogar ihre Möglichkeit mit der Vernunft schwerlich vereinigt werden kann. Weil der Begriff eines organisirten Wesens es schon bei sich führt, daß es eine Materie sei, in der Alles wechselseitig als Zweck und Mittel auf einander in Beziehung steht, und dies sogar nur als *System von Endursachen* gedacht werden kann, mithin die Möglichkeit desselben nur teleologische, keineswegs aber physisch-mechanische Erklärungsart wenigstens der *menschlichen* Vernunft übrig läßt: so kann in der Physik nicht nachgefragt werden, woher denn alle Organisirung selbst ursprünglich herkomme. Die Beantwortung dieser Frage würde, wenn sie überhaupt für uns zugänglich ist, offenbar *außer* der Naturwissenschaft in der *Metaphysik* liegen. Ich meinerseits leite alle Organisation von *organischen Wesen* (durch Zeugung) ab und spätere Formen (dieser Art Naturdinge) nach Gesetzen der allmähligen Entwickelung von *ursprünglichen Anlagen* (dergleichen sich bei den Verpflanzungen der Gewächse häufig antreffen lassen), die in der Organisation ihres Stammes anzutreffen waren. Wie dieser Stamm selbst *entstanden* sei, diese Aufgabe liegt gänzlich über die Grenzen aller dem Menschen möglichen Physik hinaus, innerhalb denen ich doch glaubte mich halten zu müssen" (*TP* 8:178.23–179.25).

Wie dieser Schritt über die Naturphilosophie hinaus in die Metaphysik aussieht, skizziert Kant am Ende der Schrift. Er definiert das organisierte Wesen dort als ein „materielles Wesen", das nur durch die Beziehung all dessen, was in ihm enthalten ist, „auf einander als Zweck und Mittel" (*TP* 8:181.1–3) möglich ist. Seine zweckmäßige Form erreicht es durch eine Grundkraft, die als eine nach Zwecken wirkende Ursache vorgestellt wird, in welcher die „Zwecke der Möglichkeit der Wirkung zum Grunde gelegt werden müssen" (*TP* 8:181.7). Derartige Grundkräfte kennt der Mensch aus sich selbst, aus seinem Verstand und Willen, etwa wenn er Kunstgegenstände herstellt und sein Wille durch den Verstand bestimmt wird, etwas nach einer Idee, dem Zweck, hervorzubringen.

Aber wieso führt dies die Naturbetrachtung über die Naturwissenschaft hinaus in die Metaphysik, oder wie Kant am Ende der *TP* sagt, zur Transzendentalphilosophie? Kant entwickelt in der Schlusspassage der *TP* drei bedeutende Thesen zur Zwecklehre – insbesondere zum Verhältnis von Natur- und Moralteleologie – die für die weitere Entwicklung der Theorie organisierter Wesen und für Kants kritische Philosophie insgesamt wichtig werden. Die erste These ist jene, dass der Mensch nicht a priori wissen kann, dass es Zwecke in der Natur gibt, sondern mit apriorischer Sicherheit nur weiß, dass es Kausalität, nämlich Ursache und Wirkung überhaupt gibt. Kant folgert daraus, dass die Annahme von Naturzwecken empirisch bedingt ist. (Dieser Gedanke kehrt im fünften Abschnitt der *ZE* der *KU* wieder). Im Gegensatz dazu weiß der Mensch über moralische Zwecke in der praktischen Philosophie, dass sie aus der reinen praktischen Vernunft folgen, und damit nicht empirisch bedingt sind. Kant schließt daraus auf eine Hierarchie von Zwecken, in denen die empirisch bedingten natürlichen Zwecke den rein vernünftigen, unbedingten moralischen Zwecken untergeordnet sind.

> Nun sind die Zwecke entweder Zwecke der *Natur*, oder der *Freiheit*. Daß es in der Natur Zwecke geben müsse, kann kein Mensch a priori einsehen; dagegen er a priori ganz wohl einsehen kann, dass es darin eine Verknüpfung der Ursachen und Wirkungen geben müsse. Folglich ist der Gebrauch des teleologischen Princips in Ansehung der Natur jederzeit empirisch bedingt. Eben so würde es mit den Zwecken der Freiheit bewandt sein, wenn dieser vorher die Gegenstände des Wollens durch die Natur (in Bedürfnissen und Neigungen) als Bestimmungsgründe gegeben werden müßten [...]. Allein die Kritik der praktischen Vernunft zeigt, daß es reine praktische Principien gebe, wodurch die Vernunft a priori bestimmt wird, und die also a priori den Zweck derselben angeben. Wenn also der Gebrauch des teleologischen Princips zu Erklärungen der Natur darum, weil es auf empirische Bedingungen eingeschränkt ist, den Urgrund der zweckmäßigen Bedingung niemals vollständig und für alle Zwecke bestimmt gnug angeben kann: so muss man dieses dagegen von einer *reinen Zweckslehre* (welche keine andere als die der *Freiheit* sein kann) erwarten, deren Princip a priori die Beziehung einer Vernunft überhaupt auf das Ganze aller Zwecke enthält und nur praktisch sein kann (*TP* 8.182.15–35).

Kants zweite These ist, dass der Mensch moralische Zwecke in der Natur verwirklichen muss. Die Natur muss daher auch so gedacht werden können, als ob eine zweckförmige, vernünftige Ordnung in ihr verwirklicht werden kann. Dieser Gedanke führt zur dritten These, nämlich der Annahme einer obersten Ursache der Welt, welche (und dies scheint Kants impliziter Gedanke zu sein) die Reiche der Freiheit und der Natur so erschafft, dass apriorisch unbedingte Zwecke der Moral in und durch empirisch bedingte Zwecke der Natur verwirklicht werden können. Aus der Notwendigkeit der Verwirklichung moralisch unbedingter Zwecke ergibt sich ein Argument für die Notwendigkeit natürlich bedingter Zwecke, da die moralischen Handlungen des Menschen sonst nicht in der Natur verwirklicht werden könnten.

> Weil aber eine reine praktische Teleologie, d.i. eine Moral, ihre Zwecke in der *Welt* wirklich zu machen bestimmt ist, so wird sie deren *Möglichkeit* in derselben, sowohl was die darin gegebene *Endursachen* betrifft, als auch die Angemessenheit der *obersten Weltursache* zu einem Ganzen aller Zwecke als Wirkung, mithin sowohl die natürliche *Teleologie*, als auch die Möglichkeit einer Natur überhaupt, d.i. die Transscendental-Philosophie, nicht verabsäumen dürfen, um der praktischen reinen Zweckslehre objective Realität in Absicht auf die Möglichkeit des Objects in der Ausübung, nämlich die des Zwecks, den sie als in der Welt zu bewirken vorschreibt, zu sichern (*TP* 8.182.35–183.9).

Diese Thesen sind von großer Bedeutung. Kant entfaltet sie weiter in den programmatischen Passagen der *ZE* der *KU*.

## 1.1.8 Die *Kritik der Urtheilskraft*

In der *KU* nimmt Kant eine Einordnung der Theorie des Schönen – dessen, was als zweckförmig wahrgenommenen wird, und der Theorie organisierten Naturwesen – dessen, was als zweckförmig begriffen wird, in die kritische Philosophie im Ganzen vor. Zweckmäßig geordnete ästhetische und natürliche Objekte stehen für zwei Bereiche von Gegenständen der Erfahrung, die nicht nur unter die allgemeinen Gesetze der Gegenstände der Erfahrung überhaupt fallen, sondern die vom Menschen in der Mannigfaltigkeit ihrer empirischen Eigenschaften so beurteilt werden, als ob sie eine einheitliche zweckmäßige Ordnung besäßen. Sie sind nicht nur das, was sie sind, sondern erscheinen dem Menschen auch als das, was sie sein sollen. Wenn der Mensch ein ästhetisches Objekt als schön wahrnimmt, urteilt er nicht nur, dass diese Ecke blau und der Strich daneben rot ist, sondern dass das ästhetische Objekt die Erkenntniskräfte der Einbildungskraft und des Verstandes in ein harmonisches, für die Erkenntniskräfte zweckmäßiges Zusammenspiel bringt, das ihn ästhetische Lust empfinden lässt und ihm das Gefühl gibt, als sei es für die Fähigkeiten seiner Urteilskraft zweckmäßig so geschaffen, wie es sein soll. Wenn der Mensch einen Baum als Baum beurteilt, wird dieser nicht nur durch die allgemeinen Gesetze der Erfahrung als unveränderliche Substanz mit veränderlichen, akzidentellen Eigenschaften, als Bestandteil einer Kausalreihe oder eines kausalen Systems von wechselseitigen Ursachen und Wirkungen konstituiert, sondern er erscheint dem Menschen auch so, als ob er das werde, was er seinem Zwecke nach sein soll. Damit gewinnt Kant die Perspektive auf zwei Gegenstandsbereiche, deren Eigenschaften zwischen jenen Eigenschaften liegen, die für die Gegenstandsbereiche der ersten und der zweiten *Kritik* typisch sind und die einen „Übergang" oder eine „Brücke" zwischen theoretischer und praktischer Philosophie, zwischen Sein und Sollen herstellen können, weil sie eine zweckförmig vernünftige Ordnung in der Erfahrungswelt repräsentieren.

Schauen wir kurz zurück. Der Weg durch die Schriften vor und bis zur *KU*, in denen sich Kant zu organisierten Wesen äußert, ist durch zwei wesentliche Probleme und Bestrebungen, sie zu lösen, gekennzeichnet. Zum einen stellt Kant schon früh fest, dass ihm ein Gesetz fehlt, das über mechanische Eigenschaften hinaus die spezifische Besonderheit organisierter Wesen beschreibt. Kant findet diese spezifische Gesetzmäßigkeit in der Organisation, der zweckmäßigen Form organisierter Wesen. Die entsprechenden Kräfte und Gesetze sind bildende Kräfte und physisch teleologische Gesetze. In diese Linie der Entwicklung der Kantischen Gedanken gehören vor allem die Rassenschriften und die Kritik an Herder. Parallel entsteht durch Kants beginnende kritische Fundierung der Philosophie und deren Ausarbeitungen in der theoretischen und praktischen Philosophie das Teleologieproblem der kritischen Philosophie, in dem Kant nach einer Lösung für die

Frage sucht, wie moralische Kräfte und Gesetze (zweite *Kritik*), die dem Menschen aufgeben, moralische Zwecke in der Natur und Erfahrungswelt zu verwirklichen, in einer Natur (erste *Kritik*) verwirklicht werden können, die mechanischen Kräften und Gesetzen gehorcht. Die Lösung dieses Problems wird erst durch die Auffindung von zweckmäßig geordneten Gegenständen möglich, die als zweckmäßige Gegenstände Teil einer rein vernünftigen Ordnung, und die als Erfahrungsgegenstände dennoch Teil einer natürlichen Ordnung sind; dies sind die beiden Gegenstände der dritten *Kritik*: die schönen Gegenstände und die organisierten Wesen der Natur. In dieser Linie der Entwicklung der Kantischen Gedanken liegen die *MAN*, die „Dialektiken" der ersten und zweiten *Kritik* und die programmatischen Passagen der dritten Rassenschrift.

## 1.2 Ein Kommentar zur zweiten „Einleitung" und zur „Kritik der teleologischen Urtheilskraft"

Nach einer werkgeschichtlichen Einführung in jene Schriften Kants bis zum Jahre 1790, die eine Theorie organisierter Wesen oder Teile einer solchen Theorie vorbereiten und die beiden Probleme exponiert haben, auf welche die dritte *Kritik* eine Antwort gibt (1.1), komme ich nun zum Kommentar zentraler Passagen der Theorie organisierter Wesen in der *KU* (1.2). Ich setze mit den neun Abschnitten der *ZE* ein (1.2.1), gefolgt von den §§ 61–8 der „Analytik" (1.2.2), den §§ 69–78 der „Dialektik" (1.2.3) und den §§ 79–91 der „Methodenlehre" (1.2.4) der „Kritik der teleologischen Urtheilskraft".

### 1.2.1 Ein Kommentar zur zweiten „Einleitung"[9]

**Zusammenfassung:** Die *ZE* ist eine gekürzte und inhaltlich revidierte Fassung[10] der *EE*. Während Kant, wie aus dem Briefwechsel mit dem Buchhändler und

---

**9** Vgl. zu den neun Abschnitten der *ZE* die Analysen von Zuckert (2007, 23–86), die Anmerkungen von Frank/Zanetti (2001, III 1222–9), von Breitenbach (2009a, 13–36), Bojanowski (2008, 23–39) und von Brandt (2008b, 41–58).
**10** Lehmanns Vergleich beider Einleitungen kommt zu folgendem Ergebnis hinsichtlich der Änderungen in Aufbau und Inhalt: „Die ersten *vier* Kapitel der ersten Einleitung handeln vom Systembegriff (Philosophie als System, System der oberen Erkenntnisvermögen, System aller Vermögen, Erfahrung als System); in der zweiten Einleitung treten, und zwar in nur *drei* Kapiteln, an die Stelle des Systems als solchen: „Einteilung" und „Gebiet" der Philosophie, sowie die Kritik der Urteilskraft als „Verbindungsmittel" der theoretischen und praktischen Philosophie. Die reflektierende Urteilskraft wird im fünften Kapitel der ersten, im vierten Kapitel der zweiten Ein-

Verleger François Théodore de la Garde (1756–1824) hervorgeht, die *EE* bereits geschrieben hat, als er das Manuskript der *KU* Anfang 1790 in den Druck gibt, entwickelt er die *ZE* erst während der Drucklegung der *KU* aus der *EE*, weil ihm diese zu „weitläufig ausgefallen" schien und einer Abkürzung bedurfte (*Briefe* 11.143.16–23).[11] Die *ZE* hat neun Abschnitte. In Abschnitt eins stellt Kant die Zweiteilung der Philosophie in einen theoretischen und einen praktischen Teil vor und zeigt, dass eine bestimmte Form von Urteilen, technisch-praktische Sätze, die zwischen beiden Teilen der Philosophie zu stehen scheinen, der theoretischen Philosophie angehören. Kant bereitet damit den Gedanken einer Kluft zwischen den beiden Teilen der Philosophie vor, der in Abschnitt zwei deutlicher aufgezeigt wird. Zugleich betont Kant in Abschnitt zwei, dass es einen Übergang zwischen den beiden Gebieten der Philosophie geben müsse, da das Freiheitsgesetz aus der praktischen Philosophie in einer Natur verwirklicht werden soll, die den Naturgesetzen der theoretischen Philosophie gehorcht. Die Natur muss daher so gedacht werden können, dass sie mit dem moralischen Zweck zusammenstimmen kann, den das praktische Gesetz dem Menschen aufgibt. In Abschnitt drei exponiert Kant die Kritik der Urteilkraft als jenen (uneigentlichen) Teil der Philosophie, der das Verbindungsglied zwischen dem theoretischen und dem praktischen Teil der Philosophie bilden kann. Analog ist das Erkenntnisvermögen der Urteilskraft das vermittelnde Vermögen zwischen den Erkenntnisvermögen des Verstandes und der Vernunft; so wie die Urteilskraft, der das Gemütsvermögen des Gefühls der Lust und Unlust korrespondiert, ein Mittelglied zwischen den Gemütsvermögen der Erkenntnis und des Begehrens bildet. Kant rückt damit die Urteilskraft in die Position desjenigen Elements, das die Brücke zwischen den

---

leitung abgehandelt (hier unter der Überschrift: Urteilskraft als a priori gesetzgebendes Vermögen, erheblich kürzer als dort). Die nächsten beiden Kapitel der ersten Einleitung (VI und VII) finden sich, wenn man so will – es bestehen allerdings Differenzen – zusammengezogen im fünften Kapitel der zweiten Einleitung unter dem Titel: Formale Zweckmäßigkeit als transzendentales Prinzip der Urteilskraft. Umgekehrt verteilt sich der Inhalt des achten Kapitels der ersten Einleitung (Ästhetik) auf die beiden Kapitel VI und VII der zweiten (Verbindung der Lust mit der Zweckmäßigkeit, ästhetische Vorstellung der Zweckmäßigkeit der Natur). Werden im neunten Kapitel der zweiten Einleitung logische und ästhetische Vorstellung der Natur gegenübergestellt, so folgen in der ersten Einleitung auf die Ästhetik des Beurteilungsvermögens die teleologische Beurteilung (IX) und das Prinzip der technischen Urteilskraft (X). Auch an die Stelle des Schlußkapitels der zweiten Einleitung (Verknüpfungen der Gesetzgebungen des Verstandes und der Vernunft durch die Urteilskraft) finden sich in der ersten *zwei* Kapitel, nämlich (XI) eine enzyklopädische Introduktion der Kritik der Urteilskraft in das „System" der Kritik der reinen Vernunft, und (XII) eine „Einteilung" der Kritik der Urteilskraft. Diese „Einteilung" ist in der zweiten Einleitung durch eine kurze Überschrift ersetzt" (Lehmann 1927/[2]1970, xvi–xvii).
11 Vgl. die editorischen Anmerkungen von Klemme (2001, xxii–xxxi).

beiden Teilen der Philosophie bilden kann. In Abschnitt vier und fünf erörtert Kant das Wesen dieser Urteilskraft genauer. In Abschnitt vier unterscheidet er zwischen einer reflektierenden und einer bestimmenden Urteilskraft. Nur die reflektierende Urteilskraft kommt für die vermittelnde Rolle zwischen beiden Teilen der Philosophie in Frage, weil Kant der reflektierenden Urteilskraft das transzendentale Prinzip der durchgängigen und zweckmäßigen Einheit der empirischen Mannigfaltigkeit der Natur zuschreibt, durch das sie Zweckmäßigkeit und Einheit in der empirischen Mannigfaltigkeit der Natur finden kann. Denn die scheinbar regellose empirische Mannigfaltigkeit der Natur scheint sich der moralischen Zweckordnung, welche das Freiheitsgesetz in der Natur fordert, zu widersetzen. In Abschnitt fünf erkennt Kant diesem Prinzip einen transzendentalen Rang zu. In Abschnitt sechs argumentiert er, Abschnitt drei aufnehmend, dass das Vermögen der Urteilskraft deshalb mit dem Gefühl der Lust und Unlust verbunden ist, weil die Verbindung mehrerer heterogener empirischer Naturgesetze zur zweckförmigen Einheit eine fühlbare Lust im urteilenden Subjekt erzeugt. In Abschnitt sieben und acht vergleicht Kant zwei Spielarten der reflektierenden Urteilskraft: die ästhetisch teleologische und die physisch oder logisch teleologische. Die ästhetisch teleologische Urteilskraft ist auf die Wahrnehmung einer Lust bezogen, die im Zusammenspiel von Einbildungskraft und Verstand angesichts eines schönen Gegenstandes in der Kunst oder Natur entsteht. Die physisch oder logisch teleologische Urteilskraft ist auf eine begriffliche Zusammenarbeit von Verstand und Vernunft bezogen. In dieser sucht die Urteilskraft zu empirischen Verstandesbegriffen oder -gesetzen, welche die empirische Mannigfaltigkeit der Natur beschreiben, einen Vernunftbegriff, das heißt, ein physisch teleologisches Gesetz, das durch den Begriff eines Naturzwecks Einheit in der empirischen Mannigfaltigkeit der Natur schafft. In Abschnitt neun identifiziert Kant die reflektierende Urteilskraft und ihr Prinzip der transzendentalen Zweckmäßigkeit als die gesuchte Brücke zwischen den beiden Teilen der Philosophie. Sie erlaubt einen Übergang zwischen Freiheitsbegriff und Naturbegriff, weil sie es ermöglicht, die Natur so anzusehen, als ob der Zweck, den das praktische Gesetz dem Menschen aufträgt, in einer Natur verwirklicht werden kann, die theoretischen Naturgesetzen gehorcht. Denn die Natur besitzt nun nicht nur die allgemeine Ordnung und Einheit nach notwendigen mechanischen Naturgesetzen aus der theoretischen Philosophie, sondern folgt auch physisch teleologischen Gesetzen, durch welche die empirische Mannigfaltigkeit der Natur als Bestandteil einer zweckförmigen Ordnung und Einheit betrachtet werden kann.

I

**Zusammenfassung:** Unter dem Titel *„Von der Eintheilung der Philosophie"* (*KU* 5:171.3) beginnt Kant den ersten Abschnitt der ZE der *KU* mit der Beschreibung der Zweiteilung der Philosophie, die eine Kluft zwischen den beiden Teilen der Philosophie aufzeigen soll. Der eine Teil, die theoretische Philosophie oder Erkenntnislehre der Natur, behandelt die Prinzipien der Möglichkeit der Dinge nach Naturbegriffen (den theoretischen Naturgesetzen). Der andere Teil, die praktische Philosophie oder Moralphilosophie bzw. Sittenlehre, dreht sich um das Prinzip der Möglichkeit der Dinge nach dem Freiheitsbegriff (dem praktischen Gesetz). Kant unterstreicht die Kluft zwischen den beiden Teilen durch einen Sonderfall, der, obgleich er zunächst zwischen beiden Teilen der Philosophie zu stehen scheint, sich dennoch eindeutig der theoretischen Philosophie zuordnen lässt. Zwar scheinen technisch praktische Gesetze als praktische Vorschriften zur praktischen Philosophie zu gehören, sie sind aber doch Bestandteil der theoretischen Philosophie, genauer der praktisch angewandten theoretischen Philosophie, da das den Willen bestimmende Prinzip, welches die technisch praktische Handlung verursacht, ein Naturbegriff ist. Naturbegriffe und der theoretische Teil der Philosophie, so Kant weiter, sind auf das sinnlich Bedingte, nur der Freiheitsbegriff und der im strikten Sinne praktische Teil der Philosophie, sind auf das Unbedingte bezogen.

*KU* **5:171.1 – 8** In Absatz eins greift Kant eine ihm bekannte Zweiteilung der Philosophie in die theoretische und praktische Philosophie auf. Die Zweiteilung betrifft die Philosophie insofern sie sich auf die „Principien der Vernunfterkenntniß der Dinge [...] durch Begriffe" (*KU* 5:171.4 – 6), also auf bestimmte Objekte bezieht, und nicht, wie die Logik, nur die Form des Denkens betrachtet, ohne auf den Unterschied der Objekte zu achten. Kant stimmt der Zweiteilung der Philosophie zu. Verschieden nuancierte Lesarten ergeben sich an dieser Stelle, wenn man das Wort ‚Begriffe' durch die aus der ersten *Kritik* bekannten zwei Arten von Begriffen, Kategorien als Verstandesbegriffen und Ideen als Vernunftbegriffen, deutet, oder wenn man, stimmiger, das Wort ‚Begriffe' durch Gesetze bzw. „Gesetzgebung[en]" (*KU* 5:171.22 – 3) oder „Grundsätze" (*KU* 5:171.19) interpretiert, die den beiden Teilen der Philosophie zugrunde liegen.

*KU* **5:171.8 – 172.3** Am Ende von Absatz eins und in Absatz zwei schließt Kant die These an, dass die Zweiteilung der Philosophie in theoretische und praktische Philosophie auf zwei verschiedenen Arten von Begriffen beruht. „*Naturbegriffe*" (Plural), theoretische Gesetze der Natur, liegen der theoretischen, der „*Freiheitsbegriff*" (*KU* 5:171.14 – 5) (Singular), das praktische Gesetz der Moral, liegt der praktischen Philosophie zugrunde. Daher können die Teile der Philosophie

„*Naturphilosophie*" (*KU* 5:171.21) und „*Moralphilosophie*" (*KU* 5:171.22) genannt werden.

Ab dem Ende des zweiten Absatzes wendet sich Kant dem speziellen Problem zu, dass es zwei Arten des Praktischen gibt, ein „Praktische[s] nach Naturbegriffen" und ein „Praktische[s] nach dem Freiheitsbegriffe" (*KU* 5:171.26–7), was die genannte Zweiteilung der Philosophie in einen theoretischen, auf Naturbegriffen beruhenden, und einen praktischen, auf dem Freiheitsbegriff beruhenden Teil der Philosophie, zu unterlaufen scheint. Denn nach der Zweiteilung der Philosophie müssten beide Arten des Praktischen in den Bereich der praktischen Philosophie gehören, was aber dem Fakt widerspricht, dass das Praktische nach Naturbegriffen durch Ursachen bewirkt wird, die als Naturbegriffe der theoretischen Philosophie zugeordnet werden müssen.

*KU* **5:172.4–22** In den Absätzen drei und vier erklärt Kant, wie es zum Unterschied eines Praktischen nach Naturbegriffen und eines Praktischen nach dem Freiheitsbegriff kommt. Das doppelte Auftreten des Praktischen rühre daher, dass das Praktische auf dem Willen beruht, und der Wille ein Vermögen ist, das durch Begriffe (Gesetze, Grundsätze) zum Handeln bestimmt werden kann. Da diese Begriffe entweder Naturbegriffe (Naturgesetze) oder der Freiheitsbegriff (das praktische Gesetz) sind, folgt der Wille entweder einem technisch praktischen Prinzip, wenn er durch ein Naturgesetz bestimmt wird, oder einem moralisch praktischen Prinzip, wenn er einem Gesetz folgt, das auf der menschlichen Freiheit beruht.

*KU* **5:172.23–36** Damit stellt sich die Frage, zu welchem Teil der Philosophie dann die technisch praktischen Prinzipien gehören. In Absatz fünf behauptet Kant, dass alle technisch praktischen Bestimmungen des Willens nur „Corollarien zur theoretischen Philosophie" (*KU* 5:172.26–7) sind und nicht zur praktischen Philosophie gehören, da es sich um praktische Vorschriften handelt, in denen der Wille durch Naturbegriffe bestimmt wird.[12]

*KU* **5:172.37–173.17** Diese Zuordnung wird in Absatz sechs dahingehend präzisiert, dass Kant innerhalb der theoretischen Philosophie zwei Bereiche unterscheidet: einen Bereich der theoretischen Philosophie, der sich mit Naturbegriffen beschäftigt, insofern sie der Erkenntnis dienen, und einen Bereich der

---

12 Diese Passage ist insbesondere in Blick auf Kants 1785 verfasste *GMS* höchst bemerkenswert, da Kant in ihr nicht nur technische Imperative (technische Imperativen der Kunst, „*Regeln* der Geschicklichkeit", *GMS* 4:416.19, 29), sondern auch pragmatische Imperative („*Rathschläge* der Klugheit", *GMS* 4:416.19, *GMS* 4:417.1) in die theoretische Philosophie eingliedert. Dies ist insofern überraschend, als Kant in der *GMS* beide nicht als Prinzipien der theoretischen Philosophie beschreibt. Im Kontext der *GMS* scheint sich eher nahe zu legen, dass es sich um praktische Regeln handelt, wenngleich keine moralisch praktischen.

theoretischen Philosophie, der sich mit Naturbegriffen befasst, insofern sie als handlungsbestimmende Ursachen in praktischen Vollzügen angewandt werden (praktisch angewandte theoretische Philosophie). Zur letzteren Gruppe von Gegenständen der praktisch angewandten theoretischen Philosophie, deren Herstellung auf technisch praktischen Regeln beruht, gehören Disziplinen wie die „Feldmeßkunst", die „mechanische oder chemische Kunst der Experimente", die „Haus-, Land-, Staatswirthschaft, die Kunst des Umganges, die Vorschrift der Diätetik" und die „Glückseligkeitslehre" (*KU* 5:173.1–7).

**KU 5:173.17–36** In den letzten Zeilen des sechsten und im siebten Absatz erklärt Kant den Unterschied zwischen den beiden Formen des Praktischen noch einmal andres. Technisch praktische Prinzipien in der theoretischen Philosophie handeln vom sinnlich Bedingten, moralisch praktische Prinzipien dagegen vom nicht mehr sinnlich Bedingten, dem Unbedingten oder „[Ü]bersinnlichen" (*KU* 5:173.22, 33).

## II

**Zusammenfassung:** In Abschnitt eins der ZE betont Kant die Kluft zwischen dem theoretischen und dem praktischen Teil der Philosophie und ordnet technisch praktische Regeln, die zwischen beiden Teilen der Philosophie zu stehen scheinen – pointiert – der theoretischen Philosophie zu, was die Kluft zwischen den beiden Teilen der Philosophie nur zu befestigen scheint. In den neun Absätzen des zweiten Abschnittes, unter dem Titel „*Vom Gebiete der Philosophie überhaupt*" (*KU* 5:174.2), bahnt Kant den Gedanken der notwendigen Zusammenstimmung beider Teile der Philosophie in einem „Grund der *Einheit*" (*KU* 5:176.10) an. Diese Zusammenstimmung wird erforderlich, weil die praktischen Vollzüge des Menschen, die dem Gesetz der Freiheit gehorchen, in der Natur, oder anders formuliert, weil das nicht sinnlich Bedingte (Unbedingte) im sinnlich Bedingten verwirklicht werden muss. Kant führt dafür eine Metaphernsprache von „Feld", „Boden" und „Gebiet" ein, anhand derer er aufzeigt, dass es zwei Gebiete der Philosophie, die theoretische und praktische gibt, die dennoch auf einem gemeinsamen Boden, dem der Erfahrung, wirksam werden, und daher aus einer Einheit begründet sind. Diese Einheit hat ihren Grund nicht in der bloßen Vereinbarkeit beider Gebiete im Bereich der Erfahrung, sondern in einem Feld des Übersinnlichen und der Einheit beider Gebiete im Übersinnlichen, das aus der Perspektive keines der beiden Gebiete der Philosophie erkennbar ist, aber dennoch einen Übergang von dem einen zum anderen Teil der Philosophie ermöglicht.

**KU 5:174.1–22** Abschnitt zwei der ZE ist besonders schwierig, da er mit einem Überschuss von Begrifflichkeit arbeitet und seinen Gedanken nicht linear entfaltet. Nachdem Kant in Absatz eins zunächst konstatiert, dass der Gebrauch menschlicher Erkenntnisvermögen so weit reiche, wie seine apriorischen Begriffe (Gesetze) Anwendung finden, und, so Absatz zwei, Gegenstände der menschlichen Erkenntnis anhand der Zulänglichkeit oder Unzulänglichkeit dieser Vermögen zu Erkenntnis eingeteilt werden können, führt Kant im dritten Absatz die Begriffe „Feld", „Boden (territorium)" und „Gebiet (ditio)" (*KU* 5:174. 11, 14, 16) als Metaphern ein, um die Reichweite und Funktion menschlicher Erkenntniskräfte und ihrer Gegenstände zu beschreiben. Vereinfacht gesagt bezeichnet Kant mit dem Begriff ‚Gebiet' die beiden theoretischen und praktischen Gesetzgebungen des menschlichen Verstandes und der Vernunft; mit dem Begriff ‚Boden' die Welt der Dinge, so wie sie dem Menschen anhand dieser Gesetzgebungen erscheinen; und mit dem Begriff ‚Feld' den Bereich der Dinge an sich oder des Übersinnlichen, die der Welt der Erscheinungen zugrunde liegen.

*KU* 5:174.23 – 175.13 Die beiden in Abschnitt eins der *ZE* eingeführten Teile der theoretischen und praktischen Philosophie erscheinen nun als „zwei Gebiete" – das der „Naturbegriffe" und das des „Freiheitsbegriffs" (*KU* 5:174.23 – 4) – in welchen das menschliche Erkenntnisvermögen durch den Verstand a priori „gesetzkundig" (*KU* 5:174.36) im Falle der Naturbegriffe, und durch die Vernunft a priori „gesetzgebend" (*KU* 5:174.25; vgl. *KU* 5:175.3) im Falle des Freiheitsbegriffs ist. Kant betont in den Absätzen vier bis sechs, dass die beiden Gesetzgebungen distinkt sind, dass aber „der Boden, auf welchem ihr Gebiet errichtet und ihre Gesetzgebung *ausgeübt* wird", derselbe „Inbegriff der Gegenstände aller möglichen Erfahrung", derselbe Bereich der „Erscheinungen" (*KU* 5:174.26 – 9) sei.

Am Ende von Absatz sechs verweist Kant darauf, dass in der ersten *Kritik* bereits gezeigt wurde, dass beide Gesetzgebungen der theoretischen und praktischen Philosophie, obgleich verschieden, dennoch zusammen bestehen können (*KU* 5:175.9 – 13). Diese Bemerkung bezieht sich auf die Antinomie der reinen Vernunft (*KrV* A 444 – 51/B 472 – 9), in deren Auflösung (*KrV* A 532 – 58/B 560 – 86) Kant zeigt, dass die Kausalitäten der Freiheit und der Natur dann zusammen bestehen können, wenn man bedenkt, dass die Freiheit als Ursache auf einem intelligiblen, intellektuellen, die Naturkausalität als Ursache auf einem sensiblen, empirischen Charakter des Menschen beruht, die in der Erfahrungswelt in ein- und derselben Wirkung widerspruchsfrei zusammen stattfinden können.

*KU* 5:175.14 – 25 In Absatz sieben analysiert Kant tiefer, warum die beiden Gebiete, das heißt, die beiden Teile der Philosophie und ihre Gesetzgebungen, „nicht *Eines*" (*KU* 5:175.16) sind, wenngleich sie vereinbar sein können. Dies liegt daran, dass „der Naturbegriff zwar seine Gegenstände in der Anschauung, aber nicht als Dinge an sich selbst, sondern als bloße Erscheinungen, der Freiheitsbegriff dagegen in seinem Objecte zwar ein Ding an sich selbst, aber nicht in der Anschauung vorstellig machen, mithin keiner von beiden ein theoretisches

Erkenntniß von seinem Objecte [...] als Dinge an sich verschaffen kann, welches das Übersinnliche sein würde" (*KU* 5:175.16–22). Der Naturbegriff, die theoretischen Naturgesetze des Verstandes, stellen Dinge in der Anschauung raum-zeitlich und empirisch dar, aber nur als Erscheinungen, nicht als Dinge an sich selbst. Der Verstand hat gar keinen Zugang zu Dingen, wie sie an sich selbst sind. Der Freiheitsbegriff, das reine praktische Gesetz der Vernunft, wird als unbedingt und von sinnlichen Bedingungen unabhängig, als Ding an sich und Übersinnliches vorgestellt, kann aber gerade deshalb nicht anschaulich gemacht werden. Keines der beiden Gebiete, keine der beiden Gesetzgebungen, hat einen Zugriff auf die Erkenntnis des Übersinnlichen und auf die Erkenntnis der Dinge an sich. Die nicht deutlich genug ausgesprochene Annahme, die dieses Argument Kants zum Tragen bringt, ist jene, dass den Dingen, so, wie sie dem Menschen erscheinen, ein Ding an sich, ein Übersinnliches zugrunde liegt. Denn sonst hätte der Mensch kein Bewusstsein davon, dass ihm die Dinge nach Maßgabe *seiner* Erkenntnisvermögen so und so erscheinen (und anderen Wesen nach Maßgabe *ihrer* Erkenntnisvermögen anders erscheinen können).

*KU* **5:175.26–176.15** Damit ist Kant wieder bei der Metapher des Feldes angelangt. Wenngleich, so die Absätze acht und neun, keines der beiden Gebiete und keine der beiden Gesetzgebungen der theoretischen oder praktischen Philosophie eine theoretische Erkenntnis der Dinge an sich, des Übersinnlichen, verfügbar machen können, so hat das nicht sinnlich Bedingte, Übersinnliche, dennoch „praktische Realität" (*KU* 5:175.33). Es gibt ein unbegrenztes, unzugängliches Feld des Übersinnlichen, das den theoretischen Erkenntnisvermögen des Menschen verschlossen bleibt, von dem der Mensch aber in seinen praktischen Vollzügen Gebrauch macht. Warum ist das so? Was meint Kant damit?

Einerseits ist dem Menschen die Freiheit als Kausalität der reinen praktischen Vernunft in seinen Handlungsvollzügen bewusst. Wenn er autonom, aus reiner praktischer Vernunft, handelt, ist ihm ein übersinnlicher (nicht sinnlich bedingter) Handlungsgrund faktisch zugänglich, wenngleich er keine theoretische Erkenntnis von ihm hat. Andererseits finden seine aus der Kausalität der Freiheit motivierten Handlungen in der Erfahrungswelt statt. Das heißt, der Mensch handelt unter der Voraussetzung, dass die Kausalität der Freiheit (etwas sinnlich Unbedingtes, Übersinnliches) in der Natur (dem sinnlich Bedingten) angewandt und verwirklicht werden kann. Es muss also eine Entsprechung des sinnlich Unbedingten (des Bereichs der Freiheit) zum sinnlich Bedingten (dem Bereich der Natur) geben, das die Anwendung sinnlich unbedingter Gesetze im sinnlich Bedingten möglich macht. In Kants Worten:

> Ob nun zwar eine unübersehbare Kluft zwischen dem Gebiete des Naturbegriffs, als dem Sinnlichen, und dem Gebiete des Freiheitsbegriffs, als dem Übersinnlichen, befestigt ist, so

daß von dem ersteren zum anderen (also vermittelst des theoretischen Gebrauchs der Vernunft) kein Übergang möglich ist [...]: so *soll* doch diese auf jene einen Einfluß haben, nämlich der Freiheitsbegriff soll den durch seine Gesetze aufgegebenen Zweck in der Sinnenwelt wirklich machen; und die Natur muß folglich auch so gedacht werden können, daß die Gesetzmäßigkeit ihrer Form wenigstens zur Möglichkeit der in ihr zu bewirkenden Zwecke nach Freiheitsgesetzen zusammenstimme. – Also muß es doch einen Grund der *Einheit* des Übersinnlichen, welches der Natur zum Grunde liegt, mit dem, was der Freiheitsbegriff praktisch enthält, geben, wovon der Begriff [...] den Übergang von der Denkungsart nach den Principien der einen zu der nach Principien der anderen möglich macht (*KU* 5:175.36–176.15).

Diese Passage der ZE ist, wie schon gesagt wurde, eine Schlüsselstelle für das gesamte Verständnis der dritten *Kritik* und der in ihr vertretenen Theorie organisierter Wesen.

### III

**Zusammenfassung:** Hat Abschnitt eins der ZE die Kluft, Abschnitt zwei die Notwendigkeit der Überbrückung der Kluft zwischen den beiden Teilen der Philosophie angezeigt, führt Abschnitt drei, schon im Titel, die *„Urtheilskraft"* als *„Verbindungsmittel der zwei Theile der Philosophie zu einem Ganzen"* (*KU* 5:176.17–8) ein – nicht auf der Ebene der Zweiteilung der Philosophie als Lehren von verschiedenen Gegenständen, sondern auf der Ebene der Kritik der Erkenntnisvermögen und ihrer Prinzipien a priori und der ihnen assoziierten Gemütsvermögen. Ziel der kryptischen Argumentation ist die Vorbereitung von Abschnitt vier der ZE, in der die Urteilskraft als drittes, a priori gesetzgebendes bzw. Gesetze suchendes Vermögen neben und zwischen Verstand und Vernunft aufgewiesen und näher bestimmt werden soll (*KU* 5:179.17–8). Abschnitt drei soll die vermittelnde Stellung der Urteilskraft plausibel machen.

Während die Philosophie eine Zweiteilung besitzt, enthält die Ebene der Kritik der Erkenntnisvermögen Prinzipien, die als solche weder im einen noch im anderen Teil der Philosophie untergebracht werden können (Absatz eins, zwei). So gibt es auf der Ebene der Kritik der Erkenntnisvermögen nicht nur den Verstand und die Vernunft, sondern ein „Mittelglied zwischen dem Verstande und der Vernunft", die (Kritik der) *„Urtheilskraft"* (*KU* 5:177.5–6). Aufgrund einer Analogie mit Verstand und Vernunft schließt Kant, dass die Urteilskraft, selbst wenn sie keine eigene Gesetzgebung hervorbringt, doch ein subjektiv apriorisches Prinzip enthält, nach einer bestimmten Form von Gesetzen zu suchen (Absatz drei).

Im vierten Absatz assoziiert Kant die drei Erkenntnis- mit drei Gemütsvermögen. Kant behauptet nun thetisch, dass der Verstand mit dem Gemütsvermögen der Erkenntnis, die Vernunft mit dem Gemütsvermögen des Begehrens verknüpft ist, und, da zwischen Begehren und Erkennen ein weiteres Gemütsvermögen auftritt, das einen Übergang zwischen Begehren und Erkennen herstellt – das Gefühl der Lust und Unlust – es auch ein apriorisches Prinzip geben müsste, das zwischen den apriorischen Prinzipien des Verstandes und dem apriorischen Prinzip der Vernunft vermittelt (Absatz 4). Wenngleich also die Philosophie nur zwei Teile hat, den theoretischen und den praktischen, sind die Ebenen der Kritik der Erkenntnisvermögen, ihrer apriorischen Prinzipien und die Ebene der Gemütsvermögen dreiteilig: die Kritik des a priori gesetzgebenden (gesetzkundigen) Verstandes, die Kritik der a priori Gesetze suchenden Urteilskraft und die Kritik der a priori gesetzgebenden Vernunft korrespondiert den Gemütsvermögen des Erkennens, der Empfindung von Lust und Unlust und des Begehrens (Absatz fünf). Es muss also ein apriorisches Prinzip der Urteilskraft geben – welches es ist, beantwortet Kant im vierten Abschnitt der ZE.

*KU* 5:176.16 – 28 In Absatz eins führt Kant die nun neu zu betrachtende Ebene der Kritik der Erkenntnisvermögen ein und konstatiert in den Metaphern von Abschnitt zwei der ZE, dass diese nicht im eigentlichen Sinne ein Gebiet habe, das heißt, Gesetze für bestimmte Objekte gebe, sondern dass sie die Vorfrage klärt, ob und wie durch die menschlichen Erkenntnisvermögen apriorische Prinzipien, und durch diese, Gesetze für bestimmte Objekte möglich werden. Die Kritik ist daher zunächst auf ein freies Feld ihrer Anwendung bezogen, das durch das Verfahren der Kritik, der Betrachtung der Natur der jeweiligen Erkenntnisprinzipien, so eingeschränkt wird, wie es die jeweiligen Erkenntnisvermögen und ihre Prinzipien erlauben. Die Zweiteilung der Philosophie in theoretische und praktische Philosophie setzt nicht notwendig eine Zweiteilung der Kritik voraus, da die Kritik auch etwas enthalten kann, was weder unmittelbar zum theoretischen noch zum praktischen Gebrauch taugt.

*KU* 5:176.29 – 177.12 In Absatz zwei rechtfertigt Kant ein weiteres Mal die Zweiteilung der Philosophie – ihr theoretischer Teil beruht auf Naturbegriffen und der Gesetzgebung des Verstandes, die „den Grund zu allem theoretischen Erkenntniß a priori", ihr praktischer Teil auf dem Freiheitsbegriff und der Gesetzgebung der Vernunft, die „den Grund zu allen sinnlich-unbedingten praktischen Vorschriften a priori" (*KU* 5:176.29 – 33) enthalten – bevor er in Absatz drei den Gedanken vorstellt, dass es zwischen den Erkenntnisvermögen des Verstandes und der Vernunft ein „Mittelglied" (*KU* 5:177.5) geben könne, nämlich die „*Urtheilskraft*" (*KU* 5:177.6), die, wenn man die Analogie zulässt, zwar keine eigene Gesetzgebung a priori wie der Verstand Naturgesetze und die Vernunft das Gesetz der Freiheit hat, so doch über ein ihr eigenes, subjektiv apriorisches „Princip", „nach Gesetzen zu suchen" (*KU* 5:177.8) verfügt.

*KU* 5:177.13 – 179.5 In Absatz vier wechselt Kant auf die Ebene der Gemütsvermögen, um ein weiteres Argument für die Urteilskraft als Mittelglied zwischen den beiden Teilen der Philosophie zu finden. Kant nennt drei Gemütsvermögen, das „*Erkenntniβvermögen*", das „*Gefühl der Lust und Unlust*" und das „*Begehrungsvermögen*" (*KU* 5:177.19 – 20). Im Erkenntnisvermögen ist der Verstand gesetzgebend durch apriorische Naturbegriffe für theoretische Erkenntnisse der Natur. Im Begehrungsvermögen ist die praktische Vernunft gesetzgebend durch einen apriorischen Freiheitsbegriff für eine praktische Gestaltung der Dinge. Da es, wie zwischen Erkenntnis- und Begehrungsvermögen ein Gefühl der Lust und Unlust, zwischen Verstand und Vernunft als Erkenntnisvermögen das Vermögen der Urteilskraft geben müsse, und da Verstand und Vernunft je ihre Prinzipen a priori haben, vermutet Kant, dass auch die Urteilskraft ein eigenes Prinzip a priori enthalte. Kant argumentiert außerdem, dass die Lust einen „Übergang" (*KU* 5:179.2) zwischen Begehren und Erkennen darstellt, weil das Gemütsvermögen der Lust und Unlust mit dem Begehrungsvermögen verbunden ist (er sagt nicht wie, und auch nicht, ob und wie es mit dem Erkenntnisvermögen verbunden ist, so dass es tatsächlich zwischen beiden steht). Analog sei zu vermuten, dass die Urteilskraft und ihr Prinzip a priori einen „Übergang" (*KU* 5:179.4) zwischen Verstand und Vernunft und deren beiden apriorischen Prinzipien, sowie der durch diese konstituierten Teile der Philosophie ermögliche.

*KU* 5:179.6 – 15 Wenngleich also die Philosophie nur zwei Teile hat, den theoretischen und den praktischen, sind die Ebenen der Kritik der Erkenntnisvermögen, ihrer Prinzipien und die Ebene der Gemütsvermögen dreiteilig: die Kritik des a priori gesetzgebenden (gesetzkundigen) Verstandes, die Kritik der a priori Gesetze suchenden Urteilskraft und die Kritik der a priori gesetzgebenden (reinen praktischen) Vernunft korrespondiert den Gemütsvermögen des Erkennens, der Empfindung von Lust und Unlust und des Begehrens (Absatz fünf). Es stellt sich damit die Frage, welches das apriorische Prinzip, oder das a priori Gesetze suchende Prinzip der Urteilskraft ist. Auf diese Frage antwortet Kant im vierten Abschnitt der *ZE*.

Der dritte Abschnitt der *ZE* ist unglücklich stark komprimiert und repetitiv zugleich. Kant argumentiert schematisch auf verschiedenen Ebenen (der Ebene der Philosophie, der Ebene der Kritik der Erkenntnisvermögen und ihrer Prinzipien, der Ebene der Gemütsvermögen), ohne die Ebenen klar zu trennen und die dort eingeordneten Begriffe hinreichend zu definieren. Er konstruiert Analogien und Parallelen zwischen diesen Ebenen, stützt diese aber nicht argumentativ. Auch fühlt sich der mit Kants Schriften, etwa den anderen beiden *Kritiken* und Kants praktischen Schriften, vertraute Leser, eher irritiert durch die verkürzenden Kantischen Repliken auf Theoreme, die in diesen Schriften entwickelt wurden. Um nur einige dieser Schwierigkeiten zu nennen: Die Gesetze des Verstandes in der theoretischen Philosophie und die der Vernunft in der praktischen Philosophie beruhen zwar auf apriorischen Verstandesbegriffen (Kategorien) und apriorischen

Vernunftbegriffen (Ideen), aber je nicht nur auf diesen. So ergeben sich die apriorischen Gesetze (Grundsätze) des Verstandes aus Kategorien, die auf Anschauungsformen bezogen werden, das apriorische Gesetz der reinen praktischen Vernunft aus einer Idee, die auf Maximen (Verstandesbegriffe) angewendet und von einem moralischen Gefühl begleitet wird. Kant trennt nie sauber zwischen theoretischer und praktischer Vernunft. Die Urteilskraft wird in Abschnitt drei mit Lust und Unlust als Gemütsvermögen assoziiert. Diese Kennzeichnung ist für die Lehren der Ästhetik der *KU* korrekt, nicht aber für die Naturzwecklehre, wo eine mit dem reflektierenden Urteilen verbundene Lust nicht erwähnt wird. – Insgesamt hilft es, schon an dieser Stelle jenes Schema hinzuzuziehen, das Kant ans Ende des neunten Abschnittes der *ZE* anfügt, um die Ebenen auseinanderzuhalten, die Kant in Abschnitt drei adressiert. Kant operiert in etwa mit den folgenden Einteilungen:

| Ebene der Gemütsvermögen | Ebene der Erkenntnisvermögen | Ebene der Prinzipien a priori | Ebene der Teile der Philosophie |
|---|---|---|---|
| Erkennen | Verstand | Verstandesgesetze beruhend auf Naturbegriffen | Theoretische Philosophie (Philosophie der Natur) |
| Lustempfinden | Urteilskraft | subjektives Prinzip, nach Gesetzen zu suchen | Übergang, Mittelglied, Brücke zwischen den Teilen der Philosophie |
| Begehren | Vernunft | Vernunftgesetz beruhend auf Freiheitsbegriff | praktische Philosophie (Philosophie der Freiheit) |

## IV

**Zusammenfassung:** Mit dem Titel „*Von der Urtheilskraft, als einem a priori gesetzgebenden Vermögen*" (*KU* 5:179.17–8) leitet Kant im Abschnitt vier der *ZE* die Charakterisierung jenes Erkenntnisvermögens und jener besonderen Gesetzmäßigkeit ein, die nicht nur für die Verbindung der beiden Teile der Philosophie und damit für das gesamte kritische Projekt der Einheit der Philosophie, sondern spezifischer auch für die Erkenntnis und Seinsweise organisierter Wesen[13] eine entscheidende Rolle spielt: die reflektierende Urteilskraft und das physisch teleologische Urteil (Gesetz), in dessen Kern das transzendentale Prinzip der Zweckmäßigkeit steht.

---

13 Diese Form der Beurteilung ist auch für schöne Gegenstände entscheidend, die Kant in *ZE* Abschnitt vier nicht explizit thematisiert.

Kant bestimmt zunächst das neu eingeführte Vermögen der Urteilskraft. Er unterscheidet zwei Arbeitsweisen der Urteilskraft, das Bestimmen und das Reflektieren, und hinterfragt dann eine dieser Arbeitsweisen, die der reflektierenden Urteilskraft genauer. Abschnitt eins und der erste Satz von Abschnitt zwei erläutern das Wesen und die Gesetzmäßigkeit der Urteilskraft, wenn sie auf bestimmende Weise, der letzte Satz von Abschnitt eins und alle anderen vier Abschnitte setzen sich mit dem Wesen und der Gesetzmäßigkeit der Urteilskraft auseinander, wenn sie auf reflektierende Weise tätig wird. Die reflektierende Tätigkeit der Urteilskraft beruht auf einer Gesetzmäßigkeit, die Kant als ein apriorisches Prinzip der Einheit beschreibt (Abschnitt zwei). Dieses apriorische Prinzip der Einheit ist dem ursächlichen Tun eines schaffenden, nicht menschlichen Verstandes verwandt (Abschnitt drei) und wird als ein Wirken nach Zweckbegriffen vorgestellt (Abschnitt vier). Die dabei involvierten Zweckbegriffe sind verschieden von praktischen Zwecksetzungen in der Kunstproduktion oder in moralischen Handlungen des Menschen, können aber in Analogie zu diesen vorgestellt werden (Abschnitt fünf).

*KU* 5:179.16 – 180.17 Die Urteilskraft als solche, so Kant, ist „das Vermögen, das Besondere als enthalten unter dem Allgemeinen zu denken" (*KU* 5:179.19 – 20); das heißt, sie ist ein Vermögen, das ein Verhältnis zwischen dem Allgemeinen und dem Besonderen herstellt. An anderen Stellen erläutert Kant dieses Vermögen so, dass es immer zwischen zwei anderen Vermögen wirksam ist, etwa zwischen empirischen oder apriorischen Anschauungen der Sinnlichkeit und empirischen oder apriorischen Begriffen des Verstandes, oder zwischen empirischen oder apriorischen Begriffen des Verstandes und apriorischen Begriffen der Vernunft.

Wird die Urteilskraft auf bestimmende Weise tätig, ist ihr das Allgemeine, „die Regel, das Princip, das Gesetz" (*KU* 5:179.20 – 1), gegeben, und sie sucht das Besondere, das unter dieses Allgemeine subsumiert werden kann. Kant erwähnt als Beispiel den Fall, dass der Urteilskraft das Allgemeine in Form der „allgemeinen transscendentalen Gesetze[]" (*KU* 5:179.27 – 8) des Verstandes gegeben ist, und sie das Besondere sucht, das unter dieses Gesetz subsumiert und durch dieses bestimmt werden kann, etwa empirische oder apriorische Anschauungsdaten. Konkret könnte man etwa an das Kausalprinzip als allgemeines, transzendentales Verstandesgesetz denken, unter das die Urteilskraft Fälle subsumiert, in denen das Kausalprinzip in der Erfahrungswelt (sinnlich anschaulich) repräsentiert ist.

Wird die Urteilskraft dagegen auf reflektierende Weise tätig, ist ihr das „Besondere gegeben", „wozu sie das Allgemeine finden soll" (*KU* 5:179.25). Sie ist dann etwa mit einer Fülle von sinnlich gegebenen Anschauungsdaten konfrontiert, die sie unter einen Begriff vereinen will, der das gemeinsame Merkmal dieser Erfahrungsdaten enthält; oder sie sieht sich mit mehreren besonderen empirischen Gesetzen konfrontiert, die sie unter ein höheres (allgemeineres) empirisches Gesetz vereinen will, welches das gemeinsame Merkmal der besonderen, empirischen Gesetze enthält. Der letztgenannte Fall der Ordnung der besonderen, empirischen Gesetze, in Bezug auf die Gesetze der Natur, ist jener, der im Fortgang der Argumentation Bedeutung für die Theorie der organisierten Wesen erhält. Kant nennt ihn schon in der ZE:

> Allein es sind so mannigfaltige Formen der Natur, gleichsam so viele Modificationen der allgemeinen transscendentalen Naturbegriffe, die durch jene Gesetze, welche der reine Verstand a priori giebt [...] unbestimmt gelassen werden, daß dafür doch auch Gesetze sein müssen, die zwar als empirische nach *unserer* Verstandeseinsicht zufällig sein mögen, die aber doch [...] aus einem, wenn gleich uns unbekannten, Princip der Einheit des Mannigfaltigen als nothwendig angesehen werden müssen (*KU* 5:179.31–180.5).

Wenn die reflektierende Urteilskraft eine höherstufige Ordnung unter empirischen Gesetzen stiftet, beruht ihre Tätigkeit auf einem „transscendentale[n]", apriorischen „Princip" der notwendigen Einheit, „welches sie nicht von der Erfahrung entlehnen kann, weil es eben die Einheit aller empirischen Principien unter gleichfalls empirischen, aber höheren Principien und also die Möglichkeit der systematischen Unterordnung derselben untereinander begründen soll" (*KU* 5:180.7–11). Kant beschreibt in dieser wichtigen Passage die empirisch apriorische Grundstruktur physisch teleologischer Gesetze. Sie bestehen aus einem empirischen (höherstufigen) Begriff oder Gesetz, in dem eine a priori notwendige Einheit des empirisch Mannigfaltigen gedacht wird.[14]

*KU* **5:180.18–30** Kant erläutert im dritten Absatz weiter, dass der Mensch sich dieses transzendentale Prinzip der Einheit des empirisch Mannigfaltigen so vorstellt, als ob es von einem schaffenden „Verstand" (*KU* 5:180.23, 26; *KU* 5:181.1) zur Anwendung gebracht würde, und zwar von einem Verstand, der bei der Erzeugung aller Dinge Einheit unter den mannigfaltigen empirischen Eigenschaften der Objekte intendiert. Diese Einheit bringt scheinbar zufällige Eigenschaften der Dinge, die durch die allgemeinen apriorischen Naturgesetze des Verstandes unbestimmt bleiben, unter ein einheitliches Gesetz. Kant betont sofort, dass dieser Verstand „nicht der unsrige" (*KU* 5:180.23–4) sei, und dass man ihm keine

---

[14] Steigerwald (2006b, 716) schreibt über den Begriff des Naturzwecks und physisch teleologische Gesetze: „The concept of a natural purpose is not, however, an empirical concept but a transcendental rule necessary for our cognition of organisms as organisms, as organized and self-organizing". Ihre Aussage sollte man dahingehend präzisieren, dass der Begriff eines Naturzwecks Bestandteil eines physisch teleologischen Urteils der reflektierenden Urteilskraft ist, und dass es sich dabei um einen empirischen Begriff handelt, in dem die Vernunft a priori notwendige Einheit in der empirischen Mannigfaltigkeit sucht.

Wirklichkeit zuschreiben müsse. Er diene als ein Erklärungsprinzip, das dem Menschen die Einheit des empirisch Mannigfaltigen begreiflich macht. Obgleich Kant es nicht explizit sagt, scheint er an dieser Stelle schon auf jene (regulative) Idee eines *göttlichen* Verstandes hinzuweisen, die er in den §§ 77–8 und den §§ 85–91 der *KU* thematisieren wird.

*KU* 5:180.31–181.2 Die „Einheit" (*KU* 5:181.1), welche die reflektierende Urteilskraft für die empirische Mannigfaltigkeit von Eigenschaften, die nicht durch die allgemeinen Gesetze des Verstandes beschrieben werden können, sucht, bestimmt Kant im vierten Absatz weiter als eine Einheit des Zweckes. Ein „*Zweck*" ist ein kausaler Begriff, den Kant als den „Begriff von einem Object, sofern er zugleich den Grund der Wirklichkeit dieses Objects enthält" (*KU* 5:180.31–2) definiert. Die „*Zweckmäßigkeit*" ist die „Übereinstimmung eines Dinges mit derjenigen Beschaffenheit der Dinge, die nur nach Zwecken möglich ist"; sie betrifft die „Form" (*KU* 5:180.32–4) dieser Gegenstände. Kants Idee ist, dass es Gegenstände gibt, über die der Mensch so reflektiert, als ob ein schaffender Verstand eine zweckvolle Einheit der empirisch mannigfaltigen Eigenschaften dieser Dinge intendiert und hervorgebracht habe. Insbesondere organisierte Wesen der Natur gehören zu diesen Gegenständen, denn die organisierte Natur wird so vorgestellt, „als ob ein Verstand den Grund der Einheit des Mannigfaltigen ihrer empirischen Gesetze" im Begriff eines Zwecks „enthalte" (*KU* 5:181.1–2). Kant sagt an dieser Stelle „in Übereinstimmung mit derjenigen Beschaffenheit der Dinge […]", weil der Mensch eher in der Hervorbringung moralischer Handlungen und in der Produktion von Kunstgegenständen eine authentische Erfahrung der Erzeugung zweckmäßiger Formen der Dinge aus seinen Verstandes- oder Vernunftbegriffen hat, während er sich die Erzeugung der Naturdinge nur in Analogie („Übereinstimmung") dazu vorstellt, ohne die Kausalität der Zweckbegriffe als solche wahrzunehmen. Wenn der Mensch eine Plastik errichtet, weiß er, dass die vorgestellte Form der Plastik die Ursache für die reale Form der Plastik ist. Im Falle eines Organismus weiß er dies nicht, selbst wenn er von der Erzeugung seiner selbst als Organismus eine kausale Erfahrung der Zweckmäßigkeit hat.

Es lohnt sich, die Definitionen der Begriffe ‚Zweck' und ‚Zweckmäßigkeit' im vierten Abschnitt der *ZE* mit den Definitionen beider Begriffe in § 10 der transzendentalen „Ästhetik" zu vergleichen. In § 10 bestimmt Kant den „Zweck" als den „Gegenstand eines Begriffs, sofern dieser [der Begriff] als die Ursache von jenem [dem Gegenstand] (der reale Grund seiner [des Gegenstandes] Möglichkeit) angesehen wird" (*KU* 5:220.1–3). Einen „Zweck" denke der Mensch sich da, wo „der Gegenstand selbst (die Form oder Existenz desselben) als Wirkung nur als durch einen Begriff von der letztern [der Wirkung] möglich gedacht wird" (*KU* 5:220.1, 5–7). Die „Zweckmäßigkeit (forma finalis)" dagegen, ist „die Causalität eines *Begriffs* in Ansehung seines *Objects*" (*KU* 5:220.3–4). Sowohl im Abschnitt vier der *ZE* als auch in § 10 betont Kant, dass Zwecke begriffliche Finalursachen sind, welche die Form eines Gegenstandes so gestalten, als ob sie durch einen schöpfenden oder schaffenden Verstand erzeugt wäre. In § 10 beschreibt Kant diese Art der Ursächlichkeit stärker so, als ob die Kausalität eines solchen Verstandes existiere, da Kant in § 10 nicht nur die Zweckmäßigkeit von Naturdingen erläutert, sondern auch von Kunstgegenständen deren Form und Existenz aus Verstandesbegriffen eines Künstlers folgen.[15]

*KU* 5:181.3–11 So wie Kant für die Idee eines schaffenden (göttlichen) Verstandes betont, dass der Mensch seine Wirklichkeit nicht annehmen muss, da sie nur der „reflectirende[n]" und nicht der bestimmenden „Urtheilskraft" zum „Princip" (*KU* 5:180.27–8) dient, ist die Idee einer zweckmäßigen Einheit in der empirischen Mannigfaltigkeit der Natur ein Begriff, der „in der reflectirenden Urtheilskraft seinen Ursprung hat", während der Mensch den Eigenschaften der Naturgegenstände selbst eine Beziehung „auf Zwecke" (*KU* 5:181.4–6) nicht beilegen kann. Im Zuge der kritischen Wende der Philosophie zieht sich Kant auf einen erkenntniskritischen Standpunkt zurück, der Aussagen über das Sein der Gegenstände in der Schwebe hält. Kant betont außerdem, dass die Zweckmäßigkeit als transzendentales Prinzip der reflektierenden Urteilskraft von technisch praktischen Zwecksetzungen in der Produktion von Kunstwerken und moralisch praktischen[16] Zwecksetzungen in der Hervorbringung von Handlungen und Sitten

---

[15] In der Abhandlung „Kant's *Non*-Teleological Conception of Purposiveness" hat Teufel (2013) klassisch teleologische Interpretationen des Begriffs ‚Zweckmäßigkeit' (etwa finalursächliche) bei Kant mit einer Deutung herausgefordert, die er als „backward-looking etiological notion of purposiveness", als zurück blickende Form der Ursächlichkeit beschreibt, und, mit § 10, als „being caused by a concept", als ‚durch einen Begriff verursacht', kennzeichnet. Nach Teufel kollabiert dies weder in eine mechanistische Deutung des Begriffs der ‚Zweckmäßigkeit', noch schleust es normative Betrachtungen in die Begriffe des ‚Zwecks' und der ‚Zweckmäßigkeit' ein. Teufel will sich damit vor allem gegen Ginsborgs (vgl. ihre Aufsätze in 2014a) normative Deutung der Zweckmäßigkeit abgrenzen. Ich stimme Teufels allzu lokaler Lesart (die sich weitestgehend auf die Definition der Begriffe ‚Zweck' und ‚Zweckmäßigkeit' in § 10 beschränkt) insofern nicht zu, als Kant Naturzwecke als Begriffe versteht, die Bestandteil physisch teleologischer Urteile sind. Diese bezeichnen finalursächliche Verhältnisse in Naturprodukten. Kant charakterisiert diese an vielen Stellen explizit, und durchaus klassisch, als ‚Endursachen' („*nexus finalis*", *KU* 5:372.34); Kants Zweckbegriff ist teleologisch und forward-looking. Ich stimme Teufel jedoch darin zu, dass Kant die Zweckmäßigkeit der Natur selbst nicht explizit als ‚normativ' charakterisiert. Erst spät in der *KU*, und erst im Zusammenhang mit der Moralteleologie, kommen explizit Wertbegriffe in Bezug auf den reinen Vernunftaspekt des Menschen ins Spiel, wenn Kant von ‚Zweckmäßigkeit' spricht (etwa *KU* 5:434.24–36, *KU* 5:442.13–443.13, *KU* 5:448.29–450.3).

[16] Unter den Interpreten hat insbesondere Zumbach (1984, bes. 110–3, 114–62) Kants Annäherung der selbstbildenden Kräfte der Natur an die menschliche Freiheit und moralische Autonomie herausgearbeitet. Teilweise neigt er jedoch zu überzeichneten Aussagen über eine

verschieden ist, aber dennoch in Analogie zu diesen verständlich gemacht werden kann (*KU* 5:181.8 – 11). Die Abgrenzungen, Analogien und Disanalogien zwischen der Erzeugung zweckmäßiger Formen in der Natur, der Kunst und der Moral werden im Verlaufe der Argumentation besonders in § 65 wieder aufgenommen und erläutert.

**V**

**Zusammenfassung:** In Abschnitt fünf der *ZE* formuliert Kant im Titel die These, dass das „*Princip der formalen Zweckmäßigkeit der Natur*" ein „*transscendentales Princip der Urtheilskraft*" (*KU* 5:181.13 – 4) sei, die gegenüber den Ergebnissen des Abschnitts vier wenig neue Information anzukündigen scheint und eher Vertiefungen der in Abschnitt vier eingeführten Bestimmungen erwarten lässt. Die Vertiefungen in Abschnitt fünf betreffen nähere Bestimmungen des Prinzips der Einheit der empirischen Mannigfaltigkeit als transzendentalem Prinzip der Urteilskraft in (einer begrifflich sehr schwierigen) Abgrenzung von dem, was Kant an dieser Stelle ‚metaphysisches Prinzip' nennt in Absatz eins. Kant untermauert die Differenz zwischen dem transzendentalen Grundsatz und seiner metaphysischen Anwendung in der Erfahrung durch Beispiele in Absatz eins und zwei. Das größte systematische Gewicht des Abschnitts hat Kants Rechtfertigung („Deduction", *KU* 5:182.35) der notwendigen Geltung des Prinzips der Einheit der empirischen Mannigfaltigkeit als transzendentalem Prinzip der Urteilskraft (Absätze drei bis sieben), die in Abschnitt vier noch nicht geleistet wurde.

*KU* 5:181.12 – 182.9 Eine erste Komplikation enthält die Überschrift von Abschnitt fünf der *ZE* dadurch, dass Kant von einem transzendentalen Prinzip der Urteilskraft in Bezug auf die „*formale[ ] Zweckmäßigkeit der Natur*" (*KU* 5:181.13) spricht. Denn in den §§ 61– 8 wird Kant die Zweckmäßigkeit der organisierten Natur, auch die Zweckmäßigkeit *der Form* der organisierten Natur, als eine objektive, materiale, innere und äußere Zweckmäßigkeit charakterisieren, und sie von der objektiv *formalen* Zweckmäßigkeit in der Mathematik abgrenzen. Insofern ist die Betonung der formalen Zweckmäßigkeit in der Überschrift problematisch. Ich komme darauf zurück.

---

organisierte Natur, wenn er sagt, dass die Natur gleichsam einen freien Willen habe, so am Ende des vierten („The Freedom of Vital Phenomena") und im fünften Kapitel seines Buches, das er mit dem Titel „The Autonomy of Biology", die ‚Selbstgesetzgebung der Biologie' überschreibt. Kant betont in § 65 der *KU*, dass die Analogie der selbstbildenden Kräfte der Natur und der menschlichen Freiheit nur eine „entfernte[]" (*KU* 5:375.20) sei.

Eine andere Komplikation besteht darin, dass sich Kant in Abschnitt vier in vielen Bemerkungen und in Abschnitt fünf in der Überschrift darauf festzulegen scheint, dass das Prinzip der Zweckmäßigkeit der Natur ein transzendentales Prinzip der Urteilskraft ist. Zweckbegriffe sind jedoch ihrer Natur nach empirische Begriffe („um zu fliegen', ,um Blut zu pumpen'), in denen die Vernunft a priori eine notwendige Einheit dessen fordert, was unter den empirischen Begriff des Zwecks fällt.[17] Aus diesem Grunde sind sich eine transzendentale, rein apriorische Dimension („Suche die notwendige Einheit in der empirischen Mannigfaltigkeit!') und eine metaphysische, apriorisch empirische Dimension („Suche die notwendige Einheit in der empirischen Mannigfaltigkeit unter dem empirischen Begriff ,um zu fliegen!'") in ein und demselben Zweckbegriff ganz nahe. In Abschnitt fünf rechtfertigt Kant die transzendentale Dimension des Zweckbegriffs, nämlich, dass der Mensch Einheit in der empirischen Mannigfaltigkeit suchen soll. Dass er dies unter einem höherstufigen empirischen Zweckbegriff tut, wird nicht Gegenstand einer Deduktion.

Mit einem transzendentalen und einem metaphysischen Prinzip unterscheidet Kant zwei Formen apriorischer Prinzipien (*KU* 5:182.7). Das transzendentale Prinzip ist ein Grundsatz, der allein aus „ontologische[n] Prädicate[n]", das heißt, aus „reine[n] Verstandesbegriffe[n]" (*KU* 5:181.25–6) besteht. Es enthält den „reine[n] Begriff von Gegenständen des möglichen Erfahrungserkenntnisses überhaupt" und „nichts Empirisches" (*KU* 5:181.34–182.1). In den Beispielen, die Kant für ein transzendentales Prinzip anführt, sind das Substanz- und das Kausalprinzip der ersten *Kritik* ineinander verwoben: „So ist das Princip der Erkenntniß der Körper als Substanzen und als veränderlicher Substanzen transscendental, wenn dadurch gesagt wird, daß ihre Veränderung eine Ursache haben müsse" (*KU* 5:181.20–3). Beide Prinzipien sind in der ersten *Kritik* Prinzipien der bestimmenden Urteilskraft, die vor aller Erfahrung gelten und die Möglichkeit aller Erfahrung begründen. Betrachtet der Mensch einen Körper überhaupt, so weiß er aus transzendentaler Perspektive, gänzlich vor aller Erfahrung, dass ein jeder Gegenstand eine bleibende Substanz ist, die Träger ihrer veränderlichen Eigenschaften ist, und dass Veränderungen der Substanz aus Ursachen folgen, die zeitlich früher als ihre Wirkungen sind. Keine dieser Bestimmungen setzt die

---

**17** Ich zeige dies ausführlich im zweiten Teil meines Buches. Ich widerspreche McLaughlins (1989a, 39) These, dass die „objektive Zweckmäßigkeit" der Natur „nicht aus der Erfahrung abgeleitet" werde. Denn der Inhalt des Zweckbegriffs, unter den man die zufälligen Eigenschaften eines organisierten Wesens in ihrer Einheit betrachtet, ist ein empirischer Begriff, z. B. ,um zu fliegen', wenngleich die notwendige Einheit in den Eigenschaften, die man unter den empirischen Begriff bringt, eine apriorische Idee ist.

Erfahrung voraus, sondern sie selbst ist die Bedingung der Möglichkeit von Erfahrung.

Ein metaphysisches Prinzip ist ein solches, das apriorische Regeln für empirisch gegebene Objekte formuliert. Ein Prinzip heißt „metaphysisch, wenn es die Bedingung a priori vorstellt, unter der allein Objecte, deren Begriff empirisch gegeben sein muß, a priori weiter bestimmt werden können" (*KU* 5:181.18–20). Betrachtet der Mensch etwa einen Körper, nicht als Gegenstand möglicher Erfahrung überhaupt, sondern als einen Gegenstand der Erfahrung, das heißt, ein empirisch gegebenes, bewegliches Ding im Raume, so weiß er ebenfalls a priori, dass es sich um eine beständige Substanz handelt, die Träger ihrer veränderlichen Eigenschaften ist, und dass alle Veränderungen in den Eigenschaften der Substanz eine Ursache haben müssen, die zeitlich früher als ihre Wirkungen ist. Aber in diesem Fall weiß er darüber hinaus, dass, wenn es sich um eine im Raume gegebene Substanz handelt, alle ihre Eigenschaften ebenfalls im Raume gegeben sein müssen, und daher alle Veränderung an der im äußeren Raume befindlichen Substanz eine äußere, im Raume gegebene Ursache haben muss. Dennoch kann dieses Wissen um eine äußere Verursachung äußerer Veränderungen in den Eigenschaften der Substanz a priori eingesehen werden; es ist kein Wissen, das aus der Erfahrung resultiert, sondern etwas, was der Mensch vor aller Erfahrung weiß.

In einem zweiten Beispiel für den Unterschied zwischen einem metaphysischen und einem transzendentalen Prinzip nähert sich Kant dem für die Kritik der teleologischen Urteilskraft bedeutenden Prinzip an. Das „Princip der Zweckmäßigkeit der Natur (in der Mannigfaltigkeit ihrer empirischen Gesetze)" (*KU* 5:181.31–3) ist ein transzendentales Prinzip, das etwa mit einer praktischen Zweckmäßigkeit als metaphysischem Prinzip kontrastiert. Letzteres ist metaphysisch, weil das Begehrungsvermögen empirisch gegeben sein muss, wenn der Mensch sich praktische Zwecke setzt (*KU* 5:182.1–5). Es wäre an dieser Stelle hilfreicher gewesen, wenn Kant das transzendentale Prinzip der Zweckmäßigkeit der Natur nicht mit dem der praktischen Zweckmäßigkeit als Beispiel für ein metaphysisches Prinzip der Zweckmäßigkeit kontrastiert hätte, sondern den transzendentalen mit dem metaphysischen Aspekt im Prinzip der zweckmäßigen Einheit der empirischen Mannigfaltigkeit der Natur selbst verglichen hätte, so, wie er es im zweiten Abschnitt dann tut.

*KU* **5:182.10–25** Im zweiten Abschnitt nennt Kant drei traditionelle Beispiele für metaphysische Anwendungen des transzendentalen Prinzips der zweckmäßigen Einheit der empirischen Mannigfaltigkeit der Natur („Sentenzen der metaphysischen Weisheit" [*KU* 5:182.16–7]): „Die Natur nimmt den kürzesten Weg"; die Natur tut „keinen Sprung, weder in der Folge ihrer Veränderungen, noch der Zusammenstellung specifisch verschiedener Formen"; und die „große Mannigfaltigkeit" der Natur „in empirischen Gesetzen ist gleichwohl Einheit unter wenigen Principien" (*KU* 5:182.19–24). Diese Sätze enthalten empirische Begriffe, weil die Feststellungen, dass die Natur den kürzesten Weg nimmt, keinen Sprung tut und übereinstimmende Merkmale enthält, auf empirischen Beobachtungen und Begriffen beruhen. Aber dass der Mensch in diesen empirischen Begriffen die Einheit in der empirischen Mannigfaltigkeit der Natur sucht, beruht auf einem transzendentalen Prinzip, das der Mensch schon vor aller Erfahrung kennt.

**KU 5:182.26–183.13** Der Gedankengang, welcher der eigentlichen Rechtfertigung („Deduction"; *KU* 5:182.35, *KU* 5:184.22) des transzendentalen Prinzips der zweckmäßigen Einheit der empirischen Mannigfaltigkeit der Natur dient, beginnt ab Abschnitt drei. Kant schickt ihm zwei Argumente voran, die zeigen, auf welchem Wege die notwendige Geltung des transzendentalen Prinzips der zweckmäßigen Einheit der empirischen Mannigfaltigkeit der Natur nicht gerechtfertigt werden kann: nicht auf dem empirisch psychologischen Wege und nicht auf einem Wege, mit dem der Mensch transzendentallogische Prinzipien der bestimmenden Urteilskraft apriorisch rechtfertigen kann.

Psychologisch, das heißt, aus empirischen Gründen kann der Mensch das transzendentale Prinzip der zweckmäßigen Einheit der empirischen Mannigfaltigkeit der Natur nicht rechtfertigten, weil es nicht beschreibt, „was geschieht", „nach welcher Regel unsere Erkenntnißkräfte ihr Spiel wirklich treiben, und wie geurtheilt wird", sondern sagt, „wie geurtheilt werden soll" (*KU* 5:182.28–30). Wäre die Rechtfertigung der notwendigen Geltung des Prinzips eine empirische, würde der Mensch nur in einzelnen, zufälligen Fällen eine zweckmäßige Einheit der Natur in der empirischen Mannigfaltigkeit vorfinden, und sagen, dass ihm in diesem Falle die Natur eine zweckmäßige Einheit der empirischen Mannigfaltigkeit zeigt. Genau dies tut der Mensch nach Kant aber nicht. Der Mensch sucht in *aller* empirischen Mannigfaltigkeit der Natur nach einer zweckmäßigen Einheit des empirisch Mannigfaltigen. Das transzendentale Prinzip der zweckmäßigen Einheit der empirischen Mannigfaltigkeit gilt unbedingt; es gilt mit „logisch[ ] objective[r] Nothwendigkeit" (*KU* 5:182.31).

Eine Rechtfertigung der notwendigen Geltung des transzendentalen Prinzips der zweckmäßigen Einheit der empirischen Mannigfaltigkeit ist auch dadurch noch nicht geleistet, dass gezeigt wird, dass es allgemeine Gesetze der Natur für die bestimmende Urteilskraft gibt, ohne welche die Natur überhaupt, als Gegenstand der Erfahrung, nicht gedacht werden kann, denn diese Gesetze beziehen sich gerade nicht auf die empirische Mannigfaltigkeit der Natur, sondern auf ihre grundlegenden ontologischen Eigenschaften, etwa das Verhältnis von Substanz und Akzidenz, von Ursache und Wirkung oder von Teil und Ganzem in einem System der Substanzen. Die allgemeinen Naturgesetze der bestimmenden Urteilskraft geben einen „Zusammenhang unter den Dingen ihrer Gattung nach, als Naturdingen überhaupt, aber nicht specifisch, als solchen besonderen Naturwesen, an die Hand" (*KU* 5:183.32–4). Wie diese Gesetze gerechtfertigt werden können, hat Kant in der Deduktion der reinen Verstandesbegriffe in der ersten *Kritik* gezeigt.

***KU* 5:183.14–184.21** Über ihre grundlegenden ontologischen Eigenschaften hinaus, besitzen Naturgegenstände jedoch unendlich viele, zufällige empirische Eigenschaften, die unter empirische Gesetze gebracht werden können. Nach Kant muss es in diesen empirischen Gesetzen ebenfalls eine systematische Einheit geben, weil, und das ist das rechtfertigende Argument, „sonst kein durchgängiger Zusammenhang empirischer Erkenntnisse zu einem Ganzen der Erfahrung Statt finden würde" (*KU* 5:183.30–1). Kant begründet den Gedanken, dass der Mensch das transzendentale Prinzip der zweckmäßigen Einheit als Prinzip der reflektierenden Urteilskraft anwenden muss dadurch, dass er sonst kein Ganzes der Erfahrung einsehen, keine „durchgängig zusammenhängende Erfahrung" (*KU* 5:184.14–5) herstellen kann. Ein zweiter, darauf aufbauender und dem ersten korrespondierender, Grund ist die Möglichkeit von Erkenntniserwerb (*KU* 5:186.21), nämlich, dass der Mensch ohne die Voraussetzung der durchgängigen Einheit der Erfahrung „keine Ordnung der Natur nach empirischen Gesetzen, mithin keinen Leitfaden für eine mit diesen nach aller ihrer Mannigfaltigkeit anzustellenden Erfahrung und Nachforschung derselben haben" (*KU* 5:185.19–22, vgl. *KU* 5:184.30–6, *KU* 5:185.3, *KU* 5:186.4) würden.

***KU* 5:184.22–185.22** Die empirische Ordnung der Natur, an die Kant dabei denkt, ist „eine für uns faßliche Unterordnung von Gattungen und Arten [...,] [die] sich einander wiederum nach einem gemeinschaftlichen Princip nähern, damit ein Übergang von einer zu der anderen und dadurch zu einer höheren Gattung möglich sei" und „unter einer geringen Zahl von Principien stehen mögen, mit deren Aufsuchung wir uns zu beschäftigen haben" (*KU* 5:185.5–13). Dass diese „durchgängig zusammenhängende Erfahrung" (*KU* 5:184.14–5) und die geschlossene Einheit und Ordnung der Natur nicht nur in ihren allgemeinen, notwendigen, sondern auch in ihren besonderen, zufälligen und empirischen Strukturen ein erstrebenswertes Ziel der menschlichen Erkenntnis und des Weltverhältnisses des Menschen ist, begründet Kant selbst nicht, sondern setzt sie als „Bedürfniß des Verstandes" (*KU* 5:184.4) voraus.

Die verbleibenden Bemerkungen des Abschnittes fünf beschäftigen sich hauptsächlich mit der Natur der reflektierenden Urteilskraft als Vermögen, welches das transzendentale Prinzip der zweckmäßigen Einheit der empirischen Mannigfaltigkeit der Natur hervorbringt. Der „transscendentale Begriff einer Zweckmäßigkeit der Natur" legt dem „Objecte (der Natur)" nichts bei, sondern stellt „nur die einzige Art, wie wir in der Reflexion über die Gegenstände der Natur in Absicht auf eine durchgängig zusammenhängende Erfahrung verfahren müssen", vor. Es ist „ein subjectives Princip (Maxime) der Urtheilskraft" (*KU*

5:184.10–6). Mit ‚subjektiv' meint Kant nicht die persönliche, individuelle Identität eines Urteilenden als Vorbedingung des Urteils, sondern eine übereinstimmende subjektive Erkenntnisbedingung aller Urteilenden, die dem menschlichen Erkenntnisvermögen als solchem eigen ist. Anders jedoch als andere subjektive Erkenntnisbedingungen (etwa dem Substanz- oder Kausalprinzip), denen Gegenstände in der Erfahrungswelt korrespondieren, erlaubt das transzendentale Prinzip der zweckmäßigen Einheit des empirisch Mannigfaltigen als subjektive Maxime der reflektierenden Urteilskraft keine bestimmenden Aussagen darüber, ob den beurteilten Objekten selbst jene Eigenschaften zukommen, die das Urteil über sie aussagt. Die zweckmäßige Einheit der empirischen Mannigfaltigkeit der Natur ist eine Reflexionsbedingung, unter welcher der Mensch Objekte der Natur so betrachtet, als ob die Natur eine zusammenhängende Erfahrung bilden würde, ohne entscheiden zu können, ob dies tatsächlich der Fall ist.[18]

*KU* 5:185.23–186.21 Merkwürdig scheint es, dass Kant das Prinzip der zweckmäßigen Einheit der empirischen Mannigfaltigkeit der Natur in Absatz sieben von Abschnitt fünf als „*Gesetz der Specification der Natur* in Ansehung ihrer empirischen Gesetze" bezeichnet, das „zum Behuf einer für unseren Verstand erkennbaren Ordnung" der empirischen Gesetze dient, „in der Eintheilung, die sie von ihren allgemeinen Gesetzen macht", wenn sie ihnen die „Mannigfaltigkeit der besondern [Gesetze] unterordnen will" (*KU* 5:186.1–7). Das Merkwürdige an dieser Bemerkung ist, dass Kant am Beginn von Abschnitt vier der ZE die Bewegung der reflektierenden Urteilskraft als eine solche beschrieben hat, die vom Besonderen (der empirischen Mannigfaltigkeit, etwa den mechanischen Gesetzen einer Bewegung) ausgeht, und zu dieser einen höherstufigen allgemeinen Begriff sucht (etwa den Zweckbegriff ‚um zu fliegen'). Diese Bewegung der reflektierenden Urteilskraft müsste man eher als eine Suche nach einem Prinzip der Homogenität in der empirischen Mannigfaltigkeit beschreiben, denn der Mensch sucht das gemeinsame Merkmal in aller empirischen Mannigfaltigkeit als Begriff, unter dem er das Verschiedene vereinheitlichen und vereinigen kann. Kant beschreibt das Prinzip aber als eines der „*Specification*", der Zergliederung eines allgemeinen Begriffs oder Gesetzes in seine unter ihn fallenden, spezifischeren Gesetze.

---

[18] Kant gibt keine genauere Begründung für den (wie er es an anderer Stelle nennt, bloß regulativen und nicht konstitutiven) Status des transzendentalen Prinzips der zweckmäßigen Einheit der empirischen Mannigfaltigkeit der Natur. Man kann ihn aber benennen: der Zweckbegriff, unter den man die empirische Mannigfaltigkeit der Natur bringt, ist eine Vernunftidee, und Vernunftideen haben, wie Kant in der ersten *Kritik* gezeigt hat, keine oder keine vollständige Entsprechung in der Erfahrungswelt.

## VI

**Zusammenfassung:** In Abschnitt sechs der ZE „*Von der Verbindung des Gefühls der Lust mit dem Begriffe der Zweckmäßigkeit der Natur*" (KU 5:186.23–4) greift Kant den in Abschnitt drei erwähnten Gedanken der Verbindung der Urteilskraft mit dem Gemütsvermögen der Lust und Unlust (KU 5:177.20, KU 5:178.9–179.5) auf, der bislang noch nicht durch Argumente gestützt wurde. Er erklärt in vier Absätzen, dass nicht die Erkenntnis der Natur durch die allgemeinen und notwendigen, apriorischen Gesetze der Natur als Verstandesgesetze, auch nicht die Erkenntnis der Natur durch die spezifischeren, aber immer noch allgemeinen und notwendigen, apriorischen Bewegungsgesetze der Materie als Verstandesgesetze, sondern die Einheit der Mannigfaltigkeit der ungleichartigen, besonderen, empirischen Gesetze, dem Menschen Lust bereitet, wenn er diese mit Absicht zur Zusammenstimmung bringen will und seine Absicht erreicht. Kant betont, dass die in der theoretischen Erkenntnis auftretende Zweckmäßigkeit, die als lustvoll erlebt wird, vom praktischen Begehren und der praktischen Zweckmäßigkeit verschieden ist (Abschnitt zwei). Selbst wenn der Mensch gegenwärtig keine Lust mehr empfindet, wenn er Gattungen und Arten unter höhere Gattungen und Arten bringt, so ist dieser Prozess doch ursprünglich mit Lust verknüpft gewesen. Dagegen würde der Gedanke, dass es unmöglich ist, Einheit in die Heterogenität der besonderen Naturgesetze bringen zu können, Unlust erzeugen (Absatz drei). In Absatz vier erwähnt Kant, dass der Mensch eigentlich nicht weiß, ob er angesichts der empirischen Mannigfaltigkeit der Natur je eine letzte Einheit in die verschiedenen Naturgesetze bringen kann, weil in der empirischen Mannigfaltigkeit per se keine Grenzbestimmung möglich ist; es ist also auch unmöglich zu sagen, dass und wann diese Einheit erreicht wäre.

**KU 5:186.22–187.10** Im weiteren Fortgang der KU wird Kant vor allem Wahrnehmungs- und Reflexionsprozesse in der Ästhetik auf das Gefühl der Lust und Unlust beziehen (diese Lehren sind nicht Bestandteil des hiesigen Kommentars). Insofern ist es eine Besonderheit des Abschnitts sechs der ZE, dass Kant die Beziehung physisch teleologischer Urteile zum Gefühl der Lust und Unlust eigens diskutiert. In Absatz eins argumentiert Kant, dass es dem Menschen ein „Bedürfnis[]" ist und der Mensch mit „Absicht" (KU 5:186.26, 30) versucht, Übereinstimmung in der empirischen Mannigfaltigkeit der besonderen Gesetze der Natur zu finden, da dies seinem Erkenntnisinteresse und -zweck entspricht. Die Suche nach Zweckmäßigkeit und Einheit in der Mannigfaltigkeit der Natur ist unentbehrlich, da sie mit den Erkenntniszielen und der Einrichtung der Erkenntnisvermögen des Menschen zusammenstimmt.

Kant spezifiziert genauer, dass die Lust an der Naturerkenntnis nicht dann auftritt, wenn der Mensch die Natur anhand der allgemeinen und notwendigen

Gesetze des Verstandes, auch dann nicht auftritt, wenn er sie anhand der Bewegungsgesetze der Materie, die immer noch allgemein und notwendig, aber spezieller als die allgemeinen und notwendigen Gesetze des Verstandes sind, sondern sich einstellt, wenn der Mensch die zufällige empirische Mannigfaltigkeit der Natur in ihren besonderen Gesetzen in einem Zweckbegriff, einem physisch teleologischen Gesetz, zu einer noch immer empirischen, aber höherstufigen Einheit bringt (*KU* 5:186.31–187.10).

*KU* **5:187.11–8** Warum empfindet der Mensch diese Lust? Kant argumentiert, dass für Menschen die Erreichung jeder Absicht mit Lust verbunden ist, sei es eine theoretische oder praktische Absicht. Liegt einer Absicht eine apriorische Vorstellung zugrunde, so wird die Lust, die mit der Erreichung der Absicht verbunden ist, a priori bewirkt. Das Prinzip der reflektierenden Urteilskraft, Einheit in der empirischen Mannigfaltigkeit der besonderen Naturgesetze zu suchen, ist eine solche apriorische Vorstellung. Daher ist es zutreffend zu sagen, dass in der Erreichung dieser Erkenntnisabsicht im Menschen Lust auftritt, und dass diese Lust eine theoretisch gewirkte Lust ist, die aus dem Erkennen erwächst und unabhängig vom Begehrungsvermögen und vom Erreichen praktischer Absichten und Zwecksetzungen ist (Absatz zwei).

*KU* **5:187.19–188.10** In Absatz drei macht Kant einige erfahrungsnahe Zugeständnisse zur „Erkenntnislust". Er vertritt die nicht sehr einleuchtenden Thesen, dass der Mensch keine Lust an der Erkenntnis der Natur durch die allgemeinen und notwendigen Naturgesetze empfindet, weil der Verstand in diesen Gesetzen ohne Absichten und nur seiner Natur gemäß verfährt. Dagegen fühlt der Mensch Lust an der Erkenntnis, wenn er die heterogenen, besonderen Naturgesetze unter ein Prinzip der Einheit bringt. Die Lust an der Erreichung dieser Absicht hört selbst dann nicht auf, wenn der Mensch mit dem Gegenstand, auf den sich die Erkenntnis richtet, schon vertraut ist und die höheren empirischen Begriffe, die Einheit in der empirischen Mannigfaltigkeit schaffen, schon kennt. Dass der Mensch bei der Vereinigung der empirischen Mannigfaltigkeit der Natur etwa in empirischen Begriffen von Gattungen und Arten keine Lust mehr empfindet, liegt nur daran, dass diese Erkenntnisse schon mit vielen anderen vermischt wurden, während die ursprüngliche Einsicht in die empirischen Begriffe der Gattungen und Arten für den Menschen lustvoll gewesen ist. Unlust und Missfallen dagegen würde der Mensch spüren, wenn er den Eindruck gewönne, der empirischen Mannigfaltigkeit der Natur durch kein Prinzip der höheren, noch immer empirischen Einheit Herr werden zu können, weil es den Zwecken und Absichten widerstreiten würde, die in die Natur seiner Erkenntnisvermögen gelegt wurden, etwa den Prinzipien der Homogenität und Spezifikation der reflektierenden Urteilskraft (*KU* 5:188.3–10).

*KU* **5:188.11–29** Ein weiteres Zugeständnis macht Kant im vierten und letzten Absatz des Abschnittes. Da der Mensch in der empirischen Mannigfaltigkeit der besonderen Naturgesetze keine Grenzbestimmungen machen kann, weil es sich um ein endlos großes, unüberschaubares und veränderliches Feld von Bestimmungen handelt, könnte es sein, dass das Prinzip der reflektierenden Urteilskraft, Einheit in der empirischen Mannigfaltigkeit der besonderen Naturgesetze zu suchen, am Ende nur auf ein Set von empirischen, höherstufigen Gesetzen führt, die selbst unter keine weitere Einheit gebracht werden können. Nach Kant würde das den menschlichen Erkenntnis- und Einheitswillen nicht entmutigen, obgleich der Mensch lieber auf eine letzte Einheit in der empirischen Mannigfaltigkeit hoffen würde (*KU* 5:188. 11–29).

## VII

**Zusammenfassung:** Die Abschnitte sieben „*Von der ästhetischen Vorstellung der Zweckmäßigkeit der Natur*" (*KU* 5:188.31–2) und acht „*Von der logischen Vorstellung der Zweckmäßigkeit der Natur*" (*KU* 5:192.14–5) der *ZE* stehen thematisch im engen Zusammenhang. Abschnitt sieben erörtert die Grundlagen für das ästhetisch teleologische Urteil (Geschmacksurteil) im Bereich der Natur und Kunst, das im Zentrum der §§ 1–60 der *KU* steht. Abschnitt acht vergleicht diese mit den Grundlagen des physisch teleologischen Urteils im Bereich der Natur, dem wichtigsten Theorem in Kants Theorie der organisierten Wesen, das in den §§ 61–91 der *KU* behandelt wird. Abschnitt sieben hat sieben Absätze. Geht es in Absatz eins zunächst um die Abgrenzung der in Geschmacksurteilen relevanten ästhetischen Beschaffenheit von anderen ästhetischen Beschaffenheiten (der empirischen Empfindung der Materie und der apriorischen Anschauung des Raumes in Erkenntnisurteilen), bestimmt Kant die in Geschmacksurteilen relevante ästhetische Beschaffenheit in Absatz zwei und drei als eine subjektive Lust am harmonischen Zusammenspiel der menschlichen Gemütskräfte – der Einbildungskraft, die Anschauungen aufnimmt, und des Verstandes, der (Natur)begriffe zur Verfügung stellt. Die ästhetische Lust tritt angesichts der Zweckmäßigkeit der menschlichen Gemütskräfte für eine Reflexion über die Form der ästhetischen Objekte ein. Obgleich Geschmacksurteile in diesem lustbezogenen Sinne subjektiv sind, sind sie dennoch allgemeingültig und objektiv, da alle Urteilenden dasselbe ästhetische Lustgefühl haben, wenn sie mit ästhetischen Objekten konfrontiert sind (Absatz vier, fünf). Da mit der Zweckmäßigkeit der Gemütskräfte für die Beurteilung der ästhetischen Objekte ein apriorisches Prinzip in Geschmacksurteile involviert ist, sind sie Gegenstand der Kritik (Absatz sechs). Kant erwähnt am Rande noch, dass es zwei Arten von Geschmacksurteilen gibt, je nachdem, ob der Mensch mit Naturbegriffen des Verstandes oder mit dem Freiheitsbegriff der praktischen Vernunft über die Anschauungen in der Einbildungskraft reflektiert:

das Schöne und das Erhabene – ohne Genaueres zum Erhabenen auszuführen (Absatz sieben).

*KU* 5:188.30–189.15 Der Sache, wenn auch nicht dem Titel nach, behandelt Kant in Abschnitt sieben mit dem ästhetischen oder Geschmacksurteil Grundlagen vor allem der Ästhetik der *KU*, das heißt, Grundlagen für die Lehren vom Schönen und Erhabenen der Kunst- und Naturgegenstände in den §§ 1–60. Der Titel „*Von der ästhetischen Vorstellung der Zweckmäßigkeit der Natur*" (*KU* 5:188.31–2) ist verkürzt formuliert, da das ästhetisch teleologische oder Geschmacksurteil bei der Betrachtung sowohl von Kunstgegenständen als auch von Naturdingen vorkommt. So sagt denn Kant im Laufe des Abschnitts auch zutreffender, dass ästhetische oder Geschmacksurteile in Bezug auf „Product[e] der Natur oder der Kunst" (*KU* 5:191.23) oder Sachen „der Natur sowohl als der Kunst" (*KU* 5:192.4) auftreten.

Kant beginnt im ersten Absatz mit begrifflichen Vorklärungen und Abgrenzungen in Bezug auf das, was an einem Erfahrungsgegenstand als „ästhetische Beschaffenheit" (*KU* 5:188.35) gelten kann und als solches ein ästhetisches oder Geschmacksurteil auslöst. Im Allgemeinen ist die ästhetische Beschaffenheit das an der Vorstellung eines Objekts, was nur „subjectiv" (*KU* 5:188.33) wahrgenommen wird. Kant unterscheidet zwei Arten der ästhetischen Beschaffenheit eines Gegenstandes: eine a priori anschaubare ästhetische Beschaffenheit, die ein Gegenstand in Bezug auf seine räumliche Form (*KU* 5:189.3–10) und eine empirisch empfindbare ästhetische Beschaffenheit, die ein Gegenstand in Bezug auf sein Material besitzt (*KU* 5:189.10–5). Beide ästhetische Beschaffenheiten wie auch eine von ihr verschiedene logische Beschaffenheit eines Objekts, die durch Verstandesbegriffe (Kategorien) repräsentiert wird, sind Voraussetzungen für die theoretische Erkenntnis eines Gegenstandes (*KU* 5:188.35–189.3). – Diese beiden genannten Arten der ästhetischen, wie auch die logische Beschaffenheit des Objekts, haben aber nichts mit der ästhetischen Beschaffenheit zu tun, die in einem ästhetischen oder Geschmacksurteil eine Rolle spielt. Was ist an dieser ästhetischen Beschaffenheit anders?

*KU* 5:189.16–190.32 Die ästhetische Beschaffenheit, um die es im ästhetischen Urteil oder Geschmacksurteil geht, ist jene subjektiv wahrnehmbare „*Lust oder Unlust*" (*KU* 5:189.17–8), welche angesichts der wahrgenommenen Zweckmäßigkeit oder Unzweckmäßigkeit der Form eines Gegenstandes für die reflektierende Urteilskraft des Menschen entsteht (Absatz zwei). Warum das angesichts dieser ästhetischen Beschaffenheit auftretende ästhetisch teleologische Urteil subjektiv ist, erklärt der dritte Absatz genauer. Denn die ästhetische Lust ist nicht so sehr eine Lust am Objekt oder eine Lust auf das Objekt, sondern eine Lust an der „Angemessenheit" der Vorstellung des Objekts „zu den Erkenntnißvermögen, die in der reflectirenden Urtheilskraft im Spiel sind" (*KU* 5:189.36–190.1). In einem ästhetischen oder Geschmacksurteil fasst die Einbildungskraft Anschauungen eines ästhetischen Objektes auf und vergleicht sie mit den Begriffen des Verstandes, ohne einen bestimmenden Begriff des Verstandes auf die Anschauungen anzuwenden, sondern nur, um anhand der Verstandesbegriffe über die angeschauten Materialien zu reflektieren. Wenn die „Einbildungskraft (als Vermögen der Anschauungen a priori) zum Verstande (als Vermögen der Begriffe) durch eine gegebene Vorstellung unabsichtlich in Einstimmung versetzt und dadurch ein Gefühl der Lust erweckt wird", so wird der Gegenstand „als zweckmäßig für die reflectirende Urtheilskraft angesehen" (*KU* 5:190.6–10). Der Gegenstand wird dann als „schön" (*KU* 5:190.20) beurteilt. Das so erzeugte Urteil ist ein Geschmacksurteil.

Dieses ästhetische Urteil ist zwar subjektiv in dem genannten Sinne, nämlich, weil der „Grund der Lust bloß in der Form des Gegenstandes für die Reflexion überhaupt" (*KU* 5:190.22–3) liegt. Dennoch ist diese Vorstellung der Lust notwendig mit dem Objekt verbunden und gilt damit nicht nur für ein einzelnes Subjekt, sondern für alle Urteilenden überhaupt. Das ästhetische Urteil ist nicht subjektiv im Sinne eines zufälligen individuellen Urteils, sondern subjektiv, weil das Lustgefühl des urteilenden Subjekts, das angesichts einer bestimmten Art von Objekt entsteht, als schön beurteilt wird. Das Geschmacksurteil ist dennoch in einem gewissen Sinne objektiv, weil es in allen Urteilenden auftritt.

*KU* **5:190.33–191.34** In den Absätzen vier und fünf präzisiert Kant die Gedanken der objektiven Geltung des ästhetischen Urteils, die trotz seiner Begründung in der subjektiven Lust des Urteilenden gegeben ist. Das ästhetische Urteil im Sinne des Geschmacksurteils kann „jedermann zugemuthet" (*KU* 5:191.10) werden; der Mensch verlange mit Recht, dass „ein jeder andere es eben so finden müsse" (*KU* 5:191.14); das Geschmacksurteil erhebe „Anspruch auf Jedermanns Beistimmung" (*KU* 5:191.20). Die Begründung für den objektiven, allgemeingültigen Status des Geschmacksurteils ist, dass es nur auf der Reflexion über die allgemeine, das heißt, in allen Urteilenden auftretende, wenngleich subjektiv wahrgenommene, Lust an der Übereinstimmung der menschlichen Erkenntniskräfte zur Erkenntnis des Objektes überhaupt beruht, und der Feststellung, dass die Form des ästhetischen Objektes in einem zweckmäßigen Verhältnis zur Gestalt der menschlichen Erkenntniskräfte steht (Absatz fünf).

*KU* **5:191.35–192.2** Weil die Möglichkeit ästhetischer oder Geschmacksurteile wesentlich durch die Beschaffenheit der menschlichen Bewusstseinskräfte bedingt ist und mit der Zweckmäßigkeit der menschlichen Bewusstseinskräfte für die Form ästhetischer Objekte ein Prinzip a priori voraussetzt, ist es, wie andere apriorische Bedingungen des Erkennens und Handelns, die in der Beschaffenheit der menschlichen Bewusstseinskräfte begründet sind, Gegenstand der Kritik, obwohl es weder ein a priori theoretisches Erkenntnisprinzip noch ein a priori praktisches Handlungsprinzip enthält (Absatz sechs).

*KU* 5:192.3 – 12 In Absatz sieben motiviert Kant die Einteilung der Ästhetik in die Theorie des Schönen und des Erhabenen. Das Schöne liegt vor, wenn der Mensch angesichts der Form eines ästhetischen Objektes anhand von Naturbegriffen des Verstandes über Anschauungen in der Einbildungskraft reflektiert und feststellt, dass die menschlichen Erkenntnisvermögen und ihr harmonisches Spiel für die Beurteilung der Form des Gegenstandes zweckmäßig sind, was in ihm ästhetische Lust erzeugt. Das Erhabene dagegen liegt vor, wenn der Mensch angesichts der Form oder auch Unform eines ästhetischen Objekts anhand des Freiheitsbegriffes der praktischen Vernunft über Anschauungen reflektiert. Kant äußert sich zum Erhabenen nur in wenigen Zeilen.

## VIII

**Zusammenfassung:** In Abschnitt acht der ZE behandelt Kant über die im Titel hinaus genannte „*logische[ ] Vorstellung der Zweckmäßigkeit der Natur*" (*KU* 5:192.14 – 5) noch einmal Analysen zur Zweckmäßigkeit im Bereich der Ästhetik und vergleicht sie mit der Zweckmäßigkeit im Bereich der Natur. Abschnitt acht hat vier Absätze. In Absatz zwei führt Kant systematisch die Namen der beiden Arten von Zweckmäßigkeit ein, die er (nicht sehr glücklich) als ästhetische und teleologische unterscheidet. In den Absätzen eins, vier und drei werden Unterschiede beider Arten von Zweckmäßigkeit aufgelistet. In Absatz drei vertritt Kant im Anschluss an diese Charakteristika die These, dass die Zweckmäßigkeit im Ästhetischen einem Unternehmen der Kritik der Urteilskraft genuiner angehöre als die Zweckmäßigkeit in der Natur, weil erstere auf einem Prinzip beruhe, dass der Urteilskraft völlig a priori angehört.

*KU* 5:193.18 – 23 Ich beginne mit der Definition beider Arten der Zweckmäßigkeit in Absatz zwei, bespreche dann die Auflistung vergleichender Merkmale beider Arten der Zweckmäßigkeit in Absatz eins, vier und drei, und schließe mit Kants Einschätzung beider Arten der Zweckmäßigkeit für das Unternehmen einer Kritik der Urteilskraft in Absatz drei. Nachdem Kant in den Überschriften von Abschnitt sieben und acht der *ZE* „*Von der ästhetischen Vorstellung der Zweckmäßigkeit der Natur*" (*KU* 5:188.31 – 2) und „*Von der logischen Vorstellung der Zweckmäßigkeit der Natur*" (*KU* 5:192.14 – 5) die Namen der beiden Arten der Zweckmäßigkeit als ästhetische und logische Zweckmäßigkeit vorgestellt hat, unterscheidet er diese in Absatz zwei von Abschnitt acht als „*ästhetische[ ]*" und „*teleologische[ ]*" (*KU* 5:193.19), und definiert, dass die ästhetische Zweckmäßigkeit das Vermögen bezeichnet, die formale oder subjektive Zweckmäßigkeit durch das Gefühl der Lust und Unlust zu beurteilen, die teleologische das Vermögen bezeichnet, die reale oder objektive Zweckmäßigkeit durch den Verstand und die Vernunft zu beurteilen. Die beiden Arten der Zweckmäßigkeit bilden die Gegenstände der beiden Teile der *KU*. Die in diesem Absatz eingeführte, definierende Begrifflichkeit ist insofern unglücklich, als *beide* Arten der Zweckmäßigkeit teleologisch (zweckmäßig) sind, und ‚ästhetisch' vs. ‚teleologisch' keine klare Unterscheidung bringt. Außerdem könnte sie suggerieren, dass die Kennzeichnung des Teleologischen in einer besonderen Weise der zweiten Art, der logischen Zweckmäßigkeit zukomme, weil diese explizit als teleologische angesprochen wird. Dies ist aber nicht der Fall. Ich habe deshalb bereits in der Kommentierung von Abschnitt sieben von der ‚ästhetisch teleologischen' und der ‚physisch (oder logisch) teleologischen' Art der Zweckmäßigkeit gesprochen – und verwende dabei Interpretationsbegriffe, die stärker verdeutlichen, dass es sich in beiden Arten der Zweckmäßigkeit um teleologische Urteile handelt. Ein wesentlicher Unterschied zwischen beiden ist, dass die Zweckmäßigkeit in der Ästhetik nur mittelbar das ästhetische Objekt, unmittelbar aber das Spiel der menschlichen Erkenntniskräfte (Einbildungskraft und Verstand) und das dabei entspringende Gefühl der Lust betrifft, das angesichts des ästhetischen Objekts im menschlichen Subjekt entsteht. Die Zweckmäßigkeit in der Natur dagegen bezieht sich durch Verstandes- und Vernunftbegriffe unmittelbar auf einen realen Gegenstand der Natur. Wichtig ist, dass Kant mit der in Abschnitt acht benannten teleologischen Zweckmäßigkeit keine dritte Form der Zweckmäßigkeit einführt, sondern nur einen anderen Namen für die logische (teleologische) Zweckmäßigkeit verwendet.

**KU 5:192.13–193.17** In Absatz eins und vier gibt Kant eine lange Liste von Charakteristika, anhand derer beide Arten der Zweckmäßigkeit unterschieden werden können. Während die ästhetisch teleologische Zweckmäßigkeit, erstens, auf einem „bloß subjectiven Grunde" beruht, die Zweckmäßigkeit nicht begrifflich repräsentiert und nur die in der Einbildungskraft aufgefassten Anschauungsdaten auf Verstandesbegriffe überhaupt bezieht, beruht die logisch (physisch) teleologische Zweckmäßigkeit auf einem „objectiven" Grund, repräsentiert die Zweckmäßigkeit durch einen Zweckbegriff und handelt von der Form eines Objektes, insofern sie durch einen Zweckbegriff verursacht wird (*KU* 5:192.16–23). Während es, zweitens, in der ästhetisch teleologischen Zweckmäßigkeit um die „unmittelbare[] Lust" an der Form des Gegenstandes und der Reflexion über diese geht, geht es in der logisch (physisch) teleologischen Zweckmäßigkeit um die Beurteilung der Form des Gegenstandes durch Verstandes- und Vernunftbegriffe, wobei keine Lust im Spiele ist (*KU* 5:192.23–31). Diese Aussage steht in Spannung zu Abschnitt sechs der *ZE*, in dem Kant behauptet hat, dass auch die Reflexion über die Zweckmäßigkeit der Natur Lust bereitet.

In den verbleibenden Bemerkungen des Absatzes eins betrachtet Kant zwei schwierige Aspekte, welche die Unterscheidungskriterien seiner Liste durcheinanderbringen könnten. Der erste Aspekt betrifft die Charakterisierung der ästhetisch teleologischen Zweckmäßigkeit als subjektiver und der logisch teleologischen Zweckmäßigkeit als objektiver Zweckmäßigkeit. Denn aus der Perspektive der Produktion dessen, was ästhetisch (subjektiv) und logisch (objektiv) zweckmäßig beurteilt wird, besitzt die Herstellung von Kunstgegenständen eine ähnlich objektive Zweckmäßigkeit wie die Erzeugung von Naturdingen, da es in beiden Fällen darum geht, dass ein Zweckbegriff der Verursachung des Gegenstandes (Objekts) zugrunde liegt, obgleich auf verschiedene Weise (*KU* 5:192.31–193.6). Umgekehrt liegen in beiden Fällen Formen des teleologischen Urteils vor, die insofern subjektiv sind, als das ästhetisch teleologische Urteil auf der Wahrnehmung, das physische teleologische Urteil auf dem Begreifen der Zweckmäßigkeit als subjektiven Reflexionsbedingungen des teleologischen Urteils beruht.

Der andere schwierige Aspekt betrifft den Punkt, dass die Charakterisierung der Zweckmäßigkeit als ästhetische suggerieren könnte, dass sie nur auf ästhetische Objekte, nämlich Kunstgegenstände bezogen ist. Dies ist aber nicht so, da dieselben Vorgänge im menschlichen Bewusstsein stattfinden, wenn der Mensch das Schöne in der Natur und in der Kunst betrachtet. Die Beurteilung eines Naturgegenstandes als Naturschönes fällt in die Kategorie der subjektiv ästhetisch teleologischen Zweckmäßigkeit, seine Beurteilung als Naturzweck dagegen in die Kategorie der objektiv logisch (physisch) teleologischen Zweckmäßigkeit (*KU* 5:193.6–17).

*KU* **5:194.3–37** In Absatz vier setzt Kant seine Liste der vergleichenden Charakteristika der ästhetisch teleologischen und der logisch (physisch) teleologischen Zweckmäßigkeit fort. Während, drittens, die ästhetisch teleologische Zweckmäßigkeit insofern unbestimmt ist, als es der ästhetisch reflektierenden Urteilskraft überlassen ist, in welchen Fällen der Mensch ein Objekt als ästhetisch zweckmäßig beurteilt (jedes Objekt ist potentiell ein ästhetisches, schönes oder nicht schönes Objekt), ist die logisch teleologische Zweckmäßigkeit in ihrer Anwendung bestimmt. Ein bestimmtes natürliches Objekt, nämlich ein organisiertes Wesen, muss in der Erfahrung vorliegen, wenn die logisch teleologische Zweckmäßigkeit zur Anwendung kommen soll (*KU* 5:194.3–21). Während, viertens, die ästhetisch teleologische Zweckmäßigkeit als Regel der ästhetisch reflektierenden Urteilskraft zur theoretischen Erkenntnis eines Gegenstandes gar nichts beiträgt und nur ein Gegenstand der Kritik ist, gehört die logisch teleologische Zweckmäßigkeit als Urteil der logisch teleologisch reflektierenden Urteilskraft zum theoretischen Teil der Philosophie, weil sie, wie andere theoretische Erkenntnisvermögen, mit Begriffen operiert. Dennoch gehört sie in einen besonderen Teil der Kritik, weil die Begriffe, mit denen sie arbeitet (Naturzwecke), einen besonderen

Status haben, nämlich den, nicht bestimmend, sondern nur in der Reflexion einsetzbar zu sein (*KU* 5:194.22–37).

*KU* 5:193.24–194.2 Im dritten Absatz erwähnt Kant einen weiteren, fünften Unterschied zwischen der ästhetisch teleologischen Zweckmäßigkeit und der logisch teleologischen Zweckmäßigkeit. Durch diesen möchte er die These begründen, dass die ästhetisch teleologische Urteilskraft der Kritik der Urteilskraft wesentlich angehörig sei, was zu implizieren scheint, dass die logisch teleologische Zweckmäßigkeit der Kritik der Urteilskraft (schwach gelesen) weniger oder (stark gelesen) gar nicht wesentlich angehörig sei. Dieser Unterschied ist, dass die ästhetisch teleologische Zweckmäßigkeit auf einem Prinzip beruht, dass die Urteilskraft ihrer Reflexion „völlig a priori" zugrunde legt, nämlich das einer „formalen Zweckmäßigkeit der Natur nach ihren besonderen (empirischen) Gesetzen für unser Erkenntnißvermögen" (*KU* 5:193.26–9), während für die Reflexion der Urteilskraft im Falle der logisch teleologischen Zweckmäßigkeit „gar kein Grund a priori" angegeben werden kann, dass es „objective Zwecke der Natur" gibt, und die reflektierende Urteilskraft, „ohne ein Princip dazu a priori in sich zu enthalten" (*KU* 5:193.30–5), das transzendentale Prinzip der Zweckmäßigkeit beim Auftreten gewisser Gegenstände nur so anwendet (gleichsam mimetisch), wie sie es von der ästhetisch teleologischen Urteilskraft kennt. Kant scheint zu sagen, dass die logisch teleologische Urteilskraft die ästhetisch teleologische Urteilskraft bei der Anwendung zweckmäßiger Reflexionen nachahmt und die ästhetisch teleologische Urteilskraft in der zweckmäßigen Reflexion ursprünglicher verfährt. Misslich an dieser Darstellung ist, dass Kant in den vorherigen Passagen behauptet hat, dass die ästhetisch teleologische Urteilskraft Verstandesbegriffe nicht auf bestimmende Weise auf das in der Einbildungskraft Angeschaute anwendet, während Kant die ästhetisch teleologische Urteilskraft an dieser Stelle so beschreibt, als regle sie die „formale[] Zweckmäßigkeit der Natur nach ihren besonderen (empirischen) Gesetzen für unser Erkenntnißvermögen" (*KU* 5:193.27–9). Dies ist eine Beschreibung, die Kant sonst eher für die logisch teleologische Urteilskraft verwendet, in der die Urteilskraft zu besonderen empirischen Verstandesbegriffen einen Vernunftbegriff (Naturzweck) sucht, der Einheit schafft.[19]

---

[19] Zuckert (2007) hat dies zum Anlass genommen, in ihrem Kommentar zur *KU* einen stärkeren Fokus auf die ästhetische als auf die logisch (physisch) teleologische Urteilskraft zu setzen und die Reihenfolge der Besprechung der Naturteleologie und der Ästhetik gegenüber ihrer Abfolge im Kantischen Text umzutauschen. Es gibt aber auch Aussagen Kants, die die umgekehrte These stützen und die so klingen, als ob Kant die logisch (physisch) teleologische Urteilskraft und die Zweckmäßigkeit der Natur als das der Kritik der Urteilskraft stärker zugehörige Projekt betrachtet (z. B. *KU* 5:175.36–176.15).

## IX

**Zusammenfassung:** Der letzte und neunte Abschnitt der ZE mit dem Titel „Von der Verknüpfung der Gesetzgebungen des Verstandes und der Vernunft durch die Urtheilskraft" (*KU* 5:195.2–3) hat drei Absätze, endet mit einem Schema und hat zwei Fußnoten. Wie der Titel des Abschnittes ankündigt, zeigt Kant nun die Brückenstellung der Urteilskraft (und ihrer Gegenstände) zwischen Verstand und Vernunft (und deren Gegenständen) auf und eröffnet sich über die vermittelnde Rolle der reflektierenden Urteilskraft zwischen den beiden Teilen der Philosophie ein Argument für die systematische Einheit der Philosophie. Absatz eins ist durch drei Spiegelstriche gegliedert. Kant geht noch einmal auf den in den Abschnitten eins bis drei eingeführten Gedanken einer Kluft zwischen den beiden Teilen der Philosophie und ihren Gesetzgebungen zurück, motiviert anschließend das Erfordernis eines Übergangs zwischen den beiden Teilen der Philosophie und ihren Gesetzgebungen (Freiheitsbegriff, Zweckbegriffe, Naturbegriffe), und stellt die vermittelnde Rolle vor Augen, die der reflektierenden Urteilskraft und ihrem Prinzip der Zweckmäßigkeit der Natur in diesem Übergang zukommt. Im zweiten Absatz erklärt Kant nicht mehr auf der Ebene der Gesetzgebungen, sondern auf der Ebene der Erkenntnisvermögen (Vernunft, Urteilskraft, Verstand), im dritten Absatz auf der Ebene der Gemütsvermögen (Begehren, Lust und Unlust, Erkennen), inwiefern die Urteilskraft einen Übergang zwischen Freiheits- und Naturbegriffen ermöglicht. Die erste Fußnote behandelt das Verhältnis von Naturkausalität und Kausalität der Freiheit, die zweite die Verwendung von Dreiteilungen in der Philosophie. Das Schema am Ende von Abschnitt neun fasst den Gedanken der Vermittlungsrolle der reflektierenden Urteilskraft auf den genannten Ebenen, der Ebene der Gemütsvermögen, der Ebene der Erkenntnisvermögen und der Ebene der jeweiligen Gesetzgebungen (Prinzipien a priori) und ihrer Anwendungsbereiche zusammen. Abschnitt neun leidet in Bezug auf seine Begrifflichkeit an denselben Verkürzungen und Komprimierungen wie die Abschnitte eins bis drei, worüber auch die scheinbare schematische Übersichtlichkeit des Abschnittes nicht hinwegtäuschen kann.

*KU* **5:195.1–196.11** In Absatz eins zeigt Kant in Bezug auf die Ebene der Gesetzgebungen (Naturgesetze, Naturzwecke, moralischer Endzweck), inwiefern die Urteilskraft einen Übergang zwischen Natur- und Freiheitsbegriffen ermöglicht. Der Absatz ist durch drei Spiegelstriche gegliedert. Bis zum ersten Spiegelstrich (*KU* 5:195.4–16) benennt Kant ein weiteres Mal die „Kluft" (*KU* 5:195.11) und scheinbare Unmöglichkeit einer „Brücke" (*KU* 5:195.16) zwischen dem Verstand, Naturbegriffen und Naturgesetzen und sinnlich bedingten Objekten (bzw. ihren Erscheinungen) auf der einen Seite, und der praktischen Vernunft, dem Freiheitsbegriff bzw. praktischem Gesetz und dem unbedingtem Gegenstand des

## 1.2 Kommentar zur „Einleitung" und „Kritik der teleologischen Urtheilskraft" — 55

Übersinnlichen auf der anderen Seite, und spitzt die Verschiedenheit beider Gebiete und ihrer Gesetzgebungen so weit zu, dass es keinen Übergang von dem einen Gebiet zum anderen zu geben scheint.

Bis zum zweiten Spiegelstrich des ersten Absatzes (*KU* 5:195.16 – 30) zeigt Kant auf, inwiefern zwischen beiden Gebieten und ihren Gesetzgebungen dann doch ein Übergang gedacht werden kann und muss:

> [S]o ist [...] [das Sinnliche] doch umgekehrt (zwar nicht in Ansehung des Erkenntnisses der Natur, aber doch der Folgen aus dem [...] [Übersinnlichen] auf die [...] [Natur] möglich und schon in dem Begriffe einer Causalität durch Freiheit enthalten, deren *Wirkung* diesen ihren formalen Gesetzen gemäß in der Welt geschehen soll, obzwar das Wort *Ursache*, von dem Übersinnlichen gebraucht, nur den *Grund* bedeutet, die Causalität der Naturdinge zu einer Wirkung gemäß ihren eigenen Naturgesetzen, zugleich aber doch mit dem formalen Princip der Vernunftgesetze einhellig zu bestimmen (*KU* 5:195.20 – 8).

Der Übergang vom Gebiet des Übersinnlichen, des Freiheitsbegriffs (praktischen Gesetzes) der praktischen Vernunft, zum Gebiet des Sinnlichen, der Naturbegriffe (Naturgesetze) des theoretischen Verstandes, geschieht über den Gedanken der Kausalität. Die Bestimmungsgründe der Kausalität der Freiheit liegen nicht im Bereich des sinnlich Bedingten, der Natur, sondern im Übersinnlichen, in der reinen praktischen Vernunft. Aber das sinnlich Bedingte ist im übersinnlich Unbedingten dennoch und insofern enthalten als die Folgen der Kausalität der Freiheit in der Natur stattfinden sollen und das praktische Gesetz dem Menschen eine Handlung aufträgt, die in der Natur, im Bereich der Naturbegriffe und Naturgesetze, des sinnlich Bedingten, verwirklicht werden soll. Kant beruft sich dabei auf eine Argumentation, die er in der ersten *Kritik* (vgl. *KrV* A 444 – 51/B 472 – 9, *KrV* A 532 – 58/B 560 – 86) vorgestellt hat und die zeigt, dass ein scheinbarer Widerspruch zwischen der Kausalität der Freiheit und der Natur „hinreichend widerlegt" (*KU* 5:195.29 – 30) werden kann. Beide Gesetzgebungen können in ein- und derselben Wirkung in der Sinnenwelt als Ursachen vorkommen und die Wirkung gemeinsam hervorbringen.

Für das obige Zitat aus Abschnitt neun der *ZE* (*KU* 5:195.20 – 8) ergeben sich zwei Lesarten:

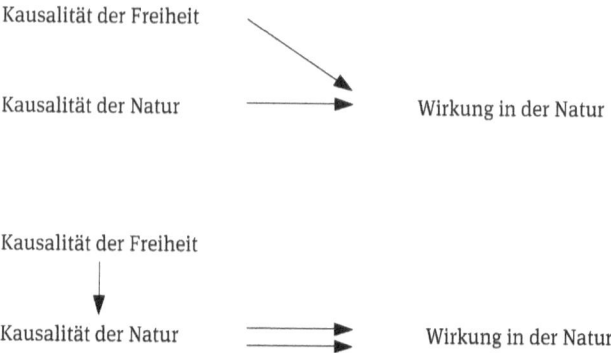

In der ersten Lesart gestaltet die Kausalität der Freiheit unmittelbar einen Aspekt einer Wirkung in der sinnlich bedingten Welt (Natur), während die Kausalität der Natur einen anderen Aspekt derselben Wirkung in der sinnlich bedingten Welt (Natur) hervorbringt. Beide Arten der Kausalität treffen unmittelbar in der Wirkung zusammen. In der zweiten Lesart gestaltet die Kausalität der Freiheit die Kausalität der Natur, und bringt dann mittelbar über die Beeinflussung der Kausalität der Natur eine Wirkung in der sinnlich bedingten Welt (Natur) hervor. Kants Beschreibung der Vereinbarkeit der Kausalität der Freiheit und der Kausalität der Natur in derselben Wirkung in der Natur stützt in der *KrV* eher die erste, in der *KU* eher die zweite dieser Lesarten, da Kant in der *KU* sagt, dass das Übersinnliche (die Kausalität der Freiheit) die Kausalität der Naturdinge zu einer Wirkung nach ihren eigenen Gesetzen bestimmt, die mit der Kausalität der Freiheit harmoniert.

Nach dem zweiten Spiegelstrich des ersten Absatzes (*KU* 5:195.30 – 196.11) zeigt Kant genauer, inwiefern die Urteilskraft die Kluft zwischen den Gesetzgebungen der Freiheit und der Natur überwindet. Die Gesetzgebung der Freiheit, das Gesetz der reinen praktischen Vernunft, trägt dem Menschen die Verwirklichung der Idee eines moralischen Endzwecks auf. Dieser Endzweck soll aber in der Natur, die den Naturgesetzen des Verstandes folgt, hervorgebracht werden. Wenn beide Gesetzgebungen strikt verschieden wären, wäre das nicht möglich. Der vermittelnde Gesetzesbegriff zwischen der Idee des Endzwecks und den Naturgesetzen ist die Zweckmäßigkeit der Natur. Sie beweist, dass die Möglichkeit des Endzwecks im Einklang mit den Gesetzen der Natur steht, weil eine Ausrichtung der Form der Natur nach Naturgesetzen auf Naturzwecke, und der Naturzwecke auf einen moralischen Endzweck möglich ist.[20]

---

[20] In der *KU* entfaltet Kant ein wesentlich differenzierteres Bild der Brückenfunktionen der Urteilskraft, deren Stufen ich kurz nennen möchte. Die Urteilskraft vermittelt zwischen den Na-

*KU* 5:195.31–5 Kant erläutert in der ersten Fußnote, dass eine strikte Trennung oder Unvereinbarkeit der Kausalität der Freiheit und der Kausalität der Natur schon allein deshalb keinen Sinn macht, weil die intelligible Kausalität der Freiheit im Menschen, einem Subjekt und sinnlich bedingten Naturwesen, stattfindet und daher auf, wenngleich „unerklärliche Art" (*KU* 5:196.37), den Grund der Kausalität der Natur zugleich in sich enthält. Kant wird im späteren Verlauf der *KU* dafür argumentieren, dass die Gesetzgebungen der Natur und der Freiheit in der regulativen Idee eines göttlichen Bewusstseins im strengen Sinne Einheit sind, wodurch ihre Vereinbarkeit in der Sphäre des Menschen begründbar und erklärbar wird.

*KU* **5:196.12–22** In Absatz zwei zeigt Kant in Bezug auf die Ebene der Erkenntnisvermögen (Verstand, Urteilskraft, Vernunft), inwiefern die Urteilskraft einen Übergang zwischen Natur- und Freiheitsbegriffen ermöglicht. Kants Argument beruht auf der Konzeption eines übersinnlichen Substrats der Natur, das der Verstand unbestimmt lässt, die Urteilskraft bestimmbar macht und die Vernunft schließlich bestimmt – was Kant genau meint, ist schwer zu verstehen. Eine mögliche Lesart wäre: Der Verstand gibt Gesetze a priori für die Natur, wodurch klar wird, dass die Natur immer nur eine Natur ist, so wie sie dem Menschen anhand dieser Verstandesgesetze erscheint. Was die Natur an sich selbst ist und sein kann, das übersinnliche Substrat der Natur, bleibt dabei unbestimmt; denn das Übersinnliche ist dem Verstand nicht zugänglich. Die reflektierende Urteilskraft sucht zu den besonderen Naturgesetzen des Verstandes einen Naturzweck. Sie verschafft damit dem übersinnlichen Substrat der Natur (dem, was die Natur an sich selbst sein kann), „*Bestimmbarkeit durch das intellectuelle Vermögen*" (*KU* 5:196.18–9). Warum? Naturzwecke sind Ideen der theoretischen Vernunft, einem übersinnlichen Vermögen, welche die reflektierende Urteilskraft auf die beson-

---

turbegriffen (Naturgesetzen) und dem Freiheitsbegriff (praktisches Gesetz, Zweckformeln des kategorischen Imperativs):

| | |
|---|---|
| moralischer Endzweck | Freiheitsbegriff, reines praktisches Gesetz der Vernunft |
| letzter Zweck der Natur im Ganzen Zweckbegriffe der Natur im Ganzen Zweckbegriffe der Naturgegenstände | Zweckmäßigkeit begriffen durch die logisch (physisch) teleologische Urteilskraft |
| Zweck ohne Begriff vom Zweck im Naturschönen Zweck ohne Begriff vom Zweck im Kunstschönen | Zweckmäßigkeit wahrgenommen durch die ästhetisch teleologische Urteilskraft |
| Natur- und Kunstgegenstände | Naturbegriffe, Naturgesetze des Verstandes |

deren Verstandesgesetze bezieht und mit ihnen Einheit in den besonderen Verstandesgesetzen schafft. Einzelne theoretische Ideen von Naturzwecken, welche die reflektierende Urteilskraft auf Verstandesgesetze bezieht, sollen zuletzt aus der Idee der praktischen Vernunft, des moralischen Endzwecks begründet werden. Die reine praktische Vernunft gibt dem übersinnlichen Substrat der Natur a priori die Bestimmung, indem sie die praktische Idee des moralischen Endzwecks als Endzweck aller theoretischen Zwecke der Natur aufstellt.

*KU* 5:196.23 – 197.17 In Absatz drei zeigt Kant in Bezug zur Ebene der Seelen- oder Gemütsvermögen, inwiefern die Urteilskraft einen Übergang zwischen Natur- und Freiheitsbegriffen ermöglicht. Er betrachtet dabei, inwieweit jedes der Seelenvermögen autonom, das heißt, selbst gesetzgebend ist. Für das Gemütsvermögen der theoretischen Erkenntnis gibt der Verstand Gesetze a priori als konstitutive Prinzipien der Natur. Für das Gemütsvermögen des Gefühls der Lust und Unlust gibt die reflektierende Urteilskraft die Zweckmäßigkeit als Regel oder Gesetzmäßigkeit a priori für Gegenstände der Kunst (Kunstschönes) und der Natur (Naturschönes, Naturzwecke). Für das Begehrungsvermögen gibt die reine praktische Vernunft den Endzweck als praktisches Gesetz a priori für die Gegenstände der Moral. Dieser Endzweck beinhaltet zugleich ein intellektuelles Wohlgefallen. Die reflektierende Urteilskraft gibt mit der Zweckmäßigkeit der Natur im logisch teleologischen Urteil nur ein regulatives, nicht ein konstitutives Prinzip für die Natur. Die reflektierende Urteilskraft im ästhetischen Urteil dagegen konstituiert durch das Gefühl der Lust oder Unlust den schönen Gegenstand. Kant scheint die Vermittlerrolle der Urteilskraft an dieser Stelle besonders der ästhetischen Urteilskraft zuzusprechen, denn die „Spontaneität im Spiele der Erkenntnißvermögen, deren Zusammenstimmung den Grund dieser Lust enthält, macht den gedachten Begriff zur Vermittlung der Gebiete des Naturbegriffs mit dem Freiheitsbegriffe in ihren Folgen tauglich, indem diese zugleich die Empfänglichkeit des Gemüths für das moralische Gefühl befördert" (*KU* 5:197.10 – 5).

*KU* 5:197.18 – 27 In der zweiten Fußnote rechtfertigt Kant die Dreiteilung seiner Argumente in Abschnitt neun dadurch, dass Einteilungen in der reinen Philosophie immer entweder zweiteilig oder dreiteilig sind. Zweiteilig sind sie im Falle einer analytischen Einteilung nach dem Satz des ausgeschlossenen Widerspruchs, durch den etwas immer entweder A oder nicht A ist. Dreiteilig sind sie im Falle synthetischer Einteilungen, die eine Bedingung, ein Bedingtes und einen Begriff enthalten, der aus der Synthese der Bedingung und des Bedingten entspringt. Im Abschnitt neun argumentiert Kant auf der Grundlage einer synthetischen, trichotomischen Einteilung. Es wird nicht explizit gesagt, aber Kant scheint nahe zu legen, dass die reflektierende Urteilskraft in einer synthetischen Einteilung immer jenen dritten Schritt der Vermittlung der beiden anderen Schritte bildet, weil sie die beiden anderen Gesetzgebungen, Gemütsvermögen, Erkenntnisvermögen, Anwendungsbereiche von Prinzipien, miteinander verbindet.

*KU* 5:198 Am Ende des Abschnitts fasst Kant die Argumentation in einem Schema zusammen, das mehrere Merkwürdigkeiten aufweist:

| Gesammte Vermögen des Gemüths | Erkenntnißvermögen | Principien a priori | Anwendung auf |
|---|---|---|---|
| Erkenntnißvermögen | Verstand | Gesetzmäßigkeit | Natur |
| Gefühl der Lust und Unlust | Urtheilskraft | Zweckmäßigkeit | Kunst |
| Begehrungsvermögen | Vernunft | Endzweck | Freiheit |

Warum heißt es in diesem Schema nicht ‚reine praktische Vernunft' statt ‚Vernunft', ‚Natur und Kunst' statt ‚Kunst', ‚reflektierende Urteilskraft' statt ‚Urteilskraft'; warum taucht der Begriff ‚Erkenntnisvermögen' zweifach auf? Warum bezieht sich Kant nur auf die ‚Zweckmäßigkeit' in Anwendung auf die ‚Kunst', nicht aber die Natur?

### 1.2.2 Ein Kommentar zur „Analytik" (§§ 61–8) der „Kritik der teleologischen Urtheilskraft"[21]

**Zusammenfassung:** Blicken wir kurz zurück. In der ZE der *KU* verortet Kant die reflektierende Urteilskraft und ihre Gegenstände als Mittel- und Bindeglied zwischen dem theoretischen und praktischen Teil der kritischen Philosophie und führt die Zweckmäßigkeit als transzendentales Prinzip der reflektierenden Urteilskraft ein. Damit rückt Kant die Lehre von organisierten Wesen als Gegenstand, auf den sich das Prinzip der reflektierenden Urteilskraft bezieht, in die Perspektive der Brücke zwischen theoretischer und praktischer Philosophie.

In der „Analytik" charakterisiert Kant organisierte Wesen durch zwei Arten von Ordnungen, durch mechanische und physisch teleologische Gesetze. Dabei wird der Begriff des Mechanismus weitestgehend vorausgesetzt und Kant beschäftigt sich vor allem mit der Erörterung des zweiten Charakteristikums, dem physisch teleologischen Gesetz als regulativer Maxime der reflektierenden Urteilskraft. Der „Analytik" der „Kritik der teleologischen Urtheilskraft" geht ein

---

[21] Lesenswerte Problemanalysen und Kommentierungen zur „Analytik der teleologischen Urtheilskraft" insgesamt finden sich in der neueren systematischen Literatur etwa bei McFarland (1970, 98–116), Ginsborg (2001, 2004, 2006), Zuckert (2007, 89–129), Breitenbach (2009, bes. 60–83), Kreines (2005), Frank/Zanetti (2001, III 1264–86), Quarfood (2006), Geiger (2009), in den Texten von Breitenbach und Watkins in Goy/Watkins (2014, 117–30, 131–47), und in van den Berg (2014, bes. 53–87 und 89–110).

Übergangsparagraf (§ 61) voraus; die eigentliche „Analytik" besteht aus sieben Paragrafen (§§ 62–8). In §§ 61–3 greift Kant den Gedanken der Zweckmäßigkeit aus den Abschnitten vier und fünf der ZE und aus § 10 der „Ästhetik" auf und differenziert Arten der Zweckmäßigkeit so, dass er den für eine Theorie organisierter Wesen relevanten Begriff der Zweckmäßigkeit eingrenzen kann: die objektiv material innerliche Zweckmäßigkeit. In § 61 unterscheidet Kant die subjektiv ästhetische von der objektiv teleologischen Zweckmäßigkeit, in § 62 die objektiv teleologisch formale von der objektiv teleologisch materialen, und in § 63 die objektiv teleologisch material relativ äußerliche von der objektiv teleologisch material innerlichen Zweckmäßigkeit. Damit grenzt Kant in § 61 teleologische Urteile in der Ästhetik von teleologischen Urteilen in der Naturzwecklehre und Mathematik ab, in § 62 teleologische Urteile in der Mathematik und Geometrie von teleologischen Urteilen in der Naturzwecklehre, und in § 63 teleologische Urteile in der Naturzwecklehre, die äußere Verhältnisse der Natur betreffen, von teleologischen Urteilen in der Naturzwecklehre, die innere Verhältnisse der Natur betreffen (ich nenne diese Urteile im Folgenden einheitlich physisch teleologische Urteile)[22].

In § 64 erörtert Kant den Charakter der inneren, materialen Zweckmäßigkeit von organisierten Wesen zunächst am Beispiel eines Baumes. Im zentralen § 65 analysiert er anschließend organisierte Wesen, insofern sie einer mechanischen und einer finalursächlichen Kausalität gehorchen, insofern sie ein bestimmtes Verhältnis zwischen dem Ganzen und den Teilen aufzeigen und insofern in ihnen mechanische und bildende Kräfte wirken, und fragt, inwiefern die Beurteilung organisierter Wesen auf einer Analogie zur praktischen Zwecksetzung beruht, auf die bereits im vierten Abschnitt der ZE hingewiesen wurde. Am Ende von § 65, und dann ausführlicher in § 66, analysiert Kant die für organisierte Wesen charakteristischen physisch teleologischen Gesetze – zunächst für einzelne organisierte Wesen, danach, im § 67 für die organisierte Natur im Ganzen. Im letzten Paragraf der „Analytik" beschreibt Kant die Naturzwecklehre als eigenständige Wissenschaft und untersucht, wie sie sich zur Theologie und zur mathematischen Na-

---

**22** Kant hat diese Urteile in der ZE als logisch (KU 5:192.14) teleologische Urteile, oder, schlicht teleologische (KU 5:193.19) Urteile bezeichnet. Ich nenne diese Urteile physisch teleologische Urteile im Sinne des griechischen Begriffs *physis*, der Natur. Denn Kant meint mit logisch teleologischen Urteilen auf Zweck*begriffen* basierende Urteile über organisierte Gegenstände der Natur, im Gegensatz zu ästhetisch teleologischen Urteilen, die sich auf die Wahrnehmung jener Lust beziehen, welche sich im urteilenden Subjekt angesichts ästhetischer Objekte einstellt (KU 5:193.19). Die ästhetische Lust wird durch ein zweckmäßiges Zusammenspiel der Einbildungskraft und des Verstandes bewirkt. Es gibt aber auch ästhetisch teleologische Urteile, die sich auf die Schönheit von Naturgegenständen beziehen. Logisch teleologische Urteile als ‚logische' zu bezeichnen ist insofern irreführend, als ‚logisch' in dieser Verwendung nichts mit formaler Logik, sondern mit der Begrifflichkeit des menschlichen Urteilens im Naturbezug zu tun hat.

turwissenschaft verhält. Ergebnis der „Analytik" ist, dass organisierte Wesen und die organisierte Natur im Ganzen durch zwei Arten von Gesetzen charakterisiert sind, durch mechanische und durch physisch teleologische Gesetze, wobei letztere die eigentlichen Charakteristika organisierter Wesen sind.

## § 61

**Zusammenfassung:** Der § 61 liegt an der großarchitektonischen Schnittstelle zwischen Kants Theorie der Ästhetik (die nicht Teil dieses Kommentars ist, §§ 1–60) und der Theorie der organisierten Wesen (§§ 61, 62–78). Kant grenzt in diesem Paragrafen die subjektiv ästhetisch teleologische Beurteilung des Naturschönen von der objektiv logisch teleologischen Beurteilung einer als zweckmäßig erfahrbaren Natur ab. Er greift so auf systematische Unterscheidungen besonders aus dem achten Abschnitt der ZE zurück, wo gesagt wurde, dass die „Naturschönheit" als *Darstellung* des Begriffs der formalen (bloß subjectiven)", „Naturzwecke" jedoch „als Darstellung des Begriffs einer realen (objectiven) Zweckmäßigkeit" anzusehen seien, wobei die Naturschönheit durch den „Geschmack (ästhetisch, vermittelst des Gefühls der Lust)", einzelne Naturzwecke und die organisierte Natur im Ganzen aber durch den „Verstand" und die „Vernunft (logisch, nach Begriffen)" (*KU* 5:193.12–7) beurteilt würden.

Die Schnittstelle zwischen § 61 und den §§ 62–78 überlagert sich mit einer anderen Gliederung, nach der die §§ 61, 62 und 63 eine thematische Einheit bilden, da Kant in ihnen, im Vorfeld der Theorie organisierter Wesen, den Begriff der Zweckmäßigkeit, der in den Abschnitten vier und fünf der ZE und in § 10 der „Ästhetik" bereits eingeführt wurde, terminologisch weiter differenziert, um jene Art der Zweckmäßigkeit zu isolieren, die für organisierte Wesen der Natur besonders kennzeichnend ist.[23] Nach der Abgrenzung der subjektiven von der ob-

---

23 Es gibt kaum systematisch hilfreiche kommentarische Literatur zu den §§ 61–3; Giordanetti (2008) ist (nur) ein Anfang. Etwa fehlt eine genaue vergleichende systematische Klassifikation der Arten der Zweckmäßigkeit bei Kant und ihrer Charakteristika, sowie der Bereiche, in denen sie auf verschiedene Weise auftritt. So bezeichnet Kant die Zweckmäßigkeit im Bereich der organisierten Natur aus der Perspektive des Objekts als objektiv materiale, innere und äußere, (absolute) und relative, aus der Perspektive des urteilenden Betrachters jedoch als logisch teleologische Zweckmäßigkeit; im Bereich der Ästhetik bezeichnet Kant die Zweckmäßigkeit aus der Perspektive des Objekts (paradoxer Weise) als subjektive (da auf die Lustempfindung des Subjekts bezogene), aus der Perspektive des urteilenden Betrachters als ästhetisch teleologische Zweckmäßigkeit; im Bereich der Geometrie und Mathematik bezeichnet Kant die Zweckmäßigkeit aus der Perspektive des Objekts als objektiv formale, intellektuelle Zweckmäßigkeit, ohne sie aus der Perspektive des urteilenden Betrachters zu charakterisieren; in späteren Kapiteln der *KU* begegnen wir im Bereich der Moral der moralischen Zweckmäßigkeit etc. Die genannten Arten der Zweckmäßigkeit haben

jektiven Zweckmäßigkeit in § 61, unterscheidet Kant innerhalb der objektiven Zweckmäßigkeit zwischen einer objektiv formalen Zweckmäßigkeit im Bereich der Mathematik und Geometrie und einer objektiv materialen Zweckmäßigkeit im Bereich der Natur (§ 62). Die objektiv materiale Zweckmäßigkeit der Natur wiederum kann den Naturdingen entweder in Relation zu anderen Naturdingen von außen zukommen oder ihnen selbst angehören und absolut innerlich sein. Nur im letzteren Falle werden Wesen als an sich selbst zweckmäßige, organisierte Wesen betrachtet (§ 63). Die objektiv materiale absolut innerliche Zweckmäßigkeit ist das zentrale Prinzip der Kantischen Theorie organisierter Wesen:

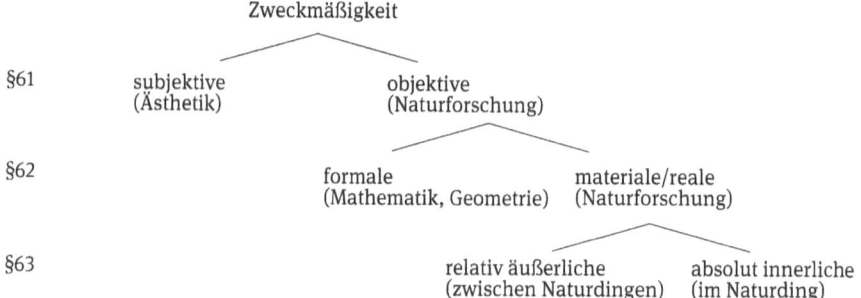

Der § 61 umfasst vier Absätze. Einer Widererinnerung an die subjektive Zweckmäßigkeit des Naturschönen im ersten Absatz, die ausführlich in der Ästhetik behandelt wurde, folgen im zweiten und dritten Absatz skeptische Erwägungen gegen die Möglichkeit einer objektiven Zweckmäßigkeit der Natur. Der vierte und wichtigste Absatz klärt, in welchem zulässigen Sinne von einer objektiven Zweckmäßigkeit der Natur gesprochen werden kann.

*KU* 5:359.1–13 Mit der Überschrift des § 61, „*Von der objectiven Zweckmäßigkeit der Natur*" (*KU* 5:359.2) eröffnet Kant eine Diskussion darüber, ob es überhaupt eine objektive Zweckmäßigkeit der Natur gibt. Kant bejaht diese Frage. Außerdem steht der Status der objektiven Zweckmäßigkeit der Natur zur Diskussion. Wenn es eine objektive Zweckmäßigkeit der Natur gibt, ist sie dann etwas, was der Natur selbst zukommt? Das heißt, dienen die „Dinge der Natur einander als Mittel zu Zwecken" (*KU* 5:359.14) oder sind sie zweckmäßig nur für den Menschen, als urteilendes Subjekt?

---

auch ein verschiedenes Gewicht für die Dinge, denen sie zukommen, oder für die Urteilsformen, durch die sie repräsentiert werden.

Schöne Formen in der Natur, so Absatz eins, beleben die menschlichen „Gemüthskräfte" (*KU* 5:359.10), genauer die Einbildungskraft und den Verstand, durch ein harmonisches Spiel, das der Mensch als stärkend und unterhaltend wahrnimmt. Als sei es „ganz eigentlich für unsere Urtheilskraft angelegt" (*KU* 5:359.8 – 9), hat das Schöne in der Natur keinen Zweck für andere Dinge in der Natur, sondern erscheint schön und zweckmäßig nur für uns, weshalb es richtig ist, bezüglich des Naturschönen von einer bloß „subjective[n] Zweckmäßigkeit der Natur" (*KU* 5:359.3 – 4) zu sprechen. Kant setzt im ersten Absatz seine Lehren aus der „Ästhetik" voraus. Im Kern wurde das Schöne in der Kunst und in der Natur dadurch bestimmt, dass es die menschlichen Gemütskräfte der Einbildungskraft und des Verstandes in ein freies Spiel miteinander versetzt, das der reflektierende Betrachter als lustvoll erlebt. Urteile über das Schöne sind eigentlich Urteile über die zweckmäßige Zusammenstimmung der menschlichen Erkenntniskräfte. Konzise und sparsam bringt Kant mit dem Eintritt in die Besprechung der Theorie organisierter Wesen in § 61 nur das Naturschöne, nicht aber das Kunstschöne aus der „Ästhetik" in Erinnerung, um eine genaue Abgrenzung zwischen dem Naturschönen, das wahrgenommen, und Naturzwecken, die gedacht werden, vorzunehmen.

*KU* 5:359.14 – 360.20 Gibt es nun, so Absatz zwei und drei, neben dem subjektiv zweckmäßigen Naturschönen auch eine objektive Zweckmäßigkeit der Natur? Gegen diese Annahme scheinen sich zunächst zwei Einwände zu erheben. Eine objektive Zweckmäßigkeit der Natur kann weder a priori (*KU* 5:359.14 – 25) noch aus der Erfahrung plausibel gemacht werden (*KU* 5:359.25 – 360.20). A priori kann sie nicht plausibel gemacht werden, denn anders als im Naturschönen ist die objektive Zweckmäßigkeit der Natur nicht im Rekurs auf die belebte, zweckerfüllte Tätigkeit der ästhetischen Urteilskraft erklärbar. Wenn man die Apriorität der objektiven Zweckmäßigkeit der Natur nicht dadurch begründen kann, dass sie auf den Vermögen eines ästhetisch urteilenden Subjekts beruht, müsste man sie aus der Natur selbst begründen, was nur möglich scheint, wenn man sich die Natur als ein intelligentes Wesen vorstellt, was falsch ist.

Nicht aus der Erfahrung abgeleitet werden kann die objektive Zweckmäßigkeit der Natur, weil es keine „objectiven Gründe[]" für die Annahme einer objektiven Zweckmäßigkeit der Natur gibt, sie müssten denn, so Kant thetisch, nur aus subjektiven Gründen in sie hinein vernünftelt worden sein (*KU* 5:359.25 – 360.5). Betrachtet der Mensch etwa die mechanischen Bildungen der Natur, so zeigen sich diese oft so zufällig und verschieden, dass er aus ihnen nicht auf eine objektive Zweckmäßigkeit der Natur schließen kann, die notwendig mit dem Begriff der Natur verbunden sein müsste (*KU* 5:360.6 – 20). So können die Teile eines Vogels, die ihm als einem mechanisch bewegten Körper angehören, unendlich mannigfaltig ausgestattet sein. Die Höhlung seiner Knochen ist hier stark, dort gering, seine Flügel sind hier groß und mächtig, dort winzig und zerbrechlich, sein Schwanz ist hier lang und flexibel wie ein Schweif, dort kurz und stumpf wie ein Ruder. Diese Werte sind messbar; sie schlagen sich auf die je verschiedene Masse des Vogels nieder, diese wiederum, wie auch die Größe und die Hub- und Schubkraft der Flügel, die Gestalt und Macht des Schwanzes auf die Geschwindigkeit der Bewegung des Vogels. Alle mechanischen Beschreibungen des Vogels als eines bewegten Körpers geben aber keine Antwort auf die Frage, wozu die Teile des Vogelkörpers da sind, und was die einheitliche Idee ihrer Formen und Funktionen ist, nämlich: um zu fliegen. Diese Aussage erfordert ein anderes Prinzip der Fragestellung und Beurteilung: ein physisch teleologisches. Es ist ein Prinzip, das nicht danach fragt, wie etwas beschaffen ist, sondern danach, wozu etwas so und nicht anders beschaffen ist.

Der Satz „Überdem [...] beweisen" (*KU* 5:360.6–10) ist philologisch mehrdeutig, da nicht klar ist, worauf sich das weibliche Personalpronomen „sie" (*KU* 5:360.8) bezieht. Drei Deutungen kommen in Frage: die objektive Zweckmäßigkeit, die Natur und – im Text einige Zeilen zurückliegend – die Erfahrung. Nach der ersten Lesart hängt die objektive Zweckmäßigkeit nicht notwendig mit dem Begriff der Natur zusammen, weil die objektive Zweckmäßigkeit der Natur gerade das ist, worauf sich der Mensch beruft, um die Zufälligkeit der Natur und ihrer Form zu beweisen. Diese Lesart macht nur dann Sinn, wenn man in der zweiten Erwähnung der objektiven Zweckmäßigkeit der Natur an die objektiv relativ äußerliche Zweckmäßigkeit der Natur denkt, die, wie Kant später selbst sagt, eine zufällige (*KU* 5:368.12) Relation zwischen den Naturdingen beschreibt. Dann wäre aber das anschließende Beispiel des Vogels eher unpassend, da es auf ein einzelnes Naturding und nicht auf äußere Zweckverhältnisse zugeschnitten ist. Nach der zweiten Lesart hängt die objektive Zweckmäßigkeit nicht notwendig mit dem Begriff der Natur zusammen, weil die Natur gerade das ist, worauf der Mensch sich beruft, um die Zufälligkeit der Natur und ihrer Form zu beweisen. Diese Lesart entfällt. Nach der dritten Lesart bezieht sich „sie" auf das einige Zeilen zurückliegende „Erfahrung". Die objektive Zweckmäßigkeit in dieser Lesart hängt nicht notwendig mit dem Begriff der Natur zusammen, weil die Erfahrung gerade das ist, worauf sich der Mensch beruft, um die Zufälligkeit der Natur und ihrer Form zu beweisen. Diese Lesart ist am unproblematischsten.

*KU* 5:360.21–361.11 Obgleich die genannten Einwände zunächst gegen eine objektive Zweckmäßigkeit der Natur zu votieren scheinen, vertritt Kant im vierten Absatz die These, dass der Mensch die objektive Zweckmäßigkeit der Natur „problematisch" (*KU* 5:360.21–2), als eine mögliche Erklärung neben mechanischen Gesetzen verwendet. Sie ist ein „*ein Princip mehr*" (*KU* 5:360.27), das der Mensch genau dann zu Hilfe nimmt, wenn die Erklärungskraft kausalmechanischer Gesetze versagt. Diese können nämlich nicht erklären, warum sich die Natur in einigen ihrer Gegenstände nicht nur zu bewegen scheint, sondern so verhält, als ob sie ihrem Werden Ziele und Zwecke unterlegt – „*technisch*" (*KU* 5:360.34), wie Künstler, der einen Gegenstand nach seinen Zwecken und Absichten gestaltet. Da der Mensch teleologische Urteile über die Natur nur in „*Analogie*" (*KU* 5:360.23) zu seiner eigenen Kunstfertigkeit fällt, gehören sie zur „reflectirenden", nicht zur „bestimmenden" (*KU* 5:360.25) Urteilskraft, es sind keine konstitutiven, sondern bloß regulative Aussagen über die Natur. Kant bejaht an dieser Stelle die Analogie der physisch teleologischen Naturerklärung zur menschlichen Kunstfertigkeit. Im gesamten Text der „Kritik der teleologischen Urtheilskraft" schwankt Kant zwischen der Bestreitung und der Verteidigung dieser Analogie. Von elementarer Bedeutung wird schon an dieser Stelle für Kants Argument, was ‚mechanisch erklären' bedeutet. Ich analysiere den Begriff systematisch im zweiten Teil meines Buches.

## § 62

**Zusammenfassung:** In § 62 grenzt Kant unter dem Titel „*Von der objectiven Zweckmäßigkeit, die bloß formal ist, zum Unterschiede von der materialen*" (*KU* 5:362.4 – 5) die objektiv formale Zweckmäßigkeit im Bereich der Geometrie und der Mathematik von der objektiv materialen Zweckmäßigkeit im Bereich der Natur ab. Der Paragraf enthält fünf Abschnitte. Die systematisch gewichtigsten der fünf Absätze sind die Absätze eins und drei, in denen Kant die Kriterien für die Abgrenzung zwischen der formalen und der materialen objektiven Zweckmäßigkeit benennt; diese Absätze stelle ich hier voran. In Absatz zwei veranschaulicht Kant die objektiv formale Zweckmäßigkeit an vier Beispielen aus dem Bereich der Geometrie. Die zwei verbleibenden Absätze enthalten Exkurse zu untergeordneten Fragen. Besonders am Ende von Absatz zwei und in Absatz vier beantwortet Kant die Frage, warum der Mensch für die objektiv formale Zweckmäßigkeit der Mathematik „Bewunderung" empfindet. In Absatz fünf analysiert Kant, warum der Mensch fälschlicherweise dazu neigt, die Zweckmäßigkeit mathematischer Formen mit dem ästhetischen Prädikat der Schönheit zu belegen.

*KU* 5:362.1 – 15 Im Bereich der Geometrie und Mathematik findet sich eine objektive Zweckmäßigkeit, welche „formal[ ]" (*KU* 5:364.5), „intellectuell" (*KU* 5:362.10 – 1; vgl. *KU* 5:364.3) ist. Denn ein Verstandesbegriff, etwa die Definition eines Kreises, kann als eine Anleitung gelesen werden, die dem Zweck der Konstruktion verschiedener geometrischer Formen in der apriorischen Anschauung dient. Dabei ist der Verstandesbegriff zweckmäßig genau in dem Sinne, dass er verschiedene Weisen umschließt, wie die geometrischen Figuren in der apriorischen Anschauung bildhaft vorgestellt werden können, ohne dass diese Konstruktion selbst einen Zweck haben muss. Weil sich die Zweckmäßigkeit mathematischer Figuren nur auf eine a priori vorgestellte Konstruktion bezieht, ist sie formal, nicht aber real und material (*KU* 5:364.3–25; vgl. *KU* 5:366.31–5); auch liegt ihr kein wirklicher Zweck im Gegenstand zugrunde. In einer späteren Fußnote begründet Kant den formalen Charakter der mathematischen Zweckmäßigkeit dadurch, dass „in der reinen Mathematik nicht von der Existenz", sondern nur von der „Möglichkeit der Dinge", das heißt, von „einer ihrem Begriffe correspondirenden Anschauung, mithin gar nicht von Ursache und Wirkung die Rede sein kann" (*KU* 5:366.31–3). Auch hier scheint der Fokus darauf zu liegen, dass die Zweckmäßigkeit der Mathematik nicht kausal auf die Wirklichkeit der Erfahrungswelt einwirkt, sondern nur eine Darstellung von mathematischen Begriffen in der apriorischen Anschauung bezeichnet, die im Bereich der Vorstellung verbleibt. Den der formalen Zweckmäßigkeit entgegen stehenden Begriff einer objektiv materialen Zweckmäßigkeit erörtert Kant nur sehr kurz am Ende von Absatz drei, und ein weiteres Mal ausführlicher am Beginn von § 63.

*KU* 5:362.16–365.36 Kant veranschaulicht die formale, intellektuelle Zweckmäßigkeit an vier Beispielen. Der Begriff des Kreises („Cirkel", *KU* 5:362.16) enthält 1a) alle möglichen Lösungen für die Aufgabe, aus einer gegebenen Grundlinie und einem gegenüberliegenden Winkel ein Dreieck („Triangel", *KU* 5:362.21) zu konstruieren, denn, einbeschrieben in einen Kreis, enthält der Kreisbogen über einer Grundlinie alle möglichen Punkte, von denen aus jene Winkel aufgespannt werden können, die mit der Grundlinie ein Dreieck bilden (*KU* 5:362.20–4). Der Begriff des Kreises enthält außerdem 1b) unendlich viele Lösungen für die Aufgabe, zwei Linien zu finden, die „einander so schneiden, daß das Rechteck aus den zwei Theilen der einen dem Rechteck aus den zwei Theilen der andern" gleich ist (*KU* 5:362.25–363.2). Wenn man 2a) die (parabelförmigen) Wurfbahnen aller durch die Schwerkraft bewegten Körper ermitteln will, ist jene Schnittebene eines Kegels geeignet, welche zu genau einer Mantellinie parallel ist, weil sie immer die Form einer Parabel hat (*KU* 5:363.10–4). Sind 2b) die (elliptischen) Planetenbahnen der Himmelkörper gesucht, bietet sich jene Schnittebene eines Kegels an, die zu keiner Mantellinie parallel ist, weil diese die Form einer Ellipse besitzt (*KU* 5:363.14–7).

Warum empfindet der Mensch für derartige mathematische Konstruktionen „Bewunderung" (*KU* 5:363.36)? Was an der objektiven formalen Zweckmäßigkeit geometrischer Figuren hat etwa einen Philosophen wie Platon in so große „Begeisterung" versetzt, dass er einen „der Meßkunst Unkundigen aus seiner Schule verwies" (*KU* 5:363.25, 29)?[24] Kants erste Antwort ist ein Sparsamkeitsargument,

---

24 Kant verweist an dieser Stelle auf jenen Spruch, der über dem Eingang der Platonischen

nämlich, dass der Mensch geometrische Figuren dafür schätzt, dass sie eine „Tauglichkeit zur Auflösung vieler Probleme nach einem einzigen Princip" (*KU* 5:362.8 – 9) besitzen, und eine „Einheit" zeigen, aus der „mannigfaltige[ ] Regeln" (*KU* 5:364.29) abgeleitet werden können. Zweitens beinhaltet die Zweckmäßigkeit mathematischer Figuren eine „Nothwendigkeit", die so beschaffen ist, als sei sie „für unsern Gebrauch absichtlich so eingerichtet", und die dennoch „dem Wesen der Dinge ursprünglich zuzukommen scheint, ohne auf unsern Gebrauch Rücksicht zu nehmen" (*KU* 5:363.32 – 6).

*KU* **5:365.37 – 366.23** Irrtümlicher Weise werden zweckmäßige mathematische Figuren auch als ‚schön' bezeichnet. Der Fehler dieser Kennzeichnung besteht darin, dass dem ästhetischen Prädikat ‚schön' ein Urteil zugrunde liegt, das keine bestimmten Begriffe von objektiven Zwecken beinhaltet, sondern nur auf der Wahrnehmung einer subjektiven Harmonie im freien Spiel der Erkenntnisvermögen, der Einbildungskraft und des Verstandes, beruht. Die Zweckmäßigkeit mathematischer Figuren jedoch ist eine „intellectuelle nach Begriffen, welche eine objective Zweckmäßigkeit, d. i. Tauglichkeit zu allerlei (ins Unendliche mannigfaltigen) Zwecken" (*KU* 5:366.8 – 10) erkennen lässt. Deshalb wäre es richtiger zu sagen, dass mathematische Figuren relativ vollkommen (*KU* 5:366.11) und nicht schön sind.

## § 63

**Zusammenfassung:** Mit der im Titel des § 63 genannten Differenzierung „*Von der relativen Zweckmäßigkeit der Natur zum Unterschiede von der innern*" (*KU* 5:366.25 – 6) erreicht Kant eine nächste Untergliederung zweier Bereiche innerhalb der objektiv materialen Zweckmäßigkeit. Die Abgrenzung absolut innerlicher[25]

---

Akademie geschrieben stand und besagte, dass kein der Geometrie Unkundiger in die Schule eintreten möge.

**25** Nach Frank/Zanetti (2001, III 1264 – 70) bedeutet die innere Zweckmäßigkeit als Kennzeichen eines organisierten Wesens, dass die zufälligen und empirisch mannigfaltigen Züge eines organisierten Wesens, die durch die zufälligen, empirischen, besonderen Naturgesetze des Verstandes beschrieben werden, eine einheitliche Ordnung in der Vernunftidee eines Zwecks aufweisen. Ein organisiertes Wesen ist seiner einheitlich innerlich zweckmäßigen Form nach nicht durch mechanische Naturgesetze erklärbar (Frank/Zanetti 2001, III 1266 – 9). Nach Bommersheim (1927, 290 – 1) ist die innere Zweckmäßigkeit, erstens, „ein *Prinzip der Beurteilung*", das durch Ganzheit und Selbsterzeugung charakterisiert ist; zweitens, „ein *Prinzip der Einheit des Besonderen*" in Bezug auf die Einheit der besonderen Gesetze, in Bezug auf die Einheit des besonderen Dings, in Bezug auf die Einheit der besonderen Dinge und in Bezug auf die Einheit der Erfahrung; drittens ist die innere Zweckmäßigkeit ein „*Prinzip der Heuristik*" im Sinne eines Leitfadens zur Entdeckung von neuen Zusammenhängen, zum Beispiel zur Entdeckung des Zu-

von relativ äußerlichen, objektiv materialen Zwecken ist jene Unterscheidung, die den gesuchten Terminus der inneren Zweckmäßigkeit von organisierten Wesen hinreichend gegen andere Arten der Zweckmäßigkeit abgrenzen kann. Die systematisch wichtigsten Bestimmungen werden in Absatz eins und fünf der sechs Absätze des Paragrafen gegeben, die Absätze zwei bis vier und sechs geben Beispiele für die objektiv materiale, relativ äußerliche Zweckmäßigkeit der Natur.

*KU* 5:366.24–367.10 Hatte sich § 62 noch vorwiegend der objektiv formalen Zweckmäßigkeit in der Geometrie und Mathematik zugewendet, definiert § 63 die objektiv materiale Zweckmäßigkeit der Natur. Diese liegt nur dann vor, „wenn ein Verhältniß der Ursache zur Wirkung zu beurtheilen ist, welches wir als gesetzlich einzusehen uns nur dadurch vermögend finden, daß wir die Idee der Wirkung der Causalität ihrer Ursache, als die dieser selbst zum Grunde liegende Bedingung der Möglichkeit der ersteren" (*KU* 5:366.29–367.3) unterlegen.

Wie müssen wir Kants Definition der objektiv materialen Zweckmäßigkeit verstehen? Besonders schwierig an der Bestimmung ist der Passus: „daß wir die Idee der Wirkung der Causalität ihrer Ursache, als die dieser selbst zum Grunde liegende Bedingung der Möglichkeit der ersteren" unterlegen, da grammatikalisch nicht klar ist, worauf sich „ihrer", „dieser" und „ersteren" im Satz zurückbeziehen. Unter den möglichen Einsetzungen scheint jene am wahrscheinlichsten, dass „wir die Idee der Wirkung der Causalität ihrer [der Wirkung] Ursache, als die dieser [der Verursachung] selbst zum Grunde liegende Bedingung der Möglichkeit der ersteren [der Wirkung]" unterlegen. Vereinfacht gesagt besagt Kants Definition dann, dass die objektiv materiale Zweckmäßigkeit der Natur über eine Kausalstruktur definiert ist, in der die Idee der Wirkung der Wirkung als Ursache zugrunde liegen muss. In § 82 wird Kant genau in diesem Sinne definieren: „[D]ie vorgestellte Wirkung, deren Vorstellung zugleich der Bestimmungsgrund der verständigen wirkenden Ursache zu ihrer Hervorbringung ist, heißt *Zweck*" (*KU* 5:426.8–10).

Die beschriebene Kausalstruktur tritt in zwei Verhältnissen auf. Entweder wird eine „Wirkung unmittelbar als Kunstproduct" angesehen; *sie selbst* ist ein „Zweck". Oder die Wirkung ist nur das „Material für die Kunst anderer möglicher Naturwesen"; sie ist selbst nur ein „Mittel zum zweckmäßigen Gebrauche" (*KU* 5:367.4–7) für andere Dinge. Im ersteren Falle handelt es sich um die „innere Zweckmäßigkeit des Naturwesens", im letzteren um eine „Zweckmäßigkeit", die bloß äußerlich und „relativ" (*KU* 5:367.7–10) ist. Exegetisch verwirrend und

---

sammenhangs zwischen einzelnen Körperorganen und ihrem Wert für das ganze organisierte Wesen und umgekehrt, und, viertens, ist die innere Zweckmäßigkeit „ein besonderes *Prinzip der Kausalität*", der Kausalität nach Endursachen, das heißt, nach Zwecken.

schwierig an dieser Stelle ist, dass Kant die erste Form der Kausalität als eine solche darstellt, die eine „Wirkung" hervorbringt, welche „unmittelbar als Kunstproduct [!]" anzusehen ist, und mit dieser Beschreibung die objektiv materiale „innere Zweckmäßigkeit des Naturwesens" darstellen will, womit das Wesen des Naturdings einem Kunstprodukt gleichgesetzt zu werden scheint. Die Zweckmäßigkeit eines Kunstproduktes kann aber niemals eine innere sein, da der Künstler den Zweck für das Kunstprodukt von außen in das Kunstwerk einführt, wie Kant selbst an späteren Stellen mit aller Deutlichkeit sagt (etwa *KU* 5:374.27– 33). Hier würde der Kantische Text stimmiger ‚Naturproduct' statt „Kunstproduct" (*KU* 5:367.4–5) lauten.

*KU* 5:367.11–23 Anhand mehrerer Beispiele zeigt Kant, dass die relative und äußerliche Zweckmäßigkeit zwar ein kausales Verhältnis *zwischen* verschiedenen Naturgegenständen beschreibt, aber zum einen keine Relation bildet, die notwendig so und nicht anders zwischen den Naturgegenständen verlaufen muss, zum anderen den Naturdingen selbst äußerlich bleibt. Aufgrund relativ zufälliger Zweckbezüge zwischen Naturdingen kann nichts darüber ausgesagt werden, dass diese Dinge an sich selbst Zwecke der Natur sind; die relative Zweckmäßigkeit berechtigt zu „keinem absoluten teleologischen Urtheile" (*KU* 5:369.1–2).

Die von Kant benannten Beispiele sind erstens, das Verhältnis zwischen einem Fluss, der Erde und Schlick ans Land spült, dessen Fruchtbarkeit viele Pflanzen gedeihen lässt. Der Fluss ist zweckmäßig in Relation zur Verlandung, diese wiederum in Relation zur Entstehung von Pflanzen. Andererseits könnte eingewendet werden, dass die Verlandung den Wassertieren Lebensraum entzieht und daher im Blick auf die Erhaltung des Lebensraums der Wasserbewohner einen unzweckmäßigen Zug besitzt. Ein absolutes Urteil über die Zweckmäßigkeit unter den genannten äußeren Verhältnissen der Naturdinge ist nicht möglich.

*KU* 5:367.24–368.16 Ähnlich gelagert ist Kants zweites Beispiel: Der Rückzug des Meeres hat Sandboden freigelegt, der besonders gut für das Entstehen von Fichtenwäldern ist. Meer, Sand und Fichtenwälder bilden eine Kette „einander subordinirte[r] Glieder einer Zweckverbindung" (*KU* 5:367.36–7), wobei jedes Glied dieser Kette ein relativer Zweck in Bezug auf seine Ursache ist, die dem Zweck als Mittel dient. Keines der Glieder der Kette jedoch kann als ein absoluter, als ein Endzweck betrachtet werden. Denn auch die Fichten dienen wiederum als Mittel zum Zweck, etwa als Brennmaterial oder zur Herstellung von Gebrauchsgegenständen des Menschen. Eine ähnliche Mittel-Zweck-Relation besteht zwischen dem Gras und Gras fressenden Tieren, die wiederum Mittel zum Zweck für Fleisch fressende Tiere sind usf.

*KU* 5:368.17–31 Die genannten Mittel-Zweck-Relationen sind relativ und zufällig. Dieser Zug verschärft sich zur Beliebigkeit, wenn, wie im vierten Beispiel, der Mensch z. B. „Vogelfedern", „farbige Erden oder Pflanzensäfte" als „Putzwerk"

(*KU* 5:368.18 – 9) verwendet, und Dinge tut, die nicht einmal einem „relativen Naturzweck" (*KU* 5:368.23), sondern seiner zwecklosen Willkür unterliegen. Nur unter der Voraussetzung, dass Menschen überhaupt auf Erden leben sollen und als „vernünftige Thiere" (*KU* 5:368.28) einen relativen Zweck der Natur bilden, können in diesen Fällen die Mittel, deren sich der Mensch zur Erhaltung seiner selbst bedient, wie auch er selbst, als Teile einer Kette relativer Naturzwecke angesehen werden.

*KU* **5:369.3 – 29** Im Kontext relativer Naturzwecke nimmt auch der Mensch als Naturwesen keine Sonderstellung ein. Ihn als einen nicht mehr relativen, sondern letzten Zweck der Natur zu betrachten, wäre „ein sehr gewagtes und willkürliches Urtheil" (*KU* 5:369.22). Denn, so Kants fünftes Beispiel, man könnte zwar sagen, dass der Schnee in den Eiszonen der Erde dafür dient, hinreichend Nahrung für die Renntiere zu konservieren, die, vor einen Schlitten gespannt, die Gemeinschaft der Menschen erleichtern oder die dazu dienen, den Grönländern, Lappen, Samojeden und Jakuten Felle für ihre Kleidung zu liefern. Aber es ist nicht klar, warum überhaupt Menschen in den Eiszonen leben müssen. Es scheint sogar eher so, als ob kein wirklich zweckvolles Geschehen, sondern „nur die größte Unverträglichkeit der Menschen unter einander sie bis in so unwirthbare Gegenden hat versprengen können" (*KU* 5:369.26 – 8).

Im Rückblick auf die vorgenommenen Abgrenzungen im Begriff der Zweckmäßigkeit fällt vor allem auf, dass die geometrische und die Zweckmäßigkeit der organisierten Natur ein ganz verschiedenes Gewicht haben. Denn für die beschriebenen geometrischen Gegenstände ist die Zweckmäßigkeit kein wesentliches Merkmal. Dass etwa zweidimensionale Flächen, wenn sie als Schnittflächen durch einen dreidimensionalen Kegel gelegt werden, die Eigenschaft haben, eine Parabel zu erzeugen, die eine Wurfbahn beschreibt, ist der Fläche als solcher nicht wesentlich. Dagegen ist die innere Zweckmäßigkeit das wesentliche Merkmal organisierter Naturwesen.

## § 64

**Zusammenfassung:** Obgleich Kant durch die Dichotomien zwischen einer subjektiven und einer objektiven, einer objektiv formalen und objektiv materialen, einer objektiv material äußerlichen und einer objektiv material innerlichen Zweckmäßigkeit in den §§ 61 – 3 jene Zweckmäßigkeit von Naturgegenständen eingegrenzt hat, die für organisierte Wesen kennzeichnend ist, und damit schon ein Horizont gewonnen wäre, von dem aus Kant die Erörterung organisierter Wesen einleiten könnte, beginnt Kant in § 64 mit einem Parallel- oder auch Neuansatz, der sich teilweise mit bereits eingeführten Gedanken überschneidet, teilweise quer zu bekannten Unterscheidungen liegt. § 64 trägt den bedeutungsschweren Titel „*Von dem eigenthümlichen Charakter der Dinge als Naturzwecke*" (*KU* 5:369.31–2). Er erstreckt sich über fünf Absätze. Kant versucht nun ein definitorisches Kriterium für Dinge anzugeben, die als Zwecke der Natur, als organisierte Wesen, betrachtet werden müssen. Er lässt die bereits gewonnenen Dichotomien beiseite und setzt, wie in § 10, bei der noch grundlegenderen Frage nach einer allgemeinen Definition von Dingen als Zwecken überhaupt an, durch welche zweckmäßige von nicht-zweckmäßigen Dingen unterschieden werden können. Das spezifische Kriterium für Naturzwecke ist, dass ihrer Erzeugung ein Vernunftbegriff zugrunde liegt. Da die allgemeine Definition von Zwecken noch zu weit ist und sowohl Kunst- als auch Naturprodukte einschließt, erörtert Kant zunächst in Absatz zwei ein Beispiel aus dem Bereich der Kunst; anschließend wendet er sich in Absatz drei dem gesuchten definitorischen Kriterium von Dingen als Naturzwecken zu. Es wird in die physisch teleologische Kausalität gesetzt, welche in den beiden letzten Absätzen des Paragrafen am Beispiel eines Baumes zunächst veranschaulicht, und dann in § 65 begrifflich weiter analysiert und ausdifferenziert wird.

*KU* 5:369.30 – 370.15 Kant beginnt den § 64 mit einer allgemeinen Erörterung zum Zweckbegriff. Zweckförmige Gegenstände besitzen einen Überschuss an Form, gegen den alle einzelnen mechanischen Beschreibungen zufällig und unzulänglich bleiben, da sie nur Aspekte des Dings treffen, nicht aber den notwendigen Zweck erfassen, der das Ding seinem Wesen nach, als funktionales Ganzes, bestimmt. Zweckförmige Dinge können nicht durch mechanische Beschreibungen, etwa die Kausalgesetze des Verstandes allein, sondern nur durch ein „Vermögen" erklärt werden, das „durch Begriffe bestimmt wird" (*KU* 5:369.35) und das die Idee des Zwecks eines Ganzen fassen kann. Dieses Vermögen ist die „Vernunft" (*KU* 5:370.5). Zweckbegriffe sind Vernunftideen, die das Wesen und die Funktion eines Ganzen bestimmen.

*KU* 5:370.16 – 32 Diese allgemeine Kennzeichnung von Dingen als Zwecken ist weit genug, um Natur- und Kunstprodukte einzuschließen. Denn auch die Herstellung von Kunstprodukten setzt die Idee eines Künstlers voraus, die als Vernunftbegriff den Zweck des Gegenstandes und damit das Ziel der Herstellungsprozesse vorgibt, die durch mechanische Handlungen verwirklicht werden. Mit dem Beispiel eines gezeichneten Sechsecks, das der Mensch im Sandboden einer unbewohnt scheinenden Insel findet, soll der Fall des Kunstproduktes und dabei besonders jener Punkt verdeutlicht werden, dass es nicht möglich ist, ein Kunstprodukt allein aus Handlungen oder Geschehnissen zu erklären, die mechanischen Regeln folgen. Denn das Sechseck scheint sich nicht dadurch zu erschließen, dass man „den Sand, das benachbarte Meer, die Winde" oder „Thiere mit ihren Fußtritten" (*KU* 5:370.21–2) als Ursachen in Erwägung zieht. Schon die

Uneindeutigkeit dieser Erwägungen als möglichen Ursachen gibt Anzeige darauf, dass sie keine hinreichend bestimmenden Erklärungsgründe für das Sechseck bilden. Darüber hinaus wirken all diese Begründungen zufällig und unwahrscheinlich, wenn es darum geht, plausibel zu machen, warum die vorgefundene Figur eine „Einheit des Princips der Erzeugung" (*KU* 5:370.19) aufweist, die auf einem „Begriff" (*KU* 5:370.28) des Ganzen zu beruhen scheint, den nur eine Zwecke setzende Vernunft fassen kann. Daher ahnt der Betrachter des Sechsecks, dass es rationale Wesen gewesen sein müssen, welche das Gebilde in den Sand gezeichnet haben: „vestigium hominis video" (*KU* 5:370.32) – man sehe die Spur eines Menschen.

*KU* **5:370.33 – 371.6** Kunstprodukte sind der Entstehung und Erzeugung nach zweckförmig, aber sie sind noch nicht die gesuchten Naturprodukte. Worin nun liegt der Unterschied zwischen Natur- und Kunstprodukten und was ist das unverwechselbare Merkmal von Naturzwecken? Ein „Ding", definiert Kant, „existirt als Naturzweck, *wenn es von sich selbst [...] Ursache und Wirkung ist*" (*KU* 5:370.36 – 7). Anders als für das Kunstprodukt, dessen Zweck von außen durch den Künstler gesetzt wird, bringt sich das Naturprodukt *selbst* als zweckförmigen Gegenstand hervor.

*KU* **5:371.7 – 372.11** Kant erläutert die vorläufige Definition eines Naturzwecks am Beispiel eines Baumes[26], der in einem dreifachem Sinne Ursache und Wirkung von sich selbst ist: durch den Erhalt der Gattung, durch den Erhalt des Individuums und dessen Wachstum und durch die Regeneration verletzter Teile des Individuums. Der Gattung nach erhält sich ein Baum, indem aus dem Samen des Baumes ein Baum derselben Art erzeugt wird. Kant vermeidet an dieser Stelle die Frage danach, wie der *erste* Baum einer Gattung entsteht und blendet die Erklärung des eigentlichen Anfangs der Gattung aus (*KU* 5:371.7 – 12). Als Individuum erzeugt sich ein Baum selbst, indem er durch Nahrungsaufnahme anorganische Materie wie Wasser und Mineralien in seine eigene Substanz umwandelt, die ihm zum Wachstum verhilft. Auch an dieser Stelle spricht Kant von Wachstum und vermeidet die tiefere Frage, wie das einzelne Individuum überhaupt entsteht (*KU*

---

26 Das Baum-Beispiel ist in vielerlei Hinsicht problematisch. Eine der originellsten Diskussionen dazu findet sich in Cheung (2009). Cheung zeigt, dass der Baum als Pflanze an verschiedenen Stellen in den Klassifikationen der Ordnung der Dinge in den naturgeschichtlichen Traktaten des 18. und 19. Jahrhunderts auftritt, und untersucht, ob und wie diese Darstellungen Kant beeinflusst haben. Er vergleicht dabei vor allem Thesen zum „Modellkörper" Baum aus Charles Bonnets (1720 – 1793) Schriften mit Kants Thesen zur Selbstorganisation der Gattung und des Individuums, und zur Reproduktion des Baumes in § 64 der *KU* und vermutet, dass beide dieselben Quellen verwendet haben (Cheung 2009, 42), etwa Henri Louis Duhamel du Monceaus (1700 – 1782) fast 900 Seiten umfassende Schrift *La physique des arbres* (1758), eine der umfangreichsten Baum-Monografien der Zeit.

5:371.13 – 29). Für die Regeneration verletzter Teile des Baumes rekurriert Kant auf die Vorstellung, dass verletzte Äste eines Baumes – wie beim Inokulieren fremder Äste – in das Auge eines Baumes eingesetzt und wieder ein- und nachwachsen können (KU 5:317.30 – 372.4). Eher beiläufig erwähnt Kant noch ein weiteres Argument für die Selbstverursachung von Naturprodukten: Einzelne verstümmelte Naturprodukte („Mißgeburten", „Mißgestalten", KU 5:372.7) ergänzen oder ersetzen Mängel verletzter Teile dadurch, dass verloren gegangene Funktionen durch benachbarte Körperteile übernommen und ausgeglichen werden, so dass die Aufgabe der verlorenen Teile dennoch erfüllt werden kann (KU 5:372.4 – 11).

## § 65

**Zusammenfassung:** § 65, unter dem Titel *„Dinge als Naturzwecke sind organisirte Wesen"* (KU 5:372.13), ist der wichtigste Paragraf der „Analytik". Er besteht aus zehn Absätzen. In Absatz eins benennt Kant das Ziel des Paragrafen. Die noch vorläufige Definition von Naturprodukten aus § 64, dass ein Ding als „Naturzweck" existiere, *„wenn es von sich selbst [...] Ursache und Wirkung ist"* (KU 5:370.36 – 7), soll in § 65 präzisiert und „von einem bestimmten Begriffe" (KU 5:372.18) abgeleitet werden. Die Ableitung der Selbstverursachung von organisierten Wesen von einem bestimmten Begriff verläuft über fünf Schritte, wobei schwer zu entscheiden ist, welches der ‚bestimmte Begriff' ist, von dem die Definition abgeleitet wird:[27] Die kausale Struktur des organisierten Wesens wird, erstens, genauer als *nexus finalis*, das heißt, als physisch teleologische Kausalität (Absatz zwei), diese wiederum, zweitens, als eine kausale wechselseitige Beziehung zwischen der Idee des Ganzen und seinen Teilen beschrieben (Absätze drei bis sechs), die, drittens, auf einer bildenden Kraft im Inneren der Naturdinge beruht (Absatz sieben). Da, viertens, die bildende Kraft als Grundlage der Selbstorganisation im Inneren der Dinge liegt und dem Menschen weder in der faktischen Erfahrung noch durch Analogien zur Kunstproduktion oder zu Vorstellungen wie jener der lebendigen oder belebten Materie zugänglich ist (Absatz acht), dennoch gerade jene Idee ist, durch die sich dem Menschen das organisierte Wesen als solches erschließt, wird sie als regulative Maxime der menschlichen Urteilskraft gedeutet, die bei der Reflexion über die Erzeugung und Entwicklung von organisierten Wesen neben dem Mechanismus notwendig zugrunde gelegt werden muss. Die bildende Kraft

---

27 Man kann Kant Ansage pressen. Im buchstäblichen Sinne (stark gelesen) müsste Kant nun eine bündige Zurückführung jener Definition, die noch zu unbestimmt ist, auf eine verbesserte Definition vornehmen. Schwächer gelesen redet Kant vielleicht eher lose und meint nur, dass er bestimmter, ausführlicher, detaillierter über Dinge als Naturzwecke und deren Eigenarten sprechen möchte.

kann, fünftens, dadurch verständlicher gemacht werden, dass sie eine entfernte Analogie zum Zwecke setzenden praktischen Vernunftvermögen des Menschen besitzt (Absätze neun, zehn). Der bestimmte Begriff, von dem das Kriterium der Selbstverursachung organisierter Wesen abgeleitet wird, könnte damit entweder der *nexus finalis*, ein bestimmtes Verhältnis zwischen Teil und Ganzem, die bildende Kraft, deren Analogie zur praktischen menschlichen Zwecksetzung, die Charakterisierung der Selbsterzeugung organisierter Wesen als regulative Maxime der reflektierenden Urteilskraft oder eine Konzeption sein, die aus all diesen Elementen gemeinsam besteht.

**KU 5:372.12–373.3** Ein organisiertes Wesen liegt vor, so die vorläufige Definition in § 64, *„wenn es von sich selbst [...] Ursache und Wirkung ist"* (*KU* 5:370.36–7), das heißt, ein organisiertes Wesen ist durch eine spezifische Form der Kausalität, nämlich die der Selbstverursachung, gekennzeichnet. In einem ersten Schritt erläutert Kant das Besondere an einer Selbsterzeugung näher, indem er den *nexus finalis*, die Endursächlichkeit einer organisierten, selbstverursachten Natur vom *nexus effectivus*, der Wirkursächlichkeit einer bloß mechanisch verursachten Natur unterscheidet: Der „nexus finalis" (*KU* 5:372.34) eines organisierten Wesens ist eine Kausalverknüpfung, die „sowohl abwärts als aufwärts Abhängigkeit bei sich" (*KU* 5:372.26–7) führt. Von „*sich selbst [...] Ursache und Wirkung*" (*KU* 5:370.37) sein heißt, dass in der Reihe von Ursachen und Wirkungen eine Wirkung nicht nur einseitig Ursache für eine neue Wirkung, sondern wechselseitig zugleich auch Ursache für ihre Ursache, und dass eine Ursache nicht nur einseitig Ursache für ihre Wirkung, sondern wechselseitig zugleich auch Wirkung ihrer Wirkung ist. Der *nexus finalis* beruht auf „Endursachen" (*KU* 5:372.34), die Kant als Ideen bzw. „Vernunftbegriffe (von Zwecken)" (*KU* 5:372.25) identifiziert. Sie besagen, *wozu*, *woraufhin*, *worum willen* letzten Endes ein Ding vorhanden ist. Der Gegenstand kann und muss im *nexus finalis* nicht nur abwärts, im Zurückschreiten zu zurück liegenden Ursachen, sondern auch aufwärts erklärt werden, im Blick darauf und von dem her, was der Gegenstand einmal werden soll.[28] Im Gegensatz zum *nexus finalis* besteht der „nexus effectivus" (*KU* 5:372.24), das Kausalgesetz des Verstandes für die mechanische Natur, in einer einseitigen Kausalreihe, welche „immer abwärts" (*KU* 5:372.21) geht, das heißt, in ihr kann eine Wirkung niemals wechselseitig zugleich Ursache ihrer eigenen Ursache, sondern immer nur Ursache einer neuen Wirkung sein. Will der Mensch die Entstehung des Dinges er-

---

[28] Besonders auch diese Passage spricht, wie oben schon angedeutet wurde, gegen Teufels (2013) Lesart des Begriffs eines Naturzwecks.

klären, kann er sich immer nur auf bereits zurück liegende Ursachen, aber niemals darauf berufen, was der Gegenstand einmal sein soll.

Kant verdeutlicht die finalursächliche Kausalstruktur in organisierten Wesen zunächst durch ein Beispiel aus dem Bereich der *Kunst*, der wechselseitigen Verursachung eines Hausbaus und der Vorstellung von Mieteinnahmen.[29] Damit wird klar, dass das Vorliegen von Endursachen noch kein hinreichendes Kriterium dafür ist, Kunstgegenstände von organisierten Wesen zu unterscheiden, um deren spezifische Erläuterung es Kant ja eigentlich geht. Der Gewinn aus dem Vergleich beider Arten von Kausalitäten ist die Einsicht, dass die wechselseitige Kausalstruktur des *nexus finalis* die einseitige Kausalstruktur des *nexus effectivus* einschließen kann, aber nicht umgekehrt. Dadurch wird deutlich, dass organisierte Wesen, die der wechselseitigen Kausalstruktur des *nexus finalis* (physisch teleologischen Gesetzen) unterliegen, niemals durch den *nexus effectivus* allein erklärt werden können, Erklärungen nach dem *nexus effectivus* jedoch in Erklärungen nach dem *nexus finalis* enthalten sein können und keinen Widerspruch mit diesen bilden (Absatz zwei).[30]

*KU* 5:373.4–34 In einem zweiten Schritt erklärt Kant die kausale Wechselseitigkeit von Ursache und Wirkung in organisierten Wesen genauer als Verhältnis, das sowohl zwischen den Teilen eines organisierten Wesens besteht, die von einander wechselseitig Ursache und Wirkung ihrer Form sind, als auch zwischen den Teilen und dem einheitlichen Ganzen, zu dem sie sich verbinden. Nur wenn die Teile des Ganzen umeinander und um des Ganzen willen existieren und das Ganze wiederum um der Teile willen, ist ein organisiertes Wesen seinem Dasein und seiner Form nach möglich.[31] Ein organisiertes Wesen ist durch ein komplexes

---

[29] Das Beispiel ist weniger ‚lichtvoll' als Frank/Zanetti (2001, III 1276) meinen, da es den Unterschied zwischen organisierten, selbstverursachten Wesen und mechanischen produzierten Dingen nicht vollständig erklären kann, denn das Haus ist kein Beispiel aus dem Bereich der Natur. Gerade dass Kant an dieser Stelle noch ein Beispiel aus dem Bereich der Kunst verwenden kann, das die Eigenart der Dinge als organisierter Wesen nicht genau genug beschreibt, macht weitere Abgrenzungen und spezifischere Bestimmungen organisierter Wesen erforderlich.

[30] Dieser Gedanke wird in der Auflösung der Scheinantinomie zwischen mechanischen und physisch teleologischen Kräften und Gesetzen in § 78 wichtig, da er es ermöglicht, dass sich mechanische und physisch teleologische Gesetze durch eine Hierarchie vereinbaren lassen.

[31] Die Kennzeichnung organisierter Wesen durch besondere Verhältnisse zwischen seinen Teilen und dem Ganzem wird in der Literatur wieder und wieder iteriert – um nur ein Beispiel zu geben: Huneman (2007, 5–6) schreibt: „The science of nature has to explain everything according to the mechanical principle. This means that the presence and behavior of parts account for the nature and behavior of wholes. However, some natural entities resist such an explanation. These entities display a specific relationship between wholes and parts, in which the parts seem to presuppose the whole in order to be accounted for. [...] This presupposition of the whole is of a different status from the relationship of parts to whole in mechanical causality, where the parts determine the

Gefüge kausaler Relationen gekennzeichnet: a) mechanische Eigenschaften von Teilen stehen in kausaler Wechselwirkung zu mechanischen Eigenschaften anderer Teile, b) mechanische Eigenschaften von Teilen stehen in kausaler Wechselwirkung zu mechanischen Eigenschaften des Aggregats aus allen Teilen, c) mechanische Eigenschaften der Teile stehen in kausaler Wechselwirkung zum Zweck ihrer selbst, d) mechanische Eigenschaften der Teile stehen in kausaler Wechselwirkung zum Zweck anderer Teile, e) mechanische Eigenschaften der Teile stehen in kausaler Wechselwirkung zum Zweck des Ganzen, f) die Zwecke der Teile stehen in kausaler Wechselwirkung zu Zwecken anderer Teile, g) die Zwecke der Teile stehen in kausaler Wechselwirkung zum Zweck des Ganzen, h) das mechanische Aggregat aus allen Teilen steht in kausaler Wechselwirkung zum Zweck des Ganzen (Absätze drei, vier, fünf).

*KU* 5:373.35 – 374.26 Ein dritter Schritt in Kants Ableitung versucht zu zeigen, dass in der Selbsterzeugung organisierter Wesen jeder Teil eines organisierten Wesens genau dann *um* der anderen Teile und um des Ganzen *willen* existiert, wenn die Teile und das Ganze einander *erzeugen*, wenn sie sich zueinander wie ein „Werkzeug (Organ)" (*KU* 5:373.37), und zwar ein Werkzeug im Sinne eines „*hervorbringende[n] Organ[s]*" (*KU* 5:374.3 – 4) verhalten. Ein Naturprodukt ist ein „*organisirtes*" und „*sich selbst organisirendes*" (*KU* 5:374.6 – 7), ein durch sich selbst erzeugtes und sich selbst erzeugendes Wesen.[32] Aber wodurch und in

---

whole. Judging in this manner means making *teleological judgments*, or judgments of finality, since purposiveness means precisely this causal relation where the representation of the effect is the cause of the cause, or more precisely, the concept of the object lies at the ground of the possibility of the object. This relation is mainly ideal, since an idea of the whole is presupposed by us, and not judged as actually effective in nature. Therefore, such a new causality can stand beside mechanical causality and does not exclude it. Causal explanations of this type can stand together with mechanical explanations. [...] Biological knowledge always combines these two registers of explanation". Eine Weise, die Forschung an dieser Stelle zu vertiefen, wäre, dass man die einzelnen (und sehr verschiedenartigen) Verhältnisse zwischen Teil und Teil sowie Teil und Ganzem genauer differenziert und funktional bestimmt.

[32] Kants Gebrauch des griechischen Terminus ‚Organon' weicht von den klassischen Denktraditionen ab. Bei Aristoteles (384 – 322 v.Chr.) steht der nicht von Aristoteles selbst hinzugefügte Titel *Organon* für eine Sammlung von sechs Aristotelischen Schriften zur Kunst der Logik als Werkzeug für die Wissenschaft (*Categoriae, De interpretatione, Analytica priora, Analytica posteriora, Topica, De sophisticis elenchis*). Francis Bacon (1521 – 1626) bezeichnet den Kampf gegen mögliche Fehlerquellen für Irrtümer und Befangenheiten (Idola) im menschlichen Denken als *Novum organon scientiarum* (1620), als Werkzeug der neuen Wissenschaft. Für Kant ist ein Organon „kein Werkzeug der Kunst, sondern nur der allen Stoff zu Werkzeugen (selbst denen der Kunst) liefernden Natur" (*KU* 5:374.4 – 5). Mit ‚-zeug' wird dabei sowohl ‚Zeug' (die Sache, das heißt, das organisierte Wesen und seine Teile) als auch ‚zeugen' (eine bestimmte Form des Tuns und Wirkens: hervorzubringen, zu erzeugen und zu gebären) assoziiert. Kant erläutert die

welchem Sinne genau bringt sich das organisierte Wesen selbst hervor? Der zweckvollen Selbsterzeugung, so Kant, liegt eine „*bildende* Kraft" im Innern der Dinge zugrunde, die von einer mechanischen, bloß „*bewegende[n]* Kraft" (*KU* 5:374.22–3) verschieden ist.

Das Theorem der bildenden Kraft ist eine der Merkwürdigkeiten der Kantischen Theorie organisierter Wesen. Es könnte kaum zentraler platziert sein; es kommt aber weder in den vorherigen Paragrafen vor noch wird es in den folgenden Paragrafen erläutert. Es ist daher von Bedeutung, den Satz, der das Wesen der bildenden Kraft beschreibt, näher anzusehen:

> Ein organisirtes Wesen ist also nicht bloß Maschine: denn die hat lediglich *bewegende* Kraft; sondern es besitzt in sich *bildende* Kraft und zwar eine solche, die es den Materien mittheilt, welche sie nicht haben (sie organisirt): also eine sich fortpflanzende bildende Kraft, welche durch das Bewegungsvermögen allein (den Mechanism) nicht erklärt werden kann (*KU* 5:374.21–6).

Kant beschreibt die bildende Kraft als eine Form gebende Kraft. Es wird nicht klar, ob es sich auch um eine Kraft handelt, welche die Materie erzeugt (und damit im eigentlichen Sinne ‚erzeugt'). Das organisierte Wesen besitzt in sich bildende Kraft, die es in die Materien überträgt, welche sie nicht haben, und sie so organisiert. Kant sagt nicht, dass die bildende Kraft die Materie hervorbringt, sondern nur, dass sie einer schon vorhandenen Materie etwas mitteilt, was die Materie an sich selbst nicht hat, die organisierende Form. Kant beschreibt die bildende Kraft nicht als eine ‚fortpflanzende Kraft', sondern als eine „sich fortpflanzende Kraft", was eher eine Kraft suggeriert, die sich oder etwas, was sie hervorbringt, in etwas anderem ausbreitet, oder auch eine Kraft suggeriert, die sich selbst erhält, aber nicht eine Kraft, die der Fortpflanzung von Nachkommen dient.[33]

---

Selbstorganisation eines organisierten Wesens auch in einer Fußnote (*KU* 5:375.29–37), die davon berichtet, dass man neuerlich die „Umbildung eines großen Volkes zu einem Staat" ‚Organisation' genannt habe. Das Wesen dieser Organisation beschreibt Kant dann weiter so: „Denn jedes Glied soll freilich in einem solchen Ganzen nicht bloß Mittel, sondern zugleich auch Zweck und, indem es zu der Möglichkeit des Ganzen mitwirkt, durch die Idee des Ganzen wiederum seiner Stelle und Function nach bestimmt sein".

**33** Kants Verwendung des Theorems der bildenden Kraft habe ich in Goy (2014a) untersucht und habe es mit der *vis essentialis* bei Caspar Friedrich Wolff (1734–1794) verglichen. Kants Theorem der bildenden Kraft ist Gegenstand einiger neuerer Untersuchungen, etwa bei Lenoir (1982 und 1980), Müller-Sievers (1997), Richards (2002 und 2000), Look (2006), van den Berg (2009), Frigo (2009), Cheung (2009). Einigkeit in den Interpretationen gibt es bislang nicht; es ist vor allem unklar, mit welchen Passagen als Referenzstellen man arbeiten soll.

Mit einer Parallele zum Beispiel des Baumes[34] aus § 64 illustriert Kant den Unterschied zwischen einer bildenden, organisierenden und einer bloß bewegenden, mechanischen Kraft an einer Uhr. Weil eine Uhr nur über mechanische bewegende Kräfte verfügt und sich nicht wie ein organisiertes Wesen selbst erzeugt, kann sie sich der Gattung nach nicht selbst erhalten, denn eine Uhr bringt keine anderen Uhren hervor, kann sie sich als Individuum nicht selbst erzeugen, denn kein Rad einer Uhr bringt ein anderes Rad hervor und kann sie ihre beschädigten Teile nicht selbst reproduzieren, denn sie ersetzt „nicht von selbst die ihr entwandten Theile, oder vergütet ihren Mangel" (KU 5:374.17–8). In diesem Beispiel wird, allerdings nur indirekt, ein stärkerer Sinn von ‚selbst erzeugen' nahegelegt, als der Erzeugung einer zweckmäßigen Form (Absätze sechs, sieben).[35]

*KU* 5:374.27–376.7 Nach den erkenntniskritischen Voraussetzungen der ersten *Kritik* ist die Möglichkeit wahrer Erkenntnis immer an die Gegebenheit des Erkenntnisgegenstandes in der Erfahrung gebunden. Da sich die bildende Kraft im Inneren der organisierten Wesen befindet, ist sie der menschlichen Erfahrung nur im eigenen Leib, nicht aber in anderen organisierten Wesen zugänglich. In anderen organisierten Wesen bleibt sie dem Menschen zuletzt verschlossen. In diesem Sinne ist das Vermögen der Selbstorganisation, die bildende Kraft, eine

---

34 In seinen *Principia philosophiae* (1644) rechtfertigt Rene Descartes (1596–1650) den Versuch der mechanischen Rekonstruktion lebendiger Wesen aus philosophischer Perspektive. Er schreibt, es sei der „aus diesen und jenen Rädern zusammengesetzten Uhr ebenso natürlich, die Stunden anzuzeigen, als es dem aus diesem oder jenem Samen aufgewachsenen Baum natürlich ist, diese Früchte zu tragen". Wie jene, die aus ihrer geübten Betrachtung von Automaten, aus dem Gebrauch einer Maschine und ihrer Teile, die sie sehen und kennen, darauf schließen, wie die anderen Teile der Maschine, die sie nicht sehen und nicht kennen, gemacht sind, so habe er, Descartes, versucht, aus sichtbaren Wirkungen und Teilen der Naturkörper zu ermitteln, wie ihre Ursachen und unsichtbaren Teile beschaffen sind (Descartes, *Principia philosophiae* IV 203). Für Descartes sind die Körper von Tieren und anderen organisierten Wesen nichts Anderes als komplexe Maschinen, deren Knochen, Muskeln und Organe Zahnrädern, Hebeln, Flaschenzügen, Hubkolben, Seilwinden, schiefen Ebenen und Federn gleichen. Es fällt auf, dass Descartes im genannten Zitat genau dieselbe Gegenüberstellung von Baum und Uhr verwendet, die Kant in den §§ 64 und 65 der *KU* gebraucht, allerdings fällt die Pointe dieses Vergleichs bei Descartes und Kant verschieden aus. Descartes verwendet den Vergleich, um Uhren und Bäume als Maschinen gleichzusetzen; Kant verwendet den Vergleich, um zu zeigen, dass organisierte Wesen zwar in gewisser Weise wie Maschinen sind, weil ihre Bewegungen durch mechanische Kräfte und Gesetze beschrieben werden können, aber nicht mit Maschinen und mechanischen Kräften und Gesetzen gleichzusetzen sind. Das „Maschinenwesen der Natur" (*KU* 5:388.31) ist nur ein Aspekt organisierter Wesen.
35 Ginsborg (2006, 458–9) hat an dieser Stelle eingewendet, dass ein organisiertes Wesen auf mikroskopischer Ebene ebenfalls als unendlich komplizierte Maschine erscheinen könnte.

„unerforschliche[ ] Eigenschaft" (*KU* 5:374.33 – 4) organisierter Wesen.[36] Zwar weist der Anblick von anderen organisierten Wesen darauf hin, dass die bildende Kraft in ihnen wirksam ist, aber diese Kraft ist nicht in der Erfahrungswelt gegeben.[37] Mit dieser Einsicht wendet sich Kants Darstellung der subjektiv regulativen Deutung der Zweckmäßigkeit organisierter Wesen zu, die sich in den beiden folgenden Paragrafen fortsetzt.

Die Bildungskraft lässt sich, so Kant, durch keine Analogie zu anderen, bekannten Formen der Kausalität erhellen. Zum einen entfällt die Analogie zur Zwecksetzung in der „*Kunst*" (*KU* 5:374.29), da Zwecke in der Kunst durch den

---

[36] In der Literatur gibt es mehrere Diskussionen zur Unerklärbarkeit oder Unerforschlichkeit von organisierten Wesen; sie wird, etwa bei Zumbach (1984, 79 – 113), Zammito (2003) und Kreines (2005), je etwas verschieden akzentuiert. Textlich liegen diese Interpretationen teils näher bei Kants Unerklär- und Unerforschbarkeitsthese aus § 65, die sich auf die bildende Kraft und die Selbstorganisation der Natur bezieht: die Selbstorganisation der Natur ist eine „unerforschliche[ ] Eigenschaft" (*KU* 5:374.33 – 4), so etwa die Interpretation von Zammito (2003). Andere Diskussionen liegen näher bei der Unerklär- und Unerforschbarkeitsthese aus § 74 (nähere Ausführungen siehe dort), die sich auf die objektive Realität eines Naturproduktes als Naturzwecks bezieht: der Naturzweck kann „seiner objectiven Realität nach (d.i. dass ihm gemäß ein Object möglich sei) gar nicht eingesehen und dogmatisch begründet werden", im Begriff des Naturprodukts drohe ein „Widerspruch" (*KU* 5:396.12 – 4, 29), so etwa in den Interpretationen von Zumbach (1984, 79 – 113) und Kreines (2005). Zammito (2003, 74) thematisiert das „inscrutable *principle* of an original *organization*" als ein solches, das in einer „looseness of fit' between the transcendental and the empirical elements in Kant's epistemology" bestehe. Zammito versucht, das Problem des Passens zwischen empirischen und transzendentalen Ordnungen dadurch zu lösen, dass er den Einfluss von Zeitgenossen auf Kant, etwa den der Göttinger Schule und Johann Friedrich Blumenbachs, untersucht. „All organic form had to be fundamentally distinguished from mere matter. ,Organization' demanded separate creation. Eternal inscrutability was preferable to any ,speculative' science. In the third *Critique* Kant would twice insist that no human could ever achieve a *mechanist* (he meant, as well, a *materialist*) account of so much as a ,blade of grass'. Kant remained adamant that the *ultimate* origin of ,organization' or of formative force required a *metaphysical*, not a physical account". Kant behaupte jedoch, dass dieser metaphysische Aspekt gänzlich jenseits einer dem Menschen möglichen Naturphilosophie liege und zitiere Blumenbach für diese metaphysische Zurückhaltung (Zammito 2003, 94).

[37] Es fällt auf, dass Kant die bildende Kraft nicht mit der Freiheit insofern gleichsetzt, als die bildende Kraft dem Menschen in seiner eigenen Natur zugänglich ist, nicht aber in der Natur anderer Naturwesen, so wie die Freiheit dem Menschen nur in seiner eigenen Vernunft, nicht aber in der Vernunft anderer Menschen zugänglich ist. Für die Freiheit lehrt Kant, sie sei ein Faktum der Vernunft, eine innere Gegebenheit und Gewissheit im Menschen. In gewisser Weise ist das aber für die bildende Kraft ebenfalls der Fall, wenn sie in der eigenen Natur des Menschen wirksam und damit faktisch gegeben ist. Man könnte die mangelnde Faktizität der freiheitsanalogen bildenden Kraft vielleicht dadurch begründen, dass sie auf einer Intentionalität Gottes beruht (wie ich im zweiten Teil meines Buches argumentieren werde), dem Menschen also im Inneren nicht so lebhaft ist, wie das Erleben seiner eigenen Freiheit.

Künstler gesetzt werden, ein vernünftiges Wesen, das außerhalb seiner Produkte steht, während im Naturprodukt die Zwecksetzung von innen erfolgt. Es entfallen aber auch Analogien zu alternativen Theorien, die versuchen, das Phänomen des organischen Lebens verständlich zu machen. Sowohl die Theorie der belebten Materie (Hylozoismus) als auch die Theorie der Seele als belebendem Prinzip der Materie sind nicht hilfreich. Der Hylozoismus muss die „Materie als bloße Materie" (*KU* 5:374.35) mit der Eigenschaft der Lebendigkeit versehen, die ihr widerspricht. Materie ist aus sich selbst leblose Materie (*MAN* 4:544.1–30; *KU* 5:394.26–8). Wird dagegen die Seele als das belebende Prinzip der Materie vorausgesetzt, gerät man in eine ähnliche Aporie wie im Falle künstlicher Zwecke. Wie für den Künstler und das Kunstwerk aus dem Künstler entstammt die Zweckintentionalität für die Seele und die Materie aus der Seele und bleibt der Materie selbst äußerlich. Will man diese Konstruktion vermeiden, muss die Materie schon als organisierte Materie vorausgesetzt werden und die Erklärung der organisierten Materie durch die organisierte Materie wäre zirkulär. Eine einzige, wenngleich auch nur „entfernte[]  Analogie" (*KU* 5:375.20) der bildenden Kraft zu bekannten Formen der Kausalität besteht in einer Analogie zum „praktischen Vernunftvermögen[]" (*KU* 5:375.24), zur menschlichen „Causalität nach Zwecken" (*KU* 5:375.20).[38]

---

[38] McLaughlin (1989a, 36) hat den Zusammenhang der Naturzwecklehre mit der moralisch praktischen Zweckmäßigkeit im menschlichen Handeln von vornherein bestritten. Es sei für die „Untersuchung" von „Kants Kritik der Teleologie äußerst wichtig, sich Klarheit darüber zu verschaffen, was für eine Teleologie" gemeint ist. Es handele sich „um das Telos des Handwerkers bei der Herstellung eines Arbeitsproduktes, nicht um das Telos des moralischen Agenten beim Tun des Rechten"; es gehe um „technisch-praktische" Zwecke, nicht um „moralisch-praktische". Schwierig an dieser Position ist, dass Kant sagt, dass die Teleologie *keine* Analogie zur Kunst, das heißt, zu technisch praktischen Zwecken besitzt und damit zwei andere Möglichkeiten offen lässt, nämlich, dass Analogien zu pragmatisch und moralisch praktischen Zwecksetzungen des Menschen bestehen.
Zumbach (1984, 107, 116, 128) hat, anders als McLaughlin, die These vertreten, dass die biologische Kausalität für Kant Freiheit involviert. Diese Behauptung scheint jedoch zu stark, da Kant deutlich sagt, dass die Bildungskraft durch *keine* bekannte Form der Kausalität erschlossen werden kann, also auch durch die menschliche Freiheit nicht. Der Mensch erklärt sich die Natur nur so, *als ob* sie sich so verhielte, wie er sich selbst aus Freiheit verhält und versteht. Deshalb folgert Kant, der Begriff eines Naturzwecks sei kein „constitutiver Begriff des Verstandes oder der Vernunft", sondern nur ein „regulativer Begriff für die reflectirende Urtheilskraft" (*KU* 5:375.18–9) des Menschen.
Förster (2008) meint, Kant weise implizit schon in der „Analytik" auf den Gedanken aus den §§ 76 und 77 der „Dialektik" hin, dass in der praktischen menschlichen Zwecksetzung vom Allgemeinen auf das Besondere geschlossen werde, so, wie in der Bildungskraft die Idee des Ganzen (das Allgemeine) die kausale Voraussetzung für die Gestalt und Form der Teile (das Besondere) sei. Man müsste gegenüber Förster allerdings präzisieren, dass Kant drei Formen praktischer menschlicher Zwecksetzung kennt: technische, pragmatische und moralische Zwecksetzungen (*GMS* 4:414–6)

Während es in den §§ 64 und 65 anfangs so aussieht, als ob Kants ‚Ableitung' des Begriffs eines Naturzwecks auf eine bestimmte bildende Kraft im Inneren der Dinge selbst zurückgeführt und damit letztlich in ein ontologisches Prinzip münden soll, verursacht dessen Unzugänglichkeit für die menschliche Erkenntnis eine Wende in Kants Argumentation. Es ist ein *regulatives* Prinzip der reflektierenden Urteilskraft, das der Mensch bei der Beurteilung der Natur zugrunde legt. Der ‚bestimmte' Begriff, auf den die Ableitung der Definition von Naturzwecken zurückgeführt wird, ist die Zweckmäßigkeit der Natur als regulatives Reflexionsprinzip der menschlichen Urteilskraft.

## § 66

**Zusammenfassung:** Die Hinwendung zur Subjektivität und Reflexivität physisch teleologischer Erklärungen übernimmt Kant als Leitmotiv in den Titel des § 66, der lautet: „*Vom Princip der Beurtheilung der innern Zweckmäßigkeit in organisirten Wesen*" (*KU* 5:376.9–10). Es geht Kant nun nicht mehr um den gegenständlichen Aspekt, den „*eigenthümlichen Charakter* der Dinge als Naturzwecke" (*KU* 5:369.31–2, meine Herv.; vgl. „Dinge *als Naturzwecke sind organisirte Wesen*" [*KU* 5:372.13, meine Herv.]), sondern um deren „*Beurtheilung*" als Zwecke. Der Paragraf erstreckt sich über fünf kurze Abschnitte. Kant möchte zeigen, dass physisch teleologische Erklärungen mit Notwendigkeit und Allgemeinheit (Allgemeingültigkeit) bei der Beurteilung einzelner organisierter Wesen angewendet

---

und dass die vorliegende Passage eine Analogie der bildenden Kraft zur Kunst, die der technisch praktischen Zwecksetzung entspricht, explizit bestreitet. Kant scheint also in der „Analytik" nicht an eine Analogie zwischen der Bildungskraft und allen Formen der praktischen menschlichen Zwecksetzung *in genere* zu denken. Wenn die Analogie zu technischen praktischen Zwecksetzungen ausscheidet, könnte man die verbleibenden Möglichkeiten einer Analogie zu pragmatisch oder moralisch praktischen Zwecksetzungen des Menschen erwägen. Pragmatische Zwecke zielen auf die Glückseligkeit des Menschen, moralische Zwecke streben danach, dass sich der Mensch in seiner Bestimmung als moralisches, sittliches Wesen verwirklicht. Die entfernte Analogie der bildenden Kraft organisierter Wesen zur pragmatisch praktischen Zwecksetzung des Menschen bestünde darin, dass die bildende Kraft im organisierten Wesen nur jene vorteilhaften Eigenschaften hervorbringt, die für das organisierte Wesen in irgend einem Sinne physisch beförderlich und gut sind. Die entfernte Analogie zur moralisch praktischen Zwecksetzung des Menschen bestünde darin, dass die Natur in ihrem Vermögen der Selbstorganisation einen spontaneitäts- und freiheitsanalogen Zug der Ursächlichkeit besitzt, durch den sie sich zu ihrer Bestimmung, zu ihrer zweckmäßigen Form bringt. Denn die moralische Existenz als den Endzweck der Menschheit zu erfüllen, ist die „ganze Bestimmung des Menschen", wie Kant in *KrV* A 840/B 868 gelehrt hat. Die bildende Kraft bewirkt dann genau und nur das, was das organisierte Wesen in seinem Wesen zum Optimum bringt – allerdings nur unter der Voraussetzung der Intentionalität eines göttlichen Designers, wie wir später noch sehen werden.

werden. In Absatz eins wird das Prinzip der Zweckmäßigkeit von Naturprodukten noch einmal variierend umformuliert. In Absatz zwei weist Kant darauf hin, dass dieses Prinzip Anspruch auf allgemeine und notwendige Geltung erhebt und apriorischen Charakter besitzt. In Absatz drei versucht Kant diesen Geltungsanspruch durch ein Argument für die Notwendigkeit, in den Absätzen vier und fünf durch Argumente für die Allgemeinheit dieser Reflexionsmaxime zu rechtfertigen.

*KU* 5:376.8 – 14 Angesichts von einzelnen organisierten Wesen urteilt der Mensch so, dass ein „*organisirtes Product der Natur*" jenes ist, „*in welchem alles Zweck und wechselseitig auch Mittel ist*" (*KU* 5:376.12 – 3). Das heißt, der Mensch meint, dass nicht nur die Teile eines Ganzen Mittel zur Erhaltung des Ganzen als Zweck sind, sondern auch umgekehrt, der Teil eines Ganzen ein Zweck ist, dem das Ganze als Mittel dient. Etwa beurteilt er das Auge als einen Teil, ohne den das Ganze, das sein Ziel und Zweck ist, seine Aufgabe nicht vollständig erfüllen kann; umgekehrt aber urteilt er auch, dass der Körper der Träger und das Mittel zur Erhaltung eines Auges ist (Absatz eins).

*KU* 5:376.15 – 23 Eine auffällige architektonische Abweichung der „Kritik der teleologischen Urtheilskraft" gegenüber der „Kritik der ästhetischen Urtheilskraft" und gegenüber den Fundierungsschriften der kritischen Philosophie (*KrV*, *KpV*) insgesamt, ist, dass Kant auf die Exposition der mechanischen und vor allem der physisch teleologischen Prinzipien, die der Grundlegung des Gegenstandsbereiches der organisierten Natur dienen und in den §§ 64 und 65 der „Analytik" stattfindet, keine Deduktion, keine Rechtfertigung der Geltungsansprüche dieser Prinzipien folgen lässt. Wenn man einen Paragrafen aus der „Kritik der teleologischen Urtheilskraft" namhaft machen müsste, der diese Aufgabe übernimmt, so wäre es der § 66, eventuell auch der folgende § 67. Beide Paragrafen haben den Charakter einer transzendentalen Deduktion. Obgleich, so Kant, das physisch teleologische Prinzip der Beurteilung einzelner Naturprodukte einen Grund in der Erfahrung hat, stammt es dennoch nicht aus der Erfahrung. Denn die „Allgemeinheit und Notwendigkeit" (*KU* 5:376.17), mit der es der Urteilende anwendet, zeigt an, dass es sich dabei um „ein Princip a priori" handelt, das „nicht bloß auf Erfahrungsgründen beruhen" (*KU* 5:376.18 – 9) kann. Dennoch handelt es sich nur um eine „*Maxime* der Beurtheilung", die „bloß regulativ" (*KU* 5:376.20 – 3) ist, da dem urteilenden Subjekt die Erfahrung einer freiheitsanalogen Kraft, die in anderen organisierten Wesen wirksam wird, versagt ist (Absatz zwei).

*KU* 5:376.24 – 36 Kants Rechtfertigung der Notwendigkeit des Prinzips der teleologischen Beurteilung organisierter Wesen ist, dass Fachleute wie Naturforscher und Anatomen (die „Zergliederer der Gewächse und Thiere", *KU* 5:376.24) die physisch teleologische Maxime, dass „nichts in einem solchen Geschöpf *umsonst* sei", „nothwendig" (*KU* 5:376.28 – 9) immer schon benutzt haben und noch immer benutzen. Dabei ist es gar nicht entscheidend, dass Kant sich auf Spezialisten beruft, denn deren Urteil könnte nur komparative, aber nicht universelle Allgemeinheit beanspruchen, sondern darauf, dass die Fachleute als urteilende menschliche Subjekte überhaupt gar nicht anders „können" (*KU* 5:376.31) als teleologisch über natürliche Produkte zu reflektieren. Kants Rechtfertigung beruft sich auf die Unhintergehbarkeit des teleologischen Urteils und hat damit den Status eines transzendentalen Argumentes (Absatz drei).

*KU* **5:377.1–23** Kants Begründung für den allgemeinen Geltungsanspruch des Prinzips der Beurteilung einzelner Naturprodukte als organisierter Wesen ist, dass diesem eine „Idee" (*KU* 5:377.3) zugrunde liegt. Da eine Idee nicht nur eine bedingte, sondern „eine absolute Einheit der Vorstellung" (*KU* 5:377.4–5)[39] ist, muss sie, wenn sie als apriorischer Bestimmungsgrund für die Form eines Dinges angesetzt wird, auf *alle* Aspekte des Gegenstandes erstreckt werden, das heißt, sie besitzt für den natürlichen Gegenstand nicht nur eine respektive und relative, sondern eine absolute und allgemeine Geltung: „*Alles*" (*KU* 5:377.9, 22) an dem Ding muss aus der Idee des Ganzen erklärt werden können (Absätze vier, fünf).

## § 67

**Zusammenfassung:** Überschrieben mit dem Titel „*Vom Princip der teleologischen Beurtheilung der Natur überhaupt als System der Zwecke*" (*KU* 5:377.25–6) verallgemeinert Kant in § 67 die Argumentation aus § 66 und versucht zu zeigen, dass der Mensch nicht nur einzelne organisierte Wesen, sondern die gesamte organisierte Natur physisch teleologisch, als „*System der Zwecke*" beurteilt. Nach Kants eigener Textregie gliedern sich die sechs Absätze des § 67 in zwei Teile: in die Absätze eins bis fünf als ersten und den Absatz sechs als zweiten Teil. Anhaltspunkt für diese Einteilung ist Kants Eingangsbemerkung des sechsten Absatzes: „Wir wollen in diesem § nichts anders sagen [...]" (*KU* 5:380.26). Da Absatz sechs keine Zusammenfassung der vorherigen Absätze ist, legt Kants Bemerkung nahe, dass das eigentlich relevante Argument dafür, dass der Mensch die Natur überhaupt als System der Zwecke beurteilt, erst in Absatz sechs gegeben wird. Die zuvor in den Absätzen eins bis fünf vorgetragenen Argumente haben, so scheint es, einen unbefriedigenden, zweifelhaften Status im Blick auf das angestrebte Argumentationsziel. In diesen fünf Absätzen versucht Kant die Verallgemeinerung des physisch teleologischen Urteils auf die gesamte Natur aus der äußeren Zweck-

---

[39] Dass diese These bereits auf die Idee Gottes voraus weist, da nur im Bewusstsein Gottes absolute Einheit zu finden ist, bleibt an dieser Stelle noch ganz versteckt. Für die „Analytik" muss die regulative Idee der Einheit eines göttlichen Bewusstseins noch nicht in den Problemhorizont gerückt werden.

mäßigkeit (Absatz eins), aus der Freiheit (Absatz zwei), aus der Materie (Absatz drei), aus der Zweckmäßigkeit selbst des Zweckwidrigen in der Natur (Absatz vier) und aus der Schönheit der Natur (Absatz fünf) zu rechtfertigen. In Absatz sechs dagegen verwendet Kant ein Analogieargument, nach dem der Beurteilung einzelner organisierte Wesen und der organisierten Natur im Ganzen dieselbe Einheit des übersinnlichen Prinzips zugrunde liegt. Diese Passage bleibt im Rahmen der „Analytik" dunkel, kann aber rückwirkend durch die Lehren der §§ 76 – 8 und der §§ 85 – 6 erhellt werden, die den übersinnlichen Einheitsgrund der Natur als Gottes Bewusstsein beschreiben.[40]

*KU* 5:377.24 – 378.11 Reformuliert man die Überschrift des § 67 „*Vom Princip der teleologischen Beurtheilung der Natur überhaupt als System der Zwecke*" (*KU* 5:377.25 – 6) als These, zeigt sich zunächst, wie schwierig es ist zu sagen, wofür Kants Argumente in § 67 genau argumentieren sollen, denn Kants Argumente passen nicht zu jedem Verständnis einer These, die in der Überschrift des Paragrafen formuliert ist. Welche Thesen wären dies? Die Natur als Ganze muss physisch teleologisch beurteilt werden, a) weil sie auf irgendeine sinnvolle Weise systematisch ist, b) weil sie aus einem System einzelner Zwecke besteht, c) weil sie aus einem System einzelner Zwecke besteht und selbst, als Ganze, einen Zweck innerhalb der Natur hat, d) weil sie aus einem System einzelner Zwecke besteht und selbst, als Ganze, einen Zweck außerhalb der Natur hat, e) weil sie aus einem System einzelner Zwecke besteht und selbst, als Ganze, einen Zweck außerhalb der Natur hat, der selbst wiederum durch einen höheren Zweck begründet ist. Wenn man sich den gesamten Argumentationsgang der dritten *Kritik* vor Augen stellt, wird Kant bis zu These e) gehen.[41] Für den lokalen Kontext von § 67 geht es

---

[40] Quarfood hat in Diskussionen angeregt, § 67 eher defensiv zu lesen: Kant will gar nicht für seine These von der Natur als System der Zwecke im strengen Sinne *argumentieren*, sondern er unternimmt, eher lose, Betrachtungen über die Natur als zweckförmiges System überhaupt, ohne dass alle Passagen des Textes dem Beweisziel unterworfen sind. Die hier vorgeschlagene Lesart ist strenger, da sie Kant ein klares Argumentationsziel und entsprechende Argumentationsversuche unterstellt.

[41] Kant wird die Thesen, dass die Natur als Ganze physisch teleologisch beurteilt werden muss, c) weil sie aus einem System einzelner Zwecke besteht und selbst im Ganzen einen Zweck innerhalb der Natur hat, mit der Kultur (§ 83) inhaltlich erläutern; er wird die These, dass die Natur als Ganze physisch teleologisch beurteilt werden muss, d) weil sie aus einem System einzelner Zwecke besteht und selbst im Ganzen einen Zweck außerhalb der Natur hat, mit der Freiheit und moralischen Existenz (§ 84) inhaltlich erläutern; und er wird die These, dass die Natur als Ganze physisch teleologisch beurteilt werden muss, e) weil sie aus einem System einzelner Zwecke besteht und selbst als Ganze einen Zweck außerhalb der Natur hat, der selbst wiederum durch

am ehesten um eine These auf der Ebene c), da das letzte Argument für die These des § 67, das Kant als ein gültiges zu behandeln scheint, eine Analogie zwischen dem einzelnen organisierten Wesen und der Natur als Ganzer vorschlägt, womit der Natur als Ganzer ein Naturzweck zugeschrieben wird, da auch das einzelne organisierte Wesen einen Naturzweck hat. Das heißt, Kant möchte in § 67 zeigen, dass die Natur ein System der Zwecke ist, das im Ganzen selbst einen (natürlichen) Zweck hat. Die Argumente in den Absätzen eins bis fünf korrespondieren teilweise dieser These, aber auch Thesen auf der Ebene b) und d).[42]

Kant schlägt zunächst zwei Wege ein, die sich für das Argumentationsziel als unbrauchbar herausstellen. Da die Frage nach der organisierten Natur als System der Zwecke so verstanden werden könnte, dass sie sich auf das zweckmäßige Verhältnis zwischen allen einzelnen Naturdingen richtet, scheint sich die objektiv material relative Zweckmäßigkeit aus § 63 als Lösungsansatz aufzudrängen (*KU* 5:377.27–378.11), weil diese Zweckrelationen zwischen den einzelnen Naturdingen betrachtet. Allerdings sind die von der relativen Zweckmäßigkeit beschriebenen äußerlichen Nützlichkeitsverhältnisse zwischen den einzelnen Naturdingen nur hypothetisch und zufällig. Sie setzen auch keinen Bezug auf die Idee der organischen Natur überhaupt voraus. Für die Erklärung einer zweckmäßigen Beurteilung der Natur überhaupt sind relative Zweckbezüge daher zu schwach. Kant lässt den ersten Weg fallen. Dieses Argument passt am ehesten zu einer These auf der Ebene b).

*KU* **5:378.12–34** Im zweiten Weg (*KU* 5:378.12–34) setzt Kant so an, dass man, um nachzuweisen, dass der Mensch die Natur im ganzen als zweckförmig beurteilt, zeigen müsste, dass er die Existenz *aller* einzelnen Naturdinge als Zweck der Natur betrachtet. Dafür müsste der Mensch aber wiederum wissen, was denn der notwendige und letzte Zweck der Natur ist. Da der „Endzweck[ ]" (*KU* 5:378.15, 31)

---

einen höheren Zweck begründet ist, mit der Idee des Bewusstseins Gottes (§§ 85, 86) inhaltlich erläutern.

[42] Watkins (2014) argumentiert, Kant nehme in den §§ 66–7 an, dass nicht nur einzelne organisierte Wesen, sondern jedes Wesen der Natur als zweckmäßig beurteilt werden muss und die Natur als Ganze ein System der Zwecke ist, das selbst einen Zweck hat. Die besondere Konzeption der Vernunft als Vermögen, das nach der unbedingten Bedingung aller bedingten Objekte sucht, stehe im Hintergrund dieser Aussagen. Denn die Vernunft hat nicht nur ein Interesse daran, die innere Form organisierter Wesen als zweckmäßige zu bestimmen, sondern auch daran, die Zweckmäßigkeit in ihren äußeren Bedingungen und in der Natur als Ganzer zu finden. Indem die Vernunft nach Bedingungen für die systematischen Verbindungen innerhalb der Natur sucht, sucht sie auch nach einem unbedingten Zweck der Natur als Ganzer. So ein Zweck liegt jedoch außerhalb der Natur. Kant identifiziert ihn mit menschlichen Wesen, aber nicht insofern sie organisierte Naturwesen sind, sondern eher, insofern sie freie, rationale und vernünftige Akteure sind. Watkins' Analyse erreicht Ebene d), nicht aber Ebene e).

der Natur jedoch „über die Natur hinaus" (*KU* 5:378.18) liegt und eine „Beziehung derselben auf etwas Übersinnliches" (*KU* 5:378.16) voraussetzt, geht diese Argumentation über den Kontext der Naturwissenschaft (Naturteleologie) hinaus. Im Hintergrund des Gedankenganges steht Kants These aus der „Methodenlehre", dass der Endzweck der Natur der Mensch als moralisches Wesen ist (*KU* 5:435.32), der als Wesen der Freiheit und des moralischen Glaubens außerhalb der Natur liegt. Da dieser zweite Weg nur unter der zu starken Voraussetzung moralteleologischer, schließlich moraltheologischer Annahmen gangbar wäre, lässt Kant auch den zweiten Ansatz fallen. Er sucht im Rahmen einer „Analytik", der Prinzipienlehre für die organisierte Natur, nach einem Argument für die Zweckförmigkeit der organisierten Natur überhaupt, das *innerhalb* der Naturwissenschaft vertreten werden kann. Dieses Argument passt am ehesten zu einer These auf den Ebenen d) und e).

***KU* 5:378.35 – 379.9** Kant folgert im anschließenden Gedankengang, es sei „also" nur die „Materie, sofern sie organisirt ist" (*KU* 5:378.35), die den Menschen auf die „Idee der gesammten Natur als eines Systems nach der Regel der Zwecke" (*KU* 5:379.1–2) führe. Als Begründung nennt Kant, dass die Materie „den Begriff von ihr als einem Naturzwecke nothwendig bei sich" führe und „ihre specifische Form zugleich Product der Natur" (*KU* 5:378.35–7) sei. Diese Aussage ist einerseits zu knapp, um Kants Materiekonzeption zugänglich zu machen, andererseits ist sie überraschend, da Kants Materiekonzeption in den §§ 61–6 nicht in den Vordergrund getreten ist.[43] Sie korrespondiert am ehesten einer These auf Ebene b) oder c).

***KU* 5:379.10–380.25** Erneut geht Kant zu anders gearteten Argumenten über, etwa einer Reihe von empirischen Belegen dafür, dass der Mensch bei genauerem Nachdenken auch in *allen* vordergründig zweckwidrigen Dingen einen tieferen Zweck entdecken könne (*KU* 5:379.10–2). Allerdings kann mittels empirischer Beispiele keine apriorische Deduktion geführt werden, dass er die organisierte Natur als System der Zwecke beurteilen muss. Dass es außerdem die „Schönheit

---

[43] In der Diskussion des Hylozoismus des § 65 klang es so, als ob Kant die Vorstellung einer organisierten Materie ablehnt (*KU* 5:374.33–375.5). Wie der historische Teil meines Buches zeigen wird, war Johann Friedrich Blumenbach ein wichtiger Anreger für Kants Theorie organisierter Wesen, vor allem für die Lehre von der bildenden Kraft. In § 81 erwähnt Kant, dass Blumenbach der „organisirte[n] Materie" einen *„Bildungstrieb"* als „Vermögen" und *„Princip"* der „ursprünglichen *Organisation*" (*KU* 5:424.19–34) zuschreibe. Die Materie ist für Blumenbach durch den Bildungstrieb immer zugleich auch schon organisierte und sich weiter organisierende Materie. Mit einer solchen Konzeption der Materie wäre die Verallgemeinerung von einem einzelnen zweckförmigen Naturprodukt zur Natur überhaupt als System der Zwecke, die selbst einen Zweck hat, unproblematisch. Allerdings lässt sich nicht sagen, ob oder wie weit sich Kant die Blumenbachsche Materiekonzeption angeeignet hat.

der Natur" (*KU* 5:380.13) sei, die auf eine „objective Zweckmäßigkeit der Natur in ihrem Ganzen, als System" (*KU* 5:380.15 – 6) schließen lasse, ist ebenfalls kein überzeugendes Argument. Denn wenn nur aus der Schönheit der organischen Natur auf ihre Zweckmäßigkeit im Ganzen geschlossen wird, die organische Natur aber offensichtlich schön und unschön ist, wie kann es dann möglich sein, dass der Mensch die organische Natur als Ganze zweckmäßig beurteilen muss? Und hat Kant nicht selbst in § 61 die subjektive Zweckmäßigkeit im Bereich der Ästhetik, auch und gerade im Blick auf das Naturschöne, mit aller Deutlichkeit gegen die objektive Zweckmäßigkeit im Bereich der Natur abgegrenzt? Diese Argumente sind ebenfalls auf eine These der Ebenen b) und c) zugeschnitten.

*KU* **5:380.26 – 381.7** Es bleibt das letzte Argument aus Absatz sechs, das Kant selbst als gültiges Argument zu legitimieren scheint. Es lautet: Weil der Mensch (wie § 66 verdeutlicht hat) schon bei der Beurteilung einzelner Organismen eine Idee unterlegt, die, was ihren Grund betrifft, über die Sinnenwelt hinausführt, kann analog die „Einheit des übersinnlichen Princips" auch für das „Naturganze als System" (*KU* 5:381.5 – 7) als gültig betrachtet werden. Das heißt, so wie der Mensch bei der Beurteilung eines einzelnen Organismus mit einer Idee seines Zweckes als teleologischem Prinzip operiert, das nicht durch die Beschreibungen einzelner Aspekte des Naturproduktes eingeholt werden kann, legt er berechtigter Weise bei der Beurteilung der gesamten Natur ebenfalls eine Idee der Natur als System der Zwecke zugrunde, das selbst einen Naturzweck hat.

Gegen Kants Argument könnte eingewandt werden, dass die unterstellte Analogie zwischen der Beurteilung eines einzelnen organisierten Wesens als Naturzweck und der Beurteilung der organisierten Natur überhaupt als Naturzweck brüchig ist, da Kant darauf insistiert, dass es die „Erfahrung" (*KU* 5:366.27) sein muss, die den Menschen auf objektive und material zweckmäßige Urteile über die Natur führt. Für ein einzelnes organisiertes Wesen ist die Erfahrung als Anlass des physisch teleologischen Urteils tatsächlich gegeben, da das einzelne organisierte Wesen ein Erfahrungsgegenstand ist. Die organisierte Natur überhaupt jedoch scheint kein Gegenstand möglicher Erfahrung, sondern selbst nur eine Idee zu sein, der die Idee der gesamten organisierten Natur als System der Zwecke unterlegt wird; das heißt, für sie ist es in Analogie zu § 66 nicht möglich zu sagen, dass das Prinzip der Beurteilung organisierter Wesen „zwar seiner Veranlassung nach von Erfahrung abzuleiten", seiner „Allgemeinheit und Nothwendigkeit" nach aber „a priori" (*KU* 5:376.15 – 9) sei.

## § 68

**Zusammenfassung:** Die sieben Absätze des letzten Paragrafen der „Analytik" sind überschrieben mit dem Titel „*Von dem Princip der Teleologie als innerem*

*Princip der Naturwissenschaft*" (*KU* 5:381.9–10). Kant verteidigt in den Absätzen eins und zwei die These, dass die Naturteleologie durch das ihr immanente Prinzip der Teleologie einen eigenständigen Status als Wissenschaft hat und folgert daraus, dass sie weder mit der Theologie vermengt (Absätze drei, vier und sieben) noch auf die mathematische Naturwissenschaft oder Physik reduziert werden darf (Absätze fünf und sechs). Da diese Frage im strengen Sinne nicht mehr nur die Exposition der Prinzipien organisierter Wesen betrifft, sondern den Status einer Wissenschaft bestimmt, die organisierte Wesen zum Gegenstand hat, und diese in der Systemarchitektonik der Wissenschaften verortet, könnte § 68 auch in die „Methodenlehre" verschoben werden. Und so verwundert es auch nicht, dass sich § 68 und § 79, der erste Paragraf der „Methodenlehre", thematisch überschneiden.

***KU* 5:381.8–24** Eine Wissenschaft ist eine eigenständige, für sich bestehende Lehre, wenn sie auf „einheimisch[en]" („principia domestica", *KU* 5:381.12) und nicht auf „*auswärtige[n]* Principien (peregrina)" (*KU* 5:381.13–4) beruht. Sie ist ein „Ganzes für sich" (*KU* 5:381.22), wenn sie keine „Lehnsätze" (*KU* 5:381.15), das heißt, Gesetze, Grundbegriffe oder Prinzipien von einer anderen Wissenschaft entlehnt und damit letztlich von dieser abhängig bleibt. Da das „*Princip der Teleologie*" in den §§ 61–7 als „*innere[s] Princip der Naturwissenschaft*" (*KU* 5:381.9–10) ausgewiesen wurde, ist die Teleologie der Natur eine eigenständige Wissenschaft, so Kants These.

***KU* 5:381.25–382.15** Gegen die Vermengung der Prinzipien der Theologie und der Teleologie sprechen drei Gründe. Da der Mensch einerseits die Zweckmäßigkeit der Natur durch den Schöpfungsakt Gottes erklären, andererseits aus der zweckvollen Einrichtung der Natur auf das Dasein Gottes schließen will, setzt er das, was er folgern will, voraus und gerät argumentativ in einen Zirkel („ein täuschendes Diallele", *KU* 5:381.29). Ferner ist es so, dass die Zweckmäßigkeit der Natur hinreichend durch ein natürliches Prinzip erklärbar ist. Zusätzlich ein theologisches Erklärungsprinzip aufzuwenden, ist dann der Sache nach redundant. Im Hintergrund dieses Arguments steht das Sparsamkeitsprinzip, das eine Theorie dann als fähiger betrachtet, wenn sie auf der Basis von weniger Prinzipien dieselbe Erklärungsmacht besitzt wie eine komplexere Theorie (*KU* 5:382.7–15). Außerdem spricht der Mensch in der Teleologie zwar so, als ob die Zweckmäßigkeit der Natur „absichtlich" sei (*KU* 5:383.8) und als ob sie sich wie ein freier, intentionaler Agent (ein Gott, ein Mensch) verhalten würde, der zwischen verschiedenen Absichten wählen kann. Aber die quasi intentionale Redeweise von Absichten in der Natur ist kein Indiz dafür, dass ein Gott im Verhalten der Natur waltet. Denn sie beruht nur auf einer *Ähnlichkeit*, nicht aber einer Selbigkeit der Gesetze und Regeln frei wählender Wesen in praktischen Zwecksetzungen und der Gesetze einer zweckmäßigen Entfaltung der Natur.

*KU* 5:382.16 – 384.13 Im Anschluss wiederholt Kant die Abgrenzung der Naturteleologie gegen die mathematische Naturwissenschaft aus § 62. Die Mathematik und die Geometrie weisen zwar eine „technische Zweckmäßigkeit" (*KU* 5:382.18 – 9) auf, aber diese unterscheidet sich von der Zweckmäßigkeit der Natur. Mathematische Beschreibungen der Natur, etwa „[a]rithmetische" und „geometrische Analogieen" oder „allgemeine mechanische Gesetze" (*KU* 5:382.21 – 2), können „ohne allen Beitritt der Erfahrung" eingesehen und „a priori" (*KU* 5:382.16 – 8) in der Anschauung demonstriert werden. Für teleologische Erklärungen in der Physik dagegen gilt, dass die Urteilskraft durch die „Erfahrung" (*KU* 5:366.27) auf die Zweckmäßigkeit der Natur verwiesen wird. Die Grundlage der zweckmäßigen Beurteilung der Natur ist ‚material' (real), nicht ‚formal' (§ 62), das heißt, sie setzt die empirische Anschauung der Naturgegenstände in der Erfahrung voraus.

### 1.2.3 Ein Kommentar zur „Dialektik" (§§ 69 – 78) der „Kritik der teleologischen Urtheilskraft"[44]

**Zusammenfassung:** Wie in der „Analytik" deutlich wurde, charakterisiert Kant organisierte Wesen durch zwei Arten von Ordnungen, durch mechanische und

---

44 Neben McLaughlins (1989a) klassischem Kommentar *Die Antinomie der Urteilskraft* gibt es zur „Dialektik" der „Kritik der teleologischen Urtheilskraft" eine umfangreiche, kompetitive Aufsatzliteratur. Ich nenne einige wichtige, neuere Abhandlungen in der historischen Reihenfolge ihres Erscheinens: McFarland (1970, 117 – 34) „The Dialectic of Teleological Judgment", McLaughlin (1989b, 357 – 67) „What is an Antinomy of Judgment?"; Zanetti (1993, 341 – 55) „Die Antinomie der teleologischen Urteilskraft"; die „Dialektik der teleologischen Urteilskraft" in Frank/Zanetti (2001, III 1286 – 306); Förster (2002a, 170 – 90) „Die Bedeutung von §§ 76, 77 der *Kritik der Urteilskraft* für die Entwicklung der nachkantischen Philosophie"; Förster (2002b, 321 – 45) „Die Bedeutung der §§ 76, 77 der *Kritik der Urteilskraft* für die Entwicklung der nachkantischen Philosophie (Teil II)"; Allison (2003, 219 – 36) „Kant's Antinomy of Teleological Judgment"; Quarfood (2004d, 160 – 208) „The Antinomy of Teleological Judgment"; Kreines (2005, 270 – 311) „The Inexplicability of Kant's Naturzweck: Kant on Teleology, Explanation and Biology"; Ginsborg (2006, 455 – 69) „Kant's Biological Teleology and Its Philosophical Significance"; die relevanten Passagen in Zuckerts (2007, 146 – 64) *Kant on Beauty and Biology*; Förster (2008, 259 – 74) „Von der Eigentümlichkeit unseres Verstandes in Ansehung der Urteilskraft (§§ 74 – 78)"; Breitenbach (2008, 351 – 69) „Two Views on Nature: A Resolution to Kant's Antinomy of Mechanism and Teleology"; Watkins (2008, 241 – 58) „Die Antinomie der teleologischen Urteilskraft und Kants Ablehnung alternativer Teleologien (§§ 69 – 73)"; Watkins (2009, 197 – 221) „The Antinomy of Teleological Judgment"; Nuzzo (2009, 143 – 72) „Kritik der Urteilskraft §§ 76 – 77: Reflective Judgment and the Limits of Transcendental Philosophy"; die relevanten Passagen aus Breitenbachs (2009, bes. 109 – 31) *Die Analogie von Vernunft und Natur*; die relevanten Abschnitte

physisch teleologische Gesetze. In der „Dialektik" verbindet Kant die Diskussion beider Arten von Naturgesetzen mit jenen Erwägungen aus der ZE im Abschnitt vier und fünf, in denen Kant dargelegt hatte, dass für organisierte Wesen eine einheitliche Ordnung der Mannigfaltigkeit ihrer empirisch zufälligen Eigenschaften kennzeichnend ist. Mit den beiden Arten von Naturgesetzen aus der „Analytik" stehen dem Menschen zwei Arten von Prinzipien zur Verfügung, mit denen er diese Einheit in die Mannigfaltigkeit der empirischen Eigenschaften organisierter Wesen bringen kann: Er kann entweder die Mannigfaltigkeit der empirisch zufälligen Eigenschaften der Natur durch ihre Subsumtion unter mechanische oder durch ihre Subsumtion unter physisch teleologische Gesetze herstellen. Damit droht aber die Gefahr, dass beide Maximen der Beurteilung der Einheit der Mannigfaltigkeit der empirisch zufälligen Eigenschaften der Natur unter einem Gesetz miteinander im Widerspruch stehen. Die „Dialektik" zeigt, dass der mögliche Konflikt zwischen beiden Maximen der Beurteilung, zwischen der Einheit der Mannigfaltigkeit der empirisch zufälligen Eigenschaften der Natur unter mechanischen und der Einheit der Mannigfaltigkeit der empirisch zufälligen Eigenschaften der Natur unter physisch teleologischen Gesetzen der Natur lösbar ist, weil beide Maximen der Beurteilung miteinander vereinbar sind. Kants Idee ist, dass beide Arten von Naturgesetzen in einem göttlichen schaffenden Verstand ursprünglich eins sind, und dass ihre ursprüngliche Einheit im göttlichen Verstand ihre Vereinbarkeit im menschlichen Verstand und in der für den Menschen erfahrbaren Natur ermöglicht.

Die „Dialektik der teleologischen Urtheilskraft" besteht aus zehn Paragrafen (§§ 69–78). In den §§ 69–71 formuliert Kant das Problem eines möglichen Scheinwiderspruchs zwischen mechanischen und physisch teleologischen Maximen der Beurteilung der Einheit der zufällig empirischen Mannigfaltigkeit der Natur. Der Argumentationsgang wird dabei dadurch verkompliziert, dass Kant den Scheinwiderspruch zwischen den beiden Arten von Naturgesetzen überraschender Weise auf zweifache Art formuliert: als einen Widerspruch zwischen zwei regulativen Maximen der reflektierenden Urteilskraft (These$_r$ und Antithese$_r$) und als einen Widerspruch zwischen zwei konstitutiven Prinzipien der bestimmenden Urteilskraft (These$_k$ und Antithese$_k$). In den §§ 72–3 untersucht Kant exkursartig vier konstitutive Modelle physisch teleologischer Erklärungen der zweckmäßigen Einheit der empirisch zufälligen Mannigfaltigkeit der Natur und zeigt auf, dass sie in sich inkonsistent sind. Dies bereitet die Antwort auf die Frage nach der Lös-

---

aus Försters (2011, bes. 147–60 und 253–76) *Die 25 Jahre der Philosophie*; Quarfood (2014, 167–83) „The Antinomy of Teleological Judgment: What It Is and How It Is Solved", Huneman (2014, 182–202) „Purposiveness, Necessity, and Contingency"; sowie Goy (2015) „The Antinomy of Teleological Judgment".

barkeit des Scheinwiderspruchs vor, die Kant in den §§ 74–8 für den Scheinwiderspruch zwischen den beiden Naturgesetzen als regulativen Maximen der reflektierenden Urteilskraft ausarbeitet. Kants These ist, dass die mechanischen und physisch teleologischen Gesetze als regulative Maximen der reflektierenden Urteilskraft in einem scheinbaren Widerspruch zueinander stehen, dessen Ursache durch eine kritische Analyse der Genese und der Erkenntnisgründe beider Urteile sichtbar gemacht und damit zwar nicht beseitigt, aber unschädlich gemacht werden kann. Der Scheinwiderspruch wird dadurch behoben, dass Kant zeigt, dass beide Arten von Gesetzen in der regulativen Idee von einem intuitiven Verstand Gottes ursprünglich eines sind und nur durch die Repräsentation einer geschaffenen Natur im geschaffenen, diskursiven menschlichen Bewusstsein verschieden und dadurch konfliktfähig sind. Für den Menschen findet die Vereinbarung beider Gesetze durch eine Unterordnung der mechanischen unter physisch teleologische Gesetze statt. In den §§ 74–5 führt Kant im Rahmen der Auflösung des scheinbaren Widerstreites zunächst eine regulative Variante des klassischen physikotheologischen Gottesbegriffes ein, der als Schöpfer sowohl des menschlichen Bewusstseins als auch der Ordnungen der Natur angenommen wird. Dessen Bewusstsein wird anschließend in den §§ 75–6 als ein intuitives analysiert, das den übersinnlichen Einheitsgrund beider Gesetze bildet. Schließlich geht Kant im letzten Schritt dazu über zu erklären, wie die Vereinbarung beider Arten von Gesetzen im menschlichen Bewusstsein vor sich geht: durch die Unterordnung der mechanischen unter die physisch teleologischen Gesetze. Kant gelingt es dabei zwar ansatzweise zu zeigen, inwiefern mechanische und physisch teleologische Naturgesetze im übersinnlichen Grund der Natur eine Einheit bilden. Er bleibt aber im gesamten Argumentationsverlauf eine Erklärung darüber schuldig, ob und wie der regulativ gedachte Gott zum einen die mechanisch und physisch teleologisch geordnete Natur, zum anderen, wie er das menschliche Bewusstsein und seine Möglichkeiten der Repräsentation beider Arten von mechanischen und physisch teleologischen Naturgesetzen schafft. Kant würde uns eventuell an dieser Stelle an eine regulativ interpretierte Theologie verweisen, die eine entsprechende Schöpfungsthese genauer ausarbeiten müsste.

## § 69

**Zusammenfassung:** Im Eingangsparagraf der „Dialektik" fragt Kant in zwei Absätzen danach, „[w]as eine Antinomie der Urtheilskraft sei" (*KU* 5:385.4). Ein erster Schritt zu Klärung dieser Frage ist, ob es in der Urteilskraft eine Antinomie, das heißt, einen „Widerstreit ihrer Principien" (*KU* 5:385.9, vgl. *KU* 5:386.5) gibt, und ob er, wenn es ihn gibt, für die bestimmende, die reflektierende oder beide Arten der Urteilskraft auftritt. Ein zweiter Schritt ist die Charakterisierung dieses

Widerspruchs. Kant greift für die Beantwortung dieser Frage auf einen Vergleich der reflektierenden und der bestimmenden Urteilskraft zurück, der in Abschnitt vier der ZE (vgl. *KU* 5:179.19 – 26) eingeführt wurde. Im ersten Absatz erklärt Kant, warum in der bestimmenden Urteilskraft kein Widerstreit auftreten kann; im zweiten dagegen, warum in der reflektierenden Urteilskraft ein Widerstreit zwischen verschiedenen Gesetzen möglich ist, und von welcher Art dieser Widerspruch ist.

*KU* **5:385.1–15** Wie Kant schon in der *ZE* erläuterte, vermittelt die Urteilskraft immer zwischen einem Besonderen und einem Allgemeinen, und sie tut dies auf zwei verschiedene Weisen: auf eine bestimmende und auf eine reflektierende Weise. Während die bestimmende Urteilskraft das Besondere zu einem gegebenen Allgemeinen sucht, sucht die reflektierende Urteilskraft das Allgemeine zu einem gegebenen Besonderen. Aus diesem Fakt gewinnt Kant ein Argument für einen möglichen Widerspruch in der Urteilskraft. Weil die bestimmende Urteilskraft das Besondere unter ein Allgemeines („die Regel, das Princip, das Gesetz"; *KU* 5:179.20 – 1) subsumiert, welches ihr vom Verstand vorgegeben wird, kann sie bezüglich ihrer eigenen Prinzipien nicht mit sich selbst in Widerstreit geraten. Denn die bestimmende Urteilskraft bringt das Allgemeine, unter das sie das Besondere subsumiert, gar nicht selbst hervor. Sie verfügt an sich selbst über keine eigenen, bestimmenden Prinzipien. Die bestimmende Urteilskraft ist „keine Autonomie [Selbstgesetzgebung]" (*KU* 5:385.6); sie ist selbst nicht „*nomothetisch* [gesetzgebend]" (*KU* 5:384.11) (Absatz eins).

*KU* **5:385.16–386.10** Die reflektierende Urteilskraft hingegen findet ein Besonderes vor, zu dem das Allgemeine nicht schon gegeben ist, sondern zu dem sie das allgemeine Prinzip, das Gesetz oder die Regel, unter die das Besondere fällt, zuallererst suchen muss. Da es ihr so „objectiv gänzlich an einem Gesetze mangelt" (*KU* 5:385.18 – 9), muss die reflektierende Urteilskraft „ihr selbst zum Princip dienen" (*KU* 5:385.22 – 3) und kann bezüglich der Maximen, die sie sich als allgemeine Gesetze wählt, in Widerspruch mit sich selbst geraten. – Kant betont sogleich, dass es sich bei diesem Widerstreit zwischen „nothwendigen Maximen der reflectirenden Urtheilskraft" um eine „natürliche Dialektik", um einen „unvermeidliche[n] Schein" handelt, „den man in der Kritik entblößen und auflösen muß, damit er nicht betrüge" (*KU* 5:386.4-10). Das heißt, obgleich es Teil der Natur der reflektierenden Urteilskraft ist, einem möglichen Widerspruch zwischen allgemeinen Gesetzen ausgesetzt zu sein, ist dieser Widerspruch nicht unlösbar, sondern kann durch die kritische Philosophie identifiziert und aufgelöst werden; der Widerspruch ist nur ein Scheinwiderspruch (Absatz zwei).

Ohne in allen Fällen ausreichend zu argumentieren, legt sich Kant mit dem Anfangsparagrafen der „Dialektik" als Antwort auf die Frage, „*[w]as eine*

*Antinomie der Urtheilskraft sei*" (*KU* 5:385.4), darauf fest, dass eine scheinbare Antinomie der Urteilskraft weder a) zwischen zwei konstitutiven Prinzipien der bestimmenden, noch b) zwischen einem konstitutiven Prinzip der bestimmenden und einer regulativen Maxime der reflektierenden Urteilskraft noch c) in der Verwechslung zweier regulativer Maximen der reflektierenden mit zwei konstitutiven Prinzipien der bestimmenden Urteilskraft, sondern d) zwischen zwei regulativen „nothwendigen Maximen der reflectirenden Urtheilskraft" (*KU* 5:386.4–5) auftreten kann.[45]

## § 70

**Zusammenfassung:** In § 70 kündigt Kant im Titel die „*Vorstellung* dieser *Antinomie*" (*KU* 5:386.12, meine Herv.) an. Der Paragraf besteht aus acht Absätzen. Die Absätze zwei bis sechs enthalten zwei verschiedene Formulierungen dieses Scheinwiderspruchs. Absatz eins, sieben und acht geben weitere Erklärungen zur Natur dieses Widerspruchs und seinen Formulierungen. Im Sinne der Überschrift und als Fortsetzung von § 69 wäre § 70 verständlicher und konsistenter, wenn er mit Absatz drei, der Einführung der ersten Formulierung des Scheinwiderspruchs zwischen regulativen Maximen der reflektierenden Urteilskraft enden würde und die Absätze vier bis acht, die eine alternative, zweite Formulierung des Widerspruchs enthalten, schon Teil des folgenden Paragrafen wären, der Gedanken zur Lösung des Scheinwiderspruchs skizziert, die in der „Dialektik der teleologischen Urtheilskraft" stattfinden soll.

---

[45] Ich habe diese vier Optionen ausführlich in Goy (2015) diskutiert. Es ist an dieser Stelle nicht offensichtlich, warum Fall b), ein scheinbarer Widerspruch zwischen einem Verstandesgesetz der bestimmenden und einer Vernunftmaxime der reflektierenden Urteilskraft grundsätzlich ausscheidet. Wenn Kant im Folgenden die Antinomie der Urteilskraft als eine solche bestimmt, die zwischen der Anwendung von bloß mechanischen oder der Anwendung von mechanischen Gesetzen und teleologischen Erklärungen entstehen kann, so hätte man nach der „Analytik" eher erwartet, dass Kant mechanische Gesetze als Verstandesprinzipien der bestimmenden Urteilskraft, physisch teleologische Gesetze aber als Maximen der reflektierenden Urteilskraft versteht, womit Fall b) eintreten würde, nämlich dass ein Verstandesprinzip der bestimmenden mit einer Vernunftmaxime der reflektierenden Urteilskraft in Widerspruch geraten würden. Die Antinomie wäre eine Antinomie zwischen einer Maxime und einem Prinzip zweier Spielarten der *Urtheilskraft*: einem konstitutiven, allgemeinen Prinzip des Verstandes der bestimmenden Urteilskraft und einer regulativen, allgemeinen Maxime der reflektierenden Urteilskraft. Es könnte sein, dass Kant diese Form der Antinomie gerade deshalb ausschließt, weil zwischen einer reflektierenden und einer determinierenden Verwendungsweise der Urteilskraft keine Antinomie entstehen kann.

**KU 5:386.11–387.2** Der Rückbezug von „*dieser*" in der Überschrift „*Vorstellung dieser Antinomie*" (*KU* 5:386.12, meine Herv.) ist der letzte Satz aus § 69, der besagte, dass der „Schein" eines Widerstreites zwischen zwei „nothwendigen Maximen der reflectirenden Urtheilskraft" (*KU* 5:386.9, 4–5) statt finde. Kant nimmt damit den in § 69 erarbeiteten Gedanken auf, dass man im Folgenden die Lösung eines Scheinwiderspruchs zwischen Maximen der reflektierenden Urteilskraft zu diskutieren habe, das heißt, von Maximen, die als höherstufige Gesetze Einheit in der empirisch zufälligen Mannigfaltigkeit der Natur schaffen sollen.[46]

Bevor Kant im ersten Absatz des § 70 erneut erklärt, in welcher Lage die reflektierende Urteilskraft in einen Scheinwiderspruch geraten kann, grenzt er noch einmal die bestimmende von der reflektierenden Urteilskraft ab. Wenn sich die bestimmende Urteilskraft mit objektiven, allgemeinen Gesetzen des Verstandes a priori auf die materielle „Natur als Inbegriff der Gegenstände äußerer Sinne" (*KU* 5:386.13–4) überhaupt bezieht, ist sie keiner Antinomie ausgesetzt. Die bestimmende Urteilskraft legt der Natur die Grundsätze aller Erfahrung zugrunde, etwa das Prinzip der Beharrlichkeit der Substanz, das Kausalprinzip und das Gesetz der kausalen Wechselwirkung der Substanzen, die Kant in der ersten *Kritik* als

---

[46] Die in den sich anschließenden acht Absätzen entwickelte Darlegung der Antinomie hat für viel Verwirrung in der Forschung gesorgt, denn obgleich Kant die Antinomie-Problematik eindeutig als eine solche zwischen regulativen Maximen einführt, stellt Kant in § 70 in den Absätzen eins bis drei und acht eine Antinomie zwischen regulativen Maximen, in Absatz vier bis sieben eine Antinomie zwischen konstitutiven Prinzipien dar. Diese doppelte Präsentation hat die Frage hervorgerufen, welche der Darstellungen die intendierte Antinomie sei. Etwa vertreten Watkins (2008, 2009), Breitenbach (2009a), Quarfood (2004d) und Goy (2015) sowie die meisten der gegenwärtigen Interpreten der Antinomie die These, dass die Scheinantinomie zwischen den beiden regulativen Maximen der reflektierenden Urteilskraft besteht; eine frühere Generation von Interpreten dagegen (Cassirer, Adickes, Stadler, Körner, Ewing), dass die Scheinantinomie zwischen den beiden konstitutiven Prinzipien auftritt. Quarfood (2014) nimmt die konstitutive Formulierung insoweit ernst, als eines der Kantischen Argumentationsziele ist, dass man vermeiden muss, in eine konstitutive Deutung Antinomie zu gleiten. Ich selbst vertrete ebenfalls die Position, dass die von Kant fokussierte Antinomie jene *Schein*antinomie zwischen den beiden *regulativen* Prinzipien der reflektierenden Urteilskraft betrifft. Denn die der Urteilskraft vom Verstand a priori wie auch die von der Vernunft a priori angebotene Maxime zur Vereinheitlichung der besonderen Naturgesetze können widerspruchsfrei nebeneinander bestehen, und erst beide gemeinsam ermöglichen eine vollständige Reflexion über die organische Natur. Zwischen den beiden *konstitutiven* Prinzipien dagegen besteht für das menschliche Bewusstsein keine scheinbare, sondern eine echte Antinomie. Eines der beiden Prinzipien muss falsch sein, was die Antinomie zugleich zum Verschwinden bringt. In der regulativen Idee von einem göttlichen Bewusstsein dagegen sind beide Prinzipien auch im konstitutiven Sinne widerspruchsfrei eins, allerdings muss man zweifeln, ob sie überhaupt als zwei verschiedene Prinzipien identifiziert werden könnten, wenn das göttliche Bewusstsein als ein solches gedacht werden muss, dessen Einheit der Trennung von mechanischen und physisch teleologischen Gesetzen noch voraus liegt.

Grundsätze aller Erfahrung dargelegt hat und sucht dann einzelne Elemente in der Natur, die unter diese Gesetze fallen.

Anders die reflektierende Urteilskraft. Sie sucht zu den mannigfaltigen, besonderen Verhältnissen in der erfahrbaren Natur die empirischen, besonderen Gesetze und versucht, diese besonderen empirischen Verstandesgesetze in „ein zusammenhängendes Erfahrungserkenntniß" zu bringen, indem sie der Natur eine „durchgängige[] Gesetzmäßigkeit" (*KU* 5:386.26 – 7) zugrunde legt. Bei dieser Suche nach einer Einheit stiftenden Maxime, unter die die mannigfaltigen, besonderen Naturgesetze fallen können, kann sich die Urteilskraft entweder an einem Gesetz a priori (einer Maxime) orientieren, das ihr der Verstand, oder an einem Gesetz a priori (einer Maxime), die ihr die Vernunft anbietet. Durch die verschiedenen Quellen für das Allgemeine, unter welches das Besondere subsumiert werden soll, kann ein Scheinwiderspruch, eine „Dialektik" (*KU* 5:387.1), zwischen zwei verschiedenen Maximen der Einheit der besonderen Naturgesetze auftreten (Absatz eins).

*KU* **5:387.3 – 9** Stammt das Gesetz vom Verstand richtet sich die Urteilskraft in ihrer Reflexion nach der Maxime, dass „[a]lle Erzeugung materieller Dinge und ihrer Formen" nach „bloß mechanischen Gesetzen möglich beurtheilt werden" (*KU* 5:387.3 – 5) muss. Stammt das Gesetz von der Vernunft reflektiert sie auf die Einheit der besonderen Naturgesetze anhand der Regel, dass „[e]inige Producte der materiellen Natur" nicht „als nach bloß mechanischen Gesetzen möglich beurtheilt werden" können, denn „ihre Beurtheilung erfordert ein ganz anderes Gesetz der Causalität, nämlich das der Endursachen" (*KU* 5:387.6 – 9). Kant stellt beide Maximen der reflektierenden Urteilskraft in den Absätzen zwei und drei als These$_r$ und Antithese$_r$ einander gegenüber.

> These$_r$ „Alle Erzeugung materieller Dinge und ihrer Formen muß als nach bloß mechanischen Gesetzen möglich beurtheilt werden" (*KU* 5:387.3 – 5).
>
> Antithese$_r$ „Einige Producte der materiellen Natur können nicht als nach bloß mechanischen Gesetzen möglich beurtheilt werden (ihre Beurtheilung erfordert ein ganz anderes Gesetz der Causalität, nämlich das der Endursachen" (*KU* 5:387.6 – 9).

Etwas versteckt, im „muß", „können nicht" und „erfordert" beider Sätze, wird deutlich, dass es sich in beiden Maximen um imperativische Regeln handelt. These$_r$ lautet als Imperativ: ‚Beurteile alle Erzeugungen der Natur so, als ob sie nach bloß mechanischen Gesetzen möglich wären!'; Antithese$_r$ lautet als Imperativ: ‚Beurteile einige Produkte der materiellen Natur so, als ob sie nicht nach bloß mechanischen Gesetzen möglich wären, sondern darüber hinaus nach der Causalität von Endursachen beurteilt werden müssen!' Es ist wesentlich, dass beide Maximen Regeln für die Reflexion sind, die zur Beurteilung von Gegenständen der Natur den Gebrauch von Kausalgesetzen fordern, ohne dass Kant diese Gesetze nennt oder näher spezifiziert, etwa anhand von Beispielen. Eine der interpretatorischen Herausforderungen besteht hier darin, die Gestalt beider Arten von Kausalgesetzen, besonders der Kausalität nach Endursachen, zu rekonstruieren.[47]

**KU 5:387.25–388.19** Einige Merkwürdigkeiten enthalten Kants Kommentare zu dieser Formulierung des Scheinwiderspruchs in Absatz acht. Kant konstatiert, dass die „zuerst vorgetragene Maxime", das heißt, These$_r$, „keinen Widerspruch" (KU 5:387.25–6) *in sich selbst* enthält. Diese Aussage ist insofern verwunderlich, da es in der Lösung der Antinomie um einen Scheinwiderspruch *zwischen* These$_r$ und Antithese$_r$, nicht aber um einen Scheinwiderspruch *in* These$_r$ selbst gehen soll. Kant begründet die Widerspruchsfreiheit von These$_r$ damit, dass sie als regulative Maxime der Reflexion keine konstitutiv bestimmende Aussage darüber beinhalte, dass die Erzeugung materieller Dinge und ihrer Formen nur nach mechanischen Gesetzen möglich ist. Alle Ereignisse der materiellen Natur nach mechanischen Gesetzen zu beurteilen ist notwendig, weil es sonst keine eigentliche Naturerkenntnis geben kann. Schwierig an dieser Aussage ist, dass sie nichts über einen Widerspruch *in* der Maxime aussagt, sondern die regulative Maxime mit einem konstitutiven Prinzip vergleicht, das problematisch ist und sagt, dass die Maxime nicht mit diesem problematischen Prinzip identisch ist. Ein widersprüchliches Moment in These$_r$ zu finden, bleibt damit Aufgabe der Interpreten.[48]

---

47 Ich rekonstruiere diese Gesetze im zweiten Teil meines Buches.
48 Diese Merkwürdigkeit hat Guyer (2000, 259) in der englischen Übersetzung der *KU* in der *Cambridge Edition* dazu geführt, den Satz in den Plural zu setzen: „By contrast, the maxim*s* of a reflecting power of judgment that were initially expounded *do* not in fact contain any contradiction" (statt korrekt „the maxim [...] does", meine Herv.). Im deutschen Text steht aber: „Was dagegen die zuerst vorgetragene Maxime einer reflectirenden Urtheilskraft betrifft, so *enthält sie* in der That gar keinen Widerspruch" (KU 5:387.25–6, meine Herv., vgl. Watkins [2009, 202] zur Diskussion). Der Intention der englischen Übersetzung kann insofern Recht gegeben werden, als der deutsche Satz auf zwei Weisen fortgesetzt werden könnte: Die erste Maxime der reflektierenden Urteilskraft enthält „gar keinen Widerspruch" entweder a) ‚an sich selbst', wenn man sie auf zwei verschiedene Weisen, nämlich konstitutiv und regulativ gebraucht, oder b) die erste Maxime der reflektierenden Urteilskraft enthält „keinen Widerspruch" ‚zur zweiten Maxime' der regulativen Urteilskraft, der Betrachtung der Natur nach dem „Princip der Endursachen" (KU 5:388.2–3). Die englische Übersetzung stützt b), eine Lesart, die durch „dagegen" und durch den Fortgang von Absatz acht erhärtet wird, in der Kant anschließend von der zweiten regulativen Maxime handelt („Dieses hindert nun die zweite Maxime bei gelegentlicher Veranlassung nicht" [KU 5:387.35–6]) und sagt, dass die zweite regulative nicht im Widerspruch zur ersten regulativen Maxime steht.
Aber wenn wir bei einer buchstäblichen Lesart bleiben, was kann es dann bedeuten, dass die Maxime des Mechanismus (an sich selbst) keinen Widerspruch enthält, wenn sie als Maxime der

Im mittleren Drittel von Absatz acht kommentiert Kant Antithese$_r$ und gibt bereits Hinweise darauf, warum sie nicht im Widerspruch zu These$_r$ steht: beide Maximen behindern einander nicht, und die Beurteilung einer Naturform oder des Naturganzen nach der Maxime des kausalen Mechanismus stört die Anwendung der Maxime der Kausalität von Endursachen nicht. Sie hebt auch deren Gültigkeit nicht auf, wenn beide Arten kausaler Erklärungen zutreffen. Allerdings erklärt die Maxime der Endursachen etwas, nämlich das „Specifische eines Naturzwecks" (*KU* 5:388.8), was die Maxime des Mechanismus nicht erklären kann (*KU* 5:387.35 – 388.10).

Schließlich greift Kant im letzten Drittel von Absatz acht einen Gedanken voraus, der erst in der Lehre vom intuitiven Verstand Gottes in den §§ 76 und 77 verständlich wird. Kant erwägt die Möglichkeit, dass mechanische und Endursachen in einem dem Menschen „unbekannten inneren Grunde der Natur" (*KU* 5:388.11) zusammen hängen, und ein anderer als der menschliche Verstand das Prinzip der Einheit beider erkennen und bilden könnte. Im menschlichen Erkenntnisvermögen (Kant nennt die reflektierende Urteilskraft und die Vernunft) kann die Einheit von mechanischen und Endursachen nicht vorgestellt werden; es repräsentiert beide subjektiv, durch die reflektierende Urteilskraft, auf verschiedene Weise (*KU* 5:388.10 – 9).

***KU* 5:387.10 – 24** In den Absätzen vier bis sieben des § 70 formuliert Kant eine zweite Antinomie zwischen einer Aussage, die den Mechanismus als Prinzip der Erzeugung aller materiellen Gegenstände behauptet, und einer Aussage, die dies verneint (Endursachen, die in Antithese$_r$ angesprochen werden, werden in Antithese$_c$ nicht erwähnt). In dieser Formulierung stehen zwei objektiv „constitutive"

---

reflektierenden Urteilskraft gebraucht wird? Es könnte heißen, dass die (ursprünglich) konstitutive Maxime des Mechanismus nicht nur als objektives und konstitutives Prinzip, sondern widerspruchsfrei auch als regulative Maxime der Naturforschung auf die gesamte Natur angewendet werden kann (*KU* 5:387.25 – 35). Der regulative Gebrauch des Mechanismus beinhaltet dann konkret, dass man über das, was offensichtlich unter das der Naturerfahrung immer schon vorausgesetzte Prinzip des Mechanismus subsumiert werden kann, hinaus, auch zufällige Züge der Natur, die sich nicht sofort anhand von mechanischen Regeln erklären lassen, versucht, „so weit man kann" (*KU* 5:388.4), mechanisch zu erklären. Als Prinzip der Erforschung der gesamten Natur ist dies deshalb eine sinnvolle forschungsregulative Maxime, weil der Mechanismus die einzige Form der eigentlichen Naturerkenntnis ist und nur so entdeckt werden kann, welche weiteren Züge der Natur mechanisch erschlossen werden können.

Eine dritte Lesart erwägt Watkins (2009, 202), wenn er meint, dass die These$_r$ keinen Widerspruch weder zur Antithese$_r$ noch zur These$_k$ oder Antithese$_k$ enthält, und damit innerhalb der vorliegenden Optionen von Gesetzen widerspruchsfrei gültig ist. Aber auch diese Lesart handelt nicht von einem Widerspruch in der Maxime selbst, sondern von einem Widerspruch zu den anderen drei Sätzen.

(*KU* 5:387.11) Prinzipien der bestimmenden Urteilskraft einander gegenüber und bilden einen echten Widerspruch:

These$_k$ „Alle Erzeugung materieller Dinge ist nach bloß mechanischen Gesetzen möglich" (*KU* 5:387.13 – 4).

Antithese$_k$ „Einige Erzeugung derselben ist nach bloß mechanischen Gesetzen nicht möglich" (*KU* 5:387.15 – 6).

Kant scheint gegen diese Formulierung der Antinomie erstens einzuwenden, dass – da sie einen echten „Widerstreit" (*KU* 5:387.20) enthält – eines der beiden Prinzipien falsch sein muss. Die Antinomie kann gelöst werden, aber nur dadurch, dass eines der beiden Prinzipien aufgeben wird und die Antinomie damit letztlich verschwindet. Zweitens spricht gegen diese Formulierung der Antinomie, dass sich in der bestimmenden Urteilskraft nicht die Urteilskraft selbst ein Allgemeines zur Vereinigung des Besonderen sucht, sondern dass ihr das Allgemeine von einem anderen Vermögen vorgegeben wird. Die Antinomie wird deshalb nicht von der Urteilskraft verursacht, sondern durch einen „Widerstreit in der Gesetzgebung der Vernunft" (*KU* 5:387.20 – 1). Kant möchte aber aufzeigen, wie sich eine Scheinantinomie im Vermögen der Urteilskraft lösen lässt. Drittens, wenn es sich bei diesen Prinzipien um bestimmende (auf die objektive Realität der Gegenstände bezogene) Prinzipien handelt, müsste die Vernunft die objektive Realität dieser Prinzipien beweisen können. Die *Vernunft* kann aber weder These$_k$ noch Antithese$_k$ beweisen, „weil wir von der Möglichkeit der Dinge nach bloß empirischen Gesetzen der Natur kein bestimmendes Princip a priori haben können" (*KU* 5:387.22 – 4). Empirische Gesetze sind aposteriorische Gesetze.

Zu dieser Passage stellen sich viele Fragen: In welchem Sinne sagt Kant, dass These$_k$ und Antithese$_k$ für die bestimmende Urteilskraft einen Widerstreit in der „Gesetzgebung der *Vernunft*" (*KU* 5:387.20 – 1) erzeugen? In welchem Sinne sind die Bejahung eines universellen und die partielle Verneinung des kausalen Mechanismus Prinzipien der Vernunft (wenn etwa das mechanische Kausalprinzip nach der ersten *Kritik* ein Prinzip des Verstandes ist, das a priori, universell und allgemein gilt)? – Man könnte eventuell sagen, dass ‚Vernunft' an dieser Stelle im weiten Sinne verwendet wird und Kant eigentlich den Verstand meint, der ein Teil der Vernunft im weiten Sinne ist. Wenn ‚Vernunft' dagegen im engen Sinne gemeint ist, wäre die mechanische Kausalität eine Vernunftidee. Dies könnte dadurch begründet sein, dass der kausale Mechanismus in diesem Gesetz mit dem Anspruch verwendet wird, die Erzeugung des *Ganzen* der empirischen Mannigfaltigkeit der Dinge zu begründen. Zugleich, da dieses Prinzip als ein solches der bestimmenden Urteilskraft beschrieben wird, müsste es sich auf *gegebene* Gegenstände beziehen. Schwierig ist daran, dass der Mensch dann Aussagen über das Ganze aller empirischen gegeben Dinge machen will, ohne je dieses Ganze der empirischen Mannigfaltigkeit aller Dinge erfahren zu können. Kant scheint in diesem Gedanken implizit schon vorauszusetzen, dass nur eine regulative Maxime a priori Einheit im Ganzen der empirischen Mannigfaltigkeit schaffen kann. Aber wenn Kant eine alternative, konstitutive Formulierung der Antinomie einführt, um sie sogleich durch Einwände wieder entkräften, warum führt er sie dann überhaupt ein?

Einen Hinweis auf eine Antwort enthält die Perspektive, aus der die Antinomie eine echte ist: Es ist die Perspektive des menschlichen Denkens. Eine weitere Antwort enthält das schon genannte letzte Drittel von Abschnitt acht, in dem Kant vom „unbekannten inneren Grund der Natur" spricht, in dem „die physisch-mechanische und die Zweckverbindung an denselben Dingen in einem Princip zusammen hängen" (*KU* 5:388.11–3). Wenngleich für das menschliche Denken die konstitutiv gewendeten Prinzipien des Mechanismus und seine partielle Verneinung eine echte Antinomie bilden, deren Auflösung nur die Aufrechterhaltung eines der beiden Prinzipien erlaubt, und die Antinomie damit nicht löst, sondern beseitigt, könnten in einem Urgrund der Natur, etwa einem göttlichen Verstand (bzw. der regulativen Idee von einem solchen Verstand), dessen Vorstellung der Dinge zugleich das Sein der Gegenstände erschafft, auch das, was dem Menschen in konstitutiven Prinzipien erscheint, widerspruchsfrei zusammen bestehen, weil sie dort sowohl in der Vorstellung als auch im ursprünglichen Sein der Dinge eine Einheit bilden. Die zweite Formulierung der Antinomie würde dann eingeführt, um zu zeigen, dass der Widerspruch zwischen den konstitutiven Prinzipien für die bestimmende Urteilskraft des Menschen zur Preisgabe eines der beiden Prinzipien führt, und die Antinomie so zum Verschwinden bringt. Zum anderen soll gezeigt werden, dass der Widerspruch zwischen dem Mechanismus und Zügen der Natur, die nicht allein mechanisch erklärt werden können, aus der Perspektive eines übersinnlichen Wesens oder Urgrundes der Natur (bzw. der regulativen Idee desselben), gar nicht besteht, weil beide Gesetze und Züge des Seins im übersinnlichen Urgrund der Natur eine Einheit bilden. Es ist aber klar, dass es dann nur eine Scheinantinomie gibt, nämlich die zwischen regulativen Maximen der Urteilskraft. Im göttlichen Bewusstsein (bzw. der regulativen Idee desselben) gibt es nur eine ursprüngliche Einheit, die aller Möglichkeit der Antinomie voraus liegt, aber keine Antinomie und auch keine Scheinantinomie zwischen konstitutiven Prinzipen eines universellen Mechanismus und seiner partiellen Verneinung.

## § 71

**Zusammenfassung:** Der „*Vorstellung*" folgt in § 71, bestehend aus einem langen und einem kurzen Abschnitt, die „*Vorbereitung zur Auflösung obiger Antinomie*"

(*KU* 5:388.21). Die Überschrift stellt in Aussicht, dass wir in § 71 Hinweise, vielleicht auch Ansätze zur Lösung, nicht aber schon die Lösung der Antinomie erfahren. In Absatz eins erklärt Kant ein weiteres Mal, durch einen Spiegelstrich voneinander getrennt, warum die Scheinantinomie nicht im Gegensatz zweier konstitutiver, sondern nur im Scheinwiderspruch der beiden regulativen Maximen bestehen kann. Da die Antinomie zwischen regulativen Maximen nur eine Scheinantinomie ist, die sich lösen lässt, so Absatz zwei, muss betont werden, dass regulative Maximen nicht mit konstitutiven Prinzipien verwechselt werden dürfen, für welche die Antinomie tatsächlich besteht und zur Preisgabe eines der Prinzipien führen muss, wenn man die Antinomie vermeiden will.

***KU* 5:388.20 – 389.19** Erneut scheint „*obiger*" in „obiger *Antinomie*" (*KU* 5:388.21, meine Herv.) im Titel des § 71 einen eindeutigen Referenten für den zu lösenden Scheinwiderspruch anzuzeigen. Dieser müsste, wenn Kant weiterhin auf der in den §§ 69 – 70 vorgezeichneten Linie bleibt, der Scheinwiderspruch zwischen den regulativen Maximen der reflektierenden Urteilskraft sein. Dennoch beschäftigt sich Kant auch in diesem Paragrafen mit zwei Formulierungen der Antinomie.

Im ersten Absatz nimmt er den Gedanken auf, dass die Antinomie der Urteilskraft nicht zwischen konstitutiven Prinzipien auftreten kann, weil dies ein Widerspruch in der Vernunft wäre, die keine Beweise (*KU* 5:388.23, vgl. „unerweislich" *KU* 5:389.10 und *KU* 5:387.22) für den Mechanismus und seine partielle Verneinung als konstitutive Prinzipien aufbringen kann. Kants Argument ist, dass man dann zeigen müsste, dass die *gesamte* zufällige empirische Mannigfaltigkeit der Natur durch mechanische Kausalkräfte verursacht ist (so in These$_k$) oder nicht verursacht ist (so in Antithese$_k$). Da der Mensch die zufälligen Eigenschaften der Natur aber nur aus der Erfahrung erkennen und die Erfahrung das Ganze der empirischen Mannigfaltigkeit nicht zugänglich machen kann, erlaubt diese keinen Rückschluss auf das Vorhandensein oder Nicht-Vorhandensein eines mechanischen Kausalgesetzes, das *allen* zufälligen, mannigfaltigen Eigenschaften der Natur eine einheitliche Ordnung gibt (man könnte allenfalls auf eine generelle, nicht universell notwendige mechanische oder nicht mechanische Ordnung schließen).

Es ist auffallend, dass Kant in der Fortführung dieses Gedankens von der in § 70 gegebenen Formulierung der Antinomie zwischen konstitutiven Prinzipien abweicht. Antithese$_k$ wird nicht wie dort als partielle Verneinung des Mechanismus formuliert, sondern als Ursache dessen, was „nach der Idee von Zwecken geformt oder verbunden" (*KU* 5:388.29 – 30) ist, als das, was „Dinge als eigentliche Naturzwecke" (*KU* 5:388.32) hervorbringt. Das heißt, Kant bleibt nicht bei einer partiellen Verneinung des Mechanismus wie in Antithese$_k$, sondern geht wie in Antithese$_r$ zu einer positiven Aussage über die Zweckmäßigkeit als Gegenprinzip des Mechanismus über. Kant behauptet dann, dass dem *Menschen* weder eine Aussage über die Realität eines universell konstitutiven Mechanismus noch über die Realität eines universell konstitutiven, auf Zwecke gerichteten Finalismus noch eine Aussage über die reale Möglichkeit der Einheit beider Arten konstitutiver Gründe der Ordnung der empirischen Mannigfaltigkeit der Natur möglich ist (*KU* 5:389.1–3), weil sich die menschliche Vernunft mit dieser Annahme „über die Sinnenwelt hinaus" ins „Überschwengliche verliert und vielleicht irre geführt wird" (*KU* 5:389.18–9), denn wie eben gesagt, die empirische Mannigfaltigkeit der Natur ist in der Erfahrung nicht vollständig gegeben. Eine universelle Aussage über kausale Verursachung der empirischen Mannigfaltigkeit der Natur ist daher nur als eine regulative möglich. Impliziert bleibt in diesem Gedanken jedoch, dass derartige Annahmen aus einer nichtmenschlichen Perspektive möglich und unproblematisch sein könnten.

Nach dem Spiegelstrich im ersten Absatz argumentiert Kant wie in § 70, dass beide Arten von Gesetzen als regulative Maximen der reflektierenden Urteilskraft gegeneinander treten können wobei eine unproblematische Scheinantinomie zwischen verschiedenen Erklärungsmöglichkeiten der Natur entsteht, wenn der Mensch diese als „Leitfaden der Reflexion" (*KU* 5:389.14) über die Natur gebraucht. Da dann beide Gesetze nur als Reflexionsmaximen der reflektierenden Urteilskraft dienen, handelt es sich nur um verschiedene Betrachtungsweisen der Ordnung der Natur, ohne dass der Mensch auf einen Beweis der Realität dessen, was diesen Betrachtungsweisen in der Ordnung der Dinge entspricht, verpflichtet ist.

Es ist bemerkenswert, dass Kant an dieser Stelle zwecksächliche Erklärungen nicht auf die bildende Kraft zurückführt – was nach der „Analytik" nahe liegen würde. In § 68 hatte Kant auf einer Trennung zwischen Biologie und Theologie insistiert und hatte in § 65 die bildende Kraft als Ursache der zweckmäßigen Form der Natur eingeführt. In § 71 Kant verweist auf eine „nach Zwecken handelnde[] (verständige[]) Weltursache" (*KU* 5:389.9–10), eine Phrase, die deutlich auf einen schöpfenden Gott (bzw. die regulative Idee eines solchen Gottes) referiert. Ebenso erwägt Kant für die konstitutive Antithese$_k$, dass der zweckvollen Verursachung der Dinge ein „architektonischer Verstand" (*KU* 5:388.35) zugrunde liegen könnte. Ein solcher ‚architektonischer Verstand' wird an späteren Stellen im theologischen Kontext verwendet. So spricht Kant in § 78 davon, dass „ein höchster Architekt die Formen der Natur, so wie sie von je her da sind, unmittelbar geschaffen, oder die, welche sich in ihrem Laufe continuirlich nach eben demselben Muster bilden, prädeterminirt habe" (*KU* 5:410.20–2). Er erwähnt im Zuge einer Kritik an Humes physikotheologischem Gottesbegriff in den *Dialogues Concerning Natural Religion* in § 80 „ein teleologisches Princip der Beurtheilung, d.i. einen architektonischen Verstand" (*KU* 5:420.23–4) und referiert in einer Diskussion der Physikotheologie in der kritischen Philosophie in § 85 auf die „Architektonik eines verständigen Welturhebers" (*KU* 5:438.3). Es legt sich daher schon für die Passage in § 71 nahe, dass Kant in der folgenden Analyse die zweckmäßigen Erklärungen der Natur in Verbindung zu regulativ interpretierten theologischen Theoremen setzen wird.

*KU* 5:389.20–7 Im zweiten Absatz des § 71 gibt Kant einen Hinweis zur Lösung der Scheinantinomie. Die Scheinantinomie entsteht, wenn der Mensch „einen Grundsatz der reflectirenden Urtheilskraft mit dem der bestimmenden" (*KU* 5:389.22–3) verwechselt. Diese These, die ich im weiteren ‚Verwechslungsthese' nennen möchte, ist insofern unglücklich formuliert, als Kant den Singular „Grundsatz" verwendet, obgleich er eigentlich davor warnen möchte, dass die beiden regulativen Maximen der reflektierenden Urteilskraft nicht mit den beiden Prinzipien der bestimmenden Urteilskraft vertauscht werden sollen (da diese tatsächlich antinomisch sind und zur Preisgabe eines der beiden Prinzipien führen). Im Kontext der anderen Bemerkungen aus §§ 69–71 ist es sinnvoll, den Singular „Grundsatz" so zu lesen, dass der Mensch sowohl These$_r$ nicht mit These$_k$ als auch Antithese$_r$ nicht mit Antithese$_k$ verwechseln soll. Grundsätzlich wäre es auch denkbar, diesen Satz so zu deuten, dass der Mensch ein konstitutives Prinzip der bestimmenden nicht mit einer regulativen Maxime der reflektierenden Urteilskraft verwechseln soll, wobei Kants Aussage dann wäre, dass ein konstitutives Prinzip des kausalen Mechanismus nicht mit einem regulativen Prinzip kausaler Zweckursachen verwechselt werden soll (beide bestehen zusammen, haben aber einen verschiedenen Status). Diese Lesart harmoniert aber nicht mit Kants Aussage, dass die Scheinantinomie zwischen zwei regulativen Maximen der reflektierenden Urteilskraft entsteht und sich Kant nun auch den Mechanismus als ein regulatives Erklärungsprinzip der ganzen Natur vorstellt.

Kants Aussage, dass die Scheinantinomie der reflektierenden Urteilskraft zwischen zwei regulativen Maximen lösbar ist, und ein Problem nur dann aufkommt, wenn der Mensch die regulativen Maximen der reflektierenden als konstitutive Maximen der bestimmenden Urteilskraft verwendet, ist von vielen Kommentatoren nicht als Vorbereitung zur Lösung, sondern als Vorwegnahme Lösung der Scheinantinomie verstanden und zugleich in Frage gestellt worden, weil sie trivial scheint (vgl. Allison 2003, Quarfood 2004d, Watkins 2008). Dem stimme ich nicht zu, da die Gefahr der Verwechslung des regulativen mit dem konstitutiven Antinomienpaar weder die Auflösung der scheinbaren noch der echten Antinomie beschreibt, sondern die Ursache der Entstehung einer *echten* Antinomie benennt, die nach Kant nicht aufgelöst werden kann, weil es dem Menschen nicht möglich ist, den Einheitsgrund beider konstitutiver Maximen zu erkennen, bzw. die Perspektive dieses Einheitsgrundes selbst einzunehmen. Die Lösung der *scheinbaren* Antinomie zwischen den beiden regulativen Maximen steht dabei weiterhin aus und wird erst in den §§ 75–8 präsentiert. Kants Ansage aus der Überschrift, Hinweise für die Lösung der Antinomie geben zu wollen, ist daher am Ende von § 71 eingelöst: die Hinweise zur Lösung bestehen in Kants Andeutungen, dass die regulativen Maximen der reflektierenden Urteilskraft in einem noch zu zeigenden Sinne kompatibel sind und im übersinnlichen göttlichen Einheitsgrund der Natur (bzw. der regulativen Idee desselben) zusammenstimmen.

## § 72

**Zusammenfassung:** In den §§ 72–4 präsentiert Kant einen kritischen Exkurs zu vier dogmatisch konstitutiven Theorien der physischen Teleologie der Natur, den Kant lakonisch „*Von den mancherlei Systemen über die Zweckmäßigkeit der Natur*" (KU 5:389.29–30) betitelt. Der Paragraf besteht aus sieben Absätzen. In den ersten vier der sieben Absätze erklärt Kant, dass und inwiefern in der Tradition immer schon physisch teleologische Erklärungen verwendet wurden. Anschließend stellt er verschiedene Modelle der Natur vor, deren gemeinsames Merkmal ist, dass sie die physische Teleologie der Natur als ein konstitutives Prinzip, und damit, in Kantischen Begriffen, als ein Gesetz der bestimmenden Urteilskraft, vertreten. Dieser Exkurs soll den Gebrauch physisch teleologischer Erklärungen zum einen dadurch rechtfertigen, dass er zeigt, dass diese Form von Erklärungen in der Naturforschung in allen Zeiten zur Anwendung gekommen sind. Zum anderen korrigiert Kant den traditionellen Gebrauch physisch teleologischer Erklärungen dahingehend, dass er ihren epistemischen Status umdeutet: Er kann kein dogmatisch konstitutiver, sondern nur ein reflektierend regulativer sein.

Einige Kommentatoren (Quarfood 2004d, Watkins 2008) zeigen eine gewisse Ratlosigkeit über die Funktion der §§ 72–3 im Argumentationsgang der Lösung der Scheinantinomie. Eine treffende Lesart ergibt sich für beide Paragrafen dann, wenn man sie so versteht, dass Kant in ihnen den Status physisch teleologischer Erklärungen als Prinzipien tiefer hinterfragt, indem er traditionelle Ansätze untersucht, die Endursachen in der Natur als objektiv konstitutive Prinzipien verstanden haben. In Kants Begriffen der Antinomiendiskussion wären diese Positionen Vertreter der Antithese$_k$. Kant zeigt gegen diese Positionen, dass und inwiefern die Annahme eines konstitutiven Status physisch teleologischer Erklärungen zu Unzulänglichkeiten und inneren Widersprüchen führt, an denen die genannten teleologischen Theorien der Natur scheitern. Er bekräftigt damit indirekt, dass physisch teleologische Erklärungen regulative Maximen der reflektierenden Urteilskraft sind.

*KU* 5:389.28–390.6 In Absatz eins bemerkt Kant zunächst grundsätzlich, dass die Bedeutung von physisch teleologischen Gesetzen in der Naturerklärung in der traditionellen Naturforschung nie bezweifelt wurde. Allerdings habe man nicht hinreichend differenziert, ob die Endursächlichkeit eine regulative, bloß subjektiv gültige Maxime der reflektierenden, oder ein konstitutives, objektiv gültiges Prinzip der bestimmenden Urteilskraft ist. Kants Kritik an den traditionellen Modellen der physischen Teleologie will deren bloß regulativen Status aufweisen.

*KU* 5:390.7–20 Relativ dunkel deutet Kant in Absatz zwei an, worin die eigentliche Verführung besteht, finalursächliche Erklärungen konstitutiv zu verwenden. Für die bloße Spekulation über die Ursachen der Ordnung der Natur wäre es nicht wirklich entscheidend, ob die physische Teleologie der Natur ein regulatives oder ein konstitutives Prinzip ist. Denn soweit der Mensch beide Erklärungen nur dafür verwendet, die erfahrbare Natur so weit wie möglich zu verstehen und zu studieren, ist der Gebrauch beider Maximen erlaubt und unproblematisch, weil der Mensch sie immer nur im Bereich der Natur verwendet. Die Verführung im konstitutiven Gebrauch der Endursachen entsteht erst dann, wenn der Mensch in der Reihe der Endursachen einen höchsten Punkt *setzen* möchte, von dem aus er, gleichsam auf einem Standpunkt Gottes, das Ganze der Natur als zweckmäßige Ordnung einsehen kann. Kant kommentiert diese Verführung mit auffallend romantischen Worten („verborgensten Geheimnissen", „gewisse Ahnung unserer Vernunft", „ein von der Natur [...] gegebener Wink", „Fremdling"; *KU* 5:390.11–8).

*KU* 5:390.21–391.6 Wenn der Mensch die physische Teleologie der Natur als objektiv konstitutives Prinzip verwendet, ergeben sich, so Absatz drei, folgende Streitfragen: Ist die physische Teleologie der Natur eine besondere Art der Kausalität und lässt sich dies beweisen? Oder ist die physische Teleologie der Natur ein objektives Prinzip und mit dem Mechanismus identisch? Oder ist sie zwar nicht identisch mit ihm, beruht aber auf demselben Grund wie dieser? Oder konstruiert der Mensch physisch teleologische Erklärungen in der Natur in Analogie zur Kunst; das heißt, denkt er sich die Erzeugung der physischen Teleologie in der Natur analog zu schöpferischen Handlungen eines Künstlers, der seine Kunstgegenstände nach subjektiven Zwecksetzungen und Ideen formt, weil der gemeinsame Grund von Mechanismus und physischer Teleologie zu tief verborgen ist?

Die Zweckmäßigkeit in der Natur, so Kant, ähnelt einem durch Zwecke geleiteten Vorgehen in menschlichen Handlungen. Man könnte sie deshalb ‚Technik' nennen. Kant verwendet den Begriff einer Technik im altgriechischen Sinne einer *techne*, der Handwerkskunst. Um eine Technik der Natur, die auf Absichten gründet und auf intentionalen Handlungen, die auf die Verwirklichung dieser Absichten gerichtet sind, würde es sich handeln, wenn tatsächlich eine Kausalität in der Natur vorhanden wäre, die nach Endursachen wirksam wird. Von einer ‚unabsichtlichen Technik' dagegen müsse man sprechen, wenn physische Teleologie und Mechanismus im Grunde identisch wären und natürliche Geschehnisse bloß zufällig den ziel- und zweckgerichteten Handlungen im Kunsthandwerk ähneln würden.

*KU* 5:391.7–15 Kant wendet sich in Absatz vier in einem Generalargument gegen alle Varianten von dogmatischen physisch teleologischen Systemen der Tradition. Während die subjektiv regulative Maxime der Zweckmäßigkeit mit einer subjektiv regulativen Maxime des Mechanismus vereinbar bleibt, weil beide Maximen einen „*disparate[n]*" Gegensatz bilden, steht das objektiv konstitutive Prinzip der Zweckmäßigkeit zum objektiv konstitutiven Prinzip des Mechanismus in einem „*contradictorisch[en]*" Gegensatz und kann mit diesem nicht zusammen bestehen (*KU* 5:391.13–4).[49]

|  | Idealismus der Zwecke Zwecksetzung ohne Absicht | Realismus der Zwecke Zwecksetzung mit Absicht |
|---|---|---|
| physisch (Ursache der Natur ist natürlich) | Kasualität (Zufall) | Hylozoismus |
|  | Zweckmäßigkeit der Natur wird durch die Bewegungsgesetze in der Materie verursacht | Zweckmäßigkeit der Natur wird a) durch die selbst belebte Materie oder b) durch die Seele als belebendes Prinzip der Materie verursacht |
|  | Epikur, Demokrit | [z. B. Vorsokratiker, Stoa] |
| hyperphysisch (Ursache der Natur ist übernatürlich) | Fatalismus | Theismus |
|  | Zweckmäßigkeit der Natur wird durch ein Urwesen ohne Verstand und Absichten verursacht | Zweckmäßigkeit der Natur wird durch Absichten eines verständigen Urwesens hervorgebracht |
|  | Spinoza | [z. B. Christentum, Physikotheologie] |

*KU* 5:391.16–392.12 In den Absätzen fünf bis sieben unterscheidet und systematisiert Kant vier dogmatische „Systeme in Ansehung der Technik [der physischen Teleologie] der Natur" (*KU* 5:391.16). Sie werden in zwei verschiedene Rubriken eingeteilt. Einen „*Idealismus*" (*KU* 5:391.17) der Naturzwecke vertreten jene philosophischen Systeme, die behaupten, dass der Zweckmäßigkeit der Natur

---

49 Quarfood (2014) hat in seinen neuesten Forschungen zur Antinomie der Urteilskraft auf Kants noch nicht hinreichend beachtete Gegenüberstellung disparater und kontradiktorischer Gegensätze hingewiesen und versucht gegenwärtig, neue Erkenntnisse zur Antinomie aus der logischen Charakterisierung beider Gegensätze, insbesondere der Disparatheit der Gegensätzlichkeit der regulativen Maximen der reflektierenden Urteilskraft zu gewinnen.

keine Absichten zugrunde liegen. Vertreter dieser Position behaupten, dass die Natur eine ihr immanente, absichtslose Technik, eine „technica naturalis" (*KU* 5:390.36–7) zeige. Beispiele für diese Position sind die Ansätze von Epikur, Demokrit und Spinoza. Einen „*Realismus* der Naturzwecke" (*KU* 5:391.18) vertreten jene philosophischen Systeme, die der Zweckmäßigkeit der Natur Absichten unterstellen. Die „*absichtliche*" Technik der Natur bezeichnet Kant als „technica intentionalis" (*KU* 5:390.36). Beispiele sind hylozoistische Ansätze und der Theismus.

In welchem Sinne nennt Kant die eine Art von teleologischen Systemen ‚Idealismus', die andere ‚Realismus'? Die realistische Position wird als eine solche bezeichnet, weil sie behauptet, dass Absichten und Ursachen, die der Zweckmäßigkeit der Natur zugrunde liegen, in der Natur selbst als wirklich gegebene vorliegen. Missverständlicher ist die Bezeichnung ‚Idealismus'. Denn eine idealistische Position vertritt nach Kant nicht die Ansicht, dass Absichten und Ursachen, die der Zweckmäßigkeit der Natur zugrunde liegen, bloß gedachte, mögliche (ideale aber nicht wirkliche) Absichten sind, sondern vertritt stärker, dass sie gar nicht in der Natur vorhanden, also auch nicht einmal bloß möglich, sondern illusorisch sind.

Anschließend erläutert Kant die idealistischen Systeme der Zweckmäßigkeit näher und bringt dabei bereits erste Kritikpunkte vor: 1a) Der atomistische Ansatz der „*Casualität*" (*KU* 5:391.25) von Epikur oder Demokrit erklärt die Zweckmäßigkeit der Natur durch einen „physischen Grund" (*KU* 5:391.27–8) der „Form" der Materie, nämlich durch die in der Materie wirksamen „Bewegungsgesetze" (*KU* 5:391.28). Mit dem Terminus ‚Casualität' visiert Kant jenen Punkt im atomistischen Denken an, an dem die Entstehung organisierter Wesen, ja von Gegenständen der Welt überhaupt, dadurch begründet wird, dass sich die Atome durch ihre zufälligen, ewigen Bewegungen und durch ihre zufällige, verschiedene Gestalt und Form ineinander verhaken, verbinden und auf diese Weise zufällig die sinnlich wahrnehmbaren Gegenstände bilden.[50] Ohne zu sagen, warum die aus dem Zufall

---

50 Vgl. Simplikios' Report über Aristoteles' Darstellung der Demokritschen Lehre in DK 68A37: „Demokrit glaubt, dass die ewigen Wesenheiten kleine, der Zahl nach unbeschränkt viele Substanzen sind. Für sie nimmt er als Ort etwas Anderes an, und zwar etwas, das der Ausdehnung nach unbeschränkt ist. Er benennt diesen Ort mit folgenden Namen: das ‚Leere' und das ‚Nichts' und das ‚Unbeschränkte' […]. Er nimmt an, dass die Substanzen so klein sind, dass sie sich unseren Sinnen entziehen, und es kämen ihnen allerlei Gestalten und allerlei Formen und Größenunterschiede zu. Diese verwendet er nun als Elemente, und aus ihnen lässt er die den Augen erscheinenden und wahrnehmbaren Massen entstehen und unterschiedlich sich zusammenfügen. Sie lägen im Streit und bewegen sich im Leeren wegen ihrer Ungleichförmigkeit und der übrigen angegebenen Unterschiede. Indem sie sich bewegten, stießen sie zusammen und verflöchten sich, doch diese Verflechtung sei derart, dass sie dadurch nun in Berührung und dicht

begründete Zweckmäßigkeit inakzeptabel ist, behauptet Kant, sie sei „nach dem Buchstaben genommen, so offenbar ungereimt" (*KU* 5:391.31), dass sie eigentlich keiner Betrachtung wert sei. Eine präzisere Begründung dieser Ansicht folgt erst in § 74.

1b) Die zweite Form idealistischer Erklärungen der Zweckmäßigkeit in der Natur (die Kant mit dem Stichwort „*Fatalität*" (*KU* 5:391.25) kennzeichnet) ist der spinozistische Fatalismus. Vertreter dieser Position berufen sich auf ein „Übersinnliches" (*KU* 5:391.34) als Grund der Zweckmäßigkeit der Natur. Anders als für die atomistische Position liefert Kant an dieser Stelle bereits Argumente dafür, warum er diesen Ansatz ablehnt: Der spinozistische Begriff des übersinnlichen „Urwesen[s]" (*KU* 5:391.36) sei nicht zu verstehen, weil dieses Urwesen die Zweckmäßigkeit der Natur nicht durch seinen Verstand (und dessen Absichten) verursacht, sondern sie absichtslos „aus der Nothwendigkeit seiner Natur" (*KU* 5:392.2–3) hervorbringt. Ein solches Übersinnliches als Ursache der Zweckmäßigkeit der Natur sei nicht begreifbar.

Der letzte Absatz des § 72 enthält eine knappe Skizze der realistischen Positionen der Zweckmäßigkeit der Natur. 2a) Im „*Hylozoism*" (*KU* 5:392.10) wird die Zweckmäßigkeit der Natur entweder durch das „*Leben der Materie*" (*KU* 5:392.8–9), das heißt, durch ein lebendiges, Form gebendes Prinzip, das der Materie selbst innewohnt, begründet. Alternativ beruft sich der Hylozoismus auf eine Seele, welche der Materie innewohnt, um die Zweckmäßigkeit der Natur zu erklären. Kant nennt für beide Ansätze keine Beispiele aus der Tradition, aber es ist nicht schwer, sie zu ergänzen. Einen Hylozoismus, der das Leben der Materie im Stoff selbst begründet, vertreten etwa die vorsokratischen Naturphilosophen[51].

---

aneinander gerieten; nie wird eine wirklich einheitliche Substanz dadurch hervorgebracht. Denn es sei völlig unsinnig zu glauben, dass zwei oder mehr jemals eins werden könnten. Dass die Substanzen aber eine, sei es auch unbeschränkte, Zeit zusammenbleiben, erklärt er [Demokrit] durch das wechselseitige Ineinanderpassen und Sichanfassen der Körper. Denn die einen dieser [Körper] seien eckig, die anderen mit einem Haken ausgestattet, die einen konkav, die anderen konvex, und so weiter: Die Unterschiede seien unzählig. Er nimmt nun an, dass sie so lange aneinander festhalten und zusammenbleiben, bis eine stärkere, aus ihrer Umgebung kommende Notwendigkeit sie völlig erschüttert, trennt, und zerstreut".

51 Man könnte etwa an Thales von Milet denken, der die Entstehung der lebendigen Dinge aus dem Wasser (DK 11A12, DK 11A14), an Anaximenes von Milet, der sie aus der Luft (DK 13B2), an Heraklit von Ephesos, der sie aus dem Feuer (DK 22B30) und an Xenophanes von Kolophon, der sie aus Erde und Wasser (DK 21B29, DK 21B33) erklärt. Aristoteles schreibt in der *Metaphysik* 983b20, Thales als Begründer jener Philosophie, in der ein materieller Urgrund aller Dinge angesetzt werde, sage, dass das Wasser Prinzip sei und die Erde auf dem Wasser sei (DK 11A12). In Aristoteles' Schrift *De Caelo* 294a28 heißt es weiter, Thales habe vertreten, die Erde ruhe, weil sie schwimmfähig sei, wie ein Stück Holz auf dem Wasser (DK 11A14). Über Anaximenes wird berichtet, er setze als Anfang der seienden Dinge die Luft, denn aus dieser entstehe alles und in diese

Einen Hylozoismus, der das Leben der Materie aus einer Weltseele begründet, vertritt auf eine bestimmte Weise, wie Watkins (2008) meint, Platon im *Timaios*. Aber dort wird der chaotische Kosmos schon als ein belebtes Tier bezeichnet (*Timaios* 32d, 33b), bevor ihm der Demiurg eine Weltseele einpflanzt. Man könnte daher vielleicht eher an stoische Deutungen der Weltseele denken. Das Pneuma ist für den Stoiker ein aktives, den ganzen Kosmos durchdringendes, feuriges Prinzip. Mit ihm verbunden ist die Vorstellung, dass die Welt ein beseeltes, unsterbliches, göttliches Lebewesen sei, dem Sinne und Vernunft zugeschrieben werden. Einzelseelen betrachten die Stoiker als Teile der Weltseele. Diese ist jedoch nicht wie im Platonismus eine eigenständig existierende geistige Substanz mit einem bestimmten Rang und einer besonderen Aufgabe in der hierarchischen Weltordnung, sondern nur ein Aspekt der einheitlichen, körperlich gedachten Welt. Die materialistische Sichtweise der Weltseele der Stoiker konkurrierte mit der spirituellen der Platoniker. 2b) Die zweite realistische Position ist der „*Theism*", in dem die Zweckmäßigkeit der Natur von einem göttlichen „verständigen Wesen" abgeleitet wird, das als „Urgrund[ ] des Weltalls" (*KU* 5:392.11–2) die Zweckmäßigkeit der Natur mit Verstand und Absichten erschafft und das selbst lebendig ist.

*KU* 5:392.25–35 Die vier genannten Positionen bezeichnet Kant in der Fußnote alternativ als das System der „*leblose[n] Materie*" (Epikur, Demokrit), des „*leblosen Gott[es]*" (Spinoza), der „*lebende[n] Materie*" (Hylozoismus) oder des „*lebendigen Gott[es]*" (Theismus) (*KU* 5:392.28–30). Dem Grundtenor der gesamten Diskussion der Scheinantinomie der reflektierenden und der unlösbaren Antinomie der bestimmenden Urteilskraft entsprechend kritisiert Kant die dogmatischen Systeme der bestimmenden Urteilskraft dahingehend, dass man von ihren „*objectiven Behauptungen*" abgehen und das physisch teleologische Urteilen „bloß in Beziehung auf unsere Erkenntnißvermögen", das heißt, subjektiv „*kri-*

---

löse sich alles wieder auf. Wie unsere Seele, die Luft sei, und den Menschen durch ihre Kraft zusammenhält, umfasse den ganzen Kosmos Atem und Luft (DK 13B2). Von Heraklit ist ein Fragment überliefert, in dem es heißt: „Diese Weltordnung, dieselbige für alle Wesen, schuf weder einer der Götter noch der Menschen, sondern sie war immerdar und wird sein ewig lebendiges Feuer, erglimmend nach Maßen und erlöschend nach Maßen" (DK 22B30), oder an anderer Stelle: „Feuers Umwende: erstens Meer, vom Meere aber die eine Hälfte Erde, die andere Hälfte Gluthauch. *Das bedeutet, daß das Feuer den das Weltall regierenden Sinn oder Gott durch die Luft hindurch in Wasser verwandelt als den Keim der Weltbildung, den er Meer nennt. Daraus entsteht wiederum Erde, Himmel und das dazwischen Liegende. Wie dann aber die Welt wieder ins Ursein zurückkehrt und der Weltbrand entsteht, spricht er klar im Folgenden aus:* Die Erde zerfließt als Meer und dieses erhält sein Maß nach demselben Sinn (Verhältnis) wie er galt, ehe denn es Erde ward" (DK 22B31). Über Xenophanes wird berichtet, er habe gesagt „Erde und Wasser ist alles, was da wird und wächst" (DK 21B29), denn „wir alle wurden aus Erde und Wasser geboren" (DK 21B33).

tisch" (*KU* 5:392.31–3) erwägen müsse. Die Argumente für diese Kritik werden erst in § 73 voll entfaltet.

## § 73

**Zusammenfassung:** Im Titel von § 73 vertritt Kant die These, dass „*[k]eines der obigen [constitutiv objectiven] Systeme*" (*KU* 5:393.14) hält, was es verspricht. Kant zeigt im Folgenden innere Widersprüche und Inkonsequenzen auf, denen objektiv konstitutive, dogmatische Systeme der Zweckmäßigkeit der Natur erliegen. § 73 ist sehr übersichtlich aufgebaut. In Absatz eins fasst Kant Fehler beider Arten von dogmatischen Systemen der Zweckmäßigkeit der Natur zusammen. In den Absätzen zwei bis fünf erfolgt eine Detailkritik der idealistischen, in den Absätzen sechs bis neun der realistischen dogmatischen Systeme der Zweckmäßigkeit der Natur.

*KU* 5:392.13–20 Idealistische Systeme „läugne[n]" (*KU* 5:392.17) die Wahrheit von physisch teleologischen Urteilen über die Natur. Realistische Systeme dagegen erkennen sie an und meinen, die Möglichkeit der Natur aus Zweckursachen erklären zu können.

*KU* 5:392.21–393.10 Gegen die Position Epikurs und Demokrits spricht, dass sie die Kausalität der Bewegungsgesetze anerkennt, welche die Zweckmäßigkeit der Natur begründen sollen, zugleich aber bestreitet, dass der Zweckmäßigkeit der Natur Intentionen und Absichten zugrunde liegen. Dadurch entfällt der Unterschied zwischen Mechanismus und physischer Teleologie (Technik der Natur), weil die Zweckmäßigkeit der Naturgegenstände dann nicht durch intendierte Zwecke, sondern durch mechanische Ursachen bewirkt wird. Der Atomismus begründet die Zweckmäßigkeit der Natur durch den blinden (nicht begrifflich bestimmten) Zufall, und das bedeutet aus Kants Sicht, dass er nicht einmal annähernd physisch teleologische Strukturen der Gegenstände erklären kann (*KU* 5:392.21–393.10). Kant setzt in dieser Kritik voraus, dass die Zweckmäßigkeit auf Intentionen beruht.

*KU* 5:393.11–394.17 Gegen Spinoza wendet Kant erstens ein, dass im spinozistischen Denken Naturprodukte keine eigenständigen Lebewesen, sondern nur Akzidenzien eines Urwesens sind, wobei dieses die Gegenstände nicht hervorbringt (kausal gedacht wird), sondern ihnen als Substanz nur eine einheitliche Unterlage gibt. Zwar erhalten dadurch alle natürlichen Organismen einen gemeinsamen, einfachen Grund. Aber, da dem spinozistischen Urwesen unbedingte Notwendigkeit beigelegt wird, und Naturdinge nur als Akzidenzien des Urwesens gedacht werden, sind alle Naturprodukte Teil der notwendigen Existenz des Urwesens. Damit fehlt ihnen genau jenes Moment der empirischen Zufälligkeit gegenüber dem, was notwendig (durch Verstandesgesetze beschreibbar) ist, das aus Kants Sicht für Naturprodukte unabkömmlich ist. Ferner benennt der Spinozismus mit der „ontologische[n]" „Einheit des Subjects" (*KU* 5:393.27, 25), der alle Naturgegenstände angehören, dennoch keine „Zweckeinheit" (*KU* 5:393.28), denn der spinozistische Urgrund, anders als der aus Absichten handelnde, meist personal gedachte Gott im Theismus, ist ein Wesen ohne Verstand und Absichten, das seinen Handlungen gerade keinen Zweck*begriff* als Ursache seiner Tätigkeit zugrunde legen kann. Das spinozistische Urwesen wirkt aus natürlicher, „blinde[r] Nothwendigkeit" (*KU* 5:394.1).[52]

*KU* **5:394.18–25** Realistische Positionen, so Kants generelle Kritik in Ansatz sechs, behaupten über den Grund der Zweckmäßigkeit der Natur eine Gewissheit zu haben, dessen Realität jedoch alles menschliche Wissen übersteigt. Einer der Hauptpunkte der Widerlegung realistischer Teleologien ist daher jener, zu bestreiten, dass der Mensch epistemisch Zugriff auf den Urgrund der Zweckmäßigkeit der Natur hat (man kann die Seele oder den Gott, welcher die Zweckmäßigkeit der Natur verursacht, innerhalb der menschlichen Erkenntnisgrenzen nicht erkennen).

*KU* **5:394.26–395.2** Gegen die beiden Varianten des Hylozoismus wendet Kant ein, zum einen, dass der Begriff einer lebendigen Materie in sich widersprüchlich sei, denn, wie Kant schon in den *MAN* (4:544.1–30) schrieb, ist nicht die Lebendigkeit, sondern die „Leblosigkeit", *inertia*, ein wesentliches Charakteristikum der Materie. Kant gibt den Wortsinn des lateinischen Begriffs ‚inertia' als Leblosigkeit sehr unscharf wieder, denn die eigentliche Bedeutung des Begriffs ist ‚Trägheit'. Sein systematischer Vorwurf gegen den Hylozoismus ist, dass der dort verwendete Begriff der Materie selbstwidersprüchlich ist, wobei dieser Kritik Kants eigene Materiekonzeption zugrunde liegt.

---

[52] Da die §§ 72–3 in der Literatur wenig Beachtung finden (und zumeist als Abschweifung vom eigentlichen Kantischen Argument begriffen werden), sei auf Zammitos (1992) Analysen verwiesen. Neben Besprechungen von Kants Kritik am Hylozoismus (und Pantheismus) widmet Zammito (1992, 248–60) ein ganzes Kapitel seiner Monografie Kants Kritik an Spinozas Gottesbegriff. Kants Hauptkritik an Spinoza, der, so Kant, die objektive (dogmatische) Zweckmäßigkeit der Dinge auf seinen Gottesbegriff gründen will, sei, dass Spinozas Gott ein lebloser Gott ist, der keine Intelligenz, keine Zweckmäßigkeit, keine Freiheit und keine Kausalität besitzt, und damit die Zweckmäßigkeit der Dinge nicht begründen kann. Zammito wendet dagegen ein, dass Kants Beschreibung des intuitiven Verstandes in den §§ 76 und 77, durch den Kant das teleologische Denken fundieren will, genau dem ähnelt, was Kant an Spinozas Urwesen kritisiert: „Kant's own conjectures about the *intellectus archetypus* in §§ 76–77 of the *Third Critique* demonstrate the internal coherence of a model of intellect very close to what Spinoza ascribed to his original Being" (Zammito 1992, 251). Nach Zammito schlägt Kants Widerlegung des Spinozistischen Gottesbegriffs als Grundlage einer objektiv dogmatischen Teleologie fehl.

Interessant ist die Auseinandersetzung mit der zweiten hylozoistischen Position. Dieser wirft Kant einen Zirkelschluss im Erklären vor. Die Theorie einer Materie, die durch eine Weltseele belebt wird, setzt voraus, dass die Natur im Ganzen bzw. im Großen zweckmäßig organisiert sei. Die Zweckmäßigkeit der Natur kann aber in der Erfahrung nur an einzelnen Naturprodukten beobachtet werden. Auf der Basis einzelner Erfahrungen wiederum ist kein Schluss auf die zweckmäßige Gestalt der Natur im Großen und im Ganzen möglich. Also setzt die zweite Spielart des Hylozoismus die Zweckmäßigkeit der belebten Materie im Ganzen schon voraus und nimmt damit unbewiesen vorweg, was erst gezeigt werden soll (KU 5:394.26–395.2).

*KU* 5:395.3–21 Gegen den Theismus wendet Kant nur ein schwaches Argument ein, nämlich das schon genannte. Die realistische Position setzt einen schöpfenden Gott, der durch seinen Verstand und seine Absichten die Zweckmäßigkeit der Natur verursacht, als Urgrund voraus, dessen Gewissheit sie im Rahmen der menschlichen Erkenntnisschranken nicht garantieren kann. Darüber hinaus ist es so, dass der Mensch, bevor er auf die Annahme eines schöpfenden Wesens als Grund der Zweckmäßigkeit der Natur zurückgreifen darf, zunächst zeigen müsste, dass die Zweckmäßigkeit der Materie nicht aus der Materie selbst bewiesen werden kann. Aber den ersten Grund all dessen, was der Mensch mechanisch erklären oder auch nicht erklären kann, kann er mit menschlichen Mitteln der Erkenntnis auch nicht einsehen. Und nur, weil der Mensch in der Materie kein Zweckprinzip erkennen kann, erklärt er sich die Zweckmäßigkeit der Naturprodukte durch eine verständige Ursache. Diese ist dann aber kein Prinzip der konstitutiv bestimmenden, sondern nur der subjektiv-regulativen Urteilskraft (*KU* 5:395.3–21).

Es wird am Ende von § 73 sehr deutlich, dass Kant unter den von ihm insgesamt abgelehnten dogmatischen Deutungen der Zweckmäßigkeit der Natur am stärksten mit dem Theismus sympathisiert. Denn dieser habe den „Vorzug", „daß er durch einen Verstand, den er dem Urwesen beilegt, die Zweckmäßigkeit der Natur dem Idealism am besten entreißt und eine absichtliche Causalität für die Erzeugung derselben einführt" (*KU* 5:395.5–8). Kants Lösung der Scheinantinomie der Maximen der reflektierenden Urteilskraft in den §§ 74–8 beruht im Wesentlichen auf der regulativen Idee eines göttlichen Urwesens, in dessen schöpfenden Verstand Mechanismus und physische Teleologie eine Einheit bilden. Kants eigene Konzeption des Grundes der Zweckmäßigkeit der Natur und ihrer Einheit bzw. Vereinbarkeit mit dem Mechanismus der Natur ist einem theistischen Ansatz am nächsten.

## § 74

**Zusammenfassung:** Mit dem § 74 beginnt die eigentliche Lösung[53] der Scheinantinomie zwischen mechanistischen und physisch teleologischen Maximen der reflektierenden Urteilskraft. Der Paragraf leitet zugleich die Einbettung der Theorie organisierter Wesen in eine regulativ interpretierte Theologie ein. In der Literatur werden die §§ 74–5 in der Regel übergangen. Umso wichtiger ist es, sie schlüssig in die Abfolge der gesamten Argumentation einzubinden. Plausibel werden die Paragrafen, wenn man sie so liest, dass Kant zunächst eine regulative, physikotheologische Idee eines göttlichen Künstlers einführt, welcher der physisch teleologischen und der mechanischen Gestalt der Natur als ursächlicher Schöpfer und Designer zugrunde gelegt werden muss. Kant bleibt mit dieser Konzeption klassischen physikotheologischen Vorstellungen, und damit dem vierten Modell der dogmatischen Teleologie aus den § 72–3, dem Theismus, nahe, bildet sie aber kritisch weiter zur regulativen Idee, die keine Existenzbehauptungen in Bezug auf ein göttliches Wesen macht, sondern dieses nur als ein subjektives Prinzip der Beurteilung verwendet.

Die §§ 76 und 77 beschäftigen sich dann mit dem Bewusstsein, dem intuitiven Verstand eines solchen Gottes, dessen spezifische Eigentümlichkeit, intuitiver und nicht diskursiver Verstand zu sein, die Vereinbarkeit der physischen Teleologie

---

53 Zur Lösung der Antinomie der reflektierenden Urteilskraft wurden verschiedene Vorschläge in der Literatur gemacht. Eine Diskussion von drei wichtigen Ansätzen (Ginsborg, McLaughlin, Förster) und deren Problemen findet sich etwa in Watkins (2009). Aber Watkins selbst zögert mit einem eigenen Lösungsvorschlag. Quarfood (2004d, 2014) glaubt, dass die Lösung der Antinomie der reflektierenden Urteilskraft in der Entdeckung und Vermeidung der Verwechslung regulativer Maximen mit konstitutiven Prinzipen besteht. Andere Interpreten glauben, dass sie in einem transzendentalen Grund der Einheit beider Gesetze liegt, etwa einem intuitiven Verstand, so bei Förster (2002a, 2002b, 2008 und 2011, 149–60); auch bei Quarfood (2004d, 177–91 und 2014) findet sich dieser Gedanke. Frank/Zanetti (2001, III 1292–304) sehen im Theorem des intuitiven Verstandes eine ältere Lösung der Antinomie, die in den §§ 76–8 entwickelt wird. Sie kommt neben einem jüngeren Ansatz in den §§ 69–75 zu stehen, den sie weniger überzeugend finden. Diese Ansicht ist angelehnt an eine (philologisch nicht belegte) Hypothese von Löw (1980), der im Text der Antinomie zwei zeitlich verschiedene Ebenen identifiziert und ein Zwei-Schichten-Modell der Lösung der Antinomie vorgeschlagen hat, in dem eine zeitlich frühere von einer zeitlich späteren Lösung unterschieden wird. Wieder andere Autoren setzen die Lösung der Antinomie der reflektierenden Urteilskraft in einen unbestimmten übersinnlichen Grund der Natur, oder eine Verbindung aus beiden. So hat Allison (2003, 230) behauptet, dass die Einheit der physisch teleologischen und mechanischen Gesetze durch einen übersinnlichen Grund der Natur garantiert wird, der durch den intuitiven Verstand zugänglich ist. Wieder eine andere Gruppe von Autoren betont, inwiefern die Lösung der Antinomie der reflektierenden Urteilskraft in der Vereinbarkeit beider Gesetze für unser menschliches Urteilsvermögen besteht, etwa der Hierarchie zwischen physisch teleologischen und mechanischen Gesetzen, so Ginsborg (2006, 461–2) und Breitenbach (2009, 124–31). Breitenbach lässt dabei den intuitiven Verstand gänzlich außer Betracht.

und des Mechanismus für den Menschen aus ihrer Einheit im intuitiven Verstand Gottes erklärt (§§ 76–7). Dieser, als schaffender übersinnlicher Grund der Natur, begründet außerdem, warum beide Arten von Gesetzen für den geschaffenen menschlichen Verstand und in der dem Menschen erfahrbaren geschaffenen Natur zwar keine ursprüngliche Einheit bilden, aber durch eine hierarchische Ordnung der Naturgesetze *vereinbar* sind (§ 78).

Die §§ 74 und 75 korrespondieren einander. In § 74 stellt sich Kant an der Oberfläche des Textes die Aufgabe zu verneinen, dass die Zweckmäßigkeit der Natur als dogmatisches Prinzip der bestimmenden Urteilskraft gedeutet werden kann, während § 75 bejaht, dass und warum sie ein kritisches Prinzip der reflektierenden Urteilkraft ist (vgl. die Titel beider Paragrafen). Da Kant dazu schon vieles in den §§ 72–3 gesagt hat, müssen die §§ 74–5 zusätzliche Argumente bringen, oder ihr eigentliches Thema ist ein anderes. Beides ist der Fall: Kant bringt neue Argumente für den regulativen Status der physisch teleologischen Gesetze organisierter Wesen – jedoch ist das eigentliche Thema beider Paragrafen die Einführung eines aus Sicht der kritischen Philosophie regulativ interpretierten, physikotheologischen Gottesbegriffs, der für die Lösung der Scheinantinomie eine entscheidende Rolle spielen soll. Unter der Titelthese, *„Die Ursache der Unmöglichkeit, den Begriff einer Technik der Natur dogmatisch zu behandeln, ist die Unerklärlichkeit eines Naturzwecks"* (KU 5:395.23–5), argumentiert Kant, dass eine dogmatische Behauptung der Zweckmäßigkeit der Natur unmöglich ist, weil sie fälschlicher Weise annimmt, dass Naturzwecke in der Erfahrung erklär- und erkennbar sind.[54] Im ersten Absatz ordnet Kant dem dogmatischen Verfahren die

---

54 Wie in § 65 schon erwähnt finden sich in der Literatur mehrere Diskussionen zur Unerklärbarkeit oder Unerforschlichkeit von organisierten Wesen. Kants Unerklär- und Unerforschbarkeitsthese aus § 65, die sich auf die bildende Kraft und die Selbstorganisation der Natur bezieht und problematisiert, inwiefern die Selbstorganisation der Natur eine „unerforschliche[] Eigenschaft" (KU 5:374.33–4) ist, diskutiert etwa Zammito (2003). Die Unerklär- und Unerforschbarkeitsthese aus § 74, die sich auf die objektive Realität eines Naturproduktes als Naturzwecks (KU 5:396.1–397.26) bezieht, diskutieren etwa Zumbach (1984, 79–113) und Kreines (2005). Sie betrifft das Problem, dass der Naturzweck „seiner objectiven Realität nach (d.i. dass ihm gemäß ein Object möglich sei) gar nicht eingesehen und dogmatisch begründet werden" kann; und das Problem, dass im Begriff des Naturprodukts ein „Widerspruch" droht. Zumbach (1984, 87) schreibt: „It is apparent then that Kant is not only in some sense an „anti-mechanist," but he is also an anit-vitalist. He can accordingly be viewed as adopting a position often referred to as the „organismic" standpoint, a position which affirms the *irreducibility* of biology to physics". Zumbach beschreibt diesen Anti-Reduktionismus nicht als einen ontologischen (1984, 87), jedoch zu einem gewissen Grade als einen methodischen (1984, 88), vor allem aber als einen explanatorischen (1984, 91–2) Anti-Reduktionismus. Nach Kreines (2005, 298) liegt die Unerklärbarkeit und Problematik eines Naturzwecks darin, dass seine objektive Realität nicht demonstriert werden kann: „as a concept of a *natural product* it includes natural necessity and yet at

bestimmende, dem kritischen Verfahren die reflektierende Urteilskraft zu. Daran anschließend argumentiert er im zweiten Absatz dafür, dass der Begriff eines Naturzwecks kein dogmatischer Begriff der bestimmenden Urteilskraft ist, da man seine objektive Realität in der Erfahrungswelt weder mit Sicherheit bejahen noch verneinen kann. Kant rekurriert dabei auf die Doppelnatur des Begriffs eines Naturzwecks, der a priori notwendige Einheit und empirisch zufällige Bestimmtheit als Komponenten umschließt. Die notwendige Einheit des Naturzwecks kann nicht aus der Erfahrung erkannt werden. In den Absätzen zwei und drei erklärt Kant, dass der Rekurs auf die notwendige Einheit in der empirischen Mannigfaltigkeit des organisierten Wesens einen Bezug zum Übersinnlichen (etwas nicht im Bereich des sinnlich Gegebenen Liegendes) voraussetzt. Diese Übersinnliche wird als ein „Wesen" (*KU* 5:397.16) interpretiert, das die Naturgegenstände aus einem übersinnlichen „Urgrund[] der Natur" (*KU* 5:397.18) als „Producte göttlicher Kunst" (*KU* 5:397.23) erklärt und die notwendige Einheit in der empirischen Mannigfaltigkeit des organisierten Naturwesens verständlich macht. Damit verlässt Kant den bisher entwickelten Horizont der Theorie organisierter Wesen, der sich weitestgehend auf reflektierende Urteilsformen und Erfahrungen der Natur des Menschen bezog, und erweitert diesen in die kritische Theologie und die Idee eines göttlichen Standpunktes in Bezug auf die organisierte Natur. Die Idee eines göttlichen Schöpfers der Einheit der empirischen Mannigfaltigkeit der Natur ist dabei eine regulative Idee der reflektierenden Urteilskraft.

**KU 5:395.22–35** Die Titelthese des § 74, dass die „*Ursache der Unmöglichkeit, den Begriff einer Technik der Natur*[55] *dogmatisch zu behandeln*", „*die Unerklärlichkeit eines Naturzwecks*" (*KU* 5:395.23–5) sei, weckt die Erwartung, dass Kant weitere Erklärungen geben wird, warum der Begriff des Naturzwecks unerklärlich ist und warum dogmatische Deutungen der Zweckmäßigkeit der Natur, wie die in §§ 72 und 73 genannten, einem Irrtum erliegen. Kant bereitet die Argumentation in Absatz eins durch eine Erinnerung (vgl. *KU* 5:179.19–31, *KU* 5:385.5–386.4) an die Unterscheidung zwischen reflektierender und bestimmender Urteilskraft vor,

---

the same time a contingency of the form of the object (in relation to mere laws of nature) in one and the same thing [...]: the first is necessary to distinguish genuine from merely external purposiveness [...]; the second is necessary to distinguish systems which by nature or intrinsically would call for teleological judgment from artifacts". Nach Kreines wird der Konflikt zwischen beiden Charakterisierungen eines organisierten Wesens in der Idee eines übersinnlichen Grundes der Natur gelöst (Kreines 2005, 302–4). Vgl. dazu auch Ginsborg (2001) in Fußnote 54.

[55] Kant spricht in der Überschrift von einer „*Technik der Natur*" in dem in den §§ 72–3 gebrauchten Sinne (*KU* 5:390.33–7) einer Kausalität, die auf Absichten oder Intentionen beruht. Aus § 65 ist bekannt, dass Kant eine Technik der Natur selbst (eine Analogie der Natur zur Kunst) bestreitet.

wobei er den beiden Verwendungsweisen der Urteilskraft je ein verschiedenes Verfahren im Umgang mit Begriffen zuordnet: der bestimmenden das dogmatische, der reflektierenden das kritische. Das dogmatische Verfahren der bestimmenden Urteilskraft kommt zur Anwendung, wenn ein Vernunftbegriff als das Allgemeine gegeben ist und ein empirischer Begriff als das Besondere unter dieses Allgemeine gebracht und anhand des Allgemeinen bestimmt wird. Das kritische Verfahren der Urteilskraft wird verwendet, wenn man einen Begriff „nur in Beziehung auf unser Erkenntnißvermögen, mithin auf die subjectiven Bedingungen ihn zu denken" betrachtet, „ohne" über „sein Object etwas zu entscheiden" (*KU* 5:395.30 – 2), das heißt, ohne mit dem Begriff des Objekts eine Aussage über das Dasein des Gegenstandes in der Erfahrungswelt zu machen.

*KU* **5:396.1 – 397.26** Das neue Argument gegen den dogmatischen Gebrauch des Begriffs eines Naturzwecks (physisch teleologischer Gesetze) und dessen Kausalität ist, dass die dogmatische Behauptung, dass die Kausalität des Naturzwecks in der Erfahrung gegeben ist und objektive Realität besitzt, falsch ist. Denn für den Begriff des Naturzwecks kann nicht geklärt werden, ob er „objective[] Realität" besitzt oder nicht. Der Mensch weiß nicht, ob „ihm gemäß ein Object möglich sei" (*KU* 5:396.12 – 3). Warum aber kann er dies nicht wissen? Weil, so Kant, der „Begriff eines Dinges als Naturzwecks" zwar ein „empirisch bedingter, d.i. nur unter gewissen in der Erfahrung gegebenen Bedingungen möglicher" Begriff ist, aber doch kein von derselben „zu abstrahirender" Begriff. Der Begriff des Naturzwecks ist nur „nach einem Vernunftprincip in der Beurtheilung des Gegenstandes" (*KU* 5:396.7 – 11) möglich. Was bedeutet das?

Im Kommentar zu den Abschnitten vier und fünf der *ZE* wurde bereits ausgeführt, dass ein physisch teleologisches Gesetz zum einen notwendige apriorische Einheit in der empirischen Mannigfaltigkeit der Natur fordert, und dass diese Idee einer notwendigen Einheit eine apriorische (transzendentale) Vernunftidee ist, die keine hinreichende Erfahrungsgrundlage hat. Zum anderen wurde gesagt, dass ein physisch teleologisches Gesetz fordert, diese Einheit unter einem empirischen Begriff zu suchen, etwa jenem ‚um zu fliegen', und somit eine bestimmte Grundlage in der Erfahrung braucht, da der Mensch den bestimmten Begriff, unter dem er die notwendige Einheit eines Naturzwecks sucht, nur in der Erfahrung finden kann. Das Vernunftelement im Begriff eines Naturzwecks, die Idee einer apriorischen Einheit, ist – nach den Bestimmungen der menschlichen Erkenntnisgrenzen in der *KrV*, nach welcher Ideen nicht oder nicht vollständig in der Erfahrung dargestellt werden können – nicht adäquat in der Erfahrung repräsentierbar. Dies ist für den Begriff eines Naturzwecks schwieriger nachzuvollziehen als für Ideen, wie die der Seele oder Gottes, die kein Erfahrungskorrelat haben, oder die Idee der Einheit der Welt, die nur ein begrenztes Erfahrungskorrelat besitzt, da der organisierte Gegenstand ja in der Erfahrung vorzuliegen scheint. Kant gibt deshalb in Abschnitt drei ein spezifischeres Argument für die Unentscheidbarkeit der objektiven Realität der Idee eines Naturzwecks, das darin besteht, dass die Idee der Einheit der empirischen Mannigfaltigkeit in einem organisierten Wesen mit „Naturnothwendigkeit" gedacht wird, diese Notwendigkeit aber aus der erfahrbaren empirischen Mannigfaltigkeit nicht erkannt werden kann, da diese an sich selbst eben immer eine „Zufälligkeit der Form des Objects (in Beziehung auf bloße Gesetze der Natur)" (*KU* 5:396.26–7) enthält. Es ist dabei auch klar, dass die notwendige Einheit der empirischen Mannigfaltigkeit eines organisierten Wesens nicht durch die allgemeinen Naturgesetze und deren apriorische Notwendigkeit beschrieben werden kann, da diese sich gar nicht auf die empirische Mannigfaltigkeit des organisierten Wesens beziehen, sondern auf dessen allgemein notwendige Strukturen als Gegenstand der Erfahrung überhaupt.

Wenn der Naturzweck kein Begriff der bestimmenden Urteilskraft ist – was ist er dann? In den Absätzen zwei und drei erklärt Kant, dass der Rekurs auf die notwendige Einheit in der empirischen Mannigfaltigkeit des organisierten Wesens einen Bezug zum Übersinnlichen (etwas nicht im Bereich des sinnlich Gegebenen liegendes) voraussetzt. An beiden Stellen kann dieses Übersinnliche nicht mehr nur als eine nicht-empirische Idee der Einheit eines Naturzwecks in einem physisch teleologischen Gesetz interpretiert werden. In Absatz zwei sagt Kant, dass der Begriff eines „*Naturproduct[s]* Naturnothwendigkeit und doch zugleich eine Zufälligkeit der Form des Objects (in Beziehung auf bloße Gesetze der Natur) an eben demselben Dinge als Zweck in sich faßt" und deshalb einen „Grund für die Möglichkeit des Dinges in der Natur" enthalten muss und zugleich einen „Grund der Möglichkeit dieser Natur selbst und ihrer Beziehung auf etwas, das nicht empirisch erkennbare Natur (übersinnlich)" (*KU* 5:396.26–32).[56] In Absatz drei

---

56 Vgl. Ginsborg (2001, 236–8) problematisiert zum einen, wie ein organisiertes Wesen zugleich Naturprodukt und Natuzweck sein kann, zum anderen, inwiefern zwischen organisierten Wesen und Kunstgegenständen eine Analogie oder Disanalogie besteht. Ein organisiertes Wesen kann nach Ginsborgs Meinung nicht zugleich als Naturprodukt und als Naturzweck betrachtet werden, weil ein Naturzweck zu sein beinhaltet, durch die Kausalität eines Begriffs im Denken eines intelligenten Designers verursacht zu sein, während ein Naturprodukt zu sein genau dies ausschließt und sich auf mechanische Erklärungen beschränkt. Dies mache auch eine Analogie zwischen organisierten Wesen und Kunstprodukten schwer verständlich, da auch Kunstprodukte einerseits mechanisch, andererseits durch die Kausalität eines Begriffs im Denken eines intelligenten Designers verursacht sein sollen. Ginsborg versucht den Konflikt zwischen den Charakterisierungen des organisierten Wesens als Naturprodukt und als Naturzweck durch die Annahme einer „normative lawlikeness without design" (Ginsborg 2001, 248–54) zu überwinden, welche die Annahme der Kausalität eines Begriffs im Denken eines intelligenten Designers ersetzt. Dies klärt dann auch den Unterschied zwischen organisierten Wesen, die durch mechanische Gesetze und

wird dieses Übersinnliche noch expliziter als ein „Wesen[ ]" interpretiert, das als übersinnlicher „Urgrund[ ] der Natur", als „göttlicher K[ü]nst[ler]" (*KU* 5:397.16, 18, 23) die notwendige Einheit in der empirischen Mannigfaltigkeit des organisierten Wesens schafft. Es ist klar, dass Kant damit den bisher entwickelten Horizont der Theorie organisierter Wesen, die sich weitestgehend auf menschliche reflektierende Urteilsformen und menschliche Erfahrungen der Natur bezog, verlässt, und diesen in Richtung auf die regulative Idee eines göttlichen Standpunktes erweitert.

## § 75

**Zusammenfassung:** § 75 mit dem Titel „*Der Begriff einer objectiven Zweckmäßigkeit der Natur ist ein kritisches Princip der Vernunft für die reflectirende Urtheilskraft*" (*KU* 5:397.28–30) korrespondiert den Gedanken aus § 74 und vertieft sie. Kant verfolgt nun noch expliziter die These, dass der Mensch der organisierten Natur die regulative Idee eines verständigen, absichtsvollen Urwesens zugrunde legen muss, um sich die zweckgerichtete organisierte Natur zu erklären. § 75 hat sechs Absätze. Im ersten Absatz wiederholt Kant den Unterschied zwischen dogmatisch und kritisch gebrauchten Grundsätzen und wendet sie direkt auf die These eines göttlichen absichtsvollen Wesens an. Im zweiten Absatz argumentiert er für den regulativen Gebrauch der Maxime der Erzeugung organisierter Wesen und der organisierten Natur im Ganzen durch ein absichtsvolles Wesen. Dieses absichtsvolle Wesen wird in Absatz drei genauer als ein außer der Welt existierendes, verständiges Wesen bestimmt und durch ein kosmologisches Argument (einen Kontingenzbeweis) gestützt. Das Zufällige in einzelnen Naturzwecken spricht für die Zufälligkeit des Weltganzen, und so könnte alles in der Welt entweder sein oder auch nicht sein, wenn es nicht wenigstens ein notwendiges absichtsvolles Wesen gäbe, das alles andere Zufällige in der Welt mit Notwendigkeit schafft. Aber, so Absatz vier, auch die vollständigste Naturzwecklehre kann das Dasein dieser obersten Ursache nur kritisch regulativ rechtfertigen, nicht aber eine Existenzbehauptung für eine oberste, absichtlich wirkende Ursache beweisen. Die

---

eine der Natur immanente, normative Naturgesetzmäßigkeit erklärbar sind, und Kunstprodukten, die durch mechanische Gesetze und die Kausalität eines Begriffs im Denken eines intelligenten Designers verursacht sind. Der Konflikt für die verschiedenen Gesetzmäßigkeiten im Kunstgegenstand klärt sich (zumindest schwächt er sich) dadurch, dass das intelligente Design im Bewusstsein des Künstlers stattfindet, und nicht im Kunstgegenstand selbst. Meiner Meinung nach löst sich der Konflikt für Naturgegenstände auch dann, wenn das intelligente Design im Bewusstsein Gottes stattfindet und das, was der Mensch im Naturgegenstand als zweckmäßig wahrnimmt, die teleologischen Ideen des Schöpfers sind. Ginsborgs metaphysisch deflationäre Lesart harmoniert nicht mit den Schlussparagrafen der dritten *Kritik*.

Annahme, dass ein „Gott" (*KU* 5:399.37), ein „nach Absichten handelndes Wesen als Welturursache (mithin als Urheber)" (*KU* 5:400.29–30) sei, bleibt eine regulative Maxime der reflektierenden Urteilskraft (Absätze sechs, sieben).

***KU* 5:397.27–398.31** Wie in § 74 unterscheidet Kant in Absatz eins des § 75 zunächst noch einmal zwischen einer objektiv dogmatischen und einer subjektiv reflektierenden Begründung der Zweckmäßigkeit der Natur und lehnt erneut ab, dass die Ursache der physisch teleologischen Ordnung der Natur eine objektive sei. Dennoch, so Absatz zwei, muss der Mensch der Erzeugung der Natur eine Absicht als subjektives Reflexionsprinzip unterlegen. Diese subjektive Annahme einer absichtsvollen Hervorbringung ist zum einen deshalb notwendig, weil der Mensch sonst nicht einmal einzelnen, in der Erfahrung gegebenen Naturprodukten *nachforschen* kann. Mit dieser Bemerkung könnte gemeint sein, dass der Mensch die Einheit der zufälligen empirischen Eigenschaften eines Naturproduktes nicht finden könnte, wenn er keine Einheit stiftende Absicht in der Erzeugung der Eigenschaften eines Gegenstandes annimmt. Zwar würden bestimmte Züge eines Gegenstandes immer unter bestimmte Naturgesetze fallen, aber die Einheit dieser Naturgesetze selbst, könnte nicht eingesehen werden. Darüber hinaus nimmt der Mensch nicht nur für einzelne Gegenstände, sondern auch für die Natur als Ganze an, dass ihr eine absichtsvolle Kausalität zugrunde liegt, weil er durch diese Annahme „noch manche Gesetze" finden kann, die ihm allein durch „Einsichten in das Innere des Mechanismus" (*KU* 5:398.19–21) der Natur sonst verborgen bleiben würden. Beide Argumente rekurrieren auf die heuristische Funktion der Maxime der absichtsvollen Schöpfung zur Auffindung weiterer Züge und Gesetze der Natur, die über den Mechanismus hinausgehen. Offensichtlich kann man durch die zugrunde gelegte Einheit der Natur mehr und andere Gesetze finden als durch den Mechanismus allein.

Interessant ist dabei Kants Bemerkung, dass die Annahme einer absichtsvollen Kausalität für einzelne Naturgegenstände *unentbehrlich* notwendig sei, weil selbst die „Erfahrungserkenntniß" der „inneren Beschaffenheit" (*KU* 5:398.27–8) eines organisierten Gegenstandes sonst nicht möglich wäre. Für die Natur im Ganzen jedoch ist die Annahme einer absichtsvollen Erzeugung „*nicht unentbehrlich*" (*KU* 5:398.23, meine Herv.), weil dem Menschen die organisierte Natur im Ganzen nicht gegeben ist. Kant scheint so zu argumentieren, dass der Mensch deshalb im strengen Sinne keine absichtsvolle Ursache der Erzeugung zur Erklärung der Natur im Ganzen braucht, weil er die Natur im Ganzen nicht als Erfahrungsgegenstand wahrnehmen kann. Diese Schwächung seiner These ist merkwürdig angesichts dessen, dass Kant für die Notwendigkeit der physischen Teleologie *in genere* plädiert.

*KU* 5:398.32–399.5 In Absatz drei entwickelt Kant ein kosmologisches Argument[57] für die subjektive Annahme einer absichtsvollen Kausalität aus dem Begriff der Zufälligkeit organisierter Wesen, der mit dem Begriff ihrer Zweckmäßigkeit der Natur aufs Engste verbunden ist. Gerade, weil nur das an sich und gegenüber den allgemeinen Naturgesetzen Zufällige, die empirische Mannigfaltigkeit der Natur, zweckmäßig organisiert werden kann, beweist die Zweckförmigkeit einzelner organisierter Wesen und der ganzen organisierten Natur die Zufälligkeit der ganzen Natur. Was zufällig ist, könnte jedoch genauso gut auch nicht sein. Dass es aber ist, lässt sich nur dann erklären, wenn das zufällig Seiende von einem Wesen abhängig ist, das aus sich heraus besteht und an sich selbst notwendig existiert. Also ist die Annahme eines absichtsvoll schöpfenden Wesens erforderlich, das die zweckmäßige Ordnung in die Zufälligkeit gebracht hat: „Naturdinge, welche wir nur als Zwecke möglich finden", machen „den vornehmsten Beweis für die Zufälligkeit des Weltganzen aus" und sind der einzige „geltende Beweisgrund der Abhängigkeit und des Ursprungs desselben von einem außer der Welt existierenden und zwar (um jener zweckmäßigen Form willen) verständigen Wesen" (*KU* 5:398.35–399.3). Das physisch teleologische Denken findet seine „Vollendung" daher erst „in einer Theologie" (*KU* 5:399.4–5).[58]

*KU* 5:399.6–401.2 Aber selbst wenn die Zweckmäßigkeit (und damit verbundene Zufälligkeit) der organisierten Natur ihre Erklärung aus einem göttlichen (notwendigen) Wesen erforderlich macht, beweist dies, so Kant in den Absätzen vier bis sechs, dennoch nicht die Existenz eines solchen Wesens, sondern nur, dass der Mensch sich nur dann eine zweckmäßig geordnete Natur denken kann, wenn er „eine *absichtlich-wirkende* oberste Ursache derselben" (*KU* 5:399.11–2) als subjektiv regulatives Prinzip der reflektierenden Urteilskraft annimmt:

---

[57] Die meisten Passagen in Kants Ansatz in den §§ 74–5, § 85 und § 91 können als Teil eines regulativ interpretierten physikotheologischen Gottesbegriffs gelesen werden, das heißt, als Beschreibung der Wirkungsweise eines göttlichen Künstlers (vgl. Goy 2015). So spricht Kant von „Producte[n] göttlicher Kunst" (*KU* 5.397.23), davon, dass Gott einen „*Kunstverstand* für zerstreute Zwecke" (*KU* 5.441.3) habe, eine „intelligente[] Weltursache", ein „höchste[r] Künstler[]" (*KU* 5:438.6–7) sei. Allerdings fügen sich einige wenige Passagen nicht nahtlos in dieses Bild, etwa die vorliegende, die eher einem klassischen kosmologischen Argument für das Dasein Gottes ähnelt. Die Ableitung der zufälligen Welt von Gott als dem einzig notwendigem Wesen ist der Grundgedanke des kosmologischen Arguments (vgl. auch *KrV* A 604–6/B 632–4 und *KrV* A 614–20/B 643–8).

[58] Man denke zurück an Kants Aussagen in § 68, in denen die Naturteleologie als eigenständige Wissenschaft von der Theologie abgekoppelt wurde. Nun wird klar, dass sich beide Wissenschaften auf denselben Gegenstand beziehen, aber voneinander verschiedene Fragen stellen. Physisch teleologisches Erklären führt notwendig zur Theologie. Es ist, wie § 68 und § 79 gleichermaßen sagen, „Propädeutik" (*KU* 5:383.30, *KU* 5:417.22) zur Theologie.

> Es ist ein Gott [...]. Wir können uns die Zweckmäßigkeit, die selbst unserer Erkenntniß der inneren Möglichkeit vieler Naturdinge zum Grunde gelegt werden muß, gar nicht anders denken und begreiflich machen, als indem wir sie [...] uns als ein Product einer verständigen Ursache (eines Gottes) vorstellen (*KU* 5:399.37–400.6).

Aber wir können

> ob ein nach Absichten handelndes Wesen als Weltursache (mithin als Urheber) dem, was wir mit Recht Naturzwecke nennen, zum Grunde liege, objectiv gar nicht, weder bejahend noch verneinend, urtheilen; nur so viel ist sicher, daß [...] wir schlechterdings nichts anders als ein verständiges Wesen der Möglichkeit jener Naturzwecke zum Grunde legen können: welches der Maxime unserer reflectirenden Urtheilskraft, folglich einem subjectiven [...] Grunde allein gemäß ist (*KU* 5:400.29–401.2).

Der Beitrag der §§ 74–5 zur Lösung der Scheinantinomie besteht darin, die Antithese$_r$ als eine subjektiv regulative Maxime der reflektierenden Urteilskraft auszuweisen. Außerdem wird der Gehalt der Antithese$_r$ dahingehend präzisiert, dass physisch teleologische kausale Erklärungen nicht mehr nur regulative Maximen der menschlichen reflektierenden Urteilskraft sind, die der zufälligen empirischen Mannigfaltigkeit der organisierten Natur einen einheitlichen, notwendigen *natürlichen* Zweck unterstellen („Betrachte die zufällige empirische Mannigfaltigkeit der Eigenschaften eines Vogelflügels so, als ob sie dazu da seien, um zu fliegen!'), sondern dass der Mensch seinen Annahmen von natürlichen Zwecken, die zur Vereinigung der empirisch zufälligen mannigfaltigen Eigenschaften organisierter Wesen notwendig sind, selbst wiederum ein an sich selbst notwendiges, zweckursächlich und absichtsvoll schaffendes göttliches Wesen als höchste und absolut letzte Zweckursache unterlegen muss. Kant geht damit den Schritt von der Naturteleologie, der physischen Teleologie, zur kritischen (regulativ interpretierten) Theologie in Form einer Physikotheologie.

Es ist für den weiteren Argumentationsgang wichtig, an dieser Stelle kurz die Charakteristika dieses subjektiv regulativ gedachten, göttlichen Wesens zusammen zu stellen. Kant charakterisiert es als einen singulären, außer der Welt befindlichen Gott, dem Verstand, Intentionalität (Absichten) und Kausalität (Ursächlichkeit, Urheberschaft, Handlungsmacht) zukommen. Das göttliche Wesen ist der Schöpfer der Welt, wobei Kant besonders, aber nicht ausschließlich, hervorhebt, dass es die zweckmäßige Form der Natur verursacht. Kant beschreibt es als „ein[] Wesen[]", das den „Urgrund[] der Natur" (*KU* 5:397.16–8) bildet; „ein Wesen", welches „nach der Analogie mit der Causalität eines Verstandes productiv ist" (*KU* 5:398.2–3); „ein verständiges Urwesen" (*KU* 5:399.13); „eine[] verständige[] Ursache (eine[n] Gott[])" (*KU* 5:400.5); ein „außer der Welt existirende[s] und zwar (um jener zweckmäßigen Form willen) verständige[s] Wesen" (*KU* 5:399.2–3).

Er bezeichnet das Urwesen als „Gott" (*KU* 5:399.37), „ein nach Absichten handelndes Wesen", das „als Weltursache (mithin als Urheber)" (*KU* 5:400.29–30) auftritt.

## § 76

**Zusammenfassung:** Schließen die §§ 74–5 mit der Einführung der regulativen Idee eines göttlichen Schöpfers, dessen Bedeutung für die Lösung der Scheinantinomie der regulativen Maximen der reflektierenden Urteilskraft in § 77 wieder aufgenommen wird, bereitet Kant in § 76 in einem Zwischenschritt die Lösung der Scheinantinomie im menschlichen Verstand vor, die in § 78 wieder aufgegriffen und zu Ende geführt wird. Kant zeigt, durch welche Eigentümlichkeiten des menschlichen Bewusstseins unterschiedliche Gesetze der Natur und die damit verbundenen Scheinantinomien der reflektierenden Urteilskraft zustande kommen. Er will drei Dinge erweisen: Erstens, unterschiedliche Gesetze der Natur beruhen auf Unterschieden in den Begriffen des Verstandes und der Vernunft als Bestandteilen von Urteilen, welche die reflektierende Urteilskraft bei der Betrachtung der Natur verwendet. Zweitens, nicht nur bei der Betrachtung der Natur, sondern auch in anderen Bereichen verwendet das menschliche Bewusstsein in Urteilen Vernunftideen, die nicht (oder nicht vollständig) durch die Erfahrung gestützt sind. § 76 klärt, welche Struktur diese Begriffe im Vergleich zu Verstandesbegriffen haben und an welchem Punkt genau sie für jedes der menschlichen Vermögen des Bewusstseins auftreten. Kant legt nahe, dass es notwendig und sinnvoll ist, dass die Vernunft diese Begriffe verwendet. Drittens, bereitet Kant indirekt den Gedanken vor, dass man zur Lösung der Scheinantinomie die Idee eines göttlichen anschauenden Verstandes braucht, in dem die unter menschlichen Erkenntnisbedingungen auftretenden Unterschiede zwischen den verschiedenen Naturgesetzen, die unter dem Einfluss des Verstandes und der Vernunft auf die reflektierende Urteilskraft entstehen, sowie die daraus resultierenden Scheinantinomien entfallen. Kant erwähnt den göttlichen anschauenden Verstand in § 76 bereits an zwei Stellen (*KU* 5:402.1–5, *KU* 5:403.1–6).[59]

---

59 Für das Verständnis der §§ 76–7 hat Förster (2002a und 2002b; 2008; 2011, 253–76) die wertvollsten Analysen durchgeführt. Nach Förster liegt die Lösung der Scheinantinomie der beiden Naturgesetze im Verweis auf deren Einheit im intuitiven Verstand Gottes und im Verweis auf die vom intuitiven Verstand Gottes verschiedenen Eigentümlichkeiten des menschlichen diskursiven Verstandes, durch die dieser die Einheit der Naturgesetze nicht repräsentieren kann und auf deren bloße Vereinbarkeit unter menschlichen Erkenntnisbedingungen angewiesen ist. Ich stimme Försters Ansicht weitestgehend zu, teile allerdings seine These nicht, dass der intuitive Verstand Gottes nicht kausal ist. Es kommt in der Lösung der Antinomie vieles darauf an, den

§ 76 mit dem bescheidenen Titel „Anmerkung" (*KU* 5:401.4) ist übersichtlich aufgebaut: Kant kündigt in Absatz eins an, dass im Folgenden eine transzendentalphilosophische Betrachtung durchgeführt wird. In Absatz zwei erläutert er, dass ein Unterschied zwischen den beiden diskursiven menschlichen Erkenntnisvermögen des Verstandes und der Vernunft durch die Möglichkeit des Objektbezuges beider Vermögen entsteht. Wie sich dieser Unterschied für das menschliche Erkennen und Handeln auswirkt, wird anschließend in drei Beispielen, der theoretischen Erkenntnis (Absatz drei), dem praktischen Begehren (Absatz vier) und der reflektierenden Urteilskraft (Absatz fünf) näher erläutert.

*KU* 5:401.3 – 7 In Absatz eins charakterisiert Kant die nun folgenden Betrachtungen als transzendentalphilosophische, die, im Sinne der ersten *Kritik*, auf die subjektiven Prinzipien des Wissens als Bedingungen der menschlichen Erkenntnis und der Erscheinungsweise der Objekte der menschlichen Erkenntnis reflektiert. Kant merkt an, dass sie einer umständlicheren (*KU* 5:401.6) Analyse würdig wären. Um zu verstehen, was Kants Ziel in § 76 ist, ist es hilfreich, die zurück blickende Bemerkung am Beginn von § 77 anzusehen. Dort sagt Kant, § 76 zeige, dass der Mensch dazu neigt, „Eigenthümlichkeiten" seines „Erkenntnißvermögens [...] als objective Prädicate auf die Sachen selbst überzutragen" (*KU* 5:405.4 – 6) und etwas, was nur zu den spezifischen subjektiven Strukturen der menschlichen Erkenntnis gehört, den Sachen selbst objektiv zuzuschreiben. Dies werde besonders im Falle von Ideen schwierig, die nur regulative Prinzipien der menschlichen Vernunft sind, deren Erfahrungsbezug aber nicht gesichert werden kann.

*KU* 5:401.8 – 30 In Absatz zwei vergleicht Kant den Verstand und die Vernunft dahingehend, dass der Verstand immer auf das empirisch Bedingte bezogen ist, während die Vernunft in „ihrer äußersten Forderung" (*KU* 5:401.8 – 9) nach einem Gegenstand verlangt, der nicht mehr empirisch bedingt ist, die Idee eines Unbedingten. In den Ideen eines Unbedingten fordert die Vernunft Einsicht in das Ganze aller Dinge, kann diesen Ideen aber keine oder keine vollständige objektive Realität (einen Erfahrungsbezug), sondern nur subjektive Gültigkeit in der Reflexion verschaffen. Denn die Vernunft könnte nur im Bezug zu Verstandesbe-

---

intuitiven Verstand Gottes als die Idee eines schaffenden göttlichen Verstandes, als das Bewusstsein eines *Schöpfer*gottes, auszulegen, da es sonst keine Beziehung zwischen der ursprünglichen Einheit der Naturgesetze im göttlichen intuitiven Verstand und deren Vereinbarkeit im (geschaffenen) menschlichen diskursiven Verstand und in der für den Menschen erfahrbaren (geschaffenen) Natur gibt. Außerdem ist es, wie ich im zweiten Teil meines Buches zeigen werde, nicht nur wichtig, das theoretische Bewusstsein Gottes, sondern auch seine praktischen Aspekte, beider verschiedene Aufgaben sowie die Einheit der theoretischen und praktischen Aspekte des göttlichen Bewusstseins zu rekonstruieren (die Förster nicht bespricht).

griffen synthetisch urteilen, da allein der Verstand auf Anschauungen und so auf Erfahrung in synthetischen Sätzen bezogen ist. Aber da der Verstand nicht wie die Vernunft das Ganze der Dinge in Ideen erfassen und in der Erfahrung synthetisch repräsentieren kann, erreicht der Verstand die Vernunft nicht und deren Ideen bleiben allenfalls regulativ. Verstand und Vernunft sind für den Menschen nie vollständig ineinander abbildbar, und die menschliche Erkenntnis bleibt auf bestimmte Bedingungen eingeschränkt. Kant demonstriert diese und verwandte Beschränkungen an Beispielen in allen drei Gemütsvermögen des Menschen: im Erkenntnisvermögen, im Begehrungsvermögen und in der Urteilskraft.

*KU* 5:401.31–403.19 Das erste Beispiel betrifft das theoretische Erkenntnisvermögen des Menschen. Der menschliche Verstand unterscheidet unausweichlich zwischen Wirklichkeit und Möglichkeit. Wenn dieser sein Objekt nur „*denkt*", ohne seine Begriffe auf Anschauungen zu beziehen, wird das Objekt „bloß als möglich vorgestellt. Ist er sich dessen als in der Anschauung gegeben bewußt, so ist es wirklich" (*KU* 5:402.27–8), allerdings kann sich der Verstand in diesem Moment die bloße Möglichkeit eines Gegenstandes nicht mehr vorstellen. Das heißt, für den menschlichen Verstand sind Möglichkeit und Wirklichkeit zwei verschiedene Weisen, wie sich die Erkenntnis auf Gegenstände bezieht. Die Möglichkeit eines Gegenstandes kann er nur dann erfahren, wenn der Gegenstand allein durch Verstandesbegriffe, die Wirklichkeit, wenn er durch einen Verstandesbegriff und die ihm korrespondierende (empirische) Anschauung vorgestellt ist. Der Verstand erkennt immer *entweder* die Möglichkeit *oder* die Wirklichkeit der Dinge. Da der Verstand immer nur im Bezug zu Gegebenem erkennen kann, ist er ein endlicher Verstand.

Man könnte sich im Kontrast zum menschlichen Verstand jedoch „ein Etwas (den Urgrund)" vorstellen, das „unbedingt nothwendig existir[t]" und „an welchem Möglichkeit und Wirklichkeit gar nicht mehr unterschieden" (*KU* 5:402.22–4) sind. Die Perspektive eines Urgrundes oder „absolut-nothwendigen Wesens" (*KU* 5:402.30–1), in dem Möglichkeit und Wirklichkeit nicht unterschieden sind, kann der menschliche Verstand selbst nicht einnehmen, da er nur entweder das Mögliche allein denken *oder* das Wirkliche denken und mithilfe der Sinnlichkeit empirisch anschauen kann. Und selbst wenn der menschliche Verstand versuchte, immer zugleich zu denken und empirisch anzuschauen, wären für diesen menschlichen anschauenden Verstand alle Gegenstände wirklich, aber nicht zugleich notwendig. Die *modi* der Zufälligkeit und Notwendigkeit würden dann *gar nicht* auftreten. Weil die verschiedenen Gegebenheitsweisen eines Gegenstandes von der subjektiven Konstitution der menschlichen Erkenntnis abhängen, schließt Kant, dass die Möglichkeit und Wirklichkeit, wie auch Notwendigkeit oder Zufälligkeit zwar der menschlichen Erkenntnis zukommen, der Mensch aber nicht weiß, ob sie dem Objekt selbst angehören: „Die Sätze also: daß

Dinge möglich sein können, ohne wirklich zu sein, daß also aus der bloßen Möglichkeit auf die Wirklichkeit gar nicht geschlossen werden könne, gelten ganz richtig für die menschliche Vernunft, ohne darum zu beweisen, daß dieser Unterschied in den Dingen selbst liege" (*KU* 5:402.14 – 8).

*KU* **5:403.20 – 404.16** Das zweite Beispiel betrifft das Begehrungsvermögen des Menschen und den Gebrauch von Verstand und praktischer Vernunft in der kausalen Erklärung von Handlungen. Im Bereich des Praktischen fordert die Vernunft eine Handlung, die für den Menschen als Vernunftwesen notwendig, für den Menschen als Natur- und Sinnenwesen aber zufällig ist, denn das Natur- und Sinnenwesen kommt den Forderungen der Vernunft nicht notwendig nach. Da die wirklich erfolgende Handlung des Natur- und Sinnenwesens nicht immer mit einer möglichen Handlung, die das Vernunftwesen fordert, übereinstimmt, treten im Handeln unter den menschlichen Bedingungen Möglichkeit (Vernunft) und Wirklichkeit (Natur), Notwendigkeit (Vernunft) und Zufälligkeit (Natur) auseinander. Im Gegensatz dazu kann die Vernunft allein einen Urgrund denken, in dem Möglichkeit und Wirklichkeit, Notwendigkeit und Zufälligkeit in eins fallen: Die Idee einer „intelligibele[n] Welt" wäre eine solche, in der das, was nach dem „praktischen Gesetze" möglich ist von dem, was nach dem „theoretischen" (*KU* 5:404.2 – 4) wirklich ist, nicht verschieden ist. Der genannte Urgrund wäre eine Idee, in der die Kausalität der Vernunft nicht im Widerspruch zur Kausalität der Natur steht.

*KU* **5:404.17 – 36** Kants drittes Beispiel betrifft die menschliche Urteilskraft. Auch in der Urteilskraft treten Verstand und Vernunft dadurch auseinander, dass der Verstand, da er vom allgemeinen (Verstandes)begriff zum Besonderen geht, nur dasjenige Besondere unter seinen Begriff subsumieren kann, was im Verstandesbegriff enthalten ist. Solche Verstandesbegriffe kommen etwa in den mechanischen Gesetzen der Natur vor. Organisierte Wesen dagegen haben mannigfaltige empirische Züge, die gegenüber den allgemeinen Verstandesbegriffen (mechanischen Gesetzen) zufällig und nicht in diesen enthalten sind. Diese mannigfaltigen empirischen Eigenschaften sind nicht zufällig per se, aber zufällig gegenüber den allgemeinen Verstandesbegriffen. Sie können aber durch eine andere Maxime vereint werden, die sie so betrachtet, als ob sie auf absichts- und zweckvolle Weise am Gegenstand vorhanden wären. Für Kant kann nur die Vernunft eine solche alternative Maxime formulieren. Da die Vernunft jedoch bestrebt wäre, ein zweckvolles und notwendiges Ganzes des Zufälligen zu denken, könnte ihr der Verstand niemals mit Begriffen, die auf empirische Anschauungen bezogen sind, gleich kommen. Denn ein notwendiges, nicht empirisch bedingtes Ganzes kann in der Erfahrung nicht gefunden werden. Menschlicher Verstand und menschliche Vernunft blieben auch in diesem Bereich immer verschieden. Dies legt jedoch im Gegenzug die Idee eines Verstandes nahe, in dem die Trennung zwischen dem Denken und der Anschauung eines Ganzen nicht auftritt. Auch im zweiten und dritten Beispiel wird klar, dass die Unterscheidungen, welche durch Verstand und Vernunft getroffen werden, nicht notwendig den Dingen selbst zukommen müssen, sondern auf Eigentümlichkeiten unserer menschlichen Erkenntnis beruhen.

## § 77

**Zusammenfassung:** Wie die Überschrift des § 77 sagt, wird der folgende Text von jener *„Eigenthümlichkeit des menschlichen Verstandes"* handeln, durch die dem Menschen *„der Begriff eines Naturzwecks möglich wird"* (KU 5:405.2–3). In § 77 argumentiert Kant für die Idee eines nicht-menschlichen, göttlichen Verstandes, der als Einheitsgrund der mechanischen und physisch teleologischen Gesetze der Natur und der ihnen korrespondieren Ordnung(en) der Natur gedacht werden kann. Dieser intuitive, göttliche Verstand soll plausibel machen, dass die Antinomie zwischen mechanischen und physisch teleologischen Erklärungen nur eine Scheinantinomie ist, die durch eine Eigentümlichkeit des menschlichen Bewusstseins zustande kommt, nicht aber im göttlichen Bewusstsein und auch nicht in der Natur an sich selbst besteht. In Absatz eins vergleicht Kant Ideen, denen kein Erfahrungsgegenstand angemessen ist (die ersten beiden der in § 76 besprochenen Beispiele) mit der Idee des Naturzwecks, der ein Erfahrungsgegenstand entspricht. Es sieht dadurch so aus, als sei der Naturzweck ein konstitutiver Verstandesbegriff. Dies ist aber nicht so, denn die Idee des Naturzwecks, so Absatz zwei, ist ein Vernunftprinzip für die Urteilskraft; sie betreffe, so Absatz drei und vier, nur eine Eigentümlichkeit des menschlichen Verstandes und der menschlichen Urteilskraft, die auftritt, wenn der Mensch über organisierte Wesen reflektiert. Die Einsicht, dass die spezifische Betrachtung von Naturgegenständen von der subjektiven Erkenntnis dieser Gegenstände bestimmt wird, führt auf die Idee eines nicht menschlichen (göttlichen) Verstandes, der eine andere Sicht auf die Dinge hat und für den der Gegensatz zwischen Mechanismus und Zweckursächlichkeit in der Erklärung der Erzeugung der organisierten Natur entfiele. Das Eigentümliche des menschlichen Verstandes besteht darin, so Absatz fünf und sechs, dass er die empirisch zufällige Mannigfaltigkeit der organisierten Natur weder unter den allgemeinen apriorischen Verstandesbegriffen noch unter den generelleren empirischen (immer noch zufälligen) Verstandesbegriffen[60] zur notwendigen Einheit bringen kann, und die Urteilskraft so die zufällige empirische

---

[60] Kant differenziert nicht zwischen apriorischen und empirischen allgemeinen Verstandesbegriffen. Das Argument scheint für beide zu funktionieren.

Mannigfaltigkeit unter keinen einheitlichen allgemeinen Verstandesbegriff subsumieren kann. Sie wendet dann Vernunftideen von Zwecken an, um eine regulative Einheit in der empirischen Mannigfaltigkeit der Natur zu finden. Wenn sie dies tut, arbeitet sie mit zwei unvereinbar scheinenden, mechanischen und zweckursächlichen Arten von Kausalbegriffen, die den Verdacht einer Antinomie auslösen. Ein anders gearteter Verstand, etwa der intuitive, so Absatz sieben, der das Besondere (die Anschauung der zufälligen empirischen Mannigfaltigkeit) nicht unter das Allgemeine (Verstandesbegriffe) subsumieren muss, sondern dieses immer schon zugleich ist, hätte dieses Problem nicht. Wenn der Mensch eine Vereinbarkeit der mechanischen und zweckursächlichen Erklärungen in seinem menschlichen Bewusstsein annehmen will, muss er sich einen anderen Verstand denken, der *vor und selbst frei von* der Unterscheidung in mechanische und zweckursächliche Erklärungen, der vor und frei von der Unterscheidung des zufälligen empirisch Mannigfaltigen und eines notwendigen Allgemeinen der Natur, die Einheit beider hervorbringt. Ein solcher Verstand müsste, so Absatz acht, anders als der menschliche, dem die sinnliche Anschauung von außen, durch das Vermögen der Anschauung gegeben ist, selbst als Verstand die Anschauung in sich tragen, das heißt, intuitiv und synthetisch, er müsste Einheit, noch vor der Trennung in Begriff und Anschauung sein. Ein anschauender Verstand wäre nicht mit dem Problem konfrontiert, dass die Zufälligkeit der gegebenen empirischen Mannigfaltigkeit, die in der Anschauung repräsentiert wird, nicht in den Verstandesbegriffen enthalten ist, welche die notwendigen Eigenschaften der Natur repräsentieren. In den Absätzen acht und neun erläutert Kant, wie sich das Verhältnis von Ganzem und Teil im intuitiven und im diskursiven Verstand unterscheiden. Während im intuitiven Verstand das Ganze Grund seiner Teile ist, kann das Ganze im diskursiven Verstand nur aus seinen Teilen zusammengesetzt werden. Wenn das menschliche Bewusstsein ein Ganzes denken will, das früher als seine Teile ist, und eine Einheit, in der die empirisch zufällige Mannigfaltigkeit enthalten ist, kann es dieses nur durch eine subjektiv regulative Vernunftidee eines Zwecks vorstellen. Diese ist daher neben dem Mechanismus erforderlich, so Absatz zehn, um ein organisiertes Wesen aus der Perspektive des Menschen zu denken. In Absatz zehn identifiziert Kant den intuitiven Verstand mit „einem ursprünglichen Verstande als Weltursache" (*KU* 5:410.11), das heißt, mit der Idee eines göttlich schöpfenden Verstandes.

*KU* 5:405.1–16 Im ersten Absatz bringt Kant die *Anmerkung* § 76 in Erinnerung und sagt rückschauend in Bezug auf die drei dort genannten Fälle, es sei eine Eigentümlichkeit des menschlichen Bewusstseins, „Ideen"[61] zu entwickeln, „denen angemessen kein Gegenstand in der Erfahrung gegeben werden kann" (*KU* 5:405.7 – 8). Sie dienen als regulative Prinzipien für die bloße Reflexion über Dinge, nicht aber zur Erkenntnis dieser Dinge.[62] Der Begriff eines Naturzwecks scheint davon verschieden, weil die Kausalität (der Idee des Naturzwecks), welche das Naturprodukt erzeugt, zwar nicht in der Erfahrung gegeben ist, aber ihre Folge, das Naturprodukt, ein Erfahrungsgegenstand ist. Dadurch könnte es für das menschliche Urteilen so aussehen, als müsste die Idee eines Naturzwecks Teil eines konstitutiven, bestimmenden und nicht Teil eines regulativen, reflektierenden Urteils sein, da die Idee eines Naturzwecks eine Repräsentation in der Erfahrung besitzt (Absatz eins).

*KU* 5:405.17 – 24 Kant versucht das Unterscheidende in der Idee des Naturzwecks zu benennen und daran eine Eigentümlichkeit des menschlichen Verstandes aufzuzeigen.[63] Die Idee eines Naturzwecks wird angewendet, wenn die

---

61 Diese Ideen sind, wie Kant in § 76 festgestellt hat, für die theoretische Erkenntnis „der Begriff eines absolut-nothwendigen Wesens" (*KU* 5:402.30 – 1) als Begriff von einem „Etwas", „an welchem Möglichkeit und Wirklichkeit gar nicht mehr unterschieden werden sollen" (*KU* 5:402.22 – 4) und für das Begehrungsvermögen die „intelligibele Welt" (*KU* 5:404.4). Für die Urteilskraft benennt Kant die Idee nicht direkt, aber er umschreibt sie als eine solche, in der wir „zwischen Naturmechanism und Technik der Natur" „keinen Unterschied finden" (*KU* 5:404.18 – 9) würden.
62 In Absatz eins hätte Kant erwähnen können, dass zwar Ideen wie die der Seele oder Gottes nicht in der Erfahrungswelt vorgefunden werden können und damit vom Naturzweck strikt verschieden sind, andererseits gibt es auch andere Ideen, denen Gegenstände in der Erfahrungswelt entsprechen, etwa die Idee der Freiheit in der praktischen Philosophie (ihr entsprechen einzelne moralische Handlungen). Der Unterschied zwischen einem Naturzweck und einer moralischen Handlung ist jedoch, dass ersterer in der Erfahrung vorgefunden, letzterer hervorgebracht wird. Kant bezieht sich für die praktische Philosophie in § 76 auch nicht auf einzelne moralische Handlungen, sondern auf die Idee des höchsten Gutes, die „intelligibele Welt" (*KU* 5:404.4).
63 Kants Bemerkung in Absatz zwei, dass es sich bei einer Idee des Naturzwecks nicht wie in den anderen Fällen um eine Idee für den Verstand, sondern „für die Urtheilskraft" handele, und damit um eine „Anwendung des Verstandes überhaupt auf mögliche Gegenstände der Erfahrung" (*KU* 5:405.18 – 20), ist aus sich selbst schwer verständlich. Gemeint sein könnte, dass Ideen in der theoretischen Philosophie der ersten *Kritik* den Verstand auf seinen Erfahrungsgebrauch beschränken, und sofern Ideen *für den Verstand* sind. Vernunftideen markieren dort die Grenze zwischen Dingen, die wir denken, und solchen, die wir erkennen können. In der praktischen Philosophie dagegen erweitern Ideen der Vernunft den Verstand (subjektive Handlungsmaximen) zum Glaube an die Bestimmung des Menschen: das höchste moralische Gut. An dieses wiederum kann man nur glauben, wenn man die Ideen der unsterblichen Seele und Gottes voraussetzt. Insofern sind diese Ideen ebenfalls Ideen *für den Verstand*. In der dritten *Kritik* dagegen braucht man die Idee des Naturzwecks, um die empirische Mannigfaltigkeit der Natur, mit der unser Verstand nichts anfangen kann, da seine allgemeinen Gesetze auf das Zufällige und scheinbar

menschliche Urteilskraft auf Gegenstände in der Erfahrung trifft, über die sie anhand der Ideen von Naturzwecken reflektiert, ohne dass der menschliche Verstand dabei auf bestimmende Weise tätig werden kann, weil die Einheit der allgemeinen Begriffe in den Gesetzen der bestimmenden Urteilskraft nicht zu den zufälligen Eigenschaften dieser Gegenstände passen. Was der Mensch an den Gegenständen vorfindet, ist eine empirische Zufälligkeit und Mannigfaltigkeit, die nicht unter die Einheit der allgemeinen Begriffe der bestimmenden Gesetze des menschlichen Verstandes gebracht werden kann. Dennoch „soll" das Zufällige und Mannigfaltige in der Natur in einem Begriff „zusammenstimmen" (*KU* 5:407.1) und unter ein Gesetz subsumiert werden können.[64] Anstelle eines Verstandesbegriffs wendet die menschliche Urteilskraft dann die Vernunftidee eines Naturzwecks an, anhand derer sie hypothetisch auf die notwendige Einheit im empirisch Zufälligen und Mannigfaltigen reflektiert.

Diese Beschreibung der Eigentümlichkeit des menschlichen Verstandes dient dazu, die Verschiedenheit von bestimmenden Verstandesgesetzen, zu denen die mechanischen gehören, und regulativen Vernunftgesetzen, zu denen die physisch teleologischen gehören, zu demonstrieren. Erstere beruhen auf allgemeinen Verstandesbegriffen, etwa dem der Substanz, letztere auf empirischen Begriffen, etwa dem des Zwecks zu fliegen, in denen eine apriorische Einheit gedacht wird. In ersteren kann der Begriff vollständig in der Erfahrungswelt und der sinnlichen Anschauung dieser Erfahrungswelt dargestellt werden. Auch letztere können in der Erfahrungswelt und in der sinnlichen Anschauung dieser Erfahrungswelt dargestellt werden, jedoch bleibt die notwendige Einheit, die in diesen Begriffen gedacht wird, eine Idee, der in der Erfahrung und in der sinnlichen Anschauung nichts entspricht, denn notwendige Einheit ist etwas, was in der Erfahrungswelt nicht vorkommt und in der sinnlichen Anschauung nicht repräsentiert werden kann. Beide Gesetze sind in ihrer Eigentümlichkeit für das menschliche Bewusstsein immer verschieden; sie können im strengen Sinne keine Einheit sein.

---

ohne Einheit Gegebene nicht zutreffen, unter ein Gesetz zu bringen. Dieses Gesetz ist aber nur eines für die subjektive Reflexion des Menschen. Dass es dabei um die „Anwendung eines Verstandes überhaupt auf mögliche Gegenstände der Erfahrung" (*KU* 5:405.19–20) geht, meint vielleicht, dass Naturzwecke letztlich trotzdem empirische Begriffe des Verstandes sind, in denen die Vernunft nur a priori notwendige Einheit fordert. Man braucht also doch alle empirischen Begriffe des Verstandes, um Naturzwecke zu denken, obgleich die empirischen Begriffe des Verstandes nicht als bestimmende Begriffe, sondern als Reflexionsbegriffe verwendet werden, die zweckmäßige Einheit in der Mannigfaltigkeit der Erfahrung schaffen.

64 Diesen Gedanken begründet Kant nicht, sondern setzt ihn als Teleologe voraus. Er begründet sich rückwirkend aus der Annahme eines schöpfenden intuitiven Verstandes, der diese Ordnungen in die Natur und in das menschliche Denken hineinprägt.

*KU* 5:405.25–407.12 Dass dies aber nur für das menschliche Bewusstsein so ist, und nicht notwendig die Natur der Dinge selbst betreffen muss, zeigt der nächste Schritt in Kants Argumentation in den Absätzen drei bis sieben. Er besteht darin zu zeigen, dass der Unterschied zwischen Gesetzen, die auf Verstandesbegriffen und Gesetzen, die auf Vernunftbegriffen beruhen, deren erstere in der Erfahrung (und damit in der sinnlichen Anschauung des Menschen) dargestellt werden können, deren letztere aber, was die Idee der Einheit betrifft, nicht in der Erfahrung (und nicht in der sinnlichen Anschauung des Menschen) dargestellt werden können, in einem anders gearteten Verstand als dem unseren nicht auftritt und damit auch nicht notwendig zur Natur, sondern nur zur menschlichen Beurteilung der Natur gehört. Etwa wäre dies so für einen „intuitiven", „nicht discursiven" (*KU* 5:406.24–5), einen „andern" oder „höhere[n]" (*KU* 5:407.8, *KU* 5:406.2) Verstand, dessen Besonderheit ein „Vermögen einer *völligen Spontaneität der Anschauung*" (*KU* 5:406.21–2) ist. Der intuitive oder anschauende Verstand ist ein Vermögen, das nicht vom Allgemeinen zum Besonderen und so zum Einzelnen geht, sondern für den alles Einzelne im Verstehen immer schon anschaulich gegeben ist. Da dieser Verstand in seinem Denken alles Besondere immer schon in sich enthält, ist für ihn das Zufällige an der Form eines Naturzwecks, welches in unseren Verstandesbegriffen nicht dargestellt werden kann, von vornherein notwendig. Der Unterschied zwischen Eigenschaften, die zufällig, und solchen, die notwendig sind, entfällt.

Was genau ist ein intuitiver Verstand? Kants Bemerkungen wie die, es handele sich um ein „Vermögen einer *völligen Spontaneität der Anschauung*" (*KU* 5:406.21–2) und der intuitive Verstand sei ein „nicht discursive[r]", „anschauender Verstand" (*KU* 5:406.25, 33), scheinen nahe zu legen, dass dieser Verstand gänzlich in Anschauung besteht. Selbst Kants Erläuterung des „intuitiven" Verstandes als eines ‚archetypischen' (*KU* 5:408.19, 23–4) „urbildlichen" (*KU* 5:407.32) Vermögens scheint in diese Linie zu gehören. Das lateinische Verb ‚intueri' bezeichnet Tätigkeiten wie anschauen, erkennen, betrachten, ins Auge fassen; das Nomen ‚intuitus' den Blick, zugleich aber auch die Beurteilung. Andererseits scheint eine rein anschauliche Kennzeichnung des intuitiven Verstandes dem zu widersprechen, dass Kant dieses Vermögen als „Verstand" und nicht als Anschauung bezeichnet. Aber was ist ein Verstand? Nach der ersten *Kritik* ist der Verstand „das Vermögen, Vorstellungen selbst hervorzubringen, oder die *Spontaneität* des Erkenntnisses"; er ist das Vermögen, „den Gegenstand sinnlicher Anschauung zu *denken*" (*KrV* A 51/B 75). Es könnte daher sein, dass es sich bei diesem Verstand um einen solchen handelt, der keiner Anschauungen und Bilder bedarf, die ihm *durch ein anderes Vermögen*, nämlich die Sinnlichkeit gegeben werden, sondern der selbst alle möglichen Bilder (Anschauungen) ursprünglich in sich hervorbringt und sie anschauend denkt (vielleicht sogar in Begriffen, allerdings keinen diskursiven).⁶⁵ Ferner stellt sich die Frage, warum Kant dieses Vermögen Verstand nennt, wenn er es als ein solches denkt, das das, was im menschlichen Bewusstseins durch Zweckbegriffe der Vernunft repräsentiert wird, in sich schließt, also eher die Extension einer Vernunft als die eines Verstandes haben müsste. Ein möglicher Weg ist es an dieser Stelle, den intuitiven Verstand als ein Vermögen zu verstehen, das noch vor der Trennung in Anschauung und Begriff steht und all jenes in Einheit *repräsentiert und hervorbringt*, das für unser menschliches Bewusstsein durch verschiedene Arten der Anschauung und Begriffe repräsentiert wird. Kant nennt den intuitiven Verstand ‚Verstand', weil der Verstand für ihn das zentrale Vermögen der Erkenntnis ist (für den Menschen, und, wie Kants Vorlesungen zur Rationaltheologie zeigen, auch für Gott).

*KU* **5:407.13 – 409.22** Während, wie Kant in Absatz acht sagt, der menschliche Verstand ein Vermögen ist, das vom „*Analytisch-Allgemeinen* (von Begriffen) zum Besondern (der gegebenen empirischen Anschauung)" (*KU* 5:407.14 – 6) geht, ist der intuitive Verstand ein Vermögen, das von der „Anschauung eines Ganzen als eines solchen" zum „Besondern", das heißt, „vom Ganzen zu den Theilen" (*KU* 5:407.22 – 3) geht. Es ist ein Vermögen, dessen „Vorstellung des Ganzen die *Zufälligkeit* der Verbindung der Theile nicht in sich enthält", die unser Verstand bedarf, welcher von den Teilen als „Gründen" zu verschiedenen „Formen als Folgen" (*KU* 5:407.23 – 7) fortgehen muss. Die von Kant an dieser Stelle vorgenommene Unterscheidung verläuft auf zwei Ebenen: der logischen und der des Verhältnisses von Teil und Ganzem (Abschnitte acht und neun). Kant schiebt beide Ebenen ineinander.

Der menschliche Verstand ist insofern analytisch allgemein, als die Einheit der Verstandesbegriffe nicht per se schon Anschauungen in sich enthält, sondern diese dem Verstand durch ein anderes Vermögen, die Sinnlichkeit, gegeben

---

65 Dies ist ein untergeordnetes Problem, das ich hier nicht ausführlich diskutieren, aber nennen möchte: Ist der intuitive Verstand, den Kant als nicht diskursiven und als Vermögen der völligen Spontaneität der Anschauung bezeichnet, völlig frei von Begriffen und diskursiven Gesetzen welcher Art auch immer? Oder hat er Begriffe und Gesetze, aber keine diskursiven, das heißt, andere Begriffe und Gesetze als die des Menschen? Da Kant niemals derartige alternative Formen von Begriffen und Gesetzen erwähnt, scheint näher zu liegen, dass der intuitive Verstand spontan nur die Anschauung oder Anschauung*en* hervorbringt und über keine diskursiven Begriffe und Gesetze verfügt. Wenn er ein Vermögen der Anschauung*en* wäre, wäre nicht ausgeschlossen, dass dieser Verstand gesetzesartige Strukturen auf andere als die diskursive Weise repräsentieren kann – eben auf intuitive, bildhafte Weise, etwa in Verhältnissen von Teilen und Ganzem. Oder ist dieser Verstand nur Einheit und nichts als Einheit der Anschauung? Ich neige zu dieser Ansicht, da Kant den intuitiven Verstand als ein „Vermögen einer *völligen Spontaneität der Anschauung*" (*KU* 5:406.21 – 2) bezeichnet, und nicht der Anschauung*en*.

werden müssen.⁶⁶ Der intuitive Verstand dagegen ist synthetisch allgemein da seine Begriffe, oder neutraler, Repräsentationen, sowohl das, was für den menschlichen Verstand Begriffe wären, als auch das, was für ihn Anschauungen wären, in sich enthalten. Für den intuitiven Verstand entfallen damit die Unterschiede zwischen mechanischen Erklärungen durch Verstandesbegriffe, denen Anschauungen und Erfahrungsgegenstände entsprechen und physisch teleologischen Erklärungen durch Vernunftbegriffe, deren notwendiger apriorischer Einheit nichts in der empirischen Anschauung und der Erfahrung entspricht.

Auf der Ebene der Beziehung von Teilen und Ganzem kann der Mensch ein *reales* Ganzes der Natur nur aus den Teilen zusammensetzen und das Ganze als eine Folge, ein additives Produkt aus den Teilen verstehen. Im menschlichen Verstand wird diese Art der Erzeugung eines Ganzen aus seinen Teilen nach mechanischen Gesetzen, nach „Naturgesetze[n] der Materie" (*KU* 5:408.9) vorgestellt. Ein „Ganzes der Materie" wird dann „seiner Form nach als ein Product der Theile und ihrer Kräfte und Vermögen sich von selbst zu verbinden" (*KU* 5:408.24–6) betrachtet. Ein solches Ganzes ist nur ein räumliches Ganzes; seine Einheit ist die „Einheit des Raums" (*KU* 5:409.3–4), nicht aber die innere Einheit eines Zwecks. Nur vorstellen (*KU* 5:407.34–408.1), *aber nicht real in der Natur vorfinden*, kann sich der Mensch auch eine Erzeugung der Teile aus der Idee eines gedachten Ganzen, in dem die Idee des Ganzen als Zweck (*KU* 5:408.6) und Endursache (*KU* 5:408.6–7) der Grund der Teile als seiner Folgen ist. In dieser Vorstellung hängt die Beschaffenheit der Teile vom Ganzen ab.

Der intuitive Verstand dagegen kann ein Ganzes, aus dem die Teile hervorgehen, und das früher oder zugleich mit den Teilen ist, nicht nur vorstellen, sondern auch erzeugen. Diese Welt, als einheitliches Ganzes, erzeugt aus dem „ursprünglichen Verstande als Weltursache" (*KU* 5:410.11), wäre ein „übersinnliche[s] Substrat" (*KU* 5:410.6), ein „Realgrund für die Natur" (*KU* 5:409.13–4), in dem das, was der Mensch mechanisch und das, was er physisch teleologisch beurteilt, nicht im Widerspruch stehen. Die Bezeichnung des intuitiven Verstandes als ‚Weltursache' legt zum einen nahe, dass dieser Verstand ein göttlicher

---

66 Diese Charakterisierung ist insofern etwas unglücklich, als Kant in der ersten *Kritik* solche Sätze ‚analytische' oder ‚Erläuterungsurteile' genannt hat, in denen aus einem Subjektterminus die in ihm analytisch enthaltenen Prädikate ausgefaltet werden und keine Erweiterung des Wissens stattfindet. ‚Analytisch' im hier vorliegenden Zusammenhang bezeichnet einen allgemeinen Begriff, der nicht schon die Verbindung mit Anschauungen in sich enthält, sondern der erst durch seine Anwendung auf sinnliche Anschauungen zu einem synthetisch Allgemeinen werden kann.

Verstand ist, zum anderen, dass es ein kausaler, ein schöpfender und nicht nur ein betrachtender Verstand ist.[67]

**KU 5:409.23–410.11** In Absatz zehn des Paragrafen erläutert Kant die Bedeutung beider Arten von Erklärung für den menschlichen diskursiven Verstand. Mechanische Erklärungen müssen neben physisch teleologischen Erklärungen bestehen, da beide eine verschiedene Kausalität beschreiben und die mechanische Erzeugung die physisch teleologische Erzeugung nach Zwecken oder Endursachen nicht ersetzen kann. Es wird bereits eine Funktion physisch teleologischer regulativer Maximen benannt. Sie sind unentbehrlich, um die Natur „am Leitfaden der Erfahrung zu studieren" (*KU* 5:410.2–3), und zwar dann, wenn man Formen der Natur auf Zwecke als ihre Gründe beziehen muss.

Es wird am Ende von § 77 eventuell auch sichtbar, warum Kant in § 70 eine alternative, konstitutive Formulierung der Antinomie der Urteilskraft eingeführt hat – nicht so sehr, um eine Antinomie zwischen konstitutiven Prinzipien der bestimmenden Urteilskraft für den Menschen zu beschreiben, sondern um einen Gegensatz von Prinzpien zu formulieren (in analoger, für den Menschen möglicher Ausdrucksweise), der im göttlichen Verstand, der die Dinge ins Sein setzt, entfällt. Für den göttlichen Verstand sind beide Arten von Gesetzen nicht nur im Sinne einer Scheinantinomie zwischen regulativen Maximen vereinbar, sondern auch die Antinomie zwischen konstitutiven Prinzipien ist lösbar – indem sie entfällt, da beide Gesetze im göttlichen Verstand im strengen Sinne Einheit, das heißt, antinomiefrei, ja, noch vor ihrer Differenzierung in verschiedene Gesetze *sind*. (Al-

---

[67] McLaughlin (1990, 170–1) vertritt auf der Grundlage einer immanenten Interpretation die These, dass Kant den intuitiven Verstand nicht als einen göttlichen unendlichen, sondern einen endlichen, aber höheren als den menschlichen Verstand (Kant sagt in *KU* 5:409.33–4 „Vernunft") konzipiert. Zu dieser These wird er dadurch geführt, dass Kant in § 77 nirgends sagt, dass der intuitive Verstand ein göttlicher sei und einen endlichen, höheren Verstand erwähnt (*KU* 5:409.34–5), was richtig, aber nicht plausibel ist, da Kant den intuitiven Verstand als eine oberste Weltursache beschreibt und im unmittelbaren Umfeld des § 77 mit einem göttlichen Verstand identifiziert. Förster (2008, 273) liest Kants Begriff eines intuitiven Verstandes auf der Grundlage von Vorlesungen und Reflexionen aus den 1790er Jahren, in denen der intuitive Verstand mit überwältigender Klarheit als göttlicher Verstand identifiziert wird. Förster erwähnt die Möglichkeit des endlichen Verstandes ebenfalls, meint aber, dass Kant, der sich dieser systematischen Option bewusst war, deren Ausschluss als gegeben voraussetze, ohne es weiter zu begründen (vgl. *KU* 5.409.34–5). Ich stimme Förster zu, da Kants Vorlesungen zur Rationaltheologie und Reflexionen deutlich Zeugnis von einem intuitiven Verstand geben, der als ein göttlicher Verstand gedacht wird: „Es ist schwerlich zu begreifen, wie ein anderer intuitiver Verstand statt finden solte als der gottliche. Denn der erkennet in sich als Urgrunde (und archetypo) aller Dinge Moglichkeit; aber endliche Wesen können nicht aus sich selbst andere Dinge erkennen, weil sie nicht ihre Urheber sind, es sey denn die bloße Erscheinungen, die sie a priori erkennen könen*. Daher können wir die Dinge an sich selbst nur in Gott erkennen" (*Refl.* 18.433.16–434.4).

lerdings ist dies eine analoge Formulierung in menschlicher Sprache, da ja der Gegensatz zwischen beiden Gesetzen als konstitutiven Prinzipien im göttlichen Verstand noch gar nicht existiert. Man könnte jedoch sagen, dass im göttlichen Verstand die Antinomie bis in ihren Seinsgrund gelöst sein muss, das heißt, auch in der konstitutiven Form.)

## § 78

**Zusammenfassung:** Unter dem Titel „*Von der Vereinigung des Princips des allgemeinen Mechanismus der Materie mit dem teleologischen in der Technik der Natur*" (KU 5:410.13–5) stellt Kant nun in acht Absätzen die zentrale These auf, dass mechanische und physisch teleologische Gesetze der organisierten Natur in einem übersinnlichen Grund der Natur eine Einheit bilden. Für den menschlichen Verstand sind beide Arten von Gesetzen notwendig. Sie werden widerspruchsfrei durch eine Hierarchie vereinbart, indem mechanische physisch teleologischen Gesetzen untergeordnet werden und diesen als Mittel zum Zweck dienen.

In § 78 gibt Kant der Auflösung der Antinomie zunächst eine dritte, noch abstraktere Wende. Nachdem er in den §§ 74–5 die regulativ interpretierte, aber sonst nah an traditionellen Vorstellungen entwickelte, physikotheologische Idee eines göttlichen Architekten der Welt, in den §§ 76–7 die transzendentalphilosophische Idee eines intuitiven Verstandes (den man als einen Verstand lesen kann, der dem in den §§ 74–5 entworfenen physikotheologischen Gottesbegriff zukommt) als Lösungen der Antinomie vorgestellt hat, entwickelt Kant in § 78, am Ende der Antinomie, die Idee eines unbestimmten, übersinnlichen Einheitsgrundes für die mechanischen und physisch teleologischen Gesetze der organisierten Natur, der meist (nicht immer) schlicht als ‚übersinnliches Substrat' oder als ‚übersinnlicher Grund' der Natur bezeichnet wird. Diese dritte Darstellung der Perspektive der Vereinigung beider Arten der Erklärung der organischen Natur ist der Funktion nach nicht verschieden von der regulativen Idee des göttlichen Architekten oder der regulativen Idee des intuitiven Verstandes, sie ist nur noch abstrakter formuliert. Sie enthält den systematischen Kern der beiden anderen Lösungen (der physikotheologischen und transzendentalphilosophischen) in sich. Kant geht auf jene wichtigsten Elemente zurück, die er für die Erklärung der Einheit der beiden Arten von Naturgesetzen braucht: die regulative Idee eines Einheitsgrundes, eines „*Übersinnliche[n]*" (KU 5:412.35, 12), das außerhalb der Welt liegt und selbst frei von bzw. noch vor der Unterscheidung in beide Arten von Gesetzen ist, und aus dem beide Gesetze „abfließen" (KU 5:412.25). Soweit nur eine Variation des Bisherigen. Der neue Gedanke in § 78 ist, dass die Einheit von mechanischen und physisch teleologischen Erklärungen in einem göttlichen intuitiven Verstand oder Einheitsgrund noch nichts darüber aussagt, wie beide Arten von Gesetzen im menschlichen Verstand vereinbart werden können. Kant zeigt nun, vorbereitet durch die Gedanken aus § 76, dass die Vereinbarkeit beider Naturgesetze im Bewusstsein des Menschen durch eine hierarchische Unterordnung des Mechanismus unter die Zweckmäßigkeit geschieht. Statt einer Einheit der mechanischen und physisch teleologischen Gesetze der Natur ist dem menschlichen Verstand nur eine Vereinbarkeit beider Gesetze möglich. In Absatz eins rechtfertigt Kant die Notwendigkeit mechanischer Erklärungen durch den Gedanken, dass physisch teleologische Erklärungen allein keine Einsicht in die Natur verschaffen, sei es, dass sie von oben herab oder von unten herauf erklären. In Absatz zwei rechtfertigt Kant den Gebrauch physisch teleologischer Erklärungen dadurch, dass ohne diese die zweckmäßigen Formen der Natur, welche durch mechanische Gesetze nicht erklärt werden können, nicht verständlich werden. Absatz drei erklärt, dass sich beide Arten von Gesetzen in ein und demselben Gegenstand der Natur nicht als konstitutiv bestimmende vereinigen lassen. Vereinbar sind sie als regulative Sätze der reflektierenden Urteilskraft. Das Prinzip der Einheit beider Erklärungen muss außerhalb der Natur im Übersinnlichen liegen. Für den Menschen bedeutet dies, dass er zur Naturerklärung zwei verschiedene Maximen der reflektierenden Urteilskraft verwendet, so Absatz vier und fünf, die für ihn so vereinbar sind, dass er den Mechanismus der Zweckmäßigkeit ein- und unterordnet. Diese Vereinbarkeit beider Gesetze erklärt Kant in Absatz sechs weiter als Mittel-Zweck-Beziehung, in welcher der Mechanismus der physischen Teleologie zum Mittel dient. Da nur der Mechanismus im engeren Sinne Naturerkenntnis liefert, so Abschnitte sieben und acht, ist es sinnvoll, Naturprodukte so weit als möglich mechanisch zu erklären.

*KU* 5:410.12 – 411.29 In § 70 hatte Kant bei der Präsentation der Antinomie angemahnt, dass weder These$_k$ noch Antithese$_k$ beweisbar seien und hatte dies als ein Argument für die Irrelevanz der Formulierung eines Widerspruchs zwischen konstitutiven Prinzipien angeführt. Allerdings hatte Kant die alternative Formulierung eines Widerspruchs zwischen regulativen Maximen, zwischen These$_r$ und Antithese$_r$, ebenfalls ohne Rechtfertigung gelassen, möglicherweise, weil sie als regulative Prinzipien gar nicht *bewiesen* werden können und müssen. Dennoch ist die Frage nicht unberechtigt, wie sie als regulative Prinzipien *gerechtfertigt* werden können. Eine Deduktion (Kant spricht explizit von einer „Deduction"; *KU* 5:411.31) der regulativen Prinzipien bringt Kant, wenn an irgendeiner Stelle, dann am Beginn von § 78 – bemerkenswerter Weise in jener kunstvoll indirekten Form wie die Beweise der These und Antithese in den Antinomien der ersten *Kritik*. Anders jedoch als dort widerlegen hier die beiden einander entgegenstehenden Gesetze nicht, sondern zeigen nur Mängel des jeweils anderen Gesetzes auf, um ihr Miteinander plausibel zu machen.

In Absatz eins rechtfertigt Kant den Gebrauch von mechanischen Gesetzen für die Erklärung der Erzeugung der Gegenstände der Natur durch einen indirekten Beweis: Die alternative Erklärung zu mechanischen Gesetzen wären physisch teleologische Gesetze, welche die Zweckmäßigkeit der Natur erklären. Aber die Zweckmäßigkeit der Natur kann weder a priori aus bloßen Begriffen, noch a posteriori aus bloßer Erfahrung, also auf keine rationale Weise, plausibel gemacht werden. Zunächst betont Kant noch einmal den Wert mechanischer Erklärungen für den Menschen. Nur mechanische Gesetze ermöglichen wirkliches Wissen über und Einsicht in die Natur. Die Zweckmäßigkeit der Natur dagegen kann man weder „a posteriori", „von unten hinauf" (KU 5:410.28) erklären, weil die empirische Naturerkenntnis immer durch die konkrete Erfahrung der Natur bedingt, die Idee der Einheit in Naturzwecken aber apriorisch, das heißt, nicht empirisch bedingt ist. Empirisch bedingte Naturerkenntnis als Evidenz für die apriorische Unbedingtheit einer Idee ist nicht möglich, denn beim Versuch, sich der apriorischen Einheit in der Idee eines Naturzwecks empirisch anzunähern, würde sich die empirische Naturerkenntnis „ins Überschwengliche" (KU 5:410.32) verlieren.

Noch kann man die Zweckmäßigkeit der Natur „a priori", „von oben herab" (KU 5:410.26) erklären. Eine Erklärung der Zweckmäßigkeit der Natur von oben herab geschähe etwa durch die Annahme eines „höchste[n] Architekt[en]", der entweder die „Formen der Natur" unmittelbar schafft oder der die Formen der Natur prädeterminiert, „welche sich in ihrem Laufe continuirlich nach eben demselben Muster bilden" (KU 5:410.20–2). Aber durch die Annahme eines solchen höchsten Architekten wird die physisch teleologische Naturerkenntnis des Menschen nicht gefördert, weil der Mensch die Handlungsweise eines solchen höchsten Wesens und seine Ideen, mit denen es die Zweckmäßigkeit der Natur gestaltet, nicht einsehen kann. Es ist bemerkenswert, dass Kant an dieser Stelle die traditionelle physikotheologische Idee eines höchsten Architekten und Designers der Welt wieder aufnimmt, die er in den §§ 74–5 eingeführt hat und in den §§ 85–6 weiter erläutern wird.

Im zweiten Absatz von § 78 argumentiert Kant für die Notwendigkeit physisch teleologischer Erklärungen. Auch diese Rechtfertigung geschieht indirekt. Mechanische Gesetze sind nicht hinreichend, um bestimmte zweckmäßige Formen der Natur zu erklären. Obgleich man die Zweckmäßigkeit der Natur weder a posteriori noch a priori begreiflich machen kann, ist es dennoch nicht möglich, auf das „Princip der Zwecke" (KU 5:411.2) zu verzichten, weil es „ein heuristisches Princip ist, den besondern Gesetzen der Natur nachzuforschen" (KU 5:411.4–5). Bestimmte „Formen" der Natur lassen sich nur durch „eine Spontaneität einer Ursache" denken, die „nicht Materie sein kann" (KU 5:411.13–5).

*KU* 5:411.30–413.30 Nachdem Kant den Gebrauch beider Gesetze, der mechanischen und der physisch teleologischen gerechtfertigt hat, betont er im ersten

Drittel des dritten Absatzes noch einmal die Unvereinbarkeit beider Grundsätze, des mechanischen und des physisch teleologischen, als dogmatisch konstitutiver Prinzipien für die bestimmende Urteilskraft und bestätigt erneut deren Unvereinbarkeit. Kant veranschaulicht den Konflikt beider Gesetze am Beispiel einer Made. Betrachtet man sie allein nach mechanischen Prinzipen, so würde man sagen, dass sie Produkt eines Mechanismus der Materie sei, etwa, weil ihre Elemente durch Fäulnisprozesse freigesetzt und verändert werden. Dies scheint eine gleichzeitige kausale Erklärung durch Zweckbegriffe auszuschließen (Kant nennt keine solche physisch teleologische Erklärung).

Die beiden anderen Drittel des dritten und der vierte Absatz gelten der Beschreibung jenes Prinzips oder Grundes der Einheit beider Gesetze, das Kant in den vorigen Abschnitten bereits charakterisiert hat. Das Prinzip, das die „Vereinbarkeit" (*KU* 5:412.8) beider Gesetze möglich machen soll, muss „außerhalb" (*KU* 5:412.10) beider Gesetze liegen, das heißt, es ist von ihnen an sich selbst frei (oder, wie wir oben sagten, besteht vor der Differenzierung beider Gesetze im menschlichen Verstand und vor den dem Menschen erscheinenden Naturordnungen), enthält aber „den Grund" (*KU* 5:412.11, 14) beider Gesetze in sich. Mechanische und physisch teleologische Gesetze sind auf den Einheitsgrund „bezogen" (*KU* 5:412.12‐3), ‚fließen' aus ihm ‚ab' (*KU* 5:412.25). Kant verwendet an dieser Stelle kausale Metaphern, um die Hervorbringung der mechanischen und der physisch teleologischen Ordnungen aus dem übersinnlichen Einheitsgrund zu beschreiben. Dieser Grund selbst wird weiter als ein solcher charakterisiert, in dem beide Gesetze zusammenhängen; er ist „einzig[]" und ein „obere[s]" (*KU* 5:412.24) Prinzip; er ist „das *Übersinnliche*" (*KU* 5:412.35) oder liegt „im Übersinnlichen" (*KU* 5:412.11‐2).

Von diesem übersinnlichen Einheitsgrund jedoch „können wir uns in theoretischer Absicht nicht den mindesten bejahend bestimmten Begriff machen" (*KU* 5:412.36‐7). Da ein göttlicher Verstand, der für den Menschen kein Erfahrungsgegenstand ist, selbst nur eine Idee, „*transscendent*" (*KU* 5:413.20) und damit unerkennbar ist, wird die Einheit der regulativen Maximen der reflektierenden Urteilskraft selbst wiederum nur durch ein regulatives Prinzip begründet: durch die Idee eines göttlichen, intuitiven Verstandes als übersinnlichem Einheitsgrund beider Gesetze. Aus der Perspektive der menschlichen Erkenntnis kann nur die „Möglichkeit", dass beide regulative Maximen der reflektierenden Urteilskraft „auch objectiv in einem Princip vereinbar sein möchten" (*KU* 5:413.13‐4), sichergestellt werden, nicht aber die Wirklichkeit dieses vereinigenden Grundes erkannt und mit Gewissheit zugesichert werden. Wie auch in der ersten *Kritik*, ist die Annahme eines Gottes oder göttlichen Verstandes eine regulative Idee, die selbst im strengen Sinne kein Gegenstand menschlichen Wissens sein kann.

*KU* 5:413.31–415.22 In den Absätzen fünf bis acht beschäftig sich Kant näher mit der Vereinbarkeit der beiden regulativen Maximen der reflektierenden Urteilskraft für den Menschen durch eine Hierarchie beider Gesetze, in der der Mechanismus dem physisch teleologischen Erklären ein- und untergeordnet wird:

> Denn an die Stelle dessen, was (von uns wenigstens) nur als nach Absicht möglich gedacht wird, läßt sich kein Mechanism; und an die Stelle dessen, was nach diesem als nothwendig erkannt wird, läßt sich keine Zufälligkeit, die eines Zwecks zum Bestimmungsgrunde bedürfe, annehmen: sondern nur die eine (der Mechanism) der andern (dem absichtlichen Technicism) unterordnen" (*KU* 5:414.4–11).

Unterordnen – in welchem Sinne? In den Absätzen sechs und sieben schlägt Kant vor, die Unterordnung als eine Zweck-Mittel-Relation zu verstehen, in welcher der Mechanismus als „Mittel" (*KU* 5:414.13, 27, 37) für die zweckmäßige Form der Natur als ihren Zweck fungiert. Man stellt sich etwa vor, dass die Bewegungen der Materie einer Pflanze dadurch begründet sind, dass eine bestimmte Gestalt und zweckmäßige Form der Pflanze erreicht werden soll, die deren Optimum darstellt. Kant zieht sich aus genaueren Angaben über den Mechanismus als Mittel der Erreichung von Zwecken der Natur zurück. Es sei „unbestimmbar", „wieviel der Mechanism der Natur als Mittel zu jeder Endabsicht" (*KU* 5:414.37–415.1) beitrage. Statt nähere Auskunft zu erteilen, betont Kant noch einmal, dass der Mensch so weit als möglich mechanisch erklären soll, da es die einzige Weise sei, Erkenntnis der Natur zu erlangen (*KU* 5:415.12–7), ohne dabei auf physisch teleologische Erklärungen zu verzichten und ohne zu vergessen, dass der Mensch mechanische Gesetze den physisch teleologischen unterordnen muss.[68]

---

[68] In der Literatur wird kontrovers diskutiert, ob Kant bei der Auflösung der Scheinantinomie zwischen den regulativen Maximen der reflektierenden Urteilskraft für den Menschen eher an die Auflösung der Scheinantinomie der ersten *Kritik*, wie McLaughlin (1989a) behauptet, oder an die Lösung der zweiten *Kritik*, wie Quarfood (2004d) und Förster (2008) meinen, oder ob er an das Problem der Antinomie überhaupt, sowohl in der ersten als auch in der zweiten *Kritik* gedacht hat (Zumbach 1984, 100–1). In der Lösung der dritten Antinomie in der ersten *Kritik* argumentiert Kant für die Möglichkeit der widerspruchsfreien Koexistenz der Kausalitäten der Natur und der Freiheit. In der Lösung der Antinomie in der zweiten *Kritik* fordert Kant die Unterordnung des Prinzips der Glückseligkeit (Natur, Epikur) unter das der Würdigkeit, glückselig zu werden (Sittlichkeit und Vernunft, Stoa) im höchsten moralischen Gut (*KpV* 5.119.1–24). In der Beziehung zwischen Glückseligkeit und Glückswürdigkeit wird die Glückseligkeit als eine solche gedacht, die unterstützend zur Glückswürdigkeit beiträgt, etwa indem sie die physischen Voraussetzungen für eine gelungene Ausübung der moralischen Handlung herstellt, z. B. konkrete Mittel verfügbar macht, um Armen oder Menschen in Not zu helfen. Die Glückseligkeit als Mittel für die Glückswürdigkeit zu betrachten, ist mehr als der Nachweis der Möglichkeit einer bloßen Koexistenz beider Prinzipien. Die Lösung der Scheinantinomie in der Antinomie der regulativen Maximen der reflektierenden Urteilskraft in der dritten *Kritik* scheint nicht nur jener der ersten, sondern auch

## 1.2.4 Ein Kommentar zur „Methodenlehre" (§§ 79–91) der „Kritik der teleologischen Urtheilskraft"[69]

**Zusammenfassung:** In den Abschnitten der ZE hatte Kant gezeigt, dass die reflektierende Urteilskraft mit ihrem Prinzip der transzendentalen Zweckmäßigkeit, das in den Bereichen des Schönen und der organisierten Natur auftritt und Einheit in die zufällige empirische Mannigfaltigkeit der Eigenschaften der schönen und organisierten Gegenstände bringt, einen Übergang von der theoretischen zur praktischen Philosophie aufzeigt. In der „Analytik" der „Kritik der teleologischen Urtheilskraft" hatte Kant die organisierte Natur als eine solche beschrieben, die durch zwei Arten von Gesetzen charakterisiert ist, die mechanischen und die physisch teleologischen Gesetze. In der „Dialektik" kennzeichnet Kant die organisierte Nature als eine solche, deren empirische Mannigfaltigkeit durch beide Arten von Kräften und Gesetzen der Natur erklärt werden kann, ohne dass die beiden Arten von Kräften und Gesetzen der Natur dabei in Widerspruch geraten. Möglich ist dies, weil beide Arten von Kräften und Gesetzen der Natur in der regulativen Idee eines göttlichen Bewusstseins als Einheit und im menschlichen Bewusstsein als vereinbar gedacht werden können.

In der „Methodenlehre" setzt Kant die Lehre von organisierten Wesen ins Verhältnis zur Zwecklehre in der praktischen Philosophie. Damit ergibt sich eine neue Perspektive für äußere Relationen zwischen einzelnen organisierten Wesen, die nun Teil nicht nur einer mechanischen und einer physisch teleologischen, sondern auch einer moralteleologischen Ordnung werden. Kant bestimmt das Verhältnis von organisierten Wesen als natürlichen Zwecken zum Menschen als Freiheitswesen und moralischen Endzweck der Natur und zeigt abschließend, in einer der Antinomie zwischen den mechanischen und physisch teleologischen Naturgesetzen ähnlichen Problemkonstellation eines Konflikts verschiedener

---

jener der zweiten *Kritik* zu ähneln, weil der Mechanismus unterstützend (als Mittel) für die Erreichung von Naturzwecken gedacht wird und nicht nur koexistent neben diesen steht.

69 Für die Paragrafen der „Methodenlehre" der *KU*, insofern Kant in ihnen über das Zweckmäßige (im Schönen und) in der organisierten Natur den Brückenschlag zwischen der theoretischen und der praktischen Philosophie vollzieht, seien in der Literatur vor allem der dritte Teil von Zammitos (1992, bes. 263–8, 306–41) *The Genesis of Kant's Critique of Judgment* und der dritte Teil von Guyers *Kant's System of Nature and Freedom* (2005b, 2005c) empfohlen. Ein Nachteil der relevanten Arbeiten etwa von McFarland, Zuckert, Ginsborg, van den Berg, McLaughlin und Förster ist, dass sie den praktischen Kontext der Kantischen Theorie organisierter Wesen ausblenden. Außerdem hilfreich sind die Abhandlungen von Höffe (2008b, 298–308), Cunico (2008, 309–29) und Ameriks (2008, 331–49), von Ostaric (2009) und Goy (2014b). Für naturgeschichtliche Hintergründe der §§ 80–1 kann man an inhaltsreiche Materialien in Reill (2005), Huneman (2006b), Sloan (2006), Fisher (2007) und McLaughlin (2013) anknüpfen.

Ordnungen, wie die mechanische, die physisch teleologische und die moralteleologische Ordnung eine Einheit in der regulativen Idee eines göttlichen Bewusstseins bilden und im menschlichen Bewusstsein miteinander vereinbar sind. Damit schließlich ist die in der ZE geforderte Einheit der Philosophie durch einen möglichen Übergang von der theoretischen zur praktischen Philosophie (und umgekehrt) aufgezeigt.

Die „Methodenlehre" der „Kritik der teleologischen Urtheilskraft" besteht aus vierzehn Paragrafen. § 79 greift die Einordnung der Naturteleologie in das System der Wissenschaften auf, die Kant schon in § 68, dem letzten Paragrafen der „Analytik", thematisiert hat. Kant erörtert in diesen Paragrafen die Stellung der Lehre von der Zweckmäßigkeit der Natur im System der Wissenschaften und ihr Verhältnis insbesondere zur theoretischen Naturwissenschaft und zur Theologie; § 79 betont dabei die methodische Relevanz der Teleologie der Natur für die beiden Nachbarwissenschaften, wobei die Teleologie der Natur selbst Teil der kritischen Philosophie ist. In den §§ 80 – 1 unternimmt Kant weitere Analysen zur These von der Unterordnung des Mechanismus unter die physische Teleologie aus § 78. Kant beschäftigt sich in diesen Paragrafen über die bekannten systematischen Ergebnisse hinaus mit der Geschichte des mechanischen und physisch teleologischen Denkens. In den §§ 82 – 4 treibt Kant eine neue systematische These voran, in der die Zweckmäßigkeit der Natur in Beziehung zu Zwecken in der Moral gesetzt wird, wobei die Moral als Endzweck der Natur bestimmt wird. In den verbleibenden §§ 85 – 91 schließt Kant zwei Gottesbeweise an: einen physikotheologischen und einen ethikotheologischen Beweis. Ersterer nimmt Gedanken auf, die Kant in der Auflösung der Antinomie in der „Dialektik" eingeführt hat; Kant argumentiert erneut für die Einheit der mechanischen und physisch teleologischen Naturgesetze in der regulativen Idee eines theoretischen Verstandes Gottes, der als intelligentes und intentionales Wesen gedacht und mit einem theoretischen, physikotheologischen Argument bewiesen wird. Darüber hinaus argumentiert Kant für die Einheit der Natur- und Moralgesetze in der regulativen Idee eines theoretisch praktischen Verstandes in einem intelligenten, intentionalen, und zudem praktisch weisen göttlichen Wesen – einem Gott, der durch ein theoretisch praktisches, ethikotheologisches Argument bewiesen wird. Beide Aspekte Gottes gehören der regulativen Idee ein und desselben Gottes an, der die zweckmäßige Einheit der Natur und der Moral, die Einheit von theoretischer und praktischer Philosophie, garantiert.

## § 79

**Zusammenfassung:** *„Ob die Teleologie als zur Naturlehre gehörend abgehandelt werden müsse"* (KU 5:416.4 – 5), fragt Kant im Titel des § 79, dem Beginn der

„Methodenlehre". Kant versucht nun erneut, den Ort der Teleologie der Natur in der Enzyklopädie der Wissenschaften und ihr Verhältnis zu anderen Wissenschaften zu bestimmen. Er greift die Ergebnisse aus § 68 wieder auf und wiederholt, dass die Teleologie weder zu den theoretischen Naturwissenschaften noch zur Theologie gehöre, sondern *als Wissenschaft* Teil der kritischen Philosophie ist. In Absatz eins gibt Kant eine schematische Einteilung der Wissenschaften. In Absatz zwei fragt er, ob die Teleologie der Natur in dieser Einteilung zur Theologie oder zur theoretischen Naturwissenschaft gehört. In Absatz drei verneint Kant die erste, in Absatz vier die zweite dieser beiden Möglichkeiten. Als Alternative bleibt, dass die Teleologie der Natur zu keiner doktrinalen Wissenschaft gehört, sondern Teil der Kritik, und zwar Teil der kritischen Philosophie in Bezug auf das Vermögen der Urteilskraft ist. In § 68, am Ende der „Analytik", hatte Kant die Teleologie der Natur als selbstständige Wissenschaft beschrieben, die auf einem inneren Prinzip beruht und weder von der Theologie noch der mathematischen Naturwissenschaft abhängig ist. In der „Dialektik" ist mittlerweile klar geworden, dass physisch teleologische Erklärungen zum einen das Pendant zu mechanischen Erklärungen der Natur sind, zum anderen auf die regulative Idee eines schöpfenden Gottes führen. Kant bleibt in § 79 beim Ergebnis des § 68, stellt aber die methodischen Zusammenhänge der Teleologie der Natur zu den anderen Wissenschaften stärker heraus, insofern die Teleologie der Natur den mechanischen Erklärungen der theoretischen Naturwissenschaft Grenzen ihrer Erklärungsmacht aufzeigt und insofern die Teleologie der Natur über sich selbst hinaus auf theologische Erklärungen verweist.

*KU* 5:416.1–13 § 79 beginnt mit einer systematischen Einteilung der Wissenschaften. Kant vertritt die These, dass jeder Wissenschaft eine bestimmte Stelle im System der Wissenschaften zukomme, die in § 79 nicht tiefer begründet wird.

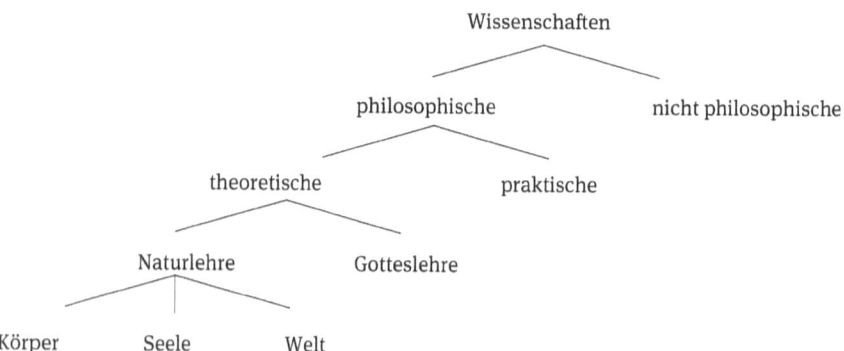

## 1.2 Kommentar zur „Einleitung" und „Kritik der teleologischen Urtheilskraft" — 141

Diese Einteilung enthält insofern Überraschungen,[70] als die Naturlehre als jene Wissenschaft erläutert wird, die Erfahrungsgegenstände behandelt und sich in die Körper-, Seelen- und Weltlehre untergliedert, von denen zumindest die Seele und das Weltganze keine offensichtlichen Erfahrungsgegenstände sind. Die Gotteslehre wird als Wissenschaft vom „Urgrunde der Welt als Inbegriff aller Gegenstände der Erfahrung" (*KU* 5:416.12–3) erläutert. Auch trennt Kant stärker als in der Einteilung der Wissenschaften der *KrV* zwischen Naturlehre (Körper, Seele, Welt) und Gotteslehre.

*KU* **5:416.14–8** Hatte Kant in Absatz eins mit der These aufgewartet, dass einer jeden Wissenschaft eine Stelle im System der Wissenschaften gebührt, fragt er in Absatz zwei unter der Voraussetzung, dass die Teleologie der Natur eine Wissenschaft ist (was in § 68 gezeigt wurde), wo im System der theoretischen Wissenschaften die Teleologie der Natur ihren Ort hat, ob unter den Naturwissenschaften oder in der Theologie. Kant schließt damit zugleich implizit aus, dass die Teleologie der Natur in irgendeinem Sinne zur praktischen Wissenschaft gehört.[71] Auch gehört sie nicht zum Übergang zwischen den Wissenschaften, weil dieser nur den Aufbau des Systems betrifft. Kant geht mit dieser Bemerkung auf

---

[70] Systematische Einteilungen der Wissenschaften präsentiert Kant relativ häufig und unter verschiedenen Gesichtspunkten der Gliederung. Um nur zwei sehr bekannte zu nennen: *GMS* 4:387.1–388.14 und *KrV* A 840–7/B 868–75.

[71] Dieser Punkt ist insofern nicht trivial, als einige Interpreten erwägen, ob zur Beurteilung der Naturzwecke nicht nur theoretische, sondern auch praktische Vernunft erforderlich ist, was nach Textpassagen wie diesen problematisch ist. So schreibt Klemme (2013, 114), dass „die reflektierende Urteilskraft nur deshalb bestimmte Formen der Natur als zweckmäßig organisiert beurteilen kann, weil sie von der reinen praktischen Vernunft hierzu angewiesen wird". Auch Breitenbach (2009, 103) meint, dass „die lebendige Natur" nach „der Analogie mit der praktisch tätigen Vernunft" verstanden werden kann. M. E. ist diese Ansicht für die Beurteilung organisierter Wesen sowohl aus der Perspektive der menschlichen als auch aus der Perspektive der göttlichen Vernunft (die man im Sinne Kants besser ‚Verstand' nennt) irreführend: Für die menschliche Vernunft ist die Moralteleologie nur für die Beurteilung der äußeren Zweckmäßigkeit organisierter Wesen relevant, d. h., für die Bestimmung äußerlicher zweckmäßiger Selbstverhältnisse im Menschen: zwischen sich selbst als moralischem und natürlichem Wesen, für die Bestimmung äußerlicher zweckmäßiger Verhältnisse zwischen organisierten Wesen, etwa Menschen als organisierten Wesen und Tieren oder Pflanzen sowie für die Bestimmung äußerlicher zweckmäßiger Verhältnisse zwischen organisierten Wesen und Kunst- oder anorganischen Gegenständen, wenn sie unter der Hinsicht des Endzwecks der Natur – einer moralischen Welt beurteilt werden, aus deren Perspektive auch äußere Verhältnisse als zweckmäßige gedacht werden müssen. Die Beurteilung der inneren natürlichen Zweckmäßigkeit organisierter Wesen, insofern sie auf der theoretischen Vernunft beruht, bleibt davon unberührt. In der regulativen Idee des Bewusstseins Gottes umgekehrt wären theoretische und praktische Vernunft (besser ‚Verstand') von Anfang an und auf immer ununterschieden.

eine Beobachtung aus dem § 68 zurück, wo er notiert, dass die Teleologie häufig „keinen eigenen Theil der theoretischen Naturwissenschaft" ausmacht, sondern statt dessen „zur Theologie als Propädeutik oder Übergang gezogen" (*KU* 5:383.28 – 30) wird, also zwischen Naturwissenschaft und Gotteslehre zu stehen kommt.

*KU* 5:416.19 – 417.14 In Absatz drei zeigt Kant, dass die Teleologie der Natur nicht zur Theologie gehört, denn ihrem Gegenstand nach behandelt sie keine übernatürlichen Dinge, sondern Naturprodukte und deren Ursachen. Kant gesteht aber zu, dass sie für theologische Fragestellungen einen gewissen Nutzen hat[72], denn in Bezug auf die Ursachen von Naturprodukten weise sie über die Natur hinaus auf einen „göttlichen Urheber" (*KU* 5:416.23) – nicht im konstitutiven Sinne, sondern als regulatives Prinzip für die reflektierende Urteilskraft. Da es der theoretischen Naturwissenschaft, so Absatz vier, um das Verstehen und Erklären der Entstehung und Möglichkeit der Naturgegenstände, das heißt, um bestimmende Urteile und objektive Gründe geht, physisch teleologische Maximen jedoch nichts zu den mechanischen Erklärungen beitragen, weder bestimmende Urteile sind noch objektive Gründe abgeben, gehört die Teleologie der Natur auch nicht zur theoretischen Naturwissenschaft.

*KU* 5:417.15 – 22 Da die Teleologie der Natur keinen Platz unter den doktrinalen Wissenschaften findet, so Absatz fünf, bleibt ihr ein Platz in der kritischen Philosophie, und zwar in der Kritik der Urteilskraft. Dennoch habe sie einen methodischen Einfluss sowohl auf die Theologie als auch auf die theoretische Naturwissenschaft. Die Teleologie der Natur enthält Prinzipien a priori (wie an früherer Stelle sichtbar wurde, ist die Einheit, welche in physisch teleologischen Urteilen gedacht wird, ein apriorisches Vernunftprinzip); sie gibt eine Methode an, wie über Endursachen in der Natur reflektiert werden müsse (nach einem regulativen Prinzip der Einheit der zweckmäßigen Form) und beeinflusst damit indirekt das Verfahren der Naturwissenschaft, da es mechanische Erklärungen sind, die unter physisch teleologische gebracht werden, und zwar dort, wo diese gewisse Formen in der Natur nicht erklären können. Die Teleologie der Natur zeigt dem Mechanismus damit „negativ[]" (*KU* 5:417.20) die Grenzen seiner Erklärungsmacht auf. Umgekehrt verweist der Rekurs auf Endursachen in der Natur methodisch auf eine höchste Endursache, die nicht mehr Teil der Natur ist, sondern als übersinnliche in die Theologie gehört. Mit diesem Argument für die methodische Relevanz der Teleologie der Natur in der theoretischen Naturwis-

---

[72] Kant denkt eventuell an ein physikotheologisches Argument, das von Beobachtungen der Ordnung und Schönheit in der konkreten Natur zum übernatürlichen Schöpfer und Grund der Schönheit und Ordnung der Natur aufsteigt.

senschaft und der Theologie eröffnet Kant die „Methodenlehre" der reflektierenden Urteilskraft.

## § 80

**Zusammenfassung:** Die §§ 80 und 81 haben ein gemeinsames Thema, wie die Überschriften der beiden Paragrafen zeigen. § 80 spricht „*Von der nothwendigen Unterordnung des Princips des Mechanisms unter dem teleologischen in Erklärung eines Dinges als Naturzwecks*" (KU 5:417.24–6). § 81 dagegen handelt „*Von der Beigesellung des Mechanismus zum teleologischen Princip in der Erklärung eines Naturzwecks als Naturproducts*" (KU 5:421.31–3). Nach den Titeln scheint es so, als wolle sich Kant in § 80 auf eine erneute Darstellung der hierarchischen Vereinigung von mechanischen und physisch teleologischen Erklärungen in organisierten Wesen konzentrieren, während er in § 81 Naturzwecke als Naturprodukte betrachten, das heißt, im Zusammenwirken von Mechanismus und physischer Teleologie besonders auf die Kausalität der Naturproduktion achten wolle. Diese Vermutung bestätigt sich nicht. Denn im ersten Absatz von § 81 legt Kant ein anderes Verständnis beider Paragrafen nahe. In beiden §§ argumentiert Kant für die Unverzichtbarkeit der mechanischen und der physisch teleologischen Erklärungen organisierter Wesen, wobei er in § 80 vor allem für die Bedeutung der physisch teleologischen, in § 81 für die Bedeutung der mechanischen Erklärungen argumentiert. In Abschnitt eins und zwei des § 81 bringt Kant erreichte systematische Ergebnisse in Erinnerung: dass im organisierten Wesen Mechanismus und physische Teleologie immer zusammen vorkommen, dass ersterer der letzteren untergeordnet ist, dass dennoch soweit als möglich mechanisch erklärt werden soll, schließlich, dass der Urgrund der Natur, in dem Mechanismus und physische Teleologie Einheit sind, selbst nur eine regulative Idee der reflektierenden Urteilskraft ist. In den Absätzen drei bis sechs erläutert Kant an Beispielen, inwiefern der Mensch immer eine ursprüngliche Organisation (physisch teleologische Erklärungen) zugrunde legt und den Mechanismus in den Dienst dieser physisch teleologischen Erklärungen stellt. Beispiele für diese ursprüngliche Organisation (physisch teleologische Erklärungen) sind das teleologisch geleitete Naturstudium in der vergleichenden Anatomie (Absatz vier) und in der Archäologie der Natur (Absatz fünf) sowie die Annahme von teleologischen Grundlagen der Veränderung von Eigenschaften, die nicht willkürlich geschehen, sondern nach einem in den Anlagen liegenden zweckmäßigen Plan (Absatz sechs). In den Absätzen sieben und acht kritisiert Kant Humes These von der Selbstherrschaft der Materie und Spinozas These von der einfachen Substanz dafür, dass sie die zweckmäßige Einheit organisierter Wesen nicht erklären können.

*KU* 5:417.23 – 418.10 Es ist, so Absatz eins, für die Erklärung organisierter Wesen notwendig, mechanischen und physisch teleologischen Erklärungen zugleich nachzugehen, da die begrenzte Erklärungsmacht des Mechanismus weder das, was physisch teleologisch, noch die physische Teleologie das, was mechanisch ist, erklären kann. Die mechanische Beurteilung muss der physisch teleologischen untergeordnet werden. Dabei sollte der Mensch, so Absatz zwei, so weit wie möglich mechanisch erklären. Selbst wenn es so scheinen könnte, als sei eine Einheit von mechanischen und physisch teleologischen Erklärungen für die *menschliche Erkenntnis* nicht möglich, soll der Mensch nicht annehmen, dass diese Einheit nicht möglich ist. Denn ein anderer als der menschliche Verstand könnte ihre ursprüngliche Einheit in einem intelligiblen Substrat der Natur wahrnehmen. Soweit nur Wiederholung des Erreichten.

*KU* 5:418.11 – 419.8 In den Absätzen drei bis sieben unterstreicht Kant seine These von der ursprünglichen Organisation der Natur (der physischen Teleologie) an drei Beispielen. Das erste Beispiel (Absatz vier) betrifft die Forschungsmethode in der vergleichenden Anatomie. Betrachtet der Naturforscher organisierte Wesen (z.B. beim Besuch eines Naturkundemuseums), vergleicht das gemeinsame Schema in ihrem Knochenbau, in der Anordnung der Teile, und die Einheit des Grundrisses, die sich nur durch Verkürzung oder Verlängerung oder durch die Einwickelung (das Nichterscheinen) und Auswickelung (das Erscheinen) einzelner Teile unterscheidet, legt sich ihm eine Verwandtschaft der Wesen nahe, die dadurch erklärt werden kann, dass alle organisierten Wesen von einer gemeinsamen „Urmutter" (*KU* 5:418.37) abstammen. Diese hat alle Variationen im Bauplan der Wesen, von Stufen, in denen die Zweckmäßigkeit wenig augenfällig ist (Kristalle, Moose, Flechten), bis hin zu Stufen, in welchen „das Princip der Zwecke am meisten bewährt zu sein scheint" (komplexere Pflanzen, Tiere, der Mensch; *KU* 5:419.1– 2) erzeugt. Sie bringt ein durchgängiges Prinzip der zweckmäßigen niederen und höheren Organisation in die Verfassung aller (zugleich existierenden) Wesen.

*KU* 5:419.9 – 420.3 Das zweite Beispiel (Absatz fünf) beschreibt die Tätigkeit des „*Archäologen* der Natur"[73] (*KU* 5:419.9). Die „*Archäologie der Natur*" erläutert

---

[73] Anders als in der hiesigen Analyse, trennt McLaughlin (2013) in seiner kurzen Abhandlung „Actualism and the Archaeology of Nature" die Beispiele für die vergleichende Anatomie (Absatz vier) und die Archäologie der Natur (Absatz fünf) nicht, sondern betrachtet beide als ein einziges Beispiel für naturgeschichtliche Erwägungen. Und ebenfalls anders als in der hiesigen Analyse, interpretiert McLaughlin Kants Betrachtungen zur Naturgeschichte eher als kritische Anmerkungen Kants darüber, wie wenig naturgeschichtliche (physisch teleologische) Erwägungen den mechanischen hinzufügen können: „In § 80 he [Kant] proceeds to describe (and then to criticize) under the title of *the archaeology of nature* what the natural history of the organism – now ap-

## 1.2 Kommentar zur „Einleitung" und „Kritik der teleologischen Urtheilskraft" — 145

Kant in einer Anmerkung zu § 82 als *„Naturgeschichte"*, das heißt, „eine Vorstellung des ehemaligen, *alten* Zustandes der Erde, worüber man, wenn man gleich keine Gewißheit hoffen darf, doch mit gutem Grunde Vermuthungen wagt" (*KU* 5:428.28–32). Blickt solch ein Archäologe der Natur auf die verschiedenen Epochen und Revolutionen in der Entwicklung der Natur zurück, und versucht diese in einer Naturgeschichte zu erklären, legt er die physisch teleologische Idee von einem „Mutterschooß der Erde"[74] zugrunde,

> die eben aus ihrem chaotischen Zustande herausging [...] anfänglich Geschöpfe von minderzweckmäßiger Form, diese wiederum andere, welche angemessener ihrem Zeugungsplatze und ihrem Verhältnisse unter einander sich ausbildeten, gebäre[] [...]; bis diese Gebärmutter [...] ihre Geburten auf bestimmte, fernerhin nicht ausartende Species eingeschränkt hätte,

---

parently alternative to his program – might look like. In this section Kant explores the possibility of a mechanistic explanation of the organism" (McLaughlin 2013, 161). Meine Lesart stimmt besser mit den Überschriften und Zielen von § 80 und § 81 überein. McLaughlin (2013, 159) gibt außerdem Hinweise auf historische Bezüge des § 80 und seine Bedeutung in der Kantischen Argumentation. Er nennt Denis Diderots *De l'interpretation de la nature* (1754) oder Jean-Baptiste-René Robinets *De la nature* (1761–1766) als mögliche Quellen für Kants Darstellung der Naturgeschichte als Archäologie der Natur. Lukrez' (ca. 99–55 v. Chr.) *De rerum natura* (5.821–31, 855–6) ist eine Quelle für die Vorstellung der Erde als Mutter.

74 In seinem Aufsatz „Noch etwas über die Menschenraßen" (1786a) schreibt Forster gegen naturgeschichtliche Spekulationen: „In der Naturgeschichte muß es sich anders verhalten, wenn es in derselben, wie Herr Kant behauptet, nur um die Erzeugung und den Abstamm zu thun ist. Allein in diesem Sinne dürfte die Naturgeschichte wohl nur eine Wissenschaft für Götter und nicht für Menschen seyn. Wer ist Vermögend den Stammbaum auch nur einer einzigen Varietät bis zu ihrer Gattung hinauf darzulegen, wenn sie nicht etwa erst unter unsern Augen aus einer andern entstand? Wer hat die kreißende Erde betrachtet in jenem entfernten und ganz in Unbegreiflichkeit verschleyerten Zeitpunkt, da Thiere und Pflanzen ihrem Schoße in vieler Myriaden Mannigfaltigkeit entsproßen, ohne Zeugung von ihres Gleichen, ohne Samengehäuse, ohne Gebärmutter? Wer hat die Zahl ihrer ursprünglichen Gattungen, ihrer Autochthonen, gezählt? Wer kann uns berichten, wie viele Einzelne von jeder Gestalt, in ganz verschiedenen Weltgegenden sich aus der gebärenden Mutter weichem, vom Meere befruchteten Schlamm organisirten?" (Forster 1786a, 80–1). Forster stellt die Urmutterhypothese im Sinne einer *generatio aequivoca* als eine Spekulation dar, die durch Erfahrung nicht bestätigt werden kann.
Kant bezieht sich 1788 in den *TP* (8:179.25–180.17) auf diese Passage, setzt ihr aber schon in den *TP* die Idee einer ursprünglichen Organisation (*TP* 8:179.8–20) entgegen. In dieser geht im Sinne einer *generatio univoca* Organisiertes aus Organisiertem hervor, selbst wenn dies zu einer metaphysischen Annahme führt, die kein Gegenstand der Naturwissenschaft im engen Sinne (Physik) sein kann, sondern in die Metaphysik oder Theologie gehört (*TP* 8:182.11–183.9). Ähnlich beschreibt Kant die Urmutterhypothese in der *KU* (5:419.22–5) als eine solche, die von Anfang an mit der Annahme einer ursprünglichen Organisation arbeiten muss: „Allein er [der Naturforscher] muß gleichwohl zu dem Ende dieser allgemeinen Mutter eine auf alle diese Geschöpfe zweckmäßig gestellte Organisation beilegen, widrigenfalls die Zweckform der Producte des Thier- und Pflanzenreichs ihrer Möglichkeit nach gar nicht zu denken ist".

und die Mannigfaltigkeit so bliebe [...]. Alleine [...] [der Archäologe der Natur] muß gleichwohl zu dem Ende dieser allgemeinen Mutter eine auf alle diese Geschöpfe zweckmäßig gestellte Organisation beilegen, widrigenfalls die Zweckform der Producte des Thier- und Pflanzenreichs ihrer Möglichkeit nach gar nicht zu denken ist (*KU* 5:419.14–25).

Der Archäologe der Natur stellt sich die Urmutter der Natur als ein zweckmäßig schöpfendes Prinzip vor, das einen Zeugungsplan besitzt und alle Wesen in ihrer mechanischen und zweckmäßigen Ordnung hervorbringt.[75] Dabei werden anfangs weniger zweckmäßige, später zunehmend zweckmäßige Geschöpfe gebildet. Es scheint so, als lege Kant dem Archäologen in den Mund, dass dieser die Höherentwicklung in der Zweckordnung durch eine bessere Anpassung der Anlagen der Wesen an die Umgebung zustande kommen lässt (so wie Kant in den Rassenschriften argumentiert).[76]

*KU* 5:420.4–21 Das dritte Beispiel für die Bedeutung der physisch teleologischen Erklärungen betrifft plötzliche Abänderungen in den Eigenschaften eines Individuums, die, obgleich sie vordergründig zufällig wirken, doch in die erblichen Eigenschaften und in die Zeugungskraft aufgenommen werden. Nach Kant entstehen diese Eigenschaften nicht zufällig, sondern sind einem teleologischen Prinzip in den ursprünglichen (bis zur Änderung der Eigenschaften noch unentwickelten) Anlagen des organisierten Wesens verdankt.

*KU* 5:420.22–421.29 In den Absätzen sieben und acht argumentiert Kant gegen zwei Thesen von Hume und Spinoza, die beide die zweckmäßige Ordnung organisierter Wesen nicht erklären können. Hume argumentiere dagegen, dass ein architektonischer Verstand Ursache der zweckmäßigen Form organisierter Wesen sein könne, weil man dann fragen müsse, wer wiederum den zweckmäßigen Verstand hervorgebracht und zu einem zweckmäßig handelnden Verstand gemacht habe, und so argumentativ in einen infiniten Regress gerät. Gegen Humes

---

[75] Meine Lesart dieser Stelle ist der von Steigerwald (2006b, 714; ebenfalls gegen McLaughlin 2013) nahe, die anmerkt: „But Kant insisted that human beings can only conceive of the production of organisms by beginning with organized form; it is necessary for us to attribute to this ‚common original mother' – ‚like a large animal' – ‚an organization that purposively aimed at all these creatures'".

[76] Rezeptionsgeschichtlich interessante Diskussionen zu dieser Passage finden sich bei Sloan (2006, 642–4) und Huneman (2006b, 649–74). Nach Huneman (2006b, 668–9) kann man Johann Wolfgang Goethes (1749–1832) Urpflanze oder Urtypus wie jenes „Schema" oder „Urbilde" (*KU* 5:418.25, 35) verstehen, das Kant in der Darstellung der Archäologie der Natur in § 80 beschreibt. Obgleich diese Parallelisierung interessante Vergleiche zwischen Kant und Goethe ermöglicht, könnte man einwenden, dass Goethe zwar die Phrase „Abenteuer der Vernunft" (*KU* 5:419.26–7) aus dem unmittelbaren Umfeld dieser Passage zitiert, sie selbst aber in einem anderen Zusammenhang verwendet: dem eines menschenmöglichen intuitiven Verstandes und nicht dem einer Diskussion der Naturgeschichte.

Alternative wendet Kant ein, die zweckmäßige Form organisierter Wesen könne nicht durch die „*Autokratie* der Materie" (*KU* 5:421.6), das heißt, die Selbstherrschaft der Materie erklärt werden, da die Materie selbst nur ein Aggregat und niemals (innerlich zweckmäßige) Einheit sei. Gegen Spinoza wird das Argument aus den §§ 72–3 der „Dialektik" wiederholt: Gott als einfache, notwendige Substanz ermöglicht zwar die „*Einheit* des Grundes" (*KU* 5:421.16) des Mannigfaltigen, aber nicht die Einheit des Zwecks. Da in Spinozas Ansatz alles Zufällige eliminiert wird (*KU* 5:421.27–8), die Zweckmäßigkeit aber die Ordnung der zufälligen empirischen Mannigfaltigkeit ist, wird das Zweckdenken in Spinozas Ansatz gänzlich eliminiert.

**KU 5:419.26–38 und 420.34–6** Die Fußnote zu Kants zweitem Beispiel entfernt sich etwas vom Hauptgedanken des Paragrafen, ist aber von historischem Interesse, da Kant in dieser traditionelle und zeitgenössische Ansätze systematisiert und sich selbst unter ihnen positioniert. In Bezug auf die Erzeugung der Wesen unterscheidet er die folgenden drei Ansätze:

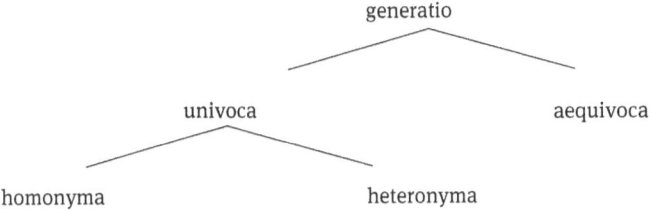

Als *generatio aequivoa* bezeichnet Kant die Erzeugung der organisierten Wesen aus der Mechanik der unorganisierten Materie, etwa aus Schlamm oder aus den natürlichen Elementen. Für Kant ist diese Sichtweise ein „gewagtes Abenteuer der Vernunft" (*KU* 5:419.26–7).[77] Er steht ihr nicht ablehnend gegenüber; sie ist eine

---

[77] Goethe bezieht sich im Text „Anschauende Urteilskraft" (1820) auf Kants Phrase vom „Abenteuer der Vernunft", missversteht oder ignoriert aber deren naturgeschichtlichen Kontext in § 80. Goethe zitiert Kants Zeilen zum intuitiven Verstand aus § 77 (!) der *KU* und schreibt dazu: „Zwar scheint der Verfasser [Kant] hier auf einen göttlichen Verstand zu deuten, allein [...] dürft' es wohl im Intellektuellen der[] Fall sein, daß wir uns, durch das Anschauen einer immer schaffenden Natur, zur geistigen Teilnahme an ihren Produktionen würdig machen. Hatte ich doch erst unbewusst und aus innerem Trieb auf jenes Urbildliche, Typische rastlos gedrungen, war es mir sogar geglückt, eine naturgemäße Darstellung aufzubauen, so konnte mich nunmehr nichts weiter verhindern das *Abenteuer der Vernunft*, wie es der Alte vom Königsberge selbst nennt, mutig zu bestehen" (Goethe, *Anschauende Urteilskraft* HA 13.30–1). Goethe glaubt, Kant verwende diese Phrase für den göttlichen intuitiven Verstand. Das Abenteuer, das Goethe bestanden zu haben meint, ist, dass er die Perspektive eines intuitiven Verstandes oder anschauenden Denkens als Mensch einnehmen kann – etwas, das Kant dem Menschen nach den §§ 76–7 der *KU* verwehrt.

Herausforderung für das Denken, der auch schon viele Naturphilosophen nachgegangen haben;[78] Kant teilt sie aber nicht. Die Gegenthese einer *generatio univoca* bezeichnet die Erzeugung eines organisierten Wesens aus Organischem. Eine *generatio univoca heteronyma* liegt vor, wenn Organisches aus Organischem anderer Art hervorgeht, etwa Landtiere aus Sumpftieren. Kant meint, diesem Ansatz fehle die Bestätigung in der Erfahrung. Eine andere Form ist die *generatio univoca homonyma*. In dieser geht Organisches aus Organischem derselben Art hervor. Diese Position ist (zumindest innerhalb der Natur und nicht im Verhältnis von Natur und göttlicher Schöpfung) mit dem von Kant vertretenen Ansatz kompatibel.

## § 81

**Zusammenfassung:** Korrespondierend zur Gegenthese in § 80, dass mechanische Erklärungen nicht hinreichend sind, um ein Naturprodukt zu erklären und man physisch teleologische Erklärungen hinzuziehen müsse, weist Kant in § 81 darauf hin, dass physisch teleologische Erklärungen allein ebenfalls nicht hinreichend sind, um ein Naturprodukt zu erklären, und argumentiert nun umgekehrt für die Bedeutung mechanischer Erklärungen. Wie schon in den §§ 72–3 kritisiert Kant in § 81 physisch teleologische Modelle, diesmal jedoch nicht, weil sie die Teleologie objektiv dogmatisch behaupten, sondern weil ihre teleologischen und theologischen Implikationen dem Mechanismus zu wenig Raum lassen. In Absatz eins kündigt Kant an, dass er die Bedeutung des Mechanismus als Werkzeug einer absichtlich wirkenden physisch teleologischen Ursache verdeutlichen möchte, denn ohne den Mechanismus wären organisierte Wesen keine Naturprodukte. In Absatz zwei vergleicht Kant okkasionalistische und prästabilistische physisch teleologische Erklärungen und untersucht, wieviel Raum mechanischen Erklärungen der Natur zukommt. Kant verwirft den Okkasionalismus. In Absatz drei betrachtet Kant zwei Unterformen des Prästabilismus, die Lehre von der individuellen Präformation (Evolutionstheorie, Involutionstheorie) und der generischen Präformation (Epigenesis). Die individuelle Präformation kritisiert Kant in Absatz

---

[78] Etwa vertreten die milesischen Naturphilosophen Formen der *generatio aequivoca*, der spontanen Erzeugung von Lebewesen und Organisiertem aus lebloser und anorganischer Materie, wenn sie behaupten, der Urstoff aller Dinge sei das Wasser, wie Thales von Milet (DK 11A12, DK 11A14), die Luft, wie Anaximenes von Milet (DK 13B2), das Feuer, wie Heraklit von Ephesos (DK 22B31) oder alle vier Elemente, die Liebe und der Streit, wie Empedokles von Akragas (DK 31B16, DK 31B17). Aristoteles erwähnt in *GA* (2.1.732b12) eine Theorie, nach der die niedrigsten Lebewesen aus Schlamm oder tierischen Sekreten entstehen.

vier, die generische Präformation kritisiert und lobt Kant in den Absätzen fünf und sechs. Kant preist Blumenbach als Vertreter der epigenetischen Lehre.[79]

**KU 5:421.30 – 422.19** In Absatz eins vertritt Kant die These, dass bloße physisch teleologische Erklärungen ein organisiertes Wesen nicht als Naturprodukt plausibel machen können, wenn nicht der Mechanismus als „Werkzeug" (*KU* 5:422.6) der absichtlich wirkenden Ursache hinzutritt. Ein Argument für diese These gibt Kant jedoch nicht. Statt dessen betont er nur noch einmal, dass die Vereinigung der mechanischen und physisch teleologischen Erklärungsweisen im „übersinnlichen Substrat der Natur" (*KU* 5:422.12 – 3) stattfindet, zu dem die menschliche Erkenntnis keinen Zugang hat.

Ich nehme die Einteilung der Positionen in den folgenden Passagen schematisch vorweg. Kant differenziert physisch teleologische Modelle der Erzeugung wie folgt:

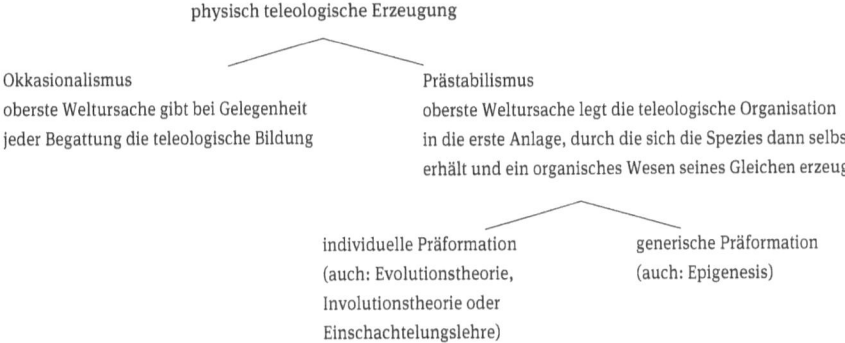

**KU 5:422.20 – 35** In Absatz zwei behauptet Kant, dass es zwei Weisen gibt, in denen das physisch teleologische Prinzip der Erzeugung in organisierten Wesen vorliegt: Im Okkasionalismus[80] gibt „die oberste Weltursache ihrer Idee gemäß bei

---

[79] Fisher (2007) merkt zur Lage der Forschung an, dass man den Einflüssen der Mathematik und Physik auf Kants metaphysisches Denken als wissenschaftlichem Denken bislang viel Aufmerksamkeit gewidmet habe, während die Bezüge der Kantischen Philosophie zur Naturgeschichte in § 81 noch wenig durchdrungen worden seien. Fishers (2007, 110) Abhandlung trägt insbesondere zur Klärung der Begriffe der individuellen und generischen Präformation bei.

[80] Den Okkasionalismus vertreten historisch islamische theologische Schulen des Irak. Im neunten Jahrhundert argumentierte der Theologe Abu al-Hasan al Ash'ari, dass es keine sekundären Ursachen in der geschaffenen Ordnung gibt. Die Schöpfung wird allein durch direkte Interventionen der göttlichen Ersturache gelenkt und wird permanent durch Gott wieder erschaffen. Der berühmteste Vertreter dieser okkasionalistischen Lehre war Abu Hamid Muhammad

Gelegenheit einer jeden Begattung der in derselben sich mischenden Materie unmittelbar die organische Bildung" (*KU* 5:422.24–6), das heißt, die oberste Ursache greift fortwährend in die Schöpfung ein; neben Gott als Erstursache gibt es keine sekundären Ursachen der Natur. Für den Okkasionalismus ist „die Begattung eine bloße Formalität", unter der „eine oberste verständige Weltursache" beschließt, die „Frucht mit unmittelbarer Hand zu bilden und der Mutter [Natur] nur die Auswickelung und Ernährung derselben zu überlassen" (*KU* 5:423.16–9). Kant kritisiert sofort, dass bei dieser Art von Erklärung die Natur gänzlich verloren geht, mit ihr auch aller Vernunftgebrauch, den man in der Reflexion über die Natur benötigen würde. In Kants Augen ist eine derartige Position nicht sinnvoll.

Im Prästabilismus[81] legt die oberste Weltursache „in die anfänglichen Producte" nur die „Anlage", durch die sie „ein organisches Wesen seines Gleichen hervorbringt und die Species sich selbst beständig erhält" (*KU* 5:422.26–9). Im Prästabilismus ist der schöpfende Gott die erste Ursache der Dinge, aber nicht die einzige. Neben Gott als Erstursache sind sekundäre Ursachen der Natur möglich.

*KU* 5:422.36–423.11 In Absatz drei unterscheidet Kant zwei Formen des Prästabilismus, die individuelle Präformation und die generische Präformation. Die individuelle Präformation wird auch Evolutionstheorie (Auswicklungslehre, von lat. *evolvere:* auswickeln) oder Involutionstheorie (Einwicklungslehre, von lat. *involvere:* einwickeln) genannt. Nach der individuellen Präformation ist das organisierte Wesen ein „*Educt*" (*KU* 5:423.1). Ein Edukt, wie schon im Kommentar zu § 65 gesagt wurde,[82] ist ein Wesen, das sich aus dem von Gott vorgeformten Keim

---

ibn Muhammad al-Ghazali, ein Theologe aus dem elften Jahrhundert. Im zwölften Jahrhundert wurde al-Ghazalis Lehre durch den islamischen Theologen Fakhr al-Din al-Razi verteidigt. Üblicher Weise wird der Okkasionalismus jedoch eher mit Philosophen der Cartesischen Schule aus dem siebzehnten Jahrhundert assoziiert. Züge eines okkasionalistischen Standpunkts finden sich in Descartes' Schriften und viele seiner späteren Nachfolger bekennen sich explizit zu einer okkasionalistischen Position, so etwa Johannes Clauberg (1622–1665), Claude Clerselier (1614–1684), Gérauld de Cordemoy (1626–1684), Arnold Geulinx (1625–1669), Louis de La Forge (1632–1666), und, am bekanntesten, Nicolas Malebranche (1638–1715).

81 Der Prästabilismus ist kein historisch gebräuchlicher -ismus wie der Okkasionalismus. ‚Prästabilism' ist außerdem ein singulärer Terminus im Kantischen Oeuvre, der als solcher keine einzige buchstäbliche Parallelstelle, weder in den publizierten noch den nicht publizierten Schriften besitzt. Der Terminus lehnt sich an Gottfried Wilhelm Leibniz' (1646–1716) prästabilierte Harmonie in der Monadenlehre an (vgl. *MAN* 4:476.23).

82 Die Termini ‚Educt' und ‚Product' haben in Kants Zeit spezifische Bedeutungen. Der Terminus ‚Educt' gehört zu einem präformistischen Modell der übernatürlichen oder göttlichen Schöpfung. ‚Educere' umfasst einen Akt der natürlichen Erzeugung, dem ein übergeordneter, übernatürlicher Akt der Schöpfung der Natur vorausgeht. ‚Educere', herausbilden, beschreibt die sekundäre Entfaltung von Merkmalen eines organisierten Wesens, welche ein primärer Akt der Schöpfung in den Samen des Lebewesens gelegt hat. Der Terminus ‚Product' gehört zu einem epigenetischen

‚auswickelt' und ‚herausbildet'. In der individuellen Präformation ist jedes einzelne Individuum durch Gott präformiert. Der Natur obliegt die Auswicklung der Anlagen aus dem Keim, den Gott für jedes Individuum vorgebildet hat. Die generische Präformation wird auch Epigenesis genannt. In der generischen Präformation ist das organisierte Wesen ein „*Product*" (*KU* 5:423.1), ein natürlich Erzeugtes. In dieser Art der Präformation werden die *genera*, die Formen der Gattungen, durch Gott als Erstursache vorgebildet, nicht aber die Individuen. Die Produktion der Individuen in den Gattungen obliegt der Natur als sekundärer Ursache.

***KU* 5:423.12 – 424.6** In Absatz vier kritisiert Kant die individuelle Präformation (Evolutionstheorie, Involutionstheorie). Sie bleibt zum einen dem Okkasionalismus sehr nahe – Kant merkt an, dass beide Theorien so gut wie „einerlei" (*KU* 5:423.20) sind. Ein feiner Unterschied zum Okkasionalismus besteht darin, dass der natürlichen Begattung in der individuellen Präformation nicht bloß die formale Rolle zukommt, Anlass eines göttlichen Eingriffs zu sein, sondern dass sie das Lebewesen tatsächlich auf natürliche Weise hervorbringt. Da Gott jedoch in der individuellen Präformation bereits am Anfang der Schöpfung alle Individuen vorbereitet, die einmal entstehen sollen, während sie im Okkasionalismus im Fortgang der Welt erzeugt werden, entsteht für die individuelle Präformation das Problem, dass alle Keime, aus denen künftig Individuen entwickelt werden sollen, über lange Zeit hinweg erhalten und gegen zerstörende Kräfte der Natur geschützt werden müssten, so dass sie bis zur Hervorbringung des Individuums unverletzt bleiben (*KU* 5:423.24 – 6). Gelingt dies nicht, könnten viele Schöpfungen zwecklos werden, wenn eine Situation eintritt, in der präformierte Keime verloren gehen oder ihre Entwicklung verhindert wird. Gegen die individuelle Präformation spricht außerdem das Auftreten von Missgeburten, da die missgestalteten Individuen weder als Zwecke der göttlichen Schöpfung noch der Natur angesehen werden können. Die individuelle Präformation versucht daher, selbst in diesen „eine bewunderungswürdige Zweckmäßigkeit" (*KU* 5:423.33) zu finden, sei es „daß ein Anatomiker einmal daran, als einer zwecklosen Zweckmäßigkeit, Anstoß nehmen und niederschlagende Bewunderung [!] fühlen sollte" (*KU* 5:423.34 – 6). Auch die Erzeugung der Bastarde ist problematisch für die individuelle Präformation und führt zu einem theoretischen Selbstwiderspruch. Er besteht darin,

---

Modell der Erzeugung. ‚Produktion' bezeichnet die Selbsterzeugung und Selbstverursachung der organisierten Natur, vgl. auch Zammito (2003, 91): „Kant found the contrast of *educt* and *product* crucial for his conceptualization. The difference between them is that in an educt all the relevant material preexists, and only aggregation is shuffled, whereas in a product, altogether new things emerge. [...] Thus there were, for him, only *two* theoretical possibilties for the generation of bodies (or souls), namely preformation (the educt-theory) and epigenesis (the product-theory)".

dass die individuelle Präformation bei der Erzeugung weder dem männlichen noch dem weiblichen Elternteil ein physisch teleologisches Prinzip zuschreiben will, dies aber bei der Erzeugung von Bastarden tun muss (wie Kant sagt, schreibt die individuelle Präformation es dem männlichen Elternteil zu – in dieser Kritik scheinen Kant konkrete Fälle von Theorien der Naturforschung seiner Zeit vor Augen zu stehen).

*KU* 5:424.7–18 Die generische Präformation oder Epigenesis, so Kant in Absatz fünf, hat Argumente aus der Erfahrung und der Vernunft für sich. Sie betrachtet die Natur in der Fortpflanzung nicht nur als eine passive Kraft, welche die Erzeugungen Gottes aus dem präformierten Keim auswickelt, sondern selbst als eine hervorbringende Ursache. In der generischen Präformation oder Epigenesis wird mit dem „kleinst-möglichen Aufwande des Übernatürlichen" (*KU* 5:424.15) alles Übrige der Natur überlassen. Kant sympathisiert mit der Reduktion des Übernatürlichen und der Freisetzung der Natur als eigenständiger Ursache, begrüßt aber zugleich, dass die Schöpfung nicht preisgegeben wird.

*KU* 5:424.19–34 Schließlich lobt Kant in Absatz sechs Johann Friedrich Blumenbach als Vertreter epigenetischer Lehren. Sowohl für die Ausarbeitung ihrer Grundlagen und Anwendung als auch der Analyse ihrer Beschränkungen habe Blumenbach Verdienstliches geleistet. Er vertrete die Ansichten, dass sich rohe Materie nicht nach mechanischen Gesetzen selbst bilden und Lebendiges aus Leblosen gebildet werden könne (das heißt, Blumenbach bestreitet die von Kant in § 80 beschriebene *generatio aequivoca*, die Kant ebenfalls verwirft). Obgleich sich die Materie nicht selbst (allein) die Form der Zweckmäßigkeit geben kann, überlasse Blumenbach dem Naturmechanismus dennoch einen Anteil am „*Princip* einer ursprünglichen *Organisation*" (*KU* 5:424.29). Das dafür notwendige Vermögen der zweckmäßigen Bildung in der Materie ist der „*Bildungstrieb*" (*KU* 5:424.34). Dieser ist verschieden von einer „bloß mechanischen *Bildungskraft*" (*KU* 5:424.32). Blumenbach wird von Kant in dieser Passage als Vertreter einer Position beschrieben, die eine theologische Begründung der Zweckmäßigkeit der Natur anerkennt, aber zugleich der Natur einen Anteil an der zweckmäßigen Bildung der Natur durch einen der Materie innewohnenden Bildungstrieb überlässt. Kant hebt auch deren mechanische Kräfte und Gesetze hervor. Das Ergebnis dieses Paragrafen ist, dass Kant im Blick auf historische und zeitgenössische Theorien der Naturforschung mit einer präformistisch-epigenetischen Position sympathisiert, das heißt, einer Position, die im Rahmen einer Schöpfungsthese Gott als Erstursache annimmt, der Natur als sekundärer Ursache aber in der Erzeugung organisierter Wesen so viel wie möglich Freiraum und Selbstständigkeit lässt. Die Unverzichtbarkeit mechanischer Erklärungen, für die Kant in § 81 insgesamt argumentiert, besteht darin, dass sie, in einem Modell wie dem der generischen

Präformation, als sekundäre Ursachen an der Erzeugung organisierter Wesen beteiligt sind und nicht wie im Okkasionalismus funktionslos werden.

## § 82

**Zusammenfassung:** Mit den Paragrafen §§ 82–4 beginnt ein neuer Gedankengang. Kant handelt in den folgenden Passagen „*Von dem teleologischen System in den äußern Verhältnissen organisirter Wesen*" (KU 5:425.2–3). Er stellt sich nun die Frage, wie sich organisierte Wesen zueinander und zu anderen Wesen verhalten. Wie die Überschrift anzeigt, geht Kant davon aus, dass organisierte (und auch nicht organisierte Dinge) ein zweckmäßiges System bilden und untersucht, welche Ordnungen dieses System bestimmen und welche Verhältnisse zwischen mechanischen, physisch teleologischen und, wie Kant nun neu hinzufügt, moralteleologischen Wesen bestehen. § 82 hat vorbereitenden Charakter; erst die §§ 83 und 84 bringen den systematischen Gehalt. Kant führt neue Termini ein und seine Argumentation ist unglücklich mäandernd. In Absatz eins definiert er die äußere Zweckmäßigkeit als Zweck-Mittel-Relation und vertritt die These, dass Dinge, denen die innere Zweckmäßigkeit fehlt, dennoch in äußerlich zweckmäßigen Beziehungen stehen können, und zwar dann, wenn sie innerlich zweckmäßigen Dingen als Mittel dienen. Während die innere Zweckmäßigkeit immer auch die Möglichkeit der Zweckmäßigkeit des Gegenstandes erfordert, ist dies für Gegenstände in äußeren Zweckverhältnissen nicht der Fall. In äußere Zweckverhältnisse können auch bloß mechanische Gegenstände eingebunden sein. Die menschliche Fortpflanzung ist das einzige Beispiel, in dem innere und äußere Zweckmäßigkeit notwendig gleichzeitig vorliegen. In den Absätzen drei und vier stellt Kant die Begriffe des letzten Zwecks und des Endzwecks der Natur für die Analyse der systematischen Verbindung von Zwecken vor und vertritt die These, dass ein organisiertes Naturwesen, auch der Mensch als Naturwesen, niemals Endzweck der Natur sein kann. Zwei Beispiele, die einander entgegen gesetzte Mittel-Zweck-Reihen beschreiben, in denen der Mensch als Naturwesen einmal an der Spitze und einmal auf der untersten Stufe der Zweckreihe steht, belegen dies (Absätze fünf und sechs). In den Absätzen sieben und acht erhebt Kant konkrete Einwände gegen die These, dass der Mensch der letzte Zweck der Natur sein könnte. Denn etwa müsste dann sein Wohnplatz als Grundlage seiner Arterhaltung so vorteilhaft wie möglich eingerichtet sein. Allein, dem widerspricht die Erfahrung. In Absatz neun und zehn entkräftet Kant diesen Selbsteinwand und eröffnet sich die Perspektive für ein Argument, in dem der Mensch, in einem differenzierteren Sinne, der letzte Zweck der Natur sein kann, das er in § 83 ausführt.

*KU* 5:425.1–15 Eine „äußere[] Zweckmäßigkeit" definiert Kant, ist diejenige, da ein „Ding der Natur einem andern als Mittel zum Zwecke dient" (*KU* 5:425.4–5). Kant versucht zunächst zu argumentieren, dass Dinge, die an sich selbst keinen Zweck haben und allein mechanisch erklärt werden können, dennoch Teil äußerer Zweckreihen sein können, wenn sie Mittel für etwas sind, das selbst ein Zweck ist, nicht aber dann, wenn sie bloß Teil anderer zweckfreier, rein mechanisch erklärbarer Gegenstände sind. Derartige zweckfreie, mechanische Gegenstände sind für Kant etwa Erde, Luft und Wasser. Etwas hilfreicher scheint es, Kants Gedanken so zu reformulieren, dass zweckfreie, mechanische Teile der Welt dann Teil des Systems der Zwecke sein können, wenn sie selbst in Beziehung zu an sich zweckvollen Gegenständen stehen und diesen als Mittel dienen. Aus einer Welt mechanischer Gegenstände allein jedoch, ergibt sich keine äußere Zweckordnung. So ist Wasser äußerlich zweckmäßig als Nahrung für die Pflanze, nicht aber der Wassertropfen als Teil des Flusses oder Meeres (plausibel oder nicht, bleibe hier dahingestellt).

*KU* 5:425.16–33 Absatz zwei unterscheidet noch einmal deutlich zwischen äußerer und innerer Zweckmäßigkeit. Während die innere Zweckmäßigkeit immer schon die Möglichkeit, das heißt, die in der Natur des organisierten Wesens verankerte Zweckform impliziert, ist dies für Teile äußerer Zweckverhältnisse nicht zwingend. In äußere Zweckbeziehungen können mechanische Gegenstände eingebunden sein, die der Mensch betrachtet, ohne sich eine „Causalität nach Zwecken zu ihrer inneren Möglichkeit", das heißt, einen absichtsvoll „schaffenden Verstand" (*KU* 5:425.22–3) vorzustellen. Eine einzige Ausnahme dabei ist das erste Paar einer jeden Art von organisierten Wesen.[83] Diese Wesen sind notwendig zugleich innerlich zweckmäßig und stehen in einer äußeren Zweckbeziehung, weil sie nur gemeinsam „ein *organisirendes* Ganze[s]" ausmachen, wenngleich „nicht ein organisirtes in einem einzigen Körper" (*KU* 5:425.32–3).

*KU* 5:425.34–426.21 In Absatz drei gibt Kant die vielleicht klarste Definition eines Zwecks[84] und in Verbindung damit, eines Endzwecks, in der dritten *Kritik*. Ein Zweck, heißt es, ist „die vorgestellte Wirkung, deren Vorstellung zugleich der

---

[83] Ich kommentiere diese interessante Bemerkung hier nicht ausführlich; sie betrifft ein schwieriges Detail in der Kantischen kritischen Schöpfungs- und Vererbungslehre. Für eine Besprechung, vgl. Cheung (2009) und den zweiten Teil meines Buches.

[84] Vgl. noch einmal die Definitionen des Zwecks in § 10. So ist „Zweck der Gegenstand eines Begriffs, sofern dieser als die Ursache von jenem (der reale Grund seiner Möglichkeit) angesehen wird" (*KU* 5:220.1–3), und in § 64: Ist ein Ding ein „Zweck", so liegt „die Causalität seines Ursprungs nicht im Mechanism der Natur, sondern in einer Ursache, deren Vermögen zu wirken durch Begriffe bestimmt wird"; man muss „die Causalität" dieses Gegenstandes so annehmen, als ob sie „nur durch Vernunft möglich sei" (*KU* 5:369.33–370.12).

Bestimmungsgrund der verständigen wirkenden Ursache zu ihrer Hervorbringung ist" (*KU* 5:426.7–9). Ist der Zweck der Existenz eines Wesens in ihm selbst, das heißt, stellt sich ein Wesen selbst den Zweck seiner Existenz vor und nimmt diesen zum Bestimmungsgrund seiner Handlungen, setzt es sich selbst seinen Zweck und ist zugleich sein Endzweck. Liegt der Zweck der Existenz von etwas außerhalb seiner selbst, so Absatz drei, handelt es sich um einen Zweck, der ein Mittel für ein anderes Wesen, das sein Endzweck ist, bildet (*KU* 5:426.10–4). Kant vertritt nun die für die gesamte weitere Entwicklung seines Ansatzes folgenreichen Thesen, dass kein Gegenstand der Natur, auch nicht der Mensch als Naturwesen, Endzweck der Schöpfung sein kann (Absatz vier).

*KU* 5:426.22–427.13 Die verbleibenden Absätze des Paragrafen dienen der Argumentation für diese These. Das erste Argument ist ein empirisches. Kant beschreibt zwei äußere Zweckreihen, in denen der Mensch als Naturwesen einmal den Zweck, für das andere Wesen die Mittel sind, einmal das Mittel, dem andere Wesen den Zweck vorsetzen, darstellt. Er zeigt so, dass der Mensch als Naturwesen nicht notwendig am Ende (und an der Spitze) äußerer Zweckreihen steht. Die erste Zweck-Mittel-Reihe beschreibt Pflanzen als Nahrungsmittel für pflanzenfressende Tiere, pflanzenfressende Tiere als Nahrungsmittel für Raubtiere, diese gemeinsam als Mittel für verschiedene Zwecke des Menschen. Der Mensch als Naturwesen und Verstandeswesen, argumentiert Kant, könne insofern der letzte Zweck der Natur sein, als der Mensch „das einzige Wesen" ist, „welches sich einen Begriff von Zwecken machen und aus einem Aggregat von zweckmäßig gebildeten Dingen durch seine Vernunft ein System der Zwecke machen kann" (*KU* 5:426.37–427.3). Was den Menschen stärker für einen letzten Zweck qualifiziert als andere Wesen, ist der Gebrauch seines Verstandes, der eine Ordnung der Zwecke aufstellen und Zwecke verschieden bewerten und auswählen kann (während eine Pflanze und ein Tier dies etwa nicht tun können). Dennoch könnte man auch umgekehrt argumentieren, dass pflanzenfressende Tiere das Mittel dafür sind, den üppigen Wuchs des Pflanzenreichs zu verhindern, Raubtiere dafür dienen, die Zahl der zu gefräßigen Pflanzenfresser zu vermindern, der Mensch schließlich Mittel dafür ist, Gleichgewicht unter den Kräften der Natur herzustellen. Insofern wäre der Mensch nur Mittel im Dienste, nicht aber der Zweck anderer Lebewesen (*KU* 5:427.4–13).

*KU* 5:427.14–428.21 Ein weiteres Argument dagegen, dass der Mensch als Naturwesen letzter Zweck der Natur sei, ist, dass die Annahme der Zweckmäßigkeit der Natur überhaupt, welche die Vernunft empfiehlt, sich für den Menschen in der Erfahrung meist nicht bestätigt, und man den Menschen nach „einem Mechanismus" (*KU* 5:427.25) erklären könne. Etwa spricht gegen die Annahme des Menschen als letzten Zweck der Natur, dass die Natur seinen Wohnplatz dann zu seinen Gunsten, insbesondere vorteilhaft für seine Fortpflanzung eingerichtet hätte, was jedoch nicht der Fall ist. Die Natur sei am Wohnplatz des Menschen häufig mit wilden, gewaltsamen Kräften tätig (*KU* 5:427.36 – 7). Selbst Gegenden, die zweckmäßig eingerichtet scheinen, seien aus zeitlich früheren vulkanischen Aktivitäten oder Überschwemmungen hervorgegangen, so dass der „Wohnplatz, der Mutterboden (des Landes) und der Mutterschooß (des Meeres)" für den Menschen „auf keinen andern als einen gänzlich unabsichtlichen Mechanism seiner Erzeugung Anzeige giebt" (*KU* 5:428.10 – 2).

*KU* **5:428.22 – 429.24** In den letzten beiden Absätzen des Paragrafen nimmt Kant das Gewicht aus den vorgetragenen Argumenten. Man habe sie falsch verstanden, wenn sich schon endgültig gezeigt hätte, dass der Menschen kein letzter Zweck der Natur, dass die Natur kein System der Zwecke, und dass es außer dem Mechanismus keine andere Erklärung geben könne (Absatz neun). Unter Rückverweis auf die Antinomie erinnert Kant daran, dass bereits gezeigt wurde, dass und inwiefern physisch teleologische Erklärungen neben mechanischen bestehen können und notwendig sind, um die Einheit der empirischen Mannigfaltigkeit der Natur zu erklären (Absätze neun und zehn). Kant eröffnet sich mit § 82 ein Szenario für eine differenzierte Betrachtung des Menschen in der Zweckhierarchie äußerer Zweckreihen. Gezeigt wurde, dass der Mensch als Naturwesen in gewisser Hinsicht keine Sonderstellung unter organisierten Wesen einnimmt. Das bedeutet aber nicht, dass der Mensch nicht in anderen Hinsichten eine hervorgehobene Stellung unter organisierten Wesen haben kann.

## § 83

**Zusammenfassung:** Nach der Vor-Argumentation in § 82 ist klar, dass der Mensch, wenn, dann nicht als Naturwesen, sondern als ein Wesen, das sich einen Begriff von Zwecken machen und unter Zwecken wählen, eine Sonderstellung in äußeren Zweckverhältnissen haben kann. Unter dem Titel „*Von dem letzten Zwecke der Natur als eines teleologischen Systems*" (*KU* 5:429.26 – 7) präzisiert Kant nun weiter, in welchem Sinn der Mensch letzter Zweck der Natur sein kann: entweder als ein Wesen, das nach Glückseligkeit oder als ein Wesen, das nach Kultur strebt, so Absatz eins. In Absatz zwei schließt Kant aus, dass der Mensch letzter Zweck der Natur sein kann, weil er nach Glückseligkeit strebt. In Absatz drei erwägt er die Möglichkeit, dass sich der Mensch als Kulturwesen zum letzten Zweck der Natur qualifiziert. Die Beantwortung dieser Frage setzt eine weitere Differenzierung voraus: ob der Mensch durch eine Kultur der Geschicklichkeit oder durch eine Kultur der Zucht (der Disziplin der Neigungen) zum letzten Zweck der Natur werden kann. Kant argumentiert dafür, dass der Mensch durch sein Vermögen der Disziplin der Neigungen letzter Zweck der Natur ist (Absatz vier). In Absatz fünf diskutiert Kant die Entfaltung der Kultur der Geschicklichkeit in der bürgerlichen Gesellschaft, im weltbürgerlichen Ganzen und im gerechten Krieg; in

Absatz sechs erörtert er positive und negative Begleiterscheinungen der höheren Stufen der Kultivierung in der Kultur der Zucht oder Disziplin der Neigungen.

**KU 5:429.25–430.5** Der Mensch könnte letzter Zweck der Natur und die Natur in Bezug auf den Menschen ein System der Zwecke sein, weil der Mensch nach „*Glückseligkeit*" strebt und „durch die Natur in ihrer Wohltätigkeit befriedigt werden kann" oder weil er nach Kultivierung („*Cultur*") sucht, und sich die Natur dabei als tauglich und geschickt „zu allerlei Zwecken" (*KU* 5:430.1–5) erweist, zu denen sie vom Menschen gebraucht werden kann.

**KU 5:430.6–431.11** Kant schließt in Absatz zwei die erste der beiden Weisen, den Menschen als letzten Zweck der Natur zu betrachten, aus. Der Mensch ist nicht letzter Zweck der Natur darum, weil er nach Glückseligkeit strebt und in diesem Streben nach Glück durch die Wohltätigkeit der Natur befriedigt werden kann. Man könnte folgende sechs Einwände voneinander isolieren: Die Glückseligkeit des Menschen ist eine „*Idee* eines Zustandes" (*KU* 5:430.8) – oder, wie Kant an anderen Stellen deutlicher sagt, die unbestimmte Idee eines absoluten Ganzen, eines Maximums an Wohlbefinden im gegenwärtigen und in jedem künftigen Zustand (*GMS* 4:418.1–9) – die unter empirischen Bedingungen realisiert werden soll. Da eine Idee ein Unbedingtes, Erfahrung aber empirisch bedingt ist, kommen Idee und Erfahrung nicht zur Deckung. Kants Argument klingt so, als wolle er auf eine Inkonsistenz im Begriff der Glückseligkeit verweisen, und es ist nicht ganz leicht zu sehen, inwiefern das dagegen spricht, dass das Streben nach Glückseligkeit den Menschen zum letzten Zweck der Natur macht (es problematisiert eher den Begriff der Glückseligkeit als solchen). Das zweite, eng damit zusammenhängende Argument ist, dass das, was jeder unter Glückseligkeit versteht, willkürlich und zufällig ist. Die Glückseligkeit ist ein „schwankende[r] Begriff", der auf Sinnlichkeit, Einbildungskraft oder einem Verstand beruht, der im Dienste beider steht. Aus diesem kann kein „bestimmtes allgemeines und festes Gesetz" (*KU* 5:430.14–5) folgen. Das dritte Argument ist, dass selbst wenn der Mensch seine Bedürfnisse der Glückseligkeit auf ein Maß herabsetzen würde, das seinen natürlichen (und damit erreichbaren Bedürfnissen entspricht), oder wenn man ihm so viel Geschick zusprechen würde, wie er braucht, um eingebildete Bedürfnisse zu befriedigen, die über das natürliche Maß hinaus gehen, wäre die Glückseligkeit dennoch kein Ziel, das mit Sicherheit erreicht werden kann, da die Natur des Menschen nicht „von der Art" ist, „irgendwo im Besitze und Genusse aufzuhören und befriedigt zu werden" (*KU* 5:430.22–3). Selbst für ein bloß natürliches Maß an Bedürfnissen ist es so, dass sie nicht dauerhaft befriedigt werden können, sondern wiederkehren. Für übersteigerte Bedürfnisse wäre das Ende der Überschreitung des Natürlichen nicht absehbar. Fünftens, im Allgemeinen verhindert die Natur, dass der Mensch in seinem Streben nach Glückseligkeit letzter

Zweck der Natur ist. Denn die Natur unterstützt die Erlangung der Glückseligkeit nicht, sie beschert ihm Krankheiten, Unwetter und andere Plagen aller Art (*KU* 5:430.23 – 8), zu denen er sich, sechstens, selbst noch Plagen hinzuerfindet, etwa Krieg und Barbarei. Am Ende von Absatz zwei erwähnt Kant erneut die schon in § 82 genannte These, dass der Mensch letzter Zwecke und „betitelter [berechtigter] Herr der Natur" sei, weil er das „einzige Wesen auf Erden" ist, „welches Verstand, mithin ein Vermögen hat, sich selbst willkürlich Zwecke zu setzen" (*KU* 5:431.3 – 5).[85]

*KU* **5:431.12 – 434.3** In Absatz drei bis sechs beschäftigt sich Kant mit der zweiten Option. Ist der Mensch der letzte Zweck der Natur, weil er nach Kultur und Kultivierung strebt und dabei die Natur zu seinen Zwecken gebraucht? Zum letzten Zweck der Natur kann ihn nur dasjenige machen, „was die Natur zu leisten vermag, um ihn zu dem vorzubereiten, was er selbst thun muß, um Endzweck zu sein" (*KU* 5:431.13 – 5).[86] Dies ist, so Kant, das Vermögen, sich überhaupt Zwecke zu

---

[85] Guyer (2014, 221 – 2) meint, dass es so scheinen könne, als ob Kants Diskussion der Glückseligkeit und, daran anschließend, des höchsten Gutes, in der *KU* Thesen der *KpV* widerspreche: „Kant's account of the highest good, particularly in the [...] *CprR*, holds that we must be able to conceive of nature as if it *were* hospitable to human happiness [...]. But this insistence that we must be able to conceive of nature as hospitable to the realization of human happiness as the condition for the possibility of the highest good seems to contradict Kant's insistence in the third *Critique* that happiness could not be the final end of nature". Kant zeige sowohl in der *KpV* als auch der *KU*, dass die fehlende Dienstbarkeit der Natur zur Erreichung einer der Glückswürdigkeit entsprechenden Glückseligkeit nur eine scheinbare sei. Glückseligkeit nicht als Triebfeder, sondern als Objekt der Moral, müsse in der Natur möglich sein, wenn die moralische Motivation des Menschen nicht unterhöhlt werden soll. Kant interpretiere die Unwirtlichkeit der Natur in Bezug auf die Glückseligkeit in der *KU* als eine *Erscheinung* aus der Sicht des Menschen, die durch den Gedanken des göttlichen Designs der Natur aufgefangen werde. Ähnlich argumentiere er in der *KpV*, dass Glückseligkeit und Glückswürdigkeit kausal verbunden sein können, weil das höchste menschliche Gut (die Verbindung von Glückseligkeit und Glückswürdigkeit) eine Ableitung aus dem höchsten ursprünglichen Gut ist, das durch die Idee Gottes garantiert werde. Das bedeute aber nichts Anderes, als dass die Verbindung von Glückseligkeit und Glückswürdigkeit im abgeleiteten Gut mit menschlichen Mitteln möglich sein müsse. Ich stimme Guyer soweit zu, denke aber dass die Begründung des ursprünglich höchsten Gutes im göttlichen Wesen in der *KpV* nicht ausreicht, da Kants mechanistischer Naturbegriff der *KpV* nicht hinreichend ist, um eine Entsprechung zwischen Glückseligkeit und Glückswürdigkeit herzustellen, vgl. Goy (2014b, 169 – 89).

[86] Höffe (2008b, 289 – 90) diskutiert für die §§ 83 – 4, ob und in welchem Sinne Kants These vom Menschen als „betitelte[n] [berechtigten, mit Rechtsanspruch auftretenden] Herr der Natur" (*KU* 5:431.5) einen Anthropozentrismus nahe lege. Die These ist am Ende von Absatz zwei platziert und wird damit begründet, dass der Mensch das „einzige Wesen auf Erden" sei, „welches Verstand, mithin ein Vermögen hat, sich selbst willkürlich Zwecke zu setzen" (*KU* 5:431.3 – 5, angedeutet schon in *KU* 426.34 – 427.3). Ich stimme Höffe zu, dass Kants These vom ‚betitelten Herr

setzen und die Natur als Mittel zu seinen frei gewählten Zwecken zu gebrauchen, das heißt, die Kultivierung des Menschen. Kant definiert die Kultur als die „Hervorbringung der Tauglichkeit eines vernünftigen Wesens zu beliebigen Zwecken überhaupt" (*KU* 5:431.28–30) und unterscheidet zwei Weisen der Kultivierung: die Kultur der „*Geschicklichkeit*" als „vornehmste subjective Bedingung der Tauglichkeit zur Beförderung der Zwecke überhaupt" (*KU* 5:431.36–7) und die „Cultur der Zucht (Disciplin)" als „Befreiung des Willens von dem Despotism der Begierden" (*KU* 5:432.4–6). Erstere wird im fünften, letztere im sechsen Abschnitt erläutert. Ist die Kultur der Geschicklichkeit eine positive Fähigkeit, sich für alle möglichen Zwecke auszubilden, ist die Kultur der Zucht vor allem negativ. Sie ersetzt primitivere durch höhere Zwecke und hält die natürlichen Bedürfnisse im Zaum.

*KU* 5:432.13–433.15 In Absatz fünf geht Kant auf einige Details ein, die zu Vor- und Rahmenbedingungen der Kultivierung menschlicher Geschicklichkeiten gehören. Die Ungleichheit unter den Menschen ist eine von ihnen. Denn sie ermöglicht es, dass einige Menschen Fähigkeiten entwickeln, die für eher mechanische Berufe gebraucht werden, um die Notwendigkeiten des Lebens zu bewältigen (Handwerke), andere Menschen Talente für Berufe entfalten, die besondere Begabungen und Muse erfordern (Wissenschaftler und Künstler). Die größtmögliche Entwicklung neuer Fähigkeiten geschieht in der bürgerlichen Gesellschaft und im System aller Staaten, dem weltbürgerlichen Ganzen. Selbst ein Krieg zwischen den Staaten kann zum Zwecke der größtmöglichen Verwirklichung der Naturanlagen gerechtfertigt (und ein Produkt „tief verborgener, vielleicht absichtlicher [...] oberste[r] Weisheit" [*KU* 5:433.7–8]) sein. Kant gibt an dieser

---

der Natur' einen nicht hinreichend unterstützten Schritt beinhaltet. Höffe (2008b, 301) beschreibt diesen als einen „Schluß von einem Vermögen auf ein Recht", das heißt, den Schluss vom Vermögen, sich die Natur als Mittel zu seinen Zwecken zurecht zu legen, auf ein Recht, dadurch über die Natur zu herrschen. Meiner Meinung nach ist die These vom ,betitelten Herr der Natur' falsch platziert. Sie kann frühestens und nur in bestimmter Weise am Ende von § 83 und in § 84 eingebracht werden – nachdem Kant erörtert hat, dass der Mensch Zwecke der Natur zugunsten höherer, nicht mehr der Natur angehörender Zwecke verneinen (§ 83) oder diesen unterordnen (§ 84) kann, ersteres als letzter Zweck der Natur im Sinne der Selbstbeherrschung seiner eigenen Natur in der Disziplin der Neigungen, letzteres als Endzweck der Natur, der außerhalb der Natur steht und eine von der Naturkausalität unabhängige Kausalität der Freiheit besitzt. Besonders im letzteren Sinne wird klar, dass die von Kant vertretene Anthropozentrik der Naturbeherrschung des Menschen zugleich eine Verantwortlichkeit gegenüber der Natur einschließt. Schön ist Höffes Hinweis darauf, dass Kant den Menschen als Endzweck in der dritten *Kritik* nicht mehr nur wie in der ersten *Kritik* als moralisches Wesen bestimmt, sondern als ein moralisches Wesen, das im Bezug zum Naturganzen steht (Höffe 2008b, 290). Ob dies nicht immer noch zu anthropozentrisch ist, wäre die Rückfrage an Höffe.

Stelle ein Argument für den gerechten Krieg, insofern der Krieg eine „Triebfeder mehr" sein könne, „alle Talente, die zur Cultur dienen, bis zum höchsten Grade zu entwickeln" (*KU* 5:433.13–5).[87]

***KU* 5:433.16–434.3** Im letzten Abschnitt erläutert Kant Voraussetzungen der Kultur der Zucht und Disziplin der Neigungen. Dazu gehören die „Verfeinerung des Geschmacks" und der „Luxus in Wissenschaften" (*KU* 5:433.22–3), die zwar neue Übel mit sich bringen,[88] in denen sich aber höhere Zwecke der Natur erkennen lassen. Denn die verfeinerten Neigungen und Bedürfnisse ersetzen die roheren, mehr sinnlichen, und lassen den Menschen die „Tauglichkeit zu höheren Zwecken" (*KU* 5:434.2) fühlen, welche die Vernunft allein aufstellt. Die höchste Stufe einer Disziplin der Neigungen wäre deren Zurückstellung gegenüber Zwecken der Vernunft. Etwa ist eine solche Kultur der Zucht beim moralischen Handeln erforderlich, wenn der vernünftige den sinnlichen Bestimmungsgründen des Handelns vorgeordnet werden muss.

---

[87] Vgl. hierzu Kants Altersschrift *ZeF* (1795), in der Kant durch die Idee der Föderalität „*alle Kriege*" unter den Völkern „auf immer zu endigen" (*ZeF* 8:356.9) sucht. In dieser Schrift gibt Kant ein Argument für den begrenzten Sinn des Krieges, insofern er ein Mittel zur Überwindung des Naturzustandes ist und letztlich zur Errichtung eines Friedenszustandes als Ziel beiträgt (*ZeF* 8:363.3–365.19). Insofern (und nur insofern) der Mensch Naturwesen und Teil der Klasse der Tiere ist, gehört der Krieg zu seinem Wesen: „Der Krieg aber selbst bedarf keines besondern Bewegungsgrundes, sondern scheint auf die menschliche Natur gepfropft zu sein und sogar als etwas Edles, wozu der Mensch durch den Ehrtrieb ohne eigennützige Triebfedern beseelt wird, zu gelten: so daß *Kriegesmuth* [...] nicht bloß, *wenn* Krieg ist [...], sondern auch, *daß* Krieg sei, von unmittelbarem großen Werth zu sein geurtheilt wird, und er oft, bloß um jenen zu zeigen, angefangen, mithin in dem Kriege an sich selbst eine innere *Würde* gesetzt wird [...]. – So viel von dem, was die Natur *für ihren eigenen Zweck* in Ansehung der Menschengattung als einer Thierklasse thut" (*ZeF* 8:365.6–19).

[88] Kants kulturkritischer Blick mag sich Einflüssen von Jean-Jacques Rousseau (1712–1778) verdanken. In der „Abhandlung über den Ursprung und die Grundlagen der Ungleichheit unter den Menschen" (1753) hatte Rousseau den Naturzustand des Menschen als einen solchen gepriesen, in dem der Mensch als Wilder noch nicht durch Zivilisation und Sozialisierungsprozesse korrumpiert ist. Der Mensch im Naturzustand lebt einzeln, auf sich gestellt, scheu; er ist friedfertig und ruhig. Seinem Selbstinteresse steht zugleich ein Mitleid mit anderen gegenüber, beide treiben ihn noch nicht in jene Laster, denen Menschen in zivilisierten Gesellschaften erliegen. Durch historische Entwicklungen wie die gemeinsame Jagd, die Bildung von traditionellen Familien, die Entdeckung des Ackerbaus und der Metallurgie hat der Mensch jedoch den Naturzustand verlassen und ist in einen Zustand der Zivilisation und Kultur eingetreten, in dem das Verhalten der Menschen zueinander durch Ungleichheit, Konkurrenzdenken und Egoismus gezeichnet ist.

## § 84

**Zusammenfassung:** Der Mensch als Kulturwesen ist jener letzte Zweck der Natur, der selbst noch innerhalb der Natur liegt, und dies auf zwei Stufen: Erstens kann er sich zu allen Naturzwecken tauglich machen. Zweitens kann er sich durch die Disziplin der Neigungen negativ auf die Natur des Menschen beziehen, um sich für einen höheren Zweck vorzubereiten, der alle Naturzwecke übersteigt. In § 84 fährt Kant mit der Bestimmung des Menschen als Endzweck der Natur fort, der selbst nicht mehr Teil der Natur ist. § 84 trägt den Titel „*Von dem Endzwecke des Daseins einer Welt, d.i. der Schöpfung selbst*" (*KU* 5:434.5–6). Ziel des Paragrafen ist zu zeigen, dass der Mensch, jedoch nur im Sinne eins noumenalen, moralischen Wesens, Endzweck aller Zweckbeziehungen in der Schöpfung ist. In Absatz eins definiert Kant einen Endzweck zunächst formal als einen unbedingten Zweck (im Gegensatz zu Naturzwecken, die bedingt sind). In einer etwas umwegigen Argumentation erwägt Kant anschließend eine ideale und eine reale Deutung der Zweckmäßigkeit; die ideale, die mit dem Mechanismus gleichgesetzt wird, kann den Endzweck nicht enthalten. Realen Zwecken andererseits, liegen Absichten zugrunde, und weil Absichten einen Zwecke setzenden Verstand voraussetzen, hat die reale Zweckmäßigkeit ihren objektiven Grund in einem produktiven, absichtsvollen Verstand. In Absatz drei fordert Kant, dass in der Ordnung der Zwecke ein solcher produktiver Verstand nur von sich selbst als Idee abhängig sein dürfte (und so unbedingt wäre) und identifiziert in Absatz vier einen solchen Verstand, der einerseits von Naturbedingungen unabhängig, andererseits nur durch sich selbst bedingt (also unbedingt) ist, mit dem noumenalen Aspekt des Menschen. Der noumenale Aspekt des Menschen besteht im übersinnlichen Vermögen der Kausalität der Freiheit. Weil durch dieses die Reihe der Zwecke in der Natur vollständig begründet ist, macht das Vermögen der Kausalität der Freiheit den Menschen zum unbedingten Endzweck der Schöpfung, dem die ganze Natur untergeordnet ist.

*KU* 5:434.4–8, *KU* 5:435.4–14 In § 84 setzt Kant mit einer formalen Definition des Endzwecks ein. Ein „*Endzweck* ist derjenige Zweck, der keines andern als Bedingung seiner Möglichkeit bedarf" (*KU* 5:434.7–8); er ist, ergänzt Kant in Absatz drei, kein Zweck „welchen zu bewirken und der Idee desselben gemäß hervorzubringen, die Natur hinreichend wäre, weil er unbedingt ist" (*KU* 5:435.4–6). Der Endzweck der Natur liegt außerhalb der Natur und ist nicht von Zwecken innerhalb der Natur abhängig.

*KU* 5:434.9–435.3 In Absatz zwei unterscheidet Kant zwischen einer idealen und einer realen Deutung der Zweckmäßigkeit. Da die ideale Zweckmäßigkeit wie in §§ 72–3 eigentlich ein kausaler Mechanismus ist, der Zwecke in der Natur (absichtsvolles Wirken) ‚wegerklärt', weil er alle Ursachen der Natur in den Zufall oder die blinde Notwendigkeit setzt, kann die ideale Zweckmäßigkeit die physisch teleologische Frage, wozu etwas da ist, gar nicht stellen. Wenn man unter allen Zwecken herausfinden möchte, in welchen Zweck man den Endzweck setzen kann, so kann er nicht in mechanisch erklärbaren Dingen liegen. Die Alternative, eine reale Deutung der Zweckmäßigkeit, kann die Frage nach Zwecken (wozu etwas da ist) stellen. Will man sie beantworten, muss man sich auf einen absichtsvollen Verstand beziehen, der die Zwecke in die Natur hineinlegt. Will man wissen, worin der reale Endzweck der Natur besteht, muss man ihn in einem produktiven Verstand suchen, der die wirklich gegebenen Zwecke in der organisierten Natur hervorgebracht hat.

*KU* 5:435.4–436.2 Absatz drei stellt für einen solchen Verstand, der Endzweck in der Ordnung der Zwecke ist, die Bedingung auf, dass er „von keiner anderweitigen Bedingung, als bloß seiner Idee" (*KU* 5:435.13–4), das heißt, nur von sich selbst, abhängig sein muss. In Absatz vier und fünf identifiziert Kant den noumenalen Aspekt des Menschen mit einem solchen Verstand. Der Mensch als noumenales Wesen ist die einzige Art von Wesen, deren Kausalität auf Zwecke gerichtet, nicht von Naturbedingungen abhängig ist und zugleich als notwendig gedacht wird. Der Mensch als noumenales Wesen besteht im Vermögen der Kausalität der Freiheit. Die Kausalität der Freiheit gehört nicht zur Natur; sie wirkt aber auf die Natur ein und erzeugt Wirkungen in der Natur, und sie kann mit dem höchsten Gut einen Endzweck für die Natur setzen.

## § 85

**Zusammenfassung:** Kant merkt am Ende von § 84 nicht an, dass mit dem Menschen als reinem Vernunftwesen (noumenalen Wesen) und Endzweck der organisierten Natur ein großer Gedankenbogen abgeschlossen ist. Die nun anschließenden Gottesbeweise wirken unverbunden und abrupt; es ist auf den ersten Blick nicht klar, wie sie mit den vorherigen Themen verbunden sind.[89] In

---

[89] Für die §§ 85–9 sei begleitend der Kommentar von Cunico (2008) empfohlen. Cunico (2008, 309) zeigt, inwiefern die §§ 85–9 zum einen eine neu formulierte Begründung der philosophischen Gottes- und Seelenlehre geben und dadurch „den Haupt- und Zielpunkt der kritischen Analyse der teleologischen und insgesamt der reflektierenden Urteilskraft" darstellen, zum anderen, inwiefern in der dritten *Kritik* eine „Vermittlung zwischen Vernunft und Verstand" möglich ist. Nach Cunico (2008, 328) geht Kant in drei Schritten vor. Die „praktisch reflektierende Urteilskraft stellt [...] zunächst eine teleologische Interpretation des Moralgesetzes dar: Sie betrachtet es als auf einen Endzweck gerichtet, der über den strikt moralischen hinausgeht [...]. Sie bringt zweitens die teleologische Deutung der Natur und der Welt insgesamt zustande, leistet also das, was Kant als Übergang von der moralischen Teleologie zu der in ihr gegründeten teleologischen Weltauffassung versteht [...]. Der dritte Schritt der Reflexion der Urteilskraft besteht in der te-

den §§ 85–91, dem letzten großen Thema der Kantischen Theorie organisierter Wesen, untersucht Kant, auf welche Weisen die regulative Idee von Gott dem teleologischen Ansatz zugrunde liegt. Kant diskutiert zwei regulative Begriffe von Gott und zwei Arten von Gottesbeweisen, den physikotheologischen[90] in § 85 und den ethikotheologischen in den §§ 86–91. Wie ich im zweiten Teil meines Buches näher ausführen werde, dient die Einführung beider Gottesbegriffe, die im Verlauf der Argumentation unvermittelt wirkt, dazu, verschiedene Fragen der systematischen Einheit der Kantischen Philosophie zu beantworten. Der physikotheologische Gottesbeweis beweist (mit Einschränkungen) die regulative Idee eines theoretisch intelligenten, intentionalen Weltbaumeisters. Dieser erklärt, in Fortführung der Auflösung der Antinomie, die Einheit der mechanischen und der physisch teleologischen Naturgesetze. Der ethikotheologische Gottesbeweis beweist die regulative Idee eines allwissenden, allgütigen, allmächtigen, theoretisch intelligenten und praktisch weisen Welturhebers, der die Einheit der physisch teleologischen und moralteleologischen Gesetze erklärt, und damit auf die in der ZE aufgeworfenen Fragen nach der Ausführbarkeit moralischer Gebote in einer den Naturgesetzen unterworfenen Natur und nach einem Übergang von theoretischer zu praktischer Philosophie antwortet.

§ 85, mit dem schlichten Titel „*Von der Physikotheologie*" (*KU* 5:436.4), beginnt mit Definitionen der Physiko- und Ethikotheologie und spannt damit den Horizont für die verbleibenden Passagen der Kantischen Theorie organisierter Wesen auf, die sich mit dem Systemabschluss der kritischen Philosophie insgesamt überlagern. Absatz zwei bestimmt den physikotheologischen als Vorstufe und Hinführung zum ethikotheologischen Gottesbeweis. Absatz drei enthält das systematisch tragende Argument, warum die Teleologie der Natur und Moral überhaupt auf die regulative Idee eines göttlichen Verstandes Bezug nehmen muss und sich damit auf einen Gottesbeweis verpflichtet, der die Annahme eines solchen Verstandes unterstützt, denn teleologisches Erklären setzt die Kausalität eines Verstandes voraus, der Zwecke in die Dinge setzt. In den Absätzen vier bis elf charakterisiert

---

leologischen Auslegung Gottes als moralischen Welturhebers; diese expliziert die Bedingung, unter der allein unsere Urteilskraft jene „Zusammenstimmung" der Natur mit der Sittlichkeit als ausführbar denken kann".

90 Auf die lange und wandlungsreiche Geschichte des physikotheologischen Gottesbeweises in Kants Denken, die über je verschiedene Positionen zum physikotheologischen Argument in der *ANTH* (1755), im *Beweisgrund* Essay (1763), in der ersten (1781/7) und in der dritten *Kritik* (1790) verläuft, gehe ich im zweiten Teil meines Buches genauer ein und differenziere dort, dass Kant einerseits eine traditionalistische Idee der Physikotheologie bespricht, die er mit traditionellen (etwa Humeschen) Einwänden kritisiert, andererseits aber eine eigene, verbesserte Variante der Physikotheologie entwickelt, auf die klassische Einwände gegen die Physikotheologie nicht durchschlagen.

Kant in loser Ordnung zum einen den physikotheologischen Gottesbeweis und den Gottesbegriff, auf den er führt, zum anderen zeigt er die Grenzen einer traditionellen physikotheologischen Rechtfertigung Gottes auf. In Absatz vier argumentiert Kant, dass die Physikotheologie das verständige Urwesen weder in theoretischer noch praktischer Weise bestimmen kann. Die Physikotheologie als Naturphilosophie reicht nicht einmal bis zu Fragen der Theologie. Absatz fünf begründet dies genauer damit, dass alle Argumente im physikotheologischen Gottesbeweis auf Erfahrung basieren und empirisch sind, das göttliche Wesen aber kein Erfahrungsgegenstand ist. Absatz sechs kritisiert, dass das aus der Physikotheologie hervorgehende göttliche Wesen nicht eindeutig ist. Es könnten auch mehrere oder unvollkommene Götter mit ihm bewiesen werden. Der Gottesbeweis, welcher der Teleologie zugrunde liegt, beruht auf dem praktischen Argument. In den Absätzen sieben und acht kritisiert Kant die Gottesbegriffe im Pantheismus und Spinozismus sowie den Idealismus und Realismus der Endursachen, wobei er Argumente aus den §§ 72–3 aufnimmt. In Absatz acht argumentiert Kant, ein physikotheologisches Argument rekurriere nur auf einen Kunstverstand für verstreute Zwecke, aber keinen weisen Verstand für einen Endzweck, woran Absatz neun anschließt, dass die theoretische Naturforschung nicht erklären kann, ob der göttliche Verstand eine Endabsicht hat. Physikotheologie, so Absatz zehn, ist missverstandene physische Teleologie. Sie ist eine Vorbereitung zur Theologie; sie kann teleologische Erklärungen nicht aus einem göttlichen Verstand rechtfertigen, führt aber auf eine solche Rechtfertigung hin.

*KU* 5:436.3–10 Der Aufbau von § 85 enthält – provisorisch verknüpft und kaum geordnet – Aussagen, die das physikotheologische Argument selbst einführen, Aussagen zur Notwendigkeit und Funktion des Arguments, Beschreibungen des darin vorkommenden Gottesbegriffs, einzelne Kritiken an der Physikotheologie und Aussagen, die auf ein alternatives Argument in der Ethikotheologie verweisen. – Die „*Physikotheologie*", definiert Kant in Absatz eins, „ist der Versuch der Vernunft, aus den *Zwecken* der Natur (die nur empirisch erkannt werden können) auf die oberste Ursache der Natur und ihre Eigenschaften zu schließen" (*KU* 5:436.5–7).[91] Die ihr entgegen gesetzte „*Moraltheologie*" oder „*Ethikotheologie*" ist

---

91 Das physikotheologische oder auch teleologische Argument hat eine lange ideengeschichtliche Tradition. Die meisten großen Religionsschriften verweisen in einigen Passagen auf ein göttliches Design der Welt, so etwa das *Alte Testament* (Psalmen 19.2), das *Neue Testament* (1.19–20), auch der *Koran* (31.20). Antike griechische Philosophen verwenden Varianten des Arguments – etwa behauptet Platon im *Timaios* (28a–31b) über den göttlichen Demiurgen, dass er die Materie nicht *ex nihilo* schafft, sondern schon existierende Materie in jene rationale Ordnung bringt, die wir um uns in der Welt sehen. Thomas von Aquin präsentiert das physikotheologische

der Versuch, „aus dem moralischen Zwecke vernünftiger Wesen in der Natur (der a priori erkannt werden kann), auf jene Ursache und ihre Eigenschaften zu schließen" (*KU* 5:436.8–10).⁹² Während die Physikotheologie aus der empirischen Betrachtung der Natur (ihrer Ordnung und Schönheit) Rückschlüsse auf einen Schöpfer der Natur zieht, versucht die Moraltheologie aus den ethischen, apriorischen Eigenschaften des Menschen und seinen Zielen Rückschlüsse auf den Schöpfer der Natur und des Menschen zu ziehen.

*KU* **5:436.11–437.2** Obgleich Kant im gesamten § 85 den physikotheologischen Beweis eher kritisiert, schreibt er ihm in Absatz zwei eine positive Funktion zu. Der physikotheologische Beweis gehe dem ethikotheologischen „vorher" (*KU* 5:436.11), da, wenn man teleologisch auf eine Weltursache schließen wolle, zuerst Zwecke in der Natur gegeben sein müssen, für die man einen Endzweck und für diesen eine kausale oberste Ursache suche (*KU* 5:436.13, *KU* 5:437.1–2); ‚vorher-

---

Argument in der *Summa Theologiae* (1266–72, I 2.3) im fünften von fünf Beweisen für das Dasein Gottes. Wenn natürliche Wesen nicht über Intentionalität verfügen, sich aber dennoch zielgerichtet zu bewegen scheinen, kann ihr Verhalten nicht das Resultat des Zufalls sein. Ein intentionales Wesen außerhalb ihrer selbst, ein göttlicher Architekt, muss als Grund ihres zielgerichteten Verhaltens angesehen werden. In Humes berühmten *Dialogues Concerning Natural Religion* (1779), vertritt der Charakter Cleanthes ein physikotheologisches Argument: „Look round the World: Contemplate the Whole and every Part of it: You will find it to be nothing but one great Machine, subdivided into an infinite Number of lesser Machines, which again admit of Subdivisions, to a degree beyond what human Senses and Faculties can trace and explain. All these various Machines, and even their most minute Parts, are adjusted to each other with an Accuracy, which ravishes into Admiration all Men [...]. The curious adapting of Means to Ends, throughout all Nature, resembles exactly, tho it much exceeds, the Productions [...] of human Design, Thought, Wisdom, and Intelligence. Since therefore the Effects resemble each other, we are lead to infer, by all the Rules of Analogy, that the Causes also resemble; and that the Author of Nature is somewhat similar to the Mind of Man; tho' possessed of much larger Faculties, proportion'd to the Grandeur of the Work, which he has executed. By this Argument *a posteriori* [...] do we prove at once the Existence of a Deity, and his Similarity to human Mind and Intelligence" (Hume 1779 in 1976, 161–2). William Paley schließlich, in seiner Schrift *Natural Theology* (1802), formuliert in einer Variante des physikotheologischen Arguments die berühmte Uhrmacher-Analogie: „In crossing a heath, suppose I pitched my foot against a *stone*, and were asked how the stone came to be there: I might possibly answer, that [...] it had lain there for ever [...]. But suppose I had found a *watch* upon the ground, and it should be inquired how the watch happened to be in that place; I should hardly think of the answer which I had before given [...]. [T]here must have existed, at some time, and at some place or other, an artificer or artificers who formed [...] [the watch] for the purpose which we find it actually to answer: who comprehended its construction, and designed its use. [...] [E]very indication of contrivance, every manifestation of design, which existed in the watch, exists in the works of nature; with the difference, on the side of nature, of being greater and more, and that in a degree which exceeds all computation (Paley 1802 in ⁶1819, 1, 3, 16).

**92** Der ethikotheologische Gottesbeweis ist eine orginäre Idee Kants. Sie tritt erst in der kritischen Philosophie auf.

gehen' meint dabei, dass das ethikotheologische Argument im Rekurs auf die Zwecke in der Natur Beweisschritte des physikotheologischen Arguments enthält.

*KU* 5:437.3 – 17 In Absatz drei argumentiert Kant, dass man für das Verständnis der organisierten Natur – sei es eines einzelnen organisierten Wesens oder der ganzen organisierten Natur – physisch teleologische Erklärungen verwendet. Will man wissen, warum man diese Erklärungen anwendet, erscheinen sie nur dann plausibel, wenn man sich eine Ursache der Natur denkt, welche die Kausalität der Natur durch ihren „Verstand" (*KU* 5:437.13) bestimmt.

*KU* 5:437.18 – 32 Obgleich dem so ist, so Absatz vier, kann die physische Teleologie dennoch keinen Endzweck der Schöpfung aufzeigen, „denn sie reicht nicht einmal bis zur Frage nach demselben" (*KU* 5:437.20), da in der physischen Teleologie nur Zwecke der Natur betrachtet werden und die Erfahrungsbasis dieser Betrachtungen keinen Schluss auf etwas erlaubt, was außerhalb der Erfahrung liegt. Physische Teleologie betrachtet die Zweckbeziehung „immer nur als in der Natur bedingt" und kann „den Zweck, wozu die Natur selbst existirt (wozu der Grund außer der Natur gesucht werden muß) gar nicht einmal in Anfrage bringen" (*KU* 5:437.27 – 30).

*KU* 5:437.33 – 438.15 In Absatz fünf reformuliert Kant diesen Gedanken: die physisch teleologische Naturbetrachtung, etwa, wenn man glaubt, dass alles irgend wozu gut ist und fragt, wozu es gut ist, weist auf die „Achitektonik eines verständigen Welturhebers" (*KU* 5:438.3), auf eine „intelligente[] Weltursache (als höchsten Künstler[])" (*KU* 5:438.6 – 7), kann aber keine bestimmten Begriffe der „obern Intelligenz" (*KU* 5:438.13 – 4) angeben, da die Daten, auf deren Basis man physisch teleologisch argumentiert, empirische sind.

*KU* 5:438.16 – 439.4 In Absatz sechs argumentiert Kant, dass physische Teleologie allenfalls auf einen schlechten Gottesbegriff führt, der den Gehalt dieses Begriffs verkleinert und verunklart. Man kann sich etwa vorstellen, dass die Betrachtung der Zwecke in der Natur auf irgendein verständiges (innerweltliches) Wesen führt, das die zweckmäßigen Strukturen der Dinge schafft, auch auf mehrere verständige (göttliche) Wesen, oder ein Wesen das viele, wenn auch nicht alle Eigenschaften besitzt, welche die Begründung der Zweckmäßigkeit in der Natur erfordert. In diesem schlechten Sinne könnte die physische Teleologie sogar eine Theologie begründen. Am Ende von Absatz sechs verweist Kant darauf, wie er im Folgenden die teleologische Ordnung der Dinge rechtfertigen will: nicht durch den theoretischen, sondern den praktischen Vernunftgebrauch.

> Bei näherer Prüfung würden wir sehen, daß eigentlich eine Idee von einem höchsten Wesen, die auf ganz verschiedenem Vernunftgebrauch (dem praktischen) beruht, in uns a priori zum Gunde liege, welche uns antreibt, die mangelhafte Vorstellung einer physischen Teleologie

von dem Urgrunde der Zwecke in der Natur bis zum Begriffe einer Gottheit zu ergänzen (*KU* 5:438.33–439.1).

**KU 5:439.5–440.25** In Absatz sieben und acht kritisiert Kant vorhandene Ansichten – die „Alten" (*KU* 5:439.5), „Andere" (*KU* 5:439.21): den „*Pantheism*" (*KU* 5:439.36) und „*Spinozism*" (*KU* 5:439.37); den „Idealism[]" und „Realism[]" (*KU* 5:440.14–5) der Endursachen – dahingehend, wie sie teleologische Erklärungen begründen. Die „Alten" (*KU* 5:439.5) legten bei der Betrachtung der Natur nicht nur mechanische Gesetze zugrunde, sondern darüber hinaus andere Erklärungen, nämlich „Absichten gewisser oberer Ursachen" (*KU* 5:439.11–2). Sie rechtfertigen dies damit, dass sie anthropomorphistische Götter annehmen, die mit Absicht und Willen das Zweckwidrige und Zweckmäßige in der Welt hervorbringen. Kant hält dagegen, dass man sich auch eine andere höchst vollkommene oberste Welturssache, die weise und wohltätige Zwecke verfolgt, denken kann, wenn man bei der Betrachtung der Welt nicht nur die theoretische, sondern auch die praktische Vernunft gebraucht. Der allein theoretische Vernunftgebrauch, die Beobachtung der empirischen Natur, führt zu einem unzureichenden, physisch teleologischen Gottesbegriff.

„Andere" (der Pantheismus und Spinozismus, *KU* 5:439.21) versuchten, die zweckmäßige Einheit der Natur durch ein Wesen zu erklären, dem als notwendiger Substanz alle anderen Bestimmungen inhärieren. Kant nimmt an dieser Stelle die Kritik an Spinoza aus § 72–3 ein weiteres Mal auf und argumentiert wie an früheren Stellen gegen einen Idealismus der Endursachen, dass die Einheit der Substanz bzw. des zugrundeliegenden Subjekts nicht die Einheit des Zwecks ist, dass sie die „Inhärenz *in einer*", aber nicht die „Causalabhängigkeit *von einer*" (*KU* 5:439.34) ursprünglichen Substanz bedeutet. Aber auch der dem Idealismus entgegen gesetzte Realismus der Endursachen kann dem teleologischen Erklären keinen Grund in einem sinnvollen Gottesbegriff verschaffen, da auch dieser aus der in der Erfahrung beobachteten Zweckmäßigkeit der Naturdinge hergenommen würde.

**KU 5:440.26–442.5** In den Absätzen neun und zehn resümiert Kant, dass die physische Teleologie (Physikotheologie) den Menschen zwar dazu antreibt, eine Theologie, das heißt, ein göttliches Wesen zu suchen, das die zweckmäßigen Erklärungen der Dinge begründet, aber keine Theologie hervorbringen kann. Der Fokus von Kants Kritik am physikotheologischen Argument ist jetzt, dass es zur Annahme von mehreren Zwecken führt, aber „keinen gemeinschaftlichen Beziehungspunkt aller dieser Naturzwecke" (*KU* 5:440.34–5) und keine systematische Einheit aller Zwecke angeben kann. Physikotheologie liefere zwar einen „*Kunstverstand* für zerstreute Zwecke; aber keine *Weisheit* für einen Endzweck" (*KU* 5:441.3–4). Kant scheint nun zu argumentieren, dass die empirische Beobachtung von Zwecken in der Physikotheologie nicht im strengen Sinne zu einer Einheit des Zwecks führen kann, da die Erfahrungswelt nicht im strengen Sinne einheitlich ist. Die Einheit des Zwecks lässt sich nur durch ein apriorisches Argument rechtfertigen.

*KU* 5:442.6 – 10 In Absatz elf betont Kant noch einmal, dass die Physikotheologie keine Theologie, Gotteslehre, ist, sondern eine missverstandene „physische Teleologie", die „nur als Vorbereitung (Propädeutik) zur Theologie" (*KU* 5:442.6 – 7) brauchbar ist. Physische Teleologie ist Teil der theoretischen Philosophie, genauer der Naturwissenschaft, nicht aber der Theologie.

Für Kants Diskussion der Physikotheologie in § 85 stellt sich die Frage, ob Kants Kritik nicht dem traditionellen Schema dieser Lehre gilt, das Kant selbst in seiner eigenen Version der Physikotheologie, etwa in § 74 und § 75, gar nicht verwendet. In der Kantischen Version der Physikotheologie ist es ja nicht nur die Schönheit der mechanischen, sondern auch die der physisch teleologischen organisierten Natur, die auf die regulative Idee eines Daseins Gottes führt. Und physisch teleologische Kräfte und Gesetze der Natur sind keine rein empirischen Kräfte und Gesetze, sondern enthalten selbst ein Übersinnliches, apriorisches Element. Außerdem spricht Kant in den §§ 74 und 75 mit aller Deutlichkeit von einem einzigen Gott, so dass etwa Kants Kritik, dass das physikotheologische Argument auch auf viele Götter führen kann, nicht auf die Variante der Physikotheologie zutrifft, die Kant in der „Dialektik" selbst in Anspruch genommen hat.

## § 86

**Zusammenfassung:** Nachdem Kant in § 85 die Begrenztheit des traditionellen physikotheologischen Gottesbeweises aufgezeigt hat, kehrt er zur Diskussion des Menschen als Wesen der Freiheit zurück, der in § 84 als Endzweck der Schöpfung bestimmt wurde. Der Mensch als Wesen der Freiheit setzt seinen Handlungen einen Endzweck in der Verwirklichung des höchsten moralischen Gutes. An dessen Verwirklichung wiederum kann er nur glauben, wenn er an einen Schöpfer glaubt, der das höchste Gut garantiert. Dies ist der Grundgedanke des ethikotheologischen Gottesbeweises.[93] Warum der Mensch an das höchste moralische

---

93 Zammito (1992, 306 – 41, bes. 335 – 41) diskutiert das ethikotheologische Argument in der *KU*. Nach Zammito versucht Kant mit dem ethikotheologischen Argument, sowohl seinen Bindungen an ein traditionelles christliches Weltbild als auch den Einsichten der kritischen Philosophie, die ihm nicht mehr erlauben, einen realistischen christlich personalen Gottesbegriff oder den realistischen Begriff einer unsterblichen Seele zu vertreten, gerecht zu werden. Kant bleibt, soweit im Rahmen der kritischen Philosophie möglich, christlicher Traditionalist. „Kant's phi-

Gut nur glauben kann, wenn es ein Schöpfer garantiert, hat Kants Argumentation noch nicht im Detail gezeigt; er holt dies in den noch folgenden Paragrafen der *KU* nach. Der § 86, mit dem Titel „*Von der Ethikotheologie*" (*KU* 5:443.12), ist in sechs Abschnitte und eine Anmerkung untergliedert. Kant argumentiert zunächst erneut, dass der Mensch als noumenales, rein vernünftiges Wesen Endzweck der Schöpfung ist; dies bestätige auch der gesunde Menschenverstand, so Absatz zwei. Betrachtet man die Zweckordnungen in der Welt, so Absatz drei, müssen bedingte Zwecke einem obersten, unbedingten Endzweck untergeordnet werden. Nicht hinreichend klar präsentiert Kant dann Argumentationsschritte, die vom Menschen als Endzweck zum Menschen als Wesen führen, das an das höchste Gut, das heißt, an eine zweckmäßige Gestalt der gesamten Schöpfung glaubt, und dafür einen höchsten göttlichen Verstand annimmt, der die Zweckmäßigkeit der Schöpfung begründet. Der Begriff ‚Endzweck' schwimmt in Kants Argumentation; er bezeichnet den Menschen als noumenales Wesen, aber auch Gott als höchsten Verstand. Der Mensch als moralisches Wesen ermöglicht es, so Absatz vier, die Schöpfung als ein nach Zwecken zusammenhängendes Ganzes und System von Endursachen anzusehen, ein Gedanke wiederum, der auf einen und auf einen bestimmten Begriff des Schöpfers führe, den die Physikotheologie (eigentlich Physikoteleologie) nicht zugänglich machen konnte. In Absatz fünf erläutert Kant die Merkmale dieses Urwesens als eine Intelligenz, die gesetzgebend für die Natur, und die zugleich ein gesetzgebendes Oberhaupt im moralischen Reich der Zwecke ist. Es ist ein allwissendes, allmächtiges, allgütiges, allgerechtes, ewiges und allgegenwärtiges göttliches Wesen. In Absatz sechs relativiert Kant die Bedeutung des physikotheologischen Arguments. Es ergänze das ethikotheologische Argument, aber der moralische Beweisgrund Gottes könne auch allein die Zweckmäßigkeit der Schöpfung verständlich machen. In der Anmerkung stellt Kant verschiedene Szenarien vor Augen, in denen der Mensch etwa im Angesicht der schönen Natur, im Gedränge erfüllter oder nicht erfüllter moralischer Pflichten Gefühle der Dankbarkeit gegenüber einem höchsten Wesen entwickelt und auf das Dasein eines Gottes schließt, der ihn an das höchste moralische Gut glauben lässt.

*KU* 5:442.11–443.28 Kant setzt in Absatz eins mit dem Gedanken aus § 84 wieder ein, dass der „Mensch[]", und Kant ergänzt: „vernünftige Wesen überhaupt" (*KU*

---

losophy culminates [...] in the affirmation of some crucial tenets of the Christian religion, though ostensibly „within the limits of reason alone". Rational belief in God and the immortality of the soul finds justification in the requirements of practical reason to realize the highest good" (Zammito, 1992, 339–40). Tendenziell stimme ich Zammito zu, allerdings erwähnt Kant an keiner Stelle ausdrücklich, dass er den von ihm entwickelten monotheistischen Gottesbegriff christlich verstanden wissen will.

5:442.19–20), Endzweck der Schöpfung sei. Dies sei dem gemeinen Menschenverstand klar. Weniger klar jedoch sei, in welcher Hinsicht der Mensch Endzweck der Schöpfung ist. Kant schließt zuerst drei Hinsichten aus und erörtert anschließend, in welcher Hinsicht der Mensch Endzweck der Schöpfung ist. Er scheint dabei in allen Argumenten vorauszusetzen, dass ein Endzweck einen absoluten, unbedingten Wert repräsentiert, der allen anderen Dingen ihren spezifischen Wert verleiht (ein Gedanke, der erst in § 87 ausgesprochen wird). So ist der Mensch, erstens, kein Endzweck der Schöpfung durch sein Erkenntnisvermögen, die theoretische Vernunft (*KU* 5:442.22–3); denn das Vermögen der theoretischen Betrachtung schließt keine Bewertung der Dinge ein. Endzweck zu sein bedeute aber, dass alles andere in Bezug auf den Endzweck seinen Wert bekomme und man müsse den Endzweck schon voraussetzen, um zu sagen, worin der Wert der Betrachtung der Dinge liegt. Es sind, zweitens, auch nicht die Glückseligkeit (*KU* 5:442.33) und das Gefühl körperlicher oder geistiger Lust, welche den Menschen zum Endzweck der Schöpfung machen. Denn dass sich der Mensch die Glückseligkeit und das Angenehme zum Ziel setzt, beantwortet die Frage nicht, welchen Wert und Zweck seine Existenz überhaupt hat. Man muss einen Endzweck im Menschen schon voraussetzen, um zu begründen, warum und wie das Angenehme und die Glückseligkeit mit diesem zusammenstimmen soll. Es ist, drittens, nicht das sinnliche Begehrungsvermögen, welches den Menschen zum Endzweck der Schöpfung erhebt, weil ihm dieses keinen unbedingten Wert verleiht, sondern ihn von der Natur abhängig macht (*KU* 5:443.4–7). Nur die „*Freiheit*" des Begehrungsvermögens von natürlichen Antrieben, ein „guter Wille" (*KU* 5:443.10–1), verschafft dem Menschen einen unbedingten und absoluten Wert und macht ihn zum Endzweck der Schöpfung. Dass der Mensch „nur als moralisches Wesen ein Endzweck der Schöpfung" (*KU* 5:443.15–6) sei, bestätige auch der gemeine Menschenverstand, so Absatz zwei.

*KU* **5:443.29–444.11** Im dritten und vierten Abschnitt vollzieht Kant wichtige, aber sehr kryptisch formulierte Zwischenschritte in der Argumentation.[94] Er scheint zu sagen, dass der Mensch von den bedingten Zweckordnungen in der Welt aus von seiner Vernunft dazu angetrieben wird, einen unbedingten, obersten Endzweck zu suchen, dem er die bedingten Zwecke in der Welt unterordnen kann.

---

[94] Vgl. hierzu Cunico (2008, 326), der (mit Recht) darauf aufmerksam macht, dass Kant den Schritt vom Menschen als noumenalen Wesen bzw. Wesen der Freiheit zu einem Wesen, das nach dem höchsten Gut strebt, und erst weil es nach einem höchsten Gute strebt, einen schöpfenden Gott annehmen muss, der ihn an das höchste Gut glauben lässt, nicht hinreichend unterstützt: „Die nicht erörterte Prämisse des moralischen Beweises ist das notwendige Gebot der Bewirkung des höchsten Guts". Dieser Punkt ist wichtig. Eventuell hat Kant ihn so verkürzt dargestellt, weil die Diskussion der Postulate in der zweiten *Kritik* den Gedanken schon ausgeführt hat.

Nach der bisherigen Argumentation wäre dieser Endzweck der Mensch. Aber Kant geht darüber nun hinaus. Der Endzweck der Schöpfung ist ein höchster Verstand, der die Weltwesen hervorbringt – und dies ist nicht mehr der menschliche Verstand. Aber der menschliche Verstand gibt doch Anzeige auf die Natur der obersten Ursache (nämlich jene, ein Verstand zu sein). Noch deutlicher, wird der Mensch als moralisches Wesen in Absatz vier als Zweck der Schöpfung beschrieben, durch den die „Welt als ein nach Zwecken zusammenhängendes Ganze[s] und als *System* von Endursachen" (*KU* 5:444.3–4) angesehen werden muss. Außerdem führt der Gedanke des Menschen als Endzweck über ihn selbst hinaus auf eine „verständige Weltursache", die der Mensch „als obersten Grund[] im Reiche der Zwecke" (*KU* 5:444.6–8) denken muss. Das ‚Reich der Zwecke' ist dabei Terminus, und verweist auf die ‚Reich der Zwecke'-Formeln des kategorischen Imperativs aus der *GMS* (4:433.12–439.34) und auf die Lehre vom höchsten Gut aus der *KpV* (5:145.29–33).

**KU 5:444.12–32** In Absatz fünf beschreibt Kant diese Zusammenhänge näher. Die oberste verständige Weltursache ist eine solche, die „nicht bloß als Intelligenz [...] gesetzgebend für die Natur, sondern auch als gesetzgebendes Oberhaupt in einem moralischen Reiche der Zwecke" (*KU* 5:444.13–5) wirksam wird. Der Schritt vom Menschen als Wesen der Freiheit zum höchsten göttlichen verständigen Urwesen wird nur dann plausibel, wenn man einfügt, dass der Mensch als Wesen der Freiheit ein höchstes moralisches Gut erstrebt, in dem Natur und Sittlichkeit, die Erfüllung höchster physischer Zwecke (die jeweilige Glückseligkeit eines jeden Menschen) und die Erfüllung höchster sittlicher Zwecke (die moralische Gesinnungen aller Menschen), in Harmonie gedacht werden. Die zweckförmige Ordnung und Einheit beider Reiche muss von einem verständigen Urwesen, das außerhalb beider Ordnungen steht, hervorgebracht und garantiert werden. Kant beschreibt dieses oberste Wesen nun mit den traditionellen Gottesprädikaten – Kant nennt sie ‚transzendentale Eigenschaften' (*KU* 5:444.25) – als „*allwissend*" (*KU* 5:444.17), um alle Gesinnungen der Menschen kennen zu können, als „*allmächtig*" (*KU* 5:444.20), um alle Zwecke der Natur den höchsten sittlichen Zwecken angemessen zu machen, als weise, das heißt, „*allgütig*" und „*gerecht*" (*KU* 5:444.21–2), um Bedingung des höchsten Gutes unter moralisch praktischen Gesetzen sein zu können; außerdem als ewig, allgegenwärtig (*KU* 5:444.25–6) usw. Die wichtigste Änderung gegenüber dem theoretischen Gottesbegriff, der aus dem physikotheologischen Gottesbeweis folgt, ist die theoretisch praktische Struktur des Gottesbegriffs, die sich aus dem ethikotheologischen Gottesbeweis ergibt, ein Gott, der sowohl das Reich der Natur als auch das Reich der Sitten überblicken und beherrschen soll. In diesem Sinne sagt Kant, der moralische Gottesbegriff „ergänz[e]" (*KU* 5:444.28, 36) den theoretischen, da der moralische Gottesbegriff die theoretischen Eigenschaften Gottes einschließt (Intentionalität,

Intelligenz), darüber hinaus jedoch auch praktische Prädikate hat (praktische Weisheit, Güte, Gerechtigkeit).

*KU* 5:444.33 – 445.22 In Absatz sechs dagegen vertritt Kant eine Substitutionsthese, die der Ergänzungsthese zu widersprechen scheint. Der ethikotheologische Gottesbeweis für einen Gott als als obersten göttlichen Verstand sei „auch für sich hinreichend" (*KU* 5:444.37).⁹⁵ In den folgenden Zeilen ist nicht ganz klar, wofür Kant argumentiert. Man würde erwarten, dass er nun zeigen möchte, dass die ethikotheologische Perspektive auf Gott die physikotheologische obsolet macht. Kant argumentiert zunächst, es sei ein notwendiger Grundsatz, dass so, wie der Mensch als a priori Zwecke setzendes moralisches Wesen seine physischen Zwecke bedingt, eine oberste moralische Welturache Bedingung der Möglichkeit der Schöpfung (unbedingte Bedingung bedingter Zwecke der Natur) sein müsse. Dann sagt er, dass der Mensch als moralischer Endzweck nach der subjektiven Beschaffenheit seiner Vernunft als a priori gewiss gelten und erkannt werden kann, während Naturzwecke, die neben apriorischer Einheit eine empirische Komponente enthalten, nicht a priori erkannt werden können. Das erste Argument ist keine eindeutige Rechtfertigung der Substitutionsthese, da es immer noch so sein könnte, dass der physiktotheologisch beweisbare Gott eine begrenzte Funktion für die Natur hätte, die der des ethikotheologisch beweisbaren Gottes untergeordnet ist. Das zweite Argument rechtfertigt die Überlegenheit moralischer über natürliche Zwecke in der systematischen Zweckordnung jedoch nur aus der Perspektive der Erkenntnis des Menschen, nicht aber aus der Perspektive Gottes.

*KU* 5:445.23 – 447.13 In der „*Anmerkung*" (*KU* 5:445.23) beschreibt Kant moralphilosophische Szenarien, in denen Menschen, bewegt durch moralische Empfindungen und moralische Intelligenz, auf das Dasein Gottes schließen. Betrachtet der Mensch etwa die schöne Natur, will er einem göttlichen Wesen für diese Schönheit dankbar sein. Opfert er sich freiwillig auf, um eine Vielzahl von moralischen Pflichten zu erfüllen, entsteht in ihm das Gefühl, etwas, was geboten ist, getan und einem göttlichen Herrn gehorcht zu haben. Vergeht er sich aus Unachtsamkeit gegen seine moralische Pflicht, so legt er vor seinem Gewissen Rechenschaft ab, als ob es ein göttlicher Richter von ihm verlangte. Die Gefühle der Dankbarkeit, des Gehorsams und der Pflicht beweisen, dass der Mensch sich aus moralischen Gründen, ja aus einem moralischen Bedürfnis heraus, ein oberstes

---

[95] Auch in den folgenden Paragrafen schwankt Kant an verschiedenen Stellen zwischen der schwächeren Ergänzungsthese: der physikotheologische ergänzt den ethikotheologischen Gottesbeweis, und der stärkeren Substitutions- oder Ersetzungsthese: der ethikotheologische ersetzt den physikotheologischen Gottesbeweis. In Goy (2014b) diskutiere ich verschiedene Lesarten beider Behauptungen.

göttliches Wesen denkt, das seine Sittlichkeit stärkt und vermehrt. Dies beweist, dass die physikotheologische Perspektive auf die Zweckmäßigkeit in der Natur nicht genügt, sondern erst die ethikotheologische die oberste Ursache der Zweckmäßigkeit der Dinge aufzeigen kann, so wie es auch ein rein moralischer Grund ist, der den Menschen dazu antreibt, nach einem höchsten Zweck zu streben, weil die Natur so oft zeigt, dass der Mensch ihren Zwecken nicht genügen kann. Im zweiten Absatz der Anmerkung resümiert Kant, dass nur moralische praktische Vernunftprinzipien den Begriff von Gott hervorbringen können, nicht aber die theoretische Naturbetrachtung. Die moralische praktische Zweckbestimmung „ergänzt[]" (KU 5:447.8) jenen Begriff von Gott, den die theoretische Naturbetrachtung gar nicht erreicht. Sie lässt den Menschen eine Gottheit denken, eine oberste Ursache, welche die Natur als Werkzeug einer einzigen Absicht unterwerfen kann.

## § 87

**Zusammenfassung:** § 87, mit dem Titel „*Von dem moralischen Beweise des Daseins Gottes*" (KU 5:447.15), umfasst zehn Absätze, deren erste sieben Absätze durch drei Sterne von den verbleibenden drei Absätzen abgetrennt sind. In Absatz eins charakterisiert Kant die physische und die moralische Teleologie und kündigt an, das Verhältnis zwischen physischer Teleologie, moralischer Teleologie und der Theologie präzisieren zu wollen. Kant behauptet nun, dass die physische Teleologie einen Beweisgrund Gottes für die theoretisch reflektierende Urteilskraft enthält. Die moralische Teleologie, heißt es nun genauer, verweist nicht für einzelne moralische Zwecke, sondern nur in Bezug auf das höchste Gut auf ein göttliches Urwesen, ein verständiges oberstes Prinzip. In den Absätzen zwei bis sieben stellt Kant schrittweise einen moralischen Gottesbeweis vor Augen. Angesichts der Ursachen zufälliger Dinge in der Welt, kann man fragen, ob diese ihren Grund im *nexus effectivus* oder im *nexus finalis* haben. Stellt man die Frage nach dem obersten Zweck, setzt man dabei ein verständiges Wesen voraus (Absatz zwei). Es herrscht Einigkeit darüber, dass nur der Mensch und vernünftige Weltwesen unter moralischen Gesetzen Endzweck der Schöpfung sein können, da nur diese einen Zweck darstellen, der einen unbedingten Wert verschafft (Absatz drei). Das moralische Gesetz verbindet den Menschen nach dem höchsten, durch Freiheit möglichen Gut zu streben (Absatz vier). Die subjektive Bedingung des höchsten Gutes ist das physische Gut der Glückseligkeit; die objektive die Übereinstimmung des Menschen mit dem apriorischen Gut der Glückswürdigkeit (Absatz fünf). Die theoretischen Möglichkeiten der Bewirkung des höchsten Gutes für den Menschen als Naturwesen stimmen nicht von vornherein mit der praktischen Notwendigkeit des höchsten Gutes für den Menschen als Freiheitswesen überein (Absatz sechs). Also muss der Mensch einen moralischen Welturheber annehmen, der ihn glauben lässt, dass Natur (Glückseligkeit) und Vernunft (Sittlichkeit) zur Übereinstimmung gebracht werden können. Ein moralischer Welturheber existiert, weil der Mensch sonst nicht an die Möglichkeit des höchsten moralischen Gutes, einer Welt, in der Sittlichkeit und Glückseligkeit einander entsprechen, glauben kann. In Absatz acht insistiert Kant auf der Priorität des Sittengesetzes vor dem höchsten Gut: ersteres gilt noch immer, selbst wenn das höchste Gut nie eintritt. Dennoch kann man den Glauben an das höchste Gut nicht preisgeben. Selbst wenn der Mensch den Glauben an einen moralischen Urheber des höchsten Gutes aufgibt, muss er doch das moralische Gesetz achten, sonst verliert er seine Würde (Absatz neun). Am Beispiel eines rechtschaffenen, aber ungläubigen Menschen wie Spinoza zeigt Kant, dass man einen moralischen Welturheber (als Garanten der Erfüllbarkeit moralischer Zwecke und des höchsten Gutes) annehmen muss, wenn man den Menschen nicht dadurch demoralisieren möchte, dass die Erfüllung seiner moralischen Zwecke ausbleiben könnte.

*KU* **5:447.14 – 448.16** In Absatz eins des § 87 unterscheidet Kant noch einmal zwischen *„physische[r] Teleologie"* (*KU* 5.447.16) und *„moralische[r] Teleologie"* (*KU* 5:447.21), den Zwecklehren in den Bereichen der Natur und Moral, und behauptet, dass erstere einen Beweisgrund Gottes für die theoretisch reflektierende Urteilskraft enthält. Kant spricht der physischen Teleologie einen Bezug zur Theologie zu – ohne noch einmal zu kritisieren, dass es sich dabei eigentlich nur um physische Teleologie, nicht aber Theologie handelt. Für die moralische Teleologie werden nun zwei Fälle unterschieden. Setzt sich der Mensch a priori in einer einzelnen moralischen Handlung einen einzelnen Zweck, so liegt dieser in unserer menschlichen Vernunft; für die Begründung dieses Zwecks muss man keine verständige, göttliche Ursache annehmen. Erst wenn sich der Mensch das höchste moralische Gut zum Ziel und Zweck macht, wenn er sich einen Zweck setzt, der ihn als Weltwesen und seine Beziehungen zu anderen Wesen und Dingen in der Welt bzw. Natur betrifft, wird er zur Annahme eines verständigen Urwesens außerhalb der Welt genötigt. Dieser Gedanke ist sehr hilfreich für Kants Verständnis der Zweckordnung insgesamt. Nicht der Mensch als Freiheitswesen, heißt es an dieser Stelle, sondern der Mensch, der sich das höchste Gut wünscht, ist auf die Idee eines höchsten göttlichen Urhebers verwiesen.

*KU* **5:448.16 – 450.30** Eine ausführlichere Darstellung des ethikotheologischen Gottesbeweises – die keine streng logische ist, wie Kant am Beginn von Absatz acht sagt – verläuft über die folgenden Schritte: Wenn das Dasein einiger Dinge oder auch nur ihre Form zufällig erscheint, so kann der letzte Grund dafür entweder in einer Ursache nach dem *nexus effectivus* oder *finalis* liegen. Wenn letzteres, und fragt man dabei nach dem obersten unbedingten Zweck, ist impliziert, dass diese oberste Ursache ein verständiges, Zwecke vorstellendes und setzendes Wesen ist (Absatz zwei). Der gesunde Menschenverstand setzt den Endzweck in den Menschen, insofern er unter moralischen Gesetzen steht. Denn bestünde die Welt aus leblosen und lebendigen, aber vernunftlosen Wesen, gäbe es gar kein Wesen in der Welt, das einen Wert hätte, weil es kein Wesen gäbe, das (qua Vernunft) einen Begriff von einem Wert besitzt. Bestünde die Welt aus vernünftigen Wesen, die den Wert ihres Daseins in ihre Glückseligkeit setzen, nicht aber in ihre moralische Freiheit, so gäbe es zwar relative Zwecke in der Welt, aber keinen absoluten Endzweck. Nur der Mensch als Wesen unter moralischen Gesetzen stellt einen solchen unbedingten Endzweck dar (Absatz drei). Das moralische Gesetz gebietet dem Menschen, „das *höchste* durch Freiheit mögliche *Gut in der Welt*" (*KU* 5:450.8–9) zu erstreben (Absatz vier). Das höchste Gut umfasst zwei Komponenten: eine subjektive Bedingung, die „*Glückseligkeit*" (*KU* 5:450.14), als das höchste physische Gut aller Menschen, und eine objektive Bedingung, die „*Sittlichkeit*, als [...] Würdigkeit glücklich zu sein" (*KU* 5:450.15–6) (Absatz fünf). Der Mensch kann sich die harmonische Verknüpfung beider Komponenten nicht vorstellen, da die bedingten physischen Möglichkeiten der Natur nicht per se mit der praktisch unbedingten Notwendigkeit der Sittlichkeit zusammenstimmen (Absatz sechs). Also muss man die Idee eines moralischen Welturhebers annehmen, der garantiert, dass die „Befolgung moralischer Gesetze harmonisch" mit der „Glückseligkeit vernünftiger Wesen" (*KU* 5:451.5–6) zusammentrifft. In der Fußnote zum ethikotheologischen Beweis führt Kant aus, dass es sich um keinen objektiv gültigen Beweis handle, sondern nur um ein subjektiv hinreichendes Argument (*KU* 5:450.33–4 und *KU* 5:451.36–7).

*KU* 5:450.31–451.21 In Absatz acht betont Kant, dass die Verbindlichkeit und Gültigkeit des moralischen Gesetzes nicht aufhören würde, wenn es kein höchstes Gut und keinen moralischen Welturheber gäbe, der den Menschen an das höchste Gut glauben lässt. Das moralische Gesetz gebietet unbedingt, „ohne Rücksicht auf Zwecke" (*KU* 5:451.10). Dennoch gebietet das moralische Gesetz das Streben nach dem höchsten Gut als Endzweck, und nach der „Beförderung der Glückseligkeit in Einstimmung mit der Sittlichkeit" (*KU* 5:451.15–6).

*KU* 5:451.22–453.5 In Absatz neun spielt Kant drei Spezialfälle durch, die zeigen sollen, dass die Moralität und Befolgung der moralischen Pflicht nicht am Gelingen des ethikotheologischen Gottesbeweises und am moralischen Glauben hängt. In Fall eins glaubt eine Person nicht an Gott, glaubt deshalb auch nicht an ein moralisches Gesetz und übertritt ihre Pflichten. In einem zweiten Fall glaubt eine Person an Gott, tut ihre moralischen Pflichten aus Gottesfurcht ohne eigentliche Pflichtgesinnung. In einem dritten Fall glaubt eine Person an Gott, versucht aber gelegentlich, den Glauben an Gott preiszugeben und spricht sich dann von der moralischen Pflicht frei. In jedem dieser Fälle würde die Person nach

Kant in ihren eigenen Augen ihre moralische Würde verlieren. In Absatz zehn schildert Kant eine Person, die, wie Spinoza, atheistisch ist, aber ihre Pflichten redlich erfüllt. Ein solcher Mensch könnte nicht an das höchste Gut glauben, da eine Naturbetrachtung allein dem Eintreten des höchsten Gutes widerspricht, denn die Natur zeigt Mängel, konfrontiert den Menschen mit Krankheit und Tod und lässt den Menschen so aussehen, als sei er den anderen Tieren der Erde unterworfen. Die Preisgabe des höchsten Gutes als Zweck könnte zur Demoralisierung führen. Wenn er dieses nicht preisgeben will, muss er an das „Dasein eines *moralischen* Welturhebers, d.i. Gottes" (*KU* 5:453.4–5) glauben.

Da ab § 88 keine neuen Theorieelemente mehr eingeführt werden, fasse ich für die §§ 88–91 und die „Allgemeine Anmerkung zur Teleologie" je nur die Hauptgedanken zusammen.

## § 88

**Zusammenfassung:** In sieben Absätzen und einer Anmerkung erörtert Kant in § 88, der den Titel „*Beschränkung der Gültigkeit des moralischen Beweises*" (*KU* 5:453.7) trägt, die Reichweite des moralischen Gottesbeweises in Bezug auf das höchste Gut – den Endzweck der Schöpfung – und Gott – den Schöpfer dieses Endzwecks. Kant diskutiert, inwiefern beide je subjektive oder objektive, regulative oder konstitutive, und je theoretische oder praktische Realität haben. Obgleich der Paragraf in vielen Details und Thesen schwierig ist, scheint die Hauptrichtung von Kants Antwort die zu sein, dass er der Idee des höchsten Gutes und des Schöpfers des höchsten Gutes praktische Realität zugesteht.

In Absatz eins vertritt Kant die These, dass das höchste Gut für den Menschen subjektiv konstitutive, praktische Realität hat, da der Endzweck der Schöpfung etwas ist, das der Mensch durch einzelne moralische Handlungen hervorbringen soll. Kant versucht dann, die Frage aufzuwerfen, ob der Endzweck auch objektiv theoretische Realität haben könnte. Dem widerspricht jedoch zum einen, dass aus theoretischer Perspektive ungewiss und problematisch ist, ob man die natürlichen Bedingungen so herstellen kann, dass sie der Sittlichkeit angemessen sind, schon in einzelnen Handlungen. Fragt man nach der objektiven Realität des höchsten Gutes, müsste sichergestellt werden können, dass die gesamte Natur dem Sittengesetz, so wie es in den Gedanken aller Menschen auftritt, angemessen ist. Das ist jedoch nicht möglich. Kant scheint auch zu erwägen, dass die Zweckmäßigkeit der Natur durch einen Endzweck der Natur sichergestellt werden könnte, etwa durch einen physikotheologischen Gottesbegriff. Dieser hat sich jedoch (in seiner traditionellen Variante) als Trugschluss erwiesen (Absatz drei). Der Endzweck der Schöpfung ist ein praktischer Begriff; er wird durch das moralische Gesetz auferlegt, und der Mensch muss aus praktischen Gründen annehmen, dass es eine Natur gibt, die mit dem moralischen Gesetz zusammenstimmt (Absatz vier). Kant argumentiert, dass der Mensch, um sich die Möglichkeit einer Harmonie zwischen Sittlichkeit und Natur begreiflich machen zu können, aus praktischen Gründen auf einen moralischen Urheber der Dinge schließen und den Schritt von der moralischen Teleologie zur moralischen Theologie gehen muss. Dieses moralische Urwesen ist, nun wieder theoretisch praktisch, nicht nur ein theoretisch verständiges, sondern auch ein praktisch weises Wesen (Absatz fünf). Dennoch hat der Mensch keinen theoretischen Zugang zur Erkenntnis der Eigenschaften eines solchen Urwesens (Absatz sechs). Er kann die Eigenschaften des höchsten Wesens nur nach einer Analogie zum Menschen denken; und er kann sie nur denken, nicht aber erkennen. Der Mensch verwendet die Idee eines moralischen Welturhebers als Etwas, das den Grund der Ausführbarkeit und praktischen Realität eines notwendigen moralischen Endzwecks enthält und beschreiben dieses Urwesen aus der Perspektive seiner Wirkung als weises, nach moralischen Gesetzen herrschendes und die Welt lenkendes Wesen (Absatz sieben).

## § 89

**Zusammenfassung:** In drei Absätzen erläutert der kurze § 89 mit dem Titel „*Von dem Nutzen des moralischen Arguments*" (*KU* 5:459.11), welche Fehler durch das moralische Argument und den Nachweis seiner beschränkten Gültigkeit in Bezug auf die Idee Gottes und die Idee der unsterblichen Seele für einen praktischen Glauben (nicht aber für die theoretische Erkenntnis) vermieden werden. Die ersten beiden Absätze betreffen die Idee Gottes, der letzte die der unsterblichen Seele. Für die Idee Gottes schließt die beschränkte Gültigkeit des Arguments aus, dass sich Theologie in Theosophie – einen überschwenglichen Begriff von Gott; der Begriff des höchsten Wesens in Dämonologie – einen Anthropomorphismus Gottes; Religion in Theurgie – den Wahn, das höchste Wesen fühlen und beeinflussen zu können; und der moralische Gottesdienst in Idolatrie – den Wahn durch äußere Mittel Gott gefällig zu werden, verkehrt.

Ansprüche auf eine Erkenntnis Gottes müssen prinzipiell verneint werden, da es vom Übersinnlichen keine theoretisch erweiternde Erkenntnis gibt. Kant argumentiert mit Referenz auf die Erkenntnislehren der ersten *Kritik*, dass das, was kein Gegenstand der Erfahrung sein kann (etwa übersinnliche Gegenstände, *KU* 5:460.8–9), im strengen Sinne kein Wissen generiert. Eine unwillkommene Folge einer theoretischen Erkennbarkeit Gottes wäre, dass die Moral aus der Theologie folgen müsste, dass die Gesetzgebung der Vernunft durch äußerliche, willkürliche Gesetze eines obersten Wesens ersetzt würde, und nicht umgekehrt, wie Kant selbst es verteidigt, die Religion nur aus der Moral hervorgehen und die Gotteslehre (und Gottes Gebote) nur innerhalb der Moral eine Funktion erfüllen kann.

Für die Idee der unsterblichen Seele, den Gegenstand der rationalen Psychologie, werden Verfehlungen des Materialismus und der Pneumatologie vermieden. Die Hoffnung auf ein Leben nach dem Tode, auf eine unsterbliche Seele, ist nur aus praktischer Perspektive gerechtfertigt – als Bedingung der Hoffnung des Menschen auf das höchste Gut.

## § 90

**Zusammenfassung:** In § 90, mit dem Titel *„Von der Art des Fürwahrhaltens in einem teleologischen Beweise des Daseins Gottes"* (KU 5:461.12–3), erörtert Kant in acht Absätzen, welche Beweisform den Glauben an einen moralischen Welturheber unterstützt. Kant zeigt, dass kein theoretischer Beweis, sondern ein Beweis *kat anthropon*, der in praktischer Hinsicht hinreichend auf die moralische Überzeugung wirkt, den Gedanken eines moralischen Welturhebers untermauert. In Absatz eins unterscheidet Kant Beweise, die durch Beobachtungen und Experimente empirisch, von Beweisen, die a priori aus Prinzipien der Vernunft geführt werden, und fordert, dass Beweise überzeugen müssen und nicht nur überreden dürfen. Kant zeigt, dass der Beweis Gottes in der natürlichen Theologie (der traditionellen Variante der Physikotheologie) bloß auf Überredung beruht. Ihm liegt der Scheinbeweis zugrunde, dass man von Zwecken in der Natur auf einen oder mehrere verständige Urheber dieser Zwecke in der Natur, darüber hinaus zugleich auf die moralischen Elemente der Welt schließt. Kant betont, dass man im Gottesbeweis die Elemente der physischen und der moralischen Teleologie auseinander halten muss, um den (moralphilosophischen) Nerv des Beweises zu erkennen. Wenn ein Beweis überzeugen soll, so Absatz zwei, wird er entweder an sich geführt, der Wahrheit nach (*kat' aletheian*). Oder er wird für den Menschen gegeben, wenn er auf die menschliche Überzeugung wirkt (*kat' anthropon*). Im ersten Falle ist es ein Beweis für die bestimmende, im letzteren für die reflektierende Urteilskraft. Obgleich der letztere Beweis keine theoretische Gewissheit erzeugt, kann er, wenn man ein praktisches Vernunftprinzip zugrunde legt, auf Überzeugung wirken, das heißt, einen Zustand des Fürwahrhaltens auslösen, der weder schon Gewissheit ist, noch bloße subjektive Überredung bleibt. In Absatz drei unterscheidet Kant vier Arten des theoretischen Beweises, erstens den Beweis durch logisch strenge Vernunftschlüsse, zweitens den Beweis durch einen Analogieschluss, drittens den Beweis durch wahrscheinliche Meinung, viertens den Beweis durch eine Hypothese, und zeigt, dass keiner der theoretischen Beweisgründe dem Gedanken eines moralischen Welturhebers zugrunde liegen kann. Das Resultat des Paragrafen ist die Einsicht, dass der moralische Welturheber durch keinen theoretischen Gottesbeweis, sondern durch den praktischen Glauben plausibel gemacht werden kann, wie § 91 zeigen wird.

## § 91

**Zusammenfassung:** Unter der Überschrift „*Von der Art des Fürwahrhaltens durch einen praktischen Glauben*" (KU 5:467.2–3) differenziert Kant im letzten Paragrafen der *KU*[96] verschiedene Weisen der objektiven Realität von Gegenständen und der ihnen korrespondierenden menschlichen Erkenntnismöglichkeiten. Kant unterscheidet vier Ebenen der objektiven Realität und ihrer Erkenntnis für den Menschen. „[N]icht *erkennbare* Dinge" (KU 5:467.17), die überhaupt keine objektive Realität haben, sind verschieden von der objektiven Realität in „*Sachen der Meinung* (opinabile)" (KU 5:467.12–3). Diese wiederum ist verschieden von der objektiven Realität der „*Thatsachen* (scibile)" (KU 5:467.13; vgl. „res facti" [KU 5:468.16]) und der objektiven Realität von „*Glaubenssachen* (mere credibile)" (KU 5:467.13–4; vgl. „res fidei" [KU 5:469.13]). Im Einzelnen:

Es gibt, erstens, nicht erkennbare Dinge, denen jede objektive Realität fehlt, weil sie überhaupt nicht „in irgend einer möglichen Erfahrung dargestellt werden können" (KU 5:467.16–7). In Bezug auf diese Gegenstände kann die theoretische menschliche Vernunft weder Meinungen noch Wissen haben. Zu ihnen gehören die spekulativen Ideen der Unsterblichkeit der Seele und die Idee Gottes, außerdem bloße Dichtungen, etwa die Vorstellung eines Pegasus. Zweitens gibt es

---

[96] Ameriks' Kommentar (2008) zu den beiden abschließenden Paragraphen der *KU* und zur „Allgemeinen Anmerkung" beschäftigt sich besonders mit dem Verhältnis des physikotheologischen und ethikotheologischen Arguments zueinander, den Kritiken an beiden Argumenten und mit der interessanten Frage, warum und in welchem Sinne Kant auf der nur subjektiven Geltung beider Gottesbeweise beharrt, und zwar, ganz besonders auch auf der subjektiven Geltung des ethikotheologischen Beweises. „Die beste Antwort", so Ameriks (2008, 348), „ist es, daß Kants ewige Wiederholung, die Subjektivität betreffend, nicht an der bloßen Tatsache hängt, daß unser Geist, oder daran, daß Moralität [...] überhaupt beteiligt ist [...], sondern daran, daß ein „letztes Ziel" beteiligt ist, und das schließt verschiedene und kontingente Wirkungen ein, Wirkungen, die an unser Streben nach Glück durch Erfüllung in einer Welt, die eben nicht unserer Kontrolle obliegt, geknüpft sind". Ameriks selbst scheint aber zwiegespalten, ob man nicht doch auch von einer objektiven Geltung des ethikotheologischen Argumentes reden könne: „Selbst ein „Objektivist" sollte nicht davon überrascht sein, daß, insofern der Glaube am Ende in Richtung Glück orientiert ist, er einen speziellen subjektiven (ebenso wie objektiven) Charakter in der Kantischen Philosophie haben würde" (ebd.). – Eine andere interessante Frage, die ich am Ende des zweiten Teiles meines Buches diskutiere, ist, ob der subjektiv regulative Gottesbegriff der *KU* – die Idee der Einheit eines theoretisch praktischen Bewusstseins Gottes, das durch einen physikotheologischen, aber vor allem einen ethikotheologischen Gottesbeweis bekräftigt werden soll – nicht auch eine realistisch konstitutive Lesart zulässt, der gegenüber der Mensch dann aber agnostisch wäre.

Sachen der Meinung, deren objektive Realität an sich zwar möglich ist, jedoch nicht für den Menschen; es handelt sich um „Objecte einer wenigstens an sich möglichen Erfahrungserkenntniß (Gegenstände der Sinnenwelt), die aber nach dem bloßen Grade dieses Vermögens, den wir besitzen, *für uns* unmöglich ist" (*KU* 5:467.22–4). Die objektive Realität dieser Gegenstände kann weder mit den Mitteln unserer Erfahrungs- und Erkenntnisvermögen, noch durch Experimente in einer ‚erweiterten' Erfahrung zugänglich gemacht oder geprüft werden. In Bezug auf Objekte dieser Art können Menschen Meinungen haben, aber kein Wissen. Als Beispiele nennt Kant den „Äther der neueren Physiker" (*KU* 5:467.24–5), eine Art Flüssigkeit, die alle Materien durchdringt und mit ihnen innerlich vermischt ist. Auch über vernünftige „Bewohner anderer Planeten" können Menschen Meinungen formulieren, denn „wenn wir diesen näher kommen könnten, welches an sich möglich ist, würden wir, ob sie sind, oder nicht sind, durch Erfahrung ausmachen" (*KU* 5:467.29 – 32) können. Solange dies jedoch nicht möglich ist, bleibt es beim Meinen (Absatz drei).

Drittens, gibt es Tatsachen oder *res facti*, welche „Gegenstände für Begriffe" sind, deren „objective Realität (es sei durch reine Vernunft, oder durch Erfahrung und im ersteren Falle aus theoretischen oder praktischen Datis derselben, in allen Fällen aber vermittelst einer ihnen correspondirenden Anschauung) bewiesen werden kann" (*KU* 5:468.12–5). Als Beispiele nennt Kant drei Arten von Tatsachen: a) Tatsachen sind mathematische Eigenschaften der Größen in der Geometrie, deren objektive Realität durch die reine theoretische Vernunft und reine Anschauung bewiesen werden kann. b) Tatsachen sind außerdem Gegenstände, die durch eigene oder fremde Erfahrung bezeugt werden können, deren objektive Realität also durch Erfahrung und empirische Anschauungen und Begriffe bewiesen ist. c) Darüber hinaus ist die objektive Realität der Idee der Freiheit eine Tatsache. Sie ist eine besondere Art der Kausalität, deren objektive Realität sich „durch praktische Gesetze der reinen Vernunft und diesen gemäß in wirklichen Handlungen, mithin in der Erfahrung darthun" (*KU* 5:468.26–8) lässt. Anders als die Vernunftideen der Unsterblichkeit der Seele und Gottes, die keiner Darstellung in der Anschauung und keiner theoretischen Beweise fähig sind, ist die Idee der Freiheit eine Tatsache, die unter die „scibilia" (*KU* 5:468.29), das heißt, unter Gegenstände, von denen der Mensch Erfahrungswissen haben kann, gerechnet werden muss (Absatz vier).

Eine vierte Art von Gegenständen sind Glaubenssachen oder *res fidei*. Diese müssen „in Beziehung auf den pflichtmäßigen Gebrauch der reinen praktischen Vernunft (es sei als Folgen, oder als Gründe) a priori gedacht werden"; sie sind aber „für den theoretischen Gebrauch derselben überschwenglich" (*KU* 5:469.1–4). Zu dieser Weise einer objektiven Realität von Gegenständen gehört die Idee des höchsten Guts. Weitere Beispiele für Glaubenssachen sind die Ideen der

Unsterblichkeit der Seele und das Dasein Gottes als Bedingungen des höchsten Guts. Kant erwähnt sie an dieser Stelle ein zweites Mal, diesmal nicht mehr als Gegenstände und Ideen, die aus der Perspektive der reinen theoretischen Vernunft keine objektive Realität haben, sondern als Gegenstände, „die für uns in praktischer Beziehung objective Realität" (KU 5:469.30 – 1) besitzen (Absatz fünf).

In Absatz sechs wiederholt Kant, dass der physikotheologische Gottesbeweis auf einen unbestimmten Gottesbegriff führt, und dass er, selbst wenn er scheinbar auf einen bestimmten Gottesbegriff führen würde, dennoch keine (moralische) Glaubenssache wäre, da dieser (unbestimmte oder scheinbar bestimmte) Gottesbegriff nicht für die moralische Pflichterfüllung, sondern nur zur Erklärung der Natur gebraucht würde und eher den Status einer Meinung oder Hypothese, nicht aber einer notwendigen Glaubenssache habe. Dagegen glaube der Mensch aus moralischer Perspektive an Gott, weil die Idee Gottes die notwendige Bedingung der Annahme des höchsten Gutes ist, das der Endzweck der Bestimmung des Menschen ist – selbst wenn das höchste Gut nie den Status einer Tatsache erlangen kann.

Kant bekräftigt diesen Gedanken in Absatz sieben dadurch, dass ein moralischer Glaube „der beharrliche Grundsatz des Gemüths" sei, „das, was zur Möglichkeit des höchsten moralischen Endzwecks als Bedingung vorauszusetzen nothwendig ist, wegen der Verbindlichkeit zu demselben als wahr anzunehmen" (KU 5:471.5 – 8), obwohl der Mensch niemals einsehen kann, ob die Existenz Gottes, als Bedingung des höchsten Gutes, möglich oder unmöglich ist. Die Annahme Gottes ist als Grundlage der Idee der moralischen Existenz des Menschen hinreichend als Glaubensgegenstand begründet. Kant verwirft anschließend die Haltungen des „*Ungläubisch[en]*" (KU 5:472.19), der gar keinen Zeugnissen Gottes glaubt, und des „*[U]ngläugbig[en]*" (KU 5:472.20 – 1), der nicht an Gott glaubt, weil theoretische Gründe, ihn zu beweisen, versagen. Dagegen kann er sich mit einem „Zweifelglaube" (KU 5:472.26 – 7) arrangieren, der die Grenzen theoretischer Gottesbeweise kennt und sich an ein „überwiegendes [!] praktisches Fürwahrhalten" (KU 5:473.1) hält – wie Kant, im Blick auf die von ihm verteidigten Vorzüge des physikotheologischen Argumentes, dennoch wieder vorsichtig formuliert.

Durch drei Sterne getrennt von den übrigen Absätzen plädiert Kant in den vier Schlussabsätzen des § 91 für die Sonderstellung der Idee der Freiheit unter den drei spekulativen Ideen der theoretischen Vernunft („*Gott, Freiheit* und *Seelenunsterblichkeit*", KU 5:473.7). Freiheit ist die einzige unter den drei Ideen der theoretischen Vernunft, deren sinnliche Erkenntnis möglich und deren objektive Realität beweisbar ist, da sie in moralischen Handlungen in der Natur sinnlich darstellbar ist. Auch dies gibt Hoffnung auf das Gelingen eines praktischen Beweisgrundes für das Dasein Gottes. Denn wenn die Freiheit (als übersinnliche Kausalität) in der Natur sichtbar und sinnlich erkennbar wird, gibt es Grund zu hoffen, dass sich auch Gott (als übersinnliche Kausalität) in der Natur sichtbar und sinnlich erkennbar machen lässt.

### Allgemeine Anmerkung zur Teleologie

Kant widmet einer weiteren Diskussion von theoretischen und praktischen Gottesbeweisen die lange „*Allgemeine Anmerkung zur Teleologie*" (*KU* 5:475.1). Sie besteht aus vierzehn Absätzen und beschließt die dritte *Kritik*. Die Anmerkung enthält kaum neue Thesen; ihre wesentliche Aussage bleibt, dass das moralische Argument einen gültigen Beweisgrund für das Dasein Gottes als Glaubenssache abgibt, wenn es darum geht, einen Schöpfer zu beweisen, der beide, das theoretische Reich der Natur und das praktische Reich der Freiheit, begründet. Aber Kant verwendet auch in dieser Schlusspassage noch einmal viel Energie darauf, das physikotheologische Argument zu preisen und in seiner begrenzten, theoretischen Dienlichkeit darzustellen. In Absatz eins hebt Kant den Rang des moralischen Arguments für das Dasein Gottes als Glaubenssache für die reine praktische Vernunft hervor. Alle theoretischen Gottesbeweise dagegen, müssen ihren Anspruch darauf, das Dasein Gottes beweisen zu können, aufgeben. Ein Fürwahrhalten Gottes muss sich auf Tatsachen gründen, so Absatz zwei. Tatsachen im Bereich der Natur sind solche, deren Realität an Gegenständen greifbar wird, die in Naturgesetzen beschrieben werden können. Da Naturgesetze entweder apriorische oder aposteriorische sein können, können natürliche Tatsachen als Beweise für das Dasein Gottes entweder metaphysische oder physische Tatsachen sein. Tatsachen im Bereich der Freiheit sind solche, deren Realität an Gegenständen sichtbar wird, die Wirkungen des praktischen Gesetzes in der Sinnenwelt sind. Diese Unterscheidung dient als Ausgangspunkt für eine Besprechung der Beweisgründe für das Dasein Gottes aus natürlichen theoretischen und moralischen praktischen Tatsachen.

Der ontologische und der kosmologische Beweis sind metaphysische, der physikotheologische Beweis ist ein physischer Gottesbeweis aus natürlichen theoretischen Tatsachen. Da Kant die Argumentationen beider Beweise in der ersten *Kritik* ausführlich dargestellt und widerlegt hat, fasst er nur den Grundgedanken beider Argumente kurz zusammen. Der ontologische Beweis schließt aus dem Begriff des allerrealsten Wesens auf dessen schlechthin notwendige Existenz, denn wenn er nicht existierte, würde ihm eine Realität mangeln, nämlich seine Existenz. Ein vollständiger Begriff Gottes und Gottes Existenz sind vollkommener als der vollständige Begriff Gottes allein. Der kosmologische Beweis dagegen schließt daraus, dass irgend ein Gegenstand notwendig existiert und dieser durchgängig bestimmt sein muss, auf das allerrealste Wesen, da nur in diesem die durchgängige Bestimmung der Existenz angetroffen werden kann, von der aus man eine beschränke Existenz durch Zu- und Absprechen von Prädikaten vollständig bestimmen kann. Kant bemerkt, dass es sich in beiden Fällen um Beweise handelt, die in der Schulphilosophie populär sind, die aber kaum Einfluss auf die Überzeugungen des gemeinen Menschenverstandes haben (Absätze drei und vier).

Die Absätze fünf bis vierzehn widmet Kant dem erneuten Vergleich zwischen dem physikotheologischen und dem moralischen Beweis für das Dasein Gottes. Der physikotheologische (in seiner traditionellen Variante) ist ein aposteriorischer Gottesbeweis, der auf empirischen Naturbegriffen beruht, nämlich dem von Naturzwecken, insofern sie in der Erfahrung gegeben sind. Der physikotheologische Beweis will dennoch vom Sinnlichen aus auf ein Übersinnliches schließen, auf den „höchsten Verstand[] als Welturssache" (*KU* 5:476.24, *KU* 5:477.24). Kant urteilt an dieser Stelle, dass der physikotheologische Gottesbeweis einen hinreichenden Gottesbegriff für die Naturerkenntnis bereitstellt. Allerdings kann das physikotheologische Argument keinen Gott als „Urheber[] einer Welt unter moralischen Gesetzen" (*KU* 5:476.28–9) beweisen (Absatz fünf). In Absatz sechs preist Kant das physikotheologische Argument als „verehrungswerth" (*KU* 5:476.34–5), gründlich, klar, und attestiert ihm „gewaltigen Einfluß auf das Gemüth" (*KU* 5:477.3). Dennoch könne der physikotheologische Beweis keinen bestimmten Begriff von Gott als einem höchsten allgenugsamen Wesen liefern.

Der Einfluss des physikotheologischen Beweises auf das Gemüt liege eigentlich daran, so Absatz sieben, dass sich das moralische Argument in ihn „mischt" (*KU* 5:477.29). Während der physikotheologische Beweis auf den Weg der Zwecke führe und mit einem verständigen Welturheber ende, beweise das moralische Argument ein Wesen, das Endzweck sei und „Weisheit" (*KU* 5:477.33) habe. Absatz acht enthält zwei der stärksten Thesen, die für die Aufhebung des physikotheologischen durch den moralischen Beweis sprechen. Der „moralische Beweisgrund vom Dasein Gottes *ergänzt* aber eigentlich auch nicht etwa bloß den physisch-theologischen zu einem vollständigen Beweise; sondern er ist ein besonderer Beweis, der den Mangel der Überzeugung aus dem letzteren *ersetzt*" (*KU* 5:478.13–6) und der „moralische Beweis" würde „noch immer in seiner Kraft bleiben, wenn wir in der Welt gar keinen, oder auch nur zweideutigen Stoff zur physischen Teleologie anträfen" (*KU* 5:478.28–32). In diesen Aussagen scheint Kant so weit gehen zu wollen, dass er sagen möchte, dass der moralische den physikotheologischen Gottesbeweis überflüssig macht (Ersetzungsthese), weil er das, was dieser Beweis zeigt, in sich enthält und seine Mängel behebt (dann aber selbst ein theoretisch praktisches Argument wird). Umgekehrt kann der physikotheologische Beweis aber für sich bestehen, wenn es nur darum geht, Zwecke der Natur durch die reflektierende Urteilskraft auf eine oberste verständige Ursache zurückzuführen (Kant widerspricht diesem Argument an anderen Stellen) und verweist als solcher auch nicht auf das moralische Argument.

Der physikotheologische Beweisgrund, so Absatz zehn (erneut gegen das traditionalistische physikotheologische Argument gerichtet), schließt aus empirischen Daten (*KU* 5:480.20), auf die Annahme eines höchsten Verstandes als Grund der zweckmäßigen Gegenstände der Natur. Aber er kann nicht mit Sicherheit auf ein einziges Urwesen schließen (*KU* 5:480.21–2), und auch viel Vollkommenheit wäre ausreichend, um Zwecke in der Natur zu schaffen, ohne, dass man den Urwesen alle Vollkommenheit zuschreiben müsste (*KU* 5:480.25). Die moralische Teleologie dagegen hat, weil sie a priori auf das Urwesen schließt, den Vorteil, dass sie auf einen bestimmten Begriff eines einzigen Gottes als oberster Weltursache nach moralischen Gesetzen führt, dem sie Allwissenheit, Allmacht und Allgegenwart attestiert (*KU* 5:481.6–7).

Die letzten drei Absätze widmet Kant einer Diskussion des Verhältnisses von Natur, Moral und Religion, die in Kants *Religion* überleitet. Religion im eigentlichen und vollen Sinne entspringt für Kant aus Grundideen der Sittlichkeit, nicht aber bloß auf theoretischem Wege, so, wie umgekehrt Theologie für den praktischen, weniger aber für den theoretischen Vernunftgebrauch notwendig ist. Eine Physikotheologie dient als Propädeutik zur Theologie, indem sie durch die Betrachtung von Naturzwecken zur Idee des (moralischen) Endzwecks führt, der nicht mehr in der Natur ist und der zugleich das Bedürfnis nach einer Theologie in Bezug auf den praktischen Vernunftgebrauch weckt. Eine theologische Physik dagegen ist nicht möglich, weil sie keine Naturgesetze, sondern Anordnungen eines göttlichen Willens vortragen würde, und so eine Physik wäre, die keine Physik ist. Eine Ethikotheologie ist möglich und erforderlich, weil die Moral zwar in ihren Bestimmungsgründen (Maximen und praktischem Gesetz), nicht aber in ihrer Endabsicht (dem höchsten Gut) ohne Theologie bestehen kann. Eine theologische Ethik jedoch ist nicht möglich, da Gesetze, die sich die Vernunft nicht selbst gibt und deren Befolgung sie als praktisches Vermögen selbst bewirkt, keine moralischen Gesetze sein können (*KU* 5:485.4–19).

Teil 2
**Kants Theorie der Biologie. Eine Lesart**

Im zweiten Teil meines Buches schlage ich für Kants Theorie organisierter Wesen eine systematische Lesart vor. Sie lässt sich in sechs Thesen zusammenfassen. Aus der Perspektive der menschlichen Urteilskraft sind organisierte Wesen, erstens, mechanische Maschinen, denn sie unterliegen mechanischen Bewegungen und Veränderungen, die unter mechanische Kräfte und Gesetze fallen (2.1). Aus der Perspektive der menschlichen Urteilskraft sind organisierte Wesen, zweitens, physisch teleologische Wesen, denn ihre mechanischen Bewegungen und Veränderungen richten sich auf die Erfüllung natürlicher Zwecke. Mechanische Kräfte und Gesetze der Bewegung und Veränderung können physisch teleologischen Kräften und Gesetzen untergeordnet werden. Verschiedene mechanische Kräfte und Gesetze finden eine ihnen übergeordnete Einheit in natürlichen Zwecken (2.2). Aus der Perspektive der menschlichen Urteilskraft sind organisierte Wesen, drittens, nicht nur natürliche Zwecke und als solche relative (End-)Zwecke in sich selbst, sondern sie dienen in externen Beziehungen als Mittel zur Realisierung eines moralischen Reichs der Zwecke als absolutem (End-)Zweck. Physisch teleologische Kräfte und Gesetze können moralteleologischen Kräften und Gesetzen untergeordnet werden. Verschiedene natürliche Zwecke finden eine ihnen übergeordnete Einheit in moralischen Zwecken (2.3). Damit ergeben sich drei Perspektiven der menschlichen Beurteilung von organisierten Wesen: die mechanische, die physisch teleologische und die moralteleologische.

Die Anwendung von drei verschiedenen Arten von Kräften und Gesetzen auf dieselben Wesen gibt Fragen nach der Einheit dieser Kräfte und Gesetze, nach der Zusammenstimmung ihrer Ordnungen auf, und öffnet Kants Betrachtungen für eine neue Dimension. Diese ist, dass organisierte Wesen den Menschen an die regulative Idee Gottes und Gottes Schöpfung glauben lassen, da nur ein nichtmenschliches Bewusstsein im strengen Sinne Einheit ihrer Ordnungen repräsentieren und hervorbringen kann (2.4). Aus der Perspektive der menschlichen Urteilskraft sind, viertens, organisierte Wesen durch mechanische und physisch teleologische Kräfte und Gesetze der Natur charakterisiert. Beide Arten von Naturkräften und -gesetzen stehen nicht im Konflikt miteinander, weil der Mensch glaubt, dass sie ursprünglich in Gottes Bewusstsein vereinigt sind und Gott als Grundlage seiner Schöpfung dienen. Organisierte Wesen lassen den Menschen aus theoretischen Gründen an die regulative Idee eines intelligenten, intentionalen Gottes glauben, der die Einheit der mechanischen und physisch teleologischen Kräfte und Gesetze der Natur repräsentiert und deren Vereinbarkeit aus der Perspektive des Menschen begründet (2.5). Fünftens, aus der Perspektive der menschlichen Urteilskraft sind organisierte Wesen durch physisch teleologische und moralteleologische Kräfte und Gesetze charakterisiert. Beide Arten von Kräften und Gesetzen der Natur und der Moral stehen nicht im Konflikt miteinander, weil der Mensch glaubt, dass sie ursprünglich im Bewusstsein Gottes

DOI 10.1515/9783110473230-002

vereinigt sind und Gott als Grundlage seiner Schöpfung dienen. Organisierte Wesen lassen den Menschen aus theoretischen und praktischen Gründen an die regulative Idee eines theoretisch intelligenten und praktisch weisen Gottes glauben, der die Einheit der physisch teleologischen und moralteleologischen Ordnungen repräsentiert und deren Vereinbarkeit aus der Perspektive des Menschen begründet (2.6). Sechstens, die zweckvolle Existenz von organisierten Wesen, eingebettet in eine zweckvolle Schöpfung, lässt den Menschen an eine, und nur eine regulative Idee Gottes glauben; jener Gott, der die ursprüngliche Einheit der Kräfte und Gesetze der Natur repräsentiert und deren Vereinbarkeit aus der Perspektive des Menschen begründet, ist derselbe Gott, der die Einheit der Kräfte und Gesetze der Natur und Moral repräsentiert und deren Vereinbarkeit aus der Perspektive des Menschen begründet (2.7).

Die ersten drei dieser Thesen charakterisieren organisierte Wesen vom Standpunkt des Menschen und menschenmöglichen gesetzlichen Ordnungen aus. Die anderen drei Thesen charakterisieren organisierte Wesen von einer menschenmöglichen Vorstellung eines göttlichen Standpunktes und von der Einheit der göttlichen Ordnung aus. Die ersten drei Ordnungen beschreiben sekundäre, geschaffene Ordnungen von Kräften und Gesetzen der Natur und der Moral. Diese hängen von der primären Ordnung, ihrer Einheit im schöpfenden Bewusstsein Gottes ab. Diese selbst wiederum ist eine regulative Idee der reflektierenden Urteilskraft. – Die Annahme der zweckmäßigen Einheit der Dinge, der teleologische Holismus, gehört für Kant, wie für andere große abendländische Denker, etwa Aristoteles, Leibniz und Hegel, zum Fundament der Philosophie und wird, als systembildendes Prinzip, selbst nicht begründet.

Meine Lesart bildet vorhandene Lesarten[1] von Kants Theorie der organisierten Wesen vor allem insofern weiter, als sie den aus der Perspektive der kritischen Philosophie regulativ interpretierten, theologischen Kontext dieser Theorie ernster

---

[1] Unter den an dieser Stelle erwähnten Interpretationen fehlt Toepfers (2004) Buch, das einen wichtigen Beitrag zur Forschung bildet, aber nicht direkt in der von mir entwickelten Linie diskutiert werden kann. Toepfer (2004, 320–422, bes. 382) hat besonders hervorgehoben, dass die Naturzwecklehre Kants als „spezielle[] Methodenlehre der Biologie" in dem Sinne verstanden werden kann, dass Zweckbegriffe der „methodischen Ausgliederung" (meint: Fokussierung, Heraushebung) von organisierten Wesen unter anderen Gegenständen, und damit der „Konstitution des Organischen innerhalb der Natur" dienen. Physisch teleologische Erklärungen haben für Toepfer eine heuristische Funktion; sie dienen der Identifikation von organisierten Wesen. Gegen Toepfers (2004, 392–3) These, dass teleologische Erklärungen keine kausalen Erklärungen sind, werde ich physisch teleologische Kräfte und Gesetze als relative Endursachen interpretieren, die eine zweckmäßige Einheit in mechanischen Bewegungen und Veränderungen organisierter Wesen hervorbringen, also kausal interpretiert werden müssen.

nimmt und Kants regulative Idee einer teleologischen Einheit der Dinge im Bewusstsein Gottes konsequent bis zum Ende durchspielt.

Ginsborgs (2014a) Interpretationen der Kantischen Theorie organisierter Wesen wurden in den letzten fünfzehn Jahren in verschiedenen Aufsätzen vorgestellt und liegen nun gesammelt in einem Band vor. Ginsborg hebt als grundlegendes Merkmal organisierter Wesen etwas hervor, was sie ‚primitive normativity' nennt. Es ist nicht leicht, eine passende Übersetzung für Ginsborgs Terminus zu finden. ‚[P]rimitive' könnte mit ‚einfach', ‚ursprünglich', vielleicht auch ‚natürlich', übersetzt werden, ist dann aber im Deutschen auch negativ konnotiert als etwas, was ‚unkultiviert' und ‚unqualifiziert' ist. Diese negativen Bedeutungen sind in Ginsborgs Terminus nicht gemeint. ‚[N]ormativity' könnte man als das Streben nach oder das Befolgen von Regeln übersetzen, die für das Angemessene, Richtige, Gesollte stehen. Ginsborg (2014b, 266–70) selbst hat ihren Begriff der ‚primitve normativity' von organisierten Wesen mit Wittgensteins Idee des Regelfolgens analogisiert. Ähnlich, wie ein Sprecher die Ziffernfolge 2, 4, 6, 8 ... 1000 mit der Ziffer 1002 und nicht mit Ziffer 1004 fortsetzen würde, verursacht die ‚primitive normativity' jenes Verhalten in organisierten Wesen, in dem sie das ihrer Natur Angemessene, das für ihre Art Richtige und Gesollte tun. Vielleicht wären ‚ursprüngliche Angemessenheit', ‚natürliche Richtigkeit' oder ‚natürliche Optimierung' mögliche Übersetzungen. Ginsborg (2014b, 267) selbst umschreibt den Terminus ‚primitive normativity' an einer Stelle als eine „natural tendency to „go on"".

Ginsborgs Analyse ist gegen eine Einbettung der Kantischen Theorie organisierter Wesen in einen kritisch regulativ interpretierten theologischen Kontext immun, da Ginsborg die ‚primitive normativity' als ein Angemessensein der organisierten Natur an ein Sollen versteht, das ohne intentionale Akte („oughts without intentions", Ginsborg 2014b, 259) auskommt. Das ‚Gesollte' in der organisierten Natur beruht nicht auf Absichten oder Intentionen eines göttlichen Wesens, eines für das normative Design der Dinge verantwortlichen Gottes. Kant räumt aber die regulative Idee eines theoretisch intelligenten, intentionalen und zugleich praktisch weisen göttlichen Schöpfers ein und verankert die mechanischen und die physisch teleologischen Ordnungen organisierter Wesen, wie auch ihre Zugehörigkeit zu einer moralteleologischen Ordnung, zuletzt in der regulativen Idee eines übersinnlichen Bewusstseins Gottes. Die intentionalen, auf Zwecke gerichteten Ordnungen, anhand derer sich die menschliche Urteilskraft organisierte Wesen vorstellt, müssen letztlich als die Intentionen Gottes verstanden werden.

Breitenbach (2009a) begründet die Einheit der Ordnungen organisierter Wesen durch eine Analogie der Natur zur Vernunft. Diese Vernunft ist die menschliche Vernunft (2009a, bes. 84–108, 132–53). So sagt Breitenbach (2009a, 85, meine Herv.), dass „unser Verständnis von Organismen auf einer Analogie mit *unserer eigenen* Vernunft beruht, die ihrerseits als ein praktisches, auf Zwecke gerichtetes Vermögen verstanden werden" muss. Mit Breitenbachs Lesart bleibt die Einheit der verschiedenen Kräfte und Gesetze der Natur und die Einheit der verschiedenen Kräfte und Gesetze der Natur und Moral, die Kant aufzeigen will, unerschlossen, da das menschliche Bewusstsein durch seine Bindung an Anschauung (Vermögen der Sinnlichkeit) und Begrifflichkeit (Vermögen des Verstandes und der Vernunft), und durch die Trennung beider Vermögen voneinander, Einheit im strikten Sinne nicht repräsentieren und diese nur aus der regulativen Idee eines nicht-menschlichen Bewusstseins begründen kann. Eine Crux der Breitenbachschen Lesart ist, dass sie Kant unterstellt, Einheit nicht von Vereinbarkeit unterscheiden zu können. Außerdem versucht Breitenbach, die „Einheit" der Ordnungen organisierter Wesen durch eine Analogie zur „Einheit" der menschlichen Vernunft zu erklären, die selbst wiederum in Analogie zur „Einheit" eines Organismus erklärt wird, und begibt sich damit in einen argumentativen Zirkel, den sie auch selbst bemerkt (Breitenbach 2009a, 104–5).

Gegen Breitenbach werde ich argumentieren, dass eine adäquate Rekonstruktion der Kantischen Theorie organisierter Wesen den Bezug auf eine kritisch interpretierte, regulative Idee eines göttlichen Schöpfers nicht preisgeben kann, da nur in dieser eine strenge Einheit der Ordnungen der Dinge gedacht werden kann. Breitenbach gesteht Kants regulative Annahme eines Schöpfers im Bereich der Moralteleologie bis zu einem gewissen Grade zu, verneint sie aber für die Naturteleologie, wo ihrer Meinung nach eine Analogie zur praktischen Zwecksetzung des Menschen aushilft, das Zweckdenken in der Natur plausibel zu machen. Gegen Breitenbachs ‚Schöpfung mit Lücken' werde ich einwenden, dass selbst die Freiheit des Menschen als eine geschaffene gedacht werden muss, und als solche dem Rekurs auf die regulative Idee eines Schöpfers und der Schöpfung nicht entgeht. Van den Berg (2014) gehört ebenfalls zu jenen Lesern, die Kants Theorie der Biologie in der *KU* ohne einen aus der Perspektive der kritischen Philosophie regulativ interpretierten theologischen Kontext zu verstehen suchen.

McLaughlin (1990) konzentriert sich in seiner Analyse der Kantischen Theorie organisierter Wesen auf die Lösung der scheinbaren Antinomie zwischen mechanischen und physisch teleologischen Gesetzen der Natur in einem endlichen intuitiven Verstand in der „Dialektik" der „Kritik der teleologischen Urtheilskraft". In meiner Lesart wird der intuitive Verstand aus der „Dialektik" als regulative Idee eines theoretischen göttlichen Bewusstseins interpretiert – eines Verstandes, der kein endlicher, sondern und seinerseits Teil eines unendlichen, unbegrenzten Verstandes Gottes, und zwar eines theoretisch praktischen göttlichen Bewusstseins ist, das die Einheit aller gesetzlichen Ordnungen fundiert und anhand dessen sich die menschliche Urteilskraft organisierte Wesen, ihr Verhältnis zueinander und zu ihrer Umwelt vorstellt. Die regulative Idee der Einheit dieses theoretisch praktischen Bewusstseins Gottes wird von Kant erst in der „Methodenlehre" der „Kritik der teleologischen Urtheilskraft", besonders in den §§ 85 und 86 entwickelt.

Meine Lesart ist der von Zuckert (2007) in ihren Grundzügen nahe, geht aber einen Schritt über diese hinaus, indem sie die moralteleologischen und moraltheologischen Gedanken der *KU* einbezieht, welche nach Kant die externen Beziehungen organisierter Wesen regieren. Zuckert (z.B. 2007, 36–7, 59) bleibt bei der Idee eines theoretischen Verstandes Gottes stehen. Sie kann dadurch den Einheitsgedanken für organisierte Wesen im moralteleologischen und moraltheologischen Kontext nicht beleuchten. Weil sie die Beziehung natürlicher Zwecke auf den moralischen Endzweck nicht oder nicht vollständig analysiert, kann sie die teleologische Einheit der Dinge in der regulativen Idee eines göttlichen Bewusstseins nicht aufzeigen, für die man Kants Annahme einer Einheit des theoretischen und praktischen Bewusstseins Gottes einbeziehen muss. Gegenüber Zuckerts Ansatz werde ich das Verhältnis der Ordnung Gottes und der Ordnung der Natur auch dadurch präzisieren, dass ich dafür argumentiere, dass sowohl mechanische und bildende Kräfte und Gesetze der Natur als auch die menschliche Freiheit und moralteleologische Gesetze, sekundäre, geschaffene kausale Ordnungen sind, die von Gott als Erstursache abhängen – einem Gott, den sich der Mensch durch eine regulative Idee vorstellt.

Obgleich McFarland (1970, bes. 1–2, 43–55) die Bedeutung des physikotheologischen Arguments und die Annahme eines göttlichen Künstlers, der die zweckmäßige Einheit der organisierten Natur hervorbringt, für Kants Theorie organisierter Wesen deutlicher als andere Interpreten hervorhebt, bleibt bei McFarland die Unterscheidung zwischen Physikotheologie und physischer Teleologie im Unklaren, weil er nicht zu klären versucht, welchen Beitrag die Idee des göttlichen Designers (Physikotheologie) und welchen die Natur selbst (physische Teleologie) für die zweckmäßige Form organisierter Wesen leistet. Eine Differenzierung zwischen der regulativen Idee Gottes, einer schöpferischen Erstursache, die selbst nicht durch etwas Anderes geschaffen wird, und geschaffenen schöpferischen Zweitursachen der organisierten Natur, kann dem Verhältnis zwischen Physikotheologie und physischer Teleologie mehr Klarheit geben. Außerdem räumt McFarland zwar die Bedeutung der Physikotheologie und der regulativen Idee eines göttlichen Künstlers ein, reflektiert aber ihren Zusammenhang zur Moraltheologie nicht. McFarland interpretiert damit die zweckmäßige Form der organisierten Natur allein aus dem theoretischen Aspekt eines göttlichen Designers, übergeht aber Kants Ansicht, dass zwischen den theoretischen und praktischen Aspekten des Bewusstseins dieses Schöpfers Einheit besteht.

Auch Förster (2008; 2011, 253–76) gehört zu jenen Forschern, welche die Bedeutung der Bezugnahme auf ein nicht-menschliches Bewusstsein in Kants Theorie organisierter Wesen herausgestellt haben. Allerdings befasst sich Förster ebenfalls nur mit dem intuitiven Verstand im Sinne eines theoretischen Verstandes Gottes, der die Einheit der mechanischen und physisch teleologischen Kräfte und Gesetze der Natur begründet, bringt diesen aber nicht mit den Theoremen aus der „Methodenlehre der teleologischen Urtheilskraft" (§§ 85–91) in Verbindung, in denen Kant die theoretisch praktische Einheit des göttlichen Bewusstseins konzipiert, welche die Einheit zwischen den Kräften und Gesetzen der Natur und der Moral begründet. Förster scheint den theoretischen Verstand Gottes auch nicht kausal zu denken. Ich werde die Einheit beider Aspekte des göttlichen Bewusstseins als eine kausale, schöpferische interpretieren.

Nahe ist meine Lesart der von Guyer (2005b, 277–313; 2005c, 314–42) in Bezug auf die Begründung sowohl der natürlichen als auch der moralischen Ordnung aus der regulativen Idee ihrer Einheit in Gottes Bewusstsein. Gegenüber Guyer präzisiere ich die Erstursächlichkeit der regulativen Idee eines schaffenden Gottes gegenüber der Zweitursächlichkeit der geschaffenen Kräfte und Gesetze der Natur und der Moral, die und deren innere Schwierigkeiten Guyer selbst nicht im Detail thematisiert oder analysiert hat.

Zammito (1992, 341) hat die Ansicht geäußert, dass Kants Theorie organisierter Wesen und die mit ihr verbundenen Probleme der Einheit der mechanischen, physisch teleologischen und moralteleologischen Kräfte und Gesetze in einem göttlichen Bewusstsein mit einem kritisch interpretierten theistischen, vielleicht sogar christlichen Weltbild harmonieren würde. Ich plädiere dafür, Kants regulative Idee eines göttlichen Schöpfers nicht konfessionell zu bestimmen, da Kant selbst sie unbestimmt gelassen hat. Zwar schreibt er der von ihm verwendeten regulativen Idee Gottes klassische, mit dem Christentum kompatible Gottesattribute zu, identifiziert sie aber nicht als christliche.

## 2.1 Organisierte Wesen und mechanische Kräfte und Gesetze

*These 1:* Aus der Perspektive der menschlichen Urteilskraft sind organisierte Wesen, erstens, mechanische Maschinen, denn sie unterliegen mechanischen Bewegungen und Veränderungen, die unter mechanische Kräfte und Gesetze fallen.

In den zentralen §§ 64 und 65 der *KU* vergleicht Kant die Erzeugung von organisierten Wesen mit der Produktion von mechanischen Gegenständen und bemerkt dabei, dass ein organisiertes Wesen „nicht bloß Maschine" sei, denn diese habe lediglich *„bewegende* Kraft", während ein organisiertes Wesen „in sich *bildende* Kraft" besitze, die „durch das Bewegungsvermögen allein (den Mechanism) nicht erklärt werden" (*KU* 5:374.21–6) kann. Obwohl diese Aussage in erster Linie den Unterschied zwischen der Produktion von Maschinen und der Erzeugung organisierter Wesen betont, behauptet Kant dennoch zugleich, dass wesentliche Aspekte organisierter Wesen durch mechanische Gesetze charakterisiert werden können und müssen. Ein organisiertes Wesen ist „nicht bloß Maschine", aber es *ist* in einem gewissen Sinne eine Maschine. – Es stellt sich damit zunächst die Frage, was organisierte Wesen sind, insofern sie Maschinen sind, und was organisierte Wesen als Wesen charakterisiert, die durch mechanische Kräfte und Gesetze der Bewegung erklärt werden können.

Nach der Darstellung einiger Positionen aus der Literatur analysiere ich Kants systematische Bestimmungen des Begriffs des Mechanismus und beantworte die Fragen, was mechanische Kräfte und Gesetze sind und was sie erklären. Ich unterscheide drei Ebenen, auf denen Kant von mechanischen Kräften und Gesetzen spricht. Eine erste Ebene ist die der transzendentalen Naturgesetze oder Grundsätze des Verstandes aus der ersten *Kritik*. Eine zweite Ebene ist die der Bewegungsgesetze aus den *MAN*. Auf diesen beiden Ebenen sind mechanische Gesetze a priori notwendige und allgemeine Gesetze. Erstere beschreiben die Prinzipien der Gegenständlichkeit von Erfahrungsgegenständen (körperlicher Dinge in der Erfahrungswelt) überhaupt; letztere die der Bewegung von materiellen, aber materiell unbestimmten Körpern. Die noch immer apriorischen, aber spezielleren mechanischen Gesetze der *MAN* setzen die a priori notwendigen und allgemeinen mechanischen Gesetze aus der ersten *Kritik* voraus, denn es muss zunächst ein Gegenstand der Erfahrung überhaupt konstituiert werden, bevor man dessen Eigenschaften bestimmen kann, insofern er bewegte, empirisch unbestimmte Materie ist. Neben diesen beiden Arten von apriorischen, allgemeinen mechanischen Gesetzen gibt es empirische, besondere mechanische Gesetze, zum Beispiel ein Gesetz wie jenes, das die Verdichtung oder Verdünnung eines Körpers durch die Veränderungen im Verhältnis seiner Masse zu seinem Volumen beschreibt, oder die Gesetze der Reibung, des Drucks, des Stoßes, oder die Gesetze der gleichförmigen und der beschleunigten Bewegung. Diese beziehen sich, anders als die der Materie nach empirisch unbestimmten, besonderen mechanischen Gesetze in den *MAN*, auf die Bewegungen und Veränderungen eines Gegenstandes, insofern dessen Materie eine empirisch bestimmte ist und sich ihre Bewegungen und Veränderungen in konkreten, empirisch bestimmten Umgebungen vollzieht.

Kants Begriff des Mechanismus in der dritten *Kritik* kann sich, je nach Kontext, auf alle drei Ebenen beziehen. Das in der *EE* und *ZE* thematisierte Problem der fehlenden Einheit der empirisch zufälligen, besonderen mechanischen Kräfte und Gesetze meint aber vor allem die fehlende zweckmäßige Einheit der mechanischen Kräfte und Gesetze auf der hier als ‚dritten' bezeichneten Ebene. Kant sucht nach der zweckmäßigen Einheit der empirisch zufälligen, besonderen, mechanischen Kräfte und Gesetze in organisierten Wesen und in der gesamten organischen Natur (2.1.1). Im Vergleich zu physisch teleologischen Gesetzen, die, wie später gezeigt wird, Vernunftbegriffe enthalten, ist es außerdem wichtig zu sehen, dass mechanische Kräfte und Gesetze Verstandesgesetze sind, die als begriffliche Elemente Verstandes- und nicht Vernunftbegriffe enthalten (2.1.2). Mechanische Kräfte und Gesetze der Natur sind für Kant geschaffene Ordnungen. Es handelt sich um Zweitursachen der Natur, die von Gott als Erstursache in die Natur eingesetzt werden (2.1.3). – An die systematischen Analysen schließt sich ein Exkurs an, in dem (unabhängig von Kants Terminologie) Mechanismen der Bewegung organisierter Wesen durch zwei Beispiele, das Schwimmen von Fischen und verschiedenen Arten des Vogelflugs, veranschaulicht werden (2.1.4).

### 2.1.1 Was sind und was erklären mechanische Kräfte und Gesetze?

Die Bedeutung von Kants Begriff des Mechanismus ist stark umstritten; es gibt keinen Konsens unter den Interpreten. Dies liegt vor allem daran, dass Kant den Begriff des Mechanismus in der *KU* nicht definiert und seine Bedeutung voraussetzt, ohne sie zu explizieren. McFarland (1970, 1, 14 – 6) gibt Kants Begriff des Mechanismus die weiteste Deutung. Er versteht darunter die Grundsätze des Verstandes aus der „Analytik" der ersten *Kritik*, und speziellere Gesetze, die direkt aus diesen Grundsätzen abgeleitet werden, etwa die an Newton angelehnten apriorischen Bewegungsgesetze der Mechanik aus den *MAN*. Das heißt, McFarland interpretiert Kants Begriff des Mechanismus als transzendentale Gesetze der Gegenstandskonstitution aus der allgemeinen Metaphysik, der Ontologie der *KrV*, und als Bewegungsgesetze aus der speziellen Metaphysik, der rationalen Physik der *MAN*. Er folgt damit Kants Einteilung der Wissenschaften aus dem Abschnitt „Architektonik" in der ersten *Kritik*, in dem Kant die Gesetze einer rationalen Physik, welche die Bewegung materiell unbestimmter Körper behandeln, als einen vierten Bereich der speziellen Metaphysik (*KrV* A 846/B 874) versteht. Dieser käme in einer systematischen Enzyklopädie der Wissenschaften zwischen der allgemeinen metaphysischen Wissenschaft der Ontologie oder Körperlehre überhaupt und den speziellen metaphysischen Wissenschaften der rationalen Psychologie (Seelenlehre), der rationalen Kosmologie (Weltlehre) und der rationalen Theologie (Gotteslehre) zu stehen. Mechanische Gesetze schaffen McFarland zufolge eine Art von Einheit der Natur, die keine Einheit im strengen Sinne, sondern eher Einheitlichkeit unter einem Set von Gesetzen für Erfahrungsgegenstände ist. Empirische Eigenschaften, die nicht unter diese Gesetze fallen, sind die zufälligen, mannigfaltigen Züge der Natur. Diese werden unter eine andere Art von systematischer Einheit gebracht, die Einheit der regulativen Ideen, die zuletzt in einer einzigen Idee, der Idee Gottes, zusammenkommen. McFarland trennt nicht klar zwischen den regulativen Ideen der ersten und der dritten *Kritik* und scheint den Ideen von Naturzwecken der dritten *Kritik* ähnliche Funktionen zuzusprechen wie den regulativen Ideen der ersten *Kritik*.[2] McFarlands Interpretationsansatz hat kaum Beachtung gefunden. Seine Position ist aber insofern eine interessante, als sie versucht, Kants Begriff der mechanischen Kräfte und Gesetze aus der Perspektive der spezifischen Problematik der dritten *Kritik* zu rekonstruieren, die einen „Übergang" (*KU* 5:176.14; *KU* 5:179.2, 4; *KU* 5:196.21), eine „Brücke" (*KU* 5:195.16) zwischen theoretischer und praktischer Philosophie, zwischen Naturgesetzen (Verstandesbegriffen) und Freiheitsgesetz (Vernunftbegriff) schlagen will.

Ginsborg (2001, 238 – 40) trägt engere und weitere Verwendungen des Begriffs des Mechanismus und seiner Kontrastbegriffe zusammen. Eine Verwendung des Begriffs ‚mechanisch' finde sich in den mechanischen Gesetzen im Gegensatz zu den dynamischen und den chemischen Gesetzen in den *MAN*; eine weitere, welche die dynamischen Gesetze und an manchen Stellen auch die chemischen Gesetze einschließe, finde sich in der *KU*; weiterhin scheine der Begriff des ‚Mechanischen' das Nicht-Teleologische insgesamt oder das Natürliche im Gegensatz zum Künstlichen zu bezeichnen. In der *KpV* verwende Kant das ‚Mechanische' wie das Kausalprinzip der zweiten Analogie der Erfahrung aus der ersten *Kritik*. Es steht dann im Gegensatz zum Begriff der noumenalen Freiheit. Systematisch argumentiert Ginsborg dann selbst, dass Kants Begriff des Mechanismus in der dritten *Kritik* Gesetze der Attraktion und Repulsion, das heißt, die Grundkräfte und -gesetze der Materie und ihrer Bewegung meine: „[W]here mechanical explanation succeeds […] [it shows] that certain apparent regularities can be accounted for in terms of the fundamental regularities exhibited by matter as such" (Ginsborg 2001, 245). Ginsborg (2004, 40, vgl. 43) interpretiert Kants Begriff des Mechanismus als „attractive and repulsive forces", „which are fundamental to matter".

McLaughlin (1989a, 137 – 46) bestimmt Kants Begriff des Mechanismus als regulatives Prinzip der reflektierenden Urteilskraft für die empirische Naturforschung. Der Mechanismus ist seiner Meinung nach nicht identisch mit dem Kausalprinzip der ersten *Kritik*, sondern nur eine bestimmte Art der Gattung der Naturkausalität (McLaughlin 1989a, 138), nämlich jene, die nicht (nur) ein zeit-

---

[2] McFarland (1970, 30 – 2) verweist außerdem auf eine Stelle in der *KrV* (A 645 – 6/B 673 – 4), die den unter den Kommentatoren umstrittenen regulativen oder konstitutiven Charakter des Mechanismus erklären könnte.

liches Nacheinander von Ursache und Wirkung, sondern räumliche Beziehungen einschließt. McLaughlin bestimmt diesen spezifischen Begriff des Mechanismus besonders im Blick auf § 77 der *KU* als ein Verhältnis von Teil und Ganzem, in dem das Ganze auf die „unabhängigen Eigenschaften seiner Teile" (McLaughlin 1989a, 139) reduziert werden kann. Auch in neueren Arbeiten bleibt McLaughlin (2014) dabei, dass Kants Begriff des Mechanismus ein Ganzes und seine Eigenschaften bezeichne, das auf der Grundlage der Teile und ihrer Interaktionen erklärt werden kann. McLaughlin meint, dass Kants Begriff des Mechanismus eine notwendige Erklärung, wenngleich nur eine regulative Maxime sei, in der sich eine Eigentümlichkeit unseres Verstandes ausspricht. Beim Versuch zu begründen, warum Kants Begriff des Mechanismus notwendig, aber dennoch regulativ und nicht konstitutiv sei, kommt McLaughlin jedoch zu keiner befriedigenden Lösung. Van den Berg (2014, 53–87) geht, wie McLaughlin, vor allem auf Kants Begriff des Mechanismus im Sinne eines Verhältnisses von Teil und Ganzem ein. Dabei setzt er Kants Begriff des Mechanischen ins Verhältnis zu Christian Wolffs Logik und Metaphysik. Van den Berg (2014, 54, 84–6) folgt McLaughlin darin, dass mechanische Erklärungen für Kant regulative Prinzipien sind.

Quarfood (2004d, 196–205, bes. 197–8) setzt sich mit Ginsborgs und McLaughlins Deutungen von Kants Begriff des Mechanismus auseinander, findet jedoch zu keiner unabhängigen Position. Im Anschluss an McLaughlin fragt er, ob Kant das Prinzip des Mechanismus regulativ oder konstitutiv gebrauct, in welchem Verhältnis es zum Kausalprinzip der zweiten Analogie der Erfahrung steht und wie Kant zugleich sagen kann, dass organisierte Wesen mechanisch verursacht, aber mechanisch nicht vollständig erklärbar sind (Quarfood 2004d, 196). Für die Bedeutungen des Wortes ‚mechanisch' diskutiert Quarfood (2004d, 196–205) ähnlich wie Ginsborg (2001, 238–40) Passagen, die Kants unterschiedliche Verwendungen des Begriffs bezeugen: die Entgegensetzung des ‚Mechanischen' zur Freiheit, die Beziehungen des ‚Mechanischen' zu den Gesetzen der Physik in Kants *MAN*, die breite Bedeutung des ‚Mechanischen' als des Nicht-Teleologischen.

Zuckert (2007, 101–8) bietet für Kants Terminus ‚mechanisch' in der dritten *Kritik* drei Interpretationen an, die sie unter die Schlagworte „mechanical principle" (das Ganze als Aggregat seiner Teile), „efficient causation" (eine Sache oder ein Geschehen wird durch eine vorangehende Sache oder ein zeitlich früheres Geschehen erklärt) und „physical mechanism" bzw. „*physical* efficient causal explanation" (Zuckert 2007, 102–3) bringt; letzterer sei die zentrale Bedeutung von Kants Begriff des Mechanismus in der dritten *Kritik* und vereine die beiden anderen. Ihre Interpretation mache etwa plausibel, warum Kant den Mechanismus mit Wirkursächlichkeit (efficient causation) identifiziere, warum wir nach Kant soweit als möglich mechanisch erklären sollen, und warum der Mechanismus die spezifische Einheit von organisierten Wesen nicht erklären könne.

Breitenbach (2009a, 37–59) versucht, McLaughlins und Ginsborgs Auffassungen des Kantischen Mechanismusbegriffs zu vermitteln. Derselbe könne durch drei Aspekte – „die empirischen Kausalbeziehungen, die bewegenden Kräfte der Materie [Ginsborg] und die Beziehung zwischen Teilen und Ganzem [McLaughlin] – verstanden werden. Die mechanischen Naturerklärungen beziehen sich auf Gesetze, die nicht identisch mit den Kausalgesetzen im Allgemeinen sind, sondern eine spezielle Unterart dieser Gesetze darstellen" (Breitenbach 2009a, 56).

Was also sind mechanische Kräfte und Gesetze und was erklären sie? Ein erstes Verständnis mechanischer Kräfte und Gesetze legt sich – und hier folge ich ein Stück weit McFarland – aus den transzendentalen Naturgesetzen nahe, jenen a priori notwendigen und allgemeinen Verstandesgesetzen, die Kant in der *KrV* in der allgemeinen Metaphysik entwickelt und die der Konstitution der Erfahrungsgegenstände (Körperdinge) überhaupt dienen. Allen voran, aber nicht nur (gegen McLaughlin), bestünden mechanische Kräfte und Gesetze dann im wirkursächlichen Kausalgesetz, das lautet: „Alles, was *geschieht* (anhebt zu sein), setzt etwas voraus, worauf es *nach einer Regel* folgt" (*KrV* A 189); oder, alternativ: „*Alle Veränderungen geschehen nach dem Gesetze der Verknüpfung der Ursache und Wirkung*" (*KrV* B 232). Wenn man auch die übrigen transzendentalen Naturgesetze als mechanische Kräfte und Gesetze versteht, dann gehören zum Set dieser Gesetze die Regeln, dass alles, was ein Gegenstand der Erfahrung (Körperding) überhaupt sein kann, eine Extension (*KrV* A 162/B 202) und Intensität (*KrV* A 166/B 207) besitzt, dass es sich um eine unveränderliche Substanz handelt, die Träger veränderlicher Eigenschaften ist (*KrV* A 182/B 224), und die in einem System von Substanzen in kausaler Wechselwirkung mit anderen Substanzen steht (*KrV* A 211/B 256), schließlich, dass alles, was ein Erfahrungsgegenstand überhaupt sein kann, entweder möglich, wirklich, oder notwendig ist (*KrV* A 218/B 265–6).

Kant verweist auf einen mechanischen Begriff der Wirkursächlichkeit im Sinne einer kausalen Reihe, die einseitig von der Ursache in Richtung der Wirkungen fortschreitet, im zentralen § 65 der *KU*, wenn er Wirkursachen und finale oder Endursachen miteinander kontrastiert und Wirkursachen als eine Reihe charakterisiert, die von den Ursachen zu den Wirkungen fortschreitet, das heißt, als eine Reihe, die „immer abwärts geht", und in der „Dinge", „welche als Wirkungen andere als Ursache voraussetzen" von diesen nicht „zugleich Ursache" (*KU* 5:372.21–3) sein können. Auch andere Stellen der *KU* belegen, dass Kant dem Begriff des Mechanismus eine Konzeption der Wirkursächlichkeit assoziiert. So sagt Kant, der Mechanismus sei eine „*Causalität* nach bloß mechanischen Gesetzen der Natur" (*KU* 5:390.32, meine Herv.), verweist auf „bekannte und noch zu entdeckende Gesetze der mechanischen *Erzeugung*" (*KU* 5:409.29, meine Herv.), erwähnt „Gesetze der *Causalität* nach dem bloßen Mechanism" (*KU* 5:360.28 – 9, meine Herv.) der Natur. Schließlich scheint Kant in der Motivation der Kritik der Urteilskraft in den beiden „Einleitungen" nahezulegen, dass die Urteilskraft eine Vermittlung zwischen den a priori notwendigen und allgemeinen Verstandesgesetzen oder transzendentalen Naturgesetzen der ersten *Kritik* („dem Gebiete des Naturbegriffs", *KU* 5:175.36 – 7), und dem apriorischen reinen praktischen Vernunftgesetz der zweiten *Kritik* („dem Gebiete des Freiheitsbegriffs", *KU* 5:175.37 – 176.1) leisten soll, was bedeuten würde, dass das, was der Urteilskraft in Bezug auf organisierte Wesen und deren Brückenfunktion (*KU* 5:195.16) aufgetragen ist, in irgendeiner Weise an die Lehre von den Naturgesetzen aus der ersten *Kritik* anschließen muss – und diese besteht eben in den a priori notwendigen und allgemeinen transzendentalen Naturgesetzen oder Grundsätzen des Verstandes.

Ein zweites Verständnis der Bedeutung der Begriffe ‚Mechanismus' und ‚bewegende Kraft' in der *KU* legt sich aus Kants spezieller „Metaphysik der körperlichen Natur" (*KrV* A 846/B 874, vgl. *MAN* 4:472.11 – 2) nahe, die Kant auch „rationale Physik" (*KrV* A 846/B 874), „besondere metaphysische Naturwissenschaft" der „Physik" (*MAN* 4:470.10) oder „*rationale[ ]* Physiologie" (*KrV* A 846/B 874) nennt. Kant erwähnt diese rationale Physiologie am Ende der ersten *Kritik*, ohne sie wie die anderen Bereiche der speziellen Metaphysik in die erste *Kritik* einzuarbeiten. Kant stellt sie stattdessen 1786 in einer eigenen Schrift vor, den *MAN*.[3] In dieser Lehre von der körperlichen Natur beschäftigt sich Kant „mit einer besonderen Natur dieser oder jener Art Dinge, von denen ein empirischer Begriff gegeben ist, doch so, daß außer dem, was in diesem Begriffe liegt, kein anderes empirisches Princip zur Erkenntniß derselben gebraucht wird" (*MAN* 6:470.1 – 4), das heißt, Kant legt der „*rationalen* Physiologie" oder Physik bewegter Körperdinge den empirischen, aber empirisch unbestimmten Begriff einer Materie als „undurchdringliche", „leblose Ausdehnung" (*KrV* A 848/B 876) zugrunde.

Dafür, dass die Bedeutung des ‚Mechanischen' aus den *MAN* jene für die *KU* relevant ist, spräche, dass Kant anstelle von oder gepaart mit dem Begriff ‚mechanisch' häufig den Begriff ‚physisch'[4] verwendet: „nach dem Princip der Er-

---

3 Vgl. Friedmans (2013) Kommentar zu den *MAN*.
4 Die klassische Mechanik ist ein Teilgebiet der Physik. Sie widmet sich der Lehre der Bewegung von Körpern und den dabei wirkenden Kräften und Gesetzen. Dabei beschreibt sie vor allem die Bewegung von makroskopischen Objekten der menschlichen Lebenswelt; etwa von künstlich hergestellten Gegenständen wie Maschinen und Apparaten, aber auch von natürlichen Gegenständen wie Planeten, Sternen und Galaxien. Die klassische Mechanik handelt von festen, flüssigen und gasförmigen Körpern und erzielt zutreffende Resultate für mittelgroße Objekte und Geschwindigkeiten, die keine Lichtgeschwindigkeit erreichen. Wenn Objekte zu klein werden, wird die Quantenmechanik erforderlich; wenn Objekte zu schnell werden, die Relativitätstheorie.

zeugung von physischen [Ursachen]" (*KU* 5:413.2–3); „die bloß physische Betrachtung" (*KU* 5:379.34–5); die „physisch-mechanische" im Gegensatz zur „Zweckverbindung" (*KU* 5:388.12); Kant unterscheidet zwischen der „physischen (mechanischen)" und der „teleologischen (technischen)" (*KU* 5:389.21) Erklärungsweise und sagt, dass der „Mechanism" Gegenstand der „Physik" (*KU* 5:384.9) sei.

Was wären mechanische Kräfte und Gesetze nach dieser zweiten Bedeutung aus den *MAN*? Wie wir am Beginn des ersten Teiles meines Buchs schon gesehen haben, gliedert Kant die rationale Physik in vier Bereiche: die Phoronomie (*MAN* 4:480.4), die Dynamik (*MAN* 4:496.4), die Mechanik (*MAN* 4:536.4) und die Phänomenologie (*MAN* 4:554.4). Durch die Bezeichnung des dritten dieser vier Bereiche als „Mechanik" (*MAN* 4:536.4) im engeren Sinne, legt sich noch einmal ein weiterer und ein engerer Begriff des ‚Mechanischen' in den *MAN* selbst nahe, deren engerer Begriff nur die Gesetze aus dem dritten, explizit ‚Mechanik' genannten Teil, während der weitere Begriff alle in der rationalen Physik, das heißt, alle in den *MAN* erwähnten Kräfte und Gesetze meint. Da für Kant jedoch alle vier Bereiche aufeinander aufbauen und etwa die im engeren Sinne mechanischen Gesetze nicht ohne dynamische Kräfte denkbar sind, meint der aus den *MAN* beziehbare Begriff des ‚Mechanischen' eher die Gesamtheit der dort beschriebenen Kräfte und Gesetze.

Im ersten Teil der *MAN*, der „Phoronomie" (*MAN* 4:480.4) oder Bewegungslehre (Kinematik), bestimmt Kant materielle Körper als das Ruhende oder „*Bewegliche* im Raume" (*MAN* 4:480.6), wobei Ruhe als „beharrliche Gegenwart [...] an demselben Orte" (*MAN* 4:485.2–3) verstanden wird. Kant unterscheidet mehrere grundlegende Arten der Bewegung. Einfache Bewegungen sind „*drehend* (ohne

---

Gebiete wie das der Relativitätstheorie, der Quantenphysik, der Atomphysik und der Wärmelehre waren Kant im 18. Jahrhundert noch nicht vertraut; es sind zeitlich jüngere Bereiche der Physik. Dagegen reicht die Entstehung der Mechanik, der Optik und Akustik bis in die Antike zurück. Die Elektrizitätslehre erlebte ihren Aufschwung im 16. Jahrhundert. Dass Kant die Begriffe ‚physikalisch' und ‚mechanisch' in wichtigen Passagen der Theorie organisierter Wesen nahezu bedeutungsgleich verwendet, könnte dem historischen Fakt verdankt sein, dass die klassische Mechanik in Kants Zeit die zentrale Disziplin der Physik war, und dass für eine Theorie organisierter Wesen vor allem die Mechanik eine wesentliche Rolle spielt, während die Optik, Akustik und Elektrizitätslehre eher marginale Bedeutung haben. – Mechanische Kräfte sind selbst nicht sichtbar. Man kann sie aber an ihren Wirkungen erkennen. Sie wirken, wenn die Form der Materie eines Körpers verändert wird, zum Beispiel, wenn er zusammengedrückt oder ausgedehnt wird. Sie wirken auch, wenn sich die Bewegung eines Körpers verändert, wenn er schneller oder langsamer wird oder wenn er seine Bewegungsrichtung ändert. So wirken verschiedene Hub- und Schubkräfte, wenn ein Tier seinen Flug oder Lauf beschleunigt oder verlangsamt und wenn es seine Flug- oder Laufrichtung ändert.

Veränderung des Orts) oder fortschreitend" (*MAN* 4:483.8 – 9). Einfache drehende Bewegungen kehren oder kehren nicht in sich selbst zurück. Einfache fortschreitende Bewegungen erweitern entweder den Raum oder sind auf einen gegebenen Raum eingeschränkt. Im Gegensatz dazu entstehen „*zusammengesetze[ ] Bewegung[en]*" aus „zwei oder mehreren gegebenen [Bewegungen] in einem [b]eweglichen" (*MAN* 4:486.31– 3) Objekt.

Gemäß der Lehre der „Dynamik" (*MAN* 4:496.4) ist ein materieller Körper das Bewegliche im Raume, insofern er einen bestimmten „Raum *erfüllt*" (*MAN* 4:496.6) und andere Körper daran hindert, denselben Raum zu erfüllen. Beides wird durch die bewegenden (dynamischen) Kräfte der „*Anziehung[ ]*" und „*Zurückstoßung[ ]*" (*MAN* 4:498.17, 21) gewährleistet. Gäbe es keine Anziehungskraft, würde sich die Materie „ins Unendliche zerstreuen" (*MAN* 4:508.30 – 1). Gäbe es keine Zurückstoßungskraft, würde sie „in einem mathematischen Punkt zusammenfließen" (*MAN* 4:511.10). Anziehung und Abstoßung als bewegende Kräfte erklären, wie materielle körperliche Objekte ihren Ort im Raume erfüllen und erhalten.

Aufbauend auf die Lehre von den bewegenden Kräften der „Dynamik" definiert Kant dann als „*mechanisch*" die „*Wirkung bewegter Körper auf einander durch Mittheilung ihrer Bewegung*" (*MAN* 4:530.8 – 9) und formuliert in den Lehren der „Mechanik" (*MAN* 4:536.4), in den drei Gesetzen der Mechanik,[5] jene Regeln, die

---

5 Die Passage *KU* 5:400.13 – 20 legt nahe, dass Kants Begriff mechanischer Kräfte und Gesetze Newtons Bewegungsgesetze aufgreift. Kant schreibt dort, der Mensch könne „die organisirten Wesen und deren innere Möglichkeit nach bloß mechanischen Principien der Natur nicht einmal zureichend kennen lernen". Es sei daher „für einen Menschen ungereimt [...] zu hoffen, daß noch etwa dereinst ein Newton aufstehen könne, der auch nur die Erzeugung eines Grashalms nach Naturgesetzen [...] begreiflich machen werde". Newton formuliert die klassischen Gesetze der Mechanik in den *Philosophiae naturalis principia mathematica* (1687). Das erste der drei Newtonischen Bewegungsgesetze, auch Trägheitsprinzip genannt, lautet: „Jeder Körper verharrt in seinem Zustand des Ruhens oder des Sich-geradlinig-gleichförmig-Bewegens, außer insoweit jener von eingeprägten Kräften gezwungen wird, seinen Zustand zu verlassen" („Lex prima: Corpus omne perseverare in statu suo quiescendi vel movendi uniformiter in directum, nisi quatenus illud a viribus impressis cogitur statum illum mutare"; Newton 1687 in dt. 1999, 33; lat. 1822, 15). Das zweite Bewegungsgesetz, auch Grundgesetz der Dynamik genannt, besagt: „Die Änderung einer Bewegung[sgröße] ist der eingeprägten Bewegungskraft proportional und erfolgt entlang der Geraden, entlang welcher diese Kraft eingeprägt wird" („Lex secunda: Mutationem motus proportionalem esse vi motrici impressae, et fieri secundum lineam rectam qua vis illa imprimitur"; Newton 1687 in dt. 1999, 33; lat. 1822, 15). Das dritte Bewegungsgesetz, auch Wechselwirkungsprinzip genannt, lautet: „Zu einer Einwirkung gehört immer eine gleich große entgegengesetzt gerichtete Rückwirkung, bzw. die gegenseitigen Einwirkungen zweier Körper aufeinander sind immer gleich groß und in entgegengesetzte Richtungen gerichtet" („Lex tertia: Actioni contrariam semper et aequalem esse reactionem: sive corporum duorum actiones in se mutuo semper esse aequales et in partes contrarias dirigi" (Newton 1687 in dt. 1999, 34;

bei der Mitteilung (*MAN* 4:536.15) der Bewegung zwischen zwei materiellen Körpern auftreten. Besonders das zweite und dritte Gesetz der Mechanik sind interessant für Kants Theorie des Mechanismus in der *KU*. Das zweite Gesetz der Mechanik sagt, dass „[a]lle Veränderung der Materie [...] eine äußere Ursache" habe, weil „jeder Körper [...] in seinem Zustande der Ruhe oder Bewegung, in derselben Richtung und mit derselben Geschwindigkeit" beharrt, „wenn er nicht durch eine äußere Ursache genöthigt wird, diesen Zustand zu verlassen" (*MAN* 4:543.16–20). Das dritte Gesetz der Mechanik bestimmt, dass „[i]n aller Mittheilung der Bewegung [...] Wirkung und Gegenwirkung einander jederzeit gleich" (*MAN* 4:454.32–3) sind. – Im vierten Lehrstück der rationalen Physik, der „Phänomenologie" (*MAN* 4:554.4), diskutiert Kant die Modi der Möglichkeit, Wirklichkeit und Notwendigkeit der Bewegung der Materie. Auch die dynamischen und mechanischen Gesetze der *MAN* haben einen a priori notwendigen und allgemeinen Status; sie beziehen sich auf den Begriff der empirisch unbestimmten, bewegten Materie, wenngleich ihr Fokus enger ist als jener der transzendentalen Naturgesetze überhaupt aus der ersten *Kritik*.

Halten wir kurz inne: Kants Begriff des Mechanismus im Sinne der transzendentalen Naturgesetze der allgemeinen Metaphysik oder Ontologie aus der ersten *Kritik* würde jene a priori notwendigen und allgemeinen Naturkräfte und -gesetze bezeichnen, welche die Gegenstände der Natur (Erfahrung) überhaupt konstituieren. Kants Begriff des Mechanismus im Sinne der Gesetze der speziellen Metaphysik oder rationalen Physik aus den *MAN* würde jene a priori notwendigen Kräfte und Gesetze bezeichnen, die Körper als bewegte, empirisch unbestimmte Materie charakterisieren; letztere setzen erstere voraus. Stellt man sich die genannten Aspekte aus Kants allgemeiner und spezieller Metaphysik der körperlichen Natur vor Augen – was wüsste man dann, wenn man wüsste, dass organisierte Wesen mechanisch beurteilt werden müssen? Aus der allgemeinen Metaphysik wüsste man vor allem, dass das kausale Verhalten von organisierten Wesen den Kräften und dem Gesetz von Wirkursachen unterliegt. Ein organisiertes Wesen oder einer seiner Teile als Wirkung ist etwas, das auf etwas Anderes, nach einer Regel folgt, das seine Ursache ist. Zustände der Bewegung oder Ruhe und deren Veränderungen folgen aus Ursachen, die der Zeit nach früher sind als ihre Wirkungen. Auf der Grundlage von Kants Theorie einer speziellen Metaphysik der körperlichen Natur wüsste man anhand phoronomischer Gesetze, dass sich die Materie von organisierten Wesen in einfachen oder komplexen Bewegungen bewegt. Anhand der dynamischen Gesetze versteht man, dass organisierte Wesen

---

lat. 1822, 16). Das erste Newtonische Bewegungsgesetz ähnelt dem zweiten Gesetz der Mechanik, das dritte Newtonische Bewegungsgesetz ähnelt dem drittem Gesetz der Mechanik aus Kants *MAN*.

ihren Ort im Raume durch bewegende Kräfte der Anziehung und Abstoßung erhalten. Anhand der mechanischen Gesetze (im engeren Sinne) wüsste man, dass organisierte Wesen entweder im Zustand der Ruhe oder der Bewegung sind. Sie können ihren Zustand der Ruhe in den der Bewegung, den der Bewegung in den der Ruhe oder den der Bewegung in den einer anderen Bewegung verändern, wenn externe Ursachen diese Veränderungen in ihrem bestehenden Zustand hervorrufen. Bewegte Körper stehen in kausaler Wechselwirkung mit anderen bewegten Körpern.

Obwohl es in vielerlei Hinsicht plausibel wäre, in Kants Begriff des Mechanismus die genannten a priori notwendigen und allgemeinen Kräfte und Gesetze der Natur für Erfahrungsgegenstände überhaupt und der körperlichen Natur als bewegter, empirisch unbestimmter Materie insbesondere zu sehen, bleibt daran unstimmig, dass Kant das Problem, auf das die Lehre von der reflektierenden Urteilskraft in der *KU* reagiert, in der *EE* und *ZE* als das der zufälligen, empirischen Mannigfaltigkeit der besonderen mechanischen Kräfte und Gesetze der Natur und deren (fehlender) Einheit beschreibt und es von jenen Zügen der Natur unterscheidet, die unter die a priori notwendigen und allgemeinen Naturgesetze des Verstandes für die Gegenständlichkeit überhaupt, und die speziellen Gesetze der körperlichen Natur im Sinne einer empirisch unbestimmten, bewegten Materie, fallen:

> Die allgemeinen Gesetze des Verstandes, welche zugleich Gesetze der Natur sind, sind derselben eben so nothwendig (obgleich aus Spontaneität entsprungen), als die Bewegungsgesetze der Materie; und ihre Erzeugung setzt keine Absicht mit unseren Erkenntnißvermögen voraus, weil wir nur durch dieselben von dem, was die Erkenntniß der Dinge (der Natur) sei, erst einen Begriff erhalten, und sie der Natur als Object unserer Erkenntniß überhaupt nothwendig zukommen. Allein, daß die Ordnung der Natur nach ihren besonderen Gesetzen bei aller unsere Fassungskraft übersteigenden wenigstens möglichen Mannigfaltigkeit und Ungleichartigkeit doch dieser wirklich angemessen sei, ist, so viel wir einsehen können, zufällig; und die Auffindung derselben ist ein Geschäft des Verstandes, welches mit Absicht zu einem nothwendigen Zwecke desselben, nämlich Einheit der Principien in sie hineinzubringen, geführt wird: welchen Zweck dann die Urtheilskraft der Natur beilegen muß, weil der Verstand ihr hierüber kein Gesetz vorschreiben kann (*KU* 5:186.31–187.10).

Wenn Kants Begriff des Mechanismus nur die genannten a priori notwendigen und allgemeinen Gesetze der Natur der Gegenständlichkeit überhaupt und der körperlichen Natur als empirisch unbestimmter, bewegter Materie insbesondere bezeichnete, dann wären jene im Zitat angesprochenen, problematischen zufälligen und besonderen Gesetze der empirischen Mannigfaltigkeit der Natur keine mechanischen Gesetze, sondern etwas Drittes. Denn die a priori notwendigen und allgemeinen mechanischen Gesetze bilden eine begrenzte Zahl von Gesetzen, aber keine unübersehbare, zufällige, empirische Mannigfaltigkeit von besonderen Gesetzen. Auch besitzen sie an sich selbst eine gewisse Ordnung und Einheitlichkeit, wenngleich keine Einheit im strengen Sinne. Dies scheint aber Kants grundsätzlicher Charakteristik der organisierten Wesen durch zwei Arten von Naturgesetzen, durch die mechanischen und die physisch teleologischen, zu widersprechen, die etwa in den §§ 61–78 der *KU* mit aller Deutlichkeit vertreten wird. Innerhalb dieser Zweiteilung müssten die mechanischen Gesetze auch die besonderen, zufälligen, empirischen Gesetze der Natur zumindest enthalten. Kant sagt explizit, dass mechanische Gesetze nicht ein oder mehrere apriorische, sondern viele „besondere[]" (*KU* 5:386.21, 29) Gesetze sind und der Mechanismus eine „Beurtheilung der Natur nach empirischen Gesetzen" (*KU* 5:412.14–5) meine.

Kant scheint, ohne es hinreichend deutlich zu machen, mit verschiedenen Ebenen des Begriffs des ‚Mechanischen' zu arbeiten: mit einem Begriff des ‚Mechanischen', der eine Ordnung der Eigenschaften von Naturgegenständen bezeichnet, insofern sie unter a priori notwendige und allgemeine mechanische Kräfte und Gesetze fallen, und zwar auf zwei Weisen: nach Art der *KrV* einerseits und nach Art der *MAN* andererseits. Außerdem verwendet Kant den Begriff des ‚Mechanischen' für eine Ordnung (oder Unordnung) der besonderen und zufälligen, empirischen mechanischen Kräfte und Gesetze.

Dafür, dass Kant eine a priori notwendige und allgemeine mechanische Ordnung von einer empirisch zufälligen und besonderen mechanischen Ordnung unterscheidet, spricht, dass Kant eine ähnliche Unterscheidung schon früh, im *Beweisgrund*, prägt. Er beschreibt dort zwei Ordnungen der Natur, deren eine notwendig, deren andere zufällig ist. Es ist dabei bedeutend, dass Kant im Jahre 1763, zur Zeit der Abfassung des *Beweisgrundes*, noch keinen Begriff von physisch teleologischen Gesetzen hat und mit den genannten zwei Arten von Ordnungen tatsächlich verschiedene mechanische Ordnungen beschreibt.

Eine notwendige (mechanische) Ordnung der Natur liegt nach Kants *Beweisgrund* vor, „wo eben derselbe Grund der Übereinstimmung zu einem Gesetze auch andere Gesetze nothwendig macht" (*Beweisgrund* 2:106.13–4), oder, in einer alternativen Formulierung, wo eine „nothwendige[] Einheit in der Beziehung eines einfachen Grundes auf viele anständige Folgen" (*Beweisgrund* 2:107.24–5) vorliegt. Kant sieht diese Art der Ordnung der Natur vor allem in der „unorganische[n] Natur" (*Beweisgrund* 2:107.23) gegeben und nennt für sie zwei Beispiele. Erstens, sei „eben dieselbe elastische Kraft und Schwere der Luft, die ein Grund ist der Gesetze des Athemholens, […] nothwendiger Weise zugleich ein Grund von der Möglichkeit der Pumpwerke, von der Möglichkeit der zu erzeugenden Wolken, der Unterhaltung des Feuers, der Winde" (*Beweisgrund* 2:106.15–8). Zweitens, sind es „nicht andere Ursachen, die der Erde die Kugelrundung verschaffen, noch andere, die wider den Drehungsschwung die Körper der Erde zurück halten, noch eine andere, die den Mond im Kreise erhält, sondern die einzige Schwere ist eine Ursache, die nothwendiger Weise zu allem diesem zureicht" (*Beweisgrund* 2:106.33 – 107.1).

Eine zufällig (mechanische) Ordnung dagegen liegt vor, wenn „der Grund einer gewissen Art ähnlicher Wirkungen nach einem Gesetze nicht zugleich der Grund einer anderen Art Wirkungen nach einem andern Gesetze in demselben Wesen ist" (*Beweisgrund* 2:106.20 – 3). Diese zufällige Ordnung mechanischer Gesetze finde sich vor allem in der organischen Natur, das heißt, in Pflanzen, Tieren und Menschen, insofern sie Naturwesen sind. Kant nennt als Beispiel, dass der „Mensch sieht, hört, riecht, schmeckt, u. s. w., aber nicht eben dieselbe Eigenschaften, die die Gründe des Sehens sind, [...] auch die des Schmeckens" (*Beweisgrund* 2:106.26 – 7) sind. Ein zweites Beispiel ist, dass in einem Auge „der Theil, der Licht einfallen läßt, ein anderer [ist] als der, so es bricht, noch ein anderer, so das Bild auffängt" (*Beweisgrund* 2:106.31 – 2). Ein drittes Beispiel betrifft Teile der Pflanzen und Tiere, in denen „Gefäße, die Saft saugen, Gefäße, die Luft saugen, diejenige, so den Saft ausarbeiten, und die, so ihn ausdünsten" ein „großes Mannigfaltige" bilden, „davon jedes einzeln keine Tauglichkeit zu den Wirkungen des andern hat" (*Beweisgrund* 2:107.16 – 9).

Im *Beweisgrund* argumentiert Kant, dass die zufällige (mechanische) Ordnung der Natur nur eine durch den Schöpfer künstlich hergestellte Einheit besitzt, während die notwendige (mechanische) Ordnung der Natur eine größere Selbständigkeit der Natur in Bezug auf die Einheit der Naturgesetze erlaubt. Anders gewendet könnte man sagen, dass Kant an der genannten Stelle im *Beweisgrund* die gesamte mechanische Natur als eine geschaffene betrachtet, wobei ein Teil der Abläufe in der Natur selbständiger, nach notwendigen (mechanischen) Gesetzen der Natur verläuft, da in diesem Bereich viel Ordnung und Einheit durch einfache, umfassende mechanische Naturgesetze hervorgebracht werden kann, während ein anderer Teil der Natur stärkere Eingriffe Gottes und dessen künstliche, absichtsvolle Ordnung erfordert, weil sich die Natur in ihrer Komplexität von subtilen Mechanismen selbst keine übergeordnete mechanische Einheit geben kann. Dies ist besonders dort der Fall, wo eine große Zahl verschiedenster mechanischer Gesetze auf engem Raum ineinander wirken und an sich selbst keine übergeordnete, mechanische Einheit aufweisen (*Beweisgrund* 2:106.1 – 108.7).

Kant scheint in der *KU* noch immer mit einer ähnlichen Unterscheidung zwischen a priori notwendigen und allgemeinen sowie empirisch zufälligen und besonderen mechanischen Gesetzen zu arbeiten wie im *Beweisgrund*. Die empirisch zufälligen und besonderen mechanischen Gesetze wären solche, die sich um Dinge drehen, die konkreter sind als die transzendentalen Naturgesetze der ersten *Kritik* und als die Bewegungsgesetze der *MAN*, das heißt, die nicht nur von körperlichen Dingen handeln, insofern sie Substanzen mit Akzidenzien und wirkursächlich kausal ein- oder wechselseitig bestimmte Gegenstände sind, auch nicht nur von Gegenständen handeln, insofern sie bewegte, empirisch unbestimmte Materie sind, sondern insofern sie konkretere materielle, empirisch bestimmte Eigenschaften haben, zum Beispiel, den mechanischen Regeln des Drucks und Schubes, des Stoßes, Zuges, des Auftriebs und Abtriebs, der Reibung, der Hydraulik oder der Aerodynamik für diese, empirisch bestimmte Materie in diesen, empirisch bestimmten Umgebungen folgen. Es handelt sich um die mannigfaltigen Kräfte und Gesetze der Bewegung und Veränderung der bewegten, empirisch bestimmten Materie (zum Beispiel der als fest, flüssig oder gasförmig bestimmten Materie).

### 2.1.2 Mechanische Kräfte und Gesetze und empirische oder apriorische Verstandesbegriffe

Kant charakterisiert den Mechanismus häufig durch das Attribut der Blindheit (*KU* 5:360.36). So spricht er in *KU* 5:376.14 vom „blinden Naturmechanism", in *KU* 5:377.12 vom „blinden Mechanism der Natur", oder sagt in *KU* 5:381.1–2, der Mechanismus sei ein „Mechanism der blind wirkenden Ursachen". Die Metapher der Blindheit betrifft den erkenntnistheoretischen Zugang des Menschen zu mechanischen Kräften und Gesetzen als apriorischen oder empirischen Verstandesbegriffen oder Verstandesgesetzen. Man könnte sie durch jene berühmte Metapher missverstehen, die Kant in *KrV* A 51/B 75 in Bezug auf den Aufbau von apriorischen Verstandesgesetzen prägt: „Gedanken ohne Inhalt sind leer, Anschauungen ohne Begriffe sind blind". Die Metapher der Blindheit bedeutet im Zusammenhang der ersten *Kritik*, dass die in der sinnlichen Anschauung gegebenen Erfahrungsdaten zwar sinnlich wahrnehmbar, aber nicht begrifflich erkennbar wären, wenn sie nicht durch Kategorien des Verstandes begrifflich bestimmt würden.

Die Metapher der Blindheit des Mechanismus in der dritten *Kritik* bedeutet etwa anderes, denn mechanische Gesetze enthalten empirische oder apriorische Verstandesbegriffe. Sie besagt, dass mechanische Kräfte und Gesetze nicht durch Vernunftbegriffe des Menschen, das heißt, durch menschliche Absichten auf Ziele und Zwecke gerichtet sind. Man kann dies etwa gut in einer Passage aus § 64 nachvollziehen, in der Kant Ursachen eines in den Sand gezeichneten Sechsecks aufzählt, die in der „mechanisch wirkenden Natur" (*KU* 5:370.27) gefunden werden können. Kant nennt „den Sand, das benachbarte Meer, die Winde, oder auch Thiere mit ihren Fußtritten", und fügt dann hinzu: „oder jede andere vernunftlose Ursache" (*KU* 5:370.21–2). Für den Mechanismus ist das Fehlen vernunftbestimmter Intentionalität, der Mangel an einer vernünftigen Ausrichtung auf Ziele oder Zwecke, ein kennzeichnendes Moment.

Während mechanische Gesetze auf apriorischen oder empirischen, immer aber auf Verstandes- und nicht auf Vernunftbegriffen beruhen, enthalten die davon verschiedenen, physisch teleologischen Gesetze, wie wir im Folgenden sehen werden, Vernunftbegriffe von Zwecken, in denen sich Ziele und Absichten als Finalursachen ausdrücken. Es wird dabei im Fortgang für die teleologische Hierarchie der Kräfte und Gesetze entscheidend werden, dass Vernunftbegriffe Verstandesbegriffe, und physisch teleologische Kräfte und Gesetze mechanische Kräfte und Gesetze in sich enthalten können (unter diese subsumiert werden können), aber nicht umgekehrt Verstandesbegriffe Vernunftbegriffe und mechanische Kräfte und Gesetze physisch teleologische Kräfte und Gesetze in sich enthalten.

Da mechanische Kräfte und Gesetze auf Verstandesbegriffen beruhen, lässt sich auch das von McLaughlin diskutierte Problem beantworten, ob mechanische Kräfte und Gesetze erfahrungskonstitutiv oder regulativ sind. Mechanische Kräfte und Gesetze sind konstitutiv für Gegenstände der Erfahrung, wenn es sich um die a priori notwendigen und allgemeinen Naturgesetze aus der ersten *Kritik* und um die Bewegungsgesetze aus den *MAN* handelt, denn die dann involvierten Verstandesbegriffe sind apriorische Begriffe, die notwendige und allgemeine Geltung für Erfahrungsgegenstände überhaupt haben. Mechanische Kräfte und Gesetze sind auch konstitutiv, wenn es sich um empirische Verstandesgesetze handelt, die nur empirisch gegebene, bestimmte materielle Eigenschaften einzelner Gegenstände beschreiben, obgleich sie dann keine notwendige und allgemeine Geltung für alle Gegenstände der Erfahrung haben. Regulativ werden mechanische Kräfte und Gesetze dann gebraucht, wenn ein allgemeineres, empirisch bestimmtes, mechanisches Gesetz mehrere speziellere, empirisch bestimmte mechanische Gesetze unter sich befassen kann und methodisch dazu gebraucht wird, speziellere, empirisch bestimmte mechanische Kräfte und Gesetze unter ihnen übergeordnete allgemeinere, empirisch bestimmte mechanische Kräfte und Gesetze zu begreifen, um Einheit unter den spezielleren Kräften und Gesetzen zu schaffen. Regulativ gebraucht werden mechanische Kräfte und Gesetze auch dann, wenn ein allgemeines, apriorisches mechanisches Gesetz (z. B. der Bewegung der Materie) mehrere spezielle, empirisch bestimmte mechanische Gesetze unter sich befasst. Allerdings ist die dann unter den empirischen mechanischen Gesetzen hergestellte Einheit (zum Beispiel unter dem Begriff eines Körpers als bewegter, unbestimmter Materie oder unter dem Begriff eines Gegenstandes überhaupt) eine andere Einheit als die Einheit des Zwecks, die nur durch Zweckbegriffe hergestellt werden kann, in denen die Vernunft wirksam wird.

### 2.1.3 Mechanische Kräfte und Gesetze als geschaffene Zweitursachen der Natur

In meiner Lesart werden mechanische Kräfte und Gesetze als geschaffene Zweitursachen der Natur interpretiert, die Kant so konzipiert, dass sie der Natur von Gott, der in einer regulativen Idee als Erstursache gedacht wird, eingesetzt werden. Mechanische Kräfte und Gesetze werden der Materie von Gott eingepflanzt, um die materielle Beschaffenheit der organisierten Wesen zu ordnen. Es handelt sich um Gesetze, die das Wesen der Materie eines organisierten Wesens bestimmen, während physisch teleologische und moralteleologische Kräfte und Gesetze die zweckmäßige Form der Materie gestalten. Da sich Kants Annahme der regulativen Idee der göttlichen Schöpfung der mechanischen Kräfte und Gesetze der Natur erst aus der Perspektive der Einheit verschiedener Kräfte und Gesetze der Natur ergibt, kann ich an dieser Stelle noch nicht für die Annahme der Geschaffenheit mechanischer Kräfte und Gesetze argumentieren. Ich werde im sechsten Abschnitt des zweiten Teiles meines Buchs genauer darauf eingehen, dass und warum für die Schöpfung der mechanischen Kräfte und Gesetze der Natur als Zweitursachen die regulative Idee eines theoretischen Bewusstseins Gottes eingeführt wird.

An dieser Stelle möchte ich nur ein vorläufiges Argument dafür anführen, dass Kant mechanische Kräfte und Gesetze als geschaffene Zweitursachen der organisierten Natur betrachtet, das darin besteht, dass Kant die organisierte Natur an vielen Stellen explizit als ‚Schöpfung' anspricht. Kant spricht in § 68 von „den Werken der Schöpfung" (*KU* 5:383.35–6); er erwähnt in § 80 „die große Schöpfung organisirter Naturen" (*KU* 5:418.18–9); in § 81 unterscheidet er eine fortdauernde „gelegentliche Schöpfung" (*KU* 5:423.23, vgl. 28) aller Individuen in der individuellen von einer Schöpfung der Gattungen der Wesen in der generischen Präformation; wobei (wie ich im dritten Teil meines Buches wahrscheinlich mache) Kant selbst einen Ansatz vertritt, der dem ähnelt, was Kant generische Präformation nennt. In § 82 bezeichnet Kant den Menschen als „Endzweck der Schöpfung" (*KU* 5:426.16); ähnlich heißt es in § 84, der Mensch sei der letzte Zweck der „Schöpfung hier auf Erden" (*KU* 5:426.37). In der Überschrift des § 84 fragt Kant nach dem „*Endzwecke des Daseins einer Welt, d.i. der Schöpfung selbst*" (*KU* 5:434.5–6) und bestimmt diesen erneut als den Menschen, insofern er ein Subjekt der Moralität ist (*KU* 5:435.32, vgl. dazu die Fußnote in § 85 in *KU* 5:436.16–37). In § 85 beklagt Kant, die Physikotheologie könne den „*Endzwecke* der Schöpfung" (*KU* 5:437.19) nicht zugänglich machen.[6]

---

6 Weitere Erwähnungen des Terminus ‚Schöpfung' folgen in § 86 (*KU* 5:442.21, 31; *KU* 5:443.1,

In *KU* 5:449.34–9 definiert Kant den Begriff ‚Schöpfung' als „Ursache vom *Dasein* einer *Welt*, oder der Dinge in ihr (der Substanzen)", so, wie es „der eigentliche Begriff dieses Wortes" anzeige: „actuatio substantiae est creatio". Die Voraussetzung der Schöpfung, der Schöpfer, oder, wie Kant neutraler sagt, „eine[ ] freiwirkende[ ]", „verständige[ ] Ursache", müsse zusätzlich durch Gottesbeweise bewiesen werden und sei nicht notwendig schon im Begriff der ‚Schöpfung' enthalten. Kant bringt jedoch diese Beweise für Gott am Ende der dritten *Kritik* (§§ 85 – 91) in Form von physikotheologischen und vor allem ethikotheologischen Argumenten für die Notwendigkeit der Annahme eines göttlichen Standpunktes.

Ein weiteres Argument dafür, Kant in der *KU* die regulative Idee einer Schöpfung zuzuschreiben, ist, dass Kant sich mit einer der *KU* ähnlichen Position schon im *Beweisgrund* vertraut gemacht hat. Anders als im *Beweisgrund* schwächt Kant aber in der kritischen Philosophie der *KU* die Existenzbehauptung Gottes, um die es Kant im *Beweisgrund* geht, zu einer regulativen Idee Gottes ab. Ich komme noch mehrfach darauf zurück.

### 2.1.4 Exkurs: Mechanische Kräfte und Gesetze. Schwimmen und Vogelflug

Einige klassische mechanische Kräfte und Gesetze[7] sollen nun an zwei Beispielen veranschaulicht werden, dem Schwimmen von Fischen und dem Flug der Vögel.[8] Kant selbst verwendet den Aufbau eines Vogelflügels als Beispiel, an dem er mechanische Kräfte und Gesetze in der organisierten Natur erläutert (*KU* 5:360.10 – 20).

---

16, 23, 34 – 5; *KU* 5:444.2; *KU* 5:445.8 – 9); in § 87 (*KU* 5:449.16, 34; *KU* 5:452.29); in § 88 (*KU* 5:453.29, 32; *KU* 5:454.10, 13, 24; *KU* 5:455.1 – 2, 12, 15 – 6, 31 – 2; *KU* 5:456.15); in § 90 (*KU* 5:463.26); in § 91 (*KU* 5:469.30).

[7] Diese Darstellung der Mechanik der Bewegungen von Fischen und Vögeln geht an einigen Stellen über den naturwissenschaftlichen Erkenntnisstand hinaus, der Kant verfügbar war. Das berührt jedoch nur die Ausführlichkeit und Genauigkeit mechanischer Erkenntnisse, nicht aber das Grundsätzliche. Es ist besonders bemerkenswert, dass weder die Schwimmbewegung von Fischen noch der Vogelflug bis heute vollständig *mechanisch* aufgeklärt werden konnten und in der biomechanischen Forschung selbst kontrovers diskutiert werden. Dies könnte zum einen auf die Komplexität der Mechanismen in beiden Bewegungen hinweisen. Es stützt aber auch Kants These, dass mechanische Erklärungen allein Bewegungen organisierter Wesen nicht erklären können.

[8] Für naturwissenschaftliche Darlegungen zur Biomechanik der Tiere, vgl. etwa die Untersuchungen von McNeill (2003, 181 – 315), Taylor/Triantafyllou/Tropea (2010) und Biewener (2003, 78 – 150). Anschaulich sind die berühmten seriellen Fotografien der Bewegungen von Lebewesen von Muybridge (1979).

Schwimmblase besitzen, leben entweder nur am Meeresboden oder müssen durch fortdauerndes Schwimmen den Auftrieb hervorbringen.

Der mechanische Antrieb von Fischen für die Vorwärtsbewegung im Wasser setzt den Gebrauch von Gliedmaßen und Körperoberflächen voraus, die Antriebs- und Stoßkräfte gegen das umgebende Medium erzeugen. In einer flüssigen Umgebung bestehen diese Antriebskräfte darin, dass ein Impuls von dem sich bewegenden Fischkörper aus auf das umgebende Wasser übertragen wird. Der Impuls setzt sich aus der Geschwindigkeit und der Masse des Körpers zusammen. Man kann ihn auch als die Masse von Wasser verstehen, die durch den Tierkörper bei einer bestimmten Durchschnittsgeschwindigkeit beschleunigt wird. Das Maß des Impulses, den ein Fisch auf das Wasser ausübt, bestimmt das Maß an Stoßkraft, die der Fisch erzeugt. Ein Fisch kann mehr Stoß erzeugen und schneller schwimmen, wenn seine Schwanzflosse mit höherer Frequenz schlägt. Der Stoß ist dann als die Kraft bestimmt, die eine Flüssigkeit auf den Körper des Tieres ausübt und die in die Richtung wirkt, in der sich das Tier durch die Flüssigkeit bewegt. Im selben Moment, in dem ein Fisch einen Stoß erzeugen muss, um sich vorwärts zu bewegen, steht ihm der Widerstand der Flüssigkeit hinter seinem Körper entgegen. Diese Kraft der Flüssigkeit wird Widerstandskraft genannt. Die Widerstandskraft wirkt der Vorwärtsbewegung des Tieres entgegen und ist der Stoßkraft entgegengesetzt. Wenn die Schwimmbewegung eines Fisches wirksam sein soll, muss sie die Stoßkraft vergrößern und den Widerstand reduzieren.

Wenn ein schwimmendes Tier sich durch das Wasser bewegt, wird seine Bewegung durch seine Trägheit gefördert, während die Flüssigkeit ihr Widerstand leistet. Die Trägheitskräfte, die einen Tierkörper in Bewegung halten, hängen von seiner Masse und von seiner Geschwindigkeit ab. Widerstandskräfte entstehen durch die Bewegung der Flüssigkeit hinter dem Tierkörper. Sie sind zum einen durch die Konsistenz, die Viskosität des flüssigen Mediums bedingt (Reibungskraft), zum anderen durch den Druck, den die Flüssigkeit auf das organisierte Wesen ausübt (Druckkraft). Der Reibungswiderstand ergibt sich daraus, wie die Flüssigkeit der „Zerschneidung" oder Deformierung der parallelen Schichten der Flüssigkeit widersteht; der Druckwiderstand daraus, wie der schwimmende Körper die Flüssigkeit zerteilt. Je mehr Viskosität eine Flüssigkeit besitzt, desto stärker widerstehen die Schichten der Trennung oder Verformung.[9] Man kann diese Kräfte sehen, wenn man die Stromlinien einer Flüssigkeit sichtbar macht.

Eine große Rolle für den Druckwiderstand der Flüssigkeit spielt die Körperform des Fisches. Durch einen stromlinienförmigen Tierkörper entsteht in der

---

[9] Die Strömungsdynamik wird seit dem 19. Jahrhundert mit der Reynolds-Zahl beschrieben, die Kant noch nicht bekannt war.

## 2.1.4.1 Zur Mechanik der Bewegung von Fischen

An jedem Körper, der ganz oder nur teilweise in eine Flüssigkeit getaucht wirken zwei mechanische Kräfte: die senkrecht nach unten wirkende Schwerk und die entgegengesetzt nach oben gerichtete Auftriebskraft. In welche Richtu sich der Körper bewegt, hängt daran, welche der beiden Kräfte größer ist. Na dem Archimedischen Gesetz bleibt ein Körper an der Oberfläche einer Flüss keit, in die er getaucht wird, und schwimmt, wenn er eine kleinere Dichte als d Flüssigkeit hat. Nur ein kleiner Teil des Volumens des Körpers taucht dann in d Flüssigkeit ein. Auch wenn Körper sehr schwer sind, aber ein großes Volume haben, können sie schwimmen, wenn sie mit dem eingetauchten Körperteil sovie Flüssigkeit verdrängen, wie sie wiegen. Ein schwimmender Körper taucht so tief ein, bis die Masse des von ihm verdrängten Flüssigkeitsvolumens seiner eigenen Masse entspricht. Beim Schwimmen ist die Auftriebskraft, die nach oben wirkt, genau so groß wie die Gewichtskraft des schwimmenden Körpers, die nach unten wirkt, und gleicht der Gewichtskraft des verdrängten Wassers. Ist die Dichte eines Körpers größer als die Dichte der Flüssigkeit, in die er getaucht wird, und verdrängt ein untergetauchter Körper weniger Flüssigkeit als er selbst wiegt, dann überwiegt seine Gewichtskraft, die nach unten wirkt, die Auftriebskraft, die nach oben wirkt, und der Körper sinkt zum Boden der Flüssigkeit. Die Gewichtskraft des Körpers ist in diesem Falle größer als die Gewichtskraft des von ihm verdrängten Wassers und damit größer als die auf ihn wirkende Auftriebskraft. Ein eingetauchter Körper schwebt unter Wasser, wenn der Körper und die umgebende Flüssigkeit die gleiche Dichte haben; er bewegt sich dann in der Flüssigkeit ohne äußere Einwirkung weder nach unten noch nach oben. In diesem Falle sind Körpervolumen und verdrängtes Flüssigkeitsvolumen, Gewichtskraft und Auftriebskraft gleich groß.

Dieser Effekt wird von Fischen beim Sinken und Aufsteigen im Wasser genutzt. Knochenfische können dank ihrer Schwimmblase, die sich, je nach erstrebter Wassertiefe, mit mehr oder weniger Gas füllen lässt, ihr Körpervolumen und ihre Dichte vergrößern oder verkleinern. Die Schwimmblase wird aus einer Ausstülpung des Vorderdarmes gebildet und hat die Form eines Beutels, der zwischen Darm und Wirbelsäule liegt und eine oder mehrere Kammern besitzt. Es handelt sich dabei um eine Fortentwicklung der Fischlunge von einem Atmungsorgan zu einem hydrostatischen Organ. Durch das Füllen mit Gas und das Ablassen von Gas aus der Schwimmblase können die unterschiedlichen Druckverhältnisse in den verschiedenen Wassertiefen kompensiert werden. Überdruck in der Schwimmblase gleichen Fische durch Gasspucken aus, indem sie Gas durch den Luftgang abgeben. Unterdruck gleichen sie durch zusätzliche Gasbildung aus, indem sie über eine gut durchblutete Gasdrüse Gas aufnehmen. Fische, die keine

Flüssigkeit geringerer Widerstand, da die Schichten der Flüssigkeit nur wenig deformiert und zerteilt werden und hinter dem Körper in der Flüssigkeit keine Wirbel entstehen. Ein nicht stromlinienförmiger Körper zerteilt die Flüssigkeit abrupt und es entstehen turbulente Wirbel hinter dem Körper, die den Widerstand des Mediums gegen die Bewegung des schwimmenden Körpers vergrößern. Auch die Form der Flossen und des Schwanzes, jenen Teilen des Körpers, die der Fortbewegung dienen, ist für den Druckwiderstand bedeutsam. Wellenförmige (undulatorische) Schwimmer haben einen relativ langen, ausgestreckten Körper. Der Stoß wird durch die schlängelnden Bewegungen des Körpers erzeugt, die einen Impuls auf das umgebende Medium ausüben. Andere Schwimmer vermeiden wellenförmige Bewegungen beinahe vollständig und verlassen sich auf die Bewegung der Schwanz-, Brust- und Rückenflossen.

### 2.1.4.2 Zur Mechanik der Bewegung von Vögeln

Unterschiedliche Arten des Vogelflugs, etwa der Ruder-, Gleit-, Segel-, Rüttel- und Schwirrflug, beruhen auf komplexen Mechanismen, die den mechanischen Kräften und Gesetzen der Bewegung unterliegen.[10] Der Vogelflug ist eine Bewe-

---

10 Der Versuch, lebendige (oder in Kants Terminologie: organisierte) Wesen auf Mechanismen von Maschinen, Androiden, Marionetten, Automaten und Robotern zu reduzieren, reicht bis weit in die Antike zurück. Über Archytas von Tarent (435/410 – 355/350 v. Chr.) – der als Begründer der Mechanik gilt – wird berichtet, dass er eine mechanische Taube erfunden haben soll, von der Aulus Gellius in den *Noctes Atticae* (10.12.9) berichtet, die „Nachbildung einer Taube" sei „aus Holz" gewesen und sei durch die große „Kunst und mechanische Fertigkeit" ihres Baumeisters „geflogen", indem sie „durch Schwunggewichte in der Schwebe gehalten und von einer im Innern eingeschlossenen und verborgenen Luftströmung getrieben" wurde („*Nam et plerique nobilium Graecorum et Favorinus philosophus, memoriarum veterum exequentissimus, affirmatissime scripserunt simulacrum columbae e ligno ab Archyta ratione quadam disciplinaque mechanica factum volasse; ita erat scilicet libramentis suspensum et aura spiritus inclusa atque occulta concitum*"). Aulus Gellius' knappe Beschreibung lässt kaum auch nur erahnen, wie der Mechanismus der hölzernen Taube funktionierte, und es gibt Berichte, die darauf hinweisen, dass ihre Konstruktion mangelhaft war, etwa, dass die Taube, wenn sie sich einmal gesetzt hatte, nicht mehr aufsteigen konnte. Aus dem Jahre 875 ist der Versuch des andalusischen Gelehrten Abbas Ibn Firnas (um 810–887/8) überliefert, einen mechanischen Flugapparat aus Federflügeln herzustellen. Mit diesem soll Abbas Ibn Firnas von einem Hügel nahe Córdoba in Spanien ein Gleitflug gelungen sein. Abbas Ibn Firnas bewegte sich mit seiner Flugmaschine mehrere hundert Meter weit und kehrte sogar zu seinem Ausgangspunkt zurück, brach sich aber bei der Landung beide Beine. – Um das Jahr 1000/10 unternahm nach dem Zeugnis des Historikers Wilhelm von Malmesbury (ca. 1080/1095–1143) der Benediktinermönch Eilmer von Malmesbury mit einem mechanischen Flugapparat einen Gleitflug von 200 m Länge, auf dem er sich, wie Abbas Ibn Firnas, schwere Verletzungen zuzog. – Aus dem fünfzehnten Jahrhundert besitzen wir die Schrift *Bellicorum instrumentorum liber cum figures* (1420–30) des Johannes de Fontana (1395–1455),

gung, die eine Kraft voraussetzt, welche die hemmenden Kräfte des Mediums Luft überwindet, durch das der Vogel fliegt, und dessen Viskosität der Bewegung widersteht. Die gleichförmige Vorwärtsbewegung eines Vogels bedeutet, dass die Antriebskraft des Vogels, welche die Bewegung nach vorn erzeugt, größer ist als die Hemmungskraft des umgebenden Mediums der Luft, die der Bewegung widersteht. Der Vogel schafft gleichsam die Luft fortwährend aus dem Weg, an deren Platz er seinen Körper setzen möchte. Wenn der Vogel vom Boden in die Luft und in

---

in der dieser neben hydraulischen und mechanischen Maschinen einen raketenbetriebenen Vogel, Fisch und Hasen sowie eine automatische Feuerhexe und einen künstlichen Teufel (*diabolus artificiosus*), also Automaten in tier- und menschenähnlicher Gestalt beschrieb. – Bekannt ist auch, dass sich Leonardo da Vinci (1452–1519) mit der mechanischen Konstruktion von Vögeln und humanoiden Robotern befasste. Mechanische Vogelautomata finden sich in der frühen Neuzeit in vielen Kuckucksuhren. Der Kuckuck wurde so konstruiert, dass er mit den Flügeln schlagen, seinen Schnabel öffnen und schließen und einen lauten Ruf erschallen lassen konnte. – Für ihre raffinierte mechanische Darstellung des Lebendigen berühmt waren zu Kants Zeiten besonders die Automaten von Jacques de Vaucanson (1709–1782), die dieser in seiner Abhandlung *Le mécanisme du fluteur automate. Presenté a messieurs de l'Académie royale des science. Avec la description d'un Canard Articifiel, mangeant, beauvant, digerant & se vuidant, épluchant ses aîles & ses plumes, imitant en diverses maniéres un Canard vivant* (1738) beschrieben hat. Vaucansons „Flötenspieler" (1737) stellte einen lebensgroßen Schäfer mit einer Trommel und Flöte dar, der über ein Repertoire von zwölf Liedern verfügte. Die mechanische Konstruktion der Arme und Hände beruhte auf einer Stiftwalze mit zwei Bewegungsrichtungen, die sich drehend bewegte und durch Schneckengetriebe zusätzlich Bewegungen zur Seite ausführen konnte. Die Finger des Androiden arbeitete Vaucanson aus Haut, um sie für das Flötenspiel geschmeidig und flexibel zu machen. Ein Automat mit dem Namen „Die verdauende Ente" (1738) gilt als Vaucansons Meisterwerk. Vaucansons Ente bestand aus Hunderten von beweglichen Einzelteilen, mit denen sie den Flügelschlag simulierte, Quaken und Wasser trinken konnte. Der Automat besaß einen Verdauungsapparat aus Schläuchen, durch den die Ente aufgepickte Körner in einem künstlichen Darm gleichsam verdaute und anschließend in naturgetreuer Konsistenz ausschied (vgl. Riskin 2003, 608–9; Chapuis/Droz 1958, 233–8, 276–7). Vaucansons Figuren waren Kant bekannt; er erwähnt ein „Vaucansonsches Automat" (*KpV* 5:101.8) in der zweiten *Kritik* und „die Ente des Vaucanson" (*Refl.* 17:324.17–8) in einer frühen Reflexion. – Automaten wie die genannten demonstrierten einerseits, wie weit organisierte Wesen als Maschinen und Apparate durch Kräfte und Gesetze der Mechanik nachgebildet werden konnten. Sie zeigten andererseits die Grenzen der mechanischen Nachbildung organisierter Wesen auf. So wusste man, dass die Verdauung von Vaucansons Ente nicht auf einer mechanischen (oder chemischen) Verwandlung der Materien im Inneren des Apparates beruhte, sondern auf einer Illusion. Die Ente enthielt einen verborgenen Container mit ‚verdauten' Materien. Stoffe, die sie aufnahm, waren andere als die, die sie ausschied (Riskin 2003, 609). Auch machten die Automaten deutlich, dass sie sich weder selbst hervorbringen noch selbst ihre Bewegung, ihre Ruhe oder einen Stoffwechsel erzeugen konnten, sondern dass sie einen Ingenieur als Erzeuger und eine äußere Ursache ihrer Bewegung, Ruhe oder ihres ‚Stoffwechsels' benötigten.

der Luft immer höher aufsteigt, erzeugt er außerdem eine Auftriebskraft nach oben, die größer ist als die Gravitationskraft, welche nach unten wirkt.

Der Auftrieb eines Vogels, der die Gravitationskraft, die ihn nach unten zieht, überwindet, entsteht, wenn die Luft auf seinen Flügel trifft. Denn dann zerteilt der Flügel durch seinen Anstellwinkel und durch seine an der Oberseite konvex, an der Unterseite konkav gewölbte Form die Luft so, dass die Luft, die sich über dem konvexen Flügel befindet, mit größerer Geschwindigkeit über die Flügeloberseite strömt als die Luft unter der konkaven Flügelunterseite. Aus der Geschwindigkeitsdifferenz der Luft über und unter dem Flügel ergibt sich über dem Flügel ein geringerer Druck als unter dem Flügel. Aus dieser Druckdifferenz folgt der Auftrieb des Vogels. Die dem Fliegen widerstehende Widerstandskraft hängt wesentlich mit dem Anstellwinkel des Flügels zusammen. Wird dieser so groß, dass die Luft, die um den Flügel zirkuliert, zerteilt wird, bremst der Vogel seinen Flug durch den großen Luftwiderstand ab und sinkt. Größerer oder kleinerer Auftrieb kann durch eine größere oder kleinere Flügelfläche erreicht werden, nicht nur für das Fliegen selbst, sondern auch für den Landevorgang. Etwa ist es während eines schnellen Fluges, während dem Abheben vom Boden und während der Landung für den Vogel entscheidend, den Flügel im Niederschlagen auszubreiten und im Aufschlag zusammenzufalten – letzteres, um keinen ‚negativen' Auftrieb zu erzeugen und um sich nicht mit dem Aufschlag wieder nach unten zu drücken. Die der Vortriebskraft entgegen wirkenden Widerstandskräfte an den Flügeln und am Körper des Vogels resultieren auch aus dem Druck und der Hautreibung und vergrößern sich mit dem Anstellwinkel des Flügels und mit Erhöhung der Geschwindigkeit. Lange Flügel verbessern die Flugeigenschaften, kurze, stumpfe die Manövrierfähigkeit des Vogels.

Der Ruderflug, auch Schlag- oder Flatterflug genannt, ist die am weitesten verbreitete Form des Fliegens. Vögel, Fledermäuse und Insekten bewegen sich im Ruderflug mit ihrer eigenen Muskelkraft und den vorhandenen Fettreserven fort. Die Flügel werden abwechselnd auf und nieder bewegt; der Vogel rudert gleichsam mit den Flügeln. Das Auf- und Niederschlagen der Flügel erzeugen eine Vortriebskraft nach vorn (Schub) und eine Auftriebskraft nach oben (Hub). Dabei variiert der Anstellwinkel der Arm- und Handteile des Flügels beim Auf- und Niederschlagen. Beim Niederschlagen werden die Flügel mit hohem Energieaufwand nach unten vorne bewegt. Der Vogel drückt mit weit ausgebreiteten Arm- und Handschwingen die Luft nach hinten unten und sich selbst nach vorn oben (Schub- und Hubkraft). Die äußeren Federn der Handschwingen sind geschlossen und üben mit der geschlossenen Federfläche größtmöglichen Druck auf die Luft aus. Im Aufschlag der Flügel dagegen sind die Arm- und Handschwingen angewinkelt, die Federn und Schwingen verringern die Flügelfläche, denn sonst würde sich der Vogel bei der Aufwärtsbewegung des Flügels nach unten hinten drücken.

Der Vogel beugt die Vorderkanten der Flügel, so dass sie die Luft gleichsam durchschneiden und stellt die einzelnen Federn so auf, dass die Luft durch sie hindurchströmen kann. Der Flügel leistet der Luft möglichst wenig Widerstand. Die drehende Bewegung der äußeren Handschwingenfedern bleibt bestehen, um den Vortrieb aufrecht zu erhalten. Die Stellung und Form des Flügels wird stets geändert und den aerodynamischen Bedingungen angepasst.

Der Ruderflug kostet viel Energie. Nicht alle Vögel können sich gleichermaßen lange im Ruderflug fortbewegen, besonders dann, wenn sie schwere Körper haben und weite Strecken zurücklegen müssen. Anders der Gleit- und der Segelflug. Obwohl der Vogel im Gleitflug Energie aus seinem Stoffwechsel verbraucht, um seine Flügel ausgebreitet zu halten, erzeugt er keine mechanische Kraft durch seine Flugmuskulatur, die den Flug ermöglicht. Stattdessen balanciert der Gleitflieger den Auftrieb und Widerstandskräfte, die auf den Flügel einwirken, mit seinem Gewicht. Der Gleitflieger ändert seine Geschwindigkeit dadurch, dass er den Anstellwinkel des Flügels, die Flügelspanne und die Wölbung des Flügels ändert.

Noch deutlicher wird die effiziente Weise des Fliegens beim Segeln. Beim Segeln macht sich der Vogel natürliche Bewegungen in der Luft zunutze, um in der Luft zu bleiben, ohne für eine geraume Zeit mit den Flügeln zu schlagen. Statisches Segeln beruht entweder auf Luftströmungen und Thermiken an einem Abhang, etwa einem Wind, der an einer Klippe nach oben weht oder der vor einer Welle im Ozean aufsteigt. Dieser aufsteigende Wind stellt die Energie zur Verfügung, die den Vogel in der Luft hält. Im thermischen Segeln macht sich der Vogel auch die warme Luft zunutze, die an Sommertagen von der Oberfläche der Erde aufsteigt. Die aufsteigende warme Luft unter einer kälteren Luftschicht ist instabil; sie steigt in einem großen, in sich in verschiedenen Strömungen zirkulierenden Wirbelring auf. Beim thermischen Segeln lässt sich der Vogel von der aufsteigenden Luft im Inneren des Wirbelrings spiralenförmig nach oben tragen. Absteigen kann er mithilfe der umgebenden Luft um den Wirbel, die nach unten zirkuliert. Beim dynamischen Segeln, etwa über einem Ozean, macht sich der Vogel Schichten von Windströmungen zunutze, deren horizontale Geschwindigkeit mit der Höhe der Schichten steigt. Er lässt sich durch das Aufsteigen in den schnelleren und Absteigen in den langsameren Luftschichten tragen.

## 2.2 Organisierte Wesen und physisch teleologische Kräfte und Gesetze

*These 2:* Aus der Perspektive der menschlichen Urteilskraft sind organisierte Wesen physisch teleologische Wesen, deren mechanische Bewegungen und Veränderungen sich auf die Erfüllung natürlicher Zwecke richten. Mechanische Kräfte und Gesetze der Bewegung und Veränderung sind Mittel für natürliche Zwecke. Sie können physisch teleologischen Kräften und Gesetzen untergeordnet werden und finden in natürlichen Zwecken eine ihnen übergeordnete Einheit.

Kant stellt den für organisierte Wesen kennzeichnenden mechanischen Kräften und Gesetzen ein zweites wesentliches Merkmal zur Seite: physisch teleologische Kräfte und Gesetze. Betrachten wir noch einmal jene zentralen Texte in den §§ 64 und 65 der *KU*, in denen Kant die Erzeugung von organisierten Wesen mit der Produktion von mechanischen Gegenständen vergleicht, und dabei bemerkt, dass ein organisiertes Wesen „nicht bloß Maschine" sei, denn diese habe lediglich „*bewegende* Kraft", sondern dass es „in sich *bildende* Kraft" besitze, die „durch das Bewegungsvermögen allein (den Mechanism) nicht erklärt werden" (*KU* 5:374.21–6) könne. Kant beschreibt ein organisiertes Wesen über sein mechanisches Dasein hinaus als eine „*Wirkung durch Endursachen*" (*KU* 5:373.33) und als etwas, das sich der Mensch nur so erklären kann, als hätten seiner Erzeugung Absichten zugrunde gelegen (*KU* 5:397.34–398.3, *KU* 5:397.25–31). Kant wiederholt diese Charakterisierung viele Male: der Mensch verstehe organisierte Wesen nach dem „teleologischen Grundsatze" (*KU* 5:376.31–2), nach einem „ganz andere[n] Gesetz der Causalität", anhand von „Endursachen" (*KU* 5:387.8–9, vgl. *KU* 5:380.28) der Natur. Die physisch teleologische Kraft nennt Kant bildende Kraft; physisch teleologische Gesetze versteht er als zweckursächliche (alternativ auch ‚final-' oder ‚endursächlich' genannte) Gesetze der Natur.

Um Kants zweite, physisch teleologische Bestimmung organisierter Wesen zu verstehen, möchte ich zunächst analysieren, was physisch teleologische Kräfte und Gesetze sind und was sie erklären. Ich argumentiere dafür, dass nach Kant die menschliche reflektierende Urteilskraft physisch teleologische Kräfte und Gesetze verwendet, um die einheitliche Ausrichtung der empirischen Mannigfaltigkeit mechanischer Kräfte und Gesetze auf natürliche Zwecke als deren Endursachen zu erklären (2.2.1). Dann werde ich zeigen, welche Gestalt physisch teleologische Kräfte und Gesetze und die darin enthaltenen Naturzwecke haben. Ich argumentiere dafür, dass physisch teleologische Kräfte und Gesetze regulative Hypothesen sind, die fordern, die empirische Mannigfaltigkeit mechanischer Kräfte und Gesetze aus der Perspektive der Ideen von Naturzwecken zu verstehen. Naturzwecke sind empirische Begriffe, enthalten aber dennoch Ideen, die nicht empirisch bedingt sind, weil die Vernunft in Begriffen von Naturzwecken a priori nach notwendiger Einheit in der Mannigfaltigkeit mechanischer Kräfte und Gesetze sucht (2.2.2). Außerdem möchte ich dafür argumentieren, dass die physisch teleologischen Kräfte, die Kant als ‚bildende' bezeichnet, und physisch teleologische Gesetze, als geschaffene Zweitursachen der Natur gedeutet werden können, die der Materie von Gott, der als Erstursache gedacht wird, beigegeben werden, um die zweckmäßige Form der Materie organisierter Wesen zu erzeugen (2.2.3). Zuletzt weise ich in einem Exkurs auf Komplikationen in Kants Konzeption von Naturzwecken hin, die daher rühren, dass der Zweckbegriff als solcher mehrdeutig ist. Unter den möglichen Bedeutungen des Zweckbegriffs scheint Kant im Naturzweck vor allem jene zu verwenden, die das Wesen oder auch wesentliche Funktionen von organisierten Wesen oder von ihren Teilen bezeichnet (2.2.4).

### 2.2.1 Was sind und was erklären physisch teleologische Kräfte und Gesetze?

Es wäre hilfreich, wenn Kant Beispiele für physisch teleologische Kräfte und Gesetze anführen würde, aber ähnlich wie für mechanische Kräfte und Gesetze wird Kant selten konkret. Man kann physisch teleologische Kräfte und Gesetze vielleicht aus einer Passage wie *KU* 5:360.10 – 20 rekonstruieren, in der Kant sagt, dass einige Aspekte eines Vogelflügels als Mechanismen nach dem nexus effectivus erklärt werden können, und hinzufügt, dass diese Mechanismen dennoch die Einheit aller mechanischen Aspekte des Vogelflügels nicht erklären können, die bestehen muss, damit der Vogel fliegen kann. Diese Einheit kann nur ein nexus finalis, eine physisch teleologische Gesetzmäßigkeit erklären. Die „Antinomie der teleologischen Urtheilskraft" enthält ebenfalls einige Hinweise darauf, was Kant unter physisch teleologischen Kräften und Gesetzen versteht (*KU* 5:387.6 – 9), obwohl Kant auch in der Antinomiendiskussion keine konkreten Beispiele gibt.

Betrachten wir einige Positionen aus der Literatur. Verschiedene Interpreten rekonstruieren das, was physisch teleologische Kräfte und Gesetze sind, über die Beobachtung, dass es an organisierten Wesen etwas gibt, was mechanische Kräfte und Gesetze nicht erklären können. Dabei meinen sie, dass mechanische Gesetze eine bestimmte Einheit in organisierten Wesen nicht erklären können, und für diese Erklärungen physisch teleologische Gesetze erforderlich sind. Im Detail umstrittener ist dabei, welche Art von Einheit mechanische Kräfte und Gesetze nicht erklären können und was genau physisch teleologische Kräfte und Gesetze mechanischen Erklärungen der organisierten Natur hinzufügen.

Wenn Ginsborg schreibt, dass mechanische Kräfte und Gesetze die Einheit organisierter Wesen nicht erklären können, führt sie dies genauer so aus: „[T]he mechanical inexplicability of the bird is that it displays an apparent order and regularity that are entirely lacking in the case of the stone" (Ginsborg 2001, 244). Nach Ginsborg ist diese Einheit weder durch Design (Ginsborg 2001, 235) noch durch die Annahme einer intelligenten Ursache erklärbar (Ginsborg 2001, 236), sondern ihr liegt eine „normative lawlikeness" zugrunde, wobei der Begriff eines Zwecks es dem Menschen ermöglicht, biologische Regularitäten als „lawlike or necessary" (Ginsborg 2001, 248) zu repräsentieren. Das organisierte Wesen werde im menschlichen Bewusstsein als etwas repräsentiert, das „subject to normative standards or constraints" ist. „In regarding something as a purpose we take it that there is a certain way it ought to be" or, equivalently, „a certain way that it should be, or is meant to be, or is supposed to be" (Ginsborg 2001, 249). Gegen Ginsborgs Auffassung, dass die zweckförmige Ordnung organisierter Lebewesen eine primitive normativity, aber kein intelligentes Design eines Schöpfers voraussetzt, werde ich im Folgenden einwenden, dass der Grund der intentionalen Zweckordnung organisierter Wesen für Kant das Design eines göttlichen Verstandes, einer intelligenten, intentionalen göttlichen Ursache ist, die Kant aus der Perspektive der menschlichen Erkenntnis als eine regulative Idee in seinen Ansatz integriert, da die menschlichen Erkenntnisgrenzen nach den erkenntniskritischen Beschränkungen der Philosophie Kants keine Aussage über die Existenz oder Nicht-Existenz eines solchen Gottes erlauben.

Auch Ginsborg (2004) vertritt die Auffassung, dass organisierte Wesen nicht vollständig mechanisch erklärbar sind. Sie unterscheidet zwei Arten der mechanischen Nicht-Erklärbarkeit von organisierten Wesen: „The first kind of mechanical inexplicability [...] consists in the insufficiency of the powers of matter to explain the origin of an organism"; „the second kind involves their insufficiency to explain how an already constituted organism is capable of functioning" (Ginsborg 2004, 50). Weitere Aspekte der mechanischen Unerklärbarkeit organisierter Wesen seien, dass mechanische Erklärungen nicht nur nicht für die Erzeugung von organisierten Wesen aufkommen können und nicht beschreiben, wie ein organisiertes Wesen seine Funktionen erfüllt, sondern auch die Ganzheit des organisierten Wesens und eine gewisse Regularität in der Struktur dieses Ganzen nicht erklären können: „[T]he regularity exhibited by organisms [...] calls for an explanation above and beyond appeal to the powers of matter as such" (Ginsborg 2004, 52). „An organism is not composed out of its organic parts [...] since these parts [...] cannot exist independently of the whole to which they belong" (Ginsborg 2004, 47).

Obgleich ich Ginsborgs Analysen dessen, was durch mechanische Gesetze nicht erklärt werden kann, zustimme, teile ich ihren Vorschlag nicht, dass es eine primitive normativity ist, welche die mechanisch nicht erklärbaren Züge organisierter Wesen erklärt. Ich teile diese Ansicht unter anderem deshalb nicht, weil im Begriff ‚primitive normativity' nicht klar wird, ob es sich um eine Eigenschaft organisierter Wesen handelt, und wenn ja, ob sie materiell oder immateriell ist, oder ob es sich um eine Eigenschaft des menschlichen Urteilens handelt. Ginsborg (2014b, 266–70) hat die primitive normativity mit Wittgensteins Regelfolgen verglichen, was das genannte Problem nicht löst. Ich werde die mechanisch nicht erklärbaren Züge des organisierten Wesens aus physisch teleologischen Kräften und Gesetzen der Natur erklären, die der Schöpfer, den Kant selbst in Form einer regulativen Idee vertritt, der Natur anerschafft.

Van den Berg (2014, 54, 82–4, 89) schreibt, dass mechanische Gesetze die komplexe (zweckmäßige) Einheit, die Angepasstheit an die Umwelt und den letzten Ursprung organisierter Wesen nicht erklären können und spricht sie physisch teleologischen Gesetzen zu. Seiner Ansicht nach (van den Berg 2014, 90, 103) haben physisch teleologische Gesetze jedoch keine erklärende Funktion in Bezug auf organisierte Wesen; sie eröffnen dem Menschen nicht, warum etwas der Fall ist und sie erklären nicht, wie organisierte Wesen funktionieren. Zwar haben physisch teleologische Gesetze einen intentionalen Gehalt, der nur im engen Zusammenhang mit der Intentionalität Gottes verständlich wird. Kant akzeptiere aber keine göttliche Schöpfung und keine ursächlichen göttlichen Intentionen in Bezug auf organisierte Wesen. Er akzeptiere höchstens die Nähe zu intentionalen Akten in praktischen Zwecksetzungen des Menschen (van den Berg 2014, 102–3). Dennoch seien physisch teleologische Gesetze für die Identifikation von biologischen Objekten erforderlich, etwa in Abgrenzung zu rein physikalischen Objekten (van den Berg 2014, 111–47).

Ich vertrete gegen van den Berg, dass Kant organisierte Wesen in Abhängigkeit von den Intentionen eines schöpfenden Gottes konzipiert, allerdings nicht als Intentionen eines existierenden, sondern in Abhängigkeit von der regulativen Idee eines schöpfenden Gottes, die in Bezug auf Gott keine Existenzbehauptungen impliziert. Von der regulativen Idee eines schaffenden Gottes sind in letzter Instanz auch die intentionalen, praktischen Handlungen des Menschen abhängig, die dem Menschen deshalb gute Hinweise darauf geben, wie Naturzwecke verstanden werden müssen, weil der Mensch seine Handlungen und die damit verbundenen intentionalen Akte kennt, während ihm Gottes intentionale Akte nicht zugänglich sind. Bildende Kräfte und physisch teleologische Gesetze erklären daher auch nicht den *ersten* Ursprung organisierter Wesen, da dieser durch die regulative Idee der göttlichen Schöpfung als Erstursache erklärt wird. Sie können aber in Bezug auf die Ordnung der Natur als natürliche Zweitursachen der zweckmäßigen Form organisierter Wesen betrachtet werden, die Gott selbst in die Natur hineinsetzt.

Nach Zuckert (2007, 108–19, 126) kann der Mechanismus die organische Einheit, das heißt, die spezifisch zweckmäßige Abhängigkeit der Teile untereinander und vom Ganzen nicht erklären. Die Teile und das Ganze in einer organisierten Einheit zeigen eine stärkere Abhängigkeit voneinander als die räumliche Nähe oder Kohäsion der Teile in einem mechanischen Aggregat. Zuckert argumentiert, dass die Wirkursächlichkeit des Mechanismus zeitlich unumkehrbar von vergangenen Ursachen zu künftigen Wirkungen führt, während die Finalursächlichkeit von Zwecken eine wechselseitige Abhängigkeit von vergangenen Ursachen und künftigen Wirkungen besitzt, wodurch die Erfüllung noch nicht erreichter Zwecke als eine Ursache wirksam werden kann. Breitenbach (2009a, 61–6) argumentiert, dass mechanische Kräfte und Gesetze den zweckmäßigen Charakter von organisierten Wesen und ihrer Teile nicht erklären. Den Thesen von Zuckert und Breitenbach stimme ich zu.

Ich möchte vorschlagen, dass man physisch teleologische Gesetze als hypothetisch regulative Regeln verstehen kann, die den Menschen dazu auffordern, alle mechanischen Eigenschaften eines organisierten Wesens so zu beurteilen, als ob sie dazu hervorgebracht wurden, das zu erfüllen, was es für dieses organisierte Wesen heißt, dieses organisierte Wesen zu sein; oder alle mechanischen Eigenschaften eines Teiles von organisierten Wesen so zu beurteilen, als ob sie dazu hervorgebracht wurden, das zu erfüllen, was es für diesen Teil des organisierten Wesens bedeutet, dieser Teil des organisierten Wesens zu sein. Zum Beispiel betrachtet man alle mechanischen Eigenschaften eines Vogels so, als ob sie dazu da seien, das zu erfüllen, was es für diesen Vogel heißt, dieser Vogel zu sein; oder man betrachtet den Flügel dieses Vogels so, als ob all seine mechanisch erklärbaren Eigenschaften dazu da wären, das, was es für den Flügel heißt, Flügel zu sein, zu erfüllen. Anders formuliert: Man betrachtet alle mechanisch erklärbaren Merkmale des Flügels so, als seien sie dazu da, um zu fliegen. Oder: Man betrachtet alle mechanisch erklärbaren Merkmale des Auges so, als seien sie dazu da, um zu sehen.

In physisch teleologischen Kräften und Gesetzen werden empirische, mechanische Erklärungen des Verstandes auf die Vernunftidee eines Naturzwecks als ihre Einheit bezogen, wobei die Idee eines Naturzwecks einen nicht schon in den mechanischen Erklärungen enthaltenen, wesentlichen Zusammenhang unter den empirischen (mechanisch erklärbaren) Sinnesdaten stiftet, der der Sache nach mechanischen Erklärungen vorausgeht: die Einheit des natürlichen Zwecks. Dabei ist der Naturzweck selbst ein höherstufiger empirischer Begriff, obgleich die Einheit, welche in diesem Begriff gedacht wird, a priori mit Notwendigkeit gedacht wird, selbst wenn der Begriff, unter dem auf diese Einheit reflektiert wird, ein empirischer Begriff ist und die empirische Welt an sich selbst keine notwendige Einheit aufweisen kann. In Bezug auf die a priori notwendige Idee der Einheit eines Naturzwecks fordert das physisch teleologische Gesetz: ‚Suche nach der zweckmäßigen Einheit in der empirischen Mannigfaltigkeit der Natur!' In Bezug auf den Naturzweck als empirischen Begriff, den wir nur durch Erfahrungen kennen können, fordert das physisch teleologische Gesetz darüber hinaus: ‚Suche nach dieser Einheit unter dem empirischen Begriff ‚um zu fliegen', ‚um Vogel zu sein'!'

a) In welchem Sinne also können mechanische Kräfte und Gesetze die Einheit einzelner organisierter Wesen nicht erklären? Und was erklären physisch teleologische Kräfte und Gesetze? Physisch teleologische Kräfte und Gesetze erklären einzelne organisierte Wesen als Naturzwecke. Nach Kants Vorstellung des Mechanismus sind Veränderungen und Bewegungen der Materie auf etwas gerichtet. Diese Richtung ist jedoch zufällig in dem Sinne, dass sie von der Richtung der jeweils einwirkenden Kraft abhängt, und unter dem Einfluss einer anderen Kraft in eine andere Richtung gewendet werden kann. Bringt man sich das zweite Gesetz der Mechanik aus den *MAN* vor Augen, so besagt es, dass jede Veränderung in der Materie eine äußere Ursache hat, und dass jeder Körper in seinem Zustand der Ruhe oder Bewegung verharrt, in derselben Richtung und mit derselben Geschwindigkeit, „wenn er nicht durch eine äußere Ursache genöthigt wird, diesen Zustand zu verlassen" (*MAN* 4:543.19–20). Nach diesem mechanischen Gesetz weiß man, dass sich ein organisiertes Wesen in einem Zustand der Ruhe oder Bewegung befindet. Ist es in Bewegung, so bewegt es sich in die Richtung, in die es von der bewegenden Kraft gedrängt wird. Aber die Richtung der einwirkenden Kraft ist zufällig, sie hängt selbst als Effekt wiederum an einer anderen einwirkenden Kraft als ihrer äußeren Ursache, oder an einer anderen Kraft, oder an einer anderen, und so fort. Im Bereich der mechanischen Erklärung finden wir keine Quelle der notwendigen, so und nicht anders auf ein einheitliches Ziel gerichteten Bewegung und Veränderung von organisierten Wesen.

Physisch teleologische Gesetze erklären die Einheit der mechanischen Kräfte und Gesetze in der zweckmäßigen Form von organisierten Wesen. Sie besagen, dass die mechanischen Bewegungen und Veränderungen in organisierten Wesen notwendig auf Eines hin gerichtet sind, nämlich die Erfüllung eines Naturzwecks, und benennen die zweckmäßige Einheit, auf die diese mechanischen Kräfte und Gesetze gerichtet sind: ‚Suche nach der zweckmäßigen Einheit in der empirischen Mannigfaltigkeit (in den empirischen mechanischen Kräften und Gesetzen) eines Vogelflügels im empirischen Begriff ‚um zu fliegen', ‚um Vogelflügel zu sein'!'. Empirische mechanische Gesetze sind dann all jene mechanischen Kräfte und Gesetze, die im konkreten Einzelfall die physikalischen Aspekte der Flugbewegung des Flügels beschreiben, etwa gegen welchen Widerstand eines wie dichten Mediums Luft die wie starken Muskeln des Vogels welche Schub- und Hubkräfte erzeugen, wie viel Auftriebskraft ein Vogel gegen die auf ihn wirkende Schwerkraft erzeugt und welche gleichförmige oder beschleunigte Geschwindigkeit daraus resultiert. Das physisch teleologische Gesetz besagt in diesem Falle, dass der Vogelflügel jene mechanischen Eigenschaften besitzt, die er haben muss, um den Zweck des Fliegens zu erfüllen. In diesem Sinne finden die mechanischen Eigenschaften ihre Einheit in einem ihnen übergeordneten Zweckbegriff der Natur, auf dessen Erfüllung hin sie gerichtet sind und von dem her sie gedacht und verstanden werden können und müssen.

Die Ausrichtung auf einen Zweck, welche in physisch teleologischen Gesetzen aufscheint, setzt Intentionalität, das heißt, Absichten voraus. Sie wird, und dies ist ein wichtiger Zug meiner Lesart, zum einen durch die Absichten Gottes als Erstursache, zum anderen, und in Abhängigkeit davon, durch die bildenden Kräfte der Natur verursacht, die Gott der Natur zum Zwecke der Finalisierung der Form der organisierten Natur einpflanzt. Dieser Gedankengang lässt sich erneut mit Passagen aus Kants *Beweisgrund* (1763) stützen (teilweise wurden sie schon erwähnt). Im dritten Abschnitt der zweiten Abteilung des *Beweisgrundes* analysiert Kant, wie sich die göttliche Ordnung und die Ordnungen der Natur zueinander verhalten. Kant unterscheidet zwischen natürlichen und übernatürlichen Begebenheiten im materialen und formalen Sinne. Natürlich im Sinne einer materialen Unabhängigkeit von Gott wäre ein Gegenstand, wenn sein Dasein oder seine Veränderungen „in den Kräften der Natur zureichend gegründet" und allein „die Kraft der Natur" von diesem Gegenstand die „wirkende Ursache" (*Beweisgrund* 2:103.28 – 30) ist. Natürlich im Sinne einer formalen Unabhängigkeit von Gott wäre ein Gegenstand, wenn „die Art, wie sie [die Kraft der Natur] auf die Hervorbringung dieser Wirkung gerichtet ist, selbst in einer Regel der natürlichen Wirkungsgesetze hinreichend gegründet" (*Beweisgrund* 2:103.30 – 2) ist. Übernatürlich verursacht im materialen Sinne wäre die Natur, wenn „die nächste wirkende Ursache außer der Natur ist", das heißt, wenn „die göttliche Kraft sie unmittelbar hervorbringt" (*Beweisgrund* 2:104.2 – 4). Übernatürlich verursacht im formalen Sinne wäre die Natur, wenn „die Art, wie die Kräfte der Natur auf diesen Fall gerichtet worden sind, nicht unter einer Regel der Natur enthalten ist" (*Beweisgrund* 2:104.4 – 6). Im Jahre 1763 hat Kant physisch teleologische Kräfte und Gesetze noch nicht entdeckt. Aber das, was Kant im *Beweisgrund* als *richtende* Kräfte beschreibt, hat viel Ähnlichkeit mit physisch teleologischen Kräften und Gesetzen, welche die mechanischen Eigenschaften eines organisierten Wesens auf ihren natürlichen Zweck ausrichten.

Im *Beweisgrund*, dies wurde schon erwähnt, unterscheidet Kant außerdem zwischen einer zufälligen und einer notwendigen Ordnung der Natur, durch die zugleich zwei verschiedene Formen der Einheit der Natur unterschieden werden. Eine notwendige Einheit der Natur findet sich vorwiegend im Bereich der anorganischen Phänomene. Sie tritt dann auf, wenn ein höherstufiges mechanisches Naturgesetz dadurch Einheit unter anderen mechanischen Naturgesetzen stiftet, dass die anderen mechanischen Naturgesetze aus diesem höherstufigen mechanischen Naturgesetz abgeleitet werden können (*Beweisgrund* 2:106.12 – 4). Mit der Rede von der zufälligen Einheit der Natur dagegen, die vor allem in der organischen Natur vorkommt, meint Kant, dass in einem organisierten Wesen eine eigentliche Einheit der Natur nicht aus mechanischen Kräften und Gesetzen der Natur zustande kommen kann. Eine zufällige Einheit der Natur liegt vor, „wenn der Grund einer gewissen Art ähnlicher Wirkungen nach einem Gesetze nicht zugleich der Grund einer andern Art Wirkungen nach einem andern Gesetze in demselben Wesen ist" (*Beweisgrund* 2:106.20 – 3). Als Beispiel für die zufällige

Einheit der Natur erwähnt Kant die Sinneswahrnehmungen des Menschen. Obgleich das Sehen, Riechen, Schmecken, das Hören und das Tasten einander ähnlich zu sein scheinen und als Sinneswahrnehmungen zusammen gehören, sind nicht „dieselbe[n] Eigenschaften, die die Gründe des Sehens sind", auch „die des Schmeckens" (*Beweisgrund* 2:106.26–7). Auch ein Auge besteht aus vielen Teilen, die verschiedenen mechanischen Gesetzen unterliegen, und denen kein übergeordnetes mechanisches Naturgesetz Einheit gibt (*Beweisgrund* 2:106.31–2). Schließlich haben „Geschöpfe des Pflanzen- und Thierreichs" Gefäße, „die Saft saugen", Gefäße, „die Luft saugen" und Gefäße, die „den Saft ausarbeiten" und „ausdünsten" (*Beweisgrund* 2:107.14–8), die jeweils keine Tauglichkeit für die Erzeugung der Wirkungen der je anderen Gefäße besitzen und deren Einheit keine natürliche, sondern eine künstliche ist. Das, was Kant im *Beweisgrund* als eine „künstlich[e]" (*Beweisgrund* 2:107.20, *Beweisgrund* 2:108.4, 6), durch Gott verursachte Einheit beschreibt, wird nach der *KU* so analysiert, dass es durch physisch teleologische (bildende) Kräfte und Gesetze der Natur auf Zwecke hingeordnet wird, die Gott der Natur als Zweitursachen einpflanzt, um göttliche Zwecke in der Natur zu erfüllen. Kant nimmt in der *KU* Betrachtungen aus dem *Beweisgrund* wieder auf, hat aber 1790 eine neue Art von Naturerklärungen, nämlich physisch teleologische Kräfte und Gesetze, welche die einheitliche Richtung mechanischer Kräfte und Gesetze der Natur auf Zwecke begründen können, und schwächt den Gottesbegriff insofern ab, als er ihn von einer konstitutiven These eines existierenden Gottes in eine regulative Idee Gottes und seiner Schöpfung verwandelt.

b) Physisch teleologische Kräfte und Gesetze erklären aber nicht nur die Richtung einzelner mechanischer Gesetze auf den Naturzweck eines einzelnen organisierten Wesens. Sie erklären auch, inwiefern einzelne organisierte Wesen zur Natur als System der Zwecke gehören, etwa, inwiefern sie Teil einer überindividuellen, organisierten natürlichen Zweckeinheit sind, zum Beispiel zu einer Herde von Tieren oder zu einem Biotop gehören. Die mechanischen Kräfte und Gesetze einzelner organisierter Wesen sind je auf den physisch teleologischen Zweck der einzelnen Wesen, diese einzelnen Naturzwecke wiederum auf die physisch teleologischen Kräfte und Gesetze in einem überindividuellen, organisierten natürlichen Ganzen gerichtet. Physisch teleologische Zwecke sind in diesem Fall überindividuelle Systeme der organisierten Natur, in denen eine zweckvolle Einheit in bestimmten Bereichen der Natur vorliegt, die man selbst wiederum als ein relatives Ganzes ansehen kann (,um eine zweckförmig geordnete Herde von Tieren zu bilden', ,um die zweckförmige Gemeinschaft von organisierten Wesen in einem Biotop aufrecht zu erhalten'). Ich führe dieses Argument nicht weiter aus, da es analog zu einzelnen organisierten Wesen und deren Teilen leicht konstruiert werden kann. Mit der Möglichkeit, aus physisch teleologischen Ordnungen der Natur ein System der Zwecke zu bilden, eröffnet sich für Kant ein weiteres Argument, das besagt, dass das System der Naturzwecke selbst wiederum auf einen übergeordneten Zweck gerichtet ist, nämlich den moralteleologischen Zweck. Kant konstruiert mit dem System der Zwecke der Natur die Zweckordnung für den ersten Bestandteil des höchsten moralischen Gutes. Ich komme sogleich darauf zurück.

### 2.2.2 Physisch teleologische Kräfte und Gesetze und empirisch apriorische Vernunftbegriffe

Organisierte Wesen werden, so Kants These, im menschlichen Bewusstsein durch physisch teleologische Kräfte und Gesetze repräsentiert, die den Begriff eines Naturzwecks enthalten. Der Naturzweck ist, wie Kant in Abschnitt vier der *ZE* sagt, ein „*Begriff* von einem Object" (*KU* 5:180.31–2, meine Herv.), und zwar eine Idee, denn Zwecke sind keine empirischen oder apriorischen Begriffe des Verstandes,[11] sondern Vernunftbegriffe. So spricht Kant von der „Idee von einem Naturzwecke" (*KU* 5:371.4), von einer „Causalverbindung nach einem Vernunftbegriffe (von Zwecken)" (*KU* 5:372.25) und sagt, dass ein Objekt, das als Naturzweck beurteilt wird, „unter einem Begriffe oder einer Idee" (*KU* 5:373.7, 12; vgl. *KU* 5:405.9–16) befasst sei.

Was bedeutet es aber, dass ein Naturzweck eine Idee der Vernunft ist? Eine Idee der Vernunft enthält, wie Kant in der *Logik* schreibt, „das *Urbild* des Gebrauchs des Verstandes", denn sie fungiert als ein „*regulatives* Princip" für den „durchgängigen Zusammenhang[] unseres empirischen Verstandesgebrauchs" (*Logik* 9:92.24–8). Sie ist ein Leitfaden für den Verstand in seiner „größten Vollkommenheit" (*Logik* 9:92.19). Sie ist keine additive Verbindung einzelner Vorstellungen, sondern ein „Ganze[s]", das „eher" ist „als der Theil" (*Logik* 9:92.31–2). In Anlehnung an diese abstrakten Bestimmungen sagt Kant in der *EE*, die Idee eines Zwecks der Natur sei die „Vorstellung eines Ganzen", welche „vor der Möglichkeit der Theile vorhergeht" (*EE* 20:236.5). Sie drückt das Wesen und wichtigste Funktionen eines natürlichen Ganzen aus, von dem her man das Wesen der Teile und ihre wichtigsten Funktionen verstehen kann.

Aber in welchem Sinne ist der Naturzweck eine Idee der Vernunft? Kants Antwort ist: Der Naturzweck ist eine konkrete Idee. Ideen sind für Kant nicht alle von derselben Art. Spätestens seit der *KU* unterscheidet Kant zwischen zwei Arten

---

[11] In der *Logik* schreibt Kant, ein „Begriff" sei keine einzelne, besondere, sondern eine „allgemeine" (*Logik* 9:91.9) Vorstellung, die bewusst auf ein Objekt bezogen wird. Er unterscheidet drei Arten von Begriffen: empirische oder apriorische Begriffe des Verstandes und Begriffe der Vernunft (*Logik* 9:92.9–93.17).

von Ideen (*KU* 5:405.4–16). In den Ideen der ersten *Kritik* fragt die Vernunft, ob die Kategorien des Verstandes (Substanz und Akzidenz; Kausalität und Dependenz; Einheit aller Substanzen in einem kausal wechselseitig bestimmten Ganzen), die sich auf empirisch Bedingtes beziehen, bis zum Unbedingten, das nicht mehr empirisch bedingt ist, erweitert werden können. Das heißt, die Vernunft fragt, ob sich eine letzte Substanz finden lässt, die selbst nicht wiederum Akzidenz, eine letzte Ursache, die selbst nicht wiederum Folge ist und ein vollständiges Ganzes aus wechselseitig aufeinander bezogenen Teilen, das selbst nicht wieder Teil eines Ganzen ist, gefunden werden kann. Diese Vernunftideen haben kein empirisches, zumindest kein vollständiges empirisches Korrelat; und im Sinne dieser Ideen sagt Kant, die „*Idee*" sei „ein Vernunftbegriff, deren Gegenstand gar nicht in der Erfahrung kann angetroffen werden" (*Logik* 9:92.7–8).

Die Ideen von Naturzwecken, welche Kant in der dritten *Kritik* einführt, sind keine rein apriorischen Ideen. Es handelt sich um empirisch apriorische Begriffe, die, zumindest bei der Beurteilung einzelner organisierter Wesen, ein Erfahrungskorrelat haben. So sagt Kant, dass die „Folge", die der Idee eines Naturzwecks entspricht, „das Product selbst", „in der Natur gegeben" ist – was die „Idee eines Naturzwecks" zu einem „constitutiven Princip" (*KU* 5:405.9–16) zu machen scheint und sie von allen anderen Ideen unterscheide. Der Naturzweck, schreibt Kant, ist ein „Begriff von einem Object", der „zugleich den Grund der *Wirklichkeit* dieses Objects" (*KU* 5:180.31–2, meine Herv.) enthält. Und mit ‚Wirklichkeit' bezeichnet Kant, wenn man seine Lehre von den Modalitäten in der ersten *Kritik* (*KrV* A 218/B 265–6) hinzuzieht, das empirische Gegebensein eines Objekts.[12]

Die Bestimmungen der Idee eines Naturzwecks in der dritten *Kritik* lassen sich konsistent mit Kants Beschreibung der Zweckmäßigkeit als transzendentalem Prinzip a priori der Urteilskraft verbinden, die Kant in Abschnitt fünf der *ZE* einführt. Unter der Idee der Zweckmäßigkeit als transzendentalem, apriorischen Prinzip der Urteilskraft versteht Kant jene Aktivität der Urteilskraft, welche in den empirisch besonderen Gesetzen der Natur „Einheit der Erfahrung" (*KU* 5:183.27) schafft. Aus diesem Grund hat jede Idee von einem Naturzweck einen apriorischen Zug, nämlich jene notwendige Einheit der Erfahrung zu fordern, die selbst nicht in der zufälligen, empirischen Mannigfaltigkeit der Erfahrung gefunden werden kann. Nichtsdestotrotz ist es die Erfahrung, die den Menschen zur Idee eines einzelnen Naturzwecks führt, und die Ideen einzelner Naturzwecke, etwa ‚um zu fliegen', ‚um zu sehen', ‚um Blut zu pumpen', die der Mensch Teilen oder dem

---

[12] „Was mit den materialen Bedingungen der Erfahrung (der Empfindung) zusammenhängt, ist *wirklich*" (*KrV* A 218/B 265–6). Die Modalität der Wirklichkeit liegt vor, wenn man sich der Wahrnehmung und Empfindung eines Gegenstandes bewusst ist (*KrV* A 225/B 272–3).

## 2.2 Organisierte Wesen und physisch teleologische Kräfte und Gesetze — 225

organisierten Wesen im Ganzen zuschreibt, sind empirische Begriffe. Dass der Flügel zum Fliegen dient, das Auge zum Sehen, das Herz zum Pumpen von Blut, weiß der Mensch aus der Erfahrung. Kants Text bestätigt dies etwa in der *EE*, wenn er schreibt, dass „das teleologische Urtheil auf einem Princip a priori gegründet" sei, „ob wir gleich den Zweck der Natur in dergleichen Urtheilen lediglich durch Erfahrung auffinden" (*EE* 20:239.27–30). Der Naturzweck ist ein empirischer Begriff, durch den die Vernunft a priori notwendige Einheit dessen fordert, was in diesem Begriff enthalten ist – zum Beispiel im Begriff ‚um zu fliegen' die Einheit aller zufälligen empirischen und besonderen mechanischen Merkmale des Flügels, insofern sie dem Fliegen dienen.

Dem Tatbestand, dass Naturzwecke konkrete oder empirische Vernunftideen sind, scheinen einige Passagen zu widersprechen, in denen Kant betont, dass Naturzwecke Ideen für die Urteilskraft sind. So sagt Kant etwa in der *EE* (20.216.5–6), ein Zweck sei „ein eigenthümlicher Begrif der reflectirenden Urtheilskraaft, nicht der Vernunft". Aber die zweifache, scheinbar widersprüchliche Charakterisierung eines Naturzwecks als Idee der Vernunft und als Idee für die Urteilskraft, lässt sich erklären. Denn der Naturzweck als Vernunftidee kommt in einem physisch teleologischen Urteil zur Anwendung, das die reflektierende Urteilskraft bildet. In der *EE* beschreibt Kant die Urteilskraft als ein „gar nicht selbständiges Erkenntnißvermögen", da es „weder, wie der Verstand, Begriffe, noch, wie die Vernunft, Ideen von irgend einem Gegenstande giebt", sondern „ein Vermögen ist, blos unter anderweitig gegebene Begriffe zu subsumiren" (*EE* 20:202.14–8). Die Urteilskraft vermittelt immer zwischen zwei anderen Vermögen, und arbeitet in einer spezifizierenden oder generalisierenden Weise mit den Vorstellungen der beiden anderen Vermögen. In einem physisch teleologischen Urteil sind diese beiden Vermögen der Verstand und die Vernunft; und die reflektierende Urteilskraft bringt empirische Verstandesbegriffe unter die Idee eines Naturzwecks als konkreten Vernunftbegriff.[13]

---

[13] Man kann im Lichte der Abschnitte vier und fünf der *ZE* an dieser Stelle fragen, ob die reflektierende Urteilskraft wirklich nur ein Vermögen ist, das zwischen den Prinzipien anderer Vermögen vermittelt, oder selbst ein eigenes Prinzip besitzt, so wie der Verstand die Kategorien, die Sinnlichkeit die Anschauungsformen, die theoretische Vernunft die spekulativen Ideen und die praktische Vernunft den kategorischen Imperativ. Beides trifft zu. Die reflektierende Urteilskraft vermittelt zwischen den Prinzipien anderer Vermögen, aber sie tut es selbst unter einer bestimmten Perspektive – einem methodischen Prinzip. Dieses beschreibt Kant so: „Sollte also ein Begrif oder Regel, die ursprünglich aus der Urtheilskraft entsprängen, stattfinden, so müßte es ein Begrif von Dingen der *Natur seyn, so fern diese sich nach unserer Urtheilskraft richtet*" (*EE* 20:202.18–21). Es wäre der „Begrif von einer Zweckmäßigkeit der Natur", der dazu dient, „daß wir das Besondere als unter dem Allgemeinen enthalten beurtheilen und es unter den Begrif einer Natur subsumiren können". Dieser Begriff der Natur ist der eines „*Systems nach empirischen*

## 2.2.3 Physisch teleologische Kräfte und Gesetze als geschaffene Zweitursachen der Natur

Kant beschreibt physisch teleologische Kräfte und Gesetze und die in ihnen enthaltenen Begriffe von Naturzwecken als jene Regularitäten, die das organisierte Wesen auf einen Naturzweck ausrichten. Die besagten Kräfte und Gesetze wirken dabei als Final- oder Endursachen: Die Erfahrung, so Kant, führe auf den Begriff eines „Zwecks der Natur" genau dann, wenn wir „die Idee der Wirkung der Causalität ihrer Ursache, als die dieser selbst zum Grunde liegende Bedingung der Möglichkeit der ersteren, unterlegen" (*KU* 5:366.28 – 367.3). Man kann einen Zweck nur dann denken, wenn „der Gegenstand selbst (die Form oder Existenz desselben) als Wirkung nur als durch einen Begriff von der letztern [der Wirkung] möglich gedacht wird" (*KU* 5:220.5 – 7). Ein Zweck ist „der Gegenstand eines Begriffs, sofern dieser als die Ursache von jenem (der reale Grund seiner Möglichkeit) angesehen wird" (*KU* 5:220.1– 3). Die Idee des Naturzwecks ist eine „besondere Vorstellung eines Ganzen, welche vor der Möglichkeit der Theile vorhergeht" und als „Grund der Caussalität" (*EE* 20:236.4 – 6) der Teile angesehen wird. Ein schwieriger Punkt ist, wie man die Kausalität von Naturzwecken und physisch teleologischen Gesetzen als Final- oder Endursachen genau verstehen soll.

Das Problem an diesen Aussagen ist, dass Kant Naturzwecke als Vernunftideen bestimmt, Ideen jedoch Vorstellungen des Menschen sind. Aus der Erfahrung ist aber klar, dass die Ideen des Menschen organisierte Wesen *nicht* hervorbringen, und Kant selbst insistiert in § 65 der *KU* (5.374.27 – 30) darauf, dass die Erzeugung organisierter Wesen darin eine Disanalogie zur Kunstproduktion besitze, dass organisierte Wesen nicht wie Kunstprodukte aus einer Idee im Denken eines menschlichen Künstlers entspringen. Wenn es zugleich so ist, dass organisierte Wesen selbst auch keine Vernunft haben und sich als Wesen, die keine Vernunft besitzen, nicht durch ihre eigenen Vernunftideen erzeugen können – wie muss man dann die Kausalität der Ideen von Naturzwecken verstehen?

---

*Gesetzen*" (*EE* 20:202.25 – 203.4): kurz, die systematische Einheit der empirischen Natur. „[S]o ist doch von empirischen Gesetzen eine so *unendliche Mannigfaltigkeit* und eine so *große Heterogeneität der Formen* der Natur [...] möglich, daß der Begrif von einem System nach diesen (empirischen) Gesetzen dem Verstande ganz fremd seyn muß [...]. Gleichwohl aber bedarf die besondere, durchgehends nach beständigen Principien zusammenhängende, Erfahrung auch diesen systematischen Zusammenhang empirischer Gesetze, damit es für die Urtheilskraft möglich werde, das besondere unter das Allgemeine, wie wohl immer noch empirische und so fort an, bis zu den obersten empirischen Gesetzen und denen ihnen gemäßen Naturformen zu subsumiren, mithin das *Aggregat* besonderer Erfahrungen als *System* derselben zu betrachten; denn ohne diese Voraussetzung kann kein durchgängig gesetzmäßiger Zusammenhang d.i. empirische Einheit derselben statt finden" (*EE* 20:203.6 – 21).

Die Antwort ist, dass das, was der Mensch in organisierten Wesen durch Ideen von Zwecken finalursächlich repräsentiert, die aus den schöpferischen Intuitionen Gottes folgenden Eigenschaften organisierter Wesen sind. Das heißt, was der Mensch durch Vernunftideen der Kausalität von Zwecken repräsentiert, sind die auf Ziele und Zwecke gerichteten Intentionen Gottes, die in den mechanischen Eigenschaften der organisierten Wesen sichtbar werden, wenn diese auf die Einheit eines natürlichen Zwecks gerichtet sind.

Damit ergibt sich auch ein konsistenter Blick auf das, was Kant ‚bildende Kräfte'[14] nennt. Denn wenn die bildenden Kräfte in der organisierten Natur wirken, beurteilt der Mensch die Natur so, als ob alle mechanischen Kräfte und Gesetze eines organisierten Wesens so gerichtet sind, dass sie den Naturzweck des organisierten Wesens erfüllen. Kant denkt die bildende Kraft als geschaffene Zweitursache der Natur, welche Bestandteil der finalistischen, auf Zwecke gerichteten Kausalität ist, die die Bewegung, Veränderung und Entwicklung des organisierten Wesens mit Notwendigkeit auf ein bestimmtes Ziel des Werdens, den Naturzweck, richtet. Dieser Zweckgedanke ist ein Gedanke Gottes. Während mechanische Kräfte jene Kräfte sind, die der Schöpfer organisierten Wesen einpflanzt, um die Ordnung ihrer Materie nach mechanischen Gesetzen zu bestimmen, ist die bildende Kraft jene Kraft, die der Schöpfer den organisierten Wesen gibt, um die zweckgerichtete „Form" (*KU* 5:370.1) der Materie organisierter Wesen zu bewirken, ohne dass der Natur die Zweckintentionalität durch ein eigenes Vernunftvermögen zukommt. Wenn der Mensch die intelligente, zweckgerichtete Form der Natur wahrnimmt, sind es die Intentionen Gottes, die er sieht, und weder jene der Natur selbst, noch seine eigenen, das heißt, die Intentionen des Menschen. Er nimmt jene bildenden Kräfte wahr, durch die die Natur die Zwecke Gottes zu erreichen strebt.

Zuckert (2007, 162) hat argumentiert, dass Kant organisierte Wesen letztlich durch Gottes Intentionen zweckförmig gestaltet sein lässt, hat aber nicht genau gezeigt, wie sich dieses intentionale Wirken Gottes zu den Kräften und Gesetzen der Natur verhält. Wie schon sichtbar geworden ist, kann man diesen Gedanken so erläutern, dass Kant beide Arten von Naturkräften und -gesetzen als von Gott geschaffene Naturordnungen betrachtet, in welchen die bildende Kraft diejenige ist, die den mechanischen Kräften und Gesetzen folgenden Materien die zweckmäßige Form (die Organisation) einprägt und damit die von Gott intendierte

---

14 So, wie mechanische Kräfte und Gesetze aufeinander bezogen sind, weil mechanische Gesetze Regelmäßigkeiten formulieren, die auftreten, wenn mechanische Kräfte wirken, sind physisch teleologische Gesetze und Kräfte aufeinander bezogen, da physisch teleologische Gesetze Regelmäßigkeiten beschreiben, die auftreten, wenn das wirkt, was Kant „*bildende* Kraft" (*KU* 5.374.23) nennt.

Hierarchie von mechanischen und den ihnen übergeordneten physisch teleologischen Gesetzen verwirklicht.

Dass Kant die bildende Kraft und ihre Funktionen als eine der Natur von Gott anerschaffene Kraft denkt, lässt sich an Kants berühmten Baum-Beispiel aus § 64 der *KU* verdeutlichen. In diesem Beispiel wird die Ausrichtung der Mechanismen der Materie auf ihre zweckmäßige Form als Selbstorganisation organisierter Wesen beschrieben, an der die bildende Kraft einen wesentlichen (die zweckmäßige Form bildenden) Anteil hat. Das Beispiel hat drei Aspekte. Betrachten wir den ersten genauer:

> Ein Baum zeugt erstlich einen andern Baum nach einem bekannten Naturgesetze. Der Baum aber, den er erzeugt, ist von derselben Gattung; und so erzeugt er sich selbst der *Gattung* nach, in der er einerseits als Wirkung, andererseits als Ursache, von sich selbst unaufhörlich hervorgebracht und eben so sich selbst oft hervorbringend, sich als Gattung beständig erhält (*KU* 5:371.7–12).

In diesem Zitat beschreibt Kant die Bildung eines organisierten Wesens auf der Ebene der Gattung. In der Forschung wird diese Aussage meist recht undifferenziert so wiedergegeben, als behaupte Kant, dass der Baum (qua bildende Kraft) alle Mitglieder seiner Gattung selbst erzeugt und sich hinsichtlich seiner Materie und Form selbst hervorbringt. Es fragt sich aber dann, wo der erste Baum der Gattung herkäme. Würde er sich selbst, seiner Form und Materie nach, aus dem Nichts erzeugen? Und wenn sich der erste Baum aus der bildenden Kraft erzeugt, wie § 65 nahe legt, wo ist die bildende Kraft, wenn sie nicht im ersten Baum ist, weil das erste Mitglied der Gattung des Baumes noch gar nicht existiert?

Cheung (2009, 32) scheint vorzuschlagen, dass die These von der Erzeugung der ‚Gattung' erst angewendet werden kann, wenn das erste Paar, die ersten beiden Exemplare einer Gattung, schon existieren. Kants modifizierte Aussage wäre dann, dass es für organisierte Wesen wie einen Baum bezeichnend ist, dass die ersten beiden schon existierenden Exemplare einer Gattung die Materie und Form aller anderen Mitglieder der Gattung hervorbringen und so sich selbst als ganze Gattung erzeugen. Cheungs Ansicht findet Unterstützung in § 82, wo Kant behauptet, dass in der „Organisation beiderlei Geschlechts in Beziehung auf einander zur Fortpflanzung ihrer Art" das erste Paar „ein *organisirendes* Ganze[s]" ausmacht, „obzwar nicht ein organisirtes in einem einzigen Körper" (*KU* 5:425.28–33). Aber selbst wenn man Cheung folgt, bleibt die Frage bestehen, die sich aus § 64 ergibt, nämlich, wie die ersten beiden Mitglieder der Gattung, das erste Paar, erzeugt wird. Ohne weiteren Grund wirkt es seltsam, wenn man die Erzeugung des ersten Paars aus der Selbsterzeugungsthese des § 64 ausnimmt, umso mehr, für einen Baum, der vielleicht nicht einmal notwendig ein erstes Paar, sondern nur ein erstes Exemplar zur Fortpflanzung benötigt. Obgleich Cheungs These also weniger anspruchsvoll als eine (regulative) Schöpfungsthese zu sein scheint, schließt sie, bis zu einem gewissen Grade willkürlich, die ersten beiden Mitglieder der Gattung von der These der Selbsterzeugung der Gattung aus, wodurch diese selbst wiederum erklärungsbedürftig bleibt.

Eine plausiblere Lesart dieser Stelle ergibt sich, wenn man sie so liest, dass der erste Baum für Kant eine Schöpfung Gottes ist, dessen Materie durch die ihm anerschaffenen mechanischen Kräfte und Gesetze, und dessen Form durch die ihm anerschaffenen bildenden Kräfte und physisch teleologischen Gesetze der Natur zweckmäßig geordnet ist. Kants These wäre dann, dass das organisierte Wesen in Bezug auf seine Materie und Form geschaffen ist, wobei die mechanischen Kräfte und Gesetze der Natur die Materie des organisierten Wesens, die bildende Kraft und die physisch teleologischen Gesetze die zweckmäßige Form der Materie in einem organisierten Wesen ordnen.

Der zweite Aspekt des Baumbeispiels ist, dass sich ein Baum

> selbst als *Individuum* [erzeugt]. Diese Art von Wirkung nennen wir zwar nur das Wachsthum; aber dieses ist [...] von jeder andern Größenzunahme nach mechanischen Gesetzen gänzlich unterschieden [...]. Die Materie, die [...] [der Baum] zu sich hinzusetzt, verarbeitet dieses Gewächs vorher zu specifisch-eigenthümlicher Qualität [...] und bildet sich selbst weiter aus vermittelst eines Stoffes, *der seiner Mischung nach sein eignes Product ist*. Denn ob er zwar, was die Bestandtheile betrifft, die er von der Natur außer ihm erhält, nur als Educt angesehen werden muß: so ist doch in der Scheidung und neuen Zusammensetzung dieses rohen Stoffs eine [...] Originalität des Scheidungs- und Bildungsvermögens dieser Art Naturwesen anzutreffen (*KU* 5:371.13 – 25, teilweise meine Herv.).

Der zweite Aspekt der Beschreibung der Bildung organisierter Wesen am Beispiel des Baumes betrifft die Ebene des Individuums. Es ist wichtig zu sehen, dass Kant dabei die Bildung dem Wachstum assoziiert und verschiedene Aussagen in Bezug auf die Materie und die Form des organisierten Wesens macht. Kant behauptet, dass das Wachstum eines organisierten Wesens in Bezug auf seine Materie als ein „Educt" (*KU* 5:371.23) erscheint. Der Baum nimmt außer ihm befindliche Stoffe auf. Jedoch erscheint es als ein „Product" (*KU* 5:371.21) in Bezug auf die „Originalität des Scheidungs- und Bildungsvermögens" (*KU* 5:371.24 – 5) der Materie. Die Termini ‚Educt' und ‚Product' haben in Kants Zeit spezifische Bedeutungen. Der Terminus ‚Product' gehört zu einem epigenetischen Modell der Erzeugung. ‚Produktion' beschreibt die Selbsterzeugung und Selbstverursachung der organisierten Natur. Der Terminus ‚Educt' dagegen gehört zu einem präformistischen Modell der übernatürlichen oder göttlichen Schöpfung. ‚Educere' (herausbilden) meint in diesem Sinne einen Akt der natürlichen Erzeugung, dem ein übernatürlicher Akt der Schöpfung und Verursachung der Natur vorausgeht und übergeordnet ist.[15] ‚Educere', das Herausbilden, beschreibt die sekundäre Entfaltung von Merkmalen eines organisierten Wesens, welche ein primärer Akt der Schöpfung in den Samen des Lebewesens gelegt hat. Die Aufnahme dieser Begriffe gibt vor allem einen Hinweis darauf, dass Kant die Materie und die mechanischen Kräfte und Gesetze der Materie als geschaffene deutet. Dass die bildende Kraft, welche die Form der Materie zweckmäßig ordnet, eher mit einem epigenetischen Terminus charakterisiert wird, liegt nicht daran, dass diese Kraft nicht als eine geschaffene verstanden wird, sondern daran, dass sie als geschaffene innerhalb eines gewissen Spielraums der Natur an Möglichkeiten agiert, etwa in Bezug auf die Scheidung, Bildung und Zusammensetzung der Form der Materie. So setzen die bildende Kraft und physisch teleologische Gesetze Anlagen, die sich in verschiedenen Klimaten unterschiedlich ausbilden können, in zweckmäßige Beziehung zum jeweiligen Klima und entfalten diejenigen unter den in der Anlage begriffenen Eigenschaften, die zu jeweiligen Umwelt passen. Oder so gestalten die bildende Kraft und physisch teleologische Gesetze in einem Spielraum von Merkmalen, welche die Gattung erfüllen, die möglichen Verschiedenheiten der Individuen, die einer Gattung angehören. In diesem Spielraum ist die bildende Kraft der Natur, als so geschaffene, frei.

Kants dritte Behauptung zur bildenden Kraft im Baum-Beispiel ist, dass

> ein Theil dieses Geschöpfs [des Baumes] auch sich selbst [erzeugt] so: daß die Erhaltung des einen von der Erhaltung des andern wechselweise abhängt. Das Auge an einem Baumblatt, dem Zweige eines andern eingeimpft, bringt an einem fremdartigen Stocke ein Gewächs von seiner eignen Art hervor und eben so das Pfropfreis auf einem andern Stamme. Daher kann man auch an demselben Baume jeden Zweig oder Blatt als bloß auf diesem gepfropft oder oculirt, mithin als einen für sich selbst bestehenden Baum, der sich nur an einen andern anhängt und parasitisch nährt, ansehen. Zugleich sind die Blätter zwar Producte des Baums,

---

[15] Vgl. „Die Idee von einem Wesen das von sich selbst Urheber wäre, würde das Urwesen seyn und ein Product (nicht Edukt) der reinen practischen Vernunft" (*OP* 22:130.13 – 5); vgl. auch Kant über den Prästabilismus in § 81: „*Prästabilism* kann nun wiederum auf zwiefache Art verfahren. Er betrachtet nämlich ein jedes von seines Gleichen gezeugte organische Wesen entweder als das *Educt*, oder als das *Product* des ersteren. Das System der Zeugungen als bloßer Educte heißt das der *individuellen Präformation*, oder auch die *Evolutionstheorie*; das der Zeugungen als Producte wird das System der *Epigenesis* genannt. Dieses letztere kann auch System *der generischen Präformation* genannt werden: weil das productive Vermögen der Zeugungen doch nach den inneren zweckmäßigen Anlagen, die ihrem Stamme zu Theil wurden, also die specifische Form virtualiter präformirt war. Diesem gemäß würde man die entgegenstehende Theorie der individuellen Präformation auch besser *Involutionstheorie* (oder die der Einschachtelung) nennen können" (*KU* 5:422.36 – 423.11).

erhalten aber diesen doch auch gegenseitig; denn die wiederholte Entblätterung würde ihn tödten, und sein Wachsthum hängt von ihrer Wirkung auf den Stamm ab (*KU* 5:371.30 – 372.4).

Im dritten Aspekt des Baum-Beispiels wird noch einmal deutlich, dass die bildende Kraft auf die Erzeugung der zweckmäßigen Form der Materie gerichtet, nicht aber für die Erzeugung der mechanischen Eigenschaften der Materie da ist. Denn in Bezug auf die Bildung der Teile eines organisierten Wesens behauptet Kant, dass im Vorgang der Inokulation und Pfropfung, etwa wenn ein Kirschzweig in den Stamm eines Apfelbaumes inokuliert wird, der Kirschzweig die Form und Funktion eines Apfelzweiges erfüllt, selbst wenn seine Materie die eines Kirschzweiges bleibt und sich als solche weiter entwickelt und wächst. Obwohl das Pfropfreis seiner Materie nach ein Kirschzweig ist, erfüllt und übernimmt es dennoch die Funktion eines Apfelzweiges und dient damit auch dem Zweck des ganzen Apfelbaumes. Kant geht sogar noch weiter. Selbst Apfelzweige, die ursprünglich zum Apfelbaum gehören, könnte man so ansehen, als ob sie in den Apfelbaum eingepfropft wären. Er setzt damit die Inokulation der Kirsch- und Apfelzweige in einen Apfelbaum gleich und argumentiert, dass ein in den Apfelbaum inokulierter Kirsch- und Apfelzweig funktional und formal gleichwertig sind, unabhängig davon, ob ihre Materie kirsch- oder apfelartig ist. Daher kann man auch den dritten Aspekt der bildenden Kraft in Bezug auf die Teile des Baumes so verstehen, dass sie auf die Bildung der zweckmäßigen Form des organisierten Wesens gerichtet ist, nicht aber zu den mechanischen Kräften und Gesetzen der Materie gehört, welche die materiellen Eigenschaften der Materie bestimmen.

### 2.2.4 Exkurs: Zur Mehrdeutigkeit des Zweckbegriffs im Begriff eines Naturzwecks

An dieser Stelle sei eine Kant-unabhängige Betrachtung zum Zweckbegriff eingefügt, die Probleme des Zweckdenkens aufzeigt, die bisher ausgeklammert wurden. Der wichtigste Bestandteil eines physisch teleologischen Gesetzes ist der Begriff oder die Idee eines natürlichen Zwecks. Da der Begriff eines Zwecks und spezifischer der des Naturzwecks sowie die eng damit verbundenen Begriffe der Zweckmäßigkeit überhaupt und der Zweckmäßigkeit der Natur insbesondere im historischen und im gegenwärtigen Sprachgebrauch mehrdeutig sind,[16] drängt sich die Frage auf, was genau Kant meint, wenn er von Naturzwecken spricht.[17]

---

16 Philosophisch relevante Bedeutungen des Wortes ‚Zweck' (Ziel, Beweggrund, Sinn) sind in der

Ein ‚Zweck' kann zum einen die Funktion oder Aufgabe einer Sache bezeichnen. Die Funktion kann entweder eine wesentliche, eine der Sache natürliche Funktion sein, wenn es um die Erfüllung einer der Sache entsprechenden Aufgabe geht (funktionale Bedeutung im starken Sinne). Die korrespondierenden Fragen wären: Wozu ist dieser Gegenstand da? Wozu dient dieser Gegenstand? Welche Aufgabe hat diese Sache? Der Gegenstand oder eine Sache wäre zweckmäßig, wenn er oder sie die ihm oder ihr zukommende, natürliche oder wesentliche Funktion und Aufgabe erfüllt.[18] Verwandt damit kann ein ‚Zweck' eine mögliche, aber dem Gegenstand oder der Sache nicht wesentlich zukommende Funktion, einen unnatürlichen Gebrauch von etwas bezeichnen (funktionale Bedeutung im schwachen Sinne, utilitaristische Bedeutung). Dieser zufällige Gebrauch eines Gegenstandes oder einer Sache antwortet ebenfalls auf die Fragen: Wozu ist dieser Gegenstand da? Wozu dient dieser Gegenstand? Welche Aufgabe hat diese Sache? Genauer: Wozu *kann* dieser Gegenstand gebraucht werden? Der Gegenstand oder eine Sache wäre in diesem schwachen funktionalen Sinne zweckmäßig, wenn er oder sie die ihm oder ihr nicht natürliche, unwesentliche Funktion und Aufgabe erfüllen *kann*.[19]

---

deutschen Sprache erst seit dem 17. Jahrhundert verbreitet. Ältere Bedeutungen des deutschen Wortes ‚Zweck' sind für heutige philosophische Diskussionen unerheblich. (Das frühneuhochdeutsche ‚zweck' oder ‚zwick' und ‚Nagel, Keil, Zwickel' geht über das mittelhochdeutsche ‚zwec' oder ‚zwic' als ‚Nagel, hölzerner oder eiserner Stift' auf das althochdeutsche ‚zwec' und ‚zweckli', ‚Nagel, Keil' zurück, womit man einen kleinen, eisernen oder hölzernen Nagel meinte, der insbesondere dazu verwendet wurde, eine Sohle an einem Schuh zu befestigen. Wegen des identischen Anlauts wurde außerdem eine Verwandtschaft mit ‚Zweig' und ‚zwei' vermutet. Im 15. und 16. Jahrhundert stand ‚Zweck' für den Nagel, an dem die Zielscheibe beim Schießen mit Armbrüsten und Büchsen aufgehängt war. Vom alten Wortgebrauch ‚Zweck' wurde die Bedeutung ‚Nagel' ins 18. Jahrhundert übernommen. Der moderne alltägliche Sprachgebrauch kennt den dazu verwandten Begriff einer ‚Reißzwecke', mit der man Gegenstände befestigt. Auch spricht man heute noch davon, dass man etwas zusammen zweckt, das heißt, mechanisch miteinander verklammert.)

17 Man kann an dieser Stelle parallel die Einleitungen von Schmid (2011, 1–33) und Toepfer (2004, 1–45) einsehen, die alternative Überblicke über verschiedene Bedeutungen und Verwendungen der Termini ‚Zweck' und ‚Zweckmäßigkeit' geben. Johnson (2008, 64–93), Code (1997, 127–43) und Sedley (2010, 5–29) analysieren die Bedeutungen beider Termini in der Aristotelischen Naturteleologie. Diese Analysen sind ebenfalls hilfreich, sowohl systematisch als auch, wenn man sie als historische Wurzeln der Kantischen Verwendung teleologischer Termini betrachtet.

18 Beispiele für die funktionale Bedeutung von ‚Zweck' im starken Sinne wären Aussagen wie ‚die Aufgabe des Herzens ist es, Blut zu pumpen', oder ‚der Blinddarm hat keinen (ihm eigentümlichen) Zweck mehr'.

19 Beispiele für die funktionale Bedeutung im schwachen Sinne des zufälligen Gebrauchs wären: ‚ein Stein kann dazu verwendet werden, einen Nagel in die Wand zu schlagen' oder ‚weil ich in

Ein ‚Zweck' kann, zweitens, die Ausrichtung auf das Ziel oder den Endzustand einer Sache oder eines Gegenstandes, einer Handlung oder eines Geschehens, oder aber dieses Ziel, diesen Endzustand selbst bezeichnen (finalistische Bedeutung). Die korrespondierende Frage wäre: Woraufhin ist der Gegenstand oder die Sache gerichtet? Zweckmäßig wäre ein Gegenstand oder eine Sache dann, wenn er sein Ziel, den Endzustand erreicht. Ein Zweck als Endzustand kann, aber muss nicht, zugleich das Wesen des Gegenstandes sein.[20] Ein ‚Zweck' kann, drittens, den Sinn und das Wesen, auch die Essenz eines Gegenstandes oder einer Sache bezeichnen; er benennt dann das, was es für etwas heißt, dieses etwas zu sein (essentialistische Bedeutung). Die korrespondierende Frage ist: Was ist die natürliche Vollendung oder worin ist etwas seinem Wesen nach erfüllt? Wodurch macht etwas Sinn? Zweckmäßig in diesem Sinne ist etwas, wenn es seine essenziellen, wesentlichen Eigenschaften besitzt.[21] Schließlich kann der Begriff ‚Zweck', viertens, die von der Sache getrennten Folgen einer Sache bezeichnen, das heißt, das, was aus einer Sache herauskommt (konsequenzialistische Bedeutung). Die korrespondierende Frage ist dann, wozu etwas im Blick auf seine Folgen getan oder geschehen ist oder was das erwartete Resultat von etwas ist.[22] Eine fünfte Bedeutung des Begriffs ‚Zweck' ist die kausale, in der ein Zweck das aus ihm folgende Geschehen bewirkt. Dabei ist der Zweck das, von woher etwas erzeugt wird und von woher etwas der Genese nach verstanden werden muss.

Kants Theorie organisierter Wesen scheint den Begriff eines Zwecks der organisierten Natur in jedem Falle als einen kausalen Begriff zu verwenden, schwankt aber zwischen essentialistischen, finalistischen und funktionalistischen (starken und schwachen) Bedeutungen. So verwendet Kant für das, was er als innere objektive materiale Zweckmäßigkeit beschreibt, kausale Zweckbegriffe (*KU* 5:360.14 – 5, *KU* 5:366.27 – 367.10; *KU* 5:369.33 – 370.5, *KU* 5:370.33 – 7) in einer starken funktionalistischen und essentialistischen Bedeutung. Für das, was er

---

diesem Moment keinen Löffel hatte, habe ich meinen Finger gebraucht, um das Wasser umzurühren'.

[20] Beispiele für die finalistische Bedeutung wären: ‚das Ziel einer Pflanze, die von einem schattigen Ort ins Helle strebt, ist es, das Licht zu erreichen', ‚dieser Mensch widmet sein Leben dem Schreiben eines Buches' oder ‚der Zweck (das Ziel) des Sturzfluges eines Falken ist es, die Maus zu erjagen'.

[21] Beispiele für die essentialistische Verwendung des Begriffs ‚Zweck' wären: ‚welchen Zweck hat diese Frage (was ist der Sinn, was ist das Wesen dieser Frage)?', ‚das ist ja gerade der Zweck (der Sinn, das Wesen) dieser Übung!', ‚es hat keinen Zweck (Sinn), sich so anzustrengen', ‚es hat keinen Zweck (Sinn) mehr, den verletzten Körper wiederzubeleben'.

[22] Hier könnte man Sätze aufführen wie: ‚zu welchem Zweck (um welcher Folgen, Konsequenzen, um welchen Nutzens willen) wiederholst du diese Versuche?', ‚ich spende Geld für einen guten Zweck (als Folge, Konsequenz, Nutzen)'.

äußere Zweckmäßigkeit nennt, scheint er anfangs an zufällige Gebrauchs- oder Nutzenverhältnisse (Zweck-Mittel-Verhältnisse) zu denken, die eine schwache funktionalistische Bedeutung haben können, so etwa in den Beispielen des § 64 (*KU* 367.11–368.31). In späteren Passagen der *KU* wird die äußere Zweckmäßigkeit jedoch als Bestandteil der moralischen Welt gedeutet und aus der Perspektive des moralischen Endzwecks betrachtet. Sie nimmt dann eine finalistische und finalursächliche Bedeutung an, da die gesamte organisierte Natur als eine solche gedacht wird, die auf die moralische Welt als ihren Endzweck gerichtet ist und von diesem her verstanden werden muss. In einigen Zusammenhängen lässt sich im Kantischen Text nur sehr schwer zwischen finalistischen, funktionalistischen und essentialistischen Bedeutungen unterscheiden. Ist ‚um zu fliegen' eine Funktion und Aufgabe des Flügels oder bezeichnet es die Essenz und das Wesen des Flügels? Ist eine glückliche und kultivierte Existenz die Funktion und Aufgabe oder ist es das Wesen und die Essenz des Daseins eines moralisch freien Wesens insofern es ein Naturwesen ist?

## 2.3 Organisierte Wesen und moralteleologische Kräfte und Gesetze

*These 3:* Aus der Perspektive der menschlichen Urteilskraft sind organisierte Wesen nicht nur natürliche Zwecke und als solche relative (End-)Zwecke in sich selbst, sondern sie dienen in externen Beziehungen als Mittel zur Realisierung eines moralischen Reichs der Zwecke als absolutem oder Endzweck. Physisch teleologische Kräfte und Gesetze können moralteleologischen Kräften und Gesetzen untergeordnet werden. Verschiedene natürliche Zwecke finden eine ihnen übergeordnete Einheit in moralischen Zwecken.

Um diese These Kants zu verstehen, muss man sagen, was Kant unter moralteleologischen Kräften und Gesetzen versteht und was moralteleologische Kräfte und Gesetze erklären. Ich versuche zu zeigen, dass moralteleologische Kräfte und Gesetze aus Kants Konzeption der Freiheit und aus den moralteleologischen Formulierungen des kategorischen Imperativs erschlossen werden können. Moralteleologische Kräfte und Gesetze erklären, dass sich Zwecke der Natur im einzelnen Menschen und für die Menschheit überhaupt zuletzt auf die Erfüllung eines moralisch guten, aus der Freiheit und der reinen praktischen Vernunft begründeten Daseins richten (2.3.1). Zweitens muss man sagen, welche Form moralteleologische Kräfte und Gesetze haben. Ich werde zeigen, dass moralteleologische Zwecke regulative, hypothetische Imperative sind, die in der Vernunftidee eines moralteleologischen Endzwecks einen apriorischen Begriff enthalten, durch den die natürlichen den moralischen Zwecken, und die Natur insgesamt als System natürlicher Zwecke dem noumenalen Aspekt der Menschheit insgesamt als System moralischer Zwecke bei- und dabei untergeordnet werden können. Die Beiordnung eines natürlichen und moralischen Zwecks in einzelnen Menschen, und eines zweckförmigen Reichs der Natur und eines zweckförmigen Reichs der Sittlichkeit im Dasein überhaupt bedeuten, dass je nur beide gemeinsam den Endzweck des Daseins (ein oder das höchste moralische Gut) bilden können, wobei in der Verbindung beider Bereiche sittliche Zwecke (das apriorische Moment) gegenüber natürlichen Zwecken (dem empirisch apriorischen Moment) das bestimmende, übergeordnete Moment des höchsten Guts bleiben (2.3.2). Drittens ist zu fragen, inwiefern moralteleologische Kräfte und Gesetze als geschaffene Zweitursachen der Vernunft verstanden werden können. Die Kausalität der Freiheit und moralteleologische Gesetze werden in meiner Lesart so gedacht, dass sie als geschaffene Zweitursachen zuletzt von Gott als Erstursache abhängen. Wenngleich moralteleologische Kräfte und Gesetze von sinnlichen Bedingungen unabhängig und in diesem Sinne unbedingt sind, bilden sie dennoch nur die höchste sekundäre, geschaffene Ordnung in den Verhältnissen zwischen organisierten Naturwesen und moralischen Wesen, und sind als solche noch durch Gott als Erstursache bedingt (2.3.3).

Wie schon die zweite ist die dritte These nicht mehr nur auf die Perspektive eines einzelnen organisierten Wesens beschränkt, sondern betrachtet das organisierte Wesen in seinem Selbstverhältnis von natürlichen und moralischen Kräften und Gesetzen und in seinem Verhältnis zur Umwelt, dem Reich aller Zwecke – einer Ordnung, die aus natürlichen und moralischen Gegenständen besteht. Besondere Schwierigkeiten ergeben sich für den dritten Aspekt der Kantischen Theorie organisierter Wesen dadurch, dass Kant in der *KU* die zur Moralteleologie gehörenden Stufen der Zweckhierarchie extrem verkürzt und abstrakt darlegt und die eigentlich moralphilosophischen Inhalte dabei kaum zur Sprache kommen.

### 2.3.1 Was sind und was erklären moralteleologische Kräfte und Gesetze

Wenn man im Zusammenhang mit der Philosophie Kants vom ‚Moralgesetz' hört, denkt man zunächst an den kategorischen Imperativ und das praktische Gesetz aus der *GMS* und der *KpV*. Das Kantische Moralgesetz in seiner Grundformel fordert von Menschen: „*nur nach derjenigen Maxime*" zu handeln, „*durch die [der Mensch] zugleich wollen kann[], daß sie ein allgemeines Gesetz werde*" (*GMS* 4:421.7–8), oder, in einer alternativen Formulierung, so zu handeln, dass „die Maxime d[]es Willens jederzeit zugleich als Princip einer allgemeinen Gesetzgebung gelten könne" (*KpV* 5:30.38–9).

Für die Vermittlung des Kantischen Gedankenganges an dieser Stelle meiner Lesart ist es entscheidend, dass Kant in der *KU* im Zusammenhang mit einer Theorie organisierter Wesen nicht das moralische Gesetz in seiner Grundformel, sondern in seinen Reformulierungen durch Zweckbegriffe vor Augen hat, da im Zentrum der *KU* die moralteleologische Perspektive steht. Das moralteleologische Gesetz ist ein finalursächliches „Gesetz der Causalität" (*KU* 5:435.22):

> Nun haben wir nur eine einzige Art Wesen in der Welt, deren Causalität teleologisch, d.i. auf Zwecke gerichtet, und doch zugleich so beschaffen ist, daß das Gesetz, nach welchem sie sich Zwecke zu bestimmen haben, von ihnen selbst als unbedingt und von Naturbedingungen unabhängig, an sich selbst aber als nothwendig vorgestellt wird. Das Wesen dieser Art ist der Mensch, aber als Noumenon betrachtet; das einzige Naturwesen, an welchem wir doch ein übersinnliches Vermögen (die *Freiheit*) und sogar ein Gesetz der Causalität sammt dem Objecte derselben, welches es sich als höchsten Zweck vorsetzen kann (das höchste Gut in der Welt), von Seiten seiner eigenen Beschaffenheit erkennen können (*KU* 5:435.15–24).

Für die Erschließung der Bedeutung von moralteleologischen Kräften und Gesetzen, die Kant in der *KU* nur erwähnt (*KU* 5:453.16–20), aber nicht formuliert, kann man sich an deren Formulierungen in der *GMS* orientieren. Man muss dabei aber beachten, dass Kant 1785 weder eine genau ausgearbeitete Vorstellung von physisch teleologischen Gesetzen hat, noch von moralteleologischen Kräften und Gesetzen, die auf die physisch teleologischen Kräfte und Gesetze bezogen sind.

Es ist außerdem sinnvoll, drei Ebenen moralteleologischer Kräfte und Gesetze auseinander zu halten: a) Der einzelne Mensch, insofern er als sittliches Wesen an der Sphäre der reinen Vernunft teilhat, wie auch b) alle einzelnen Menschen, insofern sie als sittliche Wesen an der Sphäre der reinen Vernunft teilhaben, sind Zwecke an sich selbst und fallen als solche unter moralteleologische Kräfte und Gesetze. In der *GMS* hat Kant ein moralteleologisches Gesetz für den einzelnen Menschen und alle einzelnen Menschen als an sich selbst zweckvolle sittliche Wesen wie folgt formuliert: „*Handle so, daß du die Menschheit sowohl in deiner Person, als in der Person eines jeden andern jederzeit zugleich als Zweck, niemals bloß als Mittel brauchst*" (*GMS* 4:429.10–2). Oder alternativ: „[V]ernünftige Wesen stehen alle unter dem *Gesetz*, daß jedes derselben sich selbst und alle andere *niemals bloß als Mittel*, sondern jederzeit *zugleich als Zweck an sich selbst* behandeln solle" (*GMS* 4:433.26–8).[23]

c) Die dritte Ebene moralteleologischer Kräfte und Gesetze lehnt sich an Kants Idee eines Reichs der Zwecke an. Kant verweist auf sie in der *KU* mehr oder weniger direkt, wenn er „das höchste Gut in der Welt" (*KU* 5:435.23, vgl. *KU* 5:453.16–20)

---

[23] Eine vollständigere Zusammenstellung der Stellen, an denen Kant die Zweckformel nennt, geben Schönecker/Wood (2002, 147–8).

erwähnt. Ein moralteleologisches Gesetz dieser Art besagt, dass man alle Wesen so betrachten soll, als ob sie Glieder eines Reichs der Zwecke seien, das man durch moralische Handlungen hervorbringen will. Nach der *GMS* ist ein Reich der Zwecke die Idee eines „Ganze[n] aller Zwecke [...] in systematischer Verknüpfung" (*GMS* 4:433.21–4), welche verlangt, dass „jedes vernünftige Wesen so handeln" müsse, „als ob es durch seine Maximen jederzeit ein gesetzgebendes Glied im allgemeinen Reiche der Zwecke wäre" (*GMS* 4:438.19–21), oder verlangt, „nach Maximen eines allgemein gesetzgebenden Gliedes zu einem bloß möglichen Reiche der Zwecke" (*GMS* 4:439.1–3) zu handeln. Es ist dabei bemerkenswert, dass Kant schon in der *GMS* die, wenngleich noch unbestimmte, Vorstellung hat, dass das moralische „Reich[] der Zwecke" zugleich ein „Reich[] der Natur" (*GMS* 4:436.25) sei:

> Die Teleologie erwägt die Natur als ein Reich der Zwecke, die Moral ein mögliches Reich der Zwecke als ein Reich der Natur. Dort [in der Natur] ist das Reich der Zwecke eine theoretische Idee zur Erklärung dessen, was da ist. Hier [in der Moral] ist es eine praktische Idee, um das, was nicht da ist, aber durch unser Thun und Lassen wirklich werden kann, und zwar dieser Idee gemäß zu Stande zu bringen (*GMS* 4:436.32–6).

Angewandt auf die *KU* bestünde ein Reich der Zwecke in der Idee der Einheit aller natürlichen und moralischen Zwecke, in welcher der Inbegriff physisch teleologischer Naturzwecke dem Inbegriff moralischteleologischer Zwecke bei- und untergeordnet wird.

Analog zu den drei Ebenen moralteleologischer Kräfte und Gesetze verwendet Kant den Begriff eines ‚Endzwecks' (der Bestandteil dieser Gesetze ist) auf drei Weisen a) zum einen bezeichnet er die sittliche Seite einzelner Menschen als moralischen Endzweck, b) zum anderen nennt er den sittlichen Aspekt für den Inbegriff aller Menschen als moralischen Endzweck und c) zum dritten bezeichnet er den höchsten moralischen Endzweck als das „höchste Gut in der Welt" (*KU* 5:435.23). In der letztgenannten Verwendungsweise umfasst der Begriff des Endzwecks nicht mehr nur moralische, sondern natürliche und moralische Zwecke; der Inbegriff aller moralischen Endwecke bildet den einen, übergeordneten, der Inbegriff aller physisch teleologischen Zwecke den anderen, untergeordneten Bestandteil. In moralphilosophischen Termini nennt Kant den einen Bestandteil, die moralischen Zwecke, ‚Reich der Sittlichkeit', den anderen Bestandteil, die natürlichen Zwecke, ‚Reich der Glückseligkeit'.

Versuchen wir, genauer zu sagen, was moralteleologische Kräfte und Gesetze ihrem Inhalt nach sind und was sie damit erklären. Ein wesentlicher Inhalt moralteleologischer Kräfte und Gesetze ist jener, dass man den Menschen, wie das moralteleologische Gesetz fordert, als Zweck an sich betrachten soll und nicht bloß als Mittel gebrauchen darf. Kant gibt verschiedene Begründungen dafür, dass der Mensch als noumenales, reines Vernunftwesen in die Perspektive des Endzwecks rückt und letztendlich die Gestalt der Zweckhierarchien zwischen organisierten Naturwesen und reinen Vernunftwesen bestimmt:

> Von dem Menschen nun (und so jedem vernünftigen Wesen in der Welt), als einem moralischen Wesen, kann nicht weiter gefragt werden: wozu (quem in finem) er existire. Sein Dasein hat den höchsten Zweck selbst in sich, dem, so viel er vermag, er die ganze Natur unterwerfen kann [...]. Wenn nun Dinge in der Welt, als ihrer Existenz nach abhängige Wesen, einer nach Zwecken handelnden obersten Ursache bedürfen, so ist der Mensch der Schöpfung Endzweck; denn ohne diesen wäre die Kette der einander untergeordneten Zwecke nicht vollständig gegründet; und nur im Menschen, aber auch in diesem nur als Subjecte der Moralität ist die unbedingte Gesetzgebung in Ansehung der Zwecke anzutreffen, welche ihn also allein fähig macht ein Endzweck zu sein, dem die ganze Natur teleologisch untergeordnet ist (*KU* 5:435.25 – 436.2).

Erstens, während natürliche Zwecke organisierter Naturwesen immer bedingt sind, ist allein der „*Endzweck*" Mensch unbedingt; er ist derjenige „Zweck, der keines andern als Bedingung seiner Möglichkeit bedarf" (*KU* 5:434.7 – 8). Für den Menschen „als Noumenon" (*KU* 5:435.20), das heißt, als Wesen, das an der Sphäre der reinen Vernunft teilhat, kann man nicht weiter fragen, „wozu (quem in finem) er existire" (*KU* 5:435.27). Der Mensch als Noumenon ist das, worum willen alles andere existiert, das aber selbst nicht um eines anderen willen existiert. In diesem Gedanken deutet sich ein evaluatives Moment an, das Kant nicht hinreichend explizit macht. Während es für organisierte Naturwesen (einschließlich des Menschen als Naturwesen) immer wechselseitige Verhältnisse der Abhängigkeit und Nutzbarkeit in Zweck-Mittel-Beziehungen gibt, besteht in Bezug auf den Menschen als Endzweck eine einseitige Zweck-Mittel-Beziehung, in welcher der Mensch als Vernunftwesen immer als Endzweck, nie aber nur als Mittel erscheint. Organisierte Naturwesen als relative Endzwecke dagegen stehen in äußeren, zweckmäßigen Beziehungen zu anderen Wesen und sind gleichermaßen Mittel und relative Zwecke für andere organisierte Naturwesen, etwa Pflanzen, Tiere und Menschen als Naturwesen. Zugleich sind sie immer Mittel, aber niemals Endzweck für den Menschen als reines Vernunftwesen. Nach Kant findet sich in der ganzen Natur „kein Wesen", das auf den „Vorzug, Endzweck der Schöpfung zu sein, Anspruch machen könnte" (*KU* 5:426.16 – 7).

Den Gedanken, dass Menschen als Naturwesen keinen Sonderstatus gegenüber anderen Naturwesen haben, unterstreicht Kant am Beispiel von Nahrungsketten. Wesen im Pflanzenreich existieren zur Ernährung von pflanzenfressenden Wesen im Tierreich, pflanzenfressende Wesen dienen als Nahrung für fleischfressende Wesen und fleischfressende Tiere für eine Vielzahl von Zwecken, die ihnen der Mensch als Naturwesen setzt. Innerhalb des Naturreiches sind aber auch die umgekehrten oder andere Zweck-Mittel-Verhältnisse möglich: „Die gewächsfressenden Thiere sind da, um den üppigen Wuchs des Pflanzenreichs [...] zu mäßigen; die Raubthiere, um der Gefräßigkeit jener Gränzen zu setzen; endlich der Mensch, damit, indem er diese verfolgt und vermindert, ein gewisses Gleichgewicht unter den hervorbringenden und den zerstörenden Kräften der Natur gestiftet werde" (KU 5:427.5–10). Der Mensch als Naturwesen ist kein Endzweck der Natur, weder, indem er nach Glückseligkeit strebt, noch, indem er sich kultiviert, und wenn er sich kultiviert, weder, indem er sich für alle Zwecke geschickt macht, noch, indem er seinen Willen diszipliniert und von der Übermacht der Neigungen befreit.

Zweitens, während organisierte Wesen, denen das Vermögen der Vernunft fehlt, keine Begriffe von Zwecken und aus diesen kein System der Zwecke bilden können, ist der Mensch als Vernunftwesen „das einzige Wesen", „welches sich einen Begriff von Zwecken machen und aus einem Aggregat von zweckmäßig gebildeten Dingen durch seine Vernunft ein System der Zwecke machen kann" (KU 5:426.37–427.3). Nur der Mensch kann etwas als ein Zweckvolles identifizieren, kann Zwecke gegeneinander abwägen, sie bewerten und systematisieren.

Drittens, während die Kausalität organisierter Naturwesen teleologisch auf Zwecke gerichtet ist, aber von empirischen Fakten und natürlichen Bedingungen abhängig bleibt, ist die Kausalität des Menschen als Vernunftwesen „teleologisch, d.i. auf Zwecke gerichtet", und doch so beschaffen, dass das Gesetz, durch das er sich Zwecke bestimmt, „unbedingt", „von Naturbedingungen unabhängig" und „nothwendig" (KU 5:435.16–9) vorgestellt wird. Der Mensch ist das einzige Wesen, das aus unbedingt vernünftigen Gründen handeln kann. Er ist dasjenige Wesen, das seinen Zweck nicht allein von außen erhält (durch die Intentionen Gottes), sondern das sich seinen Zweck als reines Vernunftwesen auch selbst wählen und setzen kann (selbst wenn die Freiheit ein geschaffenes Vermögen ist, wie wir unten zeigen werden). Auf den Gedanken vom Menschen als Endzweck der Schöpfung, insofern er ein Wesen ist, das an der Sphäre der reinen Vernunft teilhat, baut Kant, ohne diesen Zwischenschritt in der KU hinreichend darzulegen, den weiteren Gedanken auf, dass alle Menschen, insofern sie reine Vernunftwesen sind, gemeinsam mit anderen möglichen reinen Vernunftwesen, etwa Engeln, das Reich der Sittlichkeit bilden. Diesen Gedanken könnte man mithilfe der Kantischen Moralphilosophie so paraphrasieren (MS 6:231.10–2), dass die Zwecksetzungen aus reiner Vernunft eines einzelnen Menschen mit der Zwecksetzung aus reiner Vernunft aller anderen Menschen zusammenstimmen und die moralische Freiheit aller Menschen in der Sphäre sittlicher Wesen als eine sich wechselweise einschränkende gedacht werden muss. Das Reich der Sittlichkeit wiederum macht, neben dem Reich der physischen Güter, dem Reich der Glückseligkeit, einen der beiden Bestandteile des „höchste[n] Gut[s] in der Welt" (KU 5:435.23) aus. Das höchste Gut erwähnt Kant im § 84 der *KU*. Er leitet jedoch die moralteleologische Zweckhierarchie, die zu diesem höchsten Gut führt, nicht explizit her.

In der Forschung zu Kants Theorie der Biologie ist die von mir als dritte These bezeichnete Perspektive auf organisierte Wesen die am wenigsten kommentierte. Daher gibt es auch eher wenige Ausführungen dazu, was genau der Inhalt und die Erklärungskraft moralteleologischer Kräfte und Gesetze für organisierte Wesen sind. Literatur kann man an aber an dieser Stelle bei den Kommentatoren und Interpreten der Kantischen Moralphilosophie finden. Wood (1998) und Schönecker/Wood (2002) geben Hinweise, wie man Kants These vom Status des Menschen als Zweck an sich und Endzweck verstehen kann. Oben wurde gesagt, dass sich Kant für die Begründung des Menschen als Endzweck darauf beruft, dass sich der Mensch als einziges Wesen einen Begriff von Zwecken machen und Zwecke in ein System von Zwecken einordnen kann. Darüber hinaus argumentiert Kant, dass sich der Mensch durch das Vermögen der Freiheit und die Autonomie des Willens selbst Gesetze geben kann und damit in seiner Zwecksetzung unbedingt ist.

Ein weiteres Argument für den Status des Menschen als Endzweck der Schöpfung findet sich bei Wood (1998, 169). Etwa sagt Wood in Bezug auf die *GMS*, der Mensch sei ein Zweck an sich, weil er ein „object of respect, esteem or veneration" sei. Der Mensch als Zweck an sich und reines Vernunftwesen verkörpere bestimmte Wertvorstellungen, die seinen Anspruch auf Würdigung und Wertschätzung rechtfertigen. Auch Schönecker/Wood (2002) betonen in ihrer Analyse des Menschen als Zweck an sich, dass der Mensch als rein vernünftiges Wesen „einen absoluten Wert (Würde)" (Schönecker/Wood 2002, 140) besitzt, und behaupten, dass die ‚Zweck an sich'-Formel wesentlich auf diese Wertvorstellungen rekurriert. Der sittliche Mensch als ein Zweck an sich besitzt einen objektiven Wert, unabhängig von subjektiven Interessen und Mittel-Zweck-Beziehungen. Der Mensch als Zweck an sich ist kein Zweck für jemanden, das heißt, er ist kein Zustand oder Gegenstand, der noch nicht existiert und erst hervorgebracht werden muss, sondern er existiert als das, um dessentwillen etwas geschieht (Schönecker/Wood 2002, 140–2). Im Zuge dieser Analyse behaupten Schönecker und Wood, dass der Mensch nicht als theoretisches Vernunftwesen, „das bloß denken kann", Zweck an sich ist, sondern als praktisches „*autonome[s]* Vernunftwesen", das die Fähigkeit besitzt, frei und selbstbestimmt moralische Gesetze aufzustellen und zu befolgen (Schönecker/Wood 2002, 143). Es ist die Autonomie, die Freiheit und Selbstgesetzgebung des Willens, die dem Menschen seine Würde verleiht (Schönecker/Wood 2002, 144–5). Wert und Würde autonomer Personen kommen jedem Menschen gleichermaßen und auf absolute Weise zu; sie sind sogar unabhängig davon, ob der Mensch von seiner Autonomie Gebrauch macht und de facto moralisch gut handelt oder nicht (Schönecker/Wood 2002, 147). Das Reich der Zwecke verstehen Schönecker und Wood als „ein geordnetes Zusammenleben von Wesen", „die sich und ihre Zwecksetzungen harmonisch ordnen und gegenseitig unterstützen" (Schönecker/Wood 2002, 160).

Ähnlich hat Guyer (2005c, 330–5) in Bezug auf Kants Argumentation in der *KU* hervorgehoben, für Kant sei der Mensch der Endzweck der Schöpfung, weil er einen unbedingten Wert („unconditional value") besitze. Guyer glaubt, dass Kant diese Wertzuschreibung in der *KU* nicht ausdrücklich vornimmt (was falsch ist, vgl. *KU* 5:448.29–450.3). Er geht aber davon aus, dass Kant sich implizit auf diese stützt: „The initial difference between the concepts of the ultimate and the final end, which once again Kant makes hardly explicit, seems to be a distinction between what might be thought of as the value-neutral last stage of some causal process and the value-positive goal of such a process" (Guyer 2005c, 331). Wenn Guyer und Wood/Schönecker Kants Bestimmung des Menschen als Zweck an sich vor allem als etwas unbedingt Wert- und Würdevolles verstehen, bedeutet dies für den Inhalt moralteleologischer Gesetze, dass sie fordern, den Menschen als reines Vernunftwesen zu respektieren, und ihm alle anderen Zwecke zu subordinieren, weil ihm als reines Vernunftwesen ein absoluter Wert und eine unbedingte Würde zukommen.

Dass diese Forderung auch missverstanden werden könnte, warnt Höffe (2008b, 289–307), der in einer Besprechung der Moralteleologie der *KU* die Frage aufwirft, ob und inwiefern die These vom Menschen als Endzweck der Natur die Beherrschung und Unterwerfung der Natur unter die Zwecke des Menschen beinhalte und damit einer ungesunden „Selbstüberheblichkeit" des Menschen als „Mittelpunkt der Welt" (Höffe 2008b, 289) zuarbeite. Höffe entschärft die Gefahr eines unwillkommenen Anthropozentrismus im Kantischen Ansatz dadurch, dass er Kants These vom Menschen als „betitelte[m] [rechtmäßigem] Herr der Natur" (*KU* 5:431.5) allein in jenem begrenzten Sinne zulässt, dass nur der Mensch im Zusammenhang mit dem Naturganzen Endzweck sein kann (Höffe 2008b, 290). In diesem Höffeschen Sinne fordert das moralteleologische Gesetz kein isoliertes Reich der Sittlichkeit als höchstes Gut, in dem man nur darauf achten müsste, dass die Freiheit des einen mit der Freiheit der anderen zusammen bestehen kann, sondern das moralteleologische Gesetz fordert ein mit dem Reich der Sittlichkeit verbundenes Reich der Glückseligkeit. Nur die harmonische Verbindung der Zweckordnungen der Moral und der Natur kann gemeinsam den Endzweck alles menschlichen Daseins bilden.

Bei Guyer (2005b, 2005c) findet man Hinweise, was moralteleologische Gesetze erklären, insofern sie vom Menschen die Verwirklichung des höchsten Guts fordern. Guyer (2005b, 294–6) argumentiert, Kant beschreibe die Natur in der *KU* als eine solche, die empfänglich dafür ist, dass das moralische Gesetz und das höchste moralische Gut in ihr verwirklicht wird, wofür eine Einheit von Natur und Moral erforderlich ist, da das, was durch moralische Gesetze geboten wird, in der Natur und in Gegenständen, die unter Naturgesetze fallen, ausgeführt werden muss, und die moralischen Gesetze den Naturgesetzen nicht widersprechen dürfen. Die Einheit von Natur und Moral sei nur möglich, wenn man eine gemeinsame Ursache beider, einen intelligenten Gott annimmt, der bei der Hervorbringung der Natur zugleich den Bereich der Moral vor Augen habe. Diffiziler rekonstruiert Guyer (2005c, 318–9) diesen Gedankengang wie folgt. Wenn wir den Charakter einer bestimmten Art von Gegenständen verstehen wollen, die uns in der Natur begegnen, nämlich organisierter Wesen, müssen wir sie als Produkte intelligenten Designs ansehen. Sind wir einmal gezwungen, organisierte Wesen als Produkte intelligenten Designs zu betrachten, müssen wir auch die Natur im Ganzen als ein systematisches Produkt intelligenten Designs ansehen. Haben wir die Idee eines intelligenten Designs der Natur und damit einen intelligenten Designer der Natur zugestanden, müssen wir auch nach einem intelligenten Zweck der Natur fragen, denn das einzige uns zugängliche Beispiel intelligenter Tätigkeit – jenes, welches wir an uns selbst haben – lässt nichts Anderes zu, als eine intelligente Tätigkeit auch als eine zweckvolle anzusehen. Kant, so Guyer, argumentiere, dass wir keine andere Weise haben, die bestimmte Konzeption eines einzigartigen Zwecks zu formen, außer jener, dass wir sie in etwas setzen, was notwendig, aber dennoch für uns ein unbedingter Zweck ist. Der alleinige Kandidat für einen solchen Zweck ist die moralische Bestimmung des Menschen, und der moralische Zweck, den die moralische Bestimmung dem Menschen aufgibt. Deshalb kann der Mensch einzelne organisierte Wesen und die ganze Natur nur dann als intelligente, geschaffene Systeme betrachten, wenn er annimmt, dass die Gesetze der Natur auf die Verwirklichung des höchsten Guts zielen, das dem Menschen als höchster Gegenstand der Moral aufgegeben ist. Ich teile diesen Gedankengang als eine Rekonstruktion des Kantischen Ansatzes weitestgehend, denke aber, dass man über Guyers Lesart hinaus genauer zeigen kann, wie die hierarchischen Verhältnisse zwischen physisch teleologischen Zwecken der Natur und moralteleologischen Zwecken konkret gedacht werden müssen.

Was also erklären moralteleologische Kräfte und Gesetze? Auf Ebene a) in Bezug auf den einzelnen Menschen und auf Ebene b) in Bezug auf alle Menschen erklären moralteleologische Kräfte und Gesetze, dass der Mensch als reines praktisches Vernunftwesen und als ein Wesen der Freiheit über eine Kausalität verfügt, die eine Kette von Ursachen und Wirkungen von selbst anfangen und dabei auf die Verwirklichung des Menschen als reines Vernunftwesen als ihr Ziel ausrichten kann. Der Mensch hat das Vermögen, sich selbst als reines Vernunftwesen zu wollen und sittlich um seiner selbst und um anderer als reiner Vernunftwesen willen zu handeln. Das bedeutet zum einen, dass er mechanische Handlungsgründe oder physisch teleologische Zwecke sittlichen, rein vernünftigen Absichten unterordnet, zum anderen, dass er mechanische und physisch teleologische Eigenschaften der Dinge als Mittel zum Zwecke moralischer Handlungen verwendet und sie auf die Erfüllung moralischer Zwecke ausrichtet. Das moralteleologische Gesetz beinhaltet, dass der Mensch sich selbst zu einem zweckhaften Wesen bestimmen kann, da die Intentionen, die seinen Handlungen die Richtung geben, aus seinem eigenen Bewusstsein stammen, selbst wenn ihm dieses Bewusstsein von Gott anerschaffen wurde.

Wenn wir die Vorschläge von Wood (1998), Schönecker/Wood (2002) und Guyer (2005b, 2005c) aufnehmen, könnte man hinzufügen, dass das moralteleologische Gesetz fordert, den Menschen als autonomes, reines Vernunftwesen in seiner unverlierbaren Würde zu respektieren. In einer evaluativen Verwendung des moralteleologischen Zweckbegriffs schreibt das moralteleologische Gesetz dem Menschen als selbstgesetzgebendes, reines Vernunftwesen einen absoluten Wert zu und fordert, sich selbst und jeden anderen Menschen als reines Vernunftwesen als absoluten Wert zu betrachten: „[D]as aber, was die Bedingung ausmacht, unter der allein etwas Zweck an sich selbst sein kann, hat nicht bloß einen relativen Werth, d.i. einen Preis, sondern einen inneren Werth, d.i. *Würde*" (GMS 4:435.2–4). Im moralteleologischen Gesetz bezieht der Mensch „jede Maxime des Willens als allgemein gesetzgebend auf jeden anderen Willen und auch auf jede Handlung gegen sich selbst […] aus der Idee der *Würde* eines vernünftigen Wesens, das keinem Gesetze gehorcht als dem, das es zugleich selbst giebt" (GMS 4:434.25–30). Der § 84 der KU enthält eine Fußnote, welche die evaluative Bedeutung des Zwecks an sich stützen kann. Kant schreibt dort:

> Was das Leben für uns für einen Werth habe, wenn dieser bloß nach dem geschätzt wird, *was man genießt* […], ist leicht zu entscheiden. Er sinkt unter Null […]. Welchen Werth das Leben dem zufolge habe, was es, nach dem Zwecke, den die Natur mit uns hat, geführt, in sich enthält […], wo wir aber immer doch nur Mittel zu unbestimmtem Endzwecke sind, ist oben gezeigt worden. Es bleibt also wohl nichts übrig, als der Werth, den wir unserem Leben selbst geben durch das, was wir nicht allein thun, sondern auch so unabhängig von der Natur zweckmäßig thun, daß selbst die Existenz der Natur nur unter dieser Bedingung Zweck sein kann (KU 5:434.24–36).

Eine weitere Passage, in der Kant dem noumenalen Aspekt des Menschen jenen absoluten Wert zuerkennt, wie in seinen moralphilosophischen Schriften, findet sich in der KU in § 86. In § 86 argumentiert Kant, es sei weder das „Erkenntnißvermögen" und die „theoretische Vernunft" des Menschen, „in Beziehung auf welches das Dasein alles Übrigen in der Welt allererst seinen Werth bekommt" (KU 5:442.22–4). Es auch nicht die Glückseligkeit, „das Gefühl der Lust und der Summe derselben", „das Wohlsein, der Genuß (er sei körperlich oder geistig)" (KU 5:442.30, 32). Denn für eine Wertschätzung beider muss der Mensch als Endzweck schon vorausgesetzt werden, sei es, um der Betrachtung, sei es, um der Glückseligkeit einen Wert zuzuschreiben. Es ist auch nicht jenes „Begehrungsvermögen", „was ihn von der Natur (durch sinnliche Antriebe) abhängig macht" (*KU* 5:443.4–6), das ihm einen Wert verleiht. Sondern das, was den Menschen zu einem absoluten Endzweck der Schöpfung macht, ist der „Werth, welchen er allein sich selbst geben kann, und welcher in dem besteht, was er thut, wie und nach welchem Principien er [...] in der *Freiheit* seines Begehrungsvermögens handelt, d. h. ein guter Wille" (*KU* 5:443.8–11). Nur der Mensch „als moralisches Wesen" (*KU* 5:443.15–6) kann Endzweck der Schöpfung sein.

In Bezug auf die dritte Ebene c) erklären moralteleologische Kräfte und Gesetze die Zweckordnung im Reich aller Zwecke, und besagen, wie die Zweckordnung aller Dinge, der Gegenstände der Natur und der Moral zu einer einheitlichen Ordnung kommen. Sie erklären die Einheit der mechanischen und physisch teleologischen Naturgesetze und des moralteleologischen Gesetzes in Form einer für den Menschen erfahrbaren Hierarchie. Das bedeutet, zum Beispiel, dass das moralteleologische Gesetz den Menschen in Bezug auf das Reich der Zwecke anweist, dass er die interne Zweckordnung der organisierten Natur seines eigenen Körpers auf eine bestimmte physisch teleologische Weise bilden und formen soll, so dass sein Körper physischer Zweck an sich selbst, zugleich aber physisches Mittel zum moralischen Zweck sein kann. Aber der Mensch bringt nicht nur sich selbst als einen zweckmäßigen Naturgegenstand hervor. Sondern er erzeugt auch bestimmte physisch teleologische Verhältnisse zwischen sich selbst und externen organisierten Naturgegenständen oder zwischen organisierten Naturgegenständen in externen natürlichen und moralischen Zweckordnungen. In diesem Falle findet er die physisch teleologische Ordnung der Natur in einzelnen Naturprodukten schon vor und setzt diese zu anderen Natur- und Kunstprodukten ins Verhältnis, um sie für einen moralischen Zweck als ihren Endzweck zu gebrauchen.[24] Die Handlung trägt dann zugleich dazu bei, das höchste Gut einzulösen, da physische Gegenstände als Güter interpretiert werden, die in einer moralischen Welt ihren guten Zweck erfüllen, und der entsprechende Dank für die gelungene Handlung den Menschen für den moralischen Einsatz entschädigt.

---

24 Um ein Beispiel zu nennen: Etwa setzt ein Mensch die zweckmäßige Form eines Hundes, die er als physisch teleologische Ordnung der Natur in einzelnen Naturprodukten vorfindet, ins Verhältnis zu anderen Naturwesen und Kunstprodukten, etwa zur zweckmäßigen Form eines zweiten Hundes und zur zweckmäßigen Form eines Schlittens, um sie für einen moralischen Zweck als ihren Endzweck zu gebrauchen, zum Beispiel für das Hundegespann eines Rettungsschlittens, mit dem er einen verletzten Bergsteiger in Not retten will.

## 2.3.2 Moralteleologische Kräfte und Gesetze und apriorische Vernunftbegriffe

Was sind moralteleologische Gesetze ihrer Form nach? Welche Rolle spielt der Begriff eines Endzwecks, den moralteleologische Kräfte und Gesetze enthalten? Wie physisch teleologische Gesetze haben moralteleologische Gesetze die Gestalt eines regulativen Imperativs, ‚handle so und so', ‚tue das und das'. Wie physisch teleologische Gesetze, die einen Begriff des Naturzwecks enthalten, sind moralteleologische Gesetze Regeln, die den Begriff eines moralischen Endzwecks enthalten. Dabei sind physisch teleologische Zwecke empirische Begriffe (‚um zu fliegen', ‚um Vogel zu sein'), in denen die Vernunft a priori Einheit in der empirischen Mannigfaltigkeit der Natur fordert. Sie bezeichneten das Wesen oder wesentliche Funktionen eines organisierten Wesens oder von dessen Teilen. Physisch teleologische Zwecke bezeichneten außerdem das Wesen oder wesentliche Funktionen überindividueller Systeme der organisierten Natur, in denen mehrere organisierte Wesen eine zweckvolle Einheit in einzelnen Bereichen der Natur bildeten. Diese konnte man selbst wiederum als ein relatives Ganzes ansehen, in dem die Vernunft a priori Einheit in der empirischen Mannigfaltigkeit der Natur forderte (‚um eine zweckförmig geordnete Herde von Tieren zu bilden', ‚um die zweckförmige Gemeinschaft von organisierten Wesen und ihrer unmittelbaren Umwelt in einem Biotop aufrecht zu erhalten').

Der in moralteleologischen Gesetzen enthaltene Begriff von einem moralischen Endzweck ist ein apriorischer Begriff, in dem die Vernunft die Einheit in der empirischen Mannigfaltigkeit fordert, und der, wie oben gesagt, auf drei Ebenen vorliegt. a) Im Sinne eines einzelnen moralischen Endzwecks bedeutet er, dass der Mensch so handeln soll, dass er sich selbst oder einzelne andere Menschen, insofern sie an der Sphäre der reinen Vernunft teilhaben, als Zweck und niemals nur als Mittel betrachtet. Er soll so handeln, als ob die physisch teleologischen Naturzwecke Mittel zur Erfüllung der Bestimmung des Menschen als reines Vernunftwesen seien (‚um das reine Vernunftwesen in einem einzelnen Menschen zur Erfüllung zu bringen').

b) Im Sinne eines Inbegriffs aller moralischen Endzwecke bedeutet der moralische Endzweck, dass der Mensch so handeln soll, dass er alle Menschen, sich selbst und andere, als reine Vernunftwesen als Zwecke an sich und nicht nur als Mittel betrachtet. Er soll so handeln, als ob physisch teleologische Naturzwecke Mittel zur Erfüllung der Bestimmung aller Menschen als noumenaler Wesen sind und physisch teleologische Naturzwecke die Mittel zur Errichtung eines Reichs der Sittlichkeit sind (‚um das reine Vernunftwesen in allen Menschen zur Erfüllung zu bringen'). In einem Reich der Sittlichkeit werden aus moralteleologischer Perspektive einzelne moralische Zwecke (‚um das reine Vernunftwesen in einem Menschen zur Erfüllung zu bringen') dem Ganzen aller moralischen Zwecke (‚um das reine Vernunftwesen in allen Menschen zur Erfüllung zu bringen') untergeordnet, da einzelne moralische Zwecke vom Ganzen aller Zwecke her gedacht werden müssen.

c) Im Sinne des „höchste[n] Gut[s] in der Welt" (KU 5:435.23) umfasst der Endzweck den Inbegriff aller physisch teleologischen Naturzwecke und den Inbegriff aller moralischen Endzwecke als Bestandteile („um das höchste Gut zu erlangen'), wobei die physisch teleologische Ordnung der organisierten Natur unter die moralteleologische Ordnung fällt, weil ein reiner Vernunftbegriff (moralischer Zweck), in dem die Vernunft a priori Einheit fordert, über einem empirischen Begriff (Naturzweck) steht, in dem die Vernunft a priori Einheit fordert; und in diesem Sinne sagt Kant: „[N]ur im Menschen, aber auch in diesem nur als Subjecte der Moralität ist die unbedingte Gesetzgebung in Ansehung der Zwecke anzutreffen, welche ihn also allein fähig macht ein Endzweck zu sein, dem die ganze Natur teleologisch untergeordnet ist" (KU 5:435.34–436.2).

Zweck-Mittel-Beziehungen in der Natur bestehen aus natürlichen mechanischen Ordnungen, die auf empirischen Begriffen beruhen, als Mittel für physisch teleologische Ordnungen, die auf empirisch apriorischen Begriffen beruhen, als ihrem Naturzweck. Physisch teleologische Ordnungen der Natur wiederum sind Mittel für die moralteleologische Ordnung, die auf einem apriorischen Begriff beruht, als ihrem moralischen Zweck. Stehen physisch teleologische Zwecke in einzelnen Handlungen in Proportion zu moralischen Zwecken, beginnt sich das höchste Gut, der höchste Zweck des Menschen zu verwirklichen. Unter dieser Perspektive lassen sich umgekehrt physische teleologische Naturgesetze als Repräsentationen des Sittengesetzes in der Natur verstehen. Denn die in der organisierten Natur vorgefundenen Ordnungen repräsentieren nicht nur Gesetze der Natur, sondern zugleich auch ihre Hinordnung auf die moralische Ordnung als Endzweck der Natur. Den sinnlich gegebenen Naturgegenstand kann der Mensch nur dann vollständig verstehen und erklären, wenn er ihn als eine Repräsentation der moralischen Ordnung versteht und ihn von dieser übergeordneten Zweckmäßigkeit her versteht, da er seine zweckmäßige Ordnung sonst nicht bis zu ihrem letzten Grund denken kann.[25] Empirisch mechanische Ordnungen, zum Beispiel diese konkreten Gesetze der Bewegungen dieser Gliedmaßen eines Menschen,

---

**25** Vgl. hierzu eine Passage aus den *TP* (8:182.28–35). Kant bestätigt dort, dass „der Gebrauch des teleologischen Princips zu Erklärungen der Natur [...] auf empirische Bedingungen eingeschränkt ist" und deshalb „den Urgrund der zweckmäßigen Verbindung niemals vollständig und für alle Zwecke bestimmt gnug angeben kann". Andererseits müsse man genau dies „von einer *reinen Zweckslehre* (welche keine andere als die der *Freiheit* sein kann) erwarten, deren Princip a priori die Beziehung einer Vernunft überhaupt auf das Ganze aller Zwecke enthält und nur praktisch sein kann".

sind auf empirisch apriorische Zwecke in der Natur hingeordnet, zum Beispiel um zu laufen, diese wiederum auf apriorische moralische Zwecke der Vernunft, zum Beispiel um schnell zu einem Menschen zu laufen, den man aus der Not retten möchte. Erfährt der Mensch dann für die moralische Handlung einen angemessenen Dank, eine Ehrung, oder etwas Anderes, das ihn im einem Maße glücklich macht, welches der eingesetzten moralischen Motivation entspricht, ist in einer einzelnen Handlung das höchste Gut verwirklicht und trägt zum Erstreben des höchsten Gutes insgesamt bei.

### 2.3.3 Moralteleologische Kräfte und Gesetze als geschaffene Zweitursachen der Vernunft

Bemerkenswerter Weise überschreibt Kant den § 84, in dem er die These vom Menschen als moralischem Endzweck entwickelt, mit dem Titel „*Vom Endzwecke des Daseins einer Welt, d.i. der* Schöpfung *selbst*" (*KU* 5:434.5–6, meine Herv.). Er bezeichnet den Menschen auch im Laufe des Paragrafen als „der Schöpfung Endzweck" (*KU* 5:435.32). Ich habe bereits darauf hingewiesen, dass Kant, nicht nur in § 84, den Terminus „Schöpfung" mit großer Konsequenz und Häufigkeit auf das Weltganze anwendet, und offensichtlich eine Schöpfungsthese in Form einer regulative Idee vertritt. Betrachten wir diese in Bezug auf moralteleologische Kräfte und Gesetze.

Wenn man moralteleologische Kräfte, wie ich es hier tue, durch Kants Konzeption der Freiheit interpretiert, scheint eine unbequeme Konsequenz dieser Lesart zu sein, dass die menschliche Freiheit im Zuge von Kants regulativer Idee der Schöpfung als eine dem Menschen anerschaffene Eigenschaft verstanden werden muss, welche die zweckgerichtete Form der Materie seiner Handlungen bestimmt, indem sie die mechanischen und physisch teleologischen Kräfte und Gesetze, die empirisch apriorische Naturzwecke betreffen, auf den moralischen Endzweck, die Erlangung des höchsten Guts, ausrichtet, und dabei empirisch apriorische Naturzwecke dem apriorischen Zweck der Sittlichkeit unterordnet. Ähnlich wie die bildende Kraft der Natur Bestandteil einer finalursächlichen Naturkausalität und dadurch auf die Erreichung einzelner Naturzwecke und des Reichs aller Naturzwecke als Endursachen gerichtet ist, ist die Freiheit Bestandteil einer der Naturfinalität übergeordneten finalursächlichen Kausalität, die auf einzelne rein vernünftige, moralische Zwecke, auf den Inbegriff aller moralischen Zwecke (das Reich der Sittlichkeit), und schließlich auf das Reich aller Zwecke (das höchste Gut), als Zielursachen gerichtet ist. Wie die bildende Kraft organisierten Wesen anerschaffen ist – auch dem Menschen als Naturwesen anerschaffen ist – ist die Freiheit dem Menschen als reinen Vernunftwesen zur Leitung seiner finalursächlichen praktischen Vollzüge anerschaffen. Anders als die bildende Kraft jedoch, in der sich in den Zielen und Absichten, auf welche die bildende Kraft gerichtet ist, die Intentionen Gottes zeigen, da organisierte Wesen (Pflanzen und Tiere) selbst kein Vermögen haben, das in ihnen Naturzwecke entwirft, zeigen sich in den Zielen und Absichten aus Freiheit die Intentionen des Menschen, für die den Menschen das entsprechende Vermögen von Gott eingepflanzt wurde: die reine praktische Vernunft und die Freiheit, die Autonomie des Willens, aus reiner praktischer Vernunft zu handeln. Dass damit in einer moralischen Handlung das geschaffene Vermögen der Freiheit, die moralteleologischen Vernunftideen des Menschen *und* die moralteleologischen Intentionen Gottes zusammenwirken, mag aus drei Gründen seltsam erscheinen.

Erstens, hat Guyer (2014, 230) die Frage gestellt, inwiefern die menschliche Freiheit als „unbedingt" (*KU* 5:435.6; vgl. *KU* 5:434.7–8), angesehen werden kann, wenn sie – als geschaffene – doch in Abhängigkeit von der regulativen Idee eines Schöpfers betrachtet wird und durch die Annahme Gottes bedingt scheint. Man könnte auf diesen Einwand antworten, dass das Faktum, dass das Vermögen der Freiheit unbedingt ist, nicht bedeutet, dass das Vermögen der Freiheit nicht von anderen *empirisch unbedingten* (übersinnlichen) Ursachen, etwa Gott, abhängen kann, sondern nur, dass es nicht von *empirisch bedingten* (sinnlich gegebenen) Ursachen abhängt. Insofern schließt die Unbedingtheit der Freiheit zwar aus, dass die Freiheit durch empirische Gegebenheiten bedingt ist, aber sie schließt nicht aus, dass das Vernunftvermögen des Menschen von einem ihm übergeordneten, ebenfalls unbedingten Vernunftwesen geschaffen wird und durch dieses übersinnlich ‚bedingt' ist.

Es scheint, zweitens, dem Prinzip argumentativer Sparsamkeit zu widersprechen, dass der Mensch im Falle moralischer Handlungen doppelt konditioniert ist: durch das rein vernünftige Bewusstsein Gottes und durch seine eigene reine praktische Vernunft. Dieser Einwand wäre besonders dann sehr stark, wenn Kant nicht nur eine regulative Idee Gottes, sondern einen existierenden Gott annehmen würde, und damit gleichsam zwei moralische Personen, die des Menschen und die Gottes, in einer moralischen Handlung als Ursachen präsent wären. Schwächen kann man diesen Einwand dadurch, dass der Gottesbegriff für Kant keine personale Existenz Gottes einschließt, sondern nur eine regulative Hypothese ist. Außerdem könnte man sagen, dass zwar Gott die praktische Vernünftigkeit des Menschen aus Freiheit konditioniert, den Menschen aber dennoch als frei aus sich selbst Handelnden schöpft.

Problematisch am Gedanken der Freiheit als einem geschaffenen Vermögen scheint auch, dass der Mensch durch dieses Vermögen einerseits wie Gott aus rein vernünftigen Gründen moralisch handeln kann. In diesem Falle tut er einfach nur das, was Gott immer schon tut: etwas rein Vernünftiges und Zweckmäßiges. Andererseits bedeutet, frei zu sein, dass der Mensch sich auch dafür entscheiden kann, nicht moralisch zu handeln, sich gegen seine reine praktische Vernunft als Handlungsgrund zu entscheiden, und damit etwas Zweckwidriges zu tun, was den immer rein vernünftigen Absichten und Intentionen Gottes zu widersprechen scheint. Wieso sollte Gott, der die Welt nach einem zweckvollen Plan schafft, dem Menschen eine Fähigkeit geben, durch die er seinem eigenen zweckmäßigen Plan zuwider handeln kann?

Dieses Problem hat Kant schon im *Beweisgrund* gesehen, in dem er die Freiheit ebenfalls als ein geschaffenes Vermögen betrachtet. Kant bemerkt dort, dass die „Handlungen aus der Freiheit" eine „Ungebundenheit in Ansehung bestimmender Gründe und nothwendiger Gesetze" (*Beweisgrund* 2:110.24–7) zu haben scheinen, die sie von einer geschaffenen Ordnung ausnehmen könnten. Jedoch, argumentiert Kant, seien auch diese Kräfte Teil der Schöpfung, da sie vom allgemeinen Schöpfungsplan kaum abweichen. Kant zeigt, dass

> selbst die Gesetze der Freiheit keine solche Ungebundenheit in Ansehung der Regeln einer allgemeinen Naturordnung mit sich führen, daß nicht eben derselbe Grund, der in der übrigen Natur schon in den Wesen der Dinge selbst eine unausbleibliche Beziehung auf Vollkommenheit und Wohlgereimtheit befestigt, auch in dem natürlichen Laufe des freien Verhaltens wenigstens eine größere Lenkung auf ein Wohlgefallen des höchsten Wesens ohne vielfältige Wunder verursachen sollte (*Beweisgrund* 2:111.30–6).

Zur Stützung dieser Argumentation nennt Kant zwei Beispiele. Der Entschluss zu heiraten scheint freiwillig zu sein. Deshalb könnte man annehmen, dass die Zahl der Eheschließungen stark schwanken müsse. Dennoch zeichne sich über die Jahre hinweg eine gewisse Konstanz in der Zahl der Ehen ab, die auf den Einklang freier Entscheidungen mit den großen allgemeinen Regeln der geschaffenen Naturordnung verweisen. Ebenso trage die Freiheit zur Lebensqualität des Menschen entscheidend bei, so dass man vermuten könnte, dass der Gebrauch der Freiheit die Zahl der Sterbenden und Lebenden beeinflusse, nämlich so, dass in Gesellschaften, in denen Menschen einen häufigen Gebrauch von ihrer Freiheit machen können, die Sterberate klein und die Lebenszeiterwartung hoch, in Gesellschaften, in denen Menschen keinen häufigen Gebrauch von ihrer Freiheit machen können, die Sterberate hoch und die Lebenszeiterwartung gering sein müsste. Tatsächlich zeige sich aber, dass die durchschnittliche Zahl der Lebenden und Sterbenden, über einen langen Zeitraum betrachtet, immer relativ gleich bleibe, unabhängig davon, welchen Gebrauch ihrer Freiheit Menschen in verschiedenen Umwelten machen (*Beweisgrund* 2:111.19–28). Kant scheint anhand dieser Beispiele zeigen zu wollen, dass der Mensch durch das Vermögen der Freiheit nicht in entscheidendem Maße aus der geschaffenen Naturordnung ausbricht.

Dies lässt sich auch dadurch stützen, dass der Mensch, wenn er sich frei entscheidet, zwischen alternativen Bestimmungsgründen des Willens wählt, deren einer, der moralische, auf Motiven beruht, die aus der reinen praktischen Vernunft stammen (einem anderen Menschen zu helfen), deren anderem aber zumeist Motive zugrunde liegen, die auf mechanischen (z. B. einem leeren Magen als Antrieb, Essen zu suchen) oder physisch teleologischen Kräften und Gesetzen (z. B. dem Ziel, Glückseligkeit zu erlangen) beruhen. Wenn mechanische und physisch teleologische Ordnungen der Natur aber geschaffene Ordnungen sind, und der sich frei Entscheidende sich gegen die Motivation durch die reine Vernunft und für mechanische oder physisch teleologische Bestimmungsgründe entscheidet, fällt der nicht moralisch Handelnde dadurch nicht aus der Ordnung Gottes heraus, sondern er folgt einem mechanischen Antrieb oder einem Naturzweck und verhält sich auf der Basis der geschaffenen Naturordnungen auf bestimmte Weise dem Schöpfungsplan gemäß, wenngleich nicht auf ideale Weise, da er sich mechanisch verhält oder nur untergeordnete physische, nicht aber die höchsten moralische Zwecke der Schöpfung erfüllt. Eine moralische Verfehlung bedeutet zwar, dass der Mensch seinen höchsten Zweck in der Schöpfung nicht erfüllt, nicht aber zugleich, dass er damit aus den mechanischen oder physisch teleologischen, von Gott geschaffenen Ordnungen der Natur heraus fällt.

## 2.4 Ein Blick zurück, ein Blick voraus

Damit ergeben sich drei Perspektiven der menschlichen Beurteilung von organisierten Wesen: die mechanische, die physisch teleologische und die moralteleologische Perspektive. Die Anwendung von drei verschiedenen Arten von Gesetzen auf dieselben Wesen gibt Fragen nach der Einheit dieser Gesetze, nach der Zusammenstimmung der Ordnungen der Dinge auf, und öffnet Kants Betrachtungen für eine neue Dimension. Diese ist, dass organisierte Wesen den Menschen an eine regulative Idee Gottes und Gottes Schöpfung glauben lassen, da nur ein nichtmenschliches Bewusstsein im strengen Sinne Einheit der Ordnungen der Dinge repräsentieren kann. So lauten die vierte, fünfte und sechste These meiner Lesart: Organisierte Wesen überzeugen den Menschen davon, dass die Welt, von der sie ein Teil sind, eine göttliche Ordnung besitzt. Sie tun dies aus drei Gründen. Organisierte Wesen sind durch mechanische und physisch teleologische Gesetze charakterisiert. Beide Arten von Naturgesetzen stehen nicht im Konflikt miteinander, weil der Mensch glaubt, dass sie in Gottes Bewusstsein ursprünglich eins sind und Gott als Grundlage seiner Schöpfung dienen. Organisierte Wesen lassen den Menschen aus theoretischen Gründen an einen intelligenten, intentionalen Gott glauben, der die Einheit der mechanischen und physisch teleologischen

Gesetze hervorgebracht hat. Aus der Perspektive der menschlichen Urteilskraft sind organisierte Wesen durch physisch teleologische und außerdem durch moralteleologische Gesetze charakterisiert. Beide Arten von Natur- und Moralgesetzen stehen nicht im Konflikt miteinander, weil der Mensch glaubt, dass beide Arten von Gesetzen im Bewusstsein Gottes ursprünglich eins sind und in dieser Einheit Gott als Grundlage seiner Schöpfung dienen. Organisierte Wesen lassen den Menschen aus theoretischen und praktischen Gründen an einen theoretisch intelligenten und praktisch weisen Gott glauben, der die Einheit der physisch teleologischen und moralteleologischen Ordnungen repräsentiert. Schließlich lässt die zweckvolle Existenz von organisierten Wesen, eingebettet in eine zweckvolle Schöpfung, den Menschen an einen, und nur einen Gott glauben; jener Gott, der die ursprüngliche Einheit der Naturgesetze setzt, ist derselbe Gott, der die Einheit der Natur- und Moralgesetze setzt. – Das Problem einer möglichen Unvereinbarkeit der Gesetze und der daraus resultierenden Möglichkeit einer fehlenden Einheit der Ordnungen der Dinge, geht erneut mit der Annahme einher, dass es eine Einheit in der Ordnung der Dinge geben muss und das Weltganze zweckmäßig organisiert ist. Diese Annahme eines teleologischen Holismus ist, wie wir bei der Einführung unserer Lesart gesagt haben, Teil des Kantischen Fundamentalismus.

## 2.5 Die Einheit der mechanischen und physisch teleologischen Kräfte und Gesetze in Gottes theoretischem Verstand

*These 4:* Aus der Perspektive der menschlichen Urteilskraft sind organisierte Wesen durch mechanische und physisch teleologische Kräfte und Gesetze der Natur charakterisiert. Beide Arten von Naturkräften und -gesetzen stehen nicht im Konflikt miteinander, weil der Mensch glaubt, dass sie ursprünglich in Gottes Bewusstsein vereinigt sind und Gott als Grundlage seiner Schöpfung dienen. Organisierte Wesen lassen den Menschen aus theoretischen Gründen an die regulative Idee eines intelligenten, intentionalen Gottes glauben, der die Einheit der mechanischen und physisch teleologischen Kräfte und Gesetze der Natur repräsentiert und deren Vereinbarkeit aus der Perspektive des Menschen begründet. Kant zeigt, dass mechanische und physisch teleologische Kräfte und Gesetze in Gottes theoretischem (*KU* 5:440.5, *KU* 5:441.16, 34) intentionalen und intelligenten (*KU* 5:438.6, 14 – 5, *KU* 5:440.22; *KU* 5:444.13) Bewusstsein *eins* sind und in der Schöpfung weder im menschlichen Bewusstsein noch in der Natur miteinander im Konflikt stehen, weil ihnen eine ursprüngliche Einheit der Naturgesetze im göttlichen Bewusstsein zugrunde liegt.

Ich bespreche zunächst, dass und wie Kant dafür argumentiert, dass beide Arten von natürlichen Kräften und Gesetzen im menschlichen Bewusstsein und in der für den Menschen zugänglichen Natur verschieden, aber durch eine Hierarchie miteinander vereinbar sind (2.5.1). Anschließend zeige ich, dass und wie Kant beweisen möchte, dass beide Arten von Naturgesetzen in der regulativen Idee eines theoretischen Bewusstseins Gottes eine Einheit im strengen Sinne bilden. Die ursprüngliche *Einheit* beider Gesetze im göttlichen und die bloße *Vereinbarkeit* der beiden Arten von Kräften und Gesetzen im menschlichen Bewusstsein macht den Unterschied aus zwischen Kants regulativer Idee der primären, ursprünglichen, vollkommenen Ordnung Gottes und sekundären, geschaffenen, unvollkommenen Ordnungen des Menschen und der Natur, so, wie sie dem Menschen erscheint (2.5.2). Da Kant für die ursprüngliche Einheit der mechanischen und der physisch teleologischen Kräfte und Gesetze auf die regulative Idee eines theoretischen göttlichen Bewusstseins als Einheitsgrund rekurriert, versucht er parallel die Annahme eines solchen theoretischen göttlichen Bewusstseins durch eine Variante des physikotheologischen Gottesbeweises zu stützen, der, korrespondierend, nicht als dogmatischer Beweis, sondern als Argument für eine regulative Idee geführt wird (2.5.3).

### 2.5.1 Die Vereinbarkeit der mechanischen und physisch teleologischen Kräfte und Gesetze im menschlichen Bewusstsein

Wenn der Mensch über die zufällige empirische Mannigfaltigkeit der organisierten Natur anhand von mechanischen und physisch teleologischen Naturgesetzen reflektiert, und versucht, sie unter immer allgemeinere Kräfte und Gesetze, und diese wieder unter allgemeinere Kräfte und Gesetze, und so letztlich zur größtmöglichen Einheit zu bringen, kann er dies entweder tun, indem er immer allgemeinere mechanische Kräfte und Gesetze verwendet, die auf Begriffen des Verstandes, oder indem er immer allgemeinere physisch teleologische Kräfte und Gesetze verwendet, die auf Begriffen der Vernunft beruhen.[26] Er scheint dann mit

---

[26] In den §§ 61–8 hat Kant die Lehre von den beiden Arten von Naturgesetzen, durch die organisierte Wesen charakterisiert sind, eingeführt. In der „Dialektik" beschäftigt sich Kant mit dem Problem, ob zwischen beiden Arten von Naturgesetzen ein Widerspruch für das menschliche Bewusstsein auftreten könnte. Diese von Kant als „Antinomie der teleologischen Urtheilskraft" bezeichnete Problematik habe ich ausführlich in den Abhandlungen „The Antinomy of Teleological Judgment" (2015) und „Kant's Theory of Biology and the Argument From Design" (Goy 2014b, 203–20) analysiert. In „The Antinomy of Teleological Judgment" zeige ich, dass Kant die Einheit der mechanischen und der physisch teleologischen Kräfte und Gesetze in der regulativen

## 2.5 Die Einheit der mechanischen und physisch teleologischen Kräfte und Gesetze —— 253

zwei verschiedenen Grundannahmen zu arbeiten, deren eine ist, dass sich die Erzeugung organisierter Wesen und ihrer Formen nach bloß mechanischen Kräften und Gesetzen, deren andere ist, dass sich die Erzeugung einiger organisierter Wesen nicht nach bloß mechanischen Kräften und Gesetzen erklären lässt, sondern einen Rekurs auf physisch teleologische Kräfte und Gesetze erfordert (*KU* 5:387.3 – 9). Im ersteren Fall arbeitet die menschliche Urteilskraft mit Kräften und Gesetzen, die, weil sie auf Begriffen des Verstandes beruhen, in der Erfahrung repräsentiert werden können. Der Mensch wendet in der Reflexion über die Natur etwa das wirkursächliche Kausalprinzip, die Bewegungsgesetze der Materie oder empirische mechanische Gesetze von einem hohen Allgemeinheitsgrad an. Im zweiten Fall arbeitet die menschliche Urteilskraft mit Kräften und Gesetzen, die auf Begriffen der Vernunft beruhen und in diesen ein Element enthalten, das nicht vollständig in der Erfahrung repräsentiert werden kann, nämlich die a priori notwendige Einheit des empirisch Zufälligen und Besonderen, welche die Vernunft in Naturzwecken fordert. Dann arbeitet der Mensch bei der Reflexion über die Natur mit der finalursächlichen Kausalität in physisch teleologischen Kräften und Gesetzen.

Kant erklärt in § 78 am Ende der „Dialektik", dass sich der mögliche Widerspruch zwischen höherstufigen mechanischen und höherstufigen physisch teleologischen, zwischen wirk- und finalursächlichen Kräften und Gesetzen bei der Beurteilung von organisierten Wesen für den Menschen dadurch löst, dass mechanische den physisch teleologischen Kräften und Gesetzen untergeordnet (*KU* 5:414.9, 15, 27; *KU* 5:415.11, 22) und als Mittel zum Zweck physisch teleologischer Kräfte und Gesetze interpretiert werden können. Dies liegt der Form der Gesetze nach daran, dass Vernunftbegriffe zwar Verstandesbegriffe, und damit die finalursächlichen die wirkursächlichen Gesetze, nicht aber Verstandesbegriffe Vernunftbegriffe, und damit die wirkursächlichen die finalursächlichen Gesetze in sich enthalten können (vgl. *KU* 5:372.19 – 373.3). Durch die Überordnung finalursächlicher über wirkursächliche Kräfte und Gesetze kann das menschliche Beurteilen der Natur keine Einheit im strengen Sinne, sondern nur die Vereinbarkeit

---

Idee eines intuitiven, schöpfenden Verstandes Gottes begründet. Diese ursprüngliche Einheit beider Kräfte und Gesetz rechtfertigt die Möglichkeit der Vereinbarkeit beider Arten von Kräften und Gesetzen in unserem menschlichen Verstand. Ich verbinde dabei den intuitiven Verstand Gottes aus § 77 mit einer physikotheologischen Gotteskonzeption, deren Versionen Kant in den §§ 74, 75 und in § 85 der *KU* diskutiert, und kann so einen Zusammenhang zwischen Textstellen herstellen, der bislang noch zu wenig verstanden wurde. In der Abhandlung „Kant's Theory of Biology and the Argument From Design" zeige ich, dass und wie Kant das physikotheologische Argument konsistent seiner Theorie organisierter Wesen verbindet und damit die Grundlage für die Vereinbarkeit der beiden Arten von mechanischen und physisch teleologischen Naturgesetzen legt.

der beiden Arten von Naturgesetzen erreichen, wobei die verschiedene Erklärungskraft beider Arten von Kräften und Gesetzen der Natur bei gleichzeitiger Vereinbarkeit verschiedener Regeln ihrer Beurteilung gewahrt bleibt. Der Mechanismus erlaubt dem Menschen Einsicht in die Beschaffenheit der Regeln der Bewegung und Veränderung der Materie organisierter Wesen. Die physische Teleologie benennt den einheitlichen Zweck, in dem die Bewegungen und Veränderungen der Materie in einer einheitlichen zweckmäßigen Form zusammenstimmen. Als Naturforscher arbeitet der Mensch, nach Kant, konsistent mit zwei verschiedenen Arten von Naturgesetzen und deren Subordination nach Art von Mittel-Zweck-Verhältnissen.

Dass der Mensch keine strenge Einheit zwischen mechanischen und physisch teleologischen Kräften und Naturgesetzen denken kann, liegt an der spezifischen Struktur seines Bewusstseins, die die beiden Arten von Kräften und Gesetzen der Natur aus verschiedenen Bestandteilen aufbaut und zwischen Vermögen des Bewusstseins trennt, die für die Begrifflichkeit (Diskursivität) und Vermögen, die für die sinnliche Anschaubarkeit (Intuitivität) der Begriffe verantwortlich sind. In Gesetzen, welche die empirische Mannigfaltigkeit der Erfahrungswelt unter Verstandesbegriffe bringen, finden die Verstandesbegriffe eine adäquate Darstellung in der sinnlichen Anschauung der organisierten Wesen als Gegenständen der Erfahrung. In Gesetzen, welche die empirische Mannigfaltigkeit der Erfahrungswelt unter Verstandesbegriffe bringen und zu diesen Vernunftbegriffe suchen, finden die Vernunftbegriffe dagegen keine adäquate Darstellung in der sinnlichen Anschauung der organisierten Wesen als Erfahrungsgegenständen, da in der Erfahrungswelt die strenge und notwendige Einheit, welche die Vernunft im Naturzweck denkt, nicht angetroffen werden kann.

Dass der Mensch eine solche Bewusstseinsstruktur hat, liegt daran, dass er ein geschaffenes Wesen ist, dessen Unvollkommenheit in einer zweifachen Beschränkung seines Bewusteins besteht: dass sein Verstand auf eine von ihm getrennte Sinnlichkeit angewiesen ist und nicht selbst anschauen kann, und dass sein Verstand durch die Vernunft auf Erfahrungsgegenstände beschränkt wird, weil die Vernunft zwar Gegenstände, die über die Erfahrung hinausgehen, denken, nicht aber erkennen kann. In der *KrV* und, in einer anderen Perspektive, in den Vorlesungen zur rationalen und natürlichen Theologie erklärt Kant an mehreren Stellen, dass der menschliche Verstand in einem zweifachen Sinne beschränkt ist. Die erste Beschränkung ist sein Vermögen der Sinnlichkeit: der menschliche Verstand erkennt Objekte nur durch allgemeine Begriffe, die er durch die Aufmerksamkeit auf, die Reflexion über, die Vergleichung von und durch die Abstraktion von Objekten erhält, die in der Erfahrungswelt gegeben sind und die das menschliche Bewusstsein sinnlich affizieren (*Vorl. Rationaltheol. Pölitz* 28/2.2:1052–3). Das menschliche Vermögen der Vernunft verursacht die andere Beschränkung. Die Vernunft verhindert die maximale Ausdehnung des Verstandes auf problematische Begriffe (Ideen, Urbilder), die nicht sinnlich bedingt sind (*Vorl. Rationaltheol. Pölitz* 28/2.2:1053.7–10). Es verhindert die Erfindung neuer Begriffe, die der Verstand nicht von den Gegenständen der Erfahrungswelt abstrahiert, sondern aus der Vernunft oder aus anderen Verstandesbegriffen ableitet. Daher beschränkt die Vernunft die maximale Ausdehnung des Verstandes auf Gegenstände, für die die Sinnlichkeit die Materie der Erkenntnis zugänglich machen und im intuitiven, anschauenden Vermögen des Menschen darstellen muss (*Vorl. Rationaltheol. Pölitz* 28/2.2:1052 und *KrV* B xix–xxxi). Der menschliche Verstand ist daher von einem unmittelbaren Zugang zu sinnlichen Anschauungen genauso abgeschnitten wie von einem unmittelbaren Zugang zur Erkenntnis unbedingter Begriffe (Ideen, auch der strikten Einheit, die er in der Idee von natürlichen Zwecken denkt), die ihm die Vernunft vorenthält.

### 2.5.2 Die Einheit der mechanischen und physisch teleologischen Kräfte und Gesetze im theoretischen Bewusstsein Gottes

Anders stellt sich die Situation für das theoretische Bewusstsein Gottes dar. Es wird wesentlich als ein solches gedacht, das nicht in einzelne Vermögen und deren verschiedene Leistungen unterschieden ist, die zur verschiedenartigen Struktur von Gesetzen der Natur führen, sondern einen Einheitsgrund bildet, der noch vor der Unterscheidung in verschiedene Vermögen und deren Leistungen liegt: „Das Princip, welches die Vereinbarkeit beider [Arten von Naturgesetzen] in der Beurtheilung der Natur nach denselben möglich machen soll, muß in dem, was außerhalb beiden […] liegt, von dieser aber doch den Grund enthält, d.i. im Übersinnlichen gesetzt und eine jede beider Erklärungsarten darauf bezogen werden" (*KU* 5:412.8–13). Das „Princip des Mechanisms der Natur" und das „der Causalität derselben nach Zwecken" müssen „in einem einzigen oberen Princip zusammenhängen und daraus gemeinschaftlich abfließen" (*KU* 5:412.22–5). Das „*Übersinnliche*" im Sinne des theoretischen Bewusstseins Gottes ist „das gemeinschaftliche Princip der mechanischen einerseits und der teleologischen Ableitung andrerseits" (*KU* 5:412.33–5).

Kant konzipiert die regulative Idee des theoretischen Bewusstseins Gottes als ein „Vermögen einer *völligen Spontaneität der Anschauung*" (*KU* 5:406.21–2), als einen „*intuitiven*" oder „anschauende[n] Verstand" (*KU* 5:406.24, 33; vgl. *KU* 5:180.23, 26, *KU* 5:181.1, *KU* 5:410.11). In diesem göttlichen Verstand gibt es keine voneinander verschiedenen Vermögen, etwa die Trennung zwischen sinnlicher Anschauung (dem intuitiven Moment der Erkenntnis), Begriffen des Verstandes und Begriffen der Vernunft (den diskursiven Momenten der Erkenntnis und des

Denkens) und damit auch nicht jene Unterscheidungen von Kräften und Gesetzen, die einerseits auf Verstandes-, andererseits auf Vernunftbegriffen beruhen, und die im menschlichen Bewusstsein die Gegensätzlichkeit von mechanischen und physisch teleologischen Kräften und Gesetzen bewirken. Das göttliche theoretische Bewusstsein ist deshalb ein „Verstand in der allgemeinsten Bedeutung" (*KU* 5:406.23–4), weil es ohne die beiden Beschränkungen einer eigenständigen Sinnlichkeit existiert, die dem Verstand Anschauungen liefern muss, und eines Vernunftvermögens, das den Verstand auf die anschaubare Welt beschränkt, indem es ihn von einem Bereich abgrenzt, in dem Gegenstände durch Begriffe (Ideen) gedacht werden können, die keinen vollständigen Erfahrungsbezug und keine adäquate Darstellung in der Anschauung haben. In der regulativen Idee eines theoretischen göttlichen Bewusstseins entwirft Kant einen Einheitsgrund, der zugleich einheitlicher Grund (ein „übersinnlicher Realgrund für die Natur", *KU* 5:409.13–4; ein „übersinnliche[r] Grund", *KU* 5:413.14–5) und „Grund der Einheit" (*KU* 5:181.1, *KU* 5:412.11, 14) der Kräfte und Gesetze der Natur ist. Da dieses theoretische Bewusstsein Gottes ununterschieden in sich enthält, was der Mensch in der Naturerkenntnis aus sinnlichen Anschauungen und diskursiven Begriffen zusammensetzen muss, nennt ihn Kant ein „Synthetisch-Allgemeine[s]" (*KU* 5:407.21), ein „urbildliche[s]" (*KU* 5:407.32) Denken, das keiner externen „Bilder bedürftig[]" (*KU* 5:408.21) ist wie der unsere. Es ist ein ‚archetypisches' (*KU* 5:408.19) Vermögen, das intuitiv denkend, denkend anschauend immer schon in der strengen Einheit, in der Synthese aller Repräsentationsformen des Bewusstseins ist.

Dass es sich bei dem intuitiven Verstand um ein theoretisches *göttliches* Bewusstsein handelt wird zwar in den §§ 77 und 78, die diesen Gedanken am deutlichsten entwickeln, nicht explizit gesagt, aber durch eine Fülle von Metaphern und Charakteristika evident gemacht. Kant spricht von diesem Verstand als einem solchen, der „nicht der unsrige" (*KU* 5:180.23–4) ist; er beschreibt ihn als „Idee von einem andern möglichen Verstande, als dem menschlichen" (*KU* 5:405.27–8), als „andere[n] (höhere[n]) Verstand" (*KU* 5:406.2–3, vgl. *KU* 5:407.8), als „obersten Verstand[]" (*KU* 5:414.34). Dieser Verstand ist ein „Princip", das „*transscendent*" (*KU* 5:413.20) ist und außerhalb der sinnlich erfahrbaren Welt liegt. Deshalb nennt Kant den göttlichen Verstand übersinnlicher „Grund", ein übersinnliches „Substrat" (*KU* 5:409.13–4, *KU* 5:410.6, *KU* 5:412.11–2, 35, *KU* 5:413.14–5, *KU* 5:414.30). Er beschreibt ihn mit klassischen Metaphern für das Göttliche als „höchste[n] Architekt[en]" (*KU* 5:410.20), schließlich als „Weltursache" (*KU* 5:410.11). Kant erwägt an einer einzigen Stelle als Kontrast zum menschlichen Verstand auch die Möglichkeit einer endlichen „Vernunft", „die der Qualität nach der unsrigen ähnlich wäre, sie aber dem Grade nach noch so sehr überstiege" (*KU* 5:409.34–5), was einige Interpreten (McLaughlin 1990, 171–1 und

2014) zur Annahme geführt hat, dass Kant den intuitiven Verstand nicht als einen göttlichen, (im klassischen Sinne) unendlichen, sondern als einen nichtmenschlichen, endlichen Verstand betrachtet habe. Diese Möglichkeit erscheint mir aber nebensächlich, da die überwältigende Mehrzahl der Stellen, die den intuitiven Verstand charakterisieren, diesen als einen übersinnlichen, Verstand beschreiben, der einem klassischen Gottesbild nahekommt – spätestens, wenn Kant ihn als „ursprünglichen Verstande als Welturursache" (*KU* 5:410.11) bezeichnet oder die Welt als Produkt dieses Verstandes im Sinne einer „verständigen Ursache (eines Gottes)" (*KU* 5:400.5) beschreibt. Expliziter von der verständigen Ursache der Welt als von einem „Gott" reden, kann Kant ja nicht.

Kant charakterisiert das theoretische Bewusstsein Gottes, das die Einheit der beiden Arten von Naturgesetzen verbürgt, als ein intelligentes und intentionales, nicht aber ein praktisch weises Bewusstsein. Es geht ihm vor allem darum, jene regulative Idee eines Gottes zu konstruieren, die die Ordnung der Kräfte und Gesetze der Natur erklärt, indem Gott Absichten hat und intentionale Richtungen auf Zwecke in die Natur hineintragen kann.

### 2.5.3 Der physikotheologische Beweis für das theoretische Bewusstsein Gottes

Da es die regulative Idee eines theoretischen, intelligenten und intentionalen Bewusstseins Gottes ist, welche die ursprüngliche Einheit der mechanischen und physisch teleologischen Kräfte und Gesetze der Natur verbürgt und die Möglichkeit ihrer Vereinbarkeit im menschlichen Bewusstsein und in der Natur dadurch erklärt, dass das menschliche Bewusstsein und beide Arten von Naturgesetzen als geschaffene gedacht werden müssen, versucht Kant, am explizitesten in § 85, die regulative Idee eines theoretischen, intelligenten und intentionalen Bewusstseins Gottes durch einen (kritisch reflektierten) physikotheologischen Gottesbeweis zu stützen. Denn ein physikotheologischer Gottesbeweis eröffnet dem Menschen ein rationales Argument, das die Annahme der regulativen Idee eines göttlichen Einheitsgrundes stützt, der die Einheit der mechanischen und physisch teleologischen Naturgesetze verbürgt.

In der Literatur gibt vor allem McFarland (1970, 1–2, 43–55) Kants Bezugnahme der organisierten Wesen auf einen physikotheologischen Gottesbeweis und dessen Tradition das größte Gewicht – zu Recht, wie ich meine. McFarland beschreibt Kants Aneignung des physikotheologischen Arguments zur Erklärung von organisierten Wesen als ein kontinuierliches Weiterdenken historischer Positionen seiner Zeit, vor allem derjenigen Humes in den *Dialogues*. Insofern verdient McFarlands Buch eine Rehabilitierung in der neueren Diskussion der

Kantischen Theorie organisierter Wesen. Allerdings vernachlässigt McFarland die moraltheologische Einbettung der Physikotheologie in Kants Theorie organisierter Wesen, die für Kant eine wesentliche Rolle spielt, da Kant die Physikotheologie letztlich nicht für hinreichend hält, um die Einheit der natürlichen und moralischen Ordnungen der Dinge zu erklären.

Anders als McFarland vertritt Breitenbach (2009a, 141–53) die These, dass *nur* die moralteleologische Ordnung menschlicher Handlungen auf eine Moral*theologie*, nicht aber die physisch teleologische Ordnung der Natur auf eine Physikotheologie, das heißt, auf die Annahme eines göttlichen Schöpfers führt. Für diese These sprechen auch einige der Kantischen Kritiken am physikotheologischen Argument und Passagen, in denen Kant das physikotheologische Argument zurückzuweisen oder auf den moralischen Gottesbeweis zu reduzieren scheint (*KU* 5:438.33–439.4, *KU* 5:478.13–6, 28–32). Aber der moralische Gottesbeweis der *KU* ist kein rein praktisches Argument, sondern rekurriert auf die Einheit des theoretischen und praktischen Bewusstseins Gottes, in der Kant die theoretischen Funktionen des physikotheologischen in die praktischen des ethikotheologischen Gottes ,hinträgt'. Auch spricht gegen Breitenbachs Annahme, dass Kant das physikotheologische Argument in der dritten *Kritik* mit vollem Bewusstsein seiner Stärken *und* seiner Schwächen, die er nur allzu gut kennt, (wieder) einführt, da das Argument im Jahre 1790 in Kants Denken schon eine lange und verwickelte Geschichte hinter sich hat. Sie sei kurz skizziert:

In seiner Dissertation aus dem Jahre 1755 (*ANTH* 2:331.21–347.32) verknüpft Kant sein Modell des Kosmos mit einem physikotheologischen Beweis für die Existenz Gottes. Nur wenige Jahre später, im *Beweisgrund* (1763), diskutiert Kant den ontologischen und den physikotheologischen Beweis für die Existenz Gottes. Obgleich er nun argumentiert, dass das ontologische Argument durch seine „logische Genauigkeit und Vollständigkeit" den einzigen gültigen Beweis für die Existenz Gottes erbringt, preist er das physikotheologische Argument für seine „Faßlichkeit für den gemeinen richtigen Begriff, Lebhaftigkeit des Eindrucks, Schönheit und Bewegkraft auf die moralische Triebfedern der menschlichen Natur" (*Beweisgrund* 2:161.8–11).[27] Zum Zeitpunkt der Abfassung der ersten *Kritik*

---

27 Obgleich Kant in dieser Passage (*Beweisgrund* 2:160.8) das Argument als „kosmologische[s]" bezeichnet, zeigt der Kontext, dass es sich um das physikotheologische Argument handelt. Das bestätigt die Interpretation von Schmucker (1983, 45), der seine Diskussion des physikotheologischen Argumentes mit dem Satz beginnt: „Der zweite von den Erfahrungsbegriffen des Existierenden ausgehende Gottesbeweis, den Kant in der dritten Abteilung des *Beweisgrundes* kritisiert, ist der von ihm dort als kosmologischer, in der *Kritik der reinen Vernunft* als physikotheologischer bezeichnete". Auch Theis (1994, 140) schreibt, Kant wende sich in seiner „Kritik bzw. Prüfung der aposteriorischen Beweise" an besagter Stelle „dem Gottesbeweis der

## 2.5 Die Einheit der mechanischen und physisch teleologischen Kräfte und Gesetze

versteht Kant das physikotheologische Argument neben dem ontologischen und dem kosmologischen Argument als eines der drei klassischen Argumente für die Existenz Gottes. 1781 widerlegt Kant das ontologische Argument und beweist, dass das physikotheologische und das kosmologische Argument auf das ontologische Argument aufbauen. Daher weist Kant in der ersten *Kritik* auch das physikotheologische und das kosmologische Argument zurück. Nach Kants Ansichten im Jahre 1781 kann der Beweis für das Dasein Gottes durch einen neuen theoretischen (*KrV* A 571–83/B 599–611) und einen moralischen Gottesbeweis (*KrV* A 810–1/B 838–9, *KrV* A 828–30/B 856–8) geführt werden. Außerdem weicht der auf einen dogmatischen Gottesbegriff bedachte Beweisgrund aus der vorkritischen Philosophie einem bloß regulativen Gebrauch der Gottesidee in der kritischen Philosophie. Dennoch drückt Kant selbst in der ersten *Kritik* höchste Schätzung für den physikotheologischen Beweis aus und bringt dabei sein Argument aus dem *Beweisgrund* (*KrV* A 625/B 653) explizit in Erinnerung. Der physikotheologische Beweis verdiene, „jederzeit mit Achtung genannt zu werden". Er sei der „älteste, klärste und der gemeinen Menschenvernunft am meisten angemessene"; er belebe „das Studium der Natur" und bringe „Zwecke und Absichten dahin, wo sie unsere Beobachtung nicht von selbst entdeckt hätte". Der Beweis erweiterte die „Naturerkenntnisse" des Menschen „durch den Leitfaden einer besonderen Einheit, deren Princip außer der Natur ist" (*KrV* A 623/B 651).

Anders als in der ersten spielen (zumindest an der Oberfläche) in der zweiten *Kritik* (1788) weder der physikotheologische noch andere traditionelle Argumente für die Existenz Gottes eine Rolle. Kant führt nur das moralische Argument an, um die Möglichkeit des höchsten moralischen Guts zu begründen.[28] Umso erstaun-

---

‚gewöhnlichen Physikotheologie'" zu, den er dennoch „als das „kosmologische" Argument" bezeichne.

[28] Es ist wahrscheinlich der schiefen Konstruktion des höchsten Guts in der zweiten *Kritik* geschuldet, dass in dieser nicht wirklich klar wird, ob die Absicherung der Möglichkeit des höchsten Gutes durch die Annahme Gottes ein praktisches oder theoretisch praktisches Argument ist. Kant integriert die drei Ideen aus der ersten *Kritik* – die Idee der Einheit der Seele, Idee der Einheit der Welt/Freiheit, Idee der Einheit der Dinge in Gott – in der Postulatenlehre der zweiten *Kritik* in die Konstruktion des höchsten Guts, kommt dabei aber damit nicht zurecht, dass er die zweite Idee teils als Idee der Einheit der Welt, teils als Idee der Freiheit versteht, und die Idee der Freiheit zum Bestandteil der Moralbegründung in der „Analytik" und nicht der Moralteleologie in der „Dialektik" macht. Dadurch entsteht die Verwirrung, ob die Lehre vom höchsten Gut zwei (die unsterbliche Seele, Gott) oder drei Postulate beinhaltet, und es wird nicht klar, was genau das zweite Postulat ist. Beck (1960, 275–9) hat hinterfragt, ob das Argument für die Existenz Gottes in der zweiten *Kritik* tatsächlich ein moralisches (praktisches) oder ein teleologisches (theoretisches) Argument ist, wobei letzteres analog zu einem physikotheolgischen Argument funktionieren würde. Beck argumentiert für den teleologischen theoretischen Status des Arguments. Wood (1970, 171–6; 1978, 133–5) stimmt mit Becks Analyse darin überein, dass das Argument te-

licher ist Kants Rückkehr zum physikotheologischen Argument in der Theorie organisierter Wesen in der dritten *Kritik* (*KU* 5:436.3–442.10), in der es dem moralischen Argument für die Existenz Gottes vorangestellt wird und mit diesem eine Arbeitsteilung in Bezug auf die Garantie der Einheit der Philosophie und ihrer Gesetzgebungen eingeht. Kant argumentiert nun, dass, selbst wenn das physikotheologische im Prinzip im moralischen Argument enthalten ist, das physikotheologische Argument ein eigenes Recht haben kann, da ihm eine spezifische Aufgabe bezüglich der Garantie der Einheit der Naturgesetze zukommt.[29] Kant betont die Eigenständigkeit des physikotheologischen Arguments explizit: „Es giebt eine *physische Teleologie*, welche einen für unsere theoretisch reflectirende Urtheilskraft hinreichenden Beweisgrund an die Hand giebt, das Dasein einer verständigen Weltursache anzunehmen" (*KU* 5:447.16–8).

Gegen Breitenbach möchte ich die These vertreten, dass die beiden Gottesbeweise der *KU* je einen Aspekt der Idee Gottes beschreiben, der ein bestimmtes Problem der Einheit der Dinge zu lösen hat, nämlich das physikotheologische Argument die Einheit der mechanischen und der physisch teleologischen Kräfte und Gesetze der Natur, das moraltheologische Argument die Einheit der physisch teleologischen und der moralteleologischen Kräfte und Gesetze. Die beiden Weisen, Einheit zu verbürgen, werden von ein und demselben schöpfenden göttlichen Verstand eingelöst, wobei sich erstere seinen theoretischen, letztere seinen theoretisch praktischen Fähigkeiten verdanken. Außerdem beschreibt Kant nicht nur die Fähigkeiten eines moraltheologisch beweisbaren Gottes als kausale, sondern charakterisiert auch den intuitiven Verstand Gottes als theoretisches Vermögen als Vermögen eines kausalen, „nach Absichten handelnde[n] We-

---

leologisch ist. Es handelt sich um ein Design-Argument. Dennoch interpretiert Wood dieses als ein praktisches und nicht als ein theoretisches Argument.

**29** In diesem Punkt stimme ich Sala (1990, 430–1, vgl. 435) zu. Er schreibt: „Die Untersuchung Kants über die Zweckmäßigkeit in der Natur endet somit im Menschen, in dem die *physische* Teleologie, d. h. die Teleologie der Natur als solcher, in eine *moralische* Teleologie einmündet. Die Teleologie in der Natur findet im Menschen als moralischen Wesen ihr Telos und wird somit zu einer moralischen Teleologie. Nur die moralische Teleologie schließt die Kette der formalen (inneren) und der äußeren Zweckmäßigkeit in der Welt ab, indem sie über die materielle Welt hinaus weist. Damit hat Kant einen Ansatz gewonnen, sowohl zur *Physiko*theologie als auch zur *Ethiko*theologie. Der Gedankengang in den letzten Paragraphen der *KU* zielt darauf ab, einen Zusammenhang zwischen den Überlegungen der physischen Teleologie und dem moralischen Gottesbeweis herzustellen, und damit zwischen zwei Gottesbeweisen, die Kant bisher als zwei einfachhin getrennte Wege zur Erkenntnis Gottes behandelt hatte. [...] Die physische Teleologie erweist sich nur als eine Vorstufe zur moralischen Teleologie. Die Frage nach Gott in der *KU* stellt sich präzis als Frage, ob die moralische Existenz des Menschen in der Welt gerade wegen der Hinordnung der Natur auf das verantwortliche Handeln des Menschen das Dasein Gottes voraussetzt".

## 2.5 Die Einheit der mechanischen und physisch teleologischen Kräfte und Gesetze

sen[s]", als Fähigkeit nicht nur eines betrachtenden Wesens, sondern eines „Urheber[s]" und einer „Weltursache" (*KU* 5:400.29 – 30, vgl. *KU* 5:410.11). Das heißt, auch der theoretische Aspekt des göttlichen Bewusstseins gehört zum schaffenden Verstand Gottes, und zwar aus dem einfachen Grund, dass in Gottes Bewusstsein Denken und Handeln nicht trennbar, sondern im strikten Sinne Einheit sind und die Schöpfung keine Lücken haben kann. Breitenbach argumentiert weiter, dass die Annahme eines göttlichen Künstlers im Bereich der Natur deshalb redundant ist, weil sich der Mensch die bildende Kraft der Natur in Analogie zur menschlichen praktischen Zwecksetzung erklären kann, die auf Freiheit beruht und die der Mensch an und in sich selbst wahrnehmen kann. Aber dagegen spricht, dass die Freiheit selbst ein geschaffenes Vermögen und insofern ebenfalls auf das göttliche Bewusstsein zurückzuführen ist, und dem Rekurs auf einen göttlichen Schöpfer nicht entgeht.

Oberflächlich betrachtet erscheint die Einführung des physikotheologischen Gottesbeweises in § 85 der *KU* ad hoc. Bei genauerem Hinsehen zeigt sich jedoch, dass Kant den Rekurs auf das physikotheologische Argument von langer Hand vorbereitet und es in jede Stufe seiner Theorie organisierter Wesen sensibel integriert. In der „Analytik" (§§ 61– 8) konzentriert sich Kant auf die Beschreibung der wesentlichen Merkmale organisierter Wesen und stellt dabei die Darstellung der mechanischen und physisch teleologischen Kräfte und Gesetze der Natur ins Zentrum. Das physikotheologische Argument spielt noch keine Rolle, aber Kant beschreibt die zwei Arten von Kräften und Gesetzen organisierter Naturwesen so, dass er sie mit einem physikotheologischen Argument verbinden *könnte*. Dies kann man an drei Punkten gut sehen:

In den §§ 64 und 65 vergleicht Kant die Produktion von Kunstwerken mit der Erzeugung von organisierten Wesen. Da Kant an einer späteren Stelle derselben Theorie die Vereinbarkeit beider Arten von Naturgesetzen durch ein physikotheologisches Argument untermauern möchte und das physikotheologische Argument im Wesentlichen auf einer Analogie zwischen Kunstproduktion und Naturerzeugung beruht,[30] scheint es, dass Kant die strukturellen Analogien zwischen

---

30 Für systematische Analysen der Struktur des physikotheologischen Arguments, vgl. Himma (2009), Mackie (1982), Ratzsch (2001), Sober (2004, 117 – 47) und Swinburne (1979/²2004, 153 – 91). Gut sichtbar wird die systematische Struktur des Arguments in William Paleys Version, die als ‚Uhrmacher-Analogie' bekannt geworden ist. Paley formuliert das Argument am Beginn seiner Schrift *Natural Theology* (1802): „In crossing a heath, suppose I pitched my foot against a *stone*, and were asked how the stone came to be there: I might possibly answer, that […] it had lain there for ever […]. But suppose I had found a *watch* upon the ground, and it should be inquired how the watch happened to be in that place; I should hardly think of the answer which I had before given […]. […] [T]here must have existed, at some time, and at some place or other, an artificer or

der Kunstproduktion und der natürlichen Erzeugung betonen müsste. Es könnte daher zunächst seltsam wirken, dass Kant bemüht ist, vor allem Unterschiede zwischen der Kunstproduktion und der Erzeugung organisierter Wesen aufzuzeigen.[31] Aber dies geschieht ganz im Sinne einer Analogie. Denn die Betonung

---

artificers who formed [...] [the watch] for the purpose which we find it actually to answer: who comprehended its construction, and designed its use. [...] [E]very indication of contrivance, every manifestation of design, which existed in the watch, exists in the works of nature; with the difference, on the side of nature, of being greater and more, and that in a degree which exceeds all computation (Paley 1802 in ⁶1819, 1, 3, 16)". Paleys Uhrmacher-Analogie betont die Ähnlichkeit zwischen der Produktion einer Uhr durch einen Künstler und der Erzeugung der Natur durch den Schöpfer, obgleich der Schöpfer durch die große Komplexität des von ihm hervorgebrachten Objektes, größer gedacht werden muss als der Erzeuger einer Uhr. Das Beispiel der Uhr zeigt, dass der Anfangspunkt des Argumentes a posteriori ist. Es beginnt mit der Identifikation spezifischer empirischer Eigenschaften, die als Design-indikative Züge der Natur gedeutet werden, etwa der Schönheit, der feinen Abstimmung, der Zweckmäßigkeit und Ordnung der Natur und verneint den Gedanken, dass der Zufall die Ursache dieser Züge der Natur sein könnte. Der zweite Schritt des Argumentes behauptet, dass Design-indikative Züge der Natur einen Designer voraussetzen, der intellektuelle Fähigkeiten wie Intentionalität und Intelligenz besitzt, welche die so gearteten Züge der Natur bewirken können. Ein dritter Schritt im Argument ist die Identifikation des Designers mit Gott. Die entscheidende Prämisse des physikotheologischen Arguments ist die Analogie zwischen einem Kunstwerk und seinem Designer und organisierten Produkten der Natur und ihrem Schöpfer. Menschliche Designer produzieren Häuser, Uhren und andere Kunstgegenstände. Gegenstände der Natur sind *wie* ein Haus, eine Uhr oder eine Ansammlung von Häusern und Uhren. Daher werden sie von einem Wesen, das einem menschlichen Designer ähnelt, aber viel größer gedacht werden muss, hervorgebracht. Für Interpretationen besonders der Kantischen Deutung der Physikotheologie, vgl. Wood (1970, 171–7 und 1978, 130–45), McFarland (1970, 1–2) und Goy (2014b, 203–20).

31 Man sage „von der Natur und ihrem Vermögen in organisirten Producten bei weitem zu wenig, wenn man dieses ein *Analogon* der *Kunst*" (KU 5:374.27–9) nenne. Selbst wenn das „Scheidungs- und Bildungsvermögen" eines organisierten Wesens nicht ganz von der Kunstproduktion verschieden sei, bleibe es doch „unendlich weit entfernt" (KU 5:371.25–6) davon. Im Vergleich zwischen der Produktion einer Uhr und der Erzeugung eines Baumes unterstreicht Kant, dass kein „Rad in der Uhr das andere" und keine „Uhr andere Uhren" (KU 5:374.15–6) hervorbringt, während sich das organisierte Wesen eines Baumes „der *Gattung* nach" und „als *Individuum*" (KU 5:371.9, 13) selbst erzeugt. Keine Uhr kann „von selbst die ihr entwandten Theile" ersetzen, „ihren Mangel in der ersten Bildung durch den Beitritt der übrigen" vergüten oder sich selbst ausbessern, „wenn sie in Unordnung gerathen ist" (KU 5:374.17–20). Aber Teile eines organisierten Wesens können sich so selbst erzeugen, dass „die Erhaltung des einen von der Erhaltung der andern wechselweise abhängt" (KU 5:371.31–2). Ein Kunstprodukt ist das „Product einer von der Materie (den Theilen) desselben unterschiedenen vernünftigen Ursache" (KU 5:373.10–1); es ist möglich nur durch „Causalität der Begriffe von vernünftigen Wesen außer ihm" (KU 5:373.16–7). Ein organisiertes Wesen dagegen muss seiner „innern Möglichkeit" (KU 5:373.26) nach so beurteilt werden, als ob es nur durch die Kausalität einer Idee verursacht wird, die in ihm

## 2.5 Die Einheit der mechanischen und physisch teleologischen Kräfte und Gesetze — 263

von Verschiedenheiten in der Kunstproduktion und der Erzeugung organisierter Wesen ist kein Einwand gegen die Analogie, sondern deren Voraussetzung, da für eine bloße Analogie (im Gegensatz zur Identität) notwendig Unterschiede zwischen beiden Weisen der Erzeugung bestehen müssen. So sagt Kant, dass organisierte Wesen „durch das Bewegungsvermögen *allein* (den Mechanism) nicht erklärt werden können" (*KU* 5:374.25–6, meine Herv.) und dass man „bei weitem zu wenig" über ein organisiertes Wesen sage, wenn man dieses ein *„Analogon* der *Kunst"* (*KU* 5:374.28–9) nenne. Insoweit ein Naturwesen Materie in Bewegung ist, ähnelt ein Kunstgegenstand dem organisierten Wesen, denn beide können anhand der Bewegungsgesetze beschrieben werden. Außerdem haben beide Arten von Gegenständen Eigenschaften, die zufällig gegenüber den mechanischen Gesetzen sind. Darüber hinaus ist die Form der zufälligen Züge beider Arten von Wesen zufällig nur in Bezug auf die mechanischen Gesetze der Natur, nicht aber in Bezug auf die Idee des Kunstwerks in den Gedanken des Künstlers oder auf die Idee des Naturzwecks in den Gedanken des Naturbetrachters, wo sie gesetzmäßig und notwendig erscheinen. Daher betonen die Unterschiede zwischen Kunstproduktion und Naturerzeugung zugleich die Ähnlichkeit, wenngleich nicht Identität beider Arten von Objekten, und bilden ein Argument für und nicht gegen die Analogie zwischen Kunstgegenständen und organisierten Wesen, auf die ein physikotheologisches Argument aufbauen kann.

Ein zweites Moment, durch das Kant in der „Analytik" das physikotheologische Argument vorbereitet, ohne es schon auszuspielen, ist Kants Behauptung in den §§ 66–7, dass der Betrachter organisierter Wesen in physisch teleologischen Urteilen Bezug auf ein Übersinnliches nimmt. In der „Analytik" lässt Kant offen, ob dieses Übersinnliche mit der regulativen Idee eines göttlichen Bewusstseins identifiziert werden muss. Kant erwähnt nur einen „übersinnlichen Bestimmungsgrund" (*KU* 5:377.11), eine „Einheit des übersinnlichen Princips" (*KU* 5:381.5–6) als Ursache der organisierten Wesen, ohne das ‚Übersinnliche' dabei näher zu bestimmen.[32] Dass Kant in der „Analytik" damit zögert, diese Grundlage

---

wirkt; organisierte Wesen organisieren sich „selbst und in jeder ihrer Species ihrer organisirten Producte" (*KU* 5:374.30–1).

32 Der Begriff des ‚Übersinnlichen' kann aber viele Bedeutungen annehmen, auch solche, die schwächer als die Annahme eines schöpfenden übersinnlichen göttlichen Bewusstseins sind. Es könnte sich auf die menschliche Vernunftidee eines einzelnen organisierten Wesens oder die Idee der organisierten Natur im Ganzen beziehen. Oder es könnte das übersinnliche Vermögen der menschlichen Freiheit, der noumenalen Kausalität bedeuten (vgl. *KU* 5:436.19–20), oder es könnte auf Gott oder auf die Idee von Gott verweisen. In der „Analytik" scheint Kant eher herausstellen zu wollen, dass die innere Zweckmäßigkeit organisierter Wesen nur eine „Idee des Beurtheilenden" (*KU* 5:376.20–1), das heißt, die Vernunftidee eines Menschen ist, der sich die Erzeugung von organisierten Wesen nicht anders erklären kann als durch die Annahme einer

,Gott' zu nennen, und die Einheit von Mechanismus und Naturzweck im menschlichen Bewusstsein letztendlich auf deren Einheitsgrund im göttlichen Bewusstsein zurückzuführen, liegt nicht daran, dass er die Begründung aus dem göttlichen Bewusstsein nicht in Anspruch nehmen möchte, sondern daran, dass er die physikotheologische These in der „Analytik" noch nicht braucht. Kant lässt offen, ob sich der Term ‚Übersinnliches' im Verlaufe der Entfaltung der Theorie mit theologischen Inhalten aufladen wird.

Am stärksten gegen die Verbindung von Kants Theorie organisierter Wesen mit einem physikotheologischen Argument scheint zu sprechen, dass Kant in § 68 die Begründung der Wissenschaft organisierter Wesen aus der Theologie explizit zurückweist und in einem gewissen Sinne für die systematische Unabhängigkeit der Naturteleologie von der Theologie argumentiert:

> Wenn man also für die Naturwissenschaft und in ihren Context den Begriff von Gott hereinbringt, um sich die Zweckmäßigkeit in der Natur erklärlich zu machen, und hernach diese Zweckmäßigkeit wiederum braucht, um zu beweisen, daß ein Gott sei: so ist in keiner von beiden Wissenschaften innerer Bestand (*KU* 5:381.25 – 9).

Naturwissenschaft soll nicht mit „Gottesbetrachtung" und einer „*theologischen* Ableitung" (*KU* 5:381.34) vermengt werden. Dies ist korreliert damit, dass Kant in allen Passagen der „Analytik" vermeidet, Fragen zu stellen, die theologische Antworten herausfordern. Etwa setzt er die Materie und mechanische und bildende Kräfte in organisierten Wesen voraus, ohne zu fragen, woher diese kommen, ob sie ewig oder, was eine theologische Erklärung erfordern würde, geschaffen sind.

Kants Zurückhaltung gegen das physikotheologische Argument lässt sich so verstehen, dass er darauf aufmerksam macht, dass sich die physische Teleologie und die Theologie zwar auf denselben Gegenstand, das organisierte Wesen, beziehen. Aber beide Wissenschaften stellen in Bezug auf denselben Gegenstand verschiedene Fragen. Etwa gehören Fragen nach dem letzten Ursprung organisierter Wesen und nach der Herkunft der kreativen Elemente der organisierten Natur (bildende Kraft) in die Theologie (auch eine regulative Form der Theologie), die Erklärung ihrer Wirkungen jedoch in die physische Teleologie. Mit dieser Grenzziehung zwischen Fragen verschiedener Wissenschaften wird die Physikotheologie nicht abgelehnt, sondern in ihrer Erklärungsmacht auf einen be-

---

„Idee", die der „Möglichkeit des Naturproducts zum Grunde" (*KU* 5:377.3 – 4) liegt. Da eine Idee im Kantischen Sinne eine absolute Einheit der Vorstellung ist, hat die Einheit der Idee eines einzelnen Naturzwecks dieselbe Grundlage wie die der zweckmäßigen Natur im Ganzen.

## 2.5 Die Einheit der mechanischen und physisch teleologischen Kräfte und Gesetze — 265

stimmten Bereich von Fragen beschränkt, der ein anderer ist als der der physischen Teleologie, obgleich beide denselben Gegenstand thematisieren.

In der „Dialektik" (§§ 69–78) wendet sich Kant Fragen zu, die nicht mehr das organisierte Wesen als solches betreffen, sondern die Einheit verschiedener Ordnungen von Kräften und Gesetzen in der Philosophie der Natur behandeln. Stärker als in der „Analytik", in der er das physikotheologische Argument nur passiv ‚mitführt', aber nicht verwendet, bezieht Kant das Argument in der „Dialektik" explizit in die Argumentation ein. Kants veränderter Blick auf das physikotheologische Argument wird in der „Dialektik" besonders in zwei Momenten deutlich.

Wiederholt gebraucht Kant in der „Dialektik" der *KU*[33] die Phrase von der ‚Technik [*Kunstfertigkeit*] der Natur', in der sich Kant der altgriechischen Verwendung des Wortes *techne* als Kunstfertigkeit anschließt und nahelegt, dass er die Prämisse des physikotheologischen Arguments, die Analogie zwischen Kunstproduktion und Naturerzeugung, bejaht, ohne länger auf Unterschieden zu insistieren wie in der „Analytik". Kant gesteht nun zu, dass die organisierte Natur in Begriffen des Kunsthandwerks analysiert werden kann und die Erzeugung organisierter Wesen der Kunstproduktion ähnelt, und zwar nicht, weil der Mensch die Natur wie ein Künstler hervorbringt, sondern weil man die Zweckmäßigkeit der Natur nur durch den Rekurs auf die regulative Idee eines intelligenten und intentionalen göttlichen Künstlers erklären kann. In diesem Sinne benutzt Kant in den Kapitelüberschriften der §§ 74 und 78 (*KU* 5:395.23–4, *KU* 5:410.15) und an mehreren anderen Stellen (*KU* 5:390.35–7, *KU* 5:391.16, *KU* 5:393.3, *KU* 5:404.18, *KU* 5:411.18) die Phrase einer Kunstfertigkeit, einer ‚Technik der Natur'. In der Passage *KU* 5:393.5–6 erläutert er die ‚Technik' der Natur subjektiv als „Übereinstimmung der erzeugten Producte mit unsern Begriffen vom Zwecke"; auch in den Passagen *KU* 5:413.17 und *KU* 5:414.9 wendet Kant den Begriff einer Technik der Natur ins Subjektive; er bezeichne eine intentionale Weise der Erklärung der Möglichkeit eines Naturprodukts, die der mechanischen Erklärungsweise übergeordnet ist. In der Passage *KU* 5:404.18–9 legt er die „Technik der Natur" objektiv als eine „Zweckverknüpfung in derselben" aus; analog heißt es in der Passage *KU* 5:411.18,

---

[33] Bereits in der *EE* verwendet Kant sehr häufig die Rede von der ‚Technik [*Kunstfertigkeit*] der Natur', in der die Erzeugung organisierter Naturgegenstände mit der Kunstproduktion analogisiert wird. So sagt Kant, dass sich aus der Urteilskraft ein bestimmter Begriff einer „*Technik der Natur*" oder der „Natur als Kunst" (*EE* 20:204.13–4) ergebe. Dieser Begriff beschreibe die Hervorbringung einer bestimmten systematischen Form der Natur in Bezug auf ihre besonderen empirischen Gesetze. Betrachte man „Producte" der Natur „als Aggregate", verfahre die Natur „*mechanisch, als bloße Natur*", betrachte man ihre Producte aber „als Systeme", verfahre die Natur „*technisch* d.i. zugleich als *Kunst*" (*EE* 20:217.29–32).

der Begriff einer „Technik der Natur" beschreibe objektiv ein zweckmäßig „productives Vermögen" der Natur.

Neben der Rede von der ‚Technik der Natur', die in der Analogie von Kunst und Natur ein physikotheologisches Theorem enthält, findet sich in der „Dialektik" der *KU* die Aussage, dass die „Teleologie keine Vollendung des Aufschlusses für ihre Nachforschungen" finden kann „als in einer Theologie" (*KU* 5:399.4–5). Kant verweist explizit auf eine Verbindung zwischen der Teleologie der Natur und der Theologie und zeigt, dass die mechanischen und die physisch teleologischen Kräfte und Gesetze der Natur in ein und demselben gemeinsamen Grund vereint sind, in der regulativen Idee von „Gott" (*KU* 5:399.37). Dabei identifiziert Kant das Übersinnliche, das er in der „Analytik" noch unbestimmt ließ, in der „Dialektik" explizit mit dem Göttlichen: „Wir können uns die Zweckmäßigkeit, die selbst unserer Erkenntniß der inneren Möglichkeit vieler Naturdinge zum Grunde gelegt werden muß, gar nicht anders denken und begreiflich machen, als indem wir sie und überhaupt die Welt als ein Product einer verständigen Ursache (eines Gottes) vorstellen" (*KU* 5:400.1–6). Diese „*absichtlich-wirkende* Ursache" (*KU* 5:399.21–2) wird präziser als ein verständiges, intelligentes Urwesen beschrieben (*KU* 5:400.28–401.2) – den klassischen physikotheologischen Prädikaten eines Gottes.

In § 75 sagt Kant genauer, dass die Selbsterzeugung der Natur allein nicht erklären kann, warum bestimmte Züge der Natur auf eine Idee, auf einen Zweck gerichtet sind. Diese Zweckgerichtetheit eines organisierten Wesens macht das physikotheologische Argument erforderlich. Denn es ist keine menschliche Idee, sondern es sind Ideen Gottes, aufgrund derer organisierte Wesen so beschaffen sind, dass ihre Eigenschaften auf einen Naturzweck gerichtet sind. Dieser Gott wird als ein Wesen beschrieben, dass sich „außer[halb] der Welt" (*KU* 5:399.2) befindet. Es ist eine „Ursache, die sich nach Absichten zum Handeln bestimmt" (*KU* 5:397.33) und die analog zur „Causalität eines Verstandes productiv" (*KU* 5:398.3) ist. Obwohl Kant diese Bemerkungen über einen intelligenten, intentionalen Gott in den §§ 74–5 der „Dialektik" nicht explizit mit dem Begriff eines intuitiven Verstandes aus den §§ 76–7 verbindet, ist es sinnvoll, davon auszugehen, dass Kant, so wie in den Vorlesungen zur Rationaltheologie aus den 1780er Jahren, den göttlichen Verstand mit einem intuitiven Verstand identifiziert.[34]

---

34 Ich halte diesen Punkt hier kurz, da ich in meiner Abhandlung „The Antinomy of Teleological Judgment" (2015) ausführlich dazu geschrieben habe. Selbst wenn Kant in der *KU* an keiner Stelle den intuitiven und den göttlichen Verstand miteinander identifiziert, so tut er dies doch in den Vorlesungen zur Rationaltheologie im Zeitraum der Entstehung der *KU* mit großer Konsequenz. Es ist außerdem wertvoll zu sehen, dass Kant auch deistischen oder theistischen (physikotheologischen oder kosmologischen) Begriffen von Gott einen intuitiven Verstand zuschreibt (*Vorl. Rationaltheol.* Pölitz 28/2.2:1051.3–1053.20; *Vorl. Nat. Theol. Volckmann* 28/2.2:1214.30–

## 2.5 Die Einheit der mechanischen und physisch teleologischen Kräfte und Gesetze

Während Kant in der „Analytik" und in der „Dialektik" Gebrauch von physikotheologischen Theoremen macht, noch ohne explizit von ‚Physikotheologie' zu sprechen, rekurriert er in der „Methodenlehre" (§§ 79–91) schließlich ausdrücklich auf diese. Er erläutert die Funktionen des physikotheologischen Arguments genauer und macht gleichzeitig auf seine Beschränkungen aufmerksam, wobei er traditionelle Einwände gegen das Argument aufgreift. „*Physikotheologie*", definiert Kant nun, „ist der Versuch der Vernunft, aus den *Zwecken* der Natur (die nur empirisch erkannt werden können) auf die oberste Ursache der Natur und ihre Eigenschaften zu schließen" (*KU* 5:436.5–7), wobei diese Ursache als eine solche gedacht wird, die außerhalb des Bereichs der Natur existiert. Kant beschreibt den physikotheologisch beweisbaren Gott als einen intelligenten und intentionalen Agenten mit einem theoretischen Bewusstsein (*KU* 5:440.26–442.5), der als Erstursache der Ordnungen der Natur gedacht wird (*KU* 5:444.13).

Angesichts der in seinen früheren Schriften, etwa dem *Beweisgrund* und der *KrV*, vorgetragenen kritischen Einwände gegen das physikotheologische Argument bleibt die Diskussion dieses Gottesbeweises in der „Methodenlehre" der *KU* teilweise ambivalent. Einerseits vertritt Kant eine Version dieses Gottesbeweises, um die Einheit der mechanischen und physisch teleologischen Kräfte und Gesetze der Natur zu begründen. Andererseits macht Kant den Unterschied zwischen seiner Version dieses Beweises und seinen traditionellen Gestalten selbst nicht hinreichend deutlich. Stattdessen zählt Kant die ihm bekannten, traditionellen Einwände gegen das Argument auf, etwa jene Humes. Zu ihnen gehört, dass das physikothologische Argument einen empirischen Ausgangspunkt hat und kein Schluss aus empirischen Fakten auf eine nicht-empirische Ursache dieser Fakten gezogen werden kann. In mehreren Aussagen referiert Kant diese Kritik: „Physikotheologie, so weit sie auch getrieben werden mag, kann uns doch nichts von einem *Endzwecke* der Schöpfung eröffnen; denn sie reicht nicht einmal bis zur Frage nach demselben" (*KU* 5:437.18–20). „Weil aber die Data [...] jenen Begriff einer intelligenten Weltursache (als höchsten Künstlers) zu *bestimmen*, bloß empirisch sind: so lassen sie auf keine Eigenschaften weiter schließen, als uns die Erfahrung an den Wirkungen derselben offenbart" (*KU* 5:438.5–9). Eng mit dieser

---

1215.4, *Vorl. Nat. Theol. Volckmann* 28/2.2:1254.18–1255.6, *Vorl. Danz. Rationaltheol.* 28/2.2:1266.34–1267.29) und damit suggeriert, dass der intuitive Verstand der spezifische Verstand jeder Art von Gottheit ist. In seinen Reflexionen zur Metaphysik aus den Jahren 1780–1789 notiert Kant: „Es ist schwerlich zu begreifen, wie ein anderer intuitiver Verstand statt finden solte als der gottliche. Denn der erkennet in sich als Urgrunde (und archetypo) aller Dinge Moglichkeit; aber endliche Wesen können nicht aus sich selbst andere Dinge erkennen, weil sie nicht ihre Urheber sind, es sey denn die bloße Erscheinungen, die sie a priori erkennen könen*. Daher können wir die Dinge an sich selbst nur in Gott erkennen" (*Refl.* 18:433.16–21).

Kritik verbunden ist jener traditionelle Einwand gegen das physikotheologische Argument, der besagt, dass es im Ausgang von empirischen Daten unmöglich ist, auf die nicht-empirisch bedingten Eigenschaften eines übersinnlichen Designers zu schließen – etwa sein unbedingtes Allwissen, seine unbedingte Intelligenz, Allmacht, Allgüte. Für das Verständnis von Naturzwecken ist ein recht intelligenter Gott mit zweckmäßigen Intentionen ausreichend, aber es ist weder ein allwissender Gott erforderlich, noch muss man ihn als einen moralischen Gott beschreiben, der allgütig ist.

Beide Einwände treffen Kants eigene Version des physikotheologischen Arguments aber gar nicht, zumindest nicht in voller Stärke, da für Kant Naturzwecke keine rein empirischen, sondern empirische Begriffe sind, in denen die menschliche Vernunft a priori notwendige Einheit setzt und sucht. Die Idee dieser a priori notwendigen Einheit ist nicht sinnlich bedingt; sie ist gerade nicht aus der Erfahrung gewonnen. Für Kant geschieht also der physikotheologische Schluss aus der Zweckförmigkeit der Natur auf Gott als dem schöpfenden Kunsthandwerker der Natur nicht oder nicht gänzlich (gleichsam als ein unerlaubter Kategorienwechsel) als ein Schluss aus der sinnlich und empirisch bedingten in eine übersinnliche und empirisch unbedingte Sphäre, sondern aus der a priori notwendigen Idee der zweckförmigen Einheit der Natur auf den Grund dieser Einheit.

Kant erwähnt weiterhin den traditionellen Einwand, dass das physikotheologische Argument auf einen beschränkten und der Zahl nach unbestimmten Begriff von Gott mit einem (nur) theoretischen, intentionalen und intelligenten göttlichen Bewusstsein führt. Das traditionelle physikotheologische Argument macht nicht restlos klar, ob es nur einen oder mehrere Schöpfer geben soll. Denn die Physikotheologie verschwendet „den Begriff von einer *Gottheit* an jedes von uns gedachte verständige Wesen, deren es eines oder mehrere geben mag, welches viele und sehr große, aber eben nicht alle Eigenschaften habe, die zu Gründung einer mit dem größtmöglichen Zwecke übereinstimmenden Natur überhaupt erforderlich sind" (*KU* 5:438.17–22). Dies liegt daran, so der klassische Einwand, dass die Idee von einer oder von mehreren außer der Welt befindlichen intentionalen und intelligenten Ursachen ausreichend wäre, nicht aber im strikten Sinne *ein* Gott erforderlich ist, um die Zweckförmigkeit der Natur zu erklären.

Dieses Argument könnte der Sache nach auch Kants eigene Version der Physikotheologie in Gefahr bringen, allerdings unterwirft Kant seine Version der Physikotheologie diesem Einwand nicht. Denn Kant schließt schon in den §§ 74 und 75 der „Dialektik", im Kontext der Erklärung der Einheit der mechanischen und physisch teleologischen Kräfte und Gesetze der Natur auf einen „Gott" (*KU* 5:399.37, *KU* 5:400.5) im Singular und verwendet auch schon jenen Gottesbegriff, der aus seiner eigenen Version der Physikotheologie folgen würde, als einen singulären Gott. Kant schließt nicht erst vom moralischen Argument aus auf die

Einzigkeit Gottes. Obwohl Kant also in § 85 die traditionellen Argumente der Kritik an der Physikotheologie (relativ ungeschickt) so zitiert, als ob er sie unterstützen wöllte, entzieht sich Kants eigener, modifizierter Begriff eines singulären Künstlergottes der traditionellen Kritik.

## 2.6 Die Einheit der physisch teleologischen und moralteleologischen Kräfte und Gesetze in Gottes theoretisch praktischem Verstand

*These 5:* Aus der Perspektive der menschlichen Urteilskraft sind organisierte Wesen durch physisch teleologische und moralteleologische Kräfte und Gesetze charakterisiert. Beide Arten von Kräften und Gesetzen der Natur und der Moral stehen nicht im Konflikt miteinander, weil der Mensch glaubt, dass sie ursprünglich im Bewusstsein Gottes vereinigt sind und Gott als Grundlage seiner Schöpfung dienen. Organisierte Wesen lassen den Menschen aus theoretischen und praktischen Gründen an die regulative Idee eines theoretisch intelligenten und praktisch weisen Gottes glauben, der die Einheit der physisch teleologischen und moralteleologischen Ordnungen repräsentiert und deren Vereinbarkeit aus der Perspektive des Menschen begründet. Denn der Mensch wendet zwei verschiedene, physisch teleologische und moralteleologische Kräfte und Gesetze an, wenn er organisierte Wesen als relative Zwecke an sich selbst, und als Mittel und Zwecke in ihren externen Beziehungen in der Welt beurteilt, in denen sie moralischen absoluten Zwecken untergeordnet sind. Daher könnte es sein, dass diese Gesetze in Konflikt miteinander stünden, wenn es keine ursprüngliche Einheit zwischen ihnen gäbe. Kant argumentiert, dass physisch teleologische und moralteleologische Kräfte und Gesetze ursprünglich in Gottes Bewusstsein eins sind, und daher in der Schöpfung weder im menschlichen Bewusstsein noch in der Welt miteinander im Widerspruch stehen. Wie die ursprüngliche *Einheit* von mechanischen und physisch teleologischen Naturgesetzen, macht die ursprüngliche *Einheit* der Natur- und Moralgesetze im göttlichen und die bloße *Vereinbarkeit* der Natur- und Moralgesetze im menschlichen Bewusstsein, den Unterschied aus zwischen der primären, ursprünglichen, vollkommenen Ordnung Gottes und sekundären, geschaffenen, unvollkommenen Ordnungen des Menschen und der Welt, so, wie sie dem Menschen zugänglich ist.

Ich werde zuerst darstellen, dass und wie Kant dafür argumentiert, dass physisch teleologische und moralteleologische Kräfte und Gesetze im menschlichen Bewusstsein und in der für den Menschen zugänglichen Welt verschieden, aber durch eine Hierarchie der Kräfte und Gesetze vereinbar sind (2.6.1). Dann werde ich dafür argumentieren, dass nach Kant physisch teleologische und moralteleologische Kräfte und Gesetze in Gottes theoretisch praktischem Bewusstsein eine Einheit im strengen Sinne bilden. Die regulative Idee Gottes ist die eines Wesens, das über theoretisches Allwissen und praktische Weisheit (Güte) verfügt. Weitere Prädikate dieses gedachten Gottes und seines Verstandes sind seine Kausalität, Singularität und seine externe Lage zur Welt (2.6.2). Da Kant für die ursprüngliche Einheit der mechanischen und der physisch teleologischen Kräfte und Gesetze auf ein theoretisches praktisches göttliches Bewusstsein als göttlichen Einheitsgrund rekurrieren muss, ist es ihm umgekehrt ein Anliegen, die Annahme dieser Idee durch einen theoretisch praktischen ethikotheologischen Gottesbeweis zu stützen (2.6.3).

### 2.6.1 Die Vereinbarkeit der physisch teleologischen und moralteleologischen Kräfte und Gesetze im menschlichen Bewusstsein

Eine der kompositorischen Auffälligkeiten der dritten *Kritik* besteht darin, dass Kant sowohl der Darstellung einer möglichen Antinomie zwischen mechanischen und physisch teleologischen Naturgesetzen als auch deren Lösung im theoretischen Bewusstsein Gottes, einem intuitiven, anschauenden Verstand, viel Raum gibt. Sie beherrscht die gesamten Diskussionen der „Dialektik" und die Analyse der Physikotheologie im § 85 der „Methodenlehre". Es scheint auf den ersten Blick als habe Kant nichts Vergleichbares in Bezug auf einen möglichen Konflikt zwischen physisch teleologischen und moralteleologischen Kräften und Gesetzen ausgearbeitet und statt dessen im ethikotheologischen Gottesbeweis in den §§ 86–8 der „Methodenlehre" eine Lösung für einen Konflikt präsentiert, der gar nicht hinreichend gesichtet wird, und dessen Lösung dadurch in der „Methodenlehre" der *KU* sehr überraschend wirkt.

Aber dies liegt eher an kompositorischen Eigentümlichkeiten der *KU*. Denn die programmatischen Bemerkungen aus der *ZE* der *KU* adressieren mit aller Deutlichkeit jenen möglichen Konflikt zwischen den Ordnungen der Natur und der Moral, auf den der ethikotheologische Gottesbeweis antwortet, und fordern eine Lösung für diesen Konflikt. Genau dieser Konflikt ist eine der wichtigsten Motivationen für das Unternehmen der dritten *Kritik* – es ist ein Konflikt, den Kant schon in den anderen beiden *Kritiken*, vor allem der zweiten *Kritik*, und in den *TP* adressiert, der also der Sache nach nicht neu ist. Er besteht im möglichen Widerspruch zwischen physisch teleologischen, welche die mechanischen Kräfte und Gesetze umgreifen, und moralteleologischen Kräften und Gesetzen. Denn es könnte sein, dass die Forderungen, welche das moralteleologische Gesetz erhebt, nicht in den gesetzlichen Ordnungen der Natur verwirklicht werden können, wenn die physisch teleologischen und die moralteleologischen Kräfte und Gesetze der

## 2.6 Die Einheit der physisch teleologischen und moralteleologischen Kräfte — 271

Natur nicht aufeinander abgestimmt wären. Wenn dem so wäre, würde die dem Menschen aufgetragene Erfüllung seiner Bestimmung, die Verwirklichung des höchsten Gutes (die Errichtung einer moralischen Welt), unmöglich:

> Ob nun zwar eine unübersehbare Kluft zwischen dem Gebiete des Naturbegriffs, als dem Sinnlichen, und dem Gebiete des Freiheitsbegriffs, als dem Übersinnlichen, befestigt ist, so daß von dem ersteren zum anderen (also vermittelst des theoretischen Gebrauchs der Vernunft) kein Übergang möglich ist, gleich als ob es so viel verschiedene Welten wären, deren erste auf die zweite keinen Einfluß haben kann: so *soll* doch diese auf jene einen Einfluß haben, nämlich der Freiheitsbegriff soll den durch seine Gesetze aufgegebenen Zweck in der Sinnenwelt wirklich machen; und die Natur muß folglich auch so gedacht werden können, daß die Gesetzmäßigkeit ihrer Form wenigstens zur Möglichkeit der in ihr zu bewirkenden Zwecke nach Freiheitsgesetzen zusammenstimme (*KU* 5:175.36 – 176.9).

Die Möglichkeit der Verwirklichung des höchsten Gutes setzt voraus, dass die Ordnungen der Natur (mechanische und physisch teleologische Kräfte und Gesetze der Natur) und der Moral (Freiheit und das moralteleologische Gesetz) miteinander harmonieren, das heißt, dass die Forderungen, welche die reine praktische Vernunft an den Menschen stellt, in einer dem Menschen zugänglichen Natur erfüllt werden können. Der Zweifel an der Möglichkeit dieser Zusammenstimmung ergibt sich nur aus der Perspektive des menschlichen Bewusstseins und nur in der dem Menschen zugänglichen Welt, da die natürlichen und moralischen gesetzlichen Ordnungen, die die moralische Welt konstituieren, für den Menschen verschieden und konfliktanfällig sind. Die Einheit dieser Ordnungen dagegen im göttlichen Bewusstsein bringt das Problem des Zusammenstimmens verschiedener Arten von Kräften und Gesetzen zum Verschwinden.

Mit der Problematik des Zusammenstimmens natürlicher und moralischer Ordnungen greift Kant die Frage von der Möglichkeit des höchsten moralischen Gutes auf, die schon in der ersten und zweiten *Kritik* aufkommt, dort aber noch keine zufriedenstellende Lösung gefunden hatte. In der zweiten *Kritik* formuliert Kant das Problem der Kluft zwischen den Ordnungen der Natur und der Freiheit wie folgt:

> *Glückseligkeit* ist der Zustand eines vernünftigen Wesens in der Welt, dem es im Ganzen seiner Existenz *alles nach Wunsch und Willen* geht, und beruht also auf der Übereinstimmung der Natur zu seinem ganzen Zwecke, imgleichen zum wesentlichen Bestimmungsgrunde seines Willens. Nun gebietet das moralische Gesetz als ein Gesetz der Freiheit durch Bestimmungsgründe, die von der Natur und der Übereinstimmung derselben zu unserem Begehrungsvermögen (als Triebfedern) ganz unabhängig sein sollen; das handelnde vernünftige Wesen in der Welt aber ist doch nicht zugleich Ursache der Welt und der Natur selbst. Also ist in dem moralischen Gesetze nicht der mindeste Grund zu einem nothwendigen Zusammenhang zwischen Sittlichkeit und der ihr proportionirten Glückseligkeit eines zur Welt als Theil gehörigen und daher von ihr abhängigen Wesens, welches eben darum durch seinen

> Willen nicht Ursache der Natur sein und sie, was seine Glückseligkeit betrifft, mit seinen praktischen Grundsätzen aus eigenen Kräften nicht durchgängig einstimmig machen kann (*KpV* 5:124.21–125.1).

Obgleich Kant in dieser Passage aus der *KpV* genau dasselbe Problem der fehlenden Übereinstimmung der natürlichen und moralischen gesetzlichen Ordnungen betont, das er in der Programmatik der dritten *Kritik* erneut aufwirft, formuliert er es in der *KpV* noch unter der Voraussetzung eines nicht-teleologischen, ausschließlich mechanischen Naturbegriffs.

Benannt hat Kant das Problem der fehlenden Übereinstimmung der natürlichen und moralischen gesetzlichen Ordnungen auch in den *TP*, die Kant beinahe zeitgleich mit der zweiten *Kritik* verfasst hat. In den *TP* deutet sich aber bereits eine Fortentwicklung der Problemstellung an, da Kant seine Frage von der einer Vermittlung zwischen mechanischen und moralteleologischen Kräften und Gesetzen in Richtung auf eine Frage eines Zusammenstimmens zweier Arten teleologischer Kräfte und Gesetze (physisch teleologischer und moralteleologischer Kräfte und Gesetze) verschiebt. Kant formuliert das Problem in den *TP* nicht mehr als ein solches, das zwischen der mechanischen Naturordnung und der moralteleologischen Ordnung besteht, sondern als ein solches, das den Übergang von moralteleologischen zu physisch teleologischen und von diesen zu den mechanischen Kräften und Gesetzen der Natur betrifft. Während Kant in der zweiten *Kritik* die Kluft zwischen mechanischen und moralteleologischen Kräften und Gesetzen noch nicht zu überbrücken wusste – bemerkt er in den *TP*, dass physisch teleologische Kräfte und Gesetze die Möglichkeit einer durch Vernunftideen regierten Naturordnung aufzeigen:

> Weil aber eine reine praktische Teleologie, d.i. eine Moral, ihre Zwecke in der Welt wirklich zu machen bestimmt ist, so wird sie deren *Möglichkeit* in derselben, sowohl was die darin gegebene *Endursachen* betrifft, als auch die Angemessenheit der *obersten Weltursache* zu einem Ganzen aller Zwecke als Wirkung [dieser obersten Weltursache], mithin sowohl die natürliche *Teleologie*, als auch die Möglichkeit einer Natur überhaupt, d.i. die Transscendental-Philosophie, nicht verabsäumen dürfen, um der praktischen reinen Zwecklehre objective Realität in Absicht auf die Möglichkeit [...] des Zwecks, den sie als in der Welt zu bewirken vorschreibt, zu sichern (*TP* 8:182.35–183.9).

In der *KU* behauptet Kant, dass physisch teleologische und moralteleologische Kräfte und Gesetze im menschlichen Bewusstsein in Form einer Hierarchie zusammenstimmen, in der physisch teleologische moralteleologischen Kräften und Gesetzen untergeordnet sind. In Kants Antwort darauf, *wie* die physisch teleologischen und moralteleologischen Kräfte und Gesetze im menschlichen Bewusstsein durch eine Hierarchie zusammenstimmen, könnte man dabei eine theoretische von einer praktischen Seite des Problems unterscheiden. Aus theoretischer

Perspektive will Kant erklären, wie physisch teleologische und moralteleologische Kräfte und Gesetze in der Erkenntnis der Dinge zusammenwirken. In dieser Perspektive sucht die theoretische Vernunft des Menschen für physisch teleologische Gesetze Einheit in den ihnen übergeordneten Zwecken moralteleologischer Kräfte und Gesetze. Verschiedene Naturzwecke finden eine ihnen übergeordnete Einheit im moralischen Endzweck des höchsten Gutes, da die empirisch bedingten Zwecke der Natur den a priori reinen, empirisch unbedingten Zwecken der sittlichen Vernunft untergeordnet werden können. Die zweckförmige Ordnung der Natur wird so gedacht, als ob sie der moralteleologischen Ordnung der Dinge zu Diensten sein könnte.

Aus praktischer Perspektive stellte sich das Problem als die Frage, wie in einer Handlung moralteleologische Kräfte und Gesetze auf physisch teleologische (und mechanische) Kräfte und Gesetze der Natur einwirken können. Dabei geht es nicht darum, zu welchen Kräften und Gesetzen man höherstufige Kräfte und Gesetze sucht, die Einheit in die unter sie fallenden Kräfte und Gesetze bringen, sondern welche mit moralteleologischen Kräften und Gesetzen kompatible Natur man als objektive Realisierung moralischer Zwecke hervorbringen kann, oder, wenn die Naturgegenstände schon vorhanden sind, welche mit moralteleologischen Kräften und Gesetzen kompatible Ordnung man in den äußeren Verhältnissen von Naturgegenständen arrangieren kann. Kants Antwort ist, dass die mit den moralteleologischen Kräften und Gesetzen kompatiblen Naturgegenstände oder Verhältnisse zwischen Naturgegenständen physisch teleologisch geordnet werden müssen. Erneut argumentiert Kant auf der Basis der hierarchischen Vereinbarkeit der verschiedenen Kräfte und Gesetze.

### 2.6.2 Die Einheit der physisch teleologischen und moralteleologischen Kräfte und Gesetze im theoretisch praktischen Bewusstsein Gottes

Anders stellt sich die Situation für das theoretische praktische Bewusstsein Gottes dar. Da es, wie oben schon ausgeführt wurde, wesentlich als ein solches gedacht wird, das nicht in einzelne Vermögen und deren verschiedene Leistungen zerfällt, die zur verschiedenartigen Struktur von Gesetzen der Natur führen, sondern einen Einheitsgrund bildet, der noch vor der Unterscheidung in verschiedene Vermögen und deren Leistungen liegt, bilden auch physisch teleologische und moralteleologische Kräfte und Gesetze im theoretisch praktischen göttlichen Bewusstsein eine ursprüngliche Einheit. So schreibt Kant in der *ZE* der *KU:* „Also muß es doch einen Grund der *Einheit* des Übersinnlichen, welches der Natur zum Grunde liegt, mit dem, was der Freiheitsbegriff praktisch enthält, geben, wovon der Begriff [...] den Übergang von der Denkungsart nach den Principien der einen zu der nach

Principien der anderen möglich macht" (*KU* 5:176.9–15). Eine ähnliche Strategie für die Lösung der Kluft zwischen den natürlichen und moralischen gesetzlichen Ordnungen hatte Kant schon in der *KpV* vorgeschlagen, jedoch dort noch unter dem Vorzeichen eines mechanischen Naturbegriffs. Kant verweist auch in der *KpV* auf eine Einheit der natürlichen und moralischen Ordnungen im göttlichen Bewusstsein, die ihrer Vereinbarkeit im menschlichen Bewusstsein und in der Welt, so wie sie dem Menschen zugänglich ist, zugrunde liegt:

> Gleichwohl wird in der praktischen Aufgabe der reinen Vernunft, d.i. der nothwendigen Bearbeitung zum höchsten Gute, ein solcher Zusammenhang als nothwendig postulirt: wir *sollen* das höchste Gut (welches also doch möglich sein muß) zu befördern suchen. Also wird auch das Dasein einer von der Natur unterschiedenen Ursache der gesammten Natur, welche den Grund dieses Zusammenhangs, nämlich der genauen Übereinstimmung der Glückseligkeit mit der Sittlichkeit, enthalte, *postulirt*. […] Also ist das höchste Gut in der Welt nur möglich, so fern eine oberste Ursache der Natur angenommen wird, die eine der moralischen Gesinnung gemäße Causalität hat. Nun ist ein Wesen, das der Handlungen nach der Vorstellung von Gesetzen fähig ist, eine *Intelligenz* (vernünftig Wesen) und die Causalität eines solchen Wesens nach dieser Vorstellung der Gesetze ein *Wille* desselben. Also ist die oberste Ursache der Natur, so fern sie zum höchsten Gute vorausgesetzt werden muß, ein Wesen, das durch *Verstand* und *Willen* die Ursache (folglich der Urheber) der Natur ist, d.i. *Gott*. Folglich ist das Postulat der Möglichkeit des *höchsten abgeleiteten Guts* (der besten Welt) zugleich das Postulat eines *höchsten ursprünglichen Guts*, nämlich der Existenz Gottes (*KpV* 5:125.1–25).

In der *KpV* konzipiert Kant ein theoretisch praktisches Bewusstsein Gottes, das aus der theoretischen Komponente des Verstandes und der praktischen Komponente des Willens besteht. Kant behält diese doppelte Charakterisierung der Idee Gottes und seines Bewusstseins durch die Einheit theoretischer und praktischer Fähigkeiten in den §§ 86–9 der *KU* bei. Wir müssen uns einen Gott

> als *allwissend* denken: damit selbst das Innerste der [moralischen oder nicht moralischen] Gesinnungen [der Menschen] […] ihm nicht verborgen sei; als *allmächtig:* damit es die ganze Natur diesem höchsten Zwecke angemessen machen könne; als *allgütig* und zugleich *gerecht:* weil diese beiden Eigenschaften (vereinigt die *Weisheit*) die Bedingungen der Causalität einer obersten Ursache der Welt als höchsten Guts unter moralischen Gesetzen ausmachen; und [wir müssen] so auch alle übrigen transscendentalen Eigenschaften, als *Ewigkeit*, *Allgegenwart* usw. (denn Güte und Gerechtigkeit sind moralische Eigenschaften), die in Beziehung auf einen solchen Endzweck vorausgesetzt werden, an demselben denken (*KU* 5:444.17–28).

Auch in der *KU* beschreibt Kant das göttliche Bewusstsein nicht bloß theoretisch, als Verstand, als „Intelligenz und gesetzgebend für die Natur", sondern auch praktisch, als Wille, als ein „gesetzgebendes Oberhaupt in einem moralischen Reiche der Zwecke" (*KU* 5:444.13–5). Gott spielt die Rolle des „Oberherren" (*KU* 5:445.31), einer „verständigen Weltursache" (*KU* 5:446.32; vgl. *KU* 5:446.2–3), der zugleich „*allwissend*", „*allmächtig*" und weise (allgütig und gerecht); außerdem allgegenwärtig und ewig ist (*KU* 5:444.17–25). Kant schreibt dem göttlichen Bewusstsein jene Eigenschaften zu, die es ihm ermöglichen, sowohl die theoretischen Ordnungen der Natur als auch die praktischen Ordnungen der Moral zu regieren. Obgleich Kant das göttliche Bewusstsein durch theoretische und praktische Vermögen charakterisiert, ist der entscheidende Punkt, dass diese Vermögen im göttlichen Bewusstsein im strengen Sinne eins sind. In getrennte, unter verschiedenen Bedingungen arbeitende Vermögen lassen sie sich nur aus der Erkenntnisperspektive und in der Redeweise des Menschen unterscheiden.

Es ist die ursprüngliche Einheit der Kräfte und Gesetze im göttlichen Bewusstsein, die die Vereinbarkeit der Ordnungen im menschlichen Bewusstsein und in der für den Menschen erfahrbaren Welt möglich macht. Dafür charakterisiert Kant Gott außerdem als kausales, ursächliches Urwesen, das in seinem Bewusstsein über die Einheit theoretischer und praktischer Vermögen verfügt und diese Einheit zur Grundlage seiner Schöpfungen macht: Es ist „eine oberste nach moralischen Principien die Natur beherrschende Ursache" (*KU* 5:446.27–8) und zugleich eine „oberste Ursache", welche „die ganze Natur" der moralischen „Absicht (zu der diese bloß Werkzeug ist) zu unterwerfen vermögend ist" (*KU* 5:447.11–3). Anders als im physikotheologischen Argument, das in seiner traditionellen Spielart noch eine Vielzahl von Göttern erlaubte (was Kant nicht teilt), legt sich Kant auch in § 86 auf die Singularität Gottes fest. Es ist eine singularische „*Gottheit*" (*KU* 5:447.13), ein einziger „*Gott*", nicht mehrere „*Götter* (Dämonen)" (*KU* 5:447.2–3). Dieser Gott wird extramundan gedacht; er ist „ein moralisch-gesetzgebendes Wesen außer der Welt" (*KU* 5:446.15–6).

Man könnte, obwohl Kant dies selbst nicht sagt, an dieser Stelle Kants Bestimmungen des intuitiven Verstandes aus dem § 77 der „Dialektik" ein weiteres Mal aufnehmen und auf das theoretisch praktische Bewusstsein Gottes projizieren. Für das theoretische Bewusstsein Gottes hatte Kant argumentiert, dass es ein Synthetisch-Allgemeines sei, in dessen denkender Anschauung und anschauendem Denken keine Trennung zwischen Anschauungs- und Begriffsvermögen stattfindet. Diese Eigenschaft des göttlichen Bewusstseins ist auch für den praktischen Aspekt des Bewusstseins Gottes wichtig und macht einen entscheidenden Unterschied gegenüber dem menschlichen Bewusstsein aus. Während für den Menschen eine Trennung zwischen Anschauung und Begriff vorliegt, die den Zweifel aufkommen lässt, ob reine praktische Gesetze, die vor aller Erfahrbarkeit dessen, was sie uns aufgeben, in der Natur Geltung beanspruchen, tatsächlich in der Natur realisiert werden können, entfällt dieses Problem im göttlichen Bewusstsein, da dort das, was der Mensch durch Begriffe denkt und das, was der Mensch anschaut, nicht getrennt vorliegen. Das heißt, im göttlichen Bewusstsein tritt das Problem, wie die von der reinen praktischen Vernunft aufgegebene, von der sinnlichen Welt unabhängige, moralteleologische Ordnung in einer durch den theoretischen Verstand und die theoretische Vernunft darstellbaren, sinnlich bedingten Naturordnung verwirklicht werden können, gar nicht auf.

### 2.6.3 Der ethikotheologische Beweis für das theoretisch praktische Bewusstsein Gottes

In den §§ 86–9, insbesondere in § 87, stützt Kant die Idee der Einheit dieses theoretisch intelligenten, intentionalen und zugleich praktisch weisen Bewusstseins Gottes durch ein von Kant als ‚ethikotheologisches' oder ‚moralisches' bezeichnetes Argument (*KU* 5:448.17–450.30; bes. „Von der Ethikotheologie", *KU* 5.442.12 und „Von dem moralischen Beweise eines Daseins Gottes", *KU* 5:447.15). Das Argument in § 87 verläuft über die folgenden Schritte. Will man die zufälligen Gegenstände in der Welt, deren Dasein und Verhalten durch äußere Ursachen bedingt ist, aus ihrer obersten Ursache begründen, so könnte man diese oberste unbedingte Ursache entweder in wirkursächlichen (einer übergeordneten mechanischen Ursache) oder in physisch teleologischen, finalursächlichen Ordnungen suchen, indem man fragt, was ihr oberster, schlechthin unbedingter Zweck ist. Im letzteren Fall müsste die oberste Ursache als ein intentionales Wesen gedacht werden, das sich Zwecke vorstellen und nach diesen handeln kann. Weil sich der Mensch physisch teleologische Ordnungen nur so vorstellen kann, dass der Endzweck in der kausalen Reihe der Zwecke der „*Mensch* (ein jedes vernünftige Weltwesen) *unter moralischen Gesetzen*" (*KU* 5:448.33–4) ist, da nur der Mensch „von einem Werthe den mindesten Begriff" (*KU* 5:449.3–4) hat, während leblose oder lebendige vernunftlose Wesen keinen Begriff von einem Wert haben, und da nur der Mensch als Vernunftwesen andere Naturwesen als relative Zwecke zu sich selbst ins Verhältnis setzen kann, kann der Mensch nur sich selbst als absoluten Zweck für relative Zwecke verstehen und sich, indem er nach dem moralischen Gesetz handelt, durch seine Freiheit als einen absoluten Wert begreifen.

Das Vermögen der Freiheit und das moralische Gesetz tragen dem Menschen auf, nach dem moralischen Endzweck, d.i., dem höchsten Gut in der Welt, zu streben. Dieses besteht aus der physischen Komponente der Glückseligkeit, der Gegenstände der Welt als Güter betrachtet, und der vernünftigen Komponente, der Würdigkeit, glücklich zu sein und über die Güter der Welt zu verfügen, wobei die Glückseligkeit nur unter der Bedingung der Glückswürdigkeit erlangt werden kann und dieser angemessen sein soll. An diesem Punkt entsteht das Problem einer Äquivalenz von Glückseligkeit und Glückswürdigkeit, das die Annahme eines Schöpfers aus moralischer Perspektive erforderlich macht. Die

## 2.6 Die Einheit der physisch teleologischen und moralteleologischen Kräfte — 277

> zwei Erfordernisse des uns durch das moralische Gesetz aufgegebenen Endzwecks können wir aber nach allen unsern Vernunftvermögen als durch bloße Naturursachen *verknüpft* und der Idee des gedachten Endzwecks angemessen unmöglich uns vorstellen. Also stimmt der Begriff von der *praktischen Nothwendigkeit* eines solchen Zwecks durch die Anwendung unserer Kräfte nicht mit dem theoretischen Begriffe von der *physischen Möglichkeit* der Bewirkung desselben zusammen, wenn wir mit unserer Freiheit keine andere Causalität (eines Mittels), als die der Natur verknüpfen (*KU* 5:450.17–25).

Da sich der Mensch im höchsten Gut die Einstimmigkeit von Glückswürdigkeit und Glückseligkeit, von moralischen und physisch teleologischen Zwecken vorstellt und wünscht, selbst aber weder eine Möglichkeit hat, deren strenge Einheit zu denken, noch sie herzustellen, muss er „eine moralische Weltursache (einen Welturheber) annehmen" (*KU* 5:450.26–7), welche die Einheit und Zusammenstimmung beider Komponenten des höchsten Gutes garantiert.

Dabei verwendet Kant viel Mühe darauf, den Punkt genau zu nennen, an dem die Annahme eines Gottes in moralischer Funktion unumgänglich notwendig wird. Kant argumentiert, dass nicht schon der Mensch als Wesen, das über die Kausalität der Freiheit verfügt, und mit der Freiheit des Willens das Vermögen besitzt, sich moralische (oder nicht moralische) Zwecke zu setzen, der Annahme eines Schöpfers bedarf, da er sich der Freiheit als eines Faktums in seiner Selbsterfahrung bewusst ist und keiner anderen intentionalen Ursache bedarf, um sich das Vermögen der Freiheit zu erklären:

> Wir finden [...] in uns selbst und noch mehr in dem Begriffe eines vernünftigen mit Freiheit (seiner Causalität) begabten Wesens überhaupt auch eine *moralische Teleologie*, die aber, weil die Zweckbeziehung in uns selbst a priori sammt dem Gesetze derselben bestimmt, mithin als nothwendig erkannt werden kann, zu diesem Behuf keiner verständigen Ursache außer uns für diese innere Gesetzmäßigkeit bedarf (*KU* 5:447.18–24).

Allerdings ist sich der Mensch zwar seiner eigenen Freiheit bewusst, kann aber nicht darauf vertrauen, dass die Handlung anderer, die er sieht, auf Freiheit beruht. Das heißt, auch die Annahme der Kausalität der Freiheit und ihrer Wirksamkeit in der Handlung eines einzelnen Menschen, erfordert, wenn man sich die gesamte Sphäre der Sittlichkeit vorstellen möchte, einen Standpunkt, der über den des Menschen hinausgeht, da er die Einsicht in das Bewusstsein anderer voraussetzt, die man nach Kant nicht hat (dieses Argument macht Kant an anderer Stelle, erwähnt es aber in den §§ 86–9 nicht). Die Annahme eines göttlichen Wesens wird nach der Darstellung in § 87 erst mit der Frage der Zusammenstimmung zwischen natürlichen und moralischen, und zwischen moralischen Wesen notwendig, denn diese moralische Teleologie betrifft doch uns als Weltwesen und also mit andern Dingen in der Welt verbundene Wesen: auf welche letzteren entweder als Zwecke, oder als Gegenstände, in Ansehung deren wir selbst Endzweck sind, unsere Beurtheilung zu richten, eben dieselben moralischen Gesetze uns zur Vorschrift machen. Von dieser moralischen Teleologie nun, welche die Beziehung unserer eigenen Causalität auf Zwecke und sogar auf einen Endzweck, der von uns in der Welt beabsichtigt werden muß, imgleichen die wechselseitige Beziehung der Welt auf jenen sittlichen Zweck und die äußere Möglichkeit seiner Ausführung [...] betrifft, geht nun die nothwendige Frage aus: ob sie unsere vernünftige Beurtheilung nöthige, über die Welt hinaus zu gehen und zu jener Beziehung der Natur auf das Sittliche in uns ein verständiges oberstes Princip zu suchen, um die Natur auch in Beziehung auf die moralische innere Gesetzgebung und deren mögliche Ausführung uns als zweckmäßig vorzustellen (*KU* 5:447.27–448.7).

Kant greift damit die in der *ZE* formulierte Problematik der Verwirklichung der Zwecksetzungen aus Freiheit in der Natur wieder auf, deren Grundlage eine Zusammenstimmung der mechanischen und physisch teleologischen Ordnungen der Natur zu den Zwecksetzungen aus Freiheit, den moralteleologischen Ordnungen ist. Diese Zusammenstimmung, so Kant, kann nur gewährleistet werden, wenn wir ein göttliches Wesen annehmen, in dem physisch teleologische (einschließlich der unter sie fallenden mechanischen) Kräfte und Gesetze und moralteleologische Kräfte und Gesetze eins sind.

## 2.7 Die Einheit Gottes

*These 6:* Kant hätte den teleologischen Einheitsgedanken seines philosophischen Systems noch immer verfehlt, wenn er diesen am Ende durch zwei regulative Ideen Gottes bzw. zwei regulative Ideen von Arten des göttlichen Bewusstseins garantieren müsste, die selbst so verschieden voneinander sind, dass sie keine Einheit bilden. Die letzte These, mit der ich Kants Ansatz rekonstruieren möchte, lautet daher: Die zweckvolle Existenz von organisierten Wesen, eingebettet in eine zweckvolle Schöpfung, lässt den Menschen an eine, und nur eine regulative Idee Gottes glauben; jener Gott, der die ursprüngliche Einheit der Kräfte und Gesetze der Natur repräsentiert und deren Vereinbarkeit aus der Perspektive des Menschen begründet, ist derselbe Gott, der die Einheit der Kräfte und Gesetze der Natur und Moral repräsentiert und deren Vereinbarkeit aus der Perspektive des Menschen begründet. Einheit unter den verschiedenen Gesetzen zu repräsentieren und deren Vereinbarkeit im menschlichen Bewusstsein und in der für den Menschen zugänglichen Welt hervorzubringen, sind im Kantischen Ansatz verschiedene Aufgaben ein und desselben göttlichen Bewusstseins.

Ich möchte abschließend diskutieren, wie sich die beiden regulativen Ideen Gottes bzw. seiner theoretischen und praktischen Aspekte des schöpferischen Bewusstseins zueinander verhalten. Während Kant die regulative Idee Gottes relativ klar als eine solche formuliert, welche die Einheit theoretischer und praktischer Ordnungen repräsentiert, enthalten Kants verschiedene Aussagen zu Beweisen für diese Gotteskonzeption(en) aus der Perspektive des Menschen starke Spannungen. Ich erörtere im Folgenden zunächst noch einmal sehr knapp, wie sich Kant die regulative Idee Gottes vorstellt, welche die Einheit der natürlichen und moralischen Kräfte und Gesetze repräsentiert und deren Vereinbarkeit im menschlichen Urteilen und in der für den Menschen erfahrbaren Welt garantiert. Dann gehe ich auf Schwierigkeiten ein, die Kants Versuche betreffen, Beweise für die verschiedenen Aspekte dieser Gotteskonzeption im menschlichen Urteilen aufzustellen und zueinander ins Verhältnis zu setzen. Kants Schwierigkeiten bestehen zum einen darin, dass er die Beweise für seine Gotteskonzeption aus traditionellen Modellen, etwa dem physikotheologischen, der in seiner traditionellen Gestalt nur begrenzt auf Kants Gottesbegriff anwendbar ist, und eigenen Modellen, etwa dem ethikotheologischen Beweis, generieren möchte. Eine weitere Schwierigkeit besteht darin, dass Kant für die aus menschlicher Perspektive trennbaren Aspekte des Gottesbegriffs (die in Gott selbst strenge Einheit sind) verschiedene Gottesbeweise anführt, und sich bei der Beschreibung von deren Verhältnissen zueinander in uneinheitliche Aussagen verwickelt. Auffällig ist vor allem, dass Kant bei der Bestimmung des Verhältnisses zwischen seiner Version des physikotheologischen und des ethikotheologischen Gottesbeweises zwischen einer schwächeren Ergänzungsthese und einer stärkeren Ersetzungsthese schwankt. Während die Ergänzungsthese besagt, dass die durch beide Gottesbeweise bewiesenen Gottesbegriffe und Vorstellungen von Gottes Bewusstsein einander ergänzen, wenn die Einheit der Kräfte und der Gesetze der Welt begründet werden sollen, besagt die Ersetzungsthese, dass der durch den ethikotheologischen Gottesbeweis bewiesene Begriff von Gott und seines schöpferischen Bewusstseins diese Einheit allein begründen kann. Der Unterschied zwischen beiden Thesen ist, dass die Ergänzungsthese dem physikotheologischen Gottesbeweis und dem durch ihn bewiesenen Gottesbegriff einen eigenständigen Wert zuerkennt, während die Ersetzungsthese diesen entweder für einen Bestandteil des ethikotheologischen Beweises oder für gänzlich verzichtbar erklärt. Eng damit verbunden sind Kants schwankende Aussagen darüber, ob der ethikotheologische Gottesbeweis ein praktischer oder ein theoretisch praktischer Beweis ist (2.7.1). Nach einer Diskussion dieser Schwierigkeiten schließe ich mit einer Reflexion darüber, dass Kant in der kritischen Philosophie der *KU* die hypothetische Annahme einer regulativen Idee Gottes vertritt, sich mit dieser Annahme aber weder frontal gegen einen atheistischen noch gegen einen theologischen Ansatz stellt, da sich die kritische Philosophie Kants gegen die Alternativen eines dogmatisch empiristischen Atheismus und eines dogmatisch rationalistischen Theismus agnostisch erklären muss, weil Gott kein Erfahrungsgegenstand ist und weder seine Nicht-Existenz noch seine Existenz erkannt werden kann. Ich weise auf Implikationen dieses Ansatzes hin (2.7.2).

### 2.7.1 Zwei Beweise, ein Gott

Die von Kant entwickelte regulative Idee Gottes und seines schöpfenden Bewusstseins ist im strikten Sinne Einheit. Schon die Redeweise, dass dieser Gott und sein Bewusstsein die ‚Einheit von' repräsentiert, geht von der ursprünglich in Gott gedachten Einheit ab und wendet Redeweisen, Distinktionen und Einteilungen des Menschen auf den Standpunkt Gottes an, die der Mensch nur von seinem eigenen Standpunkt aus benötigt, um die Bereiche seines Daseins (Natur und Moral) zu beschreiben und die Bewusstseinssphären zu unterscheiden, mit denen er diese Bereiche erfährt (theoretische und praktische Vernunft). – Der von Kant konzipierte Gottesbegriff hat nur wenige Eigenschaften: Es handelt sich um die Idee einer singulären, kausalen (schöpferischen) Entität außerhalb der menschlichen Welt. Kant beschreibt diesen Gott mit einigen theoretischen und praktischen klassischen Gottesattributen als allwissend, allmächtig, allgütig, gerecht, ewig, allgegenwärtig, und gibt ihm die Herrschaft über die Ordnungen der Natur und der Moral: Gott ist nicht nur eine „Intelligenz und gesetzgebend für die Natur", sondern auch ein „gesetzgebendes Oberhaupt in einem moralischen Reiche der Zwecke" (*KU* 5:444.13–5).

Schwieriger sind Kants verschiedene Beweise des Menschen für diesen göttlichen Einheitsgrund, in denen er einige Aussagen trifft, die schwer miteinander vereinbar scheinen. Zu diesen verschiedenen Aussagen kommt es zum einen, weil Kant die regulative Idee Gottes mit mehreren Funktionen ausstattet, die in mehr oder weniger inklusive Gotteskonzeptionen münden könnten. So will er einerseits die Einheit der Kräfte und Gesetze der Natur untermauern, die für den Menschen auf dem theoretischen Vernunftgebrauch beruhen, andererseits die Einheit der Kräfte und Gesetze der Natur und der Moral begründen, die für den Menschen auf dem theoretischen und dem praktischen Vernunftgebrauch beruhen (‚Vernunft' meint hier Vernunft im weiteren Sinne). Analog versucht er die Gottesbeweise für den jeweils Einheit stiftenden Gott aus der menschlichen Perspektive durch einen Beweis aus der theoretischen Vernunft oder durch einen Beweis aus der theoretisch praktischen Vernunft zu erbringen. An manchen Stellen im Text klingt es sogar so, als ob sich der Gottesbeweis allein aus der praktischen Vernunft erbringen ließe.

In traditionellen Begriffen formuliert stellt sich das Problem auf ähnliche Weise dar: Es gibt Aussagen, in denen es so klingt, als ob der ethikotheologisch beweisbare Gottesbegriff die Funktionen des physikotheologisch beweisbaren Gottesbegriffs enthält. Der physikotheologische Gottesbegriff wäre dann ein Teil des ethikotheologischen und würde durch diesen ergänzt. So sagt Kant in § 85: „Die erstere [Physikotheologie] geht natürlicher Weise der zweiten [Moraltheologie, Ethikotheologie] vorher. Denn wenn wir von den Dingen in der Welt auf eine Weltursache *teleologisch* schließen wollen: so müssen Zwecke der Natur zuerst gegeben sein, für die wir nachher einen Endzweck und für diesen dann das Princip der Causalität dieser obersten Ursache zu suchen haben" (*KU* 5:436.11–437.2). Oder in Passage *KU* 5:438.33–439.4 (meine Herv., vgl. auch *KU* 5:441.5–16) schreibt Kant: „Bei näherer Prüfung würden wir sehen, daß eigentlich eine Idee von einem höchsten Wesen, die auf ganz verschiedenem Vernunftgebrauch (dem praktischen) beruht, in uns a priori zum Grunde liege, welche uns antreibt, die mangelhafte Vorstellung einer physischen Teleologie von dem Urgrunde der Zwecke in der Natur bis zum Begriffe einer Gottheit *zu ergänzen*, und wir würden uns nicht fälschlich einbilden, diese Idee, mit ihr aber eine Theologie durch den theoretischen Vernunftgebrauch der physischen Welterkenntiß zu Stande gebracht, viel weniger, ihre Realität bewiesen zu haben". Oder in *KU* 5:444.28–32 (teilw. meine Herv.) „Auf solche Weise *ergänzt* die *moralische* Teleologie den Mangel der *physischen* und gründet allererst eine *Theologie:* da die letztere, wenn sie nicht unbemerkt aus der ersteren borgte, sondern consequent verfahren sollte, für sich allein nichts als eine *Dämonologie*, welche keines bestimmten Begriffs fähig ist, begründen könnte".

Es gibt aber auch Bemerkungen Kants, die nahelegen, dass die Idee Gottes, die durch einen ethikotheologischen Beweis plausibel gemacht werden kann, jene Idee Gottes ersetzt, die durch einen physikotheologischen Beweis Gottes bewiesen werden soll. Eine Variante dieser These besagt, dass die moraltheologische Idee Gottes eine physikotheologische deshalb ersetzt, weil sie selbst neben der praktischen eine theoretische Komponente hat. Eine andere Variante scheint zu besagen, dass die moralteleologische Idee Gottes eine physikotheologische nicht enthält, weil sie nur in einer praktischen Idee Gottes besteht: Etwa sagt Kant, der moralische Gottesbeweis „*ergänzt* [...] nicht etwa bloß den physisch-teleologischen zu einem vollständigen Beweise; sondern er ist ein besonderer Beweis, der den Mangel der Überzeugung aus dem letzteren *ersetzt*" (*KU* 5:478.13–6), oder behauptet, der „moralische Beweis [...] würde [...] noch immer in seiner Kraft bleiben, wenn wir in der Welt gar keinen, oder nur zweideutigen Stoff zur physischen Teleologie anträfen" (*KU* 5:478.28–32).

In der Passage *KU* 5:448.7–13 schreibt Kant, dass ein physikotheologisch beweisbarer Gott ein untergeordneter Gott ist, der die natürliche Welt in Entsprechung zur Gesetzgebung der moralischen Welt organisiert, die ein ihm übergeordneter ethikotheologisch beweisbarer Gott vorgibt. Dieser Prozess wird mit dem der Gesetzgebung in einem Staat oder Königreich verglichen, in dem Vertreter der Exekutive jene moralische Ordnung der Gesetze, die ein Staatsoberhaupt vorgibt, in die natürliche Welt übertragen (vgl. dazu Cunico 2008, 317). Kant scheint mit dieser Metapher ein Modell der Arbeitsteilung zwischen den beiden Gottesbegriffen zu erwägen, das der Arbeitsteilung in der Regierung in einem Königreich ähnelt. Obgleich der König eines Königreiches die Funktionen jener Person(en) kennt, die für die Ordnung der verschiedenen Bereiche in seinem Staat zuständig sind, entwickelt er dennoch nicht selbst das detaillierte Wissen und Können, das erforderlich ist, um diese verschiedenen Bereiche zu regieren und zu lenken, sondern dies tun die ihm untergeordneten Personen. Analog könnte man sagen, dass der ethikotheologisch beweisbare, theoretische und praktisch begabte Gott als oberster König und Herrscher in seinem Reich der Zwecke die Aufgaben und das Vermögen des physikotheologisch beweisbaren, nur theoretisch begabten Gottes kennt, ohne selbst die spezifischen Fähigkeiten und das spezielle Wissen zu entwickeln, das notwendig ist, um die Ordnungen im Bereich der Natur in Harmonie zueinander zu setzen. Etwa kann er die unendliche Mannigfaltigkeit der empirischen Züge der Natur nicht selbst durchgehen und ordnen, die der physikotheologisch beweisbare Gott durch mechanische und physisch teleologische Kräfte und Gesetze zur Einheit bringen muss. Irritierend an dieser Lesart ist, dass sie Begriffe von zwei Göttern verwendet, die in einem hierarchischen Verhältnis zueinander stehen; Kant aber am Ende des kritischen Systems der Philosophie einen einzigen Gott setzen möchte. Irritierend ist außerdem, dass man dem obersten Gott doch irgendwie Nicht-Wissen attestieren müsste (da er spezifisches Wissen nicht im Detail besitzt).

Eine bessere Lesart ergibt sich, wenn man Kant so versteht, dass es nur eine Idee von Gott am Ende des kritischen Systems gibt, dessen verschiedene Aspekte seines Bewusstseins aus der Perspektive der menschlichen Urteilskraft auf verschiedene Weisen bewiesen werden können. Dieser eine Gott könnte aufgrund seines theoretischen Bewusstseins als Schöpfer der Einheit der Naturgesetze angesehen werden. Vom menschlichen Standpunkt aus könnte dieser Gottesbegriff durch das physikotheologische Argument gestützt werden, das für Kant keinen Fehlschluss aus einer empirischen auf eine nicht empirisch bedingte Sphäre enthält. Oder dieser eine Gott könnte aufgrund der Einheit seines theoretischen und praktischen Bewusstseins als Schöpfer der Einheit der Natur- und Moralgesetze betrachtet werden. Dann würde der Gottesbegriff aus der Perspektive des Menschen durch das ethikotheologische, das ein theoretisch praktisches und kein rein praktisches Argument ist, unterstützt. Nach dieser Lesart führt Kant nicht zwei verschiedene Ideen von Gott ein, sondern nur zwei verschiedene Aspekte ein-

und desselben Gottes und zwei Argumente, die diese beiden Aspekte aus der Perspektive des Menschen beweisen können. Der Wert des physikotheologischen Arguments, das Kant in der *KU* nach seiner Widerlegung in der *KrV* wieder in die kritische Philosophie zurückbringt, bestünde dann sogar in mehr, als dem, was ihm Guyer (2005c) und Wood (1978) zuschlagen. Guyer (2005c, 342) etwa sieht den Wert des physikotheologischen Arguments in seiner Überzeugungskraft für den common sense, die Kant schon in der Frühphilosophie Respekt für das Argument abgenötigt hat: „Why doesn't [...] [Kant] treat the special experience of organisms as a ladder that can be tossed aside once we have climbed up to this more general argument? Here I can only conjecture that Kant's focus on organisms is related to his claim that among the proofs of the existence of God the argument from design must always be treated with a kind of respect". Ähnlich weist Wood auf den „unique value" der Physikotheologie „for morality and moral religion" hin. Wood schreibt, dass der Mensch als moralisches Wesen an die Leitung durch einen weisen Plan des Schöpfers glaubt. Daher sei es nur natürlich, „[that he] should be on the lookout for signs of his wisdom, and that he should find in the purposive arrangements he observes in the natural world an apparent confirmation [...]. The physicotheological proof, therefore, is in common thinking very closely allied to moral faith" (Wood 1978, 133, vgl. 1970, 171). Wie oben schon angedeutet, kann man aber einen Schritt weiter als Guyer und Wood gehen, da Kant das physikotheologische Argument in der *KU* nicht mehr als ein empirisches common sense Argument konzipiert, das von der Erfahrung aus versucht, die Erfahrung ins Übersinnliche zu übersteigen, sondern in der Idee eines natürlichen Zwecks selbst schon begrifflich über die Erfahrung hinaus geht und in das Übersinnliche ausgreift.

Ist die Idee Gottes, die Kant verwendet, eine solche, die aus dem Bedürfnis nach Einheit der theoretischen, der theoretischen und der praktischen oder nur der menschlichen Vernunft generiert wird? Was Kant sich vorstellt, ist, dass die praktische Vernunft dem Menschen aufgibt, das höchste Gut zu verwirklichen, welches aus einer Komponente natürlicher Güter besteht, die Glückseligkeit verschaffen, und aus einer Komponente moralischer Gesinnungen besteht, die den Menschen der Glückseligkeit würdig machen. Die Idee Gottes soll die Vereinbarkeit beider Komponenten aus ihrer Einheit in Gott begründen. Ob die Gottesidee eine aus der theoretischen und praktischen oder nur aus der praktischen Vernunft erzeugte ist, scheint sich daran zu entscheiden, ob man die Glückseligkeit als eine Vorstellung der theoretischen und praktischen Vernunft oder nur der praktischen Vernunft interpretiert. Ersteres ergibt sich, wenn man sagt, dass man sich zuerst die zweckförmige Natur vorstellen muss, bevor man ihr durch die praktische Vernunft einen praktischen Wert (Glück) zu- oder abspricht, letzteres scheint sich darauf zu beschränken, dass die Glückseligkeit (Natur-)Güter bezeichnet, die allein aus der Perspektive der praktischen Vernunft bewertet werden.

### 2.7.2 Schluss

Die regulative Annahme eines Schöpfers und der Schöpfung wird für Kant fällig, weil Kant die Einheit der Ordnungen der Natur und der Moral begründen und deren Vereinbarkeit in der Welt des Menschen garantieren möchte. Dabei ist der regulative Gottesbegriff hypothetisch; er verdankt sich dem Streben der menschlichen Vernunft, Einheit in die Erfahrungswelt des Menschen zu bringen. Der regulative Charakter des Gottesbegriffs beruht auf dem Faktum, dass Gott selbst für Kant kein Erfahrungsgegenstand ist und daher in Bezug auf diesen Gegenstand keine Wissensansprüche erhoben werden können. Kants regulativer Ansatz kann dabei aber weder ausschließen, dass es keinen Gott gibt (dogmatischer Atheismus) und die Vernunft etwas zu einer regulativen Idee Gottes vergrößert, was es gar nicht gibt, noch, dass es Gott gibt (dogmatischer Theismus), und die Vernunft etwas zu einer regulativen Idee verkleinert, was es gibt. Es bleibt in gewisser Weise offen, ob die regulative Idee Gottes nach Kant nur ein Vernunftprodukt des Menschen ist – die Idee eines Standpunktes, mit dem die Vernunft eine Erklärungslücke schließt, wenn sie die Einheit der Erfahrungswelt erklären soll (und wenn es die menschliche Vernunft nicht gäbe, gäbe es auch die Idee dieses Standpunktes nicht). Oder ob die Kantische Theorie insofern einen viel stärkeren theologischen Zug besitzt, als sie einen nicht-menschlichen, göttlichen Standpunkt voraussetzen muss, um Einheit ins System der Philosophie und in die Ordnungen zu bringen, mit denen sich der Mensch die Welt erschließt. Selbst wenn dieser nicht-menschliche Standpunkt eine regulative Idee des Menschen ist, ist es die Idee von einem göttlichen Standpunkt, den der Mensch nicht einnehmen und nur außerhalb seiner selbst setzen kann. So gesehen könnte es sein, dass nicht dieser Standpunkt, etwa ein schöpfender Gott, sondern nur die menschliche regulative Idee dieses Standpunktes, verschwinden würde, wenn es den Menschen nicht gäbe. In der letztgenannten Lesart ist der Gottesbegriff am Ende der dritten *Kritik* etwas Fundamentales, das sich der Mensch nur durch eine regulative Vernunftidee zugänglich machen kann und das ihm seinem eigentlichen Wesen nach verschlossen bleibt. Dennoch ist es jenes unbekannte Fundamentale, das die Einheit der Philosophie gewährt und von dem her die gesamte Kantische Theorie der Biologie, einschließlich ihrer Positionierung innerhalb der kritischen Philosophie gedacht werden muss: Gott als die unbedingte letzte Ursache und Einheit aller Dinge.

Teil 3
**Kants Theorie der Biologie. Eine historische Einordnung**

# Teil 3. Kants Theorie der Biologie. Eine historische Einordnung

Im dritten Teil meines Buchs untersuche ich systematische Beziehungen zwischen Kants Theorie organisierter Wesen und historischen Strömungen der Naturforschung des 17. und 18. Jahrhunderts.[1] Dafür werde ich zunächst verschiedene ovistische und animalkulistische präformistische (3.1.1–2) sowie mechanische und vitalistische epigenetische (3.3.1–2) historische Theorien anhand zentraler systematischer Merkmale klassifizieren und zeigen, welche Argumente zur Ablösung der Präformations- durch die Epigenesislehre geführt haben (3.2.1–3). Anschließend untersuche ich, ob und inwiefern man Kants Theorie organisierter Wesen im Lichte ovistischer und animalkulistischer präformistischer sowie mechanischer und vitalistischer epigenetischer Lehren lesen kann, obgleich Kant diese selbst weder als das eine noch als das andere charakterisiert hat. Man kann sich den Antworten auf diese Frage zum einen dadurch nähern, dass man alle Stellen aufsucht, in denen sich Kant zu den Begriffen der ovistischen und animalkulistischen Form der Präformationslehre sowie der mechanischen und vitalistischen Form der Epigenesislehre äußert (3.4.1) oder Stellung zu Vertretern beider Lehren bezieht (3.4.2). Außerdem kann man analysieren, ob und welche epigenetischen (3.4.3) und präformistischen (3.4.4) Theorieelemente der Kantische Ansatz enthält. Als Ergebnis der Analysen zeigt sich, dass man Kants Position als eine schwache (kritisch regulativ interpretierte) Präformationslehre verstehen kann. Denn Kant arbeitet mit der regulativen Idee einer Schöpfung im materialen und formalen Sinne, vertritt aber im Lichte der erkenntniskritischen Ergebnisse der Kantischen Transzendentalphilosophie keinen dogmatischen Gottesbegriff. Eine Theorie präformierter Keime und Anlagen entwickelt Kant in den Rassenschriften, ohne sich dabei dem Ovismus oder dem Anmalkulismus und den damit verbundenen eingeschlechtlichen Vererbungslehren anzuschließen. In der *KU* verschiebt sich der Fokus der Kantischen kritischen Präformationslehre zunehmend von einer Theorie präformierter Anlagen am Anfang der Schöpfung hin zu deren Telos, der zweckmäßigen Einheit der Dinge in Gottes Bewusstsein. Zum anderen verbindet Kant diese schwache Präformationslehre mit einem epigenetischen Modell natureigener mechanischer und physisch teleologischer Kräfte und Gesetze der Natur. Diese sind der Natur als Zweitursachen anerschaffen, insofern vertritt Kant auch keine starke Version der Epigenesislehre, da in dieser die Natur gänzlich eigenständig gedacht würde. Sie sind aber dennoch als geschaffene Kräfte und Gesetze der Natur selbständig wirksam. Der epigenetisch schöpferische Aspekt dieser Kräfte und Gesetze der Natur liegt für Kant eher in den

---

[1] Eine kurze Übersicht zu biologischen Theorien der Kantzeit findet sich in McLaughlin (1989a, 9–24) und Mensch (2013, 35–50). Gelehrsame historische Darstellungen enthalten Jahn (1982), Jantzen (1994), Reill (2005), Smith (2006), Huneman (2008a), Cheung (2008), Smith/Nachtomy (2013) und die Arbeiten von Zammito.

vitalistischen zeugenden und bildenden Kräften und in den physisch teleologischen Gesetzen der Natur, die, im Zusammenspiel mit den zweckmäßigen Intentionen Gottes, die zweckmäßige Form der organisierten Wesen erzeugen und eine Adaptation des organisierten Wesens an die Umwelt ermöglichen. Insgesamt steht Kant der vitalistischen Richtung der Epigenesislehre näher als der mechanistischen. Kant ist Vertreter einer Epigenesislehre auch in Bezug auf die zweigeschlechtliche Vererbung der elterlichen Merkmale in den Nachkommen.

## 3.1 Die Präformationslehre

Die Lehre von der Präformation im Keime ist die dominierende Theorie der Erklärung der Entwicklung und Entstehung organischer Lebewesen im 17. und in der ersten Hälfte des 18. Jahrhunderts. Zwischen Mitte und Ende des 18. Jahrhunderts wird sie zunehmend durch die Theorie der Epigenesis abgelöst. Die Lehre von der Präformation (von lat. *prae:* vor, voraus; und *forma:* Form, Gestalt, Gebilde) – auch Evolutions- oder Einschachtelungstheorie genannt – verficht die These, dass der Zeugung und Entwicklung von organischen Lebewesen ein schon vorgebildeter, präformierter Keim zugrunde liegt, der den Organismus bereits vollständig im Kleinen enthält. Das organische Lebewesen muss nur aus dem Keim herausgefaltet werden. Wie in einer russischen Puppe sind die künftigen Generationen bereits im präformierten Keim enthalten. Die Präformationslehre verbindet sich in der Regel mit einer Schöpfungsthese. Die Entstehung der allerersten Form des Organismus ist der Allmacht und Vorherbestimmung Gottes vorbehalten. Die Aufgabe der Natur in präformistischen Theorien besteht passiv allein darin, den Bauplan auszuwickeln.

Die Lehre von der Epigenesis (von griech. *epi:* nach, nachträglich; und *genesis:* Entstehung, Bildung) dagegen schreibt dem lebendigen Naturgegenstand selbst Kräfte oder Gesetzmäßigkeiten zu, aus denen er sich erzeugt und produziert. Epigenetische Theorien legen der Entwicklung eines Lebewesens keinen männlichen oder weiblichen Keim oder Samen, sondern eine homogene, unstrukturierte Materie zugrunde, aus der spontane Neubildungen stattfinden können. Während die frühen Vertreter der Epigenesis die selbstbildenden Kräfte des Organismus in newtonianischer Tradition eher mechanisch interpretieren, führt eine spätere Generation von Epigenetikern eine zunehmend vitalistische Deutung der körpereigenen Bildungskräfte ein.[2]

---

[2] Ein drittes, im 17. und 18. Jahrhundert häufig diskutiertes, zumeist verworfenes Modell zur Erklärung der Entstehung der organischen Natur, ist die antike Theorie der *generatio aequivoca*

Die Lehre von der Präformation, der Vorbildung des Lebewesens im Keime, hat sich in zwei Teiltheorien ausgeprägt, die sich dadurch unterscheiden, dass sie die Natur des präformierten Keimes je verschieden bestimmen. Neben dem historisch früheren Ovismus bzw. Ovulismus (von lat. *ovum:* Ei, Eizelle), der in der ersten Hälfte des 17. Jahrhunderts aufkommt, tritt mit der Entdeckung der Samentierchen durch Johan Ham und Antoni van Leeuwenhoek im Jahre 1677 der Animalkulismus (von lat. *animal:* Tier, Geschöpf, Lebewesen; und dem diminutiven suffix: *-culum*) als alternative Erklärung auf. Während der Ovismus das vorgeformte Lebewesen im weiblichen Ei (Ovum) zu finden glaubt, nimmt der Animalkulismus an, dass der präformierte Keim mit dem männlichen Spermatierchen (auch Animalkule, Spermatozoon, Homunculus) identisch ist und der weibliche Organismus nur die Nahrungsgrundlage für das Wachstum bereitstellt. Eine dritte Lehre, die ebenfalls eine Theorie der vorgeformten Keime enthält, ist wesentlich älter. Schon in der Antike glaubten einige Naturphilosophen, dass die Samen und Keime der Dinge überall auf der Welt verstreut sind. Die Lehre von der Allbesamung, der Panspermie (von griech. *pan:* alles, *sperma:* Samen) bzw. der Pangenesis ist indifferent gegen die männliche oder weibliche Natur der präformierten Keime.

### 3.1.1 Die ovistische Präformationslehre

Betrachten wir zunächst einige Ausprägungen der ovistischen Präformationslehre. Im 17. Jahrhundert entwickelt der englische Arzt und Anatom William Harvey (1578–1657) eine ovistische (wenngleich nicht präformistische) Lehre. Der italienische Arzt Marcellus Malpighi (1628–1694) und der niederländische Apotheker und Anatom Jan Swammerdam (1637–1680) können als frühe Vertreter einer ovistischen Präformationslehre angesehen werden. Unter den Zeitgenossen Kants im 18. Jahrhundert finden sich ovistische Präformationslehren bei dem Schweizer Mediziner, Arzt und Universalgelehrten Albrecht von Haller (1708–1777), dem Schweizer Naturwissenschaftler und Philosophen Charles Bonnet (1720–1793) und dem italienischen Biologen Abbé Lazzaro Spallanzani (1729–1799).

*William Harvey (1578–1657).* Seit dem Jahre 1616 hatte der Neoaristoteliker William Harvey exakte Untersuchungen am Hühnerembryo durchgeführt und die

---

oder *spontanea*. Diese Theorie behauptet eine Urzeugung, das heißt, eine elternlose Entstehung organischer Lebewesen aus einem anorganischen Stoff oder unbelebter Materie. Zugrunde lagen ihr Beobachtungen wie jene, dass lebendige Organismen im Schlamm entstehen oder dass sich im faulenden (toten) Fleisch Pilze, Würmer und Maden bilden.

Gebärmütter von Hirsch- und Rehkühen seziert. Im Jahre 1651 veröffentlicht er in der Schrift *Excercitationes de generatione animalium* Epoche machende embryologische Forschungen zu den Ursachen der Entwicklung eines Hühnchens aus einem Ei. Harvey beschreibt in dieser Geschichte eines Eies (Harvey engl. 1965, 166, 270; vgl. „ovi historiâ" lat. 1651, prefatio o. S., 95) den Uterus einer Henne, das Heranwachsen und die Ernährung des Eies, dessen Schale und seine verschiedenen Teile. Er dokumentiert vierzehn Tage lang Veränderungen im Ei während des Brütens und erörtert die Bedeutung von Hahn und Henne für die Erzeugung des Eies.

Obgleich *kein* Präformist – denn Harvey vertritt eine rein epigenetische Auffassung der Keimesentwicklung, nach der sich alle späteren Organe aus einer homogenen Materie ausdifferenzieren, die als Ei bezeichnet wird – ist Harvey einer der ersten konsequentesten Ovisten. Denn während sein Lehrer Fabricius von Aquapendente noch davon überzeugt ist, dass bloß eine größere Zahl von Tieren aus einem Ei entstehen, behauptet Harvey, „that all animals whatsoever, even the viviparous, and man himself not excepted, are produced from ova". „[T]he first conception, from which the fœtus proceeds in all, is an ovum of one description or another, as well as the seeds of all kinds of plants". Alle Tiere, Pflanzen und selbst der Mensch entwickeln sich aus einem Ei; die Analyse der Entwicklung eines Organismus aus dem Ei ist „of the widest scope, inasmuch as it illustrates generation of every description" (Harvey engl. 1965, 169–70; lat. 1651, 2³).

*Marcellus Malpighi (1628–1694).* Marcellus Malpighi kann als der erste Ovist angesehen werden, der zugleich eine Präformationslehre vertritt. Seine ovistische Deutung der Präformation des organischen Lebewesens im Keim ist in der Schrift *De formatione pulli in ovo* (1673) und in den *Anatome plantarum* (1675/1679) niedergeschrieben. Das bescheidene Ziel der *Anatome plantarum* ist es, eine Anatomie und Naturgeschichte nicht aller, sondern der „bekannteren" Gewächse und Pflanzen und ihrer Teile darzulegen, wobei sich Malpighis provokative Aussagen zur Entstehung und Entwicklung der Gewächse eher unscheinbar eingestreut in die Beschreibungen vieler Pflanzen finden.

Malpighi teilt die präformistische Grundannahme, dass der Keim einer Pflanze bereits die gesamte Pflanze in sich enthält. Der Same „ist der K e i m, nämlich die wirkliche Pflanze, vollständig in allen ihren Theilen, also mit Blättern, und zwar meistens zwei, einem Stengel oder Stamm und einer Knospe" (Malpighi

---

3 „[...] omnia omnino animalia, etiam vivipara, atque hominem adeò ipsum ex ovo progigni, primósque eorum conceptus, é quibus fœtus fiunt, ova quædam esse; ut & semina plantarum omnium. [...] Habet itaque historia ovi fusiorem contemplationem; quòd ex eâ generationis cujuslibet modus elucescat" (Harvey 1651, 2).

dt. 1901, 16; lat. 1675/1679, 9⁴). Der im Samen eingeschlossene Keimling repräsentiere schon die gesamte „Pflanze mit ihren wesentlichen Theilen, der Wurzel und dem Stamme, die sich bei der Keimung verlängern und den zwei Blättern, die sich als Keimblätter entfalten" (Malpighi dt. 1901, 70 – 1; lat. 1675/1679, 80 – 1⁵). Die Natur des Keimes, der das vollständige Lebewesen in sich enthält und der Entstehung von Organismen zugrunde liegt, deutet Malpighi ovistisch. Weil die Erfahrung häufig zeige, dass die Entwicklung von Tieren mit einem Ei beginnt, folgert Malphigi im Analogieschluss „mit Wahrscheinlichkeit", dass auch „der Samen der Pflanzen ein Ei ist, das den aus den wesentlichen Theilen bestehenden Foetus einschliesst" und „jahrelang entwicklungsfähig bleiben kann", bis sich „seine Theile" unter dem „Drucke der von aussen eindringenden Feuchtigkeit" (Malpighi dt. 1901, 71; lat. 1675/1679, 78 [recte 82]⁶) entfalten.

Und nicht nur die Pflanze im Ganzen, sondern sogar die Entfaltung ihrer Teile, etwa der Zweige, Knospen und Blüten, analogisiert Malpighi einer Entstehung aus einem Ei. Er vermutet, dass „die Natur die Entstehung der *Zweige* an Stelle der Erzeugung von Eiern treten" läßt und „die Blüthe, wie einen Uterus mit dem Ei oder einem zarten Embryo, zu bestimmter Zeit der Luft" aussetzt, „damit sie endlich, gleich einem mündigen Sohne, zu einem neuen Spross auswachse" (Malpighi dt. 1901, 14; lat. 1675/1679, 7⁷). Der Vorgang des Keimens und Heranwachsens eines Samens in der Erde erscheint wie ein Bebrüten. Denn die „Eier der Pflanzen"

---

4 „Tantus partium apparatus in gratiam conditi *seminis* à Natura fabrefactus est. Hoc autem est *foetus*, vera scil. planta, suis integrè conformata partibus, foliis videlicet, utplurimùm binis, caudice seu caule & gemmâ" (Malpighi 1675/1679, 9).

5 „Contentus fœtus, seu plantula, suis integrata partibus, taliter custodita in longum etiam servatur tempus. In hac itaq; plantæ vera species compendio elucescit, & viri emancipati filii status innuitur; conicum enim, quandoq; oblongum, & interdum breve, occurrit corpus, quod vegetando radiculas promit, unde radicum truncus erit: Caulis autem, & Caudicis major portio sub specie adhuc gemmæ latitare videtur, à cujus principio & exortu gemina pendere vidimus seminalia folia, suis lignéis fistulis, tracheis, & utriculis constantia, quæ diu servatum succum iterum plantulæ reaffundunt, ut auctior redditus truncus, gemmâ scilicet & elongatis radiculis, sensim adolescat. In Vegetantibus, quorum seminales plantulæ laxatis foliis privantur (ut in *alliis* deprehendinus) multiplices utriculorum ordines, in plantulam inclinati, auctivum succum præbent, qui in iisdem primò maceratur, & postremò effluit" (Malpighi 1675/1679, 80 – 1).

6 „Ex his igitur probabiliter concludere licebit, plantarum semen *Ovum* esse, fœtum principalioribus compaginatum partibus continens, quod per annos etiam fœcundum conservari potest, donec turgente subingresso exteriori humore ipsius partes explicatiores reddantur" (Malpighi 1675/1679, 78 [falsche Seitenangabe, recte 82]); vgl. „Vetus est *Empedoclis* dogma, plantarum semina ova esse, ab iisdem decidua" (Malpighi 1675/1679, 81).

7 „*Ramorum* productionem à Natura institui pro ovorum generatione, probabile; quare florem, quasi uterum cum ovo, seu tenello fœtu, flato tempore aeri exponit, ut tandem, emancipati filii instar, in novam sobolem excrescat" (Malpighi 1675/1679, 7).

bedürfen, „wenn sie das Ovarium der Mutterpflanze verlassen haben", „fortgesetzter Erwärmung". Sie werden „mit Hülfe des Windes oder durch die menschliche Thätigkeit dem Boden anvertraut", wobei „die grosse Mutter Erde" nicht nur „ein Ausbrüten in ihrem Schoosse" durch die ihr „entströmenden Dünste und die von den Sonnenstrahlen erzeugte Wärme" bewirkt, sondern „auch alles Fehlende dem befruchteten Ei reichlich und stufenweise" liefert. Am „Keimling sitzen zwei, meistens dicke Blätter, die dem Eiweiss des Eies analog sind und die Rolle der Placenta des Uterus oder der Cotyledonen spielen: diese bedürfen der aus dem Schoosse der Erde strömenden Feuchtigkeit, wodurch die Säfte gelöst werden zur Fermentation und Keimung" (Malpighi dt. 1901, 77–8; lat. 1675/1679, 14–5[8]).

Am Ende seiner Schrift fragt Malpighi skeptisch, „ob alles Wachsthum und alle Fortpflanzung nur durch Eier oder wenigstens eingepflanzte Theile von Wurzeln und Zweigen geschieht oder ob die Erde selbst, ohne einen Samen zu empfangen, die gewöhnlich vorkommenden Pflanzen erzeuge". Um eine Antwort zu finden, führt er ein Experiment durch. Er setzt Erde in ein Glasgefäß, überspannt dessen Mündung mit einem Seidenstoff, so dass Wasser zugeführt und Luft in das Glas eintreten kann, aber keine durch den Wind herbeigebrachten Samen in das Glas eintreten können. Das Ergebnis des Experiments ist, dass sich in der so präparierten Erde „überhaupt keine Pflanze" (Malpighi dt. 1901, 121; lat. 1675/1679, 71–2[9]) entwickelt. Ohne Ei also keine Pflanze.

*Jan Swammerdam (1637–1680)*. Herman Boerhaave (1668–1738) stellt der posthumen Herausgabe der *Biblia naturae* (1737/1738) von Jan Swammerdam eine Lebensbeschreibung des Verfassers voran, in der er berichtet, der Großherzog der Toskana habe eines Tages mit Swammerdams lebenslangem Förderer Melchise-

---

8 „Ex his igitur conjectari licet, plantarum ova, è materno ovario delapsa, ulteriorem exigentia fotum, & incubatum ventorum ministerio, vel hominum industriâ terrae committi; taliterque incubata stato tempore vegetare, eorúmque partes explicitas manifestari, & adolescere: magna tamen Mater tellus non solùm incubatum suo sinu exhibet, halituosis scilicet evaporationibus, & radiorum solis tepore; sed, quae foecundo ovo desunt; abundè, & sensim suppeditat. Plantulæ enim seminali hærent quidem gemina, utplurimùm, crassa folia, quæ albumini ovi analoga; uterinæ placentæ, vel cotyledonum vices explent: hæc humorem exposcunt, à terreno utero emanantem; quo soluti fermentativi, & spermatici succi [...]. Necesse est igitur fluidum quoddam, à terreno utero emanans; quod seminalium foliorum acetabula, & cotyledones subingressum vegetationem promoveat" (Malpighi 1675/1679, 14–5).
9 „An omnis vegetatio, & generatio solis ovis peragatur; vel saltem Radicum, & ramorum plantatis frustulis: an verò terra ipsa nullo foecundata semine, familiares regionibus plantas promat; apud quosdam dubitatur. Pro horum investigatione, terram è profundo erutam vitreo vase conclusi, cujus orificio multiplex sericum velum superextendi; ut aer, & affusa aqua admitteretur, exclusis minimis seminibus, quæ vento rapiuntur: in hac itaque nulla omnino planta vegetavit" (Malpighi 1675/1679, 71–2).

deck Thevenot Swammerdams Haus in Holland besucht und dessen berühmte anatomische Kunstkammern betrachtet. In beider Gegenwart zergliedert Swammerdam einige Insekten: „Ueber nichts mehr verwunderte sich Se. Königl. Hoheit, als da unser Verfasser vor ihm [...] wies, wie ein Zwiefalter mit seinen zusammengerollten und verwickelten Theilen in einer Raupe steckt, und mit unglaublicher Geschicklichkeit und mit unbegreiflich feinen Werkzeugen ihm seine Hülle abnahm, den versteckten Zwiefalter aus seiner Schluft hervorholte, und dessen verwickelte Theilgen auf das deutlichste und augenscheinlichste aus einander setzte, so daß das Verborgene offenbar ward" (Swammerdam dt. 1752, iv; lat./ndl. 1737/1738, o. S.[10]).

Swammerdams Demonstration soll zeigen, dass der Schmetterling mit all seinen Teilen bereits in der Raupe enthalten ist. Sie ist ein Beweis gegen die spontane Entstehung und für die Präformationslehre, die er, wie Malpighi, in einer ovistischen Variante vertritt: „Kommen die allerkleinsten Thiergen [...] aus einem Ey, das beynahe unsichtbar ist, so ist der Ursprung der grösten Thiere [...] kein anderer" (Swammerdam dt. 1752, 1; lat./ndl. 1737/1738, 2[11]). Gleichwohl ist Swammerdams ovistische Präformationslehre differenzierter als die Ansicht Malpighis, denn Swammerdam, der vor allem Insekten zergliedert, bemerkt, dass diese im Lebenskreislauf verschiedene Stadien durchleben – das Ei, die Larve, die Puppe und das erwachsene Tier – welche Formen ein und desselben Individuums sind und keine „Veränderung oder Verwandlung", sondern nur „einen langsamen

---

**10** „Tum vero omnium maxime, quando Autor noster Magno Heroi, praesentibus *Magalloto*, & *Thevenoto*, coram ostenderet, Papilionem latere, cum omnibus convolutis partibus, in ipsa jam Eruca; dum solertia incredibili, instrumentis ultra fidem subtilibus, separato exuviarum tegumento, absconditum Papilionem extricaret de latebris, ejusque impeditas partes quam distinctissime, & tam liquido, explicaret, ut occultum manifestaretur lucidissime"; vgl. „*Maar wanneer onse Schryver, in 't bysyn van de Heer Magallotti, en Thevenot, aan dien grooten Vorst opentlyk aantoonde, hoe een Kapel, med alle syne opgerolde, en te samen gevouwene, deelen, verborgen legt binnen in een rupse, en als hy med ongelovelyke konstigheid, en med werktuygen fynder, dan men begrypen kost, het buyten bekleedsel afschydende, de ingesloten Kapel selv uythaalde uyt die schuylplaats, en desselvs ingewikkelde deeltjens, op het onderschydelykst, en op het baarblykelykst, ontvoude, so dat het verborgen openbaar wierd*" (Swammerdam 1737/1738, o. S.).

**11** „Accedit, quod, uti minima Animantium, Acari v. g. ex ovulo prae tenuitate vix conspicuo nascuntur; sic & maxima Animantium haud insigniores, vel magis manifestos, ne dicam obscuriores potius, magisque a visu remotos ortus obtineant"; vgl. „*Waar by komt dat gelijk de alderminste dieren, als de Sierkens, ofte Mijtkens uyt een ey, dat bykans onsigtbaar is, geboren werden: Dat ook selfs de aldergrootste Schepselen geen meerder ende blykelyker soo niet duysterder ende onsigtbaarder, beginselen hebben*" (Swammerdam 1737/1738, 2).

und natürlichen Anwachs der Gliedmassen" (Swammerdam dt. 1752, 2, 16; lat./ndl. 1737/1738, 4[12], 34[13]) bedeuten.

Dies mag der Grund dafür sein, dass Swammerdams Aussagen in den Einleitungspassagen seines Werkes dahingehend schwanken, ob das Ei oder die Puppe diejenige erste Gestalt der Tiere ist, die dessen künftige Strukturen enthält. Denn an mehreren Stellen bemerkt er, dass das „Thiergen" schon im „Püpgen oder Goldpüpgen" stecke, eben so „wie eine Blume in ihrer Knospe steckt" (Swammerdam dt. 1752, 3; lat./ndl. 1737/1738, 5[14]), bzw. dass man im „Goldpüpgen" oder „Püpgen", „alle Gliedmassen und Theile des zukünftigen Thiergens" klar und deutlich erkennen und unterscheiden könne, wie „an dem Thiergen selbst" (Swammerdam dt. 1752, 3; lat. 1737/1738, 6[15]). Wie Aristoteles bezeichnet Swammerdam das „Püpgen" lyrisch als „Nympha" oder poetisch als „Bräutgen", weil es „nach abgezogener Haut, mit einer Braut völlig übereinkömmet, die allmählig ihre Glieder innwendig für ihren Bräutigam zieret" (Swammerdam dt. 1752, 3–4, 13; lat./ndl. 1737/1738, 29[16]).

---

12 „[N]e vero quispiam voce mutationis decipiatur, heic quidem in limine praemonitum eo, me cum hic loci, tum in reliquo deinceps opere, aliud nihil hoc sub vocabulo intellectum velle, nisi lentum atque naturale membrorum incrementum"; vgl. *„[E]nde op dat niemant door het woord Verandering misleyd soude werden, soo is 't, datwe nu in 't begin seggen, daar soo hier als ook in 't vervolg, niet anders door te willen verstaan; als een langsaame ende natuurelijke aangroeing in leedemaaten"* (Swammerdam 1737/1738, 4).
13 „[V]idetur nobis admodum probabile, quod in universa rerum natura nulla penitus detur generatio vere sic dicenda, nec unquam aliud quid hoc in negotio animadverti queat, quam generationis jam factae quasi continuatio, sive proventus & accretio membrorum"; vgl. *„[S]oo is 't dat ons dunkt daar gansch geen Teeling in de geheele natuur te weesen, ende niet als een voortteeling, ofte aangroeing van deelen"* (Swammerdam 1737/1738, 34).
14 „Ut adeo omnis hujusce admirationis fons in sola consistat ignoratione indolis & naturae Nymphae aut Chrysallidis, utpote in quibus Animalculum ipsum, ceu flos in suo folliculo, absconditum haeret"; vgl. *„Soo dat de oorspronk deeser verwondering, alleenig de onkunde van den aart ende het wesen van een Popken, ofte een Gulde-popken, waar in het dierken eeven als een bloem in sijn knop is"* (Swammerdam 1737/1738, 5).
15 „Hinc & proficiscitur, quod in Aurelia, & praeprimis in Nympha, perquam apposite sic ab Aristotele vocata, partes artusque omnes emersuri Animalculi aeque clare & distincte internosci queant, ac in ipso postmodum Animalculo", vgl. *„Hier om is 't ook datwe in een Aurelia, of besonderlyk in een Popken, dat Aristoteles overaardig Bruytken genoemt heeft, alle de leeden en deelen van het toekoomende Dierken soo klaar ende net onderscheiden kunnen, als in het Beesken selve"* (Swammerdam 1737/1738, 6).
16 „Hanc autem naturalem mutationem ideo Nympham appellamus, quoniam Insectum ejusmodi depositis exuviis, omni modo, sponsam seu Nympham refert, quae membra sua paullatim sponsi in usum intrinsecus aptat & adornat"; vgl. *„Welke natuurelyke verandering wy een Nympha noemen; naadeemal het vervelde Dierke, met een bruyt, die haare leedematen allenxkens van haar bruydegom inwending verciert, geheel en al overeenkomt"* (Swammerdam 1737/1738, 29).

Swammerdams Ziel und Anliegen in den ersten beiden Teilen der *Biblia naturae* ist es, „die Nymphe, oder den eigentlichen Grund aller natürlichen Veränderungen der sogenannten blutlosen Thiere" vorzustellen und die Lehrmeinungen etwa von William Harvey, Ulysses Aldrovandus (1522–1605), Andreas Libavius (1555–1616) und Johannes Goedaert (ca. 1617–1668) zu widerlegen, welche die „Nymphe, oder der Grund der natürlichen Veränderungen [...] besudelt und verdunkelt" haben. Im umfangreichen dritten und vierten Teil seines Werkes werden „vier Classen der Verwandlungen aus der Natur" dargelegt und durch „besondere Beyspiele" sowie „durch Abbildung in Kupferstichen und schriftliche Beschreibung" (Swammerdam dt. 1752, 2–3; lat./ndl. 1737/1738, 4–5[17]) anschaulich gemacht.

Swammerdam ist ein leidenschaftlicher Sammler und Zergliederer. Er forscht vergleichend. Seine Untersuchungen beruhen auf der Auswertung jahrelanger, mühselig durchgeführter Experimente. Er ersehnt das Tageslicht, um die zergliederten Tiere mit selbst geschliffenen Linsen zu betrachten, und er ersehnt die Nacht, um seine Beobachtungen aufzeichnen und dokumentieren zu können. In seinem Lebenswerk sieht er einen Beweis für die „Wunder Gottes" (Swammerdam dt. 1752, 249; „mirabilium DEI", „*Wonderwerken GODS*" lat./ndl. 1737/1738, 625).

*Albrecht von Haller (1708–1777).* Albrecht von Haller wechselt zeit seines Lebens drei Mal seinen Standpunkt zur Theorie der Erzeugung. Als Medizinstudent in Leiden übernimmt er ab 1725 die animalkulistische Deutung der Präformation seines Lehrers Herman Boerhaave. Ab Mitte der 1740er Jahre, beeinflusst durch Abraham Trembleys Berichte über die Reproduktionsfähigkeit von Süß-

---

[17] „Primo nimirum Nympham, ceu basin unicam omnium, quas ita dicta exsanguia Animalcula subeunt, mutationum proponemus: [...] Secundo ostendemus, quo casu contigerit, ut Nympha haec, sive basis mutationum naturalium, adeo inquinata & tenebris involuta sit, quam nos denuo expolire & in integrum restituere satagemus. Tertio dein quatuor theses sive mutationum series, ex ipsa Natura petitas, stabiliemus, ad quas quaecunque Animalculorum exsanguium metamorphoses, unico duntaxat fundamento nixae, referentur. Quarto demum seriem quamlibet naturalis membrorum transformationis per varia exempla singularia in Insectis ipsis confirmabo, haecque tam figuris, quam harum explicationibus, adeo clare & distincte ob oculos ponam, ac quis desiderare possit"; vgl. „*Eerstelijk sullen wy voorstellen den Nympha, of den eenigen grontvest van alle de natuurelijke veranderingen der genoemde Bloedeloose Beeskens: [...] Ten tweeden sullen wy verhandelen hoe desen Nympha, dese gront der natuurelijke veranderingen, is vervuylt ende verdonkert geworden, het welke wy dan wederom verklaaren ende herstellen sullen. Ten derden sullen wy vier stellingen, ofte orderen van veranderingen uyt de Natuur te voorschijn brengen s waar onder wy alle de verwisselingen der Bloedeloose Dierkens, dewelke maar een grontvest hebben, bevatten sullen. Ten vierden, sal ik op yder order, van de natuurelyke vergroeyingen en Leedemaaten; verscheyde particuliere voorbeelden, in de Dierkens selve laten volgen, en die met haare figuuren en de uytleggingen derselve soo klaar en onderscheydentlyk verlighten, als men sou kunnen begeeren*" (Swammerdam 1737/1738, 4–5).

wasserpolypen und deren Bestätigung durch Charles Bonnets Untersuchungen der Reproduktionsfähigkeit von Würmern, konvertiert Haller zur Epigenesislehre. Schließlich bewirken Hallers eigene Experimente mit dem Ei eines Hühnchens aus den Sommermonaten der Jahre 1755 bis 1757 eine dritte und entscheidende Wende: Haller kehrt zur Präformationslehre zurück, diesmal in ihrer ovistischen Spielart.[18] Nur die dritte, die ovistische Deutung der Präformation Hallers soll hier anskizziert werden.

Die Überwindung des epigenetischen Standpunktes und die Aneignung der These von der Präformation des Embryos im weiblichen Ei legt Haller umständlich und weitläufig in dem zweibändigen Werk *Sur la formation du coeur dans le poulet* (1758a) dar[19]; darüber hinaus widmet er den achten Band der *Elementa physiologiae corporis humani* (1766) der Diskussion von Theorien der Generation.

Haller formuliert die Präformation mit den folgenden Worten: „Es kommt mir höchst wahrscheinlich vor, dass die wesentlichen Teile des Fötus schon längst gebildet sind; aber nicht so, wie sie bei den großen Tieren erscheinen. Vielmehr sind sie auf diese Weise eingerichtet: Gewisse, vorher dazu bereitete Ursachen beschleunigen das Wachstum in einigen dieser Teile, in anderen verhindern sie es. Indem sie nun die Lagen verändern, indem sie die vorher durchsichtigen Organe sichtbar machen und der Flüssigkeit und dem Schleim Festigkeit geben, so bilden sie am Ende ein Tier, das sehr verschieden vom Embryo ist, in dem es aber keinen Teil gibt, der nicht wesentlich schon im Embryo vorhanden war. Auf diese Weise erkläre ich die Entwicklung" (übers. I. G.; vgl. Bonnet dt. 1775, I 153; frz. 1762 und Haller 1758a, II 186[20]).

Vor allem drei spezifische Befunde führen Haller zur ovistischen Präformation: erstens die Formation der Knochen, die Haller in der Schrift *Deux Mémoires sur la formation des os, fondés sur des expériences* (1758c) darlegt. Zweitens un-

---

**18** Zu Hallers verschiedenen Deutungen der Embryonalgenese, vgl. Roe (1975 und 1981, 21–44) und die Einleitung von Monti (in Haller 1758b in 2000, xcv–clxx).
**19** Da es keine historische deutsche Übersetzung von Hallers Schrift über die Bildung des Herzens im Hühnchen gibt, ist das zusammenfassende Exzerpt „Neue Entdeckungen über die Bildung des Hühnchens im Ey" von Bonnet, das in der deutschen Übersetzung von Bonnets *Considérations sur les corps organisés* (1762) aus dem Jahre 1775 enthalten ist, sehr hilfreich (Bonnet frz. 1762; dt. 1775, I 136–54).
**20** „Il me paroir très probable, que les parties essentielles du fetus se trouvent faites de tout tems; non pas à la vérité telles qu'elles paroissent dans l'animal adulte: elles sont disposées de façon, que des causes certaines, & préparées, pressant les accroissemens de quelques unes de ces parties, empêchant celui des autres, changeant les situations, rendant visibles des organes autrefois diaphanes, donnant de la consistence à des fluides & à de la mucosité, forment à la fin, un animal bien different de l'embrion, & dans lequel il n'y a pourtant aucune partie, qui n'ait èxifté essentiellement dans l'embrion. C'est ainsi que j'explique le dévelopement" (Haller 1758a, II 186).

tersucht er die Bildung des Herzens und der Lunge, denn der erste Herzschlag und die Atmung sind die elementarsten Anzeichen von Leben. Hallers drittes Argument, der Kontinuitätsbeweis der Membranen, ist einer der originärsten Beiträge zur Debatte um die Entstehung und Entwicklung der Lebewesen im 18. Jahrhundert. Haller untersucht dabei das Verhältnis des Eidotters zum Gedärm des sich entwickelnden Lebewesens und weist die Verbindung der Membranen des Eidotters mit den Häuten der Gedärme nach.

Im Sommer 1756 unternimmt Haller zunächst verschiedene Experimente, um Klarheit über die Frage nach der Bildung des Herzens und der Lunge zu erhalten. Denn da das Schlagen des Herzens als Beweger der Entwicklung dient und die graduelle Ausfaltung des präexistierenden Embryos bewirkt, muss Haller zeigen können, dass das Herz bereits auf allen Stufen der Entwicklung existiert (vgl. Roe 1981, 64). Hallers These ist, dass sich das Herz aus vier ursprünglich vorhandenen Herzkammern entwickelt, die man anfangs nicht klar sehen und unterscheiden kann, und die erst durch die Entwicklung des Herzens sichtbar werden, ohne dass dabei fundamentale Veränderungen stattfinden (vgl. Roe 1981, 39).

Bezüglich der Atmungsorgane meint Haller außerdem, dass die Lunge, ihre Arterie und Vene am Anfang sehr klein und dem menschlichen Auge verborgen sind. Erst wenn sie Stück um Stück heranwachsen, kann man sehen, dass die Arterie ein zweiter Abzweig der Aorta ist. Nur aufgrund der Transparenz und Winzigkeit der frühen Ausfaltungsstadien der Lunge und ihrer Gefäße bleibt unbemerkt, dass die Lunge von Anfang an mit dem Herzen verbunden ist, und damit dieselbe Struktur besitzt wie in späteren Stadien, die für das menschliche Auge gut sichtbar sind (vgl. Roe 1981, 39).

Im Frühjahr und im Sommer des Jahres 1757 folgen Experimente zum Verhältnis zwischen dem Eidotter und dem Embryo, durch die Haller meint, zeigen zu können, dass die Membran des Eidotters kontinuierlich in die Membranen der Därme des Embryos übergeht. Haller deutet die Membranen der Därme als Ausfaltungen aus der Membran des Eidotters und beweist so, dass die Membran der Därme bereits im unbefruchteten weiblichen Ei enthalten ist: „Es scheint mir beinahe nachweisbar zu sein, dass der Embryo im Ei vorhanden ist und dass die Mutter in ihrem Ovarium alles enthält, was für den Fötus wesentlich ist. Hier sind die Beweise. Das Eidotter ist die Fortsetzung des Darmes von einem Fötus. Die innere Membran des Eidotters ist die Fortsetzung der inneren Membran des Dünndarms; sie schließt sich kontinuierlich an die innere Haut des Magens, der Speiseröhre und des Mundes und der Haut und Oberhaut an. Die äußere Membran des Eidotters ist die verlängerte äußere Membran des Darmes; sie schließt sich kontinuierlich an das Gekröse und an das Bauchfell an. Die Hülle, welche das

Eidotter während der letzten Tage der Brutzeit bedeckt, ist die Haut des Fötus" (übers. I. G.; vgl. Bonnet dt. 1775, I 137–8; frz. 1762 und Haller 1758a, II 186–7[21]).

Wenn das Eidotter kontinuierlich mit der Haut und mit dem Darm des Fötus verbunden ist, schließt Haller, muss es mit diesem existiert haben. Es ist tatsächlich ein Teil des Fötus. Und wenn das Dotter im Bauch der Mutter vorhanden ist, unabhängig von den Annäherungen des Männchens, muss der Fötus gleichfalls dort schon vorhanden gewesen sein, obgleich unsichtbar aufgrund seiner Kleinheit und Transparenz und eingeschlossen in der Haut des Eies.[22]

*Abbé Lazzaro Spallanzani (1729–1799).* Abbé Lazzaro Spallanzani dokumentiert seine Experimente zum Beweis des Ovismus in der ersten und der dritten der *Physicalischen und Mathematischen Abhandlungen* (dt. 1769) und in den *Versuchen ueber die Erzeugung der Thiere und der Pflanzen* (dt. 1786). Die *Versuche* haben das Ziel, Spallanzanis Entdeckung der „Praeexistenz des schon gebildeten Foetus vor der Befruchtung" aus dem Jahre 1768 „zur voelligen Evidenz" zu bringen (Spallanzani dt. 1786, 1). Hierfür führt Spallanzani eine Reihe von Experimenten mit Fröschen, Kröten und Salamandern durch, die ihn zu dem Ergebnis führen, dass „das kuenftge Thier schon vor der Befruchtung vorhanden sei". Denn die „sogenanten Eier" sind bereits vor der Befruchtung, „ehe sie in ihre Kanaele kommen, in den Eierstoekken befindlich". Etwa sind „die Embryonen der Froesche" schon lange Zeit in ihrer „Mutter", bevor sie befruchtet werden (Spallanzani dt. 1786, 20).

Spallanzani weist nach, dass die im Weibchen vorhandenen Eier nicht *im* Weibchen, sondern *außerhalb* des weiblichen Körpers befruchtet werden, etwa indem das Frosch- oder Salamandermännchen seinen Samen in das umgebende

---

[21] „Il me paroit presque démontrable, que l'embrion se trouve dans l'œuf, & que la mere contient dans son ovaire tout ce qui est essentiel au fetus. En voilà les preuves. Le jaune est la continuation des intestins du fetus: la membrane interne du jaune se continue à la membrane interne de l'intestin grele [z]: elle est continuée avec la membrane interne de l'estomac, du pharynx, & de la bouche, & avec la peau [a], & l'épiderme: la membrane externe du jaune est la membrane externe de l'intestin [b] épanouie, elle est continuée à son mésentere, & son péritoine. L'envelope, qui couvre le jaune les derniers jours de l'incubation, est la peau [c] du fetus" (Haller 1758a, II 186–7).

[22] „Si le jaune est continué à la peau, à l'intestin du fetus, il doit avoir existé avec lui: il est véritablement une partie du fetus. Le jaune a existé dans le ventre de sa mere, indépendamment des aproches du male: le fetus y doit avoir existé de même, quoi qu'invisible, & renfermé dans un amnios, toujours placé apparemment sur le jaune, mais invisible par sa petitesse & par sa transparence" (Haller 1758a, II 188); vgl. „If the yolk is continuous with the skin and with the intestine of the fetus, it must have existed with it: it is truly part of the fetus. The yolk existed in the abdomen of its mother independently of the approaches of the male; the fetus must have likewise existed there, although invisible and enclosed in an amnion, always apparently upon the yolk, but invisible because of its smallness and its transparency" (engl. vgl. Roe 1981, 70).

Wasser strömen lässt, in welches das Weibchen die Eier legt: „Die beruehmtesten Anatomiker und Naturforscher glauben, die Befruchtung geschaehe bei den Thieren in den Eierstoekken. Allein, mit den Salamandern ist es nicht so beschaffen, die Saamenfeuchtigkeit gelangt bis an die Oeffnung der Roehren der Eier in der Gebaermutter: weiter aber kan sie nicht dringen, die Eier selbst verschließen den Eingang, der Saamen befeuchtet nur die Eier, die auf dem Punkt sind, aus der Mutter heraus zu gehen: wenn diese heraus sind, so kommen nach ihnen andre, die nun auch nach der Reihe, mit dem von dem Maenngen weggespritzten Saamen befruchtet werden, und auf solche Art werden nach und nach alle Embryonen belebt" (Spallanzani dt. 1786, 106). Der „maennliche Saamen" nützt den Eiern zu nichts weiter, als dass die Tiere sich „besser entwickeln und auskriechen koennen" (Spallanzani dt. 1769, 35).

Spallanzani beweist außerdem, dass, obgleich sich die Embryonen nach der Befruchtung deutlicher und schneller entwickeln, eine „Entwickelung oder Ausbildung" auch schon vor der Befruchtung „merklich" ist, was man etwa daran sehen kann, dass die Embryonen „in der Gebaermutter wenigstens sechzigmal groeßer" werden als im Jahr zuvor, als sie sich noch „im Eierstokke" befanden. Zudem sind nicht nur die Embryonen selbst, sondern auch ihre „Huellen" und die „Nabelschnur" (Spallanzani dt. 1786, 21) schon vor der Befruchtung in der Mutter vorhanden.

In der ersten der *Physikalischen und Mathematischen Abhandlungen* schließt Spallanzani aus dem Faktum, dass die befruchteten Eier von Fröschen „nichts anders als wirkliche enge in sich zusammen liegende und noch nicht entwickelte Thierchen" und die Tiere schon „vor der Befruchtung wesentlich da" sind, radikal, dass die Eier eigentlich nicht einmal als „wirkliche Eyer", sondern als „die Thierchen selbst" betrachtet werden müssten, welche anfangs „eingehuellet" und gleichsam in sich „verschlossen" erscheinen. Frösche sollten daher nicht der Eier legenden („ovipara"), sondern der lebend gebärenden („vivipara") Klasse von Tieren zugezählt werden (Spallanzani dt. 1769, 34–5; vgl. Spallanzani dt. 1786, 82–3). Seine Untersuchungshypothesen bestätigt Spallanzani nicht nur durch die Beobachtung von natürlichen Fortpflanzungsphänomenen, sondern führt auch, teilweise im Beisein von Charles Bonnet und Abraham Trembley (Spallanzani dt. 1786, 99), eine große Menge von künstlichen Befruchtungsversuchen bei Fröschen, Kröten und Salamandern durch.

*Charles Bonnet (1720–1793).* Charles Bonnet formuliert den präformistischen Ansatz in der Schrift *Considérations sur les corps organisés* (1762), einer Analyse zum „Ursprung", zur „Entwicklung" und zur „Erzeugung der organisirten Körper"

(Bonnet dt. 1775, I xix; frz. 1762, I v[23]), die er einleitet mit den Worten: „Ich hatte die Entwickelung als den Grundsatz angenommen, der mit der Erfahrung und der gesunden Philosophie am meisten übereinstimmte. Ich setzte voraus: es präexistire jeder organisirter Körper vor der Befruchtung, und diese thue nichts weiter, als daß sie dem vorher schon im Saamenkorn oder im Ey im Kleinen abgezeichneten organisirten Ganzen die Entwickelung verschaffe" (Bonnet dt. 1775, I xxi; frz. 1762, I vi[24]). Daher ist es eine der wichtigsten Aufgaben, sich einen wahren Begriff von der Natur der Keime zu machen, denn der „Keim" ist der „Grundriß und das Modell von dem organisirten Körper", der „im Kleinen alle wesentlichen Theile der Pflanze, oder des Thiers in sich" enthält, „das er vorstellet" (Bonnet dt. 1775, I 25; frz. 1762, I 20[25]).

Bonnet hält grundsätzlich zwei präformistische Hypothesen für möglich: die These von der Einschachtelung oder „Einschließung" („*Emboitement*"), welche behauptet, dass „die Keime aller organisirten Körper von einerley Art in einander eingeschlossen sind, und allmählig entwickelt werden", und die These von der Panspermie, auch Pangenesis oder „Aussäung" („*Dissemination*"), welche besagt, dass die Keime überall im Kosmos „zerstreuet" sind und „nicht anders zu ihrer Entwickelung gelangen, als wenn sie bequeme Bärmütter oder Körper von einerley Art antreffen", in denen sie „verwahret, gebrütet" und zum „Wachsen" (Bonnet dt. 1775, I 2–3; frz. 1762, 1–3[26]) gebracht werden können. Neben Charles Perrault (1613–1688) ist Bonnet damit einer von sehr wenigen Autoren des 17. und 18. Jahrhunderts, die die antike Theorie der Panspermie ernsthaft als Alternative zur Einschachtelungsthese in Erwägung ziehen, obgleich auch Bonnet die letztere deutlich bevorzugt.

---

23 „[...] j'ai essayé d'analyser l'Origine, le Développement & la Génération des Corps organisés [...]" (Bonnet 1762, I v).

24 „J'AVOIS admis l' *Evolution*, comme le principe le plus conforme aux Faits & à la saine Philosophie. Je supposois que tout Corps Organisé préexistoit à la Fécondation, & que celle-ci ne faisoit que procurer le Développement du Tout organique dessiné auparavant en miniature dans la Graîne ou dans l'Oeuf" (Bonnet 1762, I vi).

25 „ON dit que le Germe est une ébauche ou une esquisse du Corps Organisé. [...] Ou il faut admettre que le Germe contient actuellement en raccourci toutes les Parties essentielles à la Plante ou à l'Animal qu'il représente" (Bonnet 1762, I 20).

26 „*Deux Hypothèses sur les Germes*. LA première suppose, que les Germes de tous les Corps Organisés d'une même espèce, étoient renfermés, les uns dans les autres, & se sont développés successivement. LA seconde Hypothèse répand ces Germes par-tout, & suppose qu'ils ne parviennent à se développer, que lorsqu'ils recontrent des *Matrices* convenables, ou des Corps de même espèce, disposés à les retenir, à les fomenter & à les faire croître" (Bonnet 1762, I 1–2).

Parallel, aber unabhängig von Albrecht von Haller hatte sich Bonnet von einer ovistischen Deutung der Präformation überzeugt, ohne seine Untersuchungsergebnisse zu veröffentlichen. Die Lektüre von Hallers *Sur la formation du coeur dans le poulet* (1758a) und ein sich anschließender Briefwechsel mit Haller (Bonnet dt. 1775, I xxii–xxix; frz. 1762, I vii–xv) geben Bonnet den entscheidenden Impuls zur Publikation der *Considerations*. Aus Hochschätzung fügt Bonnet seinem Werk ein 18seitiges Kompendium des Hallerschen Ovismus bei (Bonnet dt. 1775, I 136– 53; frz. 1762, I 124–41). Wie Haller glaubt Bonnet, dass sich mit der Zeit die These von der „Präexistenz des Keims in dem Weibchen" durchsetzen und ebenso erwiesen werde, dass „die Saamenfeuchtigkeit nichts erzeuge" (Bonnet dt. 1775, I xxi; frz. 1762, I vi[27]). Dennoch hat diese nach Bonnet für die Ernährung und Entwicklung des Keimes eine wichtige Funktion: Sie stellt eine Feuchtigkeit bereit, die den Keim mit dem notwendigen Nahrungssaft versorgt (Bonnet dt. 1775, I 21, 26–7, 47, 77–8; frz. 1762, I 15–6, 21–2, 41, 72–3).

### 3.1.2 Die animalkulistische Präformationslehre

Sowohl der Ovismus als auch der Animalkulismus legen ihrer Theorie der Generation weniger eine Erklärung der Erzeugung als bloß eine Deutung der Entwicklung der Lebewesen zugrunde. Beide Theorien gehen von einem präformierten Keim aus, der das gesamte Lebewesen im Kleinen in sich enthält. In den ovistischen Deutungen des Präformismus ist der ursprüngliche Keim das weibliche Ei. Der männliche Samen, wenn er überhaupt eine Funktion übernimmt, dient untergeordnet nur der Entwicklung des präformierten weiblichen Keimes. Der Animalkulismus hingegen identifiziert den präformierten Keim mit dem männlichen Spermatierchen (Animalkule, Spermatozoon, Homunculus). Der weibliche Organismus stellt nur die Nahrungsgrundlage für das Wachstum bereit.

Betrachten wir auch für den Animalkulismus einige seiner Ausprägungen. Die wichtigsten animalkulistischen Theorien entstehen im Zeitraum der zweiten Hälfte des 17. Jahrhundert bis zum Anfang des 18. Jahrhunderts; berühmte Vertreter sind der niederländische Naturforscher und Mikroskopbauer Antoni von Leeuwenhoek (1632–1723), der niederländische Mathematiker und Naturforscher Nicolaas Hartsoeker (1656–1725) und einer der gelehrsamsten Köpfe seiner Zeit, der deutsche Philosoph Gottfried Wilhelm Leibniz (1646–1716).

---

27 „J'essayois d'expliquer comment la Fécondation opéroit cet effet, & à mesure que j'analysois, je me persuadois de plus en plus qu'on démontreroit un jour la préexistence du Germe dans la Femelle, & que l'Esprit séminal n'engendroit rien" (Bonnet 1762, I vi).

*Antoni von Leeuwenhoek (1632–1723)*. Antoni von Leeuwenhoek hat nie studiert. Von Beruf Tuchhändler und Kammerherr am städtischen Gerichtshof im niederländischen Delft liegt seine eigentliche Begabung in der Mikroskopie und im Schleifen von Linsen, das er zur größten Meisterschaft bringt. Leeuwenhoek fertigt winzige, bikonvexe Gläser an, die zwischen Messingplatten montiert wurden. Nahe an das Auge gehalten konnte er damit mit bis zu 270facher Vergrößerung Objekte betrachten, die er an Nadelspitzen befestigt hatte. Von Leeuwenhoek, der kein Latein konnte, ist kein eigenes Werk zur Deutung der Generation, aber eine große Zahl von Briefen (*Alle de brieven van Antoni van Leeuwenhoek/The Collected Letters 1939 ff.*) überliefert, in denen er der Royal Society die Ergebnisse seiner autodidaktischen, mikroskopischen Beobachtungen bekannt macht. Seine Entdeckung der Bakterien und Protozoen in Teichwasser, Regenwasser und im menschlichen Speichel bringt ihm im Jahre 1680 eine Ernennung zum Fellow der Royal Society ein (vgl. Leeuwenhoek 1939 ff., III 194–9, III 218–23). Leeuwenhoeks Briefe an die Royal Society sind auf niederländisch geschrieben; zur Veröffentlichung in den *Philosophical Transactions* werden sie ins Englische übersetzt.

Der erste Brief, in dem Leeuwenhoek die Entdeckung der Spermatierchen bekannt gibt, stammt aus dem November des Jahres 1677. Leeuwenhoek berichtet, dass ihn der holländische Medizinstudent Johan Ham aufgesucht und in einer kleinen Glasampulle den Samen von einem Mann mitgebracht habe, der an Gonorrhoea erkrankt gewesen sei. Als Leeuwenhoek und Ham den Samen unter dem Mikroskop untersuchen, entdecken sie etwas, was kein Mensch zuvor gesehen hatte: „living animalcules" (Leeuwenhoek 1939 ff., II 282–3), kleine lebende Tierchen, die sich dank eines Schwanzes fortbewegen konnten. Allein, die Lebensdauer der Tierchen ist sehr kurz; nach 24 Stunden sterben sie und die Untersuchungen können nicht fortgesetzt werden.[28]

Leeuwenhoek analysiert daraufhin seinen eigenen Samen: „I have divers times examined the same matter (human semen) from a healthy man not from a sick man, nor spoiled by keeping for a long time and not liquefied after the lapse of some time; but immediately after ejaculation before six beats of the pulse had intervened: and I have seen so great a number of living animalcules in it, that

---

28 „Toen deze heer HAM voor de tweede maal bij mij kwam, bracht hij met zich mee, in een glazen fleschje, het van zelf ontloopen teelzaad van een man, die aan gonorrhoea leed, zeggende dat hij na zeer weinige minuten [...] levende diertjes daarin had gezien, waarvan hij oordeelde, dat zij staartjes hadden en niet langer dan 24 uur leefden"; vgl. engl. „On the second occasion when this Mr. HAM visited me, he brought with him, in a small glass phial, the spontaneously discharged semen of a man who was suffering from gonorrhoea; saying that, after a very few minutes [...] he had seen living animalcules in it, judging these animalcules to possess tails, and not to remain alive above twenty-four hours" (Leeuwenhoek 1939 ff., II 280–3).

sometimes more than a thousand were moving about in an amount of material the size of a grain of sand. [...] Their bodies which were round, were blunt in front of and ran to a point behind. They were furnished with a thin tail, about five or six times as long as the body, and very transparent and with the thickness of about one twenty-fifth that of the body. [...] They moved forward owing to the motion of their tails like that of a snake or an eel swimming in water" (Leeuwenhoek 1939 ff., II 283–8[29]).

Die Royal Society beauftragt Leeuwenhoek, auch den männlichen Samen anderer Lebewesen zu analysieren, woraufhin dieser weitläufige Studien unternimmt und seine Entdeckung der Spermatierchen im Samen von Hunden, Pferden, Stieren, Hasen, Katzen, Fischen, später auch in Insekten bestätigt. Außerdem wird Leeuwenhoeck aufgefordert, eine Stellungnahme zu den vorherrschenden ovistischen Positionen von William Harvey und Regnier de Graaf abzugeben. Dabei entwickelt er gegen den Ovismus die These vom animalkulistischen Präformismus: „[A] human being originates not from an egg but from an animalcule that is found in male sperm" (Leeuwnhoek 1939 ff., IV 11[30]); „[it] is exclusively the male semen that forms the foetus", „[and] all that the woman may contribute only serves to receive the semen and feed it" (Leeuwenhoek 1939 ff., II 335[31]).

Leeuwenhoeks Argument für den Animalkulismus sind in den Samentierchen vorgefundene Gefäße, die er als präexistentes Stadium von Nerven, Arterien und Venen des Lebewesens deutet: „[The] denser substance of the semen is mainly made up [...] of great and small vessels, so various and so numerous that I have not the least doubt that they are nerves, arteries and veins. [...] I believe that I have seen more of them in one single drop of semen than an anatomist will observe when dissecting a whole day. And seeing this, I felt convinced that in no full-grown

---

29 „Diezelfde materie (mannelijk teelzaad) heb ik verscheidene malen geobserveerd, niet echter meer van een ziek mensch, en ook niet bedorven door lange bewaring, of geliquefieerd na ettelijke minuten, maar van een gezond mensch, terstond na de ejaculatie, zoodat zelfs geen zes polsslagen zijn verloopen, en ik heb daarin een zoo groote menigte levende diertjes gezien, dat soms meer dan 1000 van die diertjes zich in de grootte van een zandkorrel bewogen[.] [...] Hun lichamen, die rond waren, hadden een voorste deel dat stomp was, en een achterste deel dat spits toeliep; zij waren voorzien van een dunnen staart, die in lengte 5 à 6 maal het lichaam overtrof en zeer doorschijnend was; en die een dikte had van ongeveer het 25ste deel van het lichaam[.] [...] Zij kwamen vooruit, dank zij de beweging van hun staart, een beweging, gelijkend op die van een slang of van een aal, die in het water zwemt" (Leeuwenhoek 1939 ff., II 282–8).
30 „Soo stel ik nu veel sekerder als voor deesen, dat een Mensch niet uijt een eij, maer uijt een Dierken, dat int mannelijk saat is voort komt" (Leeuwenhoek 1939 ff., IV 10).
31 „[H]et saet vanden man, alleen de vrugt formeert, en al wat de vrouw soude mogen toe brengen, alleen is, omme het mannelijck saet te ontfangen, off te voeden" (Leeuwenhoek 1939 ff., II 334).

human body there are any vessels which may not likewise be found in sound semen" (Leeuwenhoek 1939 ff., II 293–5[32]). Dass Spermatierchen im männlichen Samen der Ausgangspunkt für das sich entwickelnde Leben sind, wird nach Leeuwenhoek dadurch bestärkt, dass in keiner anderen wichtigen Körperflüssigkeit, etwa im Schleim, Speichel oder Blut lebende Tierchen vorgefunden werden konnten (Leeuwenhoek 1939 ff., II 338–7, II 412–3).

Leeuwenhoek versucht außerdem durch anatomische Zergliederungen der weiblichen Geschlechtsorgane die von den Ovisten beschriebenen Eier zu widerlegen. Etwa besitzen die als Eier identifizierten Gebilde sehr dicke Membranen und sind durch Gefäße mit anderen Teilen der weiblichen Geschlechtsorgane verbunden, die beim Hervortreten des Eies zertrennt werden müßten (Leeuwenhoek 1939 ff., II 342–7). Gegen den Ovismus spricht auch, dass einige der vorgefundenen Eier nicht die entsprechende Größe haben, um aus dem Eileiter herauszutreten: „I cannot […] agree with […] the opinion that the tuba fallopiana sucks off or pulls off an egg from the ovary and transmits it through such a narrow channel as I showed the tuba fallopiana to have". Denn einige der so genannten Eier sind so groß wie Erbsen oder kleine Nüsse, manche so riesig wie der gesamte Eierstock. Auch haben einige der behaupteten Eier gar nicht die Gestalt eines Eies: „I saw that they consisted of irregular parts, which in some places were surrounded by particular membranes and consequently had not the figure and shape of an egg", oder die genannten Eier sind Bestandteile oder Aussonderungen anderer Gefäße: „[These] pretended eggs were nothing but the discharge of some vessels" (Leeuwenhoek 1939 ff., IV 7–9[33]).

---

[32] „Wat verder de bestanddeelen zelf betreft, waaruit, naar ik meermalen met verwondering heb geconstateerd, de dikke materie van het teelzaad, althans voor het grootste deel, bestaat, – het zijn zoo verscheiden en zoo talrijke, groote en kleine vaten van allerlei soort, dat ik geenszins eraan twijfel, dat het zenuwen, slagaderen en aderen zijn. Ja, deze vaten heb ik in zoo groote hoeveelheid gezien, dat ik geloof, dat ik in één enkelen druppel teelzaad er meer heb geobserveerd dan een anatomicus kan observeeren, wanneer hij een heelen dag aan het snijden is. En toen ik dat zag, geloofde ik vast, dat in geen enkel menschelijk lichaam dat volgroeid is, vaten bestaan, die ook niet reeds aangetroffen worden in gezond mannelijk teelzaad" (Leeuwenhoek 1939 ff., II 292–4).

[33] „hoe ik mij niet en kan in beelden, dat soo veel geleerde Luijden, soo in genomen sijn, en daer bij blijven, dat de tuba fallopiana, een eij vande Eijerstok soude afsuijgen, of aftrecken, en brengen dat door soo een naeuwe weg, als ik toonde dat de tuba fallopiana had, te meer, om dat ik hier de verbeelde eijeren, die inde eijer-stok de grooste waren, als erten, ja eenige soo groot als een gantsche eijer-stok […]. en wanneer ik deselvige naeuwkeurig besogt, sag ik dat eenige uijt irreguliere deelen bestonden, die op eenige plaatsen met bijsondere vliesen waren om vangen, en maakten alsoo geen eij figuer uijt. […] en stelde als nog vast, dat dese verbeelde eijeren, niet anders waren als de ontlasting, van eenige vaaten, gelijk wij veeltijts sien, dat soo danige deelen in groote menigte vast sitten inde vliesen en aende darmen vande Beesten" (Leeuwenhoek 1939 ff., 6–8).

*Nicolaas Hartsoeker (1656–1725).* Eines der bekanntesten Theoreme des Niederländers Nicolaas Hartsoeker, der den animalkulistischen Präformismus mitbegründet und mit Leeuwenhoek einen Prioritätenstreit über die Entdeckung der Samentierchen führt, ist die Aussage, dass er im männlichen Samen kleine Menschen gesehen habe. Die zugehörige, berühmte Zeichnung am Ende des *Essay de Dioptrique* (1694), zeigt einen zusammengefalteten Homunculus, der, die Arme eng um seine Beine geschlungen, im Köpfchen eines Samentierchens hockt (Hartsoeker 1694, 230). Hartsoeker sagt rückblickend im *Essay de Dioptrique*, er habe bereits im August des Jahres 1678 im *Journal des Sçavans 30* auf die Entdeckung der Samentierchen hingewiesen (Hartsoeker 1694, 227). Tatsächlich findet sich in besagtem Journal eine kurze Notiz darüber, dass Hartsoeker im Urin und im Samen eines Hahnes winzige Tierchen entdeckt habe, die die Gestalt kleiner Aale oder von zur Welt kommenden Fröschen haben.[34] Da Leeuwenhoeks erster Brief zur Entdeckung der Samentierchen zwar im November 1677 verfasst, aber aufgrund der gegen seine Entdeckung erhobenen Zweifel der Royal Society erst im Jahre 1679 in den *Philosophical Transactions* veröffentlich wurde, ist Hartsoeker der erste, der über die männlichen Samentierchen publiziert hat.

*Gottfried Wilhelm Leibniz (1646–1716).* Leeuwenhoek und Hartsoeker bauen die animalkulistische Präformationslehre aus der Perspektive des Anatomen und Naturforschers auf exakt beobachteten, experimentalen Befunden auf. Gottfried Wilhelm Leibniz, der die Lehren sowohl von Leeuwenhoek als auch von Hartsoeker kannte (Leibniz orig. 1695 in frz./dt. 1996, 208–9), darüber hinaus Leeuwenhoeck persönlich in den Niederlanden aufgesucht und sich mit Hartsoeker brieflich ausgetauscht hat (vgl. den Briefwechsel zwischen Leibniz und Hartsoeker aus den Jahren 1706–1712 in 1887, III 483–535), zieht in seinen späten Hauptschriften, dem *Système nouveau de la nature* (1695), den *Principes de la Nature et de la Grace, fondés en raison* (1714a) und den *Principes de la philosophie ou la Monadologie* (1714b) die naturphilosophischen und die metaphysichen Konsequenzen aus der Lehre von der Präformation des Lebewesens im männlichen Keim und bettet den Animalkulismus in ein systematisches, philosophisches

---

[34] Im besagten *Journal des Sçavans* 30, 380 findet sich ein „Extrait d'une Lettre de M. Nicolas Hartsoker écrite à l'Auteur du Journal touchant la maniere da faire les nouveaux Microscopes, dant il a esté parle dans le Journal il y a quelques jours", in dem es heißt: „De cette maniere outre les observations dont nous avons déja parlé, il a découvert encore nouvellement que dans l'urine qui se garde quelques jours il s'y engendre de petit animaux qui sont encore beaucoup plus petits que ceux que l'on voit dans l'eau de poivre, & qui ont la figure de petit anguilles. Il en a trouvé dans la semence du Coq, qui ont paru à peu prés de cette même figure qui est fort differente, comme l'on voit de celle qu'ont ces petit animaux dans la semence des autres qui ressemblent, comme nous l'avons remarqué, à des grenouilles naissantes".

Lehrgebäude ein[35]. Neben den genannten großen Schriften fassen zwei kleinere, ebenfalls späte Texte Leibniz' Standpunkt zu biologischen Phänomenen zusammen: die *Considèrations sur la doctrine d'un Esprit Universel Unique* (1702) und die *Considèrations sur les principes de vie* (1705).

Auch Leibniz etabliert gegen das Prinzip der spontanen Erzeugung das der Entwicklung. Deutlicher als frühere Positionen versucht er dabei, den Charakter des Keimes zu fassen. Wenn das „Tier und jede andere organisierte Substanz" keinen Anfang hat, sondern alle „scheinbare Erzeugung" als ein Stadium in der Transformation und der Metamorphose der Dinge begriffen werden muss und die „Entwicklung" nur eine Art der „Zunahme" (Leibniz orig. 1695 in frz./dt. 1996, 208 – 9[36]) ist, sind Tiere „unerschaffbar und unzerstörbar; sie werden nur entwickelt, eingehüllt, bekleidet, entkleidet, umgeformt". Sie „wechseln nur die Teile, ergreifen sie und verlassen sie". Bei der „Ernährung" geschieht die Zunahme eher unmerklich und ununterbrochen durch „kleine", „unwahrnehmbare Teilchen". Bei der „Empfängnis" aber und beim „Tod" ist die Zu- oder Abnahme der Teilchen sehr deutlich, denn viele Teilchen werden „auf einen Schlag" aufgenommen oder gehen verloren (Leibniz orig. 1714a in frz./dt. 1996, 424 – 5[37]; vgl. dazu die Paral-

---

[35] Vgl. Huneman (2005c, 2005b und 2014) zum Verhältnis der Leibnizschen und Kantischen Naturphilosophie, insbesondere beider Theorie organisierter Wesen. In seiner jüngsten Studie bespricht Huneman (2014) jene zwei Seiten in der *KrV*, die Kant einer Kritik an Leibniz' These von organisierten Wesen als unendlich organisierten Maschinen widmet. Huneman argumentiert, dass Leibniz' Interpretation organisierter Wesen für Kant einen bedeutenden Testfall für die klassischen metaphysischen und die kritischen Theorien von Raum, Kontinuität und Teilbarkeit darstellt. Huneman erläutert zunächst Leibniz Ansatz und dessen Rechtfertigung. Dann erklärt er die allgemeine Problematik der Kantischen Antinomienlehre, besonders der zweiten Antinomie, und fragt, warum das organisierte Wesen ein spezifisches Problem für Kants Lösung der zweiten Antinomie darstellt. Schließlich untersucht Huneman, wie sich Kants Auseinandersetzung mit Leibniz auf die Entwicklung der Kantischen Theorie organisierter Wesen in der *KU* niederschlägt und wie sich dies zu allgemeinen Entwicklungen in den Lebenswissenschaften der Zeit verhält.

[36] „[C]'est icy où *les transformations* de Messieurs Swammerdam, Malpighi et Leewenhoeck, qui sont des plus excellens observateurs de nostre temps, sont venues à mon secours, et m'ont fait admettre plus aisément, que l'animal et toute autre substance organisée ne commence point, lorsque nous le croyons, et que sa generation apparente n'est qu'un developpement, et une espece d'augmentation" (Leibniz orig. 1695 in frz./dt. 1996, 208).

[37] „[M]ais encore les animaux sont ingenerables et imperissables: ils ne sont que developpés, enveloppés, revêtus, depouillés, transformés; les Ames ne quittent jamais tout leur corps, et ne passent point d'un corps dans un autre corps qui leur soit entierement nouveau. [...] Les animaux changent, prennent et quittent seulement des parties: ce qui arrive peu à peu, et par petites parcelles insensibles, mais continuellement, dans la Nutrition; et tout d'un coup, notablement, mais rarement, dans la conception, ou dans la mort, qui les font acquerir ou perdre beaucoup tout à la fois" (Leibniz orig. 1714a in frz./dt. 1996, 424).

lelstelle Leibniz orig. 1705 dt. in ²1924, 69–70; frz. in 1885, 543–4 und die Parallelstelle Leibniz orig. 1702 in dt. ²1924, 55; frz. in 1885, 533).

Leibniz vertritt eine Variante des animalkulistischen Präformismus. Er glaubt, „daß die organischen Körper" immer aus männlichen „Samen" entstehen, in denen es eine „Präformation" (Leibniz orig. 1714b in frz./dt. 1996, 472–3[38]) gab. Dabei gelten als *„Samentierchen"* nur jene sehr wenigen „Auserwählten" unter den allerkleinsten *„Tiere[n]"*, die durch „das Mittel der Empfängnis auf die Stufe größerer Tiere erhoben werden", denn „die meisten", auch der kleinen Tiere, „werden geboren, vermehren sich und werden zerstört wie die großen Tiere" (Leibniz orig. 1714b in frz./dt. 1996, 474–5[39]). Die Entwicklung erfolgt aus *„vorgeformten* Samen und folglich aus der Umformung vorher existierender Lebewesen. Im Samen der größeren Tiere finden sich kleinere, die vermittels der Empfängnis eine neue Hülle annehmen, die sie sich aneignen und die ihnen das Mittel gibt, sich zu ernähren und zu vergrößern, um auf einen größeren Schauplatz überzugehen und die Vermehrung des großen Tieres zu bewirken" (Leibniz orig. 1714a in frz./dt. 1996, 422–5[40]). Der (männliche) Keim ist bei Leibniz also nur ein sehr kleines Zwischenstadium der organischen Dinge in ihrer Verwandlung, in dem ein sich verminderndes, vergehendes organisches Lebewesen durch erneute Zunahme in ein größeres Lebewesen umschlägt. Wenn keine Zunahme von Teilchen erfolgt, liegt kein Samentierchen, sondern nur ein kleines Tier vor.

Die Erklärung darüber, wie es zur Transformation der Dinge kommt, welches Prinzip die Bewegung in der Materie und die Zu- und Abnahme der Teilchen hervorruft, und darüber, wer die Auswahl unter den kleinen Tieren trifft und bestimmt, welche Tiere als Samentierchen fungieren und dazu dienen, sich in größere Tiere umzuformen, kann, so Leibniz, nicht mehr aus der Perspektive des

---

38 „[M]ais aujourd'huy lorsqu'on s'est apperçu par des recherches exactes, faites sur les plantes, les insectes et les animaux, que les corps organiques de la nature ne sont jamais produits d'un Chaos ou d'une putrefaction, mais tousjours par des semences, dans lesquelles il y avoit sans doute quelque *prefomation*, on a jugé que non seulement le corps organique y étoit déja avant la conception, mais encor une Ame dans ce corps et en un mot l'animal même, et que par le moyen de la conception cet animal a été seulement disposé à une grande transformation pour devenir un animal d'une autre espèce" (Leibniz orig. 1714b in frz./dt. 1996, 472).
39 „Les *animaux*, dont quelques uns sont elevés au degré des plus grands animaux par le moyen de la conception, peuvent être appellés *spermatiques*" (Leibniz orig. 1714b in frz./dt. 1996, 474).
40 „Les recherches des Modernes nous sont appris, [...] que les vivans [...] viennent [...] de semences *préformées*, et par consequent de la Transformation des vivans préexistans. Il y des petits animaux dans les semences des grands, qui par le moyen de la conception prennent un revestement nouveau, qu'ils approprient, et qui leur donne moyen de se nourrir et de s'aggrandir, pour passer sur un plus grand theatre, et faire la propagation du grand animal" (Leibniz orig. 1714a in frz./dt. 1996, 422–4).

"*Naturwissenschaftler[s]*", sondern nur auf der "Ebene der *Metaphysik*" gegeben werden. Denn sie führt auf die Frage nach dem letzten "*zureichenden Grund*" der Bewegung und Verwandlung der Dinge, der "*Gott*" (Leibniz orig. 1714a in frz./ dt. 1996, 424–7[41]; vgl. Leibniz orig. 1714b in frz./dt. 1996, 454–61) genannt wird.

## 3.2 Einwände gegen die Präformationslehre

In der Mitte des 18. Jahrhunderts werden zunehmend Einwände gegen die Präformationslehren laut und bereiten den Boden dafür, dass sich die Lehre von der Epigenesis, der Neuzeugung von Organismen nach und nach gegen den Präformismus, die Theorie einer bloßen Entwicklung der präformierten Keime, durchsetzen kann.

Drei der stärksten und meist diskutierten Argumente[42] gegen den Präformismus sind das Problem vom infiniten Regress in der Erklärung der Herkunft und Gestaltung der Keime, der Nachweis des Vermögens der Selbstorganisation, vor allem durch Trembleys Regenerationsversuche mit Süßwasser-Polypen, und die Vererbung der Merkmale beider Elternteile im Falle von Bastarden. Sehr konzise Zusammenfassungen der Argumente gegen den Präformismus finden sich etwa in Georges-Louis Leclerc de Buffons (1707–1788) *Histoire naturelle générale et particulière* (Buffon dt. 1750, I.2 80–5; frz. 1749, II 155–68)[43] und in Johann Friedrich

---

[41] "Jusqu'icy nous n'avons parlé qu'en simples *Physiciens:* maintenant il faut s'elever à la *Metaphysique*, en nous servant du *Grand principe*, peu employé communement, qui porte que *rien ne se fait sans raison suffisante*, c'est à dire que rien n'arrive, sans qu'il seroit possible à celuy qui connoitroit assés les choses, de rendre une Raison qui suffise pour determiner, pourquoy il en est ainsi, et non pas autrement. [...] Et cette derniere raison des choses est appellée *Dieu*" (Leibniz orig. 1714a in frz./dt. 1996, 424–6).

[42] McLaughlin (1989a, 16–20) nennt vier Gründe für den Niedergang des Präformismus: erstens, die naturwissenschaftliche Umdeutung von geologischen und kosmologischen Theorien ersetzte theologische Erklärungen der Welt im Großen, zweitens die Entstehung eines spezifisch biologischen Artkriteriums verlegte die Zugehörigkeit zur selben Art nicht mehr in die Ähnlichkeit der Form sondern in die gemeinsame Abstammung und Fortpflanzungsfähigkeit, drittens die Durchsetzung des philosophischen Atomismus in Natur- und Gesellschaftstheorie war mit dem Präformismus unvereinbar, der eine unendliche Teilung der Materie annimmt, viertens die Entstehung eines allgemeinen Begriffs der Reproduktion eines organischen Systems ersetzte göttliche Eingriffe in die Natur.

[43] Der Inhalt des zweiten Bandes der französischen Ausgabe ist in der deutschen Ausgabe im ersten Band enthalten; die wichtigen Passagen zur Theorie der Entstehung befinden sich im so bezeichneten zweiten Band des ersten Teiles, eigentlich im zweiten Teil des ersten Bandes, wobei in der zweiten Texthälfte von Band 1 eine neue Zählung mit Seite 1 beginnt, daher dort = 1–198.

Blumenbachs (1752–1840) Schrift *Über den Bildungstrieb und das Zeugungsgeschäfte* (Blumenbach 1781, gegen den Ovismus: 26–31, gegen den Animalkulismus: 31–7, gegen die Panspermie: 37–9).

### 3.2.1 Die Entstehung der Keime und das Problem des infiniten Regresses

Im Präformismus liegt dem organisierten Lebewesen ein Keim A zugrunde, der eingefaltet alle Züge und Charakteristika des zu bildenden Lebewesens enthält. Woher aber wiederum kommt Keim A? Keim A liegt ein organisierter, kleinerer Keim B zugrunde, der das Wesen des Keimes A eingefaltet in sich enthält. Was aber ist verantwortlich für die Herkunft und die Entstehung des kleineren Keimes B? Keim B liegt ein organisierter, noch winzigerer Keim C zugrunde, der Keim B en miniature in sich enthält. Und so fort. Buffon hat in seinen Einwänden gegen den Präformismus den unendlichen Regress in der Erklärung der Entstehung des Keimes und das damit verbundene Problem der unendlichen Teilbarkeit der Materie folgendermaßen vor Augen gestellt: „Beyde [die Ovisten und die Animalkulisten] nehmen einen unendlichen Fortgang an, der [...] ein Betrug des Verstandes ist, ein Saamenwurm [„ver spermatique"] ist mehr als tausend Millionen mal kleiner, als der Mensch; nimmt man also die Größe des Menschen zur Einheit an, so läßt sich des Saamenwurms Größe nicht anders, als durch den Bruch 1/1000000000, d.i. durch eine Zahl mit zehn Ziffern ausdrücken; und da sich der Mensch, zum Saamenwurme der ersten Zeugung verhält, wie dieser Wurm zum Saamenwurme der zweyten, so läßt sich die Größe, oder vielmehr die Kleinigkeit dieses zweyten Saamenwurmes nicht anders, als durch eine Zahl von neunzehn Ziffern, und aus eben dem Grunde, die Kleinigkeit des Saamenwurms von der dritten Zeugung, nur durch eine Zahl von acht und zwanzig, der vierten Zeugung durch sieben und dreyßig, der fünften durch sechs und vierzig, und der sechsten durch durch fünf und funfzig Ziffern ausdrücken. [...] Was wird herauskommen, wenn man diese Rechnung nur bis zur zehnten Zeugung treibt? Die Kleinigkeit wird so groß werden, daß man sie auf keine Art begreiflich machen kann" (Buffon dt. 1750, I.2 80; frz. 1749, II 156).[44]

---

In der historisch-kritischen Ausgabe von Stéphane Schmitt (2008, Bd. 2) sind die Seitenangaben der originalen französischen Ausgabe in den Fließtext eingefügt.

44 „Toutes les deux supposent le progrès à l'infini, qui, comme nous l'avons dit, est moins une supposition raisonnable qu'une illusion de l'esprit; un ver spermatique est plus de mille millions de fois plus petit qu'un homme, si donc nous supposons que la grandeur de l'homme soit prise pour l'unité, la grandeur du ver spermatique ne pourra être exprimée que par la fraction 1/1000000000, c'est-à-dire, par un nombre de dix chiffres; & comme l'homme est au ver sper-

Wie kann man dem Regress in der Erklärung der Entstehung und Herkunft des Keimes und der Annahme der unendlichen Teilbarkeit der Materie entgehen? Wie kann die menschliche Vernunft, die eine Antwort auf die Entstehung des ersten Keimes sucht, zufriedengestellt werden? Um dem Regress auszuweichen, ziehen sich die meisten Autoren auf eine theologische Fundierung der Präformationslehre zurück. In dieser wird der Rücklauf im Regress durch die Annahme eines ersten Keimes abgebrochen, der aus der Hand Gottes stammt.

So sagt der Ovist William Harvey in den *Excertitationes de generatione animalium* (1651), er habe vor zu zeigen, „in the first place in the egg, and then in the conceptions of other animals, what parts are first, and what are subsequently formed by the great God of Nature with inimitable providence and intelligence, and most admirable order" (Harvey engl. 1965, 164; lat. 1651, praefatio o. S.).[45] Jan Swammerdam gibt seinen präformistischen Untersuchungen den programmatisch theologischen Titel einer „*Bibel der Natur: worinnen die Insekten in gewisse Classen vertheilt, sorgfältig beschrieben, zergliedert, [...] erleutert, und zum Beweis der Allmacht und Weisheit des Schöpfers angewendet werden*". Als er sich fragt, wie die verschieden feine Einfaltung der Gliedmaßen eines künftigen Tieres im Püppchen oder Goldpüppchen zustande kommt, kann er sich nur eine Begründung denken, den „Wille und die Weisheit Gottes", „der das eine Thier anders als das andre bekleidet" (Swammerdam dt. 1752, 7b; lat./ndl. 1737/1738, 15ab).[46] Albrecht von Haller schreibt in den *Elementa physiologiae corporis humani* ($^2$1778), die Urgestalt der Natur habe der Schöpfer errichtet, dem nichts unmöglich ist, indem er die bloße Materie zu vorausgesehenen Zwecken und zu einem in seiner

---

matique de la première génération en même raison que ce ver est au ver spermatique de la seconde génération, la grandeur, ou plûtôt la petitesse du ver spermatique de la seconde génération, ne pourra être exprimée que par un nombre composé de dix-neuf chiffres, & par la même raison la petitesse du ver spermatique de la troisième génération ne pourra être exprimée que par un nombre de vingt-huit chiffres, celle du ver spermatique de la quatrième génération sera exprimée par un nombre de trente-sept chiffres, celle du ver spermatique de la cinquième génération par un nombre de quarante-six chiffres, & celle du ver spermatique de la sixième génération par un nombre de cinquante-cinq chiffres. [...] Que sera-ce si on pousse ce calcul seulement à la dixième génération? la petitesse sera si grande que nous n'aurons aucun moyen de la faire sentir" (Buffon 1749, II 156).

45 „Nos igitur [...] primum in ovo, deinde in aliis quoque diversorum animalium conceptibus, quid prius, et quid posterius a summo naturae numine, cum providentia, et intellectu inimitabile, ordineque admirabili constituatur, exponemus" (Harvey 1651, praefatio o. S.).

46 „Huic equidem respondeo, vix ac ne vix quidem ist-haec posse explicari; quum eorum rationes in arcana Summi Conditoris, qui alio alia Animantia vestitu donavit, sapientia atque arbitrio occlusae lateant"; vgl. „*Ik antwoorde dat deese reeden seer swaarelyk te geven is, alsoo haar oorspronk in de verborge wysheid en wille GODS opgeslooten is; die het eene dier anders als het andere bekleet heest*" (Swammerdam 1737/1738, 15ab).

Weisheit präformierten Archetypus ordnete (Haller lat. 1766/²1778, VIII 150).⁴⁷ Als man Abbe Lazzaro Spallanzani fragte, warum er sich zum Nachweis des Ovismus mit so hässlichen Versuchsobjekten wie Fröschen und Kröten befasst, antwortete er, dass ein jedes Geschöpf, so hässlich als es auch scheint, seine ihm eigne unverkennbare Schönheit habe. „Sie ist das Werk des großen Baumeisters; und [...] alle Dinge, die zusammen genommen zur Zierde und Schönheit der Welt dienen sollen", sind „ganz vollkommen aus der Hand ihres ewigen Schöpfers gekommen" (Spallanzani dt. 1786, 54). Charles Bonnet bekennt in den *Considerations* (1762/²1768), der oberste „Werkmeister" habe „sein Werk zu dem höchsten Grade der Vollkommenheit" gebracht, dessen es fähig war. Seine Weisheit habe „die Materie mit unzähligen Abänderungen bekleidet, deren Summe die physische Welt ist. Unter allen diesen Abänderungen nun, die wir hier auf Erden erblicken, ist die vornehmste, die zusammengesetzteste, die vollkommenste, und die, worauf sich alle übrigen beziehen, die Organisation" (Bonnet dt. 1775, I 123; frz. 1762, I 112).⁴⁸ Nicolaas Hartsoeker fasst am Ende des *Essay de Dioptrique* (1694) den Regress in der animalkulistischen Einschachtelungslehre bis zur Schöpfung des ersten männlichen Keimes zusammen: ‚Man kann diesen neuen Gedanken über die Zeugung noch wesentlich weiter treiben und sagen, dass jedes männliche Tier selbst eine Unendlichkeit anderer männlicher und weiblicher Tiere der gleichen Gattung umschließt, welche aber unendlich kleiner sind, und dass diese männlichen wiederum andere männliche und weibliche Tiere gleicher Gattung umschließen, und so weiter, so dass diesem Gedanken zufolge die ersten Männchen mit all jenen der gleichen Gattung *geschaffen* [„créez"] worden wären, die von ihnen erzeugt worden sind und bis ans Ende der Jahrhunderte erzeugt werden' (übers. I. G., meine Herv.).⁴⁹ Der Nachteil dieser Lösung des Regressproblems ist, dass die für den Präformismus grundlegende Annahme eines ersten Keimes nur

---

47 „Eam enim fabricam in ista hypothesi CREATOR ipse struxit, cui nihil est difficile: idemque ad prævisos fines, archetypumque a sua sapientia præformatum, brutam materiem olim ordinavit" (Haller 1766/²1778, VIII 150).
48 „C'est ainsi que le SUPREME ARCHITECTE a porté son Ouvrage au plus grand dégré de perfection qu'il pouvoit recevoir. SA SAGESSE a revêtu la Matière d'un nombre presque infini de *modofications*, dont le *Monde physique* est la somme. Entre les modifications que nous observons ici-bas, la principale, la plus composée, la plus parfaite, & celle à laquelle toutes les autres se rapportent, est l'*Organisation*" (Bonnet 1762, I 112).
49 „L'on peut pousser bien plus loin cette nouvelle pensée de la generation, & dire que chacun de ces animaux mâles, renferme lui-même une infinité d'autres animaux mâles & femelles de même espece; mais qui sont infiniment petits, & ces animaux mâles encore d'autres animaux mâles & femelles de même espece, & ainsi de suite; de sorte que selon cette pensée les premiers mâles auroient été créez avec tous ceux de même espece qu'ils ont engendrez & quis' engendreront jusqu'à la fin des siecles" (Hartsoeker 1694, 230–1).

durch eine theologische Fundierung plausibel gemacht werden kann und die Naturphilosophie wesentlich von der Theologie abhängig bleibt.

Über die Annahme einer Schöpfungsthese hinaus hat Bonnet versucht, den mit dem Regress verbundenen Gedanken der unendlichen Teilbarkeit der Materie zu trivialisieren. Die unendliche Teilbarkeit der Materie ist gar kein Problem für die menschliche Vernunft. Leibniz' Transformationslehre wiederum lässt den kleinsten Keim als ein temporäres Stadium erscheinen, das im Umschlagen der Abnahme der alten zur Aufnahme der neuen Materie den Übergang vom alten zum neuen Lebewesen markiert. Der Keim ist für ihn kein unendlich aufgegebener Endpunkt eines linearen Regresses, der in die Vergangenheit zurück auf einen kleinsten, ersten und ursprünglichen Keim hin verläuft, sondern Bestandteil von Wiederverkörperungszyklen der organischen Natur.

### 3.2.2 Trembleys Polypenversuche und das Problem der Selbstregeneration

Ein zweiter Einwand gegen die Präformationsthese lag im Nachweis, dass die Natur *in sich selbst* bildende und selbstregenerierende Kräfte enthält. Der Nachweis dieser autopoietischen Kräfte der Natur wurde vor allem durch die Untersuchung von Polypen erbracht. Bereits im Jahre 1703 hatte Antoni van Leeuwenhoek in den *Philosophical Transactions* erstmalig über die Zerteilung und Regeneration von Polypen berichtet (Lenhoff/Lenhoff engl. 1986, 94; frz. 1744, 150). Knapp vierzig Jahre später, im Dezember 1740, beginnt Abraham Trembley Experimente zur Vermehrung, Reproduktion und Pfropfung von Polypen, aus denen spektakuläre, neue Einsichten über die Erzeugung von Lebewesen folgen. Er verwendet dabei drei Arten von Polypen. Im Jahre 1740 entdeckt er eine kleine, grünfarbige Polypenart (Hydra viridis[ssima]), im darauf folgenden Sommer eine braune, eine davon mit (Hydra vulgaris/attenuata) und eine ohne Schwanz (Hydra oligactis). Trembleys Entdeckungen zeigen u. a. erstens, dass sich Lebewesen ohne sexuelle Vereinigung der Elterntiere durch Knospung vermehren, dass sich zweitens vollständige Lebewesen aus kleinen, herausgeschnittenen Stücken desselben Lebewesens regenerieren, und dass drittens Teile des Gewebes von zwei verschiedenen Tieren derselben Art ineinander gepfropft werden können (Lenhoff/Lenhoff 1986, 4).

Trembley berichtet von seinen Experimenten in den *Mémoires pour servir à l'histoire d'un genre de polypes d'eau douce, à bras en forme de cornes* (1744). Er zerschneidet schrittweise Polypen und entdeckt dabei, dass sich ein jeder der Teile des Polypen aus sich selbst zu einem funktional vollständigen neuen Polypen entwickelt, ohne dass bei der Erzeugung der neuen Lebewesen ein weibliches Ei oder männliches Samentierchen zugrunde liegen muss: „After having cut one polyp into four [...] I likewise grew all these parts and sectioned them again. In this manner I cut the polyp in question into fifty parts. [...] All fifty parts became fully-formed polyps. I saw them perform all their functions" (Lenhoff/Lenhoff engl. 1986, 146; frz. 1744, 237–8)[50].

Trembley raffiniert seine Experimente so weit, dass er nicht nur den röhrenförmigen, innen hohlen Körper des Mutterpolypen aufschneidet, sondern auch dessen Kopf und Arme zerteilt. Dasselbe wiederholt er für die Tochterpolypen, die am Mutterpolypen knospen: „I cut off the head of a polyp [...] as well as the heads of two offspring that were emerging from its body". Vier Tage nach dem Zerschneiden stellt er fest, dass sich die Arme des Mutter- und der Tochterpolypen, und sogar die Köpfe aller drei Tiere regenerieren und zu neuen Lebewesen vervielfachen: „[A]rms began to appear on the hind part of the mother and on the hind parts of the two young which were still attached to her body. The three severed heads also grew into complete polyps" (Lenhoff/Lenhoff engl. 1986, 146; frz. 1744, 238–9).[51]

Wie tief die Zeitgenossen durch Trembleys Experimente beeindruckt waren, zeigt Bonnets akribische Reportage der Polypenversuche zwanzig Jahre nach der Veröffentlichung von Trembleys *Mémoires* in den *Considérations sur les corps organisés* (1762): „Spaltet man einen Polypen dergestalt in der Länge herunter, daß man bey dem Kopfe anfängt, und den Schnitt nur bis in die Mitte des Leibes zieht, so wird man einen zweyköpfigen Polypen haben, der auf einmal mit zwey Mäulern frißt. Spaltet man jeden Kopf aufs neue, so macht man eine vierköpfige Hyder, und verfährt man mit diesen wieder so, so hat man eine mit acht Köpfen. Schneidet man ihr endlich alle diese Köpfe ab, so wachsen ihr neue wieder. Und, was sich selbst die Fabel nicht zu erfinden getrauete, es wird aus jedem abgeschnittenen Kopfe ein neuer Polyp, aus dem man eine neue Hyder machen kann" (Bonnet dt. 1775, I 205; frz. 1762, I 186–7)[52].

---

50 „A près en avoir coupé un en quatre, j'ai eu soin de bien nourrir chacune de ces quatre parties [...] j'ai aussi sait croître toutes ces portions, & je les ai divisées. De cette manière, j'ai coupé le Polype, dont il s'agit, en cinquante partties. [...] Toutes ces cinquantièmes parties sont devenues des Polypes parfaits. Je leur en ai vu faire toutes les fonctions" (Trembley 1744, 237–8).
51 „LE 26 Mai 1741, j'ai coupé la tête d'un Polype de la seconde espèce, & celles de deux petits qui sortoient de son corps. Les bras ont commencé à patroitre le 30 à la seconde partie de la mere, & à celles des deux petits qui étoient encore attachés à son corps. Les trois têtes coupées sont aussi devenues des Polypes complets" (Trembley 1744, 238–9).
52 „Si l'on fend un Polype en commençant par la Tête, & qu'on ne pousse la section que jusques vers le milieu du Corps, on aura un Polype à deux Têtes qui mangera à la fois par deux Bouches. Si l'on répète l'opération sur chaque Tête, l'on fera une Hydre à quatre Têtes, & en répétant encore, une Hydre à huit Têtes. Ensin, si l'on abbat ces Têtes, l'Hydre en repoussera de nouvelles, & ce que

Bonnet bemerkt nach der Rezeption von Trembleys Versuchen, dass der Nachweis der Selbstregeneration nicht hinreichend ist, wenn man ihn nur an sehr einfachen Lebewesen wie Polypen durchführen kann. Um vieles einschlägiger wäre es zu zeigen, dass auch Organismen, die „theils groesser, theils aus mehrern Organen" (Spallanzani dt. 1769, 1–2) zusammengesetzt sind, die über Eingeweide, Muskeln, Nerven, einen Blutumlauf, gar ein Gehirn verfügen, zur Selbstregeneration fähig sind. Spallanzani etwa, liefert derart umfassendere Experimente in seiner ersten physikalischen Abhandlung, indem er durch Versuche belegt, dass sich die Kopf- und Schwanzteile von Regen- und Wasserregenwürmern, die Köpfe und Hörner von Erdschnecken, die Schwänze, Füße und Kinnbacken von Salamandern, und die Beine von Fröschen und Kröten selbst reproduzieren und regenerieren können, wenn man sie abschneidet (Spallanzani dt. 1769, 1–66).

### 3.2.3 Bastarde und das Problem der zweigeschlechtlichen Vererbung

Der dritte gewichtige Einwand gegen den Präformismus richtet sich gegen die Annahme der bloß einseitigen Vererbung der Merkmale der Mutter im Ovismus *oder* des Vaters im Animalkulismus. Denn die Erfahrung beweist, dass in den Nachkommen Merkmale beider Elternteile vererbt werden. So fragt Buffon (dt. 1750, I.2 81; frz. 1749, II 158)[53] zutreffend: „Ist der Saamenwurm vom Vater die Frucht, wie kann das Kind der Mutter gleichen? Befand sich die Frucht im voraus im Eye der Mutter, wie kann das Kind dem Vater aehnlich seyn"?

Besonders deutlich sichtbar und damit herausfordernd für die einseitige Vererbungslehre im ovistischen oder animalkulistischen Präformismus war die Vermischung von Merkmalen beider Elternteile im Falle von Bastard- oder Hybrid-Bildungen, einer Erzeugung von Nachkommen, die aus der Kreuzung verschiedener Arten oder Unterarten hervorgeht, etwa der eines Stieres mit einer Stute oder Eselin zum Jumarren (vgl. Spallanzani dt. 1764, 211–7; Bonnet dt. 1775, II 256–7; frz. 1762, II 235), eines Eselhengstes mit einer Pferdestute zum Maultier oder eines Pferdehengstes mit einer Eselstute zum Maulesel. So konstatiert Bonnet (dt. 1775,

---

la Fable même n'avoit osé inventer, chaque Tête abbatuë produira un Polype dont on poura faire une nouvelle Hydre" (Bonnet 1762, I 186–7).
53 „Si le ver spermatique de la semence du père doit être le fœtus, comment se peut-il que l'enfant ressemble à la mère? & si le fœtus est pré-existant dans l'œuf de la mère, comment se peut-il que l'enfant ressemble à son père?" (Buffon 1749, II 158).

II 264; frz. 1762, II 241⁵⁴): „Die Frage, wie die Saamenfeuchtigkeit im Keime wirke, wie sie dem Maulesel diese Züge, die ihn vom Pferde unterscheiden, eindrücke, wird überhaupt für unauflöslich gehalten, und man hat nicht unterlassen, sie zum Einwurfe gegen die Präexistenz der Keime zu machen". Denn da der Präformismus die einseitige, entweder männliche oder weibliche Übertragung von Merkmalen auf das Nachkommen behauptet, stellt sich dann die Frage, wie „das Maulthier von der Natur des Pferdes und der Eselinn zugleich Theil nehmen" kann, wenn doch allein „der Saamenwurm eines Pferdes" oder ausschließlich „das Ey einer Eselinn die Frucht" (Buffon, dt. 1750, I.2 81; frz. 1749, II 158) enthält.⁵⁵

## 3.3 Die Epigenesislehre

Während Vertreter der Präformationslehre einen (meist göttlich) vorgeformten Keim annehmen, der das gesamte Lebewesen vollständig in sich enthält und nur aus dem Keim herausfaltet, setzen Verteidiger der Epigenesislehre eine unstrukturierte Materie voraus, aus der sich ein Lebewesen durch selbstbildende Kräfte der Natur selbst erzeugt. Die Epigenesislehre steht teilweise in der Tradition der Aristotelischen Biologie und wird vor allem über William Harvey in die frühneuzeitliche Naturforschung vermittelt. Eine erste Generation von Epigenetikern des 18. Jahrhunderts deutet die körpereigenen Kräfte der Selbstorganisation von Organismen eher mechanisch, meist newtonianisch als Anziehungs- und Abstoßungskraft, so etwa Pierre-Louis Moreau de Maupertuis (1698–1759), Georges-Louis Leclerc de Buffon (1707–1788) und John Turberville Needham (1713–1781). Eine zweite Generation der Vertreter der Epigenesislehre interpretiert die körpereigenen Kräfte eher vitalistisch, so Caspar Friedrich Wolff (1734–1794) und Johann Friedrich Blumenbach (1752–1840).

*Aristoteles.* Philosophen und Historiker der Lebenswissenschaften betrachten Aristoteles häufig als den ‚Vater' der Epigenesislehre. So schreibt etwa Morsink (1982, 50–1), Aristoteles' Theorie der Erzeugung der Lebewesen in *GA* 2 formiere „the stage for the entire history of the debate between preformationists" „[and] those who defend epigenesis (like Aristotle himself)". Oder Needham (1959, 54–5) bemerkt, Aristoteles sei der erste gewesen, „[who] realized that the previous speculations on the formation of the embryo could be absorbed into the definite

---

54 „LA question comment la Liqueur séminale agit dans le Germe, comment elle imprime au *Mulet* ces traits qui le différentient du Cheval, passe généralement pour insoluble, & l'on n'a pas manqué de la tourner en objection contre la préexistence des Germes" (Bonnet 1762, II 241).
55 „[...] & si le ver spermatique d'un cheval ou l'œuf d'une ânesse contient le fœtus, comment se peut-il que le mulet participe de la nature du cheval & de celle de l'ânesse" (Buffon 1749, II 158).

antithesis of preformation and epigenesis", „[and] decided that the latter alternative was the true one". Die Schrift *Über die Erzeugung der Lebewesen*, so Needham (1959, 40), enthalte „a brilliant discussion of epigenesis or preformation", in der Aristoteles eine Version der Epigenesislehre verteidige, nach der sich die Teile des Embryo graduell entwickeln, während er die These der Präformisten zurückweise, nach der kleine Teile des Lebewesens schon im männlichen oder weiblichen Keim wirklich vorhanden sind. Auch Peck (1942, 144) merkt an: „Aristotle fully appreciated the greatest problem of embryological theory, a problem which gave rise to centuries of controversy. Does the embryo contain all its parts in little from the beginning, unfolding like a Japanese paper flower in water („preformation"), or is there a true formation of new structures as it develops („epigenesis")? Aristotle was an epigenesist".[56]

Schaut man sich Aristoteles' Text jedoch genauer an, können diese Thesen im buchstäblichen Sinne nicht bestätigt werden. Es ist nicht Aristoteles, der die Begriffe der ‚Epigenesislehre' und der ‚Präformationslehre' prägt. Aristoteles bezeichnet seine Lehre weder als ‚epigenetisch', noch die seiner Gegner als ‚präformistisch'. Aristoteles im buchstäblichen Sinne als ‚Vater' der Epigenesislehre zu bezeichnen ist anachronistisch.[57] Aber selbst wenn Aristoteles nicht auf eine Debatte zugreifen konnte, die diese Termini schon verwendet hat, bewegt er sich dennoch in begrifflichen Unterscheidungen, die denen zwischen der Epigenesis- und der Präformationslehre analog oder ähnlich waren,[58] sowohl in seinen

---

[56] Überblicksdarstellungen, die die Aristotelische Biologie in die Geschichte des teleologischen Denkens einordnen, enthalten die Arbeiten von Spaemann und seinem Schüler Löw, vgl. Spaemann (2005, 41–64); Spaemann/Löw (1981/³1991, 51–78); und Löw (1980, 34–75).
[57] Für eine historische Einordnung der Aristotelischen Theorie der Erzeugung der Lebewesen, vgl. Lesky 1950.
[58] Die Zuordnung der Aristotelischen Lehre zur entweder epigenetischen oder präformistischen Richtung ist umstritten. So argumentiert Kosman (2010, 149), dass Aristoteles ovistische und animalkulistischen Theorien der Präformation zurückweise und das Zusammenwirken aktiver und passiver Kräfte im männlichen und weiblichen Samen als seine kinetische Epigenese interpretiere, die vom möglichen zum wirklichen Zustand des Embryos führt: „Aristotle's theory is [...] that the male, in an act analogous to what we call fertilization, begins the process by which the female grows within herself and bears their mutual offspring". Auch Balme (1972/²1985, 140–1) schreibt: „Aristotle begins as usual from an accepted starting point [...]. The current view was that th[e] seed must somehow contain all the bodily parts, drawn from the corresponding parts of one or both parents – a combination of the views later known as preformationism and pangenesis, whereby the embryo's development is merely the enlargement and manifestation of structures already present and fully diversified in the seed". Dennoch, so Balme, favovirisiere Aristoteles die Epigenesislehre, denn „[the] seed cannot consist crudely of bits of each part".– Im Gegensatz dazu haben Elsthain (1981), Bleier (1984) und Blundell (1995) Aristoteles als einen Verteidiger der Präformationslehre interpretiert. Ihrer Ansicht nach glaubt Aristoteles, dass das weibliche

eigenen Ansichten, als auch in den Ansätzen seiner Zeit. Etwa fragt sich Aristoteles an zentraler Stelle in *GA* 2.1.734a16–21: „Aber wie sollen die andern Teile schon [...] [im Embryo] enthalten sein? Entweder müssten sich dann alle Körperteile zugleich entfalten, z. B. Herz, Lunge, Leber, Auge, usw., oder der Reihe nach, wie in den sogenannten orphischen Gedichten, wo es heißt, das Geschöpf habe sich entwickelt, wie man ein Netz knüpft". Auch viele Zeugungsmythen der griechischen Welt erwähnen Geschichten, die man später entweder als ‚epigenetisch' oder ‚präformistisch' bezeichnet hätte.[59]

In der Schrift *Über die Erzeugung der Lebewesen* vertritt Aristoteles, dass nicht der männliche *oder* der weibliche präformierte Keim der Erzeugung zugrunde liegen, sondern zwei Formen des männlichen und weiblichen Samens (*GA* 1.2.716a10–1, *GA* 1.18.724b12–9). Für Aristoteles sind beide Eltern Prinzipien der Erzeugung eines organischen Lebewesens (*GA* 2.1.732a9–11). Das Männliche enthält im pneumaartigen Teil seines Samens das Prinzip der Bewegung und der potentiellen Form (Seele), das Weibliche im Menstruationsblut das Prinzip des potentiellen Stoffes eines Embryos (*GA* 1.20.729a9–11, *GA* 2.4.738b20–1, *GA* 1.19.726b15–9, *GA* 4.4.772a28–30). Für die Entwicklung des Embryos lehrt Aristoteles nicht wie Vertreter einer starken Präformationslehre, dass sich alle Teile im Kleinen schon im Samen befinden, und nur ausgefaltet und vergrößert werden, sondern, schwächer, dass sich alle Teile der potenziellen Materie des Embryos im Menstruationsbut der Mutter und alle Teile der potenziellen Form des Embryos im penumatischen Anteil des Samens des Vaters befinden. Deutlich im

---

Elternteil nichts anderes als einen Behälter und Nahrung für die Erzeugung und Entwicklung des Embryo bereitstellt. Seine Funktion bestehe darin, den Embryo zu schützen und auszuwickeln. Elsthain (1981, 44) etwa notiert, dass im Aristotlischen Ansatz „the male [...] implants the human form during mating" und „deposits within the female a tiny homunculus for which the female serves as a vessel until this creature matures. The female herself provides nothing essential or determinative". Bleier (1984, 3) argumentiert, Aristoteles beschreibe Weibchen als „totally passive beings", „[which] contribute nothing but an incubator-womb to the developing fetus that springs full blown, so to speak, from the head of the sperm". Und Blundell (1995, 106) notiert, dass in der Aristotelischen Theorie das Weibchen nicht nur „space" zur Erzeugung der Tiere beitrage, „but also matter". „This matter, however, is entirely passive; it is the male who supplies the principle of movement and life".

59 In diesem Zusammenhang wird in der Forschung (Morsink 1982, 51) häufig auf eine Passage in Aischlyos' *Eumeniden* (Zeilen 658–66) hingewiesen, in der Apollon im Sinne einer frühneuzeitlichen animalkulistischen Präformationslehre sagt: „Nicht ist die Mutter des Erzeugten, „Kind" genannt, Erzeugrin – Pflegrin nur des neugesäten Keims. Es zeugt der Gatte; sie, dem Gast Gastgeberin, Hütet den Spross, falls ihm nicht Schaden wirkt ein Gott. Für die Behauptung führ ich also den Beweis: Vater kann werden ohne Mutter man; vor uns als Zeugin steht die Tochter des Olympiers Zeus, In keines Mutterschoßes Dunkelheit genährt; Doch solch ein Kind, wie's keine Göttin je gebar".

Sinne einer epigenetischen Lehre werden diese potenziellen Bestandteile der Form und der Materie nicht zugleich, sondern nacheinander zur Wirklichkeit gebracht. Beim menschlichen Embryo etwa bildet sich zuerst das Herz (*GA* 2.4.738b16 – 7, *GA* 2.4.740a4, 17), da sein Blut alle anderen Körperteile mit Nahrung versorgt. Epigenetisch gedacht werden außerdem die natürlichen Kräfte, die zur Bildung des Lebewesens führen.

*William Harvey (1578 – 1657)*. William Harvey, der in der hiesigen historischen Darstellung bereits als Ovist genannt wurde, ist dennoch kein Präformist, sondern Neoaristoteliker und Vertreter[60] der Epigenesislehre: das Küken, schreibt Harvey (engl. 1965, 372, lat. 1651, 189[61]), „is produced by epigenesis". Harvey teilt mit anderen Epigenetikern die These von der unstrukturierten Materie als Ausgangspunkt des organischen Lebewesens und das Theorem einer gestaltgebenden Kraft, welche die Struktur und Form der Materie bewirkt. So sagt Harvey in der Einleitung der *Exercitationes de generatione animalium* (1651), er wolle die Erzeugung der Tiere durch eine Untersuchung der ursprünglichen Materie („primary matter"), der Wirkursache („efficient principle") und der gestaltenden Kraft („plastic force") erklären (Harvey engl. 1965, 163; lat. praefatio o. S.[62]).

Für die Konzeption der Materie erwägt er dabei zwei Erklärungsmodelle. Unvollkommene, blutlose Tiere, etwa Insekten, entstehen aus der Materie durch eine Metamorphose, bei der das gesamte Material schon existiert bevor der entstehende Gegenstand daraus geformt wird. Bei vollkommeneren Erd- oder Wassertieren, die rotes Blut besitzen, besteht die Materie nicht im Voraus, sondern wird zur gleichen Zeit hervorgebracht und geformt. Nur die letztere Entstehung aus der Materie nennt Harvey „Epigenesis". Gemäß der Epigenesis entstehen die Teile des Lebewesens nach- und auseinander. Eines der Teile dient als „nucleus and origin, by the instrumentality of which the rest of the limbs are joined on [...] by degrees, part after part". „[O]ne part is made before another, and then from the same material, afterwards receive at once nutrition, bulk, and form" (Harvey engl. 1965, 334; lat. 1651, 154[63]).

---

60 Vgl. hierzu Lennox (2006, 21 – 46).
61 „[P]er *epigenesin*, sive partium superorientium additamentum, pullum fabricari certum est" (Harvey 1651, 189).
62 „materia", „efficiente principiali", „vis plastica" (Harvey 1651, praefatio o. S.).
63 „[Q]uædam verò, factâ parte unâ præ altera, ex eadem materiâ postea simul nutriuntur, augentur, & formantur: habent scil. partes alias aliis priores ac posteriores, eodémque tempore & augentur, & formantur. Horum fabrica à parte aliquâ, tanquam ab origine, incipit; ejúsque ope reliquia membra adsciscuntur: atque hæc per *epigenesin* fieri dicimus; sensim nempe, partem post partem; éstque istæc, præ altera, propriè dicta generatio" (Harvey 1651, 154).

Es ist für Harvey nur eine einzige Materie, aus der die verschiedenen Teile geformt werden: „[I]n the generation of those animals which are created by epigenesis, and are formed in parts, [...] we need not seek one material for the incorporation of the fœtus, another for its commencing nutrition and growth; for it receives such nutrition and growth from the same material out of which it is made" (Harvey engl. 1965, 337; lat. 1651, 156[64]). Da die Materie so nacheinander Teile erzeugt, die ganz voneinander verschieden sein können, wird sie nicht als eine gleichartige, sondern als eine in sich inhomogene Mischung beschrieben, die „various in its nature" und „variously distributed" ist, „now adapted to the formation of one part, now of another" (Harvey engl. 1965, 335–6; lat. 1651, 155[65]).

Für das zweite Element eines epigenetischen Modells, die der Materie innewohnende, formgebende und erzeugende Kraft der organischen Natur, wählt Harvey im Kontext der Aristotelischen Vier-Ursachen-Lehre den Begriff der Wirkursache. Da Harvey außerdem einem theologischen Weltbild verpflichtet ist und seine Thesen zur Biologie mit der Gotteslehre in Einklang zu bringen versucht, differenziert er die Wirkursache in eine erste Wirkursache, die mit Gott, und in Zwischenursachen, die mit der vegetativen Seele beider Elternteile, vor allem mit der des Mannes, identifiziert werden.

Harvey gewinnt seine zweistufige Antwort auf die Frage nach der Wirkursächlichkeit oder formgebenden Kraft in der Materie durch die Betrachtung von vier Bedingungen, welche Wirk- und Zwischenursachen erfüllen müssen. Erstens, muss die oberste Wirkursache der Erzeugung als der erste und oberste „fertilizer" auftreten, von dem alle weiteren Mit- und vermittelnden Ursachen ihre Fruchtbarkeit erhalten (Harvey engl. 1965, 362–3; lat. 1651, 179[66]). Zweitens, da der Nachkomme beiden Elternteilen ähnelt und eine vermischte Wirkung ist, die Wirkung aber einen Rückschluss auf die Ursache erlaubt, muss die Wirkursache des Nachkommens ebenfalls vermischter Natur sein (Harvey engl. 1965, 363; lat. 1651, 179–80[67]). Drittens, ist die Wirkursache das, was die Bewegung an alle

---

64 „Ut concludamus igitur: In eorum animalium genratione, quæ per *epigenesin* procreantur, & partitè formantur (qualiter pullus in ovo) non quærenda est materia alia, ex qua fœtus corporetur; & alia, unde primum nutriatur, atque augeatur: nam eâdem materià, ex qua fit, nutritur etiam ac augetur" (Harvey 1651, 156).

65 „[A]nimal autem, quod per *epigenesin* procreantur, materiam simul attrahit, parat, concoquit, et eâdem utitur: formatur simul, & augetur. [...] [I]n his verò, dum partes alias, aliterque dispositas ordine procreat; aliam quoque, atque aliter dispositam materiam requiret, ac facit; his nempe, vel illis partibus generandis magis idoneam" (Harvey 1651, 155).

66 „*Prima* igitur efficientis propriè dicti & primarii *conditio*, (ut diximus) est, ut sit fœcundans primum & principale, unde media omnia fœcunditatem traducem accipiant" (Harvey 1651, 179).

67 „[E]x opere facto dignoscitur; nempe ex pullo. Quippe illud efficiens primum est, in quo effecti ratio potissimùm elucet. Quoniam autem efficiens omne generativum, sibi simile gignit; prolesque

dazwischen befindlichen Ursachen weitergibt oder vermittelnde Ursachen benutzt, ohne selbst wirksam zu werden. Mit seiner dritten Bedingung hat Harvey Wirkungszusammenhänge im gesamten Kosmos vor Augen, in dem der göttliche Schöpfer die Bewegung der Himmelskörper als Zwischen- oder vermittelnde Ursachen anstößt, die wiederum alle anderen Dinge beeinflussen, z. B. wenn sie den Bewegungen von Sonne und Mond zu folgen scheinen (Harvey engl. 1965, 364; lat. 1651, 181[68]). Mit der vierten Bedingung schließt Harvey aus, dass die männlichen oder weiblichen Samen die oberste Wirkursache des organischen Lebens sein können. Denn diese macht bei der Bildung eines Organismus Gebrauch von rationalen Vermögen wie Kunstfertigkeit, Voraussicht, Weisheit, Güte und Intelligenz, welche bewirken, dass jeder Teil des entstehenden Lebewesens um eines bestimmten Zweckes und Zieles willen hervorgebracht wird (Harvey engl. 1965, 366; lat. 1651, 183[69]). Der männliche und weibliche Samen jedoch gehören zum vegetativen, nicht aber zum rationalen Vermögen der Seele. Da ihnen Voraussicht und Intelligenz fehlt, können sie nicht die erste, sondern nur vermittelnde instrumentelle Ursachen sein. Die im organischen Lebewesen sichtbare Voraussicht ist nicht das Werk des männlichen oder weiblichen Samens, sondern Gottes als oberster Wirkursache (Harvey engl. 1965, 368; lat. 1651, 184[70]; vgl. Harvey engl. 1965, 367; lat. 1651, 183[71] und Harvey engl. 1965, 371; lat. 1651, 187[72]).

---

mistæ naturæ est: efficiens primum quoque mistum quid esse, oportet" (Harvey 1651, 179). „Quare quod in ovo pullum efficit, mistæ naturæ, (tanquam aliquid ex ambobus vel unitum, vel compositum) & utriusque parentis opus est" (Harvey 1651, 180).

[68] „Estquæ hæc *tertia* efficientis primariæ *conditio*, ut instrumentis omnibus intermediis successivè aut motum impertiat, aut aliter iis utatur, ipsum verò nulli inserviat" (Harvey 1651, 181).

[69] „[U]t primum efficiens in pulli fabricâ artificio utatur, & providentiâ, sapientiâ item, bonitate, & intellectu, rationalis animæ nostræ captum longè superantibus. Utpote, in quo sit futuri operis ratio, quódque in destinatum finem agat, disponat, & perficiat omnia; partesque pulli, etiam minimas, alicujus usûs & actionis gratiâ efformet; & non modò operis fabricæ, sed etiam saluti, ornatui, ac defensioni ejus prospiciat. Mas verò, aut illius semen, in coïtu, vel post eum, ejusmodi non est, ut illi ars, intellectus, ac providentia attribui possint"; „marem non esse primam, sed instrumentalem duntaxat caussam"; „mas videtur efficiens instrumentale, æquè ac ipsius semen; & fœmina, non minùs quàm ovum ab ea genitum" (Harvey 1651, 183).

[70] „[M]arem (licèt sit efficiens prius & præstantiùs, quàm fœmina) esse solùm efficiens instrumentale: eundémque, non minùs quàm fœminam, fœcunditatem suam, sive generandi virtutem, appropinquanti Soli acceptam referre: proindeque artificium, & providentiam (quam in operibus ejus cernimus) non ab ipso, sed à Deo procedere. Quippe mas, in generando, nec consilio, nec intellectu utitur: neque homo parte animæ suæ rationali, sed facultate vegetativâ generat; quæ non primaria & divinior animæ humanæ facultas, sed infima censetur" (Harvey 1651, 184).

[71] „[M]as, & fœmina, efficiens duntaxat instrumentale, rerum omnium Creatori, sive progenitori summo subserviens" (Harvey 1651, 183).

## 3.3.1 Mechanische Formen der Epigenesislehre

*Pierre-Louis Moreau de Maupertuis (1698–1759).* Der französische Mathematiker, Astronom, Philosoph und begeisterte Anhänger der Newtonischen Gravitationstheorie Pierre-Louis Moreau de Maupertuis[73] ist Mitglied der Pariser Académie des Sciences, der Académie Française und der Royal Society in London. Ab 1746 übernimmt er auf Geheiß Friedrich II. die Präsidentschaft der Akademie der Wissenschaften in Berlin. Im Blick auf biologische Phänomene vertritt Maupertuis gegen den vorherrschenden Präformismus eine Variante der Epigenesislehre, deren theoretisches Fundament er vor allem in zwei Werken niederlegt: in den Kapiteln 17 bis 19 der kleinen, im Jahre 1744 anonym veröffentlichten, Schrift *Dissertation physique à l'occasion du nègre blanc* (ab der Zweitauflage $^2$1745 unter dem Titel *Venus physique*) und im *Système de la nature* aus dem Jahre 1751.

Beide Schriften haben einen verschiedenen Charakter. Im ersten Teil der *Venus physique* interpretiert Maupertuis, nach einer kompendienartigen Darlegung der vorhandenen Theorien der Erzeugung in den Kapiteln eins bis sechzehn, die Erzeugung von Organismen durch die selbstbildenden Kräfte der Materie mechanistisch, in Anlehnung an die Newtonischen Kräfte der Attraktion. Er fragt sich, ob „die Koerper der meisten Thiere" nicht von einer „mechanischen Einrichtung und von einigen dergleichen Gesetzen abhaengen" könnten und ob nicht die „gemeinen Gesetze der Bewegung" ausreichend seien, die Entstehung von Organismen zu erklären.

Schon an einigen wenigen Stellen der *Venus physique*, jedoch, und vor allem in den mit „Zweifel und Fragen" überschriebenen Bemerkungen des Kapitel neunzehn, geht Maupertuis einen Schritt über die mechanistische Deutung der selbstbildenden Kräfte hinaus und erwägt, ob nicht „neue Kraefte" der Materie (Maupertuis dt. 1747, 77; frz. $^2$1745/$^7$1777, 132–3[74]) erforderlich seien, welche eine Erklärung des organischen Lebens leisten. Diesen Weg verfolgt Maupertuis dann deutlicher im *Système de la nature*, wo er in eine stärker vitalistische Interpretation der selbstbildenden Kräfte übergeht.

---

72 „[U]t ab ovi exemplo constet, quænam primi efficientis in generatione animalium conditiones requirantur. Quippe certum est, inesse in ovo opificem (& similiter in omni conceptu, ac primordio) qui non modò ei à matre inditur, sed priùs etiam à patre in coïtu per genituram communicatur; omniúmque primò à cœlo, & Sole, sive Creatore summo, eidem tribuitùr" (Harvey 1651, 187).
73 Eine konzise Zusammenfassung zu Maupertuis biologischem Schaffen gibt Roe (1981, 13–5); eine neuere Untersuchung findet sich in Fisher (2014).
74 „Les loix ordinaires du mouvement y suffiroient-elles, ou faudroit-il appeller au secours des forces nouvelles?" (Maupertuis $^2$1745/$^7$1777, 132–3).

Ausgehend von der Beobachtung chemischer Bildungen, wie dem Baum der Diana, bei welchen „Silber" und der „Geist von Salpeter mit Quecksilber und Wasser vermischet" eine Zusammenfügung der „Theile dieser Materien" bewirkt, die „einem Baume so aehnlich ist, daß man ihm den Namen eines Baums nicht hat versagen moegen" (Maupertuis dt. 1747, 76; frz. $^2$1745/$^7$1777, 130[75]), folgt Maupertuis den Astronomen seiner Zeit, die die Bedeutung der attraktiven Kräfte der Materie so weit wie möglich ausdehnen: „Die Sternseher waren diejenigen, welche die Nothwendigkeit eines neuen Grundes, in Ansehung der Bewegung der himmlischen Koerper, zuerst einsahen, und welche denselben in den Bewegungen selbst glaubten entdecket zu haben. Die Chymie hat hiernaechst die Nothwendigkeit erkannt; und die beruehmtesten unter den heutigen Chymisten lassen eine anziehende Kraft zu, und dehnen sie viel weiter, als die Sternseher, aus. Warum sollte diese Kraft […] nicht bey der Bildung der Koerper der Thiere statt finden" (Maupertuis dt. 1747, 78; frz. $^2$1745/$^7$1777, 135[76])?

Maupertuis' Idee ist, dass es die in den Teilen der Materie wirksamen Anziehungskräfte sind, die jene gleichen Teile der Materie zueinander führen, welche die einzelnen Organe und Gliedmaßen eines organischen Körpers bilden können. Wenn „ein jedes von diesen Theilen eine groessere Gleichheit und Neigung hat, sich mit demjenigen zu vereinigen, welches zu Befoerderung der Bildung des Thiers sein Nachbar werden muß, als mit allen andern; so wird die Frucht sich bilden" (Maupertuis dt. 1747, 78–9; frz. $^2$1745/$^7$1777, 135[77]).

Bereits Étienne François Geoffroy (1672–1731) hatte der Akademie der Wissenschaften unter dem Namen von „Gleichheiten" derartige Kräfte vorgeschlagen, „welche verursachen, daß wenn zwey, zur Vereinigung geneigte, Wesen sich mit einander vereiniget haben, und es koemmt ein drittes dazu, welches mehr Gleichheit mit einem von diesen beyden hat, das letztere sich alsdenn hinzu-

---

[75] „Lorsque l'on mêle de l'argent & de l'esprit de nitre avec du mercure & de l'eau, les parties de ces matieres viennent d'elles-mêmes s'arranger pour former une végétation si semblable à un arbre, qu'on n'a pu lui en refuser le nom*"; „*Arbre de Diane" (Maupertuis $^2$1745/$^7$1777, 130).

[76] „Les Astronomes furent ceux qui sentirent les premiers le besoin d'un nouveau principe pour les mouvemens des Corps célestes, & qui crurent l'avoir découvert dans ces mouvemens mêmes. La Chymie en a depuis reconnu la nécessité; & les Chymistes les plus fameux aujourd'hui, admettent l'Attraction, & l'étendent plus loin que n'ont fait les Astronomes. Pourquoi, si cette force existe dans la nature, n'auroit-elle pas lieu dans la formation du corps des animaux?" (Maupertuis $^2$1745/$^7$1777, 135).

[77] „Qu'il y ait dans chacune des semences, des parties destinées à former le cœur, la tête, les entrailles, les bras, les jambes; & que ces parties aient chacune un plus grand rapport d'union avec celle qui pour la formation de l'animal doit être sa voisine, qu'avec toute autre; le fœtus se formera: & fût-il encore mille fois plus organisé qu'il n'est, il se formeroit" (Maupertuis $^2$1745/$^7$1777, 135–6).

fueget, und das andere vertreibet" (Maupertuis dt. 1747, 77–8; frz. ²1745/⁷1777, 133–4⁷⁸). Für Maupertuis als Newtonianer sind „diese Kraefte und diese Gleichheiten nichts anders", als das, „was andere kuehnere Weltweisen das Anziehen (attraction) nennen" (Maupertuis dt. 1747, 78; frz. ²1745/⁷1777, 134⁷⁹).

Entgegen der einseitigen, entweder männlichen oder weiblichen, Einprägung von Merkmalen im Präformismus glaubt Maupertuis, dass beide Elternteile auf die Erzeugung des Nachkommen Einfluss nehmen. Sind „die zwey Theile, die sich beruehren sollen, einmal vereiniget; so findet ein drittes, welches zu derselbigen Vereinigung haette dienen koennen, keinen Platz, und bleibet ohne Nutzen. Es folgt also, daß [...] das Kind von den Theilen des Vaters und der Mutter gebildet ist, und oft sichtbare Merkmale an sich traegt", durch die „es sowohl an dem einen, als an dem andern Theil nimmt" (Maupertuis dt. 1747, 79; frz. ²1745/⁷1777, 136–7⁸⁰).

Anders als im Animalkulismus werden die männlichen Samentierchen nicht als präformierter Keim, sondern als Träger der Anziehungs- und Bewegungskraft gedacht: „[O]hne das Thier selber zu seyn" können „diese[] kleinen Thiere[]", welche man durch „das Vergroeßrungsglas in dem maennlichen Samen entdecket", zur Hervorbringung des Tieres einen „guten Nutzen" haben. Sie dienen dazu, „den fruchtbaren Saft in Bewegung zu setzen, die gar zu weit entferneten Theile naeher zusammen zu bringen, und die Vereinigung derjenigen Theile, die sich vereinigen sollen, zu erleichtern, indem sie mancherley Stellungen unter ihnen veranlassen" (Maupertuis dt. 1747, 80–1; frz. ²1745/⁷1777, 144⁸¹). Obgleich

---

78 „Un des plus illustres Membres de cette Compagnie, dont nos sciences regretteront long-tems la perte; * un de ceux qui avoient pénétré le plus avant dans les secrets de la nature, avoit senti la difficulté d'en réduire les opérations aux loix communes du mouvement, & avoit été obligé d'avoir recours à des forces qu'il crut qu'on recevroit plus favorablement sons le nom de *Rapports*, mais Rapports qui sont que *toutes les fois que deux substances qui ont eu quelque disposition à se joindre l'une avec l'autre, se trouvent unies ensemble; s'il en survient une troisieme qui ait plus de rapport avec l'une des deux, elle s'y unit en faisant lâcher prise à l'autre*"; „*M. GEOFFROY" (Maupertuis ²1745/⁷1777, 133–4).

79 „Je ne puis m'empêcher d'avertir ici, que ces forces & ces rapports ne sont autre chose que ce que d'autres Philosophes plus hardis appellent *Attraction*" (Maupertuis ²1745/⁷1777, 134).

80 „Mais les deux parties qui doivent se toucher, étant une fois unies, une troisieme qui auroit pu faire la même union, ne trouve plus sa place, & demeure inutile. C'est ainsi, c'est par ces opérations répétées, que l'enfant est formé des parties du pere & de la mere, & porte souvent des marques visibles qu'il participe de l'un & de l'autre" (Maupertuis ²1745/⁷1777, 136–7).

81 „MAis ces petits animaux qu'on découvre au microscope, dans la semence du mâle, que deviendront-ils? [...] Ne peuvent-ils pas être de quelqu'usage pour la production de l'animal, sans être l'animal même? Peut-être ne servent-ils qu'à mettre ces liqueurs prolifiques en mouvement; à rapprocher par là des parties trop éloignées, & à faciliter l'union de celles qui doivent se joindre, en les faisant se présenter diversement les unes aux autres" (Maupertuis ²1745/⁷1777, 143).

Maupertuis im Samen des Weibchens keine analogen Tierchen gefunden hat, mutmaßt er, dass diese, wenn es sie gäbe, „keine andere Dienste thun" würden als jene, die „den Samenthierchen der Maenner obligen. Und sind keine vorhanden, so werden die maennlichen vermuthlich wohl zureichen, die beyden Saefte zu bewegen und zu vermischen" (Maupertuis dt. 1747, 81; frz. ²1745/⁷1777, 145⁸²).

Aus der mechanistischen Deutung der Erzeugung resultiert Maupertuis' Überzeugung, dass der gesamte Organismus durch die Anziehung und Verbindung der Teile entstehen könne. Um „die Hervorbringung der zufaelligen Veraenderungen; die Folge dieser Veraenderungen von einer Zeugung zur andern; und endlich die Einrichtung oder Zerstoerung der Gattungen" zu erklären, müsse man drei Dinge voraussetzen. Erstens, dass „der Samensaft einer jeglichen Art von Thieren eine unzaehlbare Menge Theile enthalte, die durch ihre Zusammenfuegung Thiere von derselbigen Gattung zu zeugen vermoegen", zweitens, dass „die Theile, welche in dem Samensafte eines jeden untheilbaren Wesens enthalten, und geschickt sind, Zuege zu bilden, die den Zuegen dieses untheilbaren Wesens gleichen, diejenigen seyn, die in der groesten Menge vorhanden sind, und die die meiste Verwandschaft mit einander haben; obwohl zu der Bildung unterschiedener Zuege, es deren auch viele andere giebt" und schließlich drittens, dass „die Theile, die den Theilen des Vaters und der Mutter gleichen, die zahlreichsten sind, und die meiste Verwandschaft mit einander haben", wodurch sie sich „am ersten zusammenfuegen, und Thiere bilden, die mit denen Aehnlichkeit haben, aus welchen sie hervorgekommen sind" (Maupertuis dt. 1747, 107–8; frz. ²1745/⁷1777, 182–5⁸³).

---

82 „Mais quand il y auroit des animaux dans la semence de la femme, ils n'y feroient que le même office qu'ils font dans celle de l'homme. Et s'il n'y en a pas, ceux de l'homme suffisent apparemment pour agiter & pour mêler les deux liqueurs" (Maupertuis ²1745/⁷1777, 145).

83 „POur expliquer maintenant tous ces Phénomenes: la production des variétés accidentelles; la succession de ces variétés d'une génération à l'autre; & ensin l'établissement ou la destruction des especes: voici ce me semble ce qu'il faudroit supposer [...] 1°. *Que la liqueur séminale de chaque espece d'animaux contient une multitude innombrable de parties propres à former par leurs assemblages des animaux de la même espece.* 2°. *Que dans la liqueur séminale de chaque individu, les parties propres à former des traits semblables à ceux de cet individu, sont celles qui d'ordinaire sont en plus grand nombre, & qui ont le plus d'affinité, quoiqu'il y en ait beaucoup d'autres pour des traits différens.* 3°. *Quant à la maniere dont se formeront dans la semence de chaque animal des parties semblables à celles de cet animal: ce seroit une conjecture bien hardie, mais qui ne seroit peut-être pas destituée de toute vraisemblance, que de penser que chaque partie fournit ses germes.* L'expérience pourroit peut-être éclaircir ce point, si l'on essayoit pendant long-tems de mutiler quelques animaux de génération en génération; peut-être verroit-on les parties retranchées diminuer peu à peu; peut-être les verroit-on à la fin s'anéantir. [...] Les parties analogues à celles du pere & de la mere, étant les plus nombreuses, & celles qui ont le plus d'affinité, seront celles qui s'uniront le

Maupertuis gewinnt durch die Theorie der Selbstbildung von Organismen durch mechanistische Attraktion auch eine alternative, nicht präformistische Erklärung für die Entstehung von Missgeburten. Wenn einige Teile zu weit entfernt voneinander sind, eine ungeschickte Form haben, oder zu schwach sind, um sich mit denjenigen Teilen zu vereinigen, für die sie bestimmt sind, so entsteht eine fehlerhafte Missgeburt, die zu wenige Teile hat. Wenn überflüssige Teile ihren Platz noch finden, und sich zu Teilen fügen, deren Vereinigung schon vollständig war, so entsteht eine Missgeburt, die zu viele Teile hat (Maupertuis dt. 1747, 79–80; frz. $^2$1745/$^7$1777, 137–8[84]). Etwa erklärt Maupertuis so das Phänomen der Sechsfingrigkeit an menschlichen Händen oder die Ausnahmeerscheinung der weißen Hautfarbe unter den Negern.

Obgleich die Attraktion der Teile die mechanische Zusammensetzung eines Ganzen aus den Samenflüssigkeiten beider Eltern beschreiben kann, liefert sie keine hinreichende Erklärung dafür, wie aus der Anziehung der Teile ein organisiertes, ein in sich sinn- und zweckvoll zusammengefügtes Wesen entsteht. Diese Einsicht führt Maupertuis in seiner zweiten Schrift zur Erzeugung der Lebewesen, dem *Système de la nature*, zu einer eher vitalistischen Deutung der selbstbildenden Kräfte der Materie (vgl. Roe 1981, 15; Zammito 2006a, 335–6[85]). Maupertuis schreibt den toten Teilen der Materie über ihre mechanistischen Eigenschaften hinaus nun intelligente Vermögen und sensible, psychische Qualitäten zu: ‚Die einfache und blinde Kraft der Attraktion, welche alle Teile der Materie durchwirkt, kann nicht erklären, wie sich die Teile zusammenfügen und einen Körper bilden, dessen Organisation höchst einheitlich [la plus simple] ist. [...] Es ist notwendig, auf ein intelligentes Prinzip zu rekurrieren, auf etwas, das dem ähnelt, was wir Neigung, Abscheu und Erinnerung nennen' (übers. I. G.; vgl. Maupertuis 1751, 146–7[86]).

---

plus ordinairement: & elles formeront des animaux semblables à ceux dont ils seront sortis" (Maupertuis $^2$1745/$^7$1777, 182–5).

84 „Si quelques parties se trouvent trop éloignées, ou d'une forme trop peu convenable, ou trop foible de rapport d'union, pour s'unir à celles auxquelles elles doivent être unies, il naît *un monstre par défaut*. Mais s'il arrive que des parties superflues trouvent encore leur place, & s'unissent aux parties dont l'union étoit déja suffisante, voilà *un monstre par excès*" (Maupertuis $^2$1745/$^7$1777, 137–8).

85 So schreibt Zammito (2006a, 336): „In a word, Maupertuis's life science culminated in *vital materialism*, in *hylozoism*".

86 „Une attraction uniforme & aveugle, répandue dans toutes les parties de la matière, ne fauroit servir à expliquer comment ces parties s'arrangent pour former le corps dont l'organisation est la plus simple. [...] Si l'on veut dire sur cela quelque chose qu'on conçoive, quoiqu'encore on ne le conçoive que sur quelque analogie, il faut avoir recours à quelque principe d'intelligence, à

*Georges-Louis Leclerc de Buffon (1707–1788).* Der französische Naturforscher Georges-Louis Leclerc de Buffon ist ein weiterer Vertreter einer newtonianisch geprägten Epigenesistheorie in Kants eigener Zeit.[87] Nach einem Studium der Rechtswissenschaft, der Medizin, der Mathematik und der Botanik in der Jugend und einer Bildungsreise nach Frankreich, Italien und England, wird Buffon 1739, im Alter von 32 Jahren, von Ludwig XV. zum Direktor des Königlichen Botanischen Gartens in Paris, dem heutigen Jardin des Plantes, ernannt. Ab 1733 ist Buffon Mitglied der Academie des Sciences, ab 1753 Mitglied der Academie française. Auf Anraten des Marineministers Jean-Frédéric Phélypeaux, Graf de Maurepas betreut Buffon das zum Botanischen Garten gehörige Museum, für das er einen Katalog der königlichen Sammlungen zur Naturgeschichte anfertigen soll. Unter den Händen des ambitionierten jungen Buffon erwächst daraus ein Lebenswerk: die *Histoire naturelle générale et particulière* (1749–1804). In bis zu zwölf Stunden täglicher Arbeit, in acht von zwölf Monaten eines jeden Jahres, die er auf seinem Wohnsitz Montbard, fernab von Paris, verbringt, gelingt es Buffon bis zu seinem Tode 36 der geplanten 50 Bände der Naturgeschichte fertigzustellen. Bei der Vorbereitung der ersten 15 Bände (1749–1767) wurde er von Louis Jean-Marie Daubenton und anderen Assistenten unterstützt. Weitere sieben Bände erschienen 1774–1789; sie enthalten im fünften Band die berühmten *Époches de la Nature* (1778); ihnen folgen neun Bände über die Vögel (1770–1783), fünf Bände über Mineralien (1783–1788); die verbleibenden acht Bände werden von Bernard Germain Étienne Médard de La Ville-Sur-Illon, Graf de Lacépède, nach Buffons Tod herausgegeben; sie behandeln Reptilien, Fische und Waltiere. Buffons Naturgeschichte wurde in viele Sprachen übersetzt und war, besonders durch ihre wunderschönen Kupferstiche, eines der populärsten Werke seiner Zeit in Europa.

In den ersten fünf Kapiteln des zweiten Bandes der *Histoire* (1749) entwickelt Buffon seinen im Wesentlichen epigenetischen Ansatz zur Erklärung biologischer Phänomene. Buffon legt seinem System der Naturgeschichte zwar noch einen Schöpfergott zugrunde, allerdings tritt dessen Funktion gegen die Selbstgestaltung biologischer Organismen weitestgehend zurück. Teilweise benutzt Buffon auch noch typisch präformistisches Vokabular, etwa verwendet er den Ausdruck ‚Auswickeln' für die Vermehrung der Teile im Prozess des Wachstums. Dennoch lehnt er eine Theorie der präformierten Keime ab (vgl. Buffon dt. 1750, I.2 18; frz. 1749, II 29).

---

quelque chose de semblable à ce que nous appelons *desir, aversion, mémoire*" (Maupertuis 1751, 146–7).
[87] Präzise systematische Darstellungen zu Buffons biologischem Schaffen geben Roe (1981, 15–8), Duchesneau (1979), Huneman (2005a und 2008a, 117–27) sowie Beaune/Gayon (1992).

Die drei wichtigsten Elemente der Buffonschen Epigenesis sind, erstens, innere Formen (*moules intérieurs*), durch die das Wesen der Organismen bewahrt und die Gestalt der Art reproduziert wird. Das zweite Element ist eine bestimmte Konzeption der Materie aus organischen und unorganischen Teilchen (*parties organiques et brutes*), aus denen die Erzeugung nach dem Modell der Ernährung additiv und selektiv erklärt wird. Drittens, behauptet Buffon die Wirkung durchdringender Kräfte (*forces pénétrantes*), die nach Art der newtonianischen Gravitationskraft bei der Bildung des Organismus durch Anziehung und Abstoßung dafür sorgen, dass jene ähnlichen organischen Teilchen akkumuliert und jene unorganischen ausgeschieden oder abgestoßen werden, die der inneren Form der Organismen entsprechen können.

So wie Salzkristalle und Mineralien aus einander ähnlichen Teilen bestehen, etwa beim Meersalz in der Gestalt eines Würfels, der seinerseits – wie man mit einem Vergrößerungsglas sehen könnte – wieder aus unzähligen kleineren Würfeln besteht, sind Pflanzen und Tiere für Buffon „organische Koerper, die aus andern aehnlichen organischen Koerpern bestehen, deren Grundtheile ebenfalls organisch und aehnlich sind" (Buffon dt. 1750, I.2 13; frz. 1749, II 20[88]). Die gesamte Materie der Dinge besteht für Buffon aus organischen und anorganischen Teilchen, deren einander ähnliche Teilchen die belebten Organismen und unbelebten Gegenstände der Welt bilden.

Die Bildung eines Embryos beginnt, wenn sich die beiden Samenflüssigkeiten der Eltern vermischt haben. Die dem Nachkommen in der Samenflüssigkeit zugrunde gelegte und später durch die Ernährung hinzugesetzte Materie besteht aus organischen Teilchen, die von den unorganischen Teilchen abgeschieden werden. Die „unorganischen" Teile, die dem „Thiere oder der Pflanze nicht aehnlich sind, werden durch die Ausduenstung und andere Absonderungen aus dem organischen Koerper fortgetrieben: die organischen bleiben, und dienen zur Auswickelung und Nahrung des organischen Koerpers" (Buffon dt. 1750, I.2 30;

---

88 „[L]e sels & quelques autres minéraux sont composez de parties semblables entr'elles & semblables au tout qu'elles composent; un grain de sel marin est un cube composé d'une infinité d'autres cubes que l'on peut reconnoître distinctement au microscope*, ces petits cubes sont eux-mêmes composez d'autres cubes qu'on aperçoit avec un meilleur microscope, & l'on ne peut guère douter que les parties primitives & constituantes de ce sel ne soient aussi des cubes d'une petitesse qui échappera toújours à nos yeux, & même à notre imagination. Les animaux & les plantes qui peuvent se multiplier & se reproduire par toutes leurs parties, sont des corps organisez composez d'autres corps organiques semblables, dont les parties primitives & constituantes sont aussi organiques & semblables, & dont nous discernons à l'œil la quantité accumulée, mais dont nous ne pouvons apercevoir les parties primitives que par le raisonnement & par l'analogie que nous venons d'établir" (Buffon 1749, II 20).

frz. 1749, II 49[89]). So geschieht das Wachstum eines Baumes bloß durch die Hinzusetzung kleiner „organischer Wesen", die „unter einander" und „dem Ganzen" ähnlich sind. Durch die Ernährung bringt das Samenkorn „anfaenglich ein Baeumchen hervor, das es im Kleinen enthaelt, an dem Gipfel dieses Baeumchens entstehet eine Knospe, die das Baeumchen des folgenden Jahres enthaelt, und diese Knospe ist ein organischer Theil, welcher dem Baeumchen des ersten Jahres aehnlich ist, an dem Gipfel des Baeumchens des zweyten Jahres entsteht ebenfalls eine Knospe, die das Baeumchen des dritten Jahres enthaelt" (Buffon dt. 1750, I.2 16; frz. 1749, II 25[90]) usf.

Aber wie kommt es dazu, dass die einander ähnlichen Teile zueinander finden? Welches ordnende Moment bewirkt die Zusammenfügung der passenden und das Fernhalten der unpassenden Teile? Buffons Idee ist, dass die Natur so, wie wir selbst Formen verwenden, anhand derer wir dem Äußeren eines Gegenstandes seine Gestalt geben, innere Formen zugrunde legt, „vermoege derer sie nicht nur die aeußerliche Gestalt, sondern auch die innerliche Beschaffenheit bey den Koerpern zu bilden vermoegend sey" (Buffon dt. 1750, I.2 22; frz. 1749, II 34[91]). Innere Formen repräsentieren das Wesen des Lebewesens und seine Zugehörigkeit zu einer bestimmten Art. Der „Koerper eines Thieres oder einer Pflanze" ist eine „innerliche Form", deren Gestalt „unveraenderlich" bleibt, deren „Masse und Groeße aber in gehoeriger Ebenmaaße zunehmen" kann. Das „Wachsthum" und „die Auswickelung des Thieres oder der Pflanze" geschieht nur dadurch, dass sich „diese Forme nach allen ihren innerlichen und aeußerlichen Abmessungen" durch die Beifügung einer „hinzukommenden und fremden Materie" erweitert und diese „der Forme an Gestalt aehnlich, und mit derselben Materie einerley wird"

---

89 „Il se fait, comme nous l'avons dit, une séparation de parties dans la nourriture; celles qui ne sont pas organiques, & qui conséquent ne sont point analogues à l'animal ou au végétal, sont rejetées hors du corps organisé par la transpiration & par les autres voies excrétoires; celles qui sont organiques restent & servent au développement & à la nourriture du corps organisé" (Buffon 1749, II 49).

90 „La graine produit d'abord un petit arbre qu'elle contenoit en raccourci, au sommet de ce petit arbre il se forme un bouton qui contient le petit arbre de l'année suivante, & ce bouton est une partie organique semblable au petit arbre de la première année; au sommet du petit arbre de la seconde année il se forme de même un bouton qui contient le petit arbre de la troisième année, & ainsi de suite tant que l'arbre croît en hauteur, & même tant qu'il végète, il se forme à l'extrémité de toutes les branches, des boutons qui contiennent en raccourci de petits arbres semblables à celui de la première année" (Buffon 1749, II 25).

91 „De la même façon que nous pouvons faire des moules par lesquels nous donnons à l'extérieur des corps telle figure qu'il nous plaît, supposons que la Nature puisse faire des moules par lesquels elle donne non seulement la figure extérieure, mais aussi la forme intérieure, ne seroit-ce pas un moyen par lequel la reproduction pourroit être opérée" (Buffon 1749, II 34)?

(Buffon dt. 1750, I.2 27; frz. 1749, II 42–3[92]). Das Problem der zweckmäßigen und intelligenten Ordnung der Erzeugung, das Maupertuis durch die Annahme intelligibler und sensitiver Vermögen in der Materie zu lösen versucht hatte, stellt sich für die selbstbildenden Vermögen der organischen Natur im Buffonschen Ansatz auf andere Weise neu: Buffon antwortet mit der Hypothese der inneren Formen.

Damit stellt sich die weitere Frage, wie Buffon dafür einstehen kann, dass die organischen Teilchen der Materie in jener Ordnung zueinander finden, welche die innere Form, und damit das Wesen und die jeweilige Art erfüllt. Analog zur newtonischen Gravitation in der toten Materie denkt sich Buffon eine durchdringende (unsichtbare) Kraft, die eine materiale Erfüllung der inneren Form eines Organismus durch organische Teilchen bewirkt. Wie „die kleinen organischen dem großen aehnlichen Wesen gebildet werden", könne auf keine Art begreiflich gemacht werden, als wenn man „durchdringende[] Kraefte" voraussetzt, die „das Anziehen" (Buffon dt. 1750, I.2 39; frz. 1749, II 66[93]) der entsprechenden Teile bewirken. Obgleich man von den „durchdringenden Kraeften" weder einen „vollkommenen Begriff" fassen, noch einsehen könne, „wie sie wirken", sei dennoch gewiss, dass diese Kräfte vorhanden sind, und dass die „meisten Wirkungen der Natur vermoege derselben hervorgebracht werden". Man müsse den durchdringenden Kräften „ins besondere die Ernaehrung und das Auswickeln zuschreiben", denn dieses sei „nicht anders, als vermoege einer innigsten Durchdringung der innern Forme" möglich. Wie die „Kraft der Schwere das Innere aller Materie durchdringt", so dringe „die Kraft, welche die organischen Theile der Nahrung stoeßt oder anzieht, auch in das Innere der organischen Koerper, und treibt [die Theile] durch ihre Wirkung [in den Koerper] hinein" (Buffon dt. 1750, I.2 29; 1749, II 46[94]).

---

92 „Il nous paroît donc certain que le corps de l'animal ou du végétal est un moule intérieur qui a une forme constante, mais dont la masse & le volume peuvent augmenter proportionnellement, & que l'accroissement, ou, si l'on veut, le développement de l'animal ou du végétal, ne se fait que par l'extension de ce moule dans toutes ses dimensions extérieurs & intérieurs, que cette extension se fait par l'intussusception d'une matière accessoire & étrangère qui pénètre dans l'intérieur, qui devient semblable à la forme & identique avec la matière du moule" (Buffon 1749, II 42–3).
93 „La première se tire de l'analogie qu'il y a entre le développement & la reproduction, l'on ne peut pas expliquer le développement d'une manière satisfaisante, sans employer les forces pénétrantes & les affinités ou attractions que nous avons employées pour expliquer la formation des petits êtres organisez semblables aux grands" (Buffon 1749, II 66).
94 „[I]l est donc évident que nous n'aurons jamais d'idée nette de ces forces pénétrantes, ni de la manière dont elles agissent; mais en même temps il n'est pas moins certain qu'elles existent, que c'est par leur moyen que se produisent la plus grande partie des effets de la Nature, & qu'on doit en particulier leur attribuer l'effet de la nutrition & du développement, puisque nous sommes assurez qu'il ne se peut faire qu'au moyen de la pénétration intime du moule intérieur; car de la même

*John Turberville Needham (1713–1781).* John Turberville Needham, ist ein dritter Vertreter einer mechanisch-vitalistischen Deutung der Epigenesis. Ende 1747 oder Anfang 1748 (vgl. Roe 1992, 441) liest Buffon Needham die ersten fünf Kapitel des Manuskriptes für den zweiten Band seiner *Histoire naturelle* vor, in denen Buffon die Theorie der Erzeugung beschreibt. Von März bis Mai 1748 unternehmen beide gemeinsam eine Reihe von Experimenten, die höchst anregend verlaufen (Roe 1986, 15; Sloan 1992, 416–25). Needham dokumentiert die Anfänge dieser gemeinsamen Arbeit in einem Brief vom 23. November 1748 an Martin Folkes (veröffentlicht 1749 unter dem Titel *Observations upon the Generation, Composition, and Decomposition of Animal and Vegetable Substances*[95]). Buffon „first engaged me in this Enquiry, by his ingenious System, which he was pleas'd to read to me, and at the same time expressed his Desire I should pursue it, before I had myself any Thoughts of it, or any one Experiment had been try'd" (Needham 1749, 19).

Buffon und Needham teilen ihren systematischen Ausgangspunkt. Beide weisen sowohl den Präfomismus als auch den Kreationismus zurück: „[A]nimal or vegetable Productions are not the Consequences of pre-existent Germs" or „of the immediate Hand of God himself" (Needham 1749, 42). Besonders explizit lehnt Needham die primäre Rolle der Spermatierchen für die Erzeugung im Animalkulismus ab: „[T]he spermatic Animals are not the efficient Cause of Generation, but only a necessary Consequence of Principles [...] which [...] are necessary to Generation" (Needham 1749, 49). Beide stimmen außerdem darin überein, dass eine aktive Materie die Grundlage der Erklärung von Lebensprozessen bildet, sei es bei Buffon in Form von organischen Partikeln, sei es bei Needham in Form einer vegetativen Kraft. Beide unterscheiden sich allerdings

---

façon que la force de la pesanteur pénètre l'intérieur de toute matière, de même la force qui pousse ou qui attire les parties organiques de la nourriture, pénètre aussi dans l'intérieur des corps organisez, & les y fait entrer par son action; & comme ces corps ont une certaine forme que nous avons appellée le moule intérieur, les parties organiques poussées par l'action de la force pénétrante ne peuvent y entrer que dans un certain ordre relatif à cette forme, ce qui par conséquent ne la peut pas changer, mais seulement en augmenter toutes les dimensions, tant extérieures qu'intérieures, & produire ainsi l'accroissement des corps organisez & leur développement; & si dans ce corps organisé, qui se développe par ce moyen, il se trouve une ou plusieurs parties semblables au tout, cette partie ou ces parties, dont la forme intérieure & extérieure est semblable à celle du corps entier, seront celles qui opéreront la reproduction" (Buffon 1749, II 45–6).

[95] Der Brief ist datiert auf den 23.11.1748, veröffentlicht wurde er in der Dezember-Ausgabe der *Philosophical Transactions* desselben Jahres; 1749 erscheint er ein zweites Mal als eine separate Monographie unter dem Titel *Observations upon the Generation, Composition, and Decomposition of Animal and Vegetable Substances, communicated in a Letter to Martin Folkes.*

deutlich darin, dass Needham eine *generatio aequivoca* oder *spontanea*, das heißt, eine Erzeugung von organisch lebendiger aus anorganisch toter Materie und ihre Konsequenz, den strengen Materialismus verneint. Buffon dagegen akzeptiert, dass aus toten organischen Partikeln lebendige Materie gebildet werden kann. Er bejaht die *generatio aequivoca* (vgl. Roe 1992, 444–7).

Am Beginn ihrer gemeinsamen Tätigkeit übernimmt Needham Buffons These, dass nicht nur spermatische Animalkulen, sondern alle Mikroorganismen durch die zufällige Kombination organischer Teilchen entstehen und wie kleine Maschinen funktionieren (Needham 1749, 19–21). Buffon „supposed these organical Parts to be [...] extremely simple in their Composition; being perhaps little more than elastic Springs [...] and the spermatic Animalcules to be Machines, or organical Parts like these" (Needham 1749, 19–20). Die ersten Experimente mit Infusionen aus Pflanzensamen sollen den Nachweis darüber bringen, welche unter den bewegten Körperchen „were strictly to be look'd upon as Animals, and which to accounted mere Machines" (Needham 1749, 20). Das Ergebnis der Experimente mit zunächst vier, dann weiteren fünfzehn Infusionen ist erstaunlich: „[T]ho' the Phials had been close stopp'd, and all Communication with the exterior Air prevented, yet, in about fifteen Days Time, the Infusions swarm'd with Clouds of moving Atoms, so small, and so prodigiously active; that tho' we made use of a Magnifier of not much above half a Line focal Distance, yet I am persuaded nothing but their vast Multitude render'd them visible" (Needham 1749, 22). Die Untersuchung führt Buffon und Needham zunächst zu einer Unterscheidung zwischen „mere organiz'd Bodies", welche durch eine „Coalition of active Principles" aus der Materie der umgebenden Infusionen gebildet werden, und „animated [...] Bodies", miroskopischen Animalkulen, die wirkliche Charakteristika von „spontaneous motion and Animation" zeigen und „from Parent Individuals of their own Species" (Needham 1749, 22–3) abstammen.

In den folgenden Wochen raffiniert Needham seine Experimente zur Widerlegung des Präformismus; eines der berühmtesten davon ist jenes, das er mit dem Saft von Hammelfleisch durchführt: „I took a Quantity of Mutton-Gravy hot from the Fire, and shut it up in a Phial, clos'd up with a Cork so well masticated, that my Precautions amounted to as much as if I had sealed my Phial hermetically. I thus effectually excluded the exterior Air, that it might not be said my moving Bodies drew their Origin from Insects, or Eggs floating in the Atmosphere". Vorsichtig kalkuliert Needham dabei „even as far as to heat violently in hot Ashes the body of the Phial; that if any thing existed, even in that little Portion of Air which filled up the Neck, it might be destroy'd, and lose its productive Faculty". Nach Ausschluss aller Voraussetzungen für eine präformistische Erzeugung lässt Needham die Infusionen einige Tage ruhen. „My Phial", berichtet Needham das Ergebnis, „swarm'd with Life, and microscopical Animals of most Dimensions, from some of the largest I had ever seen, to some of the least. The very first Drop I used [...] yielded me Multitudes perfectly form'd, animated, and spontaneous in all their Motions" (Needham 1749, 23–4). Diese experimentalen Befunde bewegen Needham dazu, Buffons Annahme organischer Partikel, die kleinen Maschinen gleichen, aufzugeben (Needham 1749, 25).

Auf der Basis vieler weiterer Infusionen aus Pflanzensamen, die Needham ohne das Beisein Buffons untersucht, gewinnt Needham mehr und mehr die Überzeugung, dass es wirkliche eine vegetative, produktive Kraft („vegetating Force", Needham 1749, 31) gibt, die in allen Substanzen, seien es animalische oder vegetabilische, vorhanden ist, und zwar in jedem Teil dieser Substanzen bis zum allerkleinsten mikroskopischen Punkt. Weitere Infusionen mit Weizensamen bestätigen dasselbe Prinzip der aktiven Materie: „To the naked Eye, or to the Touch, it appear'd a gelatinous Matter, but in the Microscope was seen to consist of innumerable Filaments; and then it was that the Substance was in its highest Point of Exaltation, just breaking, as I may say, into Life. These Filaments would swell from an interior Force so active, and so productive, that even before they resolved into, or shed any moving Globules, they were perfect Zoophytes teeming with Life, and Self-moving" (Needham 1749, 31).

Anhand von Needhams Brief an Folkes ist es schwer zu sagen, wie stark die mechanistischen (newtonianischen) oder vitalistischen Implikationen der vegetativen Kraft gedacht werden. In den *Nouvelles observations microscopiques, avec des découvertes intéressantes sur la composition & la décomposition des corps organisés* aus dem Jahre 1750 bestimmt Needham die der Materie inhärierenden Kräfte, die den Prozess der Vegetation aufrecht erhalten, als zwei Kräfte der Komposition und Dekomposition, um vieles deutlicher in Anlehnung an die newtonianischen Kräfte der Attraktion und Repulsion. Vegetation, heißt es nun, involviert einen Prozess der Erhebung („exaltation"), welcher der Dekomposition folgt und auf eine neue Ebene der Komposition führt. Needham postuliert dafür das Vorhandensein zweier Kräfte, der Ausdehnung und des Widerstandes, die gemeinsam alle physikalischen und alle Prozesse der Vegetation leiten. Dekomposition ist ein Vorgang, bei dem sich die aktive, ausdehnende Kraft von den widerstehenden Kräften befreit und löst, Komposition ein Prozess, bei dem die aktive Kraft in einem organischen Körper fixiert und befestigt wird: Vegetation ist ein Prozess der Natur, der durch die Dekomposition der alten Formen und durch Komposition der Struktur neuer Formen voranschreitet. Dabei ist die Kombination zweier antagonistischer Kräfte erforderlich, die in einem bestimmten Verhältnis zueinander stehen. Dieselbe Beobachtung, die uns zeigt, dass die organisierte Materie durch eine innere ausdehnende Kraft organisiert wird, demonstriert mit nicht weniger Gewissheit, dass eine äußere widerstehende Kraft auf konstante Weise gegenwärtig ist. In diesem Prozess, argumentiert Needham, variiert das

Verhältnis zwischen Widerstand und Ausdehnung entsprechend der Komposition oder Dekomposition der organisierten Körper, und je nachdem, ob die eine oder die andere dieser Kräfte überwiegt (Needham 1750, 221 FN, 210 FN[96]; vgl. Roe 1983, 163–4).

### 3.3.2 Vitalistische Formen der Epigenesislehre

*Caspar Friedrich Wolff (1734–1794).* Ein Jahr, nachdem Haller seine Schrift *Sur la formation du coeur dans le poulet* 1758 zum Beweis der ovistischen Präformation publiziert, verteidigt der junge deutsche Physiologe und Embryologe Caspar Friedrich Wolff am 28. November 1759 seine in Latein verfasste Dissertationsschrift *Theoria generationis* zum Beweise der Epigenesis an der Universität Halle. Es folgen eine erweiterte deutsche Fassung der Dissertation mit dem Titel *Theorie von der Generation* (1764) sowie die Abhandlung *De formatione intestinorum* (*Über die Bildung des Darmkanals im bebrüteten Hühnchen* dt. 1812), die Wolff in den Jahren 1766–1768 in zwei Bänden der Akten der Petersburger Akademie der Wissenschaften publiziert; Wolffs letztes großes embryologisches Werk ist die Schrift *Von der eigenthümlichen und wesentlichen Kraft der vegtabilischen, sowohl als auch der animalischen Substanz* (1789).

Auch Wolffs epigenetischer Ansatz[97] umkreist systematisch die Bestimmung der beiden wichtigsten Theorieelemente der Epigenesis – die selbstbildende Kraft der Natur und eine auf diese abgestimmte Konzeption der organischen Substanz oder Materie. Im Kern besteht eine epigenetische Erklärung der Bildung von Organismen für Wolff in der These, „daß die Koerper bey der Generation formirt werden", und eine Theorie der Epigenesis hat vor allem zu untersuchen, welche „Kraefte" diese Formation bewirken (Wolff 1764, 61–3). Die Epigenesis des Organismus besagt, „daß den lebenden Koerpern eine gewisse Kraft eigen sey", durch welche die „Nahrungssaefte durch ihre Theile distribuirt werden" und die „Formation" des Ganzen ausgelöst wird (Wolff 1764, 37).

---

96 „La végetation est une opération de la Nature qui procede par décomposition d'anciennes formes à une composition & à une structure de formes nouvelles. Dans ce sens, qui même est seu véritable, elle exige nécessairement une combinaison de deux forces antagonistes, en une certaine proportion; & les mêmes observations qui nous démontrent que la matiere organisée est animée d'une force expansive intérieure, ne démontrent pas avec moins de certitude la présence constante d'une force résistante extérieure"; „Ensorte que les proportions de résistante & d'expansion varient suivant que les corps organisés se composent ou se décompsent, & que l'une ou l'autre de ces forces prédomine" (Needham 1750, 221, 210 FN).

97 Vgl. Roe 1979.

Die Ausschlag gebende Kraft für alle Prozesse der Generation der organischen Körper nennt Wolff wesentliche Kraft (*vis essentialis*).[98] Sie ist das „erste Entwicklungsprinzip" der Natur („[p]rimum [...] generationis principium", Wolff dt. 1896, II 48; lat. 1759, 159), und „diejenige Kraft", „durch welche in den vegetabilischen Koerpern alles dasjenige ausgerichtet wird, weswegen wir ihnen ein Leben zuschreiben". Diese Bestimmung rekurriert explizit auf das „Leben" von Organismen und ist eine der vitalistischsten aller Definitionen der wesentlichen Kraft bei Wolff. Wesentlich ist die Kraft, weil „eine Pflanze" ohne diese Kraft „aufhören" würde, eine „Pflanze zu seyn" (Wolff 1764, 160).

Die wesentliche Kraft ist ein *„hinreichendes Princip jeder Entwicklung sowohl bei Pflanzen, als auch bei Thieren"* (Wolff dt. 1896, II 60; lat. 1759, 173[99]). In den Pflanzen bewirkt sie die „genau bestimmte Vertheilung der Säfte" (Wolff 1764, 162), die *„aus der umgebenden Erde gesammelt, in die Wurzeln einzutreten gezwungen, durch die ganze Pflanze vertheilt, zum Theil an verschiedenen Stellen aufgespeichert, zum Theil auch wieder ausgeschieden werden"*. Die „Aufnahme", „Vertheilung" und „Ausdünstung" von „Flüssigkeiten" (Wolff dt. 1896, I 11; lat. 1759, 1[100]) liefern die Antriebe für das Wachstum der Pflanze (Wolff dt. 1896, I 11; lat. 1759, 1[100], die Verminderung der Nahrungssäfte bewirkt das Aufhören des Wachstums (Wolff dt. 1896, I 57; lat. 1759, 55–6).

Die Funktionen der wesentlichen Kraft bestehen in der Hervorrufung von Wirkungen in den Nährsäften, die zur Ausbildung der Substanz der Pflanze führen. Die wesentliche Kraft verursacht das Durchdringen („penetrare", Wolff dt. 1896, I 17–8, I 39; lat. 1759, 8–9, 34), das Hindurchgehen („transire", Wolff dt. 1896, I 17; lat. 1759, 8), das Anziehen („*attractricem*", Wolff dt. 1896, I 11; lat. 1759, 1), das Ausdehnen und Vergrößern („expansio", „augmenta", „distenditur", Wolff dt. 1896, I 12, I 17; lat. 1759, 2, 8–9), das Verteilen („distribui", „distribuuntur", Wolff dt. 1896, I 17, I 44; lat. 1759, 8, 40), das Ablagern („deponi", „depositiones", Wolff dt. 1896, I 17, I 44; lat. 1759, 8, 40), das Ausfüllen („repletur", Wolff dt. 1896, I 50; lat. 1759, 47) und das Ausscheiden der Nahrungsflüssigkeiten („excretiones", „excernuntur", Wolff dt. 1896, I 44; lat. 1759, 40). Entlang dieser Einzelbestim-

---

[98] Für einen Vergleich der essenziellen Kraft bei Wolff und der bildenden Kraft bei Kant, vgl. Duchesneau (1999).
[99] „*[V]is essentialis cum solidecibilitate succi nutritii constituunt principium sufficens omnis vegetationis tum in plantis tum etiam in animalibus*" (Wolff 1759, 173).
[100] „Nutritio, observatio microscopia, et Halesii experimenta demonstrant: *obtinere* in vegetabilibus absorbtionem humorum, distributionem eorundem per universam plantam, tandemque ipsorum exhalationem, adeoque: *Vim, qua humores ex circumiacente terra, vel aliis corporibus colliguntur, subire radicem coguntur, per omnem plantam distribuuntur, partim ad diversa loca deponuntur, partim foras expelluntur*" (Wolff 1759, 1).

mungen ist die wesentliche Kraft als Kraft der Durchdringung, der Anziehung, der Ausdehnung, der Verteilung, der Ablagerung, der Ausfüllung, der Ausscheidung der körperlichen Substanz ein Inbegriff physikalischer (mechanisch erklärbarer) Bestimmungen.

Neben der wesentlichen Kraft erwähnt Wolff in wenigen Passagen ein Vermögen der Erstarrung, welches das Ende des Wachstums, eine Art von Solidifaktion und Kohäsion bewirkt (Wolff dt. 1896, II 60; lat. 1759, 172–3)[101]. Wie Roe (1979, 5–6) und Dupont (2007, 40) meinen[102], ist dieses ein zweites Prinzip neben der wesentlichen Kraft. Ich glaube jedoch, dass eher unklar bleibt, wie stark Wolff das Vermögen der Erstarrung von der wesentlichen Kraft trennt, denn an anderen Stellen scheint er selbst das Verfestigen und Ablagern von Substanz in die Wirkungen der wesentlichen Kraft einzuschließen (Wolff dt. 1896, II 14, lat. 1759, 110–1), außerdem ist die Erstarrungsfähigkeit bei Tieren wesentlich schwächer als die bei den Pflanzen.

Die Bildung einer Pflanze, so Wolff, verläuft zentral über einen Vegetationspunkt, der sich am Ende des Stengels oder Stammes befindet und aus dem sich durch Absonderung, Ausscheidung und durch Verfestigung Blätter, Blüten und Früchte entfalten. Der Vegetationspunkt ist jene Initialzone, die ihren embryo-

---

**101** „Es werden sowohl bei Pflanzen als auch bei Thieren bloss aus der wesentlichen Kraft und der Erstarrungsfähigkeit des Nährsaftes die einzelnen Arten jener Entwicklung abgeleitet; wenn also jene vorhanden sind, so ziehen die Säfte durch die Pflanze [...] oder durch irgend eine Anlage des Thiers [...] und es ergiebt sich daraus einfaches Wachsthum [...], Organisation durch imaginäre Theile [...] und Ausscheidungen [...], die im thierischen Embryo bereits zu der Zeit zu beobachten sind, wo das Herz noch keine Thätigkeit ausübt, Arterien noch nicht vorhanden sind, und kein Mechanismus oder ein anderes Wirkungsprincip gegeben ist [...]; endlich werden hierdurch auch Ablagerungen [...] bewirkt, durch die die übrige Organisirung und Erzeugung von Theilen zu Wege gebracht wird. Es ist daher *die wesentliche Kraft mit der Erstarrungsfähigkeit des Nährsaftes ein hinreichendes Princip jeder Entwicklung sowohl bei Pflanzen, als auch bei Thieren*"; „Quoniam tum in plantis, tum in animalibus, ex sola vi essentiali, & solidescibilitate succi nutritii applicati, singulae illae vegetationis species derivatae sunt, ut nempe, positis illis, succi ducantur per plantam [...], & per rudimentum qualecumque animale [...], & inde resultet incrementum simplex [...], & instituatur organisatio per partes imaginarias [...], & excretiones [...], & in embryone animali eo saltem tempore observatae, quo cor nullos adhuc exeruit effectus, arteriae nondum aderant, nec ullus mechanismus vel aliud principium agens praecessit [...], & depositiones [...], quibus omnis reliqua organisatio & productio partium absolvitur: *vis essentialis cum solidescibilitate succi nutritii constituunt principium sufficiens omnis vegetationis tum in plantis tum etiam in animalibus*" (Wolff dt. 1896, II 60; lat. 1759, 172–3).

**102** So schreibt Roe (1979, 5–6): „In his dissertation, Wolff proposed a model for development in plants and animals based on two factors: the ability of plant and animal fluids to solidify, and a force, which he named the *vis essentialis* (essential force)". Dupont (2007, 40) greift diesen Gedanken auf: „Development is thus based on two factors: the essential force and the tendency of plant and animal fluids to solidify".

nalen Charakter nie verliert und aus der sich fortwährend pflanzliches Bildungsgewebe entwickelt. Je nachdem, wieviel und in welcher Verfassung der Nahrungssaft den Vegetationspunkt erreicht, werden die einzelnen Arten von pflanzlichen Strukturen ausgebildet.

Analog zu den Pflanzen bewirkt die „*wesentliche Kraft*" in den Tieren, dass „*die ernährenden Theilchen*" vom Eigelb oder Dotter in das zu entwickelnde Lebewesen, „*aus dem Ei in den Embryo übergehen*" (Wolff dt. 1896, II 4 – 5; lat. 1759, 95[103]). Die „*Beförderung des nährenden Stoffes zum Fötus, und die Ablagerung der weissen Substanz*" kommt „*durch die wesentliche Kraft zu Stande*", die „*auch die Scheidung*" (Wolff dt. 1896, II 14; lat. 1759, 110 – 1[104]) der Stoffe verursacht. Da Wolff die Verwandtschaft der Entstehung von Pflanzen und Tieren (z. B. Wolff 1764, 18) nicht aufgeben möchte, denkt er eine dem pflanzlichen Vegetationspunkt analoge Zone der Hauptvermehrung des Gewebes, die er für das Tier in die Keimscheibe und den sie umgebenden Hof von Nabelgefässen (*area umbilicalis*) setzt, welche sich zuerst aus der noch unstrukturierten Materie des Eidotters herausbilden und von denen aus die Formierung etwa der Arterien und Venen beginnt, darüber hinaus des Herzens, das anfangs noch nicht pulsiert (Wolff 1764, 4 – 11).

Im dritten Teil seiner Dissertation und auch in der *Theorie der Generation* beschreibt Wolff die Bildung der organischen Substanz oder Materie auf der Basis einer Teil-Ganzes-Konstruktion, deren Hauptmerkmal ist, dass das Ganze aus den Teilen hervorgeht. Das Ganze ist später als die Teile. Wolff betrachtet diese Strukturierung des Ganzen aus seinen Teilen als Grundlage und Voraussetzung der Generation: „Wer nicht von der Struktur der Theile und der Zusammensetzung des Körpers spricht, wer davon nicht die Ursachen angibt, und zeigt, wie durch diese Ursachen die Theile und die Zusammensetzung determinirt werden, der erklärt auch die Generation nicht" (Wolff 1764, 13). Denn die „Bildung" eines organischen Körpers geschieht „durch allmähliche Hinzufügung von Materie oder durch das Zusammenkommen von Theilchen" (Wolff dt. 1896, II 50; lat. 1759, 161[105]), und ohne „die Verbindung zweier Theile" kann jene „Uebermittlung von

---

[103] „[C]onsequenter: *transire particulas nutrientes ex ovo ad embryonem*"; „Et repere succos nutritios, hac vi actos, per illam substantiam [...], ex globulis constatam, hisce interponendos, & sic volumen embryonis aucturos, aeque ac id de plantis demonstratum fuit" (Wolff 1759, 95).
[104] „Praeter calorem vero, & vim illam essentialem [...], nullam aliam, negotium generationis ingredientem, novimus, & praeterae illa essentialis per idem hoc negotium, nempe quod, ea posita, particulae nutrientes ex virello embryonem adire cogantur, quo ipso separatio absolvitur [...], definim est [...]. *Ergo, quin promotio materiae nutrientis ad fetum, & refutatio materiae albae vi essentiali debeatur, & separatio idcirco per eamdem absolvatur, non est dubitandum*" (Wolff 1759, 110 – 1).
[105] „Quoad leges sive modus formationis [...] convenimus, quod fiat per adpositionem materiae sucessivam, sive per concuisum particularum" (Wolff 1759, 161).

Nahrungsstoffen" nicht stattfinden, die für die Bildung des Organismus elementar ist (Wolff dt. 1896, II 53; lat. 1759, 164[106]).

Dass die Teile eines Organismus ein Ganzes bilden, ergibt sich für Wolff vor allem aus zwei Gründen, zum einen, *„weil sie entweder für sich ohne alle übrigen nicht existiren können"*, zum anderen, weil sie von anderen Teilen des Körpers *„ihre Nahrung erhalten"* (Wolff dt. 1896, II 51, lat. 1759, 162[107]). Wolff glaubt außerdem, dass *„jeder organische Körper einen Theil besitzt, durch den allen übrigen die Nahrung vermittelt wird"*, wobei *„die Organisation zunimmt mit der Zahl der zusammengesetzten Theile"*, wenn eine *„gemeinsame Nahrungsquelle für alle Theile beibehalten wird"* und sich *„vermindert, wenn die Zahl der Nährquellen zunimmt"*, schliesslich die Organisation *„gänzlich verschwindet, wenn der Körper in unorganische Theile aufgelöst wird"* (Wolff dt. 1896, II 52; lat. 1759, 163[108]).

Nach Wolffs *Theoria generationis* (1759) ist der zentrale Ort der Ernährung der Pflanze der Stamm. Demzufolge gibt es drei Arten von Teilchen, die durch die „eintretenden Säfte gebildet" werden: getrennte, unterschiedene und imaginäre. Getrennte Teile entstehen „durch Ausscheidung aus jenem Theil des Stammes, dem sie aufsitzen", unterschiedene Teile „durch Ablagerung aus dem Stamme, von dem sie eingehüllt werden" und imaginäre Teile „weder durch Ausscheidung, noch durch Ablagerung, sondern durch die blosse Ausdehnung der Substanz des Theiles, in dem sie vorkommen" (Wolff dt. 1896, II 56, lat. 1759, 168[109]).

Die Organisation eines Organismus setzt für Wolff immer zuerst eine unorganisierte, noch un- oder anorganische Zusammensetzung von Teilen voraus, die im Nachhinein organisiert werden. Die vorläufige Produktion eines noch anorganischen Körpers erfolgt gemäß der inneren Abhängigkeit der Teile voneinander, wobei das übergeordnete Teil zuerst erzeugt, das ihm ontologisch untergeordnete

---

[106] „[A]bsque combinatione inter duas partes nutrimentorum communicatio nulla obtinere postest" (Wolff 1759, 164).
[107] *„Partes organicae, corpus organicum constituentes, ideo huius partes, vel ad hoc pertinere dicuntur singulae, quia singulae absque reliquis, simul sumtis, subsistere nequeunt, vel iisdem sua nutrimenta debent"* (Wolff 1759, 162).
[108] „Ex hac notione sequitur, quod omne corpus organicum gaudeat parte una, qua mediante reliquis omnibus nutrimenta traduntur [...]. Perspicius simul, corpus organicum ideo tale esse, quod plures partes unico fonte gaudent; porro, organisationem crescere numero partium compositarum, sed nonnisi retento unico omnibus communi fonte, & imminui numero fontium aucto, tandemque euanescere prorsus, in inorganica resolutum" (Wolff 1759, 163).
[109] „Partes corporum organicorum, quaetenus eae diversae sunt, per excretionem ex ea parte trunci, cui adhaeret [...], quatenus illae distinctae sunt, per depositionem ex trunco, cui involvuntur [...] & quatenus imaginariae sunt, neque per excretionem, neque per depositionem, sed per meram distensionem substantiae eius partis, cui insunt, ope succorum introductorum factum, formantur" (Wolff 1759, 168).

später gebildet wird. Erst nach der Bildung aller Teile, die zur Strukturierung der Materie notwendig sind, ist der Körper organisiert bzw. organisch. Und erst wenn alle untergeordneten Teile, die bis zu ihrer vollständigen Produktion ebenfalls anorganisch (noch nicht vollständig organisiert und strukturiert) bleiben, sich wiederum die ihnen untergeordneten Teile gänzlich strukturiert haben, sind sie organisch bzw. organisiert. Das Ganze ist damit für Wolff nie früher als seine Teile, und die Organisation, als strukturierendes Prinzip, geht der Struktur nie voraus, sondern ist deren Resultat[110].

In der *Theorie von der Generation* (1764) vereinfacht Wolff die Beschreibung der drei Arten von Teilchen zu einer ersten Klasse von einfachen und letzten

---

[110] Ich zitiere diese interessante Passage hier ganz: „Nehmen wir nun an, *dass ein getrennter Theil A an irgend einem organischen Körper vorhanden ist, und seinerseits wieder die getrennten Theile B, C etc. besitzt und aus den unterschiedenen, die von ihm eingehüllt werden, a, b etc. besteht, und aus den imginären Theilen, die zwischen jene eingeschaltet sind, α, β ect.; und dass ferner einer der unterschiedenen Theile wiederum aus anderen besteht, die selbst imaginäre sind, γ, δ ect.,* dann musste die Bildung auf folgende Art vor sich gehen: *Zuerst wurde aus dem organischen Körper der Theil A abgesondert* und zwar deshalb, weil sowohl B, C etc., die von ihm ausgeschieden, als auch a, b etc., die von ihm abgelagert wurden, endlich auch α, β etc., die in seiner Ausdehnung bestehen, seine Existenz zur Voraussetzung haben, *und zwar wurde A unorganisch abgesondert*, weil seine ganze Organisation sowohl in der Art der Zusammensetzung der Theile B, C mit A, als auch in der Anordnung der Theile a, b in der Substanz desselben, die sie mit α, β zusammen aufbauen, endlich in der Verbindung von α, β unter einander [...] besteht, dies alles aber noch nicht vorhanden ist. *Hierauf wird B und C von A ausgeschieden und a, b innerhalb der Substanz abgelagert* [...]; *von B, C wird*, da sie ebenfalls getrennte Theile sind, *auch dasselbe gelten, was von A gesagt wurde: wenn sie nämlich im ausgewachsenen Zustand wiederum getrennte Theile besitzen und unterschiedene einschliessen, so werden diese in der ersten Zeit nicht existiren und B, C wird daher unorganisch sein. Aber dies gilt auch von a, b;* denn γ, δ setzt das Vorhandensein jener voraus, ist folglich gleich in der ersten Zeit noch nicht vorhanden, *a, b wird also unorganisch sein*"; „*Porro, si fuerit pars corporis organici cuiusdam diversa A; gaudeatque suis iterum partibus diversis B.C.&c.; sit composita ex distinctis partibus, ipsi involutis, a:b&c. & imaginariis, illis interpositis α.β. &c. & singula distinctarum partium constet iterum ex aliis, quae tandem ipsae imaginariae sint γ.δ. &c.:* necesse erit, ut formatio hoc modo facta sit: *Primo omnium excreta est ex corpore organico pars A*, ideo, quod tum *B.C.*&c. ab eadem excretae, tum *a.b.*&c. ab ea depositae, tum α.β.&c. in eius distensione consistentes, eam ad sui productionem supponunt, & *quidem inorganica*, quoniam omnis organisatio tum in modo compositionis partium *B.C.* organisatio tum in modo compositionis partium *B.C.* cum ipsa *A*, tum in dispositione partium *a.b*, intra eius substantiam, eandem cum illis α.β. constituentium, tum in ipsarum α.β. compositione secum invicem (si ita loqui licet) nondum existentium, consistit. *Tunc ab ipsa A. excretae sunt B.C, & depositae intra eius substantiam a.b,* (per demonstrata), & *de illis B.C,* cum sint aeque partes diversae, *idem quoque valebit, quod dictum est de parte A, si nempe in adulto iterum gaudeant diversis, & involutas sibi habeant distinctas, hae primo tempore nondum existent, &. B.C. inorganicae igitur erunt. Sed idem valet etiam de ipsis a.b; nam* γ.δ. supponunt illarum praeexistentiam, consequenter primo statim tempore nondum adsunt, & *a.b.* igitur inorganicae erunt" (Wolff dt. 1896, II 56–7; lat. 1759, 269).

Teilchen, aus denen alle anderen Teile zusammengesetzt sind, dies sind die Zellen und Gefäße, aus denen in den Pflanzen z. B. Holz, Wurzel, Stamm und Samen, in den Tieren etwa Knochen und Haut gebildet werden (Wolff 1764, 145). In eine zweite Klasse von Teilen gehören Zusammensetzungen aus den einfachen und letzten Teilchen, den Gefäßen, Zellen und Bläschen, die noch nicht für sich selbst bestehen können und die selbst wiederum Teile von anderen Teilen sind, z.B. fallen darunter Gebilde wie Nerven, Fibern, Muskeln und Knochen (Wolff 1764, 145–6). Eine dritte Klasse von Teilchen sind Zusammensetzungen, die für sich selbst bestehen können und die entweder aus elementaren und letzten Teilchen der ersten Klasse oder aus Zusammensetzungen von Teilchen der ersten und der zweiten Klasse bestehen, hierunter fallen Gebilde wie Wurzeln, Blätter, der Kelch und die Samenkapsel bei den Pflanzen, die Extremitäten aber bei den Tieren (Wolff 1764, 146).

Wie schon in der *Theoria generationis* (1759) stellt Wolff den Zusammenhang zwischen der wesentlichen Kraft und der Bildung des Organismus aus seinen Teilen so dar, dass ein Prozess der anorganischen Produktion dem Prozess der Organisation der Materie vorausgeht. Es könne als „allgemeines Gesetz von der Formation der natuerlichen Koerper" gelten, dass ein „jeder organischer Koerper, oder Theil eines organischen Koerpers" zuerst „ohne organische Struktur producirt" und erst im Anschluss „organisch gemacht" (Wolff 1764, 163) wird. Wie schon in der *Theoria generationis* ist dabei sehr schwer zu sagen, an welchem Punkt des Bildunsgprozesses genau der Übergang von der unorganischen Produktion der neuen Materie zu deren organischer Organisation stattfindet. Am ehesten scheint Wolffs Argumentation auf ein Komplexitätsargument hinauszulaufen. Einer vorläufigen Produktion, die im äußeren Umriss die Teile des gesamten zu bildenden Organismus schafft, folgt deren nach innen gerichtete Organisation, die die eigentliche Belebung und organische Strukturierung der Teile leistet: Zunächst dringen „Saefte" durch „die junge Theile, wenn sie noch unorganisch sind, wenn sie noch keine Gefaeße haben", und „vertheilen sich" dabei „gleichmaeßig durch den jungen Theil". Die „Oerter", die „gleich stark wachsen, muessen nothwendig einerley Menge der Saefte bekommen", „Oerter" dagegen, die sich „geschwinder und staerker" ausdehnen, „muessen nothwendig eine groeßere Menge der Saefte bekommen". Dieser erste Schritt der Generation produziert alle anorganischen Teile.

In einem zweiten Schritt formieren die Nahrungssäfte, welche durch die wesentliche Kraft verteilt werden, außerdem die „Gefaeße" (Wolff 1764, 163–4) und Bläschen. Die „Gefaeße und Blaeschen machen die innere Struktur eines Theiles; sie machen den Theil organisch, und ohne ihnen wuerde der Theil aufhoeren organisch zu seyn". Dabei werden „diese Gefaeße und Blaeschen erst in einem Theile formirt, nachdem der Theil schon producirt war, und die Production des Theils ist von der Formation seiner Gefaeße, woraus er, wenn er erwachsen ist, bestehen soll, verschieden. Folglich wird ein jeder organischer Theil zuerst producirt, und alsdann organisirt, und diese Organisation eines Theiles ist eine von der Production desselben unterschiedene Wuerkung der Natur". So, wie die Formation der Gefäße und Bläschen bei Pflanzensamen vorgeht, „so verhaelt es sich mit der Formation der Gefaeße und der Blaeschen aller uebrigen Theile der Pflanze", und eben so verhält es sich auch „mit der Formation der Gefaeße und Zellen bey den Thieren" (Wolff 1764, 162).

Ähnlich wie bei der Konzeption der wesentlichen Kraft, deren vitalisierende Wirkung (die Grundlegung von organischem Leben) aus mechanischen Ursachen erfolgen soll (aus Kräften der Durchdringung, Anziehung, Ausdehnung, Ausscheidung etc.), versucht Wolff die Erzeugung einer vitalistisch gedachten, lebendigen organischen Materie des Organismus aus einem Prozess abzuleiten, der mechanistisch verläuft: zunächst über eine Aggregation und Zusammensetzung der Teile zum Ganzen, die anschließend durch eine Binnenstrukturierung so viel Komplexität hinzugewinnen, dass der gebildete Körper nicht mehr als anorganisch, sondern als organisch angesehen werden muss.

*Johann Friedrich Blumenbach (1752–1840).* Blumenbachs wichtigste Werke zur Theorie der Erzeugung sind neben der Dissertation aus dem Jahre 1775, das *Handbuch der Naturgeschichte* (1779/[13]1832), das zu einem der erfolgreichsten Kompendien der Naturgeschichte im späten 18. Jahrhundert avanciert und bis zum Jahre 1832 dreizehn Neuauflagen erlebt, die kleine Schrift *Über den Bildungstrieb und das Zeugungsgeschäfte* aus dem Jahre 1781, schließlich die Schrift *De nisu formativo et generationis negotio observationes* (1787).

Während Blumenbach in seiner Dissertation (1775) zunächst Hallers präformistischen Standpunkt verteidigt und der Evolutionstheorie folgt, verschiebt sich seine Position in der Erstauflage des *Handbuchs der Naturgeschichte* (1779) zu einer neutraleren Stellung; er beschreibt die Ansätze von Haller und Bonnet, ohne sich ihnen anzuschließen (vgl. Richards 2000, 17 und 2002, 218; Lenoir 1980, 81–2 und 1982, 19). In § 11 der Zweit-Auflage des *Handbuchs* ([2]1782, 15) schreibt Blumenbach über den nisus formativus: „[W]eit angemessener ist es also, wenn man annimmt: daß in allen organisirten Körpern ein besondrer, eingebohrner, lebenslang thätiger würksamer Trieb liegt, ihre bestimmte Gestalt anfangs anzunehmen, dann lebenslang zu erhalten, und wenn sie ja zerstört worden, wo möglich wieder herzustellen. Ein Trieb, der folglich der Hauptgrund der Generation, Nutrition und Reproduction zu seyn scheint, und den wir, um ihn von allen andern Naturkräften zu unterscheiden, mit dem Namen des Bildungstriebes (Nisus formativus) belegen".

Ab dem Jahre 1780 weist Blumenbach den Präformismus zurück und vertritt eine epigenetische Theorie der Erzeugung. Die kleine Schrift *Über den Bildungs-*

*trieb und das Zeugungsgeschäfte* aus dem Jahre 1781 kündigt den Neueinsatz mit aller Deutlichkeit an: „Das Geheimnis des Zeugungsgeschäftes endlich einmal aufgeklärt zu sehen, endlich einmal zu erfahren was im innern eines Geschöpfs vorgeht wenn es von einem Andern befruchtet einem Dritten das Leben geben soll", beinhalte, so Blumenbach, die größten „Folgen" für das „Glück der Menschheit" (Blumenbach 1781, 3–4).

Blumenbachs Schrift ist eine der übersichtlichsten Abhandlungen zur Generation. Sie beginnt mit der Beschreibung zweier Erfahrungen, der Reproduktionsversuche mit Armpolypen und der Wundheilung, die zu einer Reihe von Beobachtungen gehören, welche Blumenbach von einer epigenetischen Deutung der Erzeugung überzeugt haben. Darauf schreitet Blumenbach zügig zur Definition des Bildungstriebes fort und grenzt seinen Ansatz der Epigenesislehre gegen andere Theorien der Erzeugung ab: gegen mechanistische epigenetische Ansätze, etwa die *vis plastica* Needhams und die *vis essentialis* Wolffs (Blumenbach 1781, 14–8), gegen präformistische Theorien des Ovismus (Blumenbach 1781, 26–31), des Animalkulismus (Blumenbach 1781, 31–7) und der Panspermie (Blumenbach 1781, 37–9), und gegen die *generatio aequivoca*, die Urzeugung des Organischen aus Anorganischem (Blumenbach 1781, 21–4). Im zweiten Teil der Schrift erläutert Blumenbach die drei Wirkungsweisen des Bildungstriebes bei der Erzeugung, der Ernährung und der Wiederherstellung der verletzten Teile eines organischen Körpers.

In einem „Mühlbache" während der Ferien auf dem Lande findet Blumenbach grüne Armpolypen und stellt mit ihnen die seiner Zeit bekannten Reproduktionsexperimente zur Wiederlegung des Präformismus an. Das Ergebnis ist, dass die abgeschnittenen Teile der Polypen in verkleinerter Form wieder ersetzt werden. Außerdem habe sich, berichtet Blumenbach, die Eiterwunde eines Mannes, der an „Winddorn" erkrankt gewesen sei, zurückgebildet, und obgleich die Wunde eine Delle zurücklässt, sei die Haut durch eine Narbe verheilt (Blumenbach 1781, 9–11). Beide Versuche gehören in eine Reihe von Experimenten, die, so Blumenbach, alle ein und dieselbe Gesetzmäßigkeit bestätigen, nämlich, dass „in allen belebten Geschöpfen" ein „besondrer, eingebohrner, Lebenslang thätiger wiirksamer Trieb liegt, ihre bestimmte Gestalt anfangs anzunehmen, dann zu erhalten, und wenn sie ja zerstört worden, wo möglich wieder herzustellen. Ein Trieb (oder Tendenz oder Bestreben [...]) der sowol von den allgemeinen Eigenschaften der Körper überhaupt, als auch von den übrigen eigenthümlichen Kräften der organisirten Körper ins besondre gänzlich verschieden ist; der eine der ersten Ursachen aller Generation, Nutrition und Reproduction zu seyn scheint". Blumenbach gibt diesem Trieb den „Namen des Bildungs-Triebes (Nisus formativus)" (Blumenbach 1781, 12–3).

Die der epigenetischen Organisation zugrunde liegende Kraft wird als ein selbstbildender Trieb, ein inneres Bestreben oder eine Tendenz der organischen Natur charakterisiert, die drei Funktionen hat: die Erzeugung („Generation"), die Ernährung („Nutrition") und die Wiederherstellung verletzter Teile („Reproduktion"), wobei die Ernährung und die Reproduktion als zwei funktionale modi der Generation erscheinen, denn die Ernährung ist eine „allgemeine", „unmerklich continuirte" (Blumenbach 1781, 19, 70), die Reproduktion „eine wiederholte", „nur partielle" (Blumenbach 1781, 19, 73–4) Generation.

Die Wirkungen des Bildungstriebes auf die *Erzeugung* demonstriert Blumenbach am Beispiel der Vermehrung der Brunnenkonserve. Die Brunnenkonserve ist ein grüner Wasserfaden, eine Art Moos, der zur Vermehrung ein kleines, eiförmiges, smaragdgrünes Knöpfchen am Ende des Wasserfadens bildet, das sich vom gesamten Faden trennt und an einem anderen Ort festsetzt, wo es innerhalb von zwei Tagen zu einem neuen Faden heranwächst. Dabei, stellt Blumenbach fest, scheint es der Natur im Wesentlichen immer um die Erhaltung einer bestimmten Textur, einer Gestalt oder Struktur der organisierten Körper zu gehen, während die Ausbildung der Länge, Größe und anderer körperlicher Eigenschaften im Hintergrund steht (Blumenbach 1781, 47–56).

Anders als gegen die Präformationslehre bilden Missgeburten keinen Einwand gegen die Erzeugung aus dem Bildungstrieb, da der Bildungstrieb wie alle anderen Kräfte durch zufällige Ursachen gestört werden kann. Monstrositäten erklärt Blumenbach dadurch, dass ihnen eine forcierte, widernatürliche Abweichung des Bildungstriebes zugrunde liegt (Blumenbach 1781, 56–60). Auch Bastarde widerlegen den Bildungstrieb nicht, denn sie beruhen darauf, dass der Bildungstrieb durch eine ungleiche Mischung des Zeugungssaftes erblich geändert wird. Da es zum Beispiel möglich ist, eine Art von Tabak so in eine andere umzuschaffen, dass fast nichts mehr von den ursprünglichen Merkmalen übrig bleibt, ist zwar der Präformismus widerlegt, nicht aber eine epigenetische Deutung der Erzeugung aus dem Bildungstrieb (Blumenbach 1781, 60–1).

Der Einfluss des Bildungstriebes auf den zweiten modus der Generation, die *Ernährung*, besteht darin, dass der Bildungstrieb den Verlust und Ersatz von Körperteilen im Gleichgewicht hält und verhindert, dass der Körper durch den Umlauf der Säfte und die Bewegung der Teile des Körpers vernichtet wird, die zur Verdunstung der flüssigen und zur Abnutzung der festen Teile führen (Blumenbach 1781, 70–3).

Am breitesten stellt Blumenbach den Einfluss des Bildungtriebes auf den dritten modus der Erzeugung, die *Reproduktion* von Organismen, dar. Blumenbachs Versuche mit Polypen zeigen, dass der organische Körper seine fehlenden oder verstümmelten Glieder – wenn auch verkleinert – allmählich wieder ergänzt, und dem Geschöpf die verletzten Teile seiner bestimmten Bildung ersetzt. Je einfacher und gleichförmiger ein verletzter Körper dabei aufgebaut ist, desto besser gelingt die Reproduktion. Aber auch bei komplexeren Körpern kann sie nachgewiesen werden.

Auch anhand der Reproduktion widerlegt Blumenbach die Präformationslehre, z. B. weil es gelingt, das Vorderteil eines grünen und das Hinterteil eines braunen Polypen miteinander verwachsen zu lassen. Im Präformismus müsste der vorgeformte Keim des grünen und des braunen Polypen jede der beiden Hälften dazu bestimmen, sich zu einem ganzen grünen oder zu einem ganzen braunen Polypen zu vervollständigen. Nach dem epigenetischen Modell dagegen dringt die Natur nur darauf, ein funktionales Ganzes hervorzubringen, das die Bestimmungen des grünen und des braunen Polypen erfüllen kann, auch wenn dies durch ein halb grünes und ein halb braunes Polypenganzes geschieht.

Darüber hinaus, so Blumenbach, zeige sich deutlich, dass der Bildungstrieb bestrebt ist, dem Lebewesen seine bestimmte Struktur und Gestalt wiederzugeben und zu erhalten. Etwa rollt sich ein Polyp, dessen röhrenförmige Bauchhöhle aufgeschlitzt wird, entweder wieder zusammen, oder er bläht sich auf, um seine röhrenförmige Gestalt wieder zu erlangen (Blumenbach 1781, 73–80).

Blumenbachs Analyse der epigenetischen Reproduktion endet mit einer Klassifikation von Reproduktionsarten, die in eine natürliche, notwendige und eine außerordentliche, zufällige Reproduktion unterschieden wird, wobei letztere die eigentlichen Fälle der Reproduktion enthält. Zur ersten Gruppe gehören etwa das Entblättern des Laubes, das Mausern der Vögel, das Abwerfen der Geweihe, das Haaren, der Zahnwechsel. Die eigentliche, zufällige und außerordentliche Reproduktion untergliedert sich in Fälle, in denen die zerstörte Bildung bloß wiederhergestellt wird, ohne dass Stoff verloren gegangen ist, etwa wenn ein vollständig durchtrennter Schenkel wieder zum Anwachsen gebracht werden kann; oder sie betrifft Fälle in denen zugleich der verlorene Stoff wiederersetzt werden muss, etwa bei Wunden oder bei der Ersetzung von gänzlich verlorenen Gliedern, z. B. durch ein knorpelartiges Gewebe (Blumenbach 1781, 80–5).

Verständnisschwierigkeiten bereitet, wie genau Blumenbach den Bildungstrieb konzipiert. In der ersten Auflage beschreibt er ihn als eine Kraft, die vor allem aus ihren Effekten und Wirkungen erkannt wird („Würkungen", „Würksamkeit", Blumenbach 1781, 39, 45, 47, 69, 78); er sagt jedoch an keiner Stelle explizit, dass der Bildungstrieb in seiner Ursächlichkeit dunkel oder unerkennbar sei. Der Bildungstrieb wird als „eine der ersten Ursachen", als ein „Trieb", eine „Tendenz" oder ein „Bestreben" bestimmt. „[N]isus" in der lateinischen Formel „nisus formativus" (Blumenbach 1781, 12–3) ist eine Ableitung aus dem lateinischen Wort „nitor", das den Bedeutungshorizont ‚streben', ‚sich drängen', ‚sich anstrengen', ‚sich stemmen' umschließt. Der „nisus formativus" bezeichnet demzufolge einen formenden Drang, ein sich bildend Strebendes, ein sich Stemmendes, Emporsteigendes.

In der zweiten Auflage der Schrift ergänzt Blumenbach die Definition des Bildungstriebes um eine Passage, in der der Bildungstrieb, gleich der Newtonischen Attraktion, als eine sekundäre Ursache erscheint, die aus einer unerkennbaren ersten Ursache hervorgeht. Blumenbach meint, dass „das *Wort* Bildungstrieb, so gut wie *die Worte* Attraction \*), Schwere etc. zu nichts mehr und nichts weniger dienen soll, als eine Kraft zu bezeichnen, deren constante Wirkung aus der Erfahrung anerkannt worden, deren *Ursache* aber so gut wie die Ursache der genannten, noch so allgemein anerkannten Naturkräfte, für uns *qualitas occulta* ist \*). Es gilt von allen diesen Kräften was OVID sagt: – *caussa latet, vis est notissima*. Das Verdienst beym Studium dieser Kräfte ist nur das, ihre Wirkungen näher zu bestimmen und auf allgemeinere Gesetze zurück zu bringen" (Blumenbach ²1789, 25–6).

Schon in der Definition des Bildungstriebes der Erstauflage besteht eine gewisse begriffliche Unschärfe dahingehend, dass der Bildungstrieb als „eine der ersten", nicht aber als *die* erste Ursache der Erzeugung beschrieben wird. Das Problem der Verunklärung der Erst-Verursachung der Bildung verstärkt sich in der Zweitauflage, in der der Bildungstrieb zur sekundären Ursache herabgestuft wird, die auf einer unerkennbaren Erstursache beruht.[111] Es scheint sich an dieser Stelle zu zeigen, dass unter den zeitgenössischen Biologen und Naturforschern der Begriff einer Spontanverursachung der Natur, das heißt, ein Konzept einer natürlichen Ursache, die als Kraft in sich selbst begründet aus sich selbst bildend tätig ist, noch nicht gedacht werden konnte, selbst bei Blumenbach noch nicht, der ihr am nächsten kommt. Newtonianische mechanische Kräfte beschreiben nur die vorhandene Ruhe oder Bewegung eines Körpers, nicht aber die Entstehung der Bewegung oder Ruhe. So sagt Newton am Ende der *Optik*: „*[W]hat I call* attraction, *may be performed by Impulse, or by some other means unknown to me. I use that word here to signify only in general any force by which bodies tend towards one another, whatsoever be the cause*" (Blumenbach ²1789, 32–3). Ein Bildungtrieb dagegen müsste die erste, initiale Erzeugung der Veränderung, Bewegung, Entstehung erklären können.[112]

---

[111] Richards (2002, 227) hat die von Blumenbach problematisierte Kausalkette aus der Zweitauflage in der folgenden Weise rekonstruiert: „cause (unknown) – produces → force (the *Bildungstrieb*) – produces → perceptible effects (e.g., epigenesis)". Der Bildungstrieb bewirkt als „secondary cause" „immediate effects"; aber er selbst erscheint als Wirkung einer verborgenen Erstursache („effect of some hidden, primary cause").

[112] Lenoir (1981, 155; vgl. Lenoir 1980, 84–5) beschreibt Blumenbachs Ansatz als einen emergenten Vitalismus („emergent vitalism"), in dem die vitalistische Kraft aus der organisierten

## 3.4 Kants Verhältnis zu präformistischen und epigenetischen Lehren

In der historischen Kant-Forschung ist Kants Verhältnis zu präformistischen und epigenetischen Lehren eine umstrittene Frage, zu der in den letzten Jahren unterschiedliche Stellungen bezogen wurden. Während Zumbach (1984, 79–113) dagegen argumentiert, dass Kant ein Vitalist ist,[113] haben Reill (2005, 246)[114] und Huneman (2006b, 651–4; 2007, 12)[115] Kant in das Programm der ‚Enlightenment vitalists', das heißt, in die vitalistische Tendenz der Epigenesislehre eingeordnet. Zammito (2003, 80; 2006a; 2007, 51, 56–66) betont, dass Kant in den verschie-

---

Materie hervorgeht und die organisierte Materie als Quelle des Bildungstriebes erscheint: „[I]t was the *organization* of matter in certain ways that gave rise to the *Bildungstrieb*. Organization was taken here as the primary given". Richards bestreitet dies – meiner Meinung nach zur Recht. Für Blumenbach ist der Bildungstrieb niemals ein „*effect* of organization", „a property emerging out of organization", sondern umgekehrt: Der Bildungstrieb ist selbst die Ursache „to explain organization" (Richards 2002, 228). Die Streitfrage zwischen Lenoir und Richards entsteht dadurch, dass Blumenbach die kausale Struktur des Bildungstriebes nicht restlos aufzuklären vermag. Lenoir nimmt an, dass der Bildungstrieb eine tiefer in der Materie begründete Organisation nur transportiert, selbst aber nicht Ursache dieser Organisation ist. Diese Deutung wird dadurch möglich, dass der Bildungstrieb nicht konsequent als Erstursache gedacht wird.

**113** Zumbach (1984, 83) versteht unter dem Vitalismus die Ansicht, dass „a living thing is not only made up of physical inanimate parts, but also consists of a non-material entity which brings with it the activities characteristic of living organisms. This vital entity, in animating the organism, distinguishes the organic from the inorganic". Einen so verstandenen Vitalismus lehnt Kant, nach Zumbachs Ansicht, ab. Dennoch attestiert Zumbach Kant eine anti-mechanistische Haltung, die er so erklärt, dass Kant eine Annahme freier kausaler Ursachen in organisierten Wesen (neben mechanischen Ursachen) auf explanatorischer, und nur auf dieser, nicht aber auf ontologischer Ebene einräume: „Thus, the claim that there are free causes in living systems has no ontological force. It is rather a transcendental claim, i.e., one concerning the possibility of our judgments" (Zumbach 1984, 107). Nach Zumbach gibt es in organisierten Wesen eine kreative Kraft, die wir nach dem Muster der menschlichen Freiheit erklären können.

**114** Reill reiht Kant neben Buffon, Daubenton, Robinet, Herder und Goethe in eine Gruppe von Denkern ein, deren philosophisches Charisma er als „Enlightenment Vitalism" (Reill 2005, 246) bezeichnet.

**115** Huneman schreibt: „Kant's theory [...] asserted an epigenesis disposed to reach a type. It characterized germs and dispositions [...] as ‚reproductive powers' inherited by the offspring of an individual". Keime und Anlagen „were used by Kant to provide an epigenetic answer to the problems of the conversation and the variation of form through the generations" (Huneman 2006b, 651). Huneman schließt: „I thus support Reill's (2005) contention that Kant's *Critique of judgment* belongs to the ‚program' of those who have come to be called ‚Enlightenment vitalists'" (Huneman 2006b, 653). Er interpretiert Kants Favorisierung des generischen Präformismus, den Kant im § 81 der *KU* ‚Epigenesis' nennt, als Hinwendung zu einer moderaten epigenetischen Theorie.

denen Phasen seines Denkens ‚ambivalent' zwischen epigenetischen und präformistischen Annahmen schwankt, u. a. deshalb, weil sich Kant mit einer epigenetischen Lehre nie wirklich wohl gefühlt hat.[116] Nach Steigerwald (2006b, 716) favorisiert Kant die Epigenesislehre in Bezug auf die Erzeugung des Individuums, die Präformationslehre in Bezug auf die Gattung.[117] Grene/Depew (2004, 95) und Roth (2008, 284) argumentieren mit Blick auf den § 81 der *KU*, dass Kant nicht unentschieden zwischen präformistischen und epigenetischen Lehren oszilliert, sondern eine Synthese zwischen beiden Theorieströmen intendiert.[118]

Im Folgenden untersuche ich, ob und inwiefern man Kants Theorie organisierter Wesen im Lichte ovistischer und animalkulistischer präformistischer sowie mechanischer und vitalistischer epigenetischer Lehren lesen kann, obgleich Kant diese selbst weder als das eine noch als das andere charakterisiert hat. Man kann diese Frage entweder dadurch beantworten, dass man in Kants publizierten und nicht publizierten Schriften alle Stellen aufsucht, in denen sich Kant in naturphilosophischen Kontexten[119] zu den Begriffen der Präformation und Epigenesis

---

[116] Zammito (2003; 2006a und 2007, 56–66) zeichnet je verschiedene Epochen der Aneignung beider Theorien in Kants Denken nach. Seine Interpretation geht für die *KU* in die Richtung von Roth und Grene/Depew, bleibt aber insgesamt teils unentschiedener, teils sensibler gegen einzelne Aspekte präformistischer und epigenetischer Elemente in Kants Theorie der Erzeugung organisierter Wesen: „First, Kant had to insist that even epigenesis implied preformation: at the origin there had to be some inexplicable (transcendent) endowment, and with it, in his view, some determinate restriction in species variation. Thereafter, the organized principles within the natural world could proceed on adaptive lines. This made *epigenesis* over into Kant's variant of *preformation*. Even so, this seemed to postulate the objective *actuality* of these forces for natural science. Hence Kant faced the ultimate need for a second step: to transpose the whole matter from the constitutive to the regulative order" (Zammito 2003, 88). In Zammito (2006a, 317) heißt es: „I suspect that Kant was *never* comfortable with epigenesis, that it was a strain for his critical philosophy even when he explicitly invoked it".

[117] Steigerwald (2006b, 716) notiert: „In accounting for the development of an individual organized being, Kant now favored epigenesis over preformation as it minimizes the appeal to the supernatural".

[118] Roth (2008, 284–5) schreibt über § 81 der *KU*: „Mit der Begriffsbildung „generische Präformation" [...] erfaßt Kant die gesamte Problematik der damaligen Diskussion und bringt zum Ausdruck, daß weder Epigenese noch Präformation für sich betrachtet ausreichen, um ontogenetische Prozesse zu beschreiben". Kant vertrete eine „Epigenesistheorie", „allerdings im Sinne einer generischen Präformationstheorie".

[119] Kants Neigungen, präformistische und epigenetische Termini als Metaphern zu verwenden, vor allem, sie metaphorisch auf Elemente der Erkenntnistheorie zu übertragen, werde ich nicht eigens diskutieren, da sie für Kants Theorie organisierter Wesen keine unmittelbare Relevanz besitzen und relativ gut erforscht sind, vgl. Genova (1974), Ingensiep (1994), Duchesneau (2000), Quarfood (2004b, 77–117), Sloan (2002), Zammito (2003, 83–4 und 2007, 57–8), Breitenbach (2009a, 84–108) und Mensch (2013). Kant erwähnt in der B-Deduktion der reinen Verstan-

äußert oder Stellung zu Vertretern beider Lehren bezieht. Oder man kann sie systematisch beantworten, indem man fragt, ob und welche epigenetischen und präfomistischen Theorieelemente der Kantische Ansatz enthält.

Ich stelle zunächst Textpassagen zusammen, in denen sich Kant im naturphilosophischen Kontext zu präformistischen und epigenetischen Lehren äußert (3.4.1) und betrachte anschließend, welche Kommentare und Kritiken er den Vertretern beider Lehren entgegen hält (3.4.2). Die Auswertungen dieser teils sehr kryptischen Materialien ermöglicht vorsichtige Hypothesen darüber, wieviel Kant über beide Lehren wusste und über welche Quellen Kants Kenntnis beider Lehren – teils mit Wahrscheinlichkeit, teils mit Sicherheit – rezeptionsgeschichtlich verlaufen ist.

Ich argumentiere anschließend anhand systematischer Merkmale, inwiefern Kant als Vertreter ovistischer und animalkulistischer präformistischer (3.4.3) sowie mechanischer und vitalistischer epigenetischer (3.4.4) Lehren betrachtet werden kann. Dabei greife ich jene systematischen Merkmale wieder auf, die ich in 3.1–3 zur Charakterisierung der historischen Vertreter ovistischer und animalkulistischer präformistischer sowie mechanischer und vitalistischer epigenetischer Lehren verwendet habe und unterscheide für deren Adaptation bei Kant zwei zeitliche Perioden, ihr Vorkommen in den drei Rassenschriften und ihr Auftreten in der *KU*, da sich bei Kant verschiedene Tendenzen der Aufnahme oder Zurückweisung präformistischer und epigenetischer Elemente vor und in der kritischen Philosophie aufweisen lassen. In Bezug auf die Präformationslehre frage ich je für die drei Rassenschriften und die *KU*, ob und welche Gottesannahme Kant vertritt, ob und welche Theorie der Keime und Anlagen Kant verwendet, ob diese ovistisch oder animalkulistisch verstanden und an eine präformistisch

---

desbegriffe ein „System der *Epigenesis* der reinen Vernunft" und ein „*Präformationssystem* der reinen Vernunft" (*KrV* B 167). Er will „die reinen Begriffe bis zu ihren ersten Keimen und Anlagen im menschlichen Verstande verfolgen" (*KrV* A 66/B 91); er spricht von dem „ursprünglichen Keim, in der sich bloß auswickelnden Vernunft" (*KrV* A 835/B 863) oder davon, die „Erkenntniß aus ihren ursprünglichen Keimen zu entwickeln" (*Prol.* 4:274.34–5). Kant vergleicht die Metaphysik mit dem Lieblingskind der Vernunft, dessen Erzeugung einem „ursprünglichen Keime" zuzuschreiben ist, „welcher zu großen Zwecken weislich organisirt ist" (*Prol.* 4:353.25–6). Der „Keim" der Metaphysik als „Wissenschaft" müsse „in der Kritik vorher völlig präformirt" (*Prol.* 4:368.8–10) werden. – Kant hat biologische Metaphern jedoch nicht nur auf apriorische Prinzipien des Wissens in der theoretischen Philosophie angewendet, sondern hat sie auch in andere Bereiche, etwa die Geschichtsphilosophie (vgl. *Idee* passim), Moral- und Religionsphilosophie (*Rel.* 6:26.1–28.24, *Rel.* 6:38.32, *Rel.* 6:45.12, *Rel.* 6:57.5) und die Pädagogik (*Päd.* 9:448.17) übertragen, etwa, um Keime und Anlagen zum Guten im Menschen zu beschreiben. Die moralphilosophischen Anwendungen biologischer Metaphern werden bisher weniger ausgewertet als die erkenntnistheoretischen.

eingeschlechtliche Vererbungslehre gebunden werden. In Bezug auf die Epigenesislehre frage ich vor allem, welche kreativen Kräfte und Gesetze der Materie sich identifizieren lassen, ob diese mechanistisch oder vitalistisch gedeutet werden und ob Kant eine epigenetisch zweigeschlechtliche Vererbungslehre vertritt.

### 3.4.1 Kants Aussagen zu präformistischen und epigenetischen Lehren

An einigen wenigen Stellen im Gesamtwerk diskutiert Kant präformistische und epigenetische Lehren, wobei die Termini ‚Präformation' und ‚Epigenesis' explizit genannt und näher charakterisiert werden. Aus der Summe dieser Stellen geht hervor, dass Kant schon früh umrissartige Vorstellungen der wichtigsten präformistischen und epigenetischen Theoreme hat. Kant geht auch auf Spielarten der Präformationslehre, den Ovismus und Animalkulismus, ein. Außerdem kennt Kant zeitgenössische Einwände gegen die Präformationslehre.

Die relevanten Textzeugnisse finden sich zum einen in den von Kant selbst publizierten Schriften, zum anderen in den von Schülern nachgeschriebenen Vorlesungen Kants und in Kants Reflexionen. Da die Vorlesungsnachschriften und Reflexionen stark fragmentarischen Charakter haben, je spezifischen Kontexten und verschiedenen Epochen des Kantischen Denkens angehören, muss die Auswertungen dieser Passagen vorläufig bleiben und sehr zurückhaltend geschehen. Einige der schwer handhabbaren Materialien führe ich eher deskriptiv und statistisch an, ohne in Kommentierungen, die an diesen Stellen nur spekulativ sein könnten, einzusteigen.[120]

#### 3.4.1.1 Kants Aussagen zur Präformationslehre in den publizierten Schriften
In den von Kant selbst publizierten Schriften finden sich Aussagen zur Präformationslehre in der B-Deduktion der reinen Verstandesbegriffe in der *KrV* (B 167–8), in den *Prolegomena* (6:368.9–10), in der *Rezension Herder* (8:50.16–22), zentral im § 81 der *KU* und in der *Religion* (6:80.29–37). Die beiden Passagen in der *KrV* und in den *Prolegomena*, in denen die Präformation als Metapher für erkenntnistheoretische Phänomene dient, betrachte ich hier nur in ihrer naturphilosophischen Dimension.

---

[120] Ich lege diesen Untersuchungen die sachlich begrenzten Recherchen zu den Begriffen praef\*\*, präf\*\*, animalc\*\*, sperm\*\* und ov\*\* für präformistische, epigen\*\* für epigenetische Lehren in einer elektronischen Gesamtausgabe der Werke Kants zugrunde.

Am Ende der „Transscendentalen Deduktion" der Verstandesbegriffe der B-Auflage der ersten *Kritik* vergleicht Kant die Kategorien des Verstandes als erfahrungsunabhängige, apriorische Begriffe, welche die Möglichkeit der Erfahrung überhaupt begründen, mit dem „System der *Epigenesis*". Anlagen zum Denken dagegen, die dem Menschen am Beginn seiner Existenz von einem göttlichen Urheber eingepflanzt wurden, gleichen einem „*Präformationssystem* der reinen Vernunft" (*KrV* B 167). Kant argumentiert, dass die Verstandeskategorien epigenetisch erzeugt werden, weil sie der Natur der Vernunft entspringen. Die Stelle verdeutlicht, dass die präformistische Lehre in Kants Augen von Gott abhängig, eine starke Deutung der epigenetischen Lehre dagegen von Gott unabhängig gedacht wird.

In den *Prolegomena* verwendet Kant die Präformation erneut als Metapher für erkenntnistheoretische Probleme. Anders als in der *KrV* jedoch dient nun nicht das epigenetische, sondern das präformistische Bild der Auswickelung aus dem Keim als Metapher für das Verfahren der kritischen Philosophie Kants. Wenn eine Metaphysik als Wissenschaft auftreten möchte, schreibt Kant, muss der „Keim" für sie in der Kritik „präformirt" (*Prol.* 4:368.9–10) werden. Kant vergleicht das kritische Verfahren insofern mit der Präformation der Keime, als es jene apriorischen Prinzipien der Erkenntnis der Erfahrungsgegenstände bestimmt, mittels derer – gleich einer Auswickelung des Lebewesens aus präformierten Keimen – die Wissenschaft der Metaphysik die Erscheinung der Erfahrungsgegenstände konstituiert.

In der *Rezension Herder* zitiert Kant eine Äußerung Herders aus den *Ideen zur Philosophie der Geschichte der Menschheit*, in der Herder seine Theorie der organischen Kraft gegen präformistische und epigenetische Ansätze abhebt. Herder schreibt: „Präformirte Keime hat kein Auge gesehen. Wenn man von einer Epigenesis redet, so spricht man uneigentlich, als ob die Glieder *von außen* zuwüchsen. Bildung (genesis) ists, eine Wirkung *innerer Kräfte*, denen die Natur eine Masse vorbereitet hatte, die sie sich *zubilden*, in der sie sich sichtbar machen sollten [...] organische Kraft" (*Rezension Herder* 8:50.16–22). Kant kritisiert Herders Konzeption einer organischen Kraft, ohne sich explizit für eine der von Herder abgelehnten präformistischen oder epigenetischen Alternativen zu entscheiden.

Die ausführlichste Erwähnung von Präformations- und Epigenesislehren findet sich in § 81 der *KU*. Dort schreibt Kant, dass der präformistischen Lehre das „teleologische Princip" eines „*Prästabilism*" zugrunde liege, weil die Präformationslehre nach Art der Leibnizschen Metaphysik in ein Weltbild eingebettet ist, in dem Harmonie und Ordnung der Dinge durch Gott vorherbestimmt werden. Gott als „oberste Weltursache" lege in seine Produkte eine erste „Anlage", durch die „ein organisches Wesen seines Gleichen hervorbringt und die Species sich selbst beständig erhält" (*KU* 5:422.22–9). Die Wirksamkeit der Natur geht in der Präformation nicht verloren, reduziert sich aber darauf, die von Gott bestimmten Anlagen auszuwickeln. Kant unterscheidet zwei Weisen, wie das Maß der Abhängigkeit der Natur von Gott nach Schöpfungsbeginn gedacht werden kann: die individuelle und die generische Präformation.

In der „*individuellen Präformation*" (*KU* 5:423.2–3) wird nicht nur der Stamm oder die Gattung, sondern jedes einzelne Lebewesen in seiner Eigenart durch Gott präformiert. Gott ist und bleibt immer gegenwärtig und greift aktiv in die passive Natur ein. Weil in diesem Ansatz jedes Lebewesen eine Ausfaltung aus durch Gott präformierten Anlagen ist, kann diese Art der Präformation auch als „*Evolutionstheorie*" (von lat. *evolvere*: auswickeln, *KU* 5:423.3) bezeichnet werden. Weil jedes künftige Lebewesen umgekehrt in Anlagen eingefaltet ist, bevor es sich entwickelt, wird dieselbe Theorie von Kant alternativ „*Involutionstheorie*" oder Lehre von der „Einschachtelung" (von lat. *involvere*: eingefaltet sein, *KU* 5:423.10) genannt. In der individuellen Präformation besitzt die Natur kaum Eigenständigkeit; sie ist die passive Materie göttlicher Handlungen.

In der „*generischen Präfomation*" (*KU* 5:423.5) dagegen wird nicht das Individuum, sondern nur der Keim des ursprünglichen Stammes bzw. der Gattung durch den göttlichen Schöpfer vorgebildet. Die generische Präformation reduziert den Schöpfungsgedanken so weit wie möglich und gibt einer aktiven Natur den größtmöglichen Freiraum, etwa in der Erzeugung des Individuums und in der Erhaltung des Stammes bzw. der Gattung über viele Generationen hinweg. Die generische Präformation erklärt den Anfang des Stammes bzw. der Gattung durch Gott und fährt ohne weitere göttliche Eingriffe mit natürlichen Erklärungen fort. Kant identifiziert – und dies ist historisch bemerkenswert – die generische Präformation mit der Lehre von der „*Epigenesis*" (*KU* 5:423.4). Damit wird klar, dass in Kants Augen selbst epigenetische Erklärungen nicht auf den Schöpfungsgedanken verzichten können.

Kant erwähnt drei Einwände gegen die individuelle Präformation. Erstens, neige diese Form der Präformationslehre zur „Hyperphysik" (*KU* 5:423.30), weil sie zu starke theologische Annahmen macht und die Natur in ihrer eigenständigen Wirksamkeit entmündigt. Zweitens, werde im Falle von zweckwidrig gebildeten Lebewesen wie „Mißgeburten" eine unglaubwürdige Zweckmäßigkeit der Schöpfung unterstellt, die nur eine „zwecklose[] Zweckmäßigkeit" (*KU* 5:422.32, 35) sein kann. Drittens, gerate diese Form der Präformationslehre bei der Erklärung der Erzeugung von Bastarden in Schwierigkeiten (*KU* 5:423.36–424.6). Alle drei Einwände beweisen Kants Kenntnis der klassischen Einwände gegen die Präformationslehre, die, nach Kant, vor allem das Modell der individuellen Präformation treffen. Eine generische Präformation entgeht diesen Einwänden, weil sie keine starken theologischen Annahmen macht und zweckwidrige oder missgebildete Gestalten der Natur nicht aus den vollkommenen Kräften Gottes, sondern aus unvollkommenen Kräften der Natur erklären kann.

Aus einer Fußnote in der *Religion* wird deutlich, dass Kant auch die Spielarten der Präformationslehre – den Ovismus und den Animalkulismus – kennt und sich der Konsequenzen der präfomistischen Vererbungslehre bewusst ist. Im Kontext einer Diskussion um die ursprüngliche Anlage zum Bösen im Menschen überlegt Kant, ob man sich eine menschliche Person ohne jeden Hang zum Bösen denken könne, wenn man sie durch eine „übernatürliche[] Zeugung" von der „jungfräulichen Mutter gebären läßt". In einem „System der *Präexistenz* der Keime in den Eltern", schreibt Kant, scheint dies möglich, allerdings nur im System der „animalcul[orum] sperm[aticorum]" und nicht „ovulorum" (*Rel.* 6:80.13 – 40), weil nur die männliche Prägung der Nachkommen im animalkulistischen System garantiert, dass ausschließlich Eigenschaften Gottes vererbt werden, denen der Hang zum Bösen fehlt. Dagegen bestünde durch eine weibliche Prägung der Nachkommen im ovistischen System immer noch die Möglichkeit, dass die jungfräuliche Mutter ihre eigene ursprüngliche Anlage zum Bösen an das Kind vererbt. Diese Stelle ist eine von mehreren, in denen Kant die kuriosen Konsequenzen der einseitig väterlichen oder mütterlichen Vererbung in der Präformationslehre an Beispielen durchspielt.

### 3.4.1.2 Kants Aussagen zur Präformationslehre in Vorlesungsnachschriften und Reflexionen

In Kants Vorlesungsnachschriften und Reflexionen finden sich weitere Gedankensplitter zur Präformationslehre, die ich hier in ihrer zeitlichen Reihenfolge aufführe. In einer frühen Reflexion zur Metaphysik aus dem Jahre 1769 erörtert Kant die Frage, ob „alles in dem *Charakter des Kindes allein* auf den Man oder die Frau ankomme" und erwägt Antworten aus der Perspektive beider Spielarten der Präformationslehre. Das „System der *ovulorum*" setze voraus, dass, „wenn die Frau auch einen andern Mann gehabt hatte, so würde sie doch dieselbe Kinder gezeugt haben; das der *animalculorum:* wenn der Mann eine andere Frau gehabt hatte, so würde er dieselbe Kinder bekommen haben". Während eine epigenetische Erklärung der Erzeugung, die annimmt, dass sich die Merkmale beider Eltern in der Vererbung der Eigenschaften durchsetzen oder miteinander vermischen können, auf die Rasse und Beschaffenheit beider Elternteile achten müsse, habe die präformistische Erklärungsweise den „practisch[en]" Vorzug, dass sie nur auf die Rasse und Beschaffenheit eines der beiden Elternteile achten muss. Im Falle des Ovismus „hat ein [Vater] Mann sehr auf die Beschaffenheit der Frau und ihre race", im Falle des Animalkulismus hat „die Frau auf die race des Mannes zu sehen" (*Refl.* 17:416.8 – 15). Kant kommentiert diese Verschiedenheit nicht.

In einer Reflexion zur Metaphysik etwa aus den Jahren 1770 – 1771 verwendet Kant die Präformations- und Epigenesislehre erneut als Metaphern in der Erkenntnistheorie: „Crusius erklärt die reale grundsatze der Vernunft [...] nach dem *systemate praeformationis* (aus subiectiven *principiis*), Locke nach dem *influxu physico* wie Aristoteles, Plato und Malebranche aus dem *intuitu intellectuali*, wir nach der *epigenesis* aus dem Gebrauch der natürlichen Gesetze der Vernunft" (*Refl.* 17:492.4 – 8).

Weitere knappe Erwähnungen der Präformationslehre finden sich in einer Reflexion zur Metaphysik um 1772 in Fragmenten zur Erkenntnistheorie (*Refl.* 17:554.18), um 1773 – 1775 in der *Refl.* 17:672.21 und um 1776 – 1778 in den *Refl.* 18:8.19 und *Refl.* 18:12.3.

In einer Reflexion zur Anthropologie aus dem Zeitraum Mitte der 1760er bis Mitte der 1770er Jahre schreibt Kant: „Wenn alles in den *ovulis* wäre, so hätte der Mann nicht Ursache *ialoux* [eifersüchtig, neidisch] zu seyn; oder wenn in den *animalculis:* die Frau nicht. Im ersten Falle gehoreten die Kinder nicht dem Vater, im zweyten nicht der Mutter; sondern es wäre nur die erste Ernahrung, die er ihnen gäbe, oder erste Erwärmung, wie bey einem erfrohrenen Menschen" (*Refl.* 15/2:554.1– 5). Kant reflektiert auf die je einseitigen Rollen – entweder der Prägung der Merkmale des Embryos, hier durch die Frau, dort durch den Mann oder der Ernährung und Erwärmung, hier durch den Mann, dort durch die Frau – in der animalkulistischen und ovistischen Spielart der Präformationslehre.

In Vorarbeiten zur Religionsphilosophie gibt es eine Bemerkung ähnlichen Inhalts (*Refl.* 23:106.1– 107.5) wie dem der Fußnote 6:80 in der *Religion*.

In einer Vorlesung zur Metaphysik aus den frühen 1790er Jahren spricht Kant laut anonymer Nachschrift über einen „Schmetterling, der präformirt in der Raupe steckt, die nichts weiter als der Balg desselben ist" (*Vorl. Met. K$_2$* 28/2.1:753.7 – 8) – ich komme unten (3.4.3.5.) noch einmal auf diese Stelle zurück. In derselben Vorlesung lehrt Kant deutlicher wertend: „Das System animalculorum spermaticorum ist das System, wo der Saamen bestehend aus kleinen Thierchen gedacht wird". Das System der Epigenesislehre habe mehr Gründe für sich als das der Präformationslehre. Als Nachteile der Präformationslehre nennt Kant Erfahrungsbefunde, die gegen den Gedanken der Vorherbestimmung sprechen, und kritisiert eine passive Deutung der Natur, die keine kreativen Kräfte besitzt. Denn nimmt man das „System der Involution an, so erklärt man dadurch die grosse Vorsicht [die Vorsehung Gottes] für völlig unnütz. Ein Schwein z. B., das eine Eichel frisst, zerstört dadurch eine Million Bäume, die in ihr steckten" (*Vorl. Met. K$_2$* 28/2.1:760.14 – 22). Da im System der „Involution (Einschachtelung)" alle Kinder in den „Stammeltern" liegen, ist der Mensch bloß „Educt". Ein Edukt „war vor der Geburt schon vorhanden, nur in Verbindung mit andern Materien, sodass es durch Absonderung zum Vorschein kommt" (*Vorl. Met. K$_2$* 28/2.1:761.7 – 13). In Kants

Vorlesung zur Metaphysik heißt es nach der Notation von Dohna-Wundlacken um 1792/93 an paralleler Stelle, dass im präformistischen System der „involutionis (der Einschachtelung)" der Mensch bloß ein „Educt" (*Vorl. Met. Dohna* 28/ 2.1:684.18 – 20), das heißt, kein Erzeugnis und Produkt der Natur sei.

### 3.4.1.3 Kants Aussagen zur Epigenesislehre in den publizierten Schriften

Bemerkungen zur Epigenesislehre finden sich in den von Kant selbst publizierten Schriften in denselben, eben zur Präformationslehre genannten Stellen, das heißt, in der *KrV* (B 167– 8), in der *Rezension Herder* (8:50.16 – 22) und in der *Religion* (6:80.29 – 37). Ich gehe hier nur noch einmal tiefer auf die wichtigste und umfangreichste Stelle im § 81 der *KU* ein.

Kant betrachtet die Epigenesis in § 81 der *KU* als eine generische Präformation, ein System der Zeugungen als Produkte, insofern „das productive Vermögen der Zeugenden doch nach den inneren zweckmäßigen Anlagen, die ihrem Stamme zu Theil wurden, also die specifische Form virtualiter präformirt war" (*KU* 5:423.6 – 8). Die so charakterisierte epigenetische Lehre behält einen Gott am Anfang der Schöpfung bei, der jedoch nur die Keime des ursprünglichen Menschenstammes (der Gattung des Menschen überhaupt) formiert. Die Natur bringt dann in der Folge durch die Ausfaltung der präformierten Anlagen die weitere Entwicklung der Lebewesen eigenständig hervor. Weitere Eingriffe Gottes sind nicht notwendig. Kant gibt zu, dass ihn Vernunftgründe für die epigenetische (gleich generisch präformistische) Erklärungsart einnehmen, weil sie der Natur größere Selbständigkeit erlaubt. Denn in dieser sei die Natur in Bezug auf die Fortpflanzung „selbst hervorbringend" und nicht bloß „entwickelnd" (*KU* 5:424.14). Nach dem kleinstmöglichen Aufwand des Übernatürlichen am Anfang der Schöpfung werde alles Weitere der Natur überlassen. Die Natur übernimmt in der so gedeuteten generischen Präformations- oder Epigenesislehre die Erzeugung und Erhaltung der Individuen. Kant nennt Johann Friedrich Blumenbach als Vertreter der Epigenesislehre. Er lobt die Blumenbachsche Deutung der Epigenesislehre, weil sie, obzwar sie einen übernatürlichen Anfang der Schöpfung einräumt, dennoch dem Naturmechanismus und einem Prinzip der ursprünglichen Organisation die natürliche Gestaltung der Lebewesen überlässt (*KU* 5:424.19 – 34).

### 3.4.1.4 Kants Aussagen zur Epigenesislehre in den Vorlesungsnachschriften und Reflexionen

In Kants Vorlesungsnachschriften und Reflexionen finden sich weitere Gedankensplitter zur Epigenesislehre, die ich erneut in ihrer zeitlichen Reihenfolge aufführe. Eine frühe Reflexion zur Metaphysik aus dem Jahre 1769, die oben bereits für die Präformationslehre genannt wurde, antwortet auf die Frage, ob „alles in dem *Charakter des Kindes allein* auf den Man oder die Frau ankomme", in Bezug auf die Epigenesislehre, dass die epigenetische Erklärungsweise der Erzeugung die Rasse und Beschaffenheit beider Elternteile beachten müsse: „Nach der epigenesi muß man auf beydes sehen" (*Refl.* 17:416.8–16).

Die oben ebenfalls schon genannte Reflexion zur Metaphysik aus dem Jahre 1770–1771 bezeichnet den „Gebrauch der natürlichen Gesetze der Vernunft" als „*epigenesis*" (*Refl.* 17:492.7), denn die menschlichen Erkenntnisprinzipien gehören zum Wesen der menschlichen Vernunft und sind ihr nicht anerschaffen.

In einer Reflexion zur Metaphysik um 1771 schreibt Kant: „Wir müssen bey der *epigenesis* annehmen, daß die Seele überhaupt zur intelligibeln Welt gehöre; daß sie nicht einen Ort im Raume habe, daß, wenn durch Zeugung ein organisirter Korper entstanden ist, er die Bedingung in sich hat, so fort durch das intelligibele belebende Princip beseelet zu werden; und daß in dem Korper selbst die Seele nicht local, sondern virtual gegenwartig sey" (*Refl.* 18:189.25–190.3). Interessant an dieser (sonst eher dunklen) Reflexion ist, dass Kant darüber nachzudenken scheint, ob eine epigenetische Zeugung einer Beseelung des organisierten Wesens mit einem intelligiblen Prinzip gleichkommt. Kant wird dies in den Hauptschriften verwerfen und schreibt das intelligible Moment der Finalursächlichkeit des göttlichen Bewusstseins zu.

Ein weiterer Gedankensplitter zur Epigenesislehre findet sich in einer Reflexion zur Metaphysik um 1772 unter fragmentarischen Bemerkungen zur Erkenntnistheorie (*Refl.* 17:554.18). In einer anderen Reflexion zur Metaphysik, ebenfalls um 1772, fragt Kant „ob es eine organisch bildende Natur gebe (*epigenesis*) oder blos eine, die mechanisch und chemisch bildet". Zur organisch bildenden Natur gehöre „ein Geist wegen der Einheit der beziehung aller theile ihrer Erzeugung nach auf jeden Einzelnen. Aber ist nicht auch in thieren und pflanzen ein geistiges belebend wesen. Auf solche weise müste man so gar in das erste *chaos* belebenden Geist annehmen, um die verschiedenen thiere zu erklären, die sich jetzt nur fortpflanzen können" (*Refl.* 17:591.11–8). Diese Reflexion ist ein weiteres Zeugnis für Kants latentes Bewusstsein der Andersartigkeit von Organismen. Kant bemerkt darin, dass die Differenz organisierter Wesen in einer spezifischen Einheit der Teile und in ihrer organischen Bildung besteht, die mit einer epigenetischen Erzeugung assoziiert wird.

Weitere fragmentarische Reflexionen zur Metaphysik, welche die Epigenesislehre erwähnen, sind die *Refl.* 17:672.21 um 1773–1775, die *Refl.* 18:8.19 und *Refl.* 18.12.3 um 1776–1778. Außerdem gibt es einige wenige Reflexionen zur Moralphilosophie aus den Jahren 1771–1778, die die Epigenesislehre als Metapher in die Moralphilosophie übertragen (*Refl.* 19:185.8 und *Refl.* 19:186.5).

In einer etwas längeren Reflexion zur Metaphysik um 1783–1784 schreibt Kant: „Die Erhaltung der Arten kan entweder als gantz natürlich angesehen werden oder bedarf eines übernatürlichen Einflusses. Im ersten Fall möchte auch wohl der Ursprung der Arten als natürlich angesehen werden müssen: denn jede generation ist als neuer Ursprung so fern anzusehen, daß so viel fremde Ursachen seyn, welche die bildende Kraft modificiren und abändern können, daß, wenn nicht ein gegenwirkendes princip nach allgemeinen Gesetzen wäre, aus einer einmal geschafnen Anlage die regelmäßigkeit in der fortpflanzung nicht erklärt werden könnte. Vornehmlich wenn man Epigenesis annimmt" (Refl. 18:574.4–12). Kant artikuliert an dieser Stelle Zweifel, dass eine epigenetische Erklärung allein die Kontinuität der Arten erklären kann, da eine natürliche Entstehung der Lebewesen einer gleichsam immer neu einsetzenden Entstehung gliche und nicht plausibel gemacht werden könnte, wie sich bestimmte Merkmale kontinuierlich über viele Generationen fortpflanzen. Kant entgeht diesem Einwurf in den Rassenschriften dadurch, dass er die Kontinuität der Arten über die Idee der ursprünglichen Schöpfung des einen Stammes bzw. der Gattung absichert, die zugleich einen bestimmten Spielraum von Merkmalen festlegt, der sich je nach Umwelt entfalten kann.

Weitere knappe Erwähnungen der Epigenesislehre finden sich in Reflexionen zur Metaphysik um 1780–1789 (Refl. 18:273.18, Refl. 18:275.18, Refl. 18:423.17). Oben bereits genannt wurde eine Vorarbeit zur Religionsphilosophie, welche die Epigenesislehre erwähnt (Refl. 23:106.1–107.5), und die einen ähnlichen Inhalt hat, wie die Fußnote 6:80 in der Religion.

In der oben schon für die Präformationslehre genannten, anonymen Vorlesungsnachschrift zur Metaphysik Anfang der 1790er Jahre lehrt Kant: „Epigenesis ist das System, wo die Eltern die hervorbringende Ursache der Kinder sind. Diese hat mehr Gründe für sich als das System der Präformation" (Vorl. Met. $K_2$ 28/2.1:760.14–6). In dieser Bemerkung wägt Kant zwischen epigenetischen und präformistischen Erklärungen für die Vererbungslehre ab und gibt der Epigenesis insofern den Vorzug, als sie beide Eltern als produktive, hervorbringende, nicht nur ausfaltende Ursache der Kinder betrachtet. Kant fährt fort, dass nach der „Epigenesis" Menschen, „was die Körper betrifft, ganz neu hervorgebracht werden. [...] Haben wir Ursachen, das System der Epigenesis anzunehmen, so haben wir auch Ursache, die Seele als ein Product anzunehmen, weil sonst die Seele anderwärts müsste existiert haben, und alsdann mit diesem neu erschaffenen Körper verbunden wäre" (Vorl. Met. $K_2$ 28/2.1:761.9–17). In der Vorlesungsnachschrift zur Metaphysik von Dohna-Wundlacken um 1792/93 heißt es an paralleler Stelle: „Die systemata der menschlichen Zeugung sind 1.) involutionis (der Einschachtelung) 2.) der Epigenesis, daß Menschen ganz neu hervorgebracht werden. Im ersten Fall ist der Mensch Educt, im 2ten Product; haben wir Ursach das System der Epigenesis anzunehmen, so nehmen wir den Menschen als Product an" (*Vorl. Met. Dohna* 28/2.1:684.17– 22). Wichtig an dieser Stelle ist wiederum, dass für Kant epigenetische Erklärungen der Erzeugung organisierter Wesen natürliche Erklärungen sind, die, und hier schreibt Kant stärker als im § 81 der *KU*, keine Schöpfung voraussetzen („ganz neu"). Kant schließt in diesen produktiven Aspekt auch die Neuerzeugung der Seelen der Individuuen ein. Er folgt der oft geäußerten Tendenz, dass er die Betonung der produktiven, selbstbildenden Kräfte der Natur begrüßt.

Werten wir diese kryptischen Befunde zurückhaltend aus. Aus Stellen in Kants Schriften, Reflexionen und Vorlesungen, welche präformistische und epigenetische Lehren erwähnen und reflektieren, ergibt sich, dass Kant, obgleich er insgesamt wenig über beide Lehren sagt, in Grundzügen und bereits relativ früh über die historische Debatte zwischen Präformations- und Epigenesislehren informiert ist. Die wichtigste und substanziellste Referenz auf diese Debatte findet sich in den publizierten Schriften im § 81 der *KU*. Die zentrale systematische Aussage dieser Passage ist, dass Epigenesis- und Präformationslehre (im engeren Sinne) zwei Arten der Präformationslehre (im weiteren Sinne) sind, nämlich die Epigenesislehre die Präformation der Gattung und die Präformationslehre (im engeren Sinne) die Präformation eines jeden Individuums. Beide werden mit einem (wahrscheinlich) Leibnizschen Terminus als prästabilistische Positionen charakterisiert. Kant sympathisiert mit der Epigenesislehre, einer gemäßigten Präformation nur der Gattung, nicht aber des Individuums. Diese generische Präformationslehre bezieht nach der Schöpfung der Gattung in der weiteren Erklärung der Erzeugung und Entwicklung organisierter Wesen auch natureigene Kräfte ein und vertritt eine produktive, aktive Naturkonzeption. Obgleich die Deutung der Epigenesislehre als generische Präformationslehre die Selbständigkeit der Natur hervorhebt, nimmt sie dennoch weiterhin eine abgeschwächte Schöpfungsthese in Anspruch.

Diese zentrale Stelle aus dem § 81 der *KU* unterscheidet sich von anderen kleinen Stellen, an denen Kant eine stärkere Form der Epigenesislehre erwähnt, die ganz auf eine göttliche Schöpfung verzichtet und die Natur allein aus den ihr eigenen, produktiven (nicht nur auswickelnden) Kräften erklärt. Man könnte Kants Analysen der Epigenesislehre daher auch so beschreiben, dass er eine schwache und eine starke Form der Epigenesislehre erwägt, deren schwache Form als generische Präformationslehre eine Schöpfungsthese in Bezug auf die Gattung akzeptiert, während ihre starke Form ganz auf die Schöpfungsthese verzichtet und sich nur auf Erklärungen aus natureigenen Kräften konzentriert. In § 81 der *KU* sympathisiert Kant mit der schwachen Form der Epigenesislehre (generische Präformation).

Einige Stellen in von Kant selbst nicht publizierten Schriften zeigen, dass Kant mehr über präformistische Lehren wusste als in der zentralen und wichtigen Stelle in § 81 der *KU* sichtbar wird. Er kennt die ovistischen und animalkulistischen Unterformen der Präformationslehre gut und spielt häufig an Beispielen Konsequenzen durch, die sich aus einer einseitig väterlichen oder mütterlichen präformistischen Vererbungslehre ergeben. Kant beschreibt diese Konsequenzen oft wie wunderliche Kuriositäten, was stark darauf hindeutet, dass Kant eine zweigeschlechtliche epigenetische Vererbungslehre den eingeschlechtlich präformistischen Vererbungslehren der Ovisten und Animalkulisten vorzieht. Insgesamt ergibt sich aus dem Vergleich der Aussagen zu epigenetischen und präfomistischen Lehren und ihrer Gewichtung die Tendenz, dass Kant am ehesten eine Synthese zwischen Präformationslehren und Epigenesislehren befürwortet, und zwar jene, die er in § 81 ‚generische Präformation' nennt.

### 3.4.2 Kants Aussagen zu Vertretern präformistischer und epigenetischer Lehren

Äußert sich Kant, und wenn ja, wie, zu Vertretern präformistischer Lehren, insofern sie über präformistische Lehren sprechen? Erwähnt er Vertreter der ovistischen Präformationslehre wie William Harvey, Marcellus Malpighi und Jan Swammerdam, wie Albrecht von Haller, Charles Bonnet und Abbé Lazzaro Spallanzani? Oder Anhänger der animalkulistischen Präformationslehre wie Antoni von Leeuwenhoek, Nicolaas Hartsoeker und Gottfried Wilhelm Leibniz? Äußert sich Kant, und wenn ja, wie, zu Vertretern epigenetischer Lehren, insofern sie über epigenetische Lehren sprechen? Erwähnt er Vertreter der mechanisch geprägten Spielart der Epigenesislehre wie Pierre-Louis Moreau de Maupertuis, Georges-Louis Leclerc de Buffon und John Turberville Needham? Oder beschäftigt er sich mit Vertretern der vitalistisch geprägten Spielart der Epigenesislehre wie Caspar Friedrich Wolff und Johann Friedrich Blumenbach?

Während die historische Forschung bisher wenig über Kants Verhältnis zu ovistischen und animalkulistischen Präformationslehren weiß, ist gut erforscht, dass Kant eine Korrespondenz mit Blumenbach die Epigenesislehre nahebringt (Richards 2000, 2002; Lenoir 1980, 1982). Umstritten ist Kants Verhältnis zu Wolff (Dupont 2007, Huneman 2007, Goy 2014a). Zammito (2006a) und Huneman (2008a, 115 – 7) weisen darauf hin, dass Maupertuis schon früh mit epigenetischen Lehren auf Kant Einfluss nimmt. Dass Kant darüber hinaus mit Buffons, und über Buffon mit Needhams epigenetischen Standpunkten vertraut war, kann wahrscheinlich gemacht werden (Mensch 2013).

### 3.4.2.1 Kants Aussagen über Vertreter der Präformationslehre

An keiner Stelle im Kantischen Œuvre werden die Namen von William Harvey, Jan Swammerdam und Abbe Lazzaro Spallanzani genannt. Die Nachschrift Herders zu Kants Metaphysikvorlesungen aus den Jahren 1762–1764 enthält eine Inhaltsübersicht, die auf Marcellus „Malpighi" hinweist, dessen Ansatz offensichtlich neben „Grew Hales, Bonnet, und Needham" unter dem Abschnitt „Anatomie und *Physiologie* der Pflanzen: seit dem vorigen Seculo" (*Vorl. Met. Herder* 28:159.32–4) in der Vorlesung besprochen werden sollte. Es fehlen aber Ausführungen zu dieser Vorlesungsankündigung.

Transparenter sind die Befunde für Kants Zeitgenossen Albrecht von Haller und Charles Bonnet. Für beide gibt es Belegstellen in größerer Zahl. Sachlich betreffen diese bei Haller allerdings nicht die präformistische Schrift *Sur la formation du coeur dans le poulet* (1758a), sondern Hallers Gedichte (z. B. *Über den Ursprung des Übels* und *Unvollkommene Ode über die Ewigkeit*, in: Haller 1732/²1734/³1743), aus denen Kant gern Verse zitiert, die meist physikotheologische oder moralphilosophische Inhalte haben.[121] Nur eine Inhaltsübersicht der Metaphysikvorlesung Kants zwischen 1762–1764, die sich Herder, der Kants Vorlesung hört, notiert, erwähnt Hallers Namen für eine Lesung über die „Anatomie und Physiologie" (*Vorl. Met. Herder* 28:160.7, 14) der Tiere. Und spät, in Kants *OP*, findet sich eine isolierte Bemerkung zu Hallers Organismustheorie und zum Prinzip der Irritabilität („irritabilitas Halleri", *OP* 22:300.5, *OP* 22:301.10 – 1).

Die für eine Theorie organisierter Wesen relevanten, namentlichen Hinweise Kants auf Bonnet stehen im Zusammenhang mit der Idee der „Stufenleiter" oder ‚Kette der Natur' (*KrV* A 668/B 696, *TP* 8:180.2, 31). Die Metapher von der Stufenleiter oder Kette der Natur legt Bonnet in denselben Schriften dar, in denen er auch seine Lehre von der Entwicklung der Organismen niederschreibt: in den *Considérations sur les corps organisés* (Bonnet dt. 1775, I 8–9; frz. 1762, I 4–5) und in der *Contemplation de la nature* (frz. 1764; dt. 1766). Allerdings bringt Kant die Idee der Stufenleiter auch mit Leibniz (*KrV* A 668/B 696), Schulz (*Rezension Schulz* 8:10.6) und Herder (*Rezension Herder* 8:52.16–55.31) in Verbindung oder erwähnt sie ohne Bezug auf Bonnet und Namen anderer Naturforscher (*KrV* A 693/B 721, *Streit* 7:70.30 und *Streit* 7:71.1, *Refl.* 18:435.12–3). Kants Hinweise auf Bonnet sind nicht detailliert, so dass man mit Rückschlüssen auf die originale Textkenntnis der Schriften vorsichtig sein muss.[122] Das einzige, was man positiv festhalten kann, ist,

---

[121] Kant zitiert Hallers Gedichte etwa in *ANTH* 1:315.1–9, *ANTH* 1:321.31–7, *ANTH* 1:365.30–2, *Funk* 2:40.31–4, *KrV* A 613/B 641, *Rel.* 6:65.12–3, *MS* 6:397.20–2, *MS* 6:461.21–2, *Ende* 8:327.14–5.

[122] Cheung (2009, 27–8) bemerkt zum Verhältnis von Kant und Bonnet: „Direkte Nachweise der Lektüre Kants von Bonnets Schriften liegen bisher nur für die deutschen Übersetzungen *Ana-*

dass Bonnet die Kant bekannte Idee der Stufenleiter oder Kette der Natur in Schriften behandelt, in denen er zugleich seine Theorie des Ursprunges und der Entwicklung organischer Körper darlegt und als einer der gelehrten Kenner der Debatte um präformistische und epigenetische Lehren auftritt. Sollte Kant Bonnet gelesen haben, hat er aus Bonnet eine breite Kenntnis über die zeitgenössischen präformistischen und epigenetischen Lehren gewonnen.

Wie genau ist Kants Kenntnis der Vertreter des zweiten präformistischen Systems, des Animalkulismus? Für die erste Generation des Animalkulismus sind aussagekräftige namentliche Hinweise sehr spärlich. Nicolaas „Hartsöcker" (*Erde* 1:206.1) wird im Jahre 1754 einmal im Kontext von Fragen zur physischen Geographie erwähnt.[123] Diese Stelle ist sachlich relativ genau; sie spielt aber für Theorien der Erzeugung organisierter Wesen keine Rolle.

Antoni von Leeuwenhoek wird in der von Herder nachgeschriebenen Gliederung aus der Metaphysikvorlesung Kants zur Frage der „Verdienste der Philosophie um die Erkenntnis Gottes" aus den Jahren 1762–1764 genannt. Neben Newton wird „Leuwenhöck" als ein Forscher gekennzeichnet, der sich „*objectiv*" und „durch die Physikalischen Beobachtungen" (*Vorl. Met. Herder Nachtr.* 28/ 2.1:944.1–23) um die Erweiterung einer lebhaften Kenntnis Gottes verdient gemacht habe. Am 20.4.1796 erwähnt Daniel Jenisch Leeuwenhoek in einem Brief an

---

*lytischer Versuch über die Seelenkräfte* (1770–1771) und *Betrachtung über die Natur* (1766) vor. Bonnets *Considérations sur les corps organisés* wurden 1775 von Johann August Ephraim Goeze unter dem Titel *Betrachtungen über die organisirten Körper worin von ihrem Ursprunge, von ihrer Entwicklung, von ihrer Reproduktion u. s. w. gehandelt wird* ins Deutsche übertragen. Bonnet verfaßt 1788 zwei kurze, kritische Stellungnahmen zu Kants *Kritik der reinen Vernunft*. [...] Entscheidend für die Rolle, die Bonnet in der *Kritik der Urteilskraft* spielt, ist jedoch die Position im Diskurs der Naturgeschichte, die ihm Blumenbach 1781 in *Über den Bildungstrieb* zuteilt. Für Blumenbach ist Bonnet einer der wichtigsten Protagonisten der Präformationstheorie".

**123** Die Stelle 1:205.29–206.7 in der Schrift *Erde* scheint für eine genaue Kenntnis des Hartsoekerschen Textes zu sprechen; sachlich betrifft sie aber nicht die Sphäre biologischer Wesen: „Durch die Betrachtung, welche wir von der marmornen Bank um das St. Markus-Rathhaus zu Venedig angeführt haben, und durch das Verlangen ein Maß zu haben, die Größe seiner übrigen Bemerkungen dadurch zu bestimmen, wurde *Manfred* bewogen, die vorerwähnte Erhöhung der Meeresfläche so weit zu vermehren, daß sie in 230 Jahren einen Fuß austrüge, weil, wie er behauptet, die Flüsse außer der zarten Erde, die ihre Wasser trübe macht, noch viel Sand, Steine u. d. g. mit sich ins Meer schleppen. Auf diesen Fuß würde das Unglück der Erde mit ziemlich schnellen Schritten herbeirücken, obgleich er doch noch mit ihr behutsamer handelt als *Hartsöcker*, der aus der gleichen Beobachtung beim Rheinstrom der Erde das Schicksal ankündigt, daß innerhalb 10000 Jahren ihr bewohnbarer Theil müsse weggespült sein, das Meer alles bedecken und nichts als die kahle Felsen aus demselben hervorragen; woraus man sich auf den Grad des Verfalls in einer etwas mindern Zeit, z. E. von 2000 Jahren, leichtlich die Rechnung machen kann".

Kant: „Die Telescope, die Mikroscope liegen da, Arbeiten Ihres Genies: und erwarten – jene ihre Hevelius und Herrschel; diese – ihre Reaumure und Löwenhooke" (*Briefe* 12:74.13 – 5).

Authentisch und detailgenau dagegen kennt Kant jene Schriften von Gottfried Wilhelm Leibniz, in denen dieser einen animalkulistischen Standpunkt vertritt. Kants unmittelbare und sehr gründliche Vertrautheit mit dem *Système nouveau de la nature* (1695), den *Principes de la Nature et de la Grace, fondés en raison* (1714a) und den *Principes de la philosophie ou la Monadologie* (1714b) ist durch zahllose Textstellen belegt, besonders durch die Referenz auf die fundamentalsten Theoreme der Leibnizschen Metaphysik, die Monadenlehre[124], das Prinzip der vorherbestimmten Harmonie[125] und den Satz vom zureichenden Grunde[126]. Sehr deutlich werden Leibnizsche Einflüsse in Kants Aussagen in der für historische Forschungen wichtigen Stelle des § 81 der *KU*, in der Kant die Präformationslehre als eine Form des „*Prästabilism*" (*KU* 5:422.22, 36) im Kontext eines Leibnizschen Weltbildes begreift.

### 3.4.2.2 Kants Aussagen über Vertreter der Epigenesislehre

Pierre-Louis Moreau de Maupertuis gehört zu den Autoren, die Kant verhältnismäßig häufig und mit wohlwollender Anerkennung erwähnt (vgl. Zammito 2006a, 318 – 321; Ferrari 1999, 225). „Maupertuis" der „scharfsinnige Gelehrte" (*Beweisgrund* 2:98.35 und *Beweisgrund* 2:99.12), sei ein gutmütiger „Philosoph von erleuchtetern Einsichten" (*ANTH* 1:254.14, 21 – 2). Kant ist beeindruckt von Maupertuis' Schriften zur physischen Geographie. Einige Textpassagen beweisen auch, dass Kant mit Maupertuis' biologischen Grundideen vertraut war (*Beweisgrund* 2:114.10 – 115.15, *Träume* 2:330.26 – 7, *Vorl. Met. Herder* 28:50.4). Sollte Kant Maupertuis' Schrift *Venus physique* gelesen haben, die zu weiten Teilen aus Exzerpten anderer Positionen besteht, wäre auch Maupertuis ein Vermittler der gesamten historischen Debatte zwischen epigenetischen und präformistischen Lehren.

---

124 Kant erwähnt Leibniz' Monadenlehre z.B. in der *Monadologia physica* 1:473 – 87 (passim), *Deutlichkeit* 2:277.15 – 7, *KrV* A 274/B 330, *KrV* A 440 – 1/B 468 – 9, *MAN* 4:504.9 – 505.23, *MAN* 4:507.33, *Entdeckung* 8:247.23, *Refl.* 14:153.12, *Refl.* 18:230.9, 12, *Refl.* 20:284.23 – 285.30, *Vorl. Met. Herder* 28:28.29 – 29.22, *Vorl. Met. Herder* 28:43.33 – 45.4, *Vorl. Met. Schön* 28/ 1:517.1 – 518.12, *Vorl. Met. K*$_2$ 28/2.1:726.15 – 727.20.
125 Kant erwähnt Leibniz' Prinzip der vorherbestimmten Harmonie z.B. in der *Schätzung*, *KrV* A 274 – 5/B 330 – 1, *MAN* 4:476.23, *Entdeckung* 8:247.24, *Refl.* 18:230.12, *Refl.* 20:283.23 – 285.30.
126 Kant erwähnt Leibniz' Satz vom zureichenden Grunde z.B. in der *Entdeckung* 8:247.21, *Refl.* 20:277.17, *Refl.* 20:282.26 – 283.22.

## 3.4 Kants Verhältnis zu präformistischen und epigenetischen Lehren — 361

Einen großen Teil der Vorgängertheorien kannte Kant mit aller Wahrscheinlichkeit indirekt aus Buffons *Histoire naturelle*, deren erste Bände Kant bereits in seinen frühesten Schriften (*ANTH, Erdbeben, Beweisgrund*) an zahlreichen Stellen erwähnt (vgl. Grene/Depew 2004, 115–6), zitiert und als Lehrbuch zur Lektüre weiterempfiehlt.[127] Der thematisch entscheidende zweite Band der *Histoire naturelle*, der Buffons Auseinandersetzung mit den Theorien der Erzeugung enthält,

---

[127] Der Nachweis, dass Georges-Louis Leclerc de Buffon ein wichtiger Referenzautor der Kantischen Frühschriften ist, den Kant offensichtlich genau studiert hat und aus erster Hand zitiert (besonders den ersten Band der *Histoire naturelle*), lässt sich eindeutig führen:
An vier Textstellen erwähnt Kant akribisch Buffons Beweis, dass die Materie der Sonne an Dichte derjenigen gleich ist, die sich aus der Summe der Masse aller Planeten ergeben würde (*ANTH* 1:238.15–6, *ANTH* 1:277.20, *ANTH* 1:345.3 und *Beweisgrund* 2:142.4). Die direkte Referenzstelle findet sich bei Buffon (dt. 1750, I.1 81–2; frz. 1749, I 138–9).
In seiner Schrift über das Erdbeben von Lissabon aus dem Jahre 1756 zitiert Kant an der Stelle *Erdbeben* 1:438.32–4 Buffons Aussage, dass der „Ausbruch des unterirdischen Feuers" ein „Gebirge, das 1700 Meilen lang und 40 breit wäre, eine Meile hoch werfen könnte". Die exakte Bezugspassage findet sich bei Buffon (dt. 1750, I.1 274; frz. 1749, I 523–4). Wenige Seiten später sagt Kant an der Stelle *Erdbeben* 1:444.24–7, für das „Gesetz der Ausbreitung der Erdbeben" möge man sich „an die Zeugnisse des Raj, Buffon, Gentil u. s. w. halten", und bezieht sich dabei auf Buffons Hypothesen zur Entstehung von Erdbeben (Buffon dt. 1750, I.1 264–79; frz. 1749, I 502–35).
Kant gesteht in seiner Ankündigung einer Vorlesung zur physischen Geographie aus dem Jahre 1757 an der Stelle *Ank. Phys. Geogr.* 2:4.13–5, er habe für die geplanten Vorlesungen aus „allen Quellen geschöpft" und „allen Vorrath aufgesucht", den er aus den Werken „des *Varenius, Buffon* und *Lulofs*" erlangen konnte. Kant kündigt an, seine physische Geographie werde eine „Theorie der Erde, oder Gründe der alten Geschichte derselben" enthalten, in die er eine „Beurtheilung der Hypothesen des *Woodward, Burnet, Whiston, Leibniz, Buffon* u. a. m." (*Ank. Phys. Geogr.* 2:8.21, 28–30) einbinden möchte. Die „Beweise der Theorie der Erde" von Buffon finden sich in Bd. 1 der *Histoire naturelle*, wo Buffon selbst die Hypothesen zur Naturgeschichte der Erde von William Whiston (Buffon dt. 1750, I.1 97–102; frz. 1749, I 168–79; ), von Thomas Burnet (Buffon dt. 1750, I.1 103–4; frz. 1749, I 180–2), von Jean Woodward (Buffon dt. 1750, I.1 105–7; frz. 1749, I 183–8) und anderen bespricht (Buffon dt. 1750, I.1 108–16; frz. 1749, I 189–203); die Theorie von Leibniz wird ebenfalls dargestellt (Buffon dt. 1750, I.1 111–2; frz. 1749, I 195–6).
An der Stelle *Erdbeben* 1:451.8–11 sagt Kant, Buffon sei der Meinung, dass „alle verschiedene Schichten, die auf der Erden gefunden werden, einen allgemeinen Grundfels zur Base haben", der auf „Gipfeln hoher Berge" „entblößt" sei. Dieser Bezug ist etwas vage. Buffon spricht nicht von einem „Grundfels", sondern davon, dass die innerste der Schichten der Erde aus einer „zu Glas gewordenen Materie" (Buffon dt. 1750, I.1 87, 93, 129–45; frz. 1749, I 149–50, 160–1, 229–65) bestehe. Die Schichten der Erde, vor allem auch die festen inneren Schichten, könne man „in den Bergen" viel „deutlicher" (Buffon dt. 1750, I.1 137; frz. 1749, I 246) sehen. Diese Belegstellen mögen genügen. Weitere Bezugnahmen auf Buffon finden sich an den Stellen: *Beobachtungen* 2:237.21, *Anthropologie* 7:221.21, *Vulkane* 8:74.2, 20, *TP* 8:168.3, *Phys. Geogr.* 9:213.27, *Phys. Geogr.* 9:303.5.

war 1749 auf französisch, ab 1750 in deutscher Übersetzung greifbar. Er legt nicht nur Buffons eigene Position dar, sondern enthält auch detaillierte Referate, Exzerpte und Teilübersetzungen vieler einschlägiger Vorgängerschriften, die einen Überblick über die wichtigen Namen und Theorien zur Erzeugung und Entstehung der organischen Natur geben. Im fünften Kapitel des zweiten Bandes der *Histoire naturelle* referiert und beschreibt Buffon antike Lehren zur Erzeugung organisierter Wesen aus Platons *Timaios* (Buffon dt. 1750, I.2 42–6; frz. 1749, II 73–9), Aristoteles' *De generatione animalium* (Buffon dt. 1750, I.2 46–52; frz. 1749, II 79–92) und aus Hippokrates' Schriften (Buffon dt. 1750, I.2 52–4; frz. 1749, II 92–7); ferner erwähnt er von den ovistischen Vertretern der Präformationslehre die Lehren des Fabricius von Aquapendente (Buffon dt. 1750, I.2 54; frz. 1749, II 97–9), William Harvey (Buffon dt. 1750, I.2 51, 55–60; frz. 1749, II 89–90, 99–113), Marcellus Malpighi (Buffon dt. 1750, I.2 61–4, 69–70; frz. 1749, II 113–9, 130–3), Regnier de Graaf (Buffon dt. 1750, I.2 64–7; frz. 1749, II 119–30) und Antonio Vallisnieri (Buffon dt. 1750, I.2 68–74, 77–8; frz. 1749, II 133–44, 150); darüber hinaus erwähnt er von den animalkulistischen Vertretern der Präformationslehre die Lehren von Antoni von Leeuwenhoek (Buffon dt. 1750, I.2 74–6; frz. 1749, II 146–9), Nicolaas Hartsoeker (Buffon dt. 1750, I.2 74; frz. 1749, II 144) und Nicolas Andry (Buffon dt. 1750 I.2 , 78; frz. 1749, II 151). Anschließend vergleicht er das ovistische und das animalkulistische Lehrgebäude systematisch (Buffon dt. 1750, I.2 78–80; frz. 1749, II 151–5) und entwickelt Argumente zur Widerlegung sowohl des Ovismus als auch des Animalkulismus (Buffon dt. 1750, I.2 80–5; frz. 1749, II 155–68). Im sechsten und achten Kapitel des zweiten Bandes der *Histoire naturelle* berichtet Buffon von seiner gemeinsamen Seziertätigkeit mit dem Epigenetiker John Turberville Needham (Buffon dt. 1750, I.2 86–114, 125–7; frz. 1749, II 168–230, 255–305), die im siebten Kapitel noch einmal ausführlich mit den Arbeiten von Antoni von Leeuwenhoek verglichen werden (Buffon dt. 1750, I.2 114–25, 134–9; frz. 1749, II 231–54). Leeuwenhoeks wichtigste wissenschaftliche Briefe an die Royal Society, die von der Entdeckung der Spermatozoen berichten, werden dabei auszugsweise zitiert. Dass Kant diesen wichtigen zweiten Band der *Histoire naturelle* gelesen hat, wird dadurch nahe gelegt, dass Kant im *Beweisgrund* (2:114.31–115.15) Buffons Theorie der Erzeugung durch innere Formen erwähnt und kritisiert, welche dieser nicht im ersten, sondern erst im zweiten Band der *Histoire naturelle* darlegt (Buffon dt. 1750, I.2 22–3, 27; frz. 1749, II 34–5, 24–5).

Über Kants Verhältnis zu Maupertuis'[128] und Buffons' Lehren[129] gibt eine Erwähnung beider Naturforscher im *Beweisgrund* Auskunft. Weil die allgemeinen

---

[128] Zammito (2006a, 320) gilt Maupertuis als „decisive influence on the early Kant", was sich besonders in Kants *Beweisgrund* niederschlägt. Nach Zammito setzt sich Kant mit den von

und notwendigen Naturgesetze für die Erklärung des Baus der Pflanzen und Tiere unzulänglich sind, schreibt Kant, sei es „ungereimt", „die erste Erzeugung einer Pflanze oder eines Thiers als eine mechanische Nebenfolge aus allgemeinen Naturgesetzen zu betrachten". Auf dieses Problem reagieren die Zeitgenossen mit zwei Strategien. Vertreter der Präformationslehre erklären, jedes Individuum sei „unmittelbar von Gott gebauet und [...] übernatürlichen Ursprungs"; nur „die Fortpflanzung" und „Auswickelung" werde „einem natürlichen Gesetze anvertrauet". Vertreter der Epigenesislehre sagen, dass zwar „einige Individuen des Pflanzen- und Thierreichs" unmittelbar „göttlichen Ursprungs" sind, darüber hinaus jedoch noch ein „uns nicht begreifliche[s] Vermögen" haben, „nach einem ordentlichen Naturgesetze ihres gleichen zu erzeugen" (*Beweisgrund* 2:114.17–27). Kant weist beide Strategien zurück. Dabei nennt er Maupertuis und Buffon als Vertreter epigenetischer Lehren der mechanistischen Spielart und konstatiert gegen beide: „Die innerliche Formen des Herrn von *Buffon* und die Elemente organischer Materie, die sich zufolge ihrer Erinnerungen den Gesetzen der Begierden und des Abscheues gemäß nach der Meinung des Herrn von *Maupertuis* zusammenfügen, sind entweder eben so unverständlich als die Sache selbst, oder ganz willkürlich erdacht" (*Beweisgrund* 2:115.4–8).

Maupertuis und Buffon vertreten je eine Spielart der Epigenesislehre, die die Erzeugung organisierter Wesen durch vor allem mechanisch interpretierte, eigenständige Kräfte der Materie erklärt. Da in diesen Theorien der göttliche Schöpfer, der in präformistischen Lehren die zweckmäßige Einheit der organischen Dinge stiftet, in den Hintergrund tritt, und eine bloß mechanische Zusammensetzung des organisierten Wesens erklären soll, wie die Teile des organisierten Ganzen eine in sich strukturierte Einheit finden, können, so Kant, beide

---

Maupertuis im *Essai de cosmologie* (1751) und im *Système de la nature* (1756) erwogenen Konstellationen von Gott und Natur auseinander, während er seine Position im *Beweisgrund* ausarbeitet (Zammito 2006a, 328–9). „Maupertuis was a direct inspiration. Kant's whole treatment of physicotheology in *The Only Possible Argument* is derived from Maupertuis" (Zammito 2006a, 337).

**129** Sloan (2006) versucht zu zeigen, dass und inwiefern sich Buffons Unterscheidung zwischen abstrakten und physischen Wahrheiten in der *Histoire naturelle* in Kants frühe Versuche (vor 1775) einer Differenzierung zwischen Naturbeschreibung und Naturgeschichte eingeprägt hat: „Buffon presented a novel distinction between two orders of truth, ,abstract' and ,physical' [...]. One is the truth available from demonstrative mathematics, exemplified by geometry, and applied to the natural world in mathematical physics and geometrical optics [...]. The second is that obtained from inductive empiricism by sciences which may or may not be analysable in mathematical terms" (Sloan 2006, 630). Nach 1785, so Sloan, steht Kants Fortentwicklung dieser Differenzierung, nun zwischen Naturgeschichte, Naturbeschreibung und Naturwissenschaft, zusätzlich unter dem Einfluss von Herders *Ideen* und Forsters Abhandlungen über Rassen.

Ansätze die Erzeugung der Einheit des organisierten Ganzen nicht verständlich machen. Maupertuis' Versuch, die Einheit des organisierten Ganzen durch Begierde und Hass der Nahrungspartikelchen sowie die Intelligenz und Sensitivität der Materie zu erklären, schlägt genauso fehl, wie Buffons Versuch, die Einheit des organisierten Ganzen durch die wechselseitige Anziehung der Teile, durch innere Formen und durchdringende Kräfte zu erklären. Keiner der beiden Lösungen schließt sich Kant an.

Ein Hinweis auf John Turberville Needham findet sich erneut in Herders Nachschrift von Kants Metaphysikvorlesung, in der Needham unter dem Stichwort „Anatomie und Physiologie der Pflanzen: seit dem vorigen Seculo" neben „Malpighi Grew Hales" und „Bonnet" (*Vorl. Met. Herder* 28:159.32–3) aufgeführt wird. Da Kant die englische Sprache nicht beherrscht hat, und es keine zeitgenössische deutsche Übersetzung von Needhams Werken gab, ist es unwahrscheinlich, dass Kant Needhams Schriften im Original kannte. Allerdings ist die gemeinsame Experimentiertätigkeit von Buffon und Needham nicht nur von Needham, sondern auch von Buffon im sechsten Kapitel des zweiten Bandes der Buffonschen *Histoire naturelle* dokumentiert worden, die Kant höchstwahrscheinlich kannte.

Es gibt keine Stelle im gesamten Kantischen Werk, die sich auf Caspar Friedrich Wolff bezieht. Die Erwähnung der *vis essentialis* („vis essentialis est ergo natura rei", *Vorl. Met. Herder* 28:49.18), dem Namen des wichtigsten Theorems Wolffs, in Herders Nachschrift der Metaphysikvorlesung Kants, gilt nicht Wolff, sondern Leibniz. Zwar wusste Kant von Wolff aus der Darstellung der Wolffschen Lehre in Blumenbachs Schrift über den Bildungstrieb, die Kant studiert hat (vgl. *TP* 8:180.31–5, *KU* 5:424.22, *Briefe* 11:184.30–185.25, *Briefe* 11:211.2–23). Aber da Blumenbach nur wenige Sätze[130] über Wolff schreibt, bleibt Kants tiefere Kenntnis der Wolffschen Theorie ungesichert.

---

130 Johann Friedrich Blumenbachs Repliken auf Wolff in der Schrift *Über den Bildungstrieb und das Zeugungsgeschäfte*, 14, 17–8 (§ 5) sind schmal. Alles, was Blumenbach über Wolff sagt, ist, dass er davor warnen wolle, dass man seine Konzeption des Bildungstriebes (*nisus formativus*) mit Wolffs Konzeption einer *vis essentialis* vermenge: „Doch muß ich auf diesen Fall nur warnen, daß man ja nicht etwa diesen Trieb mit der vis plastica, oder mit der vis essentialis oder gar mit den chemischen Fermentationen und der blinden Expansion, oder andern blos mechanischen Kräften, die einige zum Zeugungsgeschäfte angenommen haben, vermenge" (Blumenbach 1781, 14). Explizit sagt Blumenbach an dieser Stelle, dass er die vis essentialis als eine bloß mechanische Kraft versteht, auf die sich der nisus fomativus nicht reduzieren lässt. „Der Unterschied des Bildungstriebes von der sogenannten wesentlichen Kraft (*vis essentialis*) ist leichter zu übersehn, da man nur gleich den Begriff den ihr berühmter Erfinder* [*H. Casp. Friedr. Wolf Theorie von der Generation, S. 160] davon festsetzt, mit dem den wir oben von jenem Triebe gegeben haben, zu vergleichen braucht. Hier sind seine Worte: „Sie ist diejenige Kraft, durch welche in den vegetabilischen Körpern alles dasjenige ausgerichtet wird, weswegen wir ihnen ein Leben zuschreiben;

Nichtsdestotrotz wird in neueren Forschungen betont, dass die Wolffsche Lehre eine ideengeschichtliche Voraussetzung für Kants kritische Theorie des Organismus bildet – unabhängig davon, ob sich eine genaue Kenntnis der Wolffschen Lehre bei Kant historisch wahrscheinlich machen lässt. So schreibt Huneman (2007, 75): „[T]he Wolffian embryology, exposed in the *Theorie der Generation* (1764) and debated by Blumenbach's dissertation on *Bildungstrieb*, enabled Kant to resolve the philosophical problem of natural generation, and subsequently to determine what is proper to the explanation of living processes". Ebenso gewichtig schätzt Dupont (2007, 37–8) Wolffs Rolle für die Entwicklung der Kantischen Theorie organisierter Wesen ein: „[E]ven though it is to Blumenbach and not to Wolff that Kant refers [...] in the third *Critique*, Wolff's embryological works do represent a condition of realizability of the Kantian project for the biology".[131]

Johann Friedrich Blumenbachs Schrift *Über den Bildungstrieb und das Zeugungsgeschäfte* (1781) hat Kant spätestens im Jahre 1789 erhalten. Dies ist durch einen Briefwechsel zwischen Kant und Blumenbach am 5.8. und 25.9.1790 bezeugt, in dem beide vom Austausch ihrer Schriften berichten. Am 5.8.1790 dankt Kant Blumenbach für die Zusendung (wahrscheinlich der zweiten Auflage) des „treflichen Werks über den Bildungstrieb", die er 1789 erhalten habe, und gesteht Blumenbach, dass er sich aus dessen „Schriften" (Plural) „vielfältig belehrt" habe. Kant schreibt, besonders die „Vereinigung zweyer Principien", des „physisch-mechanischen und der blos teleologischen Erklärungsart der organisirten Natur",

---

und aus diesem Grunde habe ich sie die wesentliche Kraft dieser Körper genannt; weil nemlich eine Pflanze aufhören würde, eine Pflanze zu seyn, wenn ihr diese Kraft genommen würde. In den Thieren findet sie eben so wohl statt wie in den Pflanzen, und alles dasjenige, was die Thiere mit den Pflanzen gemein haben, hängt lediglich von dieser Kraft ab."" (Blumenbach 1781, 17–8).
**131** Diese eher spekulativen Thesen Hunemans und Duponts habe ich in „Epigenetic Theories: Caspar Friedrich Wolff and Immanuel Kant" ausführlich diskutiert (Goy 2014a). In dieser Abhandlung analysiere ich Wolffs Begriff einer essenziellen Kraft und erörtere, welche anorganischen (mechanischen) und organischen Prozesse sie hervorruft und welche Beziehungen zwischen Teil und Ganzem sie erzeugt. Anschließend vergleiche ich Wolffs Begriff der essenziellen Kraft mit Kants Begriff einer bildenden Kraft in § 65 der *KU*. Ich gebe Huneman und Dupont insofern Recht, als man für gewöhnlich Blumenbachs Konzeption des Bildungstriebes als größten Einfluss auf Kants Konzeption der bildenden Kraft nennt; sich bei Blumenbach jedoch keine These darüber findet, dass der Bildungstrieb für die spezifische Struktur von Teil und Ganzem verantwortlich ist, die für Kant entscheidend ist. Diese wiederum findet sich bei Wolff, jedoch in anderer Weise als bei Kant. Denn Kant würde Wolff zwar zustimmen, dass die bildende Kraft für die Struktur und Genese der Teile im zweckförmigen Ganzem verantwortlich ist, jedoch nicht zustimmen, dass der Prozess der Bildung des organisierten Wesens in eine zuerst anorganische und dann organische Phase unterteilt werden kann – eine These, die für Wolffs Konzeption der Wirkung der essenziellen Kraft wichtig ist.

habe „eine nähere Beziehung" auf seine Ideen. Kant habe seine „Erkentlichkeit" für diese „Belehrung" an einer „Stelle des Buchs" (*Briefe* 11:184.30–185.25) gezeigt, welches der Buchhändler *De la Garde* Blumenbach zugesandt habe – Kant meint den § 81 der *KU*. Acht Wochen später, am 25.9.1790, antwortet Blumenbach Kant aus Göttingen und bedankt sich für das „überaus wichtige und lehrreiche Geschenk" der „Critik der Urtheilskrafft" und den „gütigen Beyfall", den Kant der „kleinen Schrifft über den bild. Trieb" (*Briefe* 11:211.2–23) darin bezeugt habe.

Aus Kants Brief an Blumenbach, der die Blumenbachschen Schriften im Plural erwähnt, legt sich nahe, dass Kant während der Abfassung der *KU* nicht nur Kenntnis der Schrift über den Bildungstrieb, sondern auch der Erstauflage des Blumenbachschen *Handbuchs der Naturgeschichte* hatte, die Kant schon 1788 in den *TP* erwähnt. Kant deutet an, dass er mit Blumenbachschen Theoremen übereinstimmt. Aus Blumenbachs Antwort an Kant geht umgekehrt hervor, dass dieser Kants Theorie organisierter Wesen aus der *KU* spätestens ab 1790 kannte. Ein Brief von Johann Heinrich Immanuel Lehmann an Kant aus dem Jahre 1799 bezeugt darüber hinaus, dass Blumenbach außer der *KU* auch Kants Rassenschriften gelesen habe: „HE. *Blumenbach* versichert ausdrücklich, daß er durch Ihre kleinen Schriften, und besonders durch die über die Menschen-Rassen, erst auf manches aufmerksam gemacht sey, das in Reisebeschreibungen und durch Beobachtung zu suchen woran er vieleicht sonst nie gedacht hätte" (*Briefe* 12:273.36–274.4). Allerdings wird aus dem Briefzeugnis nicht klar, ob Blumenbach, wie Zammito (2006b, 43) glaubt, Kants Arbeiten bereits in den 1770er Jahren wahrgenommen hat.

Wenn Kant Blumenbachs Schrift über den *Bildungstrieb* gelesen hat, kann ihm die Kenntnis des gesamten Horizonts präformistischer und epigenetischer Theorien der Erzeugung zugeschrieben werden, den Blumenbach in seiner Schrift referiert. Blumenbach beschreibt in kürzeren oder längeren Passagen die Ansätze von Joseph de Aromatariis (Blumenbach 1781, 4), Jan Swammerdam (Blumenbach 1781, 5), Albrecht von Haller (Blumenbach 1781, 5–7, 26–30, 48), Charles Bonnet (Blumenbach 1781, 5, 49), William Harvey (Blumenbach 1781, 7), Franz Bonamico (Blumenbach 1781, 15), Abbe Lazzaro Spallanzani (Blumenbach 1781, 14–5, 33–5), John Turberville Needham (Blumenbach 1781, 14–5), Caspar Friedrich Wolff (Blumenbach 1781, 14–5, 17–8), Marcellus Malpighi (Blumenbach 1781, 26–7 FN), René-Antoine Ferchault de Reaumur (Blumenbach 1781, 26 FN), Antoni van Leeuwenhoek (Blumenbach 1781, 33), Nicolaas Hartsoeker (Blumenbach 1781, 33, 37), Johann Nathanael Lieberkühn (Blumenbach 1781, 33) und Carl Heinrich von Gleichen (Blumenbach 1781, 33–4). Blumenbach referiert außerdem viel diskutierte Einwände, etwa Trembleys Reproduktionsversuche (Blumenbach 1781, 9–10, 73–80) sowie die Erklärung von Missgeburten und Bastarden (Blumenbach 1781, 56–7, 60–1).

Dass es eine direkte Beziehung zwischen Kant und Blumenbach gegeben hat, ist neben den Briefstellen durch zwei Textpassagen (*TP* 8:150.31–5, *KU* 5:424.19–34) gesichert. In der ersten Erwähnung Blumenbachs in den *TP* im Jahre 1788 sagt Kant, dass man sich in der „Vorrede § 7" des Blumenbachschen „*Handbuch[s] der Naturgeschichte* 1779" (*TP* 8:180.31–5) über Bonnets Idee der Stufenfolge der Natur belehren könne. Kant hat die erste der Auflagen von Blumenbachs *Handbuch der Naturgeschichte* verwendet (obgleich 1788 bereits eine zweite Auflage aus dem Jahre 1782 und eine dritte Auflage aus dem Jahre 1788 vorhanden ist, die Blumenbach mit vielen Anmerkungen und Ergänzungen erweitert hat). In der zweiten wichtigen Erwähnung Blumenbachs am Ende von § 81 der *KU* lobt Kant Blumenbach dafür, dass er sich großer Verdienste um die Theorie der Epigenesis erworben habe. Den Vorzug der Epigenesislehre sieht Kant darin, dass sie „die Natur", wenigstens „was die Fortpflanzung betrifft, als selbst hervorbringend, nicht bloß als entwickelnd betrachtet" und mit dem „kleinst-möglichen Aufwande des Übernatürlichen alles Folgende vom ersten Anfange an der Natur überläßt", wobei die Natur „über diesen ersten Anfang" nichts aussagen kann, da er außerhalb der Physik liegt. Kant hebt an Blumenbachs Theorie lobend eine Verbindung teleologischer und mechanischer Erklärungen hervor: „Von organisirter Materie hebt er alle physische Erklärungsart dieser Bildungen an [...]; läßt aber zugleich dem Naturmechanism unter diesem uns unerforschlichen *Princip* einer ursprünglichen *Organisation* einen unbestimmbaren, zugleich doch auch unverkennbaren Antheil, wozu das Vermögen der Materie [...] von ihm in einem organisirten Körper ein [...] *Bildungstrieb* genannt wird" (*KU* 5:424.7–34).[132]

---

[132] Wie das Verhältnis zwischen Kant und Blumenbach genau verlaufen ist, gehört zu den umstrittensten Fragen in der historischen Kant-Forschung. Nach Lenoir (1980, 78–9; 1982, 17–34) verfolgen Blumenbach und Kant dasselbe Programm eines „vital materialism" oder „teleomechanism". Zwischen beiden Ansätzen bestehe Nähe, Sympathie, Verwandtschaft („close sympathy", „deep kinship"). Er schreibt über das Verhältnis von Blumenbach und Kant: „the aims of the two men in constructing a general theory of natural history as well as the means for achieving it were similar" (Lenoir 1980, 78). Richards (2000, 12; 2002) dagegen glaubt, dass die Beziehung zwischen Kant und Blumenbach einem ‚kreativen Mißverständnis' gleiche. Er argumentiert gegen Lenoir: „I believe Kant and Blumenbach did perceive themselves as having reached a common understanding. I think however, that it was really a common misunderstanding (albeit a rather creative and useful one) that they achieved – or, perhaps better said, they each adopted ideas of the other while ignoring the inimical implications of those ideas" (Richards 2000, 12). Zammito (2006a, 317) ist Richards gefolgt: „Kant was *never* comfortable with epigenesis", „his attachment to Blumenbach was a case, as Robert Richards aptly put it, of *mutual* misunderstanding". Neuere Forschungen zur Kant-Blumenbach-Debatte finden sich bei Look (2006), van den Berg (2009) und Frigo (2009).

Werten wir auch diese Befunde zurückhaltend aus. Äußert sich Kant, und wenn ja, wie, zu Vertretern präformistischer Lehren, insofern sie über präformistische Lehren sprechen? Ja und nein. Erwähnt er Vertreter der ersten Generation des ovistischen Präformismus wie William Harvey, Marcellus Malpighi und Jan Swammerdam? Ja und nein: Kant erwähnt den Namen Malpighis; über Harvey und Swammerdam sagt Kant nichts. Erwähnt er Vertreter der zweiten Generation des ovistischen Präformismus wie Albrecht von Haller, Charles Bonnet und Abbé Lazzaro Spallanzani? Ja und nein: Kant erwähnt Haller, aber nicht im Kontext des Ovismus; Kant erwähnt Bonnet für naturphilosophische Gedanken im Kontext von dessen Ovismus; Spallanzani erwähnt Kant nicht. Erwähnt Kant Anhänger des animalkulistsichen Präformismus wie Antoni von Leeuwenhoek, Nicolaas Hartsoeker und Gottfried Wilhelm Leibniz? Ja: Kant erwähnt zumindest die Namen von Hartsoeker und Leeuwenhoek; und Kant kennt Leibniz' Schriften, die dessen animalkulistische Lehren enthalten, exzellent.

Äußert sich Kant, und wenn ja, wie, zu Vertretern epigenetischer Lehren, insofern sie über epigenetische Lehren sprechen? Ja. Erwähnt er Vertreter der mechanischen geprägten Spielart der Epigenesis wie Pierre-Louis Moreau de Maupertuis, Georges-Louis Leclerc de Buffon und John Turberville Needham? Ja: Kant erwähnt Needhams Namen; und Kant kritisiert die wichtigsten Theoreme von Maupertuis' und Buffons mechanisch geprägten epigenetischen Lehren. Beschäftigt sich Kant mit Vertretern der vitalistisch geprägten Spielart der Epigenesis wie Caspar Friedrich Wolff und Johann Friedrich Blumenbach? Ja und nein: Kant erwähnt Wolff an keiner Stelle; mit Blumenbach stand Kant im Briefwechsel und intellektuellen Austausch. Kant zollt Blumenbach großen Respekt und gibt Einflüsse seiner Lehre auf seinen Ansatz zu.

In Bezug auf die Vertreter präformistischer und epigenetischer Lehren kristallisieren sich auf der Basis namentlicher Erwähnungen als gewichtigste, nachweisbare Einflüsse auf Kant Leibniz' Präformationslehre (ohne dass Kant ihm in den Animalkulismus folgt) und dessen metaphysischer Prästabilismus sowie Blumenbachs vitalistische Form der epigenetischen Lehre heraus. So begrenzt eine solche Betrachtung ist – ist interessant zu sehen, dass sie mit Kants eigener historischer Analyse von Theorien der Erzeugung organisierter Wesen in § 81 der *KU* harmoniert, die deutlich, und in gewisser Weise ‚schief' zur ‚eigentlichen' historischen Debatte, am stärksten von den Einflüssen Leibniz' und Blumenbachs geprägt scheint.

Gesichert ist, dass Kant die Debatte zwischen präformistischen und epigenetischen Lehren aus Blumenbachs Schrift *Über den Bildungstrieb* kannte. Mit hoher Wahrscheinlichkeit kommen dazu Buffons *Histoire naturelle*, eventuell auch Maupertuis' *Venus physique* und Bonnets *Considerations* als Vermittler der gesamten Debatte, da diese Schriften neben eigenen Positionen ein großes Panorama von Exzerpten, weitläufigen Beschreibungen und Kommentaren präformistischer und epigenetischer Lehren entfalten. Dass es weitere und andere Vermittler dieser Debatte als die hier betrachteten Personen und Positionen geben kann, ist klar.

### 3.4.3 Elemente präformistischer Lehren in Kants Ansatz

In einem weiteren Schritt möchte ich Kants Ansatz in den historischen Begriffen der Debatte um präformistische und epigenetische Erzeugungslehren charakterisieren. Die beiden wichtigsten präformistischen Theoreme sind die Annahme eines präformierenden Gottes und die Annahme präformierter Keime und Anlagen, aus denen das künftige Lebewesen ausgewickelt wird. Ich werde zeigen, dass Kant in Bezug auf den Gottesbegriff einen kritischen Präformismus vertritt, da er seine Theorie organisierter Wesen auf einen kritisch interpretierten Gottesbegriff aufbaut, dessen regulative Idee am Anfang und am Ende der Schöpfung steht. Eng verknüpft mit einer regulativen Idee der göttlichen Schöpfung teilt Kant bis zu einem gewissen Grade das Theorem präformierter Keime und Anlagen.[133] Dieses ist vor allem von zentraler Bedeutung in den drei Rassenschriften, tritt in der *KU* aber zunehmend in den Hintergrund. In den Rassenschriften lehrt Kant (in Bezug auf den Menschen) die Präformation der Gattung. Nur die Keime und Anlagen des ersten Menschenpaares des ursprünglichen Menschenstammes, das heißt, die Keime und Anlagen der Gattung Mensch als solcher, sind präformiert. Auch in § 81 der *KU* äußert sich Kant wohlwollend in Bezug auf die Präformation der Gattung und kritisiert die Präformation des Individuums, ohne seinen eigenen Ansatz explizit mit dem, was er nun ‚generische Präformation' nennt, zu identifizieren. Dass man Kants Ansatz in der *KU* dennoch im Sinne einer generischen Präformationslehre verstehen kann, wird durch die obigen Analysen zu Kants Aussagen zur Präformationslehre und zu ihren Vertretern gestützt. Eine einseitig ovistische oder einseitig animalkulistische Charakterisierung der Keime und Anlagen unternimmt Kant nicht und favorisiert stattdessen (epigenetisch) die halbschlächtige, das heißt, beidseitige, zweigeschlechtliche Vererbung von Merkmalen der Eltern in den Nachkommen. Systematisch marginal, aber historisch interessant ist, dass Kants Überlegungen zur Andersartigkeit und mangelnden Erklärbarkeit organisierter Wesen mit einem Beispiel beginnt, das in präformistischen Schriften mehrfach Verwendung findet, und das Kant vielleicht aus diesen Lehren über-

---

[133] Vgl. dazu Zammito (2003, 83–4); Grene/Depew (2004, 95–6); Huneman (2007, 6–7, 81–5); Zammito (2007, 57–66); Fisher (2007, 106–10); McLaughlin (2007, 277–91).

nimmt – der Entfaltung des Schmetterlings aus einer Raupe (genauer aus dem Ei, der Raupe und der Puppe).

### 3.4.3.1 Kants präformistischer Gottesbegriff in den drei Rassenschriften

In der ersten Rassenschrift beschreibt Kant einen präformistischen Gott zwar nicht direkt, aber indirekt mit präformistischem Vokabular. Nach Kant sind Keime und Anlagen organisierter Wesen „*vorgebildet*" (R 2:435.3) und die organisierten Wesen bringen ihre Merkmale und Eigenschaften aus diesen Keimen und Anlagen durch „Auswickelung" (R 2:435.18, 26; R 2:436.26; MR 8:104.26) hervor, was impliziert, dass diese Eigenschaften durch einen göttlichen Schöpfer gebildet, vorherbestimmt und in Keime und Anlagen eingewickelt wurden.

Noch deutlicher präformistisch spricht Kant in der zweiten Rassenschrift von den der Natur „anerschaffene[n] Keime[n]" (MR 8:103.2) und „anerschaffene[n] Anlage[n]" (MR 8:96.35). In den TP benutzt Kant präformistische Wendungen in der Rede von ursprünglicher Einpflanzung und Vorausbestimmung der ersten Keime und Anlagen (TP 8:166.2–3, TP 8:168.31–2, TP 8:169.14, TP 8:170.12–3, TP 8:169.4–5).

Es scheint verwunderlich, dass Kant keine direkten Aussagen über die Vorherbestimmung und die Präformation der Keime und Anlagen durch Gott macht und stattdessen nur indirekt über die Schöpfung spricht. Es gibt sogar eine Passage in der ersten Rassenschrift, die die Schöpfungsthese zu verneinen scheint. Kant schreibt dort, es sei „ein schlechter Behelf für den Philosophen" anzunehmen, dass jener „Gott, der das Rennthier schuf, um das Moos dieser kalten Gegenden zu verzehren, [...] auch daselbst den Lappländer [schuf], um dieses Rennthier zu essen", da ein Philosoph der Natur „die Kette der Naturursachen" nicht verlassen dürfe, außer dort, wo sie „augenscheinlich an das unmittelbare Verhängniß geknüpft" (R 2:440.6–12) ist. Aber Kant gibt dafür eine Erklärung. Er sagt, er argumentiere innerhalb der jeweiligen Grenzen der Einzelwissenschaften und Gott als Gegenstand der Metaphysik und Theologie müsse aus der Naturwissenschaft herausgehalten werden. Kant artikuliert dies am Ende der dritten Rassenschrift mit aller Deutlichkeit: Er sagt dort, er könne keine direkte „*theologische* Sprache" (TP 8:178.20) führen, weil in der Naturwissenschaft alles natürlich erklärt werden müsse und theologische Erklärungsgründe, etwa der Rekurs auf ein „*intelligentes Wesen*" als Ursache, die sich „*außer* der Welt" (TP 8:182.2–4) befindet, nicht in die Naturwissenschaft, sondern in die Metaphysik oder Theologie gehören. Kant hält sich an dieses Prinzip in allen drei Rassenschriften genau. Er beginnt die Erklärung organisierter Wesen durch ursprüngliche Keime und Anlagen, denn diese sind Gegenstand der Naturwissenschaft. Er charakterisiert diese ursprünglichen Keime und Anlagen (mit typisch präformistischem Vokabular) als anerschaffene, geschaffene, vorgebildete, vorherbestimmte, eingefaltete, eingewickelte, auszufaltende und auszuwickelnde durch Wirkungen, die auf göttlichen Aktivitäten zurückzuführen sind. Denn jede dieser Charakterisierungen impliziert die Tätigkeit eines Schöpfers. Aber Kant analysiert diesen Gott nicht, weil dies kein Gegenstand der Naturwissenschaft ist.

### 3.4.3.2 Kants präformistischer Gottesbegriff in der *KU*

Auch in der *KU* vertritt Kant in gewissem Sinne eine Präformation der Naturgegenstände durch Gott. Allerdings betont Kant nun deutlich, dass es sich dabei nicht um einen realistischen, konstitutiven Gottesbegriff, einen wirklich existierenden Gott, sondern nun um einen kritisch gewendeten, regulativen Gottesbegriff handelt. Kant verwendet die hypothetische Idee eines singulären, außerweltlichen Schöpfers als Erstursache, der Kräfte und Gesetze der Natur, die als Zweitursachen fungieren, in die Schöpfung hineinlegt – und die Natur in diesem Sinne bestimmt und präformiert, ihren eigenen mechanischen und physisch teleologischen Kräften und Gesetzen zu folgen. Kant erwähnt den Gottesbegriff nach wie vor nicht in den naturwissenschaftlichen Passagen der *KU* – wenn wir die §§ 61–7 der *KU* als den naturwissenschaftlichen Teil der Theorie organisierter Wesen verstehen. Aber der Gottesbegriff wird thematisch, wenn Kant in § 68 und § 79 wissenschaftstheoretisch über die Grenzen der Einzelwissenschaften reflektiert, oder wenn er in den §§ 69–78 und 80–91 der *KU* metaphysische und theologische Aspekte der Theorie organisierter Wesen behandelt.

Scheint es, als charakterisiere Kant den präformierenden Gott je nach Kontext verschieden als ein unbestimmtes Übersinnliches (§§ 74–8), als ein theoretisches, intentionales und intelligentes Bewusstsein Gottes (§ 85) oder als ein theoretisch praktisches Bewusstsein Gottes, der die traditionellen, biblischen Gottesattribute besitzt (§ 86), so meint Kant doch mit diesen Beschreibungen am Ende nur die Aspekte eines einzigen Gottes. Auffällig ist, dass für Kant in der *KU* nicht jener Aspekt Gottes zentral bleibt, der Keime und Anlagen präformiert und am Anfang der Schöpfung tätig wird. Sondern die Bestimmungen Gottes als Finalursache resultieren in ein Gottesbild, in dem der präformierende Gott sowohl am Anfang der Schöpfung steht, indem er alle Dinge aus sich selbst, als Wesen, das Einheit ist, entlässt, als auch als die letzte Einheit am Ende und Ziel der Schöpfung auftritt, indem er die Zwecke aller Dinge auf sich selbst als höchsten Zweck und ursprünglich höchstes Gut richtet. In der teleologischen Perspektivierung der dritten *Kritik* steht eher der zweite Aspekt im Vordergrund.

### 3.4.3.3 Kants präformistische Lehre der Keime und Anlagen in den drei Rassenschriften

Kant vertritt eine präformistische Lehre auch deshalb, weil er das Theorem der präformierten Keime und Anlagen verwendet. Allerdings besteht für das Theorem ein deutlicher Unterschied zwischen den Rassenschriften, in denen es dominant ist, und der *KU*, in der es gegen die Rede von Naturgesetzen ausgetauscht wird und zunehmend in den Hintergrund tritt. Innerhalb der drei Rassenschriften bleibt Kants Theorie der Keime und Anlagen relativ konstant.

„*Keime*", schreibt Kant in der ersten Rassenschrift, sind die „Gründe einer bestimmten Auswickelung", welche „in der Natur eines organischen Körpers (Gewächses oder Thieres)" liegen und die „besondere[n] Theile" betreffen. Sie enthalten das Prinzip, welches die Neubildung von Körperteilen bewirkt. Natürliche „*Anlagen*" hingegen beeinflussen „nur die Größe oder das Verhältniß der Theile untereinander" (R 2:434.5–9). Sie erzeugen, in Anpassung an die Umweltbedingungen, Varianten der Ausprägungen der Teile. Obgleich Kant definitorisch scharf zwischen Keimen und Anlagen unterscheidet,[134] verwendet er beide Termini doch häufig bedeutungsgleich. Präformiert ist die „Einheit der zeugenden Kraft" (R 2:429.8) als eine hervorbringende Ursache. Sie erzeugt die „Einheit [Kontinuität] der Gattungen" (R 2:429.7–8). Aus dieser geht die Anpassung des Lebewesens an seine Umwelt, etwa an das Klima, die Bodenbeschaffenheit, die Wasservorräte etc., hervor. Alles, „was sich fortpflanzen soll, muß in der Zeugungskraft schon vorher gelegen haben, als vorher bestimmt zu seiner gelegentlichen Auswickelung den Umständen gemäß" (R 2:435.16–8). Die Zeugungskraft enthält die „ursprünglichen und wesentlichen Bestimmung[en]" (R 2:435.22) des organisierten Wesens; sie ist vorherbestimmt, die natürliche „*Quelle*" (R 2:436.6) der organisierten Wesen zu sein.

Im Falle des Menschen entwickeln sich aus den Keimen und Anlagen vier Rassen[135] des Menschen (R 2:432.3–7). Weil der Mensch ursprünglich für ein Leben

---

[134] Grene/Depew (2004, 95) geben dieser Differenzierung ein starkes Gewicht: „Kant's contribution to the scientific question [...] was to postulate that, in addition to germs, certain predispositions *(Anlagen)* are also heritable. These predispositions make themselves felt only under the specific conditions to which the organism-to-be is to be adapted, thereby guiding its formation toward its fully functional end. Germs are species-specific and constant; dispositions are conditional and variable". Dennoch ist es so, dass Kant beide Begriffe nicht streng terminologisch auseinander hält, sondern an den meisten Stellen austauschbar verwendet.

[135] Forster schreibt, er halte es „nicht für unwahrscheinlich oder unbegreiflich", „daß zwey verschiedene Stämme, und vielleicht von jedem eine hinlängliche Anzahl von Individuen, als Autochthonen, in verschiedenen Weltgegenden hervorgegangen sind" (Forster 1786b, 161) und möchte „die Neger als einen ursprünglich verschiedenen Stamm vom weissen Menschen trennen"

in allen „Klimaten und für jede Beschaffenheit des Bodens bestimmt" wurde, müssen in ihm verschiedenste „Keime und natürliche Anlagen bereit liegen, um gelegentlich entweder ausgewickelt oder zurückgehalten zu werden" (R 2:435.24–7). Welche Keime und Anlagen zur Entfaltung kommen, hängt an der Umwelt, in die der Mensch hinein gerät. Hat sich der Keim den Umweltbedingungen entsprechend gebildet, wird die Anlage, die diese Anpassung ermöglicht, dominant, bleibt unter gleichbleibenden Umweltbedingungen in der Folgezeit stabil und löscht allmählich andere Anlagen aus (vgl. R 2:435.24–9). Hat sich aus den Anlagen eine Rasse gebildet und wird in der Zeugungskraft überwiegend, sind keine Umformungen in eine andere Rasse mehr möglich (R 2:442.7–11).

In der zweiten Rassenschrift nimmt Kant das Theorem von einer präformierten Zeugungskraft wieder auf. Sie enthält das „uranfängliche Modell der Natur" (MR 8:97.7), das Original, von dem die Natur ausgeht, und bestimmt den Spielraum möglicher Abänderungen unter äußeren Umständen und Lebensbedingungen. Wieder lehrt Kant für den Fall des Menschen, dass es einen ursprünglichen Menschenstamm und vier Menschenrassen gibt, die sich durch die erbliche Eigenschaft der Hautfarbe unterscheiden. Die vier Menschenrassen sind in den Keimen und Anlagen des Menschenstammes präformiert, wie auch die Gründe für mögliche Anpassungen des Menschen an die Umwelt. Zunehmend verwendet Kant teleologisches Vokabular und spricht davon, dass die präformierten Keime und Anlagen Gründe der „Organisation" (MR 8:102.36–104.36) des organisierten Wesens sind.

Der ursprünglich eine Menschenstamm, der den vier Rassen des Menschen zugrunde liegt, entsteht nach den TP aus den Keimen und Anlagen eines ersten „Menschenpaare[s]" (TP 8:173.4). In den Keimen und Anlagen des ersten Menschenpaares befindet sich „die *ganze* ursprüngliche Anlage für alle künftige Abartungen" (TP 8:173.5–6), das heißt, sie enthalten alle Dispositionen für Menschen, die aus den Keimen entfaltet werden können. Dies sind zum einen die vier Rassen des Menschen, die durch den notwendig beidseits erblichen Unterschied der Hautfarbe gebildet werden, der sich unweigerlich in der Fortpflanzung auf die Nachkommen vererbt, aber auch Varietäten, die sich, weil sie nur zufällige Eigentümlichkeiten eines Naturgegenstandes sind, nicht unweigerlich vererben (TP 8:166.2–3). Sowohl Rassen als auch Varietäten bewirken etwas Zweckmäßiges in der Natur. Varietäten erhalten die Mannigfaltigkeit und den Formenreichtum der Natur; sie verhindern die Gleichförmigkeit. Rassen erhalten die Einheit und die

---

(Forster 1786b, 163). Forster behauptet gegen Kant, dass Neger und alle anderen Menschen nicht aus einem gemeinsamen Stamm hervorgehen.

Zusammenstimmung in der Natur; sie verhindern die Bildung von zu verschiedenen Varianten.

Gegenüber der klassischen Theorie des präformierten Keimes ändert sich bei Kant, dass Keime und Anlagen nicht die Identität des einzelnen Individuums, sondern nur die Identität der Gattung definieren. Huneman (2007, 84) schreibt zu Recht: Kants „theory of heredity in the *Rassenschriften* avoided a strict preformationism"; „germs and dispositions define the identity of the species". „What this embryo will be, however is not contained in it from the beginning [...] because it is the product of an interactive process with its particular environment" (Huneman 2007, 6). Ähnlich resümieren Grene/Depew (2004, 95 – 6), für Kant habe das Individuum „no prior identity *in ovo* or *in utero*; it is a product of a complex interaction between germs, predispositions, and environmental contingencies".

Eine zweite wichtige Abweichung ist, dass Kant nicht zwischen Ei und Samentier als Keimen und Merkmalsträgern des künftigen Lebewesens unterscheidet und mit ihnen die je einseitige Vererbung von mütterlichen oder väterlichen Eigenschaften an das Kind verbindet. Kant vertritt eine „*unausbleibliche Anartung* beidseitiger Eigenthümlichkeiten der Eltern" (*MR* 8:102.28 – 9). Eine weiße Frau und ein schwarzer Mann oder umgekehrt ein weißer Mann und eine schwarze Frau zeugen zusammen einen „*Mulatten*" (*MR* 8:95.9), das heißt, ein Kind, bei dem sich die weiße und die schwarze Hautfarbe mischen: „Der weiße Vater drückt ihm den Charakter seiner Klasse und die schwarze Mutter den ihrigen ein" (*MR* 8:95.18 – 20). Kant akzeptiert die in seiner Zeit bekannten Einwände gegen die einseitig väterliche oder mütterliche Vererbungslehre der Präformation, ohne sich von der Konzeption der Keime und Anlagen als solcher zu trennen.

### 3.4.3.4 Kants präformistische Lehre der Anlagen in der *KU*

Die *KU* entfernt sich noch einen Schritt weiter von der traditionellen präformistischen Konzeption der Keime und Anlagen. Sie enthält nur noch einige wenige Bemerkungen zu natürlichen Anlagen in Passagen, die nicht zu den zentralen Paragrafen (§§ 61–78) der Kantischen Theorie organisierter Wesen gehören (*EE* 20:235.34; §§ 58, 80, 81 und 83); der Begriff ‚Keim' wird überhaupt nicht mehr verwendet.[136] Dies scheint Huneman (2007, 81–2) Recht zu geben, der meint, dass Kants Auffassungen zur Präformation in verschiedenen Schriften inkompatibel

---

[136] Dies hat auch Zammito (2003, 95) (mit Rekurs auf Sloan) bemerkt. Jedoch Hunemans (2006b, 653) Aussage: „It is important to note that the vocabulary of dispositions and germs, albeit relevant for Kant's theory of generation and heredity in the essays on race, is absend from the third *Critique*" ist nicht ganz korrekt. Kant benutzt den Terminus ‚Anlagen', nicht aber den der ‚Keime' in der *KU*.

sind. Dagegen spricht jedoch, dass Kant in § 81 immer noch mit demselben Gedanken einer Präformation der Gattung, nicht aber des Individuums sympathisiert, den er in den Rassenschriften selbst vertritt. Kants Wohlwollen könnte darauf hindeuten, dass er diesen Gedanken immer noch teilt und dass er die Theorie der Keime und Anlagen, die er in den Rassenschriften vertritt, nicht mehr erwähnt, weil er sie als gegeben betrachtet und (implizit) in der *KU* voraussetzt. Klar ist jedoch dem Textverlauf nach, dass Keime und Anlagen in der Theorie organisierter Wesen, welche Kant in der *KU* vertritt, keine entscheidende systematische Funktion haben und kaum Erwähnung finden (ein Leser der *KU*, der die Rassenschriften nicht kennt, würde an dieser Stelle nichts vermissen).

Betrachtet man die verbleibenden Aussagen zu Anlagen in der *KU*, so sind einige davon mit den Rassenschriften kompatibel. In § 58 schreibt Kant, dass Pflanzen und Tiere aus flüssiger Nahrungsmaterie gebildet werden, die sich in Ruhe formt. Diesem Prozess liegt eine „ursprüngliche[] auf Zwecke gerichtete[] Anlage" zugrunde, die „teleologisch" (*KU* 5:349.23 – 5) ist. Naturanlagen werden mit der Hervorbringung der zweckmäßigen Form des organisierten Wesens verbunden. In § 80 will Kant für den Wert zweckmäßiger Erklärungen argumentieren. Er verweist dabei auf die Arbeit von Archäologen, die den naturgeschichtlichen Fortschritt und die Höherentwicklung in der zweckmäßigen Organisation der Geschöpfe durch die Annahme einer Urmutter erklären. Das Ende der zweckmäßigen Höherentwicklung organisierter Wesen machen sie daran fest, dass die Gebärmutter dieser Urmutter an irgendeinem Zeitpunkt erstarrt. Kant argumentiert, dass man in so einem Modell selbst zufällige und gelegentliche Veränderungen an Individuen als etwas betrachten muss, das aus einer „zweckmäßigen Anlage zur Selbsterhaltung der Art" (*KU* 5:420.9) hervorgeht, die ursprünglich in der Spezies vorhandenen ist und bisher nur noch nicht entwickelt wurde (*KU* 5:420.13). Auch dieser Gedankengang aus § 80 widerspricht der Präformationslehre in den Rassenschriften prinzipiell nicht. Im anschließenden § 81 findet sich dann Kants Aussage über die generische Präformation, nach der „das productive Vermögen der Zeugenden" durch die „inneren zweckmäßigen Anlagen, die ihrem Stamme zu Theil wurden", das heißt, die „specifische Form [der Gattung] virtualiter präformirt" (*KU* 5:423.6 – 8) war – auch dieser Gedanke ist kompatibel mit den Rassenschriften.

Wesentlich stärker betont als in den Rassenschriften wird in der *KU*, dass zu den ursprünglichen Anlagen des Menschen die moralische Anlage gehört. In mehreren Passagen am Ende der „Methodenlehre" der *KU* sagt Kant, dass der Mensch eine Anlage besitzt, die ihn auf den letzten Zweck der Menschheit, das moralische Gute ausrichtet (*KU* 5:298.16 – 7). Für die Ausbildung dieser Anlage sind die Disziplin der Neigungen (*KU* 5:433.16) und ein Leben in der bürgerlichen Gesellschaft förderlich (*KU* 5:432.31 – 2). Auch ist es nun vor allem diese „moralische Anlage" (*KU* 5:446.25) im Menschen, welche zum einen die Natur nach moralischen Prinzipien beherrscht, ihn zum anderen zur Annahme eines Schöpfers treibt. Der Begriff der Keime und Anlagen wandelt sich zunehmend in einen weniger historisch aufgeladenen Begriff von Dispositionen für menschliche Eigenschaften überhaupt; deren wichtigste die moralische Anlage ist.

### 3.4.3.5 Raupe und Schmetterling. Kants Übernahme eines präformistischen Beispiels

Kants Theorie organisierter Wesen hat vielleicht einen weiteren Bezug zu präformistischen Lehren, wenn Kants Einsicht in die Andersartigkeit organisierter Wesen, die in ihrer ersten Erwähnung am Beispiel einer Raupe (und eines Schmetterlings) beschrieben wird, präformistische Traditionslinien aufnimmt. Kant schreibt 1755 in der *ANTH*, dass man zwar die Natur des Kosmos im Großen, die Bildung aller Himmelskörper und ihrer Bewegungen und den Ursprung der ganzen Verfassung des Weltbaues auf die einfachsten, mechanischen Ursachen und Gründe zurückführen könne, dass es aber keine Möglichkeit gebe, „die Erzeugung eines einzigen Krauts oder einer Raupe aus mechanischen Gründen deutlich und vollständig" (*ANTH* 1:230.24–5) zu erklären. ‚Kraut' und „Raupe" sind die Beispiele, die Kant verwendet. Vergleicht man sie mit Beispielen, die Kant 35 Jahre später in der *KU* verwendet, und die die genuin Kantischen zu sein scheinen, so fällt auf, dass Kant den „Bau eines Vogels" (*KU* 5:360.11), den „Grashalm[]" (*KU* 5:378.19, *KU* 5:400.19) und, als das wichtigste, den „Baum" (*KU* 5:371.7) verwendet – Raupe (und Schmetterling) kehren nicht wieder.

Kant hat 1755 noch keine eigene Theorie organisierter Wesen und orientiert sich in der Bestandsaufnahme der Problemstellung eventuell an vorhandenen Naturforschungen und den dort verwendeten Beispielen. Dass Kant die Raupe als Beispiel für organisierte Wesen anführt, könnte auf eine Berührung mit präformistischen Ansätzen hinweisen. Das Beispiel von Raupe und Schmetterling verwenden etwa die Präformisten Malpighi (1669) und Swammerdam (dt. 1752, iv; lat./ndl. 1737/1738, o. S.). Bonnet, als Präformist, referiert die schöne Passage aus Swammerdams *Bibliae Naturae*, die den Nachweis führt, dass der Schmetterling schon in der Raupe und Puppe enthalten ist (Bonnet dt. 1775, I 10, 165–7; frz. 1762, I 5, 150–2). Auch bei René Antoine Ferchault Réaumur (1683–1757) findet das Beispiel vom Schmetterling Erwähnung: „Ich suchte [...] die Schmetterlingseyer in der Raupe selbst, und fand sie auch in den Eichenraupen, die ich die Öhrichten genannt habe, (à oreilles) zu einer solchen Zeit, da sie sich noch keineswegs zur Verwandelung anschickten. Sicher war es acht bis zehn Tage vorher. Die Eyer waren zwar noch sehr klein, aber doch kenntlich. Sie waren rund, ordentlich gestaltet, und lagen in einer Reihe hinter einander wie ein Rosenkranz. Dergleichen Eyer habe ich auch in einer Puppe von einigen Stunden gesehen, in welche sich eben diese Raupe verwandelt hatt. Sie waren schon etwas größer und röthlich, wie sie der Schmetterling zu legen pflegt" (Réaumur 1734, 539–40[137]; in Bonnet dt. 1775, I 166 FN). Nicht zuletzt behandelt Leibniz den Schmetterling als Beispiel für die Präformationslehre. Leibniz schreibt, die mikroskopischen Experimente hätten gezeigt, dass „der Schmetterling nur eine Entwicklung der Raupe ist", so, wie „die Samen bereits die Pflanze oder das Tier der Form nach enthalten, wenngleich es sodann mannigfacher Umformungen und der Ernährung oder des Wachstums bedarf, damit eines jener Tiere entsteht, die wir mit unsern gewöhnlichen Sinnen bemerken können" (Leibniz orig. 1702 dt. in ²1924, 55–6; frz. in 1885, 533–4[138]).

Dass der Hinweis auf (Ei), Raupe, (Puppe) und Schmetterling keine genuin Kantische Idee, sondern ein aus präformistischen Lehren angeeignetes Beispiel sein könnte, lässt sich eventuell indirekt dadurch bestätigen, dass Kant selbst Raupe und Schmetterling auch für ein anderes Theorem, und für dieses viel häufiger und konsequenter, verwendet, das dem Präformismus in gewisser Weise verwandt, aber nicht mit ihm identisch ist: die Präexistenz der Seele vor der Geburt und die Unsterblichkeit der Seele nach dem Tode. So notiert Herder zwischen 1762–1764 in Kants Vorlesungen zur Metaphysik: „respectus Raupe des Zweifalters. Vielleicht unser Körper auch blos solche transformation. Alle tödtliche Ursachen vor den Körper sind nicht tödtlich vor die Seele" (*Vorl. Met. Herder* 28:106.1–3). Kant selbst schreibt in den *Träumen* (1766), das „Sinnbild der alten Ägypter für die Seele" sei der „Papillon". Die „Hoffnung, welche aus dem Tode nur eine Verwandlung macht", habe „eine solche Idee sammt ihren Zeichen veranlaßt" (*Träume* 2:350.30–3). Im Jahre 1784/5 notiert Volckmann in Kants Metaphysikvorlesung, Kant lehre, man sei gewohnt, einen empirischen Beweis für die Unsterblichkeit der Seele durch ein „analogon der Thiere" zu führen, „nehmlich

---

**137** „[J]'ai cherché les œufs du papillon dans la chenille même, & je les ai trouvés dans des chenilles du chêne, que j'ai nommées *à oreilles*, dans un temps où elles ne paroissoient nullement se disposer à la metamorphose, sûrement plus de huit à dix jours avant qu'elles dussent perdre leur forme. Les œufs alors étoient à la verité très petits, mais ils étoient très-reconnoissables; ils étoient bien ronds, bien formés, bien rangés à la file les uns des autres, comme le sont les grains d'un chapelet. J'ai vû de semblables œufs dans une chrisalide de quelques heures, venue de la même chenille, ils y étoient plus gros & roueâtres, comme ils le sont lorsque le papillon les dépose" (Réaumur 1734, I 539–40).

**138** „Ce sont aussi les experiences des Microscopes, qui ont monstré, que le papillon n'est qu'un developpement de la chenille, mais surtout que les semences contiennent deja la plante ou l'animal formé, quoyqu'il ait besoin par apres de transformation et de nutrition ou d'accroissement pour devenir un de ces animaux, qui sont remarquables à nos sens ordinaires" (Leibniz orig. 1702 frz. in 1885, 534).

von solchen die erst zu sterben scheinen drauf in einer Hülse reifen, die äußre Schale alsdenn allmählig entzwey brechen und als papillon herauskommen". Allein ein derartiger empirischer Beweis sei bloß ein „Schema", sich die „Unsterblichkeit" der Seele „begreiflicher zu machen" (*Vorl. Met. Volckmann* 28:441.16 – 20).[139]

### 3.4.4 Elemente epigenetischer Lehren in Kants Ansatz

Die wichtigsten epigenetischen Annahmen sind die selbstbildenden Kräfte der Materie in einer produktiv selbsttätig konzipierten Natur, welche die frühen Vertreter der Epigenesislehre mechanisch, die späteren vitalistisch deuten. Im Folgenden argumentiere ich dagegen, dass man Kant als Vertreter der mechanischen Spielart der Epigenesislehre verstehen kann, da mechanische Kräfte und Gesetze für Kant nicht das sind, was das organisierte Wesen als solches ausmacht und mechanische Kräfte und Gesetze für Kant keine Zwecke verfolgen. Dagegen kann Kant der vitalistischen Spielart der Epigenesislehre zugeordnet werden, da für ihn zeugende und bildende Kräfte und Gesetze das sind, was organisierte Wesen ausmacht, und zeugende und bildende Kräfte und Gesetze Ziele und Zwecke verfolgen. Kants Position in Bezug auf epigenetische Lehren muss aber durch den Gedanken eingeschränkt werden, dass die vitalistischen epigenetischen Kräfte und Gesetze der Natur erst selbständig wirksam werden können, nachdem sie der Natur durch einen Schöpfer anerschaffen werden. Und gerade das kreativste Moment der Natur, die Intentionalität von Naturzwecken, ist abhängig von In-

---

[139] Um 1764 – 1768 notiert Kant: „[W]ir haben eine Fähigkeit des Verstandes die weiter geht als unsre Bestimmung in diesem Leben es wird demnach ein ander Leben geben. Wenn wir diese hier auszuwickeln suchen so werden wir unserem Posten schlecht ein gnüge thun. Eine Raupe die da empfände daß sie ein Papillon werden solle" (*Refl.* 20:38.6 – 10). – Nach einer anonymen Nachschrift von Kants Metaphysikvorlesung zwischen Mitte und Ende der 1770er Jahre lehrt Kant: „Gesetzt, es käme ein anderes Wesen, ein Geist auf unsere Erde, und er würde ein schwangeres Weib offen sehen, in dessen Leib ein anderes Wesen wäre. Er sähe ferner, daß dieses Wesen Organe hätte, die es aber gar nicht in dem Zustande brauchen könnte, in dem es sich befindet; so müßte dieser Geist nothwendig schließen, daß das Wesen für einen andern Zustand aufbehalten sey, in welchem es alle seine Organe werde gebrauchen können. Und wir selbst schließen eben so; wenn wir z. E. eine Raupe sehen, und gewahr werden, daß sie schon alle Organe hat, die sie hernach als Schmetterling gebrauchen wird: daß sie sich derselben nach ihrer Entwickelung bedienen werde" (*Vorl. Met. L₁* 28/1:294.26 – 36). – In einer anonymen Nachschrift von Kants Metaphysikvorlesung aus den frühen 1790er Jahren steht geschrieben: „ψυχη heisst Papillon. Es liegt also in dieser Benennung der Seele eine Analogie mit einem Schmetterling, der präformiert in der Raupe steckt, die nichts weiter als der Balg desselben ist. Dies lehrt, daß das Sterben diesseits nichts weiter als Regeneration ist" (*Vorl. Met. K₂* 28/2.1:753.5 – 9).

tentionen, die nicht in der Natur selbst liegen, sondern im Bewusstsein Gottes. Kant vertritt daher keinen – wie wir es oben nannten – starken epigenetischen Ansatz, weil er die natürlichen Kräfte und Gesetze nicht vollständig von der Schöpfungsthese löst. Dennoch erhält die Natur eine gewisse Autonomie und einen eigenen Spielraum für die Genese und Entwicklung der Individuen. Kants Position verbindet einen präformistischen Ansatz in Bezug auf den kritisch gewendeten Gottesbegriff und den Begriff der Keime und Anlagen (der er von einer Differenzierung in ovistische und animalkulistische Keime frei hält) mit einem vitalistisch geprägten, epigenetischen Ansatz in Bezug auf selbstgestaltende, aktive Kräfte und Gesetze der Natur, die Kant als bildende Kraft und physisch teleologische Gesetze interpretiert. Diese bestimmen die Erzeugung, die zweckmäßige Entwicklung der Individuen und die Anpassung der Anlagen des organisierten Wesens an die Umwelt. Auch die beidseitige, zweigeschlechtliche Vererbung der Merkmale der Eltern in den Nachkommen ist epigenetisch.

### 3.4.4.1 Kants epigenetische Lehre der mechanischen Kräfte in den drei Rassenschriften

Kants Ansatz könnte ein epigenetisches Moment insofern enthalten, als er der organisierten Natur mechanische Kräfte zuschreibt, die das organisierte Wesen als solches charakterisieren und auf eine aktive, selbsttätige Natur verweisen. Ich möchte dafür argumentieren, dass Kant keine epigenetische Lehre der mechanischen Spielart vertritt.

In der ersten Rassenschrift charakterisiert Kant mechanische Erklärungen eher durch Aussagen darüber, was mechanische Kräfte und Gesetze nicht vermögen. Dort heißt es, „physisch-mechanische Ursachen" können „einen organischen Körper" nicht „hervorbringen". Ebenso wenig können sie zu seiner „Zeugungskraft etwas hinzusetzen, d.i. etwas bewirken, was sich selbst fortpflanzt" (R 2:435.9–12). Mechanische Gesetze können auch keine „Zusammenpassungen" (R 2:435.1–2) zwischen den organisierten Wesen und den Umständen, in denen sie leben, bewirken. Kant unterscheidet „natürliche" und „zweckmäßige" (R 2:435.30–1) Ursachen, wobei mechanische Kräfte und Gesetze zu den natürlichen, nicht aber zu den auf Zwecke gerichteten Ursachen zählen. Dass mechanische Kräfte und Gesetze die genannten Dinge nicht vermögen, liegt vor allem daran, dass sie keine Zwecke setzen können.

Mechanische Kräfte und Gesetze bringen Modifikationen hervor, die nicht zu den wesentlichen und bleibenden Eigenschaften eines organisierten Wesens gehören. Etwa modifizieren die in einer bestimmten Umwelt vorhandene Luft, Nahrung und das Wasser mechanisch das Wachstum eines tierischen Körpers. Gibt es wenig Wasser und Nahrung und ist die Luft schlecht, entwickelt sich der Pflanzen- oder Tierkörper kümmerlich. Diese Veränderungen gehen aber nicht in die wesentlichen und bleibenden Merkmale ein, das heißt, wenn unter veränderten Umständen, Luft-, Nahrungs- und Wasserverhältnissen als anders geartete mechanische Kräfte auf den Körper einwirken, würden andere Wirkungen auftreten (*R* 2:435.13–6). Nachkommen werden nicht zwangsläufig mit den mechanisch bewirkten Modifikationen ihrer Eltern, die unter zufälligen äußeren Umständen entstehen, geboren.

In der zweiten Rassenschrift erläutert Kant mechanische Kräfte und Gesetze am Beispiel einer durch die Sonne tief gebräunten Haut, die sich wieder aufhellt, wenn die Sonneneinstrahlung entfällt. Dagegen gehört die braune Hautfarbe eines Schwarzen, die sich unter verschiedenen mechanischen Umständen und Einwirkungen beständig erhält, zu den notwendig erblichen Anlagen, die in der zeugenden Kraft liegen und die weder durch mechanische Kräfte und Gesetze hervorgebracht noch verändert werden können (*MR* 8:92.18–22). Auch in den *TP* sagt Kant eine „physisch-mechanische Erklärungsart" (*TP* 8:179.13) sei nicht ausreichend, um organisierte Wesen zu erklären.

### 3.4.4.2 Kants epigenetische Lehre der mechanischen Kräfte in der *KU*

Für die Theorie organisierter Wesen in der *KU* habe ich im zweiten Teil meines Buches gezeigt, dass mechanische Gesetze auf mehreren Ebenen vorliegen. Es gibt allgemeine und notwendige, apriorische mechanische Gesetze; diese wiederum auf zwei Ebenen, einer Ebene von apriorischen Gesetzen der Erfahrungsgegenstände überhaupt und einer Ebene von apriorischen Gesetzen der Körper als bewegter Materie, wobei die bewegte Materie ein empirischer, aber ein empirisch unbestimmter Begriff ist. Auf der ersten Ebene finden sich die apriorischen Grundsätze des Verstandes aus der allgemeinen Metaphysik, die Kant in der *KrV* behandelt, auf der zweiten die apriorischen Gesetze des Verstandes in der speziellen Metaphysik oder rationalen Physik, die Kant in den *MAN* beschreibt. Schließlich gibt es eine dritte Ebene empirischer mechanischer Verstandesgesetze. Diese beziehen sich auf einen so und so empirisch bestimmten Begriff der Materie, zum Beispiel auf die als fest, gasförmig oder flüssig bestimmte Materie bewegter Körper und die damit verbundenen konkreten Gesetzmäßigkeiten. Hier finden wir viele der klassischen Gesetze der Mechanik (Reibungs- und Widerstandskräfte, Druck-, Stoß-, Zug- und Hubkräfte, Dichteverhältnisse, usw. und ihre konkreten Anwendungen). Die von Kant in der *KU* als empirische Mannigfaltigkeit der Natur adressierten mechanische Kräfte und Gesetze, die ein Problem für die Einheit der Natur verursachen, liegen auf der dritten dieser drei Ebenen.

Kann man die mechanischen Kräfte und Gesetze in der *KU* als epigenetische verstehen? Charakterisieren mechanische Kräfte und Gesetze das an organisierten Wesen, was sie zu organisierten Wesen macht und beschreiben sie eine aktive, selbsttätige Natur? Die Antwort ist: nein. Vielleicht könnte man mechanischen Kräften und Gesetzen in einem gewissen Sinne ein kreatives Moment zuschreiben. Die Natur kann durch mechanische Kräfte und Gesetze zufällige mechanische Adaptationen in der Materie organisierter Körper für zufällige mechanische Einflüsse aus der Umwelt und aus dem eigenen Körper vornehmen. Außerdem kann sie sich an die ihr übergeordneten physisch teleologischen Kräfte und Gesetze anpassen und sich als Materie mit ihren Kräften und Gesetzen Zwecken unterordnen. Allerdings scheint in diesen mechanischen Vollzügen nichts vorzugehen, was bleibenden Charakter hat oder was das Wesen von Organismen bestimmt oder wesentlich verändert.

Kant beschreibt etwa die Ernährung und das Wachstum eines organisierten Wesens in der *KU* so, dass ein Geschöpf die „Materie", die es „zu sich hinzusetzt", „zu specifisch-eigenthümlicher Qualität" verarbeiten muss und nicht durch die bloße Hinzufügung von Materie wächst, sondern durch die Hinzufügung von einem Stoff, „der seiner Mischung nach sein eignes Product ist". Es erhält die Bestandteile der Ernährung von der Natur außer ihm, aber die „Originalität des Scheidungs- und Bildungsvermögens" und neue „Zusammensetzung dieses rohen Stoffs" (*KU* 5:371.18–25) ist das Ergebnis der bildenden Kraft in ihm. Obgleich dieses Beispiel gut zeigt, dass ein Prozess wie das Wachstum mechanische und physisch teleologische Prozesse enthält, beruht das Wachstum im eigentlichen Sinne nicht auf der mechanischen Addition von Materie, sondern auf der Organisation und Transformation der mechanisch addierten Materie in den Stoff des organisierten Wesens, das die Materie aufnimmt. Diese Organisation und Transformation ist keine Wirkung mechanischer Kräfte und Gesetze nach Kant.

### 3.4.4.3 Kants epigenetische Lehre der zeugenden Kräfte in den drei Rassenschriften

Kants Ansatz enthält epigenetische Momente insofern, als er der Natur selbstbildende zeugende oder bildende (vitalistische) Kräfte zuschreibt. In der ersten Rassenschrift kennt Kant den Terminus ‚bildende Kraft' noch nicht und spricht stattdessen von der „Einheit der zeugenden Kraft" (*R* 2:429.8) oder „Einheit der [...] Zeugungskraft" (*R* 2:430.1–2), entsprechend liegt der Fokus auf dem Anfang des Lebewesens. Die Zeugungskraft ist die „*Quelle*" des Lebewesens, denn sie enthält „die ersten Principien seiner thierischen Einrichtung und Bewegung" (*R* 2:436.6–7) und all das, was zur „ursprünglichen und wesentlichen Bestimmung" (*R* 2:435.22) eines organisierten Wesens gehört. Obgleich eine Aussage wie die, dass alles, „was sich fortpflanzen soll", und zwar notwendig und unausweichlich fortpflanzen soll, „in der Zeugungskraft schon vorher gelegen haben" muss, „als vorher bestimmt zu einer gelegentlichen Auswickelung den Umständen gemäß" (R 2:435.16–8) präformistisch klingt, ist das epigenetische Moment dieser Aussage, dass die Natur, nachdem die Schöpfung vollzogen ist, für sich selbst sorgt – etwa, indem organisierte Wesen die individuelle Zeugung und den Erhalt der Gattung übernehmen und sich ihre Eigenschaften im Spielraum der anerschaffenen Anlagen an die Umwelt anpassen.

Die Zeugungskraft erhält die „Einheit [Kontinuität] der Gattungen" (R 2:429.7–8), die wiederum einem einzigen Stamm angehören (R 2:430.3). Sie definiert Merkmale der „Stammbildung", das heißt, dass Eigenschaften sich überhaupt entwickeln können und dass sich Eigenschaften, insofern sie „einmal Wurzel gefaßt und die andern Keime erstickt" haben, aller weiteren „Umformung" widersetzen. Ist letzteres der Fall, ist ein bestimmter Charakter der Rasse „in der Zeugungskraft überwiegend" (R 2:442.8–10) geworden. In der Zeugungskraft enthalten sind z. B. die Anlagen zu allen vier erblichen Hautfarben der Menschen. Die Zeugungskraft wird an einzelnen Stellen finalistisch beschrieben. Sie ist eine „hervorbringende Ursache[]" (R 2:435.8), die „Zweckmäßiges" (R 2:435.4), das heißt, das Angemessene, Zusammenstimmende oder in bestimmten Umständen Passende aus den Anlagen des Lebewesens erzeugt; Kant nennt dieses Zusammenstimmen „Organisation" (R 2:439.20).

In der zweiten Rassenschrift spricht Kant ebenfalls von ‚Zeugungskraft' und nicht von bildender Kraft. Die Zeugungskraft definiert das Original, von dem die Entwicklung des Lebewesens ausgeht, das heißt, die Merkmale des Menschstammes, die sich in verschiedenen Umwelten verschieden ausgestalten, die sich aber im Prinzip erhalten. Sie enthält das „uranfängliche Modell der Natur" (MR 8:97.7). In der Zeugungskraft des Menschen finden sich etwa die „*erblichen* Unterschied[e] der Hautfarbe" (MR 8:93.32).

Kant geht in der zweiten Rassenschrift viel stärker dazu über, von einer durch die Zeugungskraft bewirkten „Organisation" (MR 8:98.29, vgl. MR 8:102.36–104.30) zu sprechen und betont dabei den finalursächlichen Charakter der Zeugungskraft, das heißt, den Fakt, dass sie auf das Taugliche, Weise und „*Zweckmäßige* in einer Organisation" (MR 8:102.36, vgl. MR 8:103.2–3, MR 8:103.27–8, MR 8:103.31) als Ziel des Werdens hinwirkt. Damit verschiebt sich Kants Betrachtung weg vom Fortpflanzungsaspekt der Zeugungskraft am Beginn des Lebens eines organisierten Wesens oder seiner Anpassung an die unmittelbare Umwelt, hin zur Organisation, zur Bildung der teleologischen Form als Ziel und Zweck organisierter Wesen und seiner Einordnung in ein zweckmäßiges Ganzes aller Dinge.

Diese Tendenz setzt sich in den *TP* fort. Kant beginnt zunächst noch mit Bemerkungen, die unmittelbar an die Theoreme der anderen beiden Rassenschriften anknüpfen und die in den „eine[n] Stamm[] eingepflanzte[n,] zweckmäßige[n] erste[n] Anlagen" (TP 8:169.4–5, vgl. TP 8:169.14–6, TP 8:170.12–3) betreffen. Die „ursprünglich dem Stamme einverleibte[n] Anlagen" (TP 8:168.18–9) sind nicht unter verschiedenen Menschen verschieden verteilt, sondern werden „im ersten Menschenpaare als *vereinigt* angenommen" (*TP* 8:173.3–4). Die zweckmäßige Organisation der Wesen leitet sich anfangs aus der „Zeugung", später aus der „allmähligen Entwickelung von *ursprünglichen Anlagen*" ab, die „in der *Organisation* ihres Stammes" (*TP* 8:179.19–22) bereit liegen. In der Zeugung und Anpassungen an die Umwelt aus den Möglichkeiten der Keime und Anlagen liegt einer der kreativen, selbstbildenden epigenetischen Züge der organisierten Natur. Die Natur legt sowohl Anlagen für Einheit (Rassen) als auch für Mannigfaltigkeit (Varietäten) in die „ursprüngliche[n] Keime des Menschenstammes" (*TP* 8:167.17–8). Kant glaubt, dass die frühen Generationen von Nachkommen des ersten Menschenpaares zu allen Umweltbedingungen passten, weil sie noch die gesamten ursprünglichen Anlagen in sich enthalten. Spätere Generationen von Nachkommen haben nicht mehr alle Anlagen, weil in ihren Vorfahren unter dem Einfluss bestimmter Klimate und Umwelten nur bestimmte Keime und Anlagen weiter entwickelt wurden.

Kant weitet die Konzeption zweckmäßiger Keime und Anlagen dann jedoch stärker aus, auch über die Naturphilosophie hinaus. Ein organisiertes Wesen ist ein solches, in dem „Alles wechselseitig als Zweck und Mittel auf einander in Beziehung steht"; es kann nur als „*System von Endursachen*" (*TP* 8:179.10–2) gedacht werden. Kant definiert das organisierte Wesen nun über die Haupteigenschaft seiner zweckmäßigen Organisation. Sein kennzeichnendes Merkmal sind „nach *Zwecken* wirkende Ursache[n]" (*TP* 8:181.6); es selbst ist „nur durch die Beziehung alles dessen, was in ihm enthalten ist, auf einander als Zweck und Mittel möglich" (*TP* 8:181.1–3). Kant unterscheidet theoretische und praktische Zwecke. Weil physisch teleologische Erklärungen auf empirische Zweckbegriffe bezogen sind, sind sie moralteleologischen Erklärungen, die auf apriorische Zweckbegriffe bezogen sind, untergeordnet. Und nur von der moralteleologischen Perspektive aus kann man das Ganze aller Zwecke und ihrer Ordnungen einsehen. Kant betont aber auch die Verwiesenheit der moralischen auf physisch teleologische Zwecke, da moralische Zwecke in der Natur verwirklicht werden müssen (*TP* 8:182.11–183.9).

Selbst wenn Kants Theorem der bildenden Kraft – zuerst als zeugende Kraft, dann als bildende Kraft und Finalursache – zunehmend systematisch an Gewicht gewinnt, bleibt sie durch Kants parallele präformistische Annahmen stark beschränkt. Kant sagt mit aller Deutlichkeit, dass die „Natur nicht [...] in voller Freiheit bildend" (*TP* 8:165.37–166.1) ist, sondern als geschaffene und vorherebestimmte angesehen werden muss, und zwar gerade deshalb, weil sie durch nach Zwecken wirkende Ursachen etwas Zweckmäßiges und Angemessenes bewirkt. Denn als Finalursache ist sie einerseits eine geschaffene Zweitursache der Natur, die von Gott als Erstursache abhängt, andererseits wird ihre zielgerichtete

Struktur, das „wirkliche[] Dessein" (*TP* 8:166.7) von den Intentionen Gottes gelenkt und hängt von Gott als höchstem Zweck und Gut ab.

### 3.4.4.4 Kants epigenetische Lehre der bildenden Kräfte in der *KU*

In der dritten *Kritik* setzt sich Kants Lehre von einer epigenetischen Kraft und epigenetischen Gesetzen der vitalistischen Spielart fort, insofern Kant eine bildende Kraft und physisch teleologische Gesetze beschreibt, welche die zweckmäßige Form der Materie erzeugen, und selbsttätig produktiv (nicht nur nachbildend oder auswickelnd) den Erhalt der von Gott ins Leben gerufenen Gattung, die Hervorbringung und den Erhalt der Individuen der Gattung und der Teile des Individuums bewirken. Dass sich bildende Kräfte und physisch teleologische Gesetze dafür einerseits die Mechanismen der Materie als Mittel unterwerfen müssen, andererseits selbst Gottes Schöpfung und Gottes Intentionen und Zielen unterworfen sind, um zweckmäßig zu verfahren, ist der Spielraum, in dem die bildende Kraft und physisch teleologische Gesetze selbständig agieren. Auch in der dritten *Kritik* bleibt es so, dass, obgleich Kant die Natur in der produktiven, selbsttätigen bildenden Kraft und physisch teleologischen Gesetzmäßigkeit bis zu einem gewissen Grade freisetzt, er sie gerade in ihrer Funktion als Finalursache von zwei Seiten durch den Präformismus beschränkt: durch die Idee Gottes am Anfang und durch die Idee Gottes als höchstem Zweck am Ende der Schöpfung.

Werten wir auch diese Befunde noch einmal zusammenfassend aus. Ist Kant, und wenn ja, in welchem Sinne ist Kant Vertreter einer präformistischen Lehre? Kant ist in Bezug auf den Gottesbegriff kritischer Präformist. Er folgt der Annahme eines Schöpfers, allerdings nur im schwachen, regulativ hypothetischen Sinne der kritischen Philosophie. Kant neigt in Bezug auf die Lehre von den Keimen und Anlagen in den Rassenschriften und in der *KU* zur generischen Präformation, das heißt, er sympathisiert mit der These, dass Gott die Keime und Anlagen der Gattung (des Stammes), nicht aber jedes Individuums präformiert. In der Vererbungslehre vertritt Kant weder einen Ovismus noch einen Animalkulismus, sondern eine zweigeschlechtliche epigenetische Vererbung der väterlichen und mütterlichen Merkmale. Kant bleibt trotzdem, zumindest in den Rassenschriften, bei der Annahme präformierter Keime und Anlagen, die in der *KU* die Tendenz hat, zu einer allgemeinen Lehre von Anlagen zu verblassen. Sie wird beinahe vollständig durch die Lehre von anerschaffenen Kräften und Gesetzen der Natur als Zweitursachen ersetzt.

Ist Kant und, wenn ja, in welchem Sinne ist Kant Vertreter einer epigenetischen Lehre? Kant ist kein Vertreter der mechanischen Spielart der Epigenesis, da er Kräfte und Gesetze, die das organisierte Wesen als solches beschreiben, nicht als mechanische Kräfte und Gesetze charakterisiert und die Natur durch mechanische

Gesetze keinen kreativen, selbsttätigen Aspekt besitzt. Dennoch sind mechanische Kräfte und Gesetze, die das Wesen der Materie, ihrer Bewegungen und Veränderungen bestimmen, unverzichtbares Mittel zum Zweck der Erzeugung und Erhaltung organisierter Wesen. Kant ist ein Vertreter der vitalistischen Spielart der Epigenesis, da er Kräfte und Gesetze, die das organisierte Wesen als solches charakterisieren, als von mechanischen Kräften und Gesetzen verschiedene, bildende Kräfte und physisch teleologische Gesetze bestimmt und damit einen produktiven, selbsttätigen Aspekt der Natur identifiziert. Zwecke bezeichnen zumindest wesentliche Funktionen, wenn nicht das Wesen von Organismen. Allerdings ist Kant nur im schwachen Sinne Vertreter der vitalistischen epigenetischen Lehre, weil bildende Kräfte und physisch teleologische Gesetze von der göttlichen Schöpfung abhängig bleiben und auf Gott als letzten Zweck gerichtet sind. Gerade in ihrer intentionalen Struktur sind bildende Kräfte und physisch teleologische Gesetze keine selbständig wirkenden natürlichen Ursachen, da die in ihnen wirkenden Zwecke Intentionen Gottes, und natürlichen Finalursachen Zweitursachen sind.

# Bibliografie

## 1 Historische Primärliteratur

Aquinatis, Sancti Thomae 1266–72, *Summa theologiae. Prima pars*, ed. Fernando Sebastián Aguilar et al., Madrid: Biblioteca de Autores Cristianos ⁵1994.

[*Cat.*] [*DI*] [*APr*] Aristotle, *Categories (Categoriae), On Interpretation (De interpretatione), Prior Analytics (Analytica priora)*, Greek/English, ed. and trans. by Hugh Tredennick and Harold P. Cooke, Cambridge MA: Harvard University Press 1938.

[*GA*] Aristotle, *Generation of Animals (De generatione animalium)*, Greek/English, ed. and trans. by Arthur Leslie Peck, London: William Heinemann 1942.

[*HA*] Aristotle, *History of Animals (Historia animalium)*, Greek/English, ed. and trans. by Arthur Leslie Peck and David Balme, London: William Heinemann 1965/1970/1991, 3 vols.

[*Met.*] Aristotle, *Metaphysics (Metaphysica)*, Greek/English, ed. and trans. by Hugh Tredennick, London/Cambridge MA: Harvard University Press 1933, 2 vols.

[*SE*] [*GC*] [*DM*] Aristotle, *On Sophistical Refutations (De sophisticiis elechis), On Coming-to-be and Passing Away (De generatione et corruptione), On the Cosmos (De mundo)*, Greek/English, ed. and trans. by Edward S. Forster and David J. Furley, Cambridge MA: Harvard University Press 1955.

[*DC*] Aristotle, *On the Heavens (De caelo)*, Greek/English, ed. and trans. by William Keith Chambers Guthrie, Cambridge MA: Harvard University Press 1939.

[*DA*] [*PN*] [*DR*] Aristotle, *On the Soul (De anima), Short Works on Nature (Parva naturalia), On Breath (De respiratione)*, Greek/English, ed. and trans. by Walter Stanley Hett, London/Cambridge MA: Harvard University Press 1935.

[*APo*] [*Top.*] Aristotle, *Posterior Analytics (Analytica posteriora), Topics (Topica)*, Greek/English, ed. and trans. by Hugh Tredennick and Edward S. Forster, Cambridge MA: Harvard University Press 1960.

Aischylos, *Eumeniden*, griechisch/deutsch, übers. Oskar Werner, hg. v. Bernhard Zimmermann, Darmstadt: Wissenschaftliche Buchgesellschaft, 397–467.

(Aulus Gellius,) *A. Gellii noctium atticarum libri XX*, ed. Carolus Hosius, Leipzig: Teubner 1903, ND 1981; dt. *Aulus Gellius. Die attischen Nächte*, hg. v. Georg Fritz Weiß, ND Darmstadt: Wissenschaftliche Buchgesellschaft 1981.

Blumenbach, Johann Friedrich 1779/¹³1832, *Handbuch der Naturgeschichte*, Göttingen: Johann Christian Dieterich.

Blumenbach, Johann Friedrich 1781/²1789/³1791, *Über den Bildungstrieb und das Zeugungsgeschäfte*, Göttingen: Johann Christian Dieterich.

Blumenbach, Johann Friedrich 1787, *De nisu formativo et generationis negotio nuperae observationes*, Göttingen: Johann Christian Dieterich.

Bonnet, Charles 1762, *Considérations sur les corps organisés, Où l'on traite de leur origine, de leur développement, de leur réproduction, &c. & où l'on a rassemblé en abrégé tout ce que l'histoire naturelle offre de plus certain & de plus intéressant sur le sujet*, Amsterdam: Marc-Michel Rey, tomes I/II; dt. *Herrn Karl Bonnets Betrachtungen über die organisirten Körper: worin von ihrem Ursprunge, von ihrer Entwickelung, von ihrer Reproduktion u. s. w. gehandelt wird, und alles, was die Naturgeschichte davon gewisses und interessantes liefert, kurz zusammengefasset ist*, aus dem Französischen übersetzt

und mit einigen Zusätzen herausgegeben von Johann August Ephraim Goeze, Lemgo: Meyersche Buchhandlung 1775, 2 Theile.
Bonnet, Charles 1764, *Contemplation de la nature*, Amsterdam: Marc-Michel Rey, tomes I/II; dt. *Betrachtung über die Natur*, Leipzig: Junius 1766.
Buffon, Georges-Louis Leclerc de 1749a, *Histoire naturelle générale et particulière*, Paris: de l'Imprimerie Royale 1749–1788, 36 tomes, tomes I/II; dt. *Allgemeine Historie der Natur nach ihren besondern Theilen abgehandelt*; nebst einer Beschreibung der Naturalienkammer Sr. Majestät des Königs von Frankreich, mit einer Vorrede Herrn Doctor Albrecht von Haller, Ersten Theils erster und zweyter Band, Hamburg und Leipzig: Georg Christian Grund und Adam Heinrich Holle 1750 (der Inhalt von Bd. II in der französischen Ausgabe ist in der deutschen Ausgabe im zweiten Band des ersten Teiles, eigentlich in der zweiten Hälfte des ersten Bandes abgedruckt, wobei für die zweite Hälfte von Bd. I eine neue Zählung von S. 1 aus beginnt, daher dort = 1–198).
Buffon, Georges-Louis Leclerc de 1749b, *Histoire naturelle générale et particulière*, texte etabli, introduit et annoté par Stéphane Schmitt, Paris: Honoré Champion 2008, tome II.
Descartes, Rene 1644, *Die Prinzipien der Philosophie*, übers. v. Arthur Buchenau, Hamburg: Felix Meiner.
[DK] *Die Fragmente der Vorsokratiker*, hg. v. Herman Diels u. Walter Kranz, Zürich: Weidmann 2004.
Fontana, de Johannes (1420–30), *Bellicorum instrumentorum liber cum figuris*, http://codicon.digitale-sammlungen.de/Band_bsb00013084.html [zuletzt besucht: 30. März 2016]; dt. *Johannes Fontana. Liber instrumentorum iconographicus/Ein illustriertes Maschinenbuch*, hg. u. übers. v. Horst Kranz, Stuttgart: Steiner 2014.
Forster, Georg 1786a, Noch etwas über die Menschenraßen, *Der Teutsche Merkur* 56, 57–86.
Forster, Georg 1786b, Beschluß der im vorigen Monat angefangenen Abhandlung des Herrn G. R. Forsters über die Menschen-Rassen, *Der Teutsche Merkur* 56, 150–66.
Girtanner, Christoph D. 1796, *Ueber das Kantische Princip für die Naturgeschichte. Ein Versuch diese Wissenschaft philosophisch zu behandeln*, Göttingen: Vandenhoek und Ruprecht.
[HA] Goethe, Johann Wolfgang 1820, Anschauende Urteilskraft, in: *Goethes Werke. Naturwissenschaftliche Schriften* (Hamburger Ausgabe), textkritisch durchgesehen u. kommentiert v. Dorothea Kuhn u. Rike Wankmüller, München: C. H. Beck, Bd. XIII, 30–1.
Haller, Albrecht von 1732/²1734/³1743 u. weitere, *Versuch schweizerischer Gedichte*, Danzig: o. V.
Haller, Albrecht von 1758a, *Sur la formation du coeur dans le poulet*, Lausanne: Bosquet, tomes I/II.
Haller, Albrecht von 1758b, *Commentarius de formatione cordis in ovo incubato*, historisch-kritisch hg. v. Maria Teresa Monti, Basel: Schwabe 2000.
Haller, Albrecht von 1758c, *Deux mémoires sur la formation des os, fondés sur des experiénces*, Lausannae: Bousquet.
Haller, Albrecht von 1766/²1778, *Elementa physiologiæ corporis humanae*, Lausannane: Bosquet, tomus VIII.
Hanov, Michael Christoph 1766, *Philosophiae naturalis sive physicae dogmaticae: Geologia, biologia, phytologia generalis et dendrologia*, Halae Magdeburgicae: Renger.
(Hartsoeker, Nicolaas 1678,) Extrait d'une Lettre de M. Nicolas Hartsoker écrite à l'Auteur du Journal touchant la maniere da faire les nouveaux Microscopes, dant il a esté parle dans le Journal il y a quelques jours, in: *Journal des Sçavans* 30, Paris: de Boccard, 378–81.

Hartsoeker, Nicolaas 1694, *Essay de Dioptrique*, Paris: Anisson; repr. Breinigsville: Kessinger Publishing's.

Harveo, Guilielmo 1651, *Exercitationes de generatione animalium. Quibus accedunt quaedam de partu: de membranis ac humoribus uteri: & de conceptione*, Amstelaedami: Ioannem Ravesteynium; engl.: On Animal Generation, in: *The Works of William Harvey*, trans. from the Latin with a life of the author by Robert Willis, repr. New York u. a.: Johnson 1965, 169–518.

Herder, Johann Gottfried 1784–1791, *Ideen zur Philosophie der Geschichte der Menschheit*, Riga/Leipzig: Hartknoch.

Hume, David 1779, *Dialogues Concerning Natural Religion*, ed. by David Fate Norton and Mary J. Norton, Oxford: Clarendon Press 1976.

Lamarck, Jean-Baptiste Pierre Antoine de Monet de 1802, *Hydrogéologie ou recherches sur l'influence qu'ont les eaux sur la surface du globe terrestre: sur les causes de l'existence du bassin des mers*, Paris: Maillard.

Leeuwenhoek, Antoni von, *Alle de brieven van Antoni van Leeuwenhoek/The Collected Letters*, dutch/english, edited, illustrated and annotated by a Committee of Dutch scientists, Amsterdam: Swets & Zeitlinger. Ltd 1939 ff., vols. I–X.

Leibniz, Gottfried Wilhelm 1695, Système nouveau de la nature et de la communication des substances, aussi bien que de l'union qu'il y a entre l'ame et le corps (Neues System der Natur und des Verkehrs der Substanzen sowie der Verbindung, die es zwischen Seele und Körper gibt), in: *Gottfried Wilhelm Leibniz. Philosophische Schriften*, hg. u. übers. v. Hans Heinz Holz, französisch/deutsch, Frankfurt am Main: Suhrkamp, Bd. I, 200–319.

Leibniz, Gottfried Wilhelm 1702, Considérations sur la doctrine d'un esprit universel unique, in: *Die philosophischen Schriften von Gottfried Wilhelm Leibniz*, hg. v. Carl Immanuel Gerhardt, Berlin: Weidmann 1885, Bd. VI, 529–38; dt. Betrachtungen über die Lehre von einem einigen, allumfassenden Geiste, in: *Gottfried Wilhelm Leibniz. Hauptschriften zur Grundlegung der Philosophie*, hg. v. Ernst Cassirer, Leipzig: Durr'sche Buchhandlung 1906/²1924, 48–62.

Leibniz, Gottfried Wilhelm 1705, Considérations sur le principes de vie, et sur les natures plastiques, par l'auteur du systeme de l'harmonie preétablie, in: *Die philosophischen Schriften von Gottfried Wilhelm Leibniz*, hg. v. Carl Immanuel Gerhardt, Berlin: Weidmann 1885, Bd. VI, 539–55; dt. Betrachtungen über die Lebensprinzipien und über die plastischen Naturen, in: *Gottfried Wilhelm Leibniz. Hauptschriften zur Grundlegung der Philosophie*, hg. v. Ernst Cassirer, Leipzig: Durr'sche Buchhandlung 1906/²1924, 63–73.

(Leibniz, Gottfried Wilhelm) Briefwechsel zwischen Leibniz und Hartsoeker 1706–1712, in: *Die philosophischen Schriften von Gottfried Wilhelm Leibniz*, hg. v. Carl Immanuel Gerhardt, Berlin: Weidmann 1887, Bd. III, 483–535.

Leibniz, Gottfried Wilhelm 1714a, Principes de la nature et de la grace, fondés en raison (In der Vernunft begründete Prinzipien der Natur und Gnade), in: *Gottfried Wilhelm Leibniz. Philosophische Schriften*, hg. u. übers. v. Hans Heinz Holz, französisch/deutsch, Frankfurt am Main: Suhrkamp, Bd. I, 414–39.

Leibniz, Gottfried Wilhelm 1714b, Les principes de la philosophie ou la monadologie (Die Prinzipien der Philosophie oder die Monadologie), in: *Gottfried Wilhelm Leibniz. Philosophische Schriften*, hg. u. übers. v. Hans Heinz Holz, französisch/deutsch, Frankfurt am Main: Suhrkamp, Bd. I, 438–83.

Lukrez, *De rerum natura/Welt aus Atomen*, übers. v. Karl Büchner, lateinisch/deutsch, Stuttgart: Reclam 1973.

Malpighi, Marcellus 1669, *Marcelli Malpighii philosophi & medici bononiensis dissertatio epistolica de bombyce, Societatii regiae, Londini ad scientiam naturalem promovendam institutae, dicata*, London: Martyn & Allestry.
Malpighius, Marcellus 1673, *Marcelli Malpighii philosophi & medici bononiensis dissertatio epistolica de formatione pulli in ovo*, Londini: Joannem Martyn.
Malpighius, Marcellus 1675/1679, *Anatome plantarum*, London: Scott & Wells, tomes I/II; dt. Teilübersetzung: *Die Anatomie der Pflanzen. I. und II. Theil*, bearb. v. Martin Möbius, ND Leipzig: Wilhelm Engelmann 1901.
Maupertuis, Pierre-Louis Moreau de 1744, *Dissertation physique à l'occasion du nègre blanc*, Leyde: o. V.; die zweite, meist zitierte Auflage erscheint $^2$1745 unter dem Titel *Venus physique*, im Text in der siebten Auflage als $^2$1745/$^7$1777; dt. *Die Naturlehre der Venus*, Copenhagen: Frantz Christian Mumme 1747.
Maupertuis, Pierre-Louis Moreau de 1751, *Systême de la nature*, nachgedruckt in: Tonelli, Giorgio (ed.), *P. L. Moreau de Maupertuis OEUVRES*, Hildesheim/New York: Olms 1974, Bd. II, 135–216.
*Muybridge's Complete Human and Animal Locomotion. All 781 Plates from the 1887* Animal Locomotion, ed. by Eadweard Muybridge, New York: Dover Publications 1979.
Needham, John Turberville 1749, *Observations upon the Generation, Composition, and Decomposition of Animal and Vegetable Substances, Communicated in a Letter to Martin Folkes*, London: o. V.
Needham, John Turberville 1750, *Nouvelles observations microscopiques, avec des découvertes intéressantes sur la composition & la décomposition des corps organisés*, Paris: Ganeau.
Newton, Isaac 1687 [1822], *Philosophiae naturalis principia mathematica*, Glasguae: Andreae et Joannis M. Duncan, tomus I; dt. Newton, Isaac, *Die mathematischen Prinzipien der Physik*, hg. u. übers. v. Volkmar Schüller, Berlin/New York: De Gruyter 1999.
Paley, William 1802/$^6$1819, *Natural Theology; Or, Evidences of the Existence and Attributes of the Deity, Collected From the Appearances of Nature*, London: S. Hamilton.
Réaumur, René Antoine Ferchault 1734, *Mémoires pour servir à l'histoire des insectes*, Paris: de L'Imprimerie Royale, tome I.
Roose, Theodor Gustav 1797, *Grundzüge der Lehre von der Lebenskraft*, Braunschweig: Thomas.
Rousseau, Jean-Jacques 1753, *Abhandlung über den Ursprung und die Grundlagen der Ungleichheit unter den Menschen*, übers. v. Philipp Rippel, Stuttgart: Reclam 1998.
Spallanzani, Abbé Lazzaro, *Herrn Abt Spallanzani Physicalische und Mathematische Abhandlungen*, Leipzig: Gleditschens Handlung 1769 [die Ausgabe enthält einen deutschen Text der fünf physikalisch-mathematischen Abhandlungen, ohne Angabe eines Übersetzers, ohne Einleitung, ohne Vorwort].
Spallanzani, Abbé Lazzaro, *Versuche über die Erzeugung der Thiere und der Pflanzen, nebst des Herrn Johann Senebier's Entwurf einer Geschichte der organisierten Körper und ihrer Befruchtung*, aus dem Französischen von Dr. Christian Friedrich Michaelis, Leipzig: G. F. Göschen 1786.
Swammerdam, Jan 1737/1738, lat. Johannis Swammerdammii Amstelaedamensis, *Biblia Naturae sive Historia Insectorum, in classes certas redacta, nec non exemplis, et anatomico variorum animalculorum examine, aeneisque tabulis illustrata*, tomes I/II, Leydae: Isaacum Severinum, Balduinum Vander, Petrum Vander; ndl. Swammerdam, Jan 1737/1738, *Bybel der Natuure. Historie der Insecten. Tot zeekere zoorten gebracht: door voorbeelden, ontleedkundige onderzoekingen van veelerhande kleine gediertens, als ook

door kunstige kopere plaaten opgeheldert, II. Deelen, Leyden: Isaak Severinus, Boudewyn Vander, Pieter Vander; dt. *Bibel der Natur:* worinnen die Insekten in gewisse Classen vertheilt, sorgfältig beschrieben, zergliedert, in saubern Kupferstichen vorgestellt, mit vielen Anmerkungen über die Seltenheiten der Natur erleutert, und zum Beweis der Allmacht und Weisheit des Schöpfers angewendet werden, nebst Hermann Boerhave Vorrede von dem Leben des Verfassers, aus dem Hollaendischen übersetzt, Leipzig: Johann Gleiditschens Buchhandlung 1752.

Trembley, Abraham 1744, *Mémoires pour servir à l'histoire d'un genre de polypes d'eau douce, à bras en forme de cornes*, Leide: Jean & Herman Verbeek; dt. *Des Herrn Trembley Abhandlungen zur Geschichte einer Polypenart des süßen Wassers mit hörnerförmigen Armen*, aus dem Französischen mit einigen Zusätzen herausgegeben von Johann August Ephraim Goeze, Quedlinburg: Friedrich Joseph Ernst 1791.

Treviranus, Gottfried Reinhold 1802, *Biologie oder Philosophie der lebenden Natur*, Göttingen: Röwer.

Vaucanson, Jacques de 1738, *Le mécanisme du fluteur automate. Presenté a messieurs de l'Académie royale des science. Avec la description d'un canard articifiel, mangeant, beauvant, digerant & se vuidant, épluchant ses aîles & ses plumes, imitant en diverses maniéres un canard vivant*, Paris: Chez Jacques Guerin.

Wolff, Caspar Friedrich 1759, *Theoria generationis*, Hallae: Hendel; dt. Wolff, Caspar Friedrich 1759, *Theoria generationis*, hg. u. übers. v. Paul Samassa, Leipzig: Engelmann 1896, 2 Bde.

Wolff, Caspar Friedrich 1764, *Die Theorie der Generation, in zwei Abhandlungen erklärt und bewiesen*, Berlin: Birnstiel.

Wolff, Caspar Friedrich 1764/1759, *Theorie von der Generation in zwei Abhandlungen erklärt und bewiesen, Theoria Generationis*, hg. v. Robert Herrlinger, Hildesheim: Olms 1966.

Wolff, Caspar Friedrich 1768/1769, De formatione intestinorum praecipue, tum et de amnio spurio aliisque partibus embryonis gallinacei, nondum visis, observationes, in ovis incubatis institutae, in: *Novi Commentarii Academiae Scientiarum Imperialis Petropolitanae*, Sankt Petersburg: Petropoli typis Academiae Scientiarum, tomus XII (1768), 403–507 [§§ 1–119[sic!] = Pars I/II]; tomus XIII (1769), 478–530 [§§ 119[sic!]–155 = Pars III]; dt. *Über die Bildung des Darmkanals in bebrüteten Hühnchen*, Halle: Renger 1812.

Wolff, Caspar Friedrich 1789, *Von der eigenthümlichen und wesentlichen Kraft der vegetabilischen, sowohl als auch der animalischen Substanz*, St. Petersburg: o. V.

## 2 Forschungsliteratur zu historischen Naturforschung

Ameriks, Karl 2009, The Purposive Development of Human Capacities, in: Rorty, Amélie Oskenberg/Schmidt, James (eds.), *Kant's Idea for a Universal History with a Cosmopolitan Intent*, Cambridge: Cambridge University Press, 46–67.

Balme, David 1972, *Aristotle's* De partibus animalium I *and* De generatione animalium I (*with passages from* II 1–3), Oxford: Claredon Press, 127–65.

Beaune, Jean-Claude/Gayon, Jean (eds.) 1992, *Buffon 88: Actes du colloque international pour le bicentenaire de la mort de Buffon* (Paris, Montbard, Dijon, 14–22 juin 1988), Paris: Vrin.

Bernasconi, Robert (ed.) 2001, *Concepts of Race in Eighteenth Century. Kant and Forster*, Bristol: Thoemmes Press, vol. 3.
Bleier, Ruth 1984, *Science and Gender: A Critique of Biology and Its Theories on Woman*, New York: Pergamon Press.
Blundell, Sue 1995, *Woman in Ancient Greece*, Cambridge MA: Harvard University Press.
Chapuis, Alfred/Droz, Edmond 1958, *Automata: A Historical and Technological Study*, trans. Alec Reid, Neuchatel: Éditions du Griffon.
Cheung, Tobias 2000, *Die Organisation des Lebendigen. Zur Entstehung des biologischen Organismusbegriffs bei Cuvier, Leibniz und Kant*, Frankfurt am Main: Campus.
Cheung, Tobias 2005, Einleitung, in: *Charles Bonnets Systemtheorie und Philosophie organisierter Körper*, übers. u. komm. v. Tobias Cheung, Frankfurt am Main: Deutsch 2005.
Cheung, Tobias 2006, From the Organism of a Body to the Body of an Organism: Occurrence and Meaning of the Word ‚Organism' from the Seventeenth to the Nineteenth Centuries, *The British Journal for the History of Science* 39, 319–39.
Cheung, Tobias 2008, *Res vivens. Agentenmodelle organischer Ordnung 1600–1800*, Freiburg: Rombach Druck und Verlagshaus.
Cheung, Tobias 2009, Der Baum im Baum. Modellkörper, reproduktive Systeme und die Differenz zwischen Lebendigem und Unlebendigem bei Kant und Bonnet, in: Onnasch, Ernst-Otto (ed.), *Kants Philosophie der Natur*, Berlin/New York: De Gruyter, 25–49.
Duchesneau, François 1979, Haller et les théories de Buffon et de C. F. Wolff sur l'épigenèse, *History and Philosophy of the Life Sciences* 1, 65–100.
Duchesneau, François 1999, Force essentielle et force formative: les modèles de l'épigenèse au dix-huitième siècle, in: Feltz, Bernard/Crommelinck, Marc/Goujon, Philippe (dir.), *Auto-organisation et émergence dans les sciences de la vie*, Bruxelles: Ousia, 66–88.
Duchesneau, François 2000, Épigenèse de la raison pure et analogies biologiques, in: Duchesneau, François/Lafrance, Guy/Piché, Claude (dir.), *Kant actuel*, Paris: Vrin, Montréal: Bellarmin, 233–56.
Duchesneau, François/Cimino, Guido (eds.) 1997, *Vitalisms. From Haller to the Cell Theory*, Florence: L. S. Olschki.
Dupont, Jean-Claude 2007, Pre-Kantian Revival of Epigenesis: Caspar Friedrich Wolff's *De formatione intestinorum* (1768–69), in: Huneman, Philippe (ed.), *Understanding Purpose: Collected Essays on Kant and the Philosophy of Biology*, Rochester: University of Rochester Press, 37–49.
Elsthain, Jean Bethke 1981, *Public Man, Private Woman*, Oxford: Robertson.
Ferrari, Jean 1999, Kant, Maupertuis et le principe de moindre action, in: Hecht, Hartmut (ed.), *Pierre Louis Moreau de Maupertuis: Eine Bilanz nach 300 Jahren*, Berlin: Arno Spitz, 225–34.
Fisher, Mark 2007, Explanatory Natural History: Generation and Classification in Kant's Natural Philosophy, in: Huneman, Philippe (ed.), *Understanding Purpose: Collected Essays on Kant and the Philosophy of Biology*, Rochester: University of Rochester Press, 101–21.
Fisher, Mark 2014, Metaphysics and Physiology in Kant's Attitude Towards Theories of Preformation, in: Goy, Ina/Watkins, Eric (eds.), *Kant's Theory of Biology*, Berlin/New York: De Gruyter, 25–41.
Frigo, Gian Franco 2009, Bildungskraft und Bildungstrieb bei Kant, in: Onnasch, Ernst-Otto (ed.), *Kants Philosophie der Natur*, Berlin/New York: De Gruyter, 9–23.
Genova, Arthur 1974, Kant's Epigenesis of Pure Reason, *Kant-Studien* 65, 259–73.

Girtanner, Christoph 1796, *Über das Kantische Prinzip für die Naturgeschichte: ein Versuch, diese Wissenschaft philosophisch zu behandeln*, Göttingen: Vandenhoek & Ruprecht.
Gotthelf, Allen 2012, *Teleology, First Principles, and Scientific Method in Aristotle's Biology*, Oxford: Oxford University Press.
Gotthelf, Allen/Lennox, James (eds.) 1987, *Philosophical Issues in Aristotle's Biology*, Cambridge: Cambridge University Press.
Goy, Ina 2014a, Epigenetic Theories. Immanuel Kant and Caspar Friedrich Wolff, in: Goy, Ina/Watkins, Eric (eds.), *Kant's Theory of Biology*, Berlin/New York: De Gruyter, 45–60.
Grene, Marjorie/Depew, David 2004, The Eighteenth Century II. Kant and the Development of German Biology, in: Grene, Marjorie/Depew, David, *The Philosophy of Biology: An Episodic History*, Cambridge: Cambridge University Press, 91–126.
Huneman, Philippe 2005a, Espèce et adaptation chez Kant et Buffon, in: Ferrari, Jean/Ruffing, Margit/Theiss, Robert (eds.), *Kant et la France*, New York: Olms, 107–20.
Huneman, Philippe 2005b, Kant's Critique of the Leibnizian Conception of Organisms: An Unnoticed Cornerstone of Criticism, *Yeditipe felisifi* 25, 114–50.
Huneman, Philippe 2005c, La nature et son autre: Kant et Leibniz, in: Sosoe, Lukas/Theis, Robert (eds.), *Les sources de la philosophie kantienne aux XVIIè et XVIIIè siècles*, Paris: Vrin, 147–57.
Huneman, Philippe 2006a, From the Critique of Judgement to the Hermeneutics of Nature: Sketching the Fate of Philosophy of Nature after Kant, *Continental Philosophy Review* 39, 1–34.
Huneman, Philippe 2014a, Kant vs. Leibniz in the Second Antinomy: Organisms are Not Infinitely Subtle Machines, *Kant-Studien* 105 (2), 155–95.
Jahn, Ilse u. a. (Hg.) 1982, *Geschichte der Biologie. Theorien, Methoden, Institutionen, Kurzbiographien*, Hamburg: Nikol 2004.
Jahn, Ilse/Schmitt, Michael (Hg.) 2001, *Darwin & Co. Eine Geschichte der Biologie in Portraits*, München: C. H. Beck.
Jantzen, Jörg 1994, Physiologische Theorien, in: *Friedrich Wilhelm Joseph Schelling. Historisch-kritische Ausgabe. Ergänzungsband zu Werke Band 5 bis 9. Wissenschaftshistorischer Bericht zu Schellings naturphilosophischen Schriften 1797–1800*, Stuttgart-Bad Cannstatt: Frommann Holzboog, 375–668.
Kosman, Aryeh 2010, Male and Female in Aristotle's *Generation of Animals*, in: Lennox, James G./Bolton, Robert (eds.), *Being, Nature, and Life in Aristotle*, Cambridge: Cambridge University Press, 147–67.
Larson, James L. 1994, *Interpreting Nature: The Science of Living Form from Linnaeus to Kant*, Baltimore: John Hopkins University Press.
Lenhoff, Sylvia G./Lenhoff, Howard M. 1986, *Hydra and the Birth of Experimental Biology – 1744. Abraham Trembley's Memoirs Concerning the Natural History of a Type of Freshwater Polyp with Arms Shaped like Horns*, with a translation of Trembley's *Memoirs* from the french, Pacific Crove: The Boxwood Press.
Lenoir, Timothy 1980, Kant, Blumenbach, and Vital Materialism in German Biology, *Isis* 71, 77–108.
Lenoir, Timothy 1981, The Göttingen School and the Development of Transcendental Naturphilosophie in the Romantic Era, *Studies in History of Biology* 5, 111–205.
Lenoir, Timothy 1982, Blumenbach, Kant and the Teleomechanical Approach to Life, in: Lenoir, Timothy, *The Strategy of Life. Teleology and Mechanics in Nineteenth-Century German Biology*, Dordrecht u. a.: Reidel, 17–34.

Lennox, James 2006, The Comparative Study of Animal Development: William Harvey's Aristotelianism, in: Smith, Justin E. H. (ed.), *The Problem of Animal Generation in Early Modern Philosophy*, Cambridge: Cambridge University Press, 21–46.

Lesky, Erna 1950, *Die Zeugungs- und Vererbungslehren der Antike und ihr Nachwirken*, Abhandlungen der Geistes- und Sozialwissenschaftlichen Klasse Jahrgang 1950 (19), Verlag der Akademie der Wissenschaften und der Literatur in Mainz in der Kommission bei Franz Steiner Verlag GmBH Wiesbaden, 1225–425.

Look, Brandon 2006, Blumenbach and Kant on Mechanism and Teleology in Nature. The Case of the Formative Drive, in: Smith, Justin E. H. (ed.), *The Problem of Animal Generation in Early Modern Philosophy*, Cambridge: Cambridge University Press, 355–72.

Magner, Louis N. 2002, Problems in Generation: Preformation and Epigenesis, in: Magner, Louis N., *A History of the Life Sciences*, New York u. a.: Dekker, 153–203.

McLaughlin, Peter 2006, Spontaneous Versus Equivocal Generation in Early Modern Science, *Annals of the History and Philosophy of Biology* 10, 79–88.

McLaughlin, Peter 2007, Kant on Heredity and Adaptation, in: Müller-Wille, Staffan/Rheinberger, Hans-Jörg (eds.), *Heredity Produced. At the Crossroads of Biology, Politics and Culture 1500–1870*, Cambridge: MIT Press, 277–91.

McLaughlin, Peter 2013, Actualism and the Archaeology of Nature, in: *Kant und die Philosophie in weltbürgerlicher Absicht. Akten des XI. Kant-Kongresses*, im Auftrag der Kant-Gesellschaft hg. v. Stefano Bacin, Alfredo Ferrarin, Claudio LaRocca u. Margit Ruffing, Berlin/New York: De Gruyter, Bd. 5, 159–70.

Morsink, Johannes 1982, *Aristotle on the Generation of Animals*, Washington: University Press of America.

Müller-Sievers, Helmut 1997, *Self-Generation. Biology, Philosophy and Literature Around 1800*, Stanford: Stanford University Press.

Naeve, Nico 2013, *Naturteleologie bei Aristoteles, Leibniz, Kant und Hegel. Eine historisch-systematische Untersuchung*, Freiburg: Alber.

Needham, Joseph 1959, *A History of Embryology*, Cambridge: Cambridge University Press.

Reill, Hans Peter 2005, *Vitalizing Nature in the Enlightenment*, Berkeley: University of California Press.

Richards, Robert J. 2000, Kant and Blumenbach on the Bildungstrieb: A Historical Misunderstanding, *Studies in the History and Philosophy of Biological and Biomedical Sciences* 31, 11–32.

Richards, Robert J. 2002, Early Theories of Development: Kant und Blumenbach, in: Richards, Robert J., *The Romantic Conception of Life: Science and Philosophy in the Age of Goethe*, Chicago: University of Chicago Press, 207–37.

Riskin, Jessica 2003, The Defecating Duck, or, the Ambiguous Origins of Artificial Life, *Critical Inquiry* 29 (4), 599–633.

Roe, Shirley A. 1975, The Development of Albrecht von Haller's Views on Embryology, *Journal of the History of Biology* 8, 167–90.

Roe, Shirley A. 1979, Rationalism and Embryology: Caspar Friedrich Wolff's Theory of Epigenesis, *Journal of the History of Biology* 12, 1–43.

Roe, Shirley A. 1981, *Matter, Life, and Generation. Eighteenth-Century Embryology and the Haller-Wolff Debate*, Cambridge: Cambridge University Press.

Roe, Shirley A. 1983, John Turberville Needham and the Generation of Living Organisms, *Isis* 74, 159–84.

Roe, Shirley A. 1986, The Development of Needham's View on Generation, in: Roe, Shirley A./Mazzolini, Renato G. (eds.), *Science Against the Unbelievers: The Correspondence of Bonnet and Needham 1760–1780*, Oxford: The Voltaire Foundation at the Taylor Institution, 10–23.

Roe, Shirley A. 1992, Buffon and Needham: Diverging Views on Life and Matter, in: Beaune, Jean-Claude/Gayon, Jean (eds.), *Buffon 88: Actes du colloque international pour le bicentenaire de la mort de Buffon* (Paris, Montbard, Dijon, 14–22 juin 1988), Paris: Vrin, 439–50.

Roth, Siegfried 2008: Kant und die Biologie seiner Zeit, in: Höffe, Otfried (Hg.), *Immanuel Kant. Kritik der Urteilskraft*, Berlin: Akademie Verlag, 275–87.

Sloan, Phillip R. 1992, Organic Molecules Revisited, in: Beaune, Jean-Claude/Gayon, Jean (eds.), *Buffon 88: Actes du colloque international pour le bicentenaire de la mort de Buffon* (Paris, Montbard, Dijon, 14–22 juin 1988), Paris: Vrin, 415–38.

Sloan, Phillip R. 2002, Preforming the Categories: Eighteenth-Century Generation Theory and the Biological Roots of Kant's A priori, *Journal of the History of Philosophy* 40, 229–53.

Sloan, Phillip R. 2006, Kant on the History of Nature: The Ambiguous Heritage of the Critical Philosophy for Natural History, *Studies in History and Philosophy of Biological and Biomedical Sciences* 37 (4), 627–48.

Smith, Justin E. H. (ed.) 2006, *The Problem of Animal Generation in Early Modern Biology*, Cambridge: Cambridge University Press.

Smith, Justin E. H./Nachtomy, Ohad (eds.) 2013, *The Life Sciences in Early Modern Philosophy*, Cambridge: Cambridge University Press.

van den Berg, Hein 2009, Kant on Vital Forces. Metaphysical Concerns Versus Scientific Practice, in: Onnasch, Ernst-Otto (ed.), *Kants Philosophie der Natur*, Berlin/New York: De Gruyter, 115–35.

Vorländer, Karl ³1992, Auseinandersetzung mit Herder, in: Vorländer, Karl, *Immanuel Kant. Der Mann und das Werk*, Hamburg: Felix Meiner, 317–23.

Zammito, John H. 2003, ‚This Inscrutable Principle of an Original Organization': Epigenesis and ‚Looseness of Fit' in Kant's Philosophy of Science, *Studies in History and Philosophy of Science* 34, 73–109.

Zammito, John H. 2006a, Kant's Early Views on Epigenesis. The Role of Maupertuis, in: Smith, Justin E. H. (ed.), *The Problem of Animal Generation in Early Modern Philosophy*, Cambridge: Cambridge University Press, 317–54.

Zammito, John H. 2006b, Policing Polygeneticism in Germany, 1775: (Kames) Kant and Blumenbach, in: Eigen, Sara/Larrimore, Mark Joesph (eds.), *The German Invention of Race*, Albany: State of New York Press, 35–54.

Zammito, John H. 2007, Kant's Persistent Ambivalence toward Epigenesis 1764–1790, in: Huneman, Philippe (ed.), *Understanding Purpose: Collected Essays on Kant and Philosophy of Biology*, Rochester: University of Rochester Press, 51–74.

Zuckert, Rachel 2014, Organisms and Metaphysics: Kant's First Herder Review, in: Goy, Ina/Watkins, Eric (eds.), *Kant's Theory of Biology*, Berlin/New York: De Gruyter, 61–77.

# 3 Systematische Forschungsliteratur zu Kants Theorie der Biologie

Adickes, Erich 1924/25, *Kant als Naturforscher*, Berlin: De Gruyter.

Allison, Henry E. 2000, Is the Critique of Judgement ‚Post-Critical'?, in: Sedgwick, Sally (ed.), *The Reception of Kant's Critical Philosophy*, Cambridge: Cambridge University Press, 78–92.

Allison, Henry E. 2003, Kant's Antinomy of Teleological Judgement, in: Guyer, Paul (ed.), *Kant's Critique of the Power of Judgement: Critical Essays*, New York: Rowman & Littlefield, 219–36.

Ameriks, Karl 2008, Status des Glaubens (§§ 90–1) und Allgemeine Anmerkung über Teleologie, in: Höffe, Otfried (Hg.), *Immanuel Kant. Kritik der Urteilskraft*, Berlin: Akademie Verlag, 331–49.

Andaluz Romanillos, Ana María 1990a, *La finalidad de la naturaleza en Kant. Un estudio desde la* Crítica del Juicio, Salamanca: Publicationes Universidad Pontifica de Salamanca.

Andaluz Romanillos, Ana María 1990b, La unidad de la naturaleza en las introducciones a la *Crítica del Juicio*, *Cuadernos salmantinos de filosofía* 17, 405–14.

Andaluz Romanillos, Ana María 1991, Finalidad de la naturaleza en Kant. Un estudio desde la *Crítica del Juicio*, *Religión y cultura* 37 (179), 627–90.

Andaluz Romanillos, Ana María 1998, La finalidad de la naturaleza como exigencia de la libertad en Kant, *Cuadernos salmantionos de filosofía* 25, 165–92.

Andaluz Romanillos, Ana María 2002, La síntesis de naturaleza y libertad como objeto de la razón prática en Kant, *Cuadernos salmantionos de filosofía* 29, 115–54.

Andaluz Romanillos, Ana María 2007, Juicio teológico y sistema de la razón en Kant, *Cuadernos salmantionos de filosofía* 34, 163–220.

Bäumler, Alfred 1923, *Kants „Kritik der Urteilskraft"*, Halle: Niemeyer.

Baumanns, Peter 1965, *Das Problem der organischen Zweckmäßigkeit*, Bonn: Bouvier.

Beck, Lewis White 1960, *A Commentary on Kant's Critique of Practical Reason*, Chicago: The University of Chicago Press.

Biederlack, Franz 1910, *Die naturphilosophischen Gedanken Kants in ihrer systematischen Entwicklung*, Halle: E. Karras.

Biewener, Andrew A. 2003, *Animal Locomotion*, Oxford: Oxford University Press.

Bojanowski, Jochen 2008, Kant über das Prinzip der Einheit von theoretischer und praktischer Philosophie (Einleitung I–V), in: Höffe, Otfried (Hg.), *Immanuel Kant. Kritik der Urteilskraft*, Berlin: Akademie Verlag, 23–39.

Bommersheim, Paul 1919, Der Begriff der organischen Selbstregulation in Kants *Kritik der Urteilskraft*, *Kant-Studien* 23, 209–20.

Bommersheim, Paul 1927, Der vierfache Sinn der inneren Zweckmäßigkeit in Kants Philosophie des Organischen, *Kant-Studien* 32 (2–3), 290–309.

Bouton, Christophe/Brugère, Fabienne/Lavaud, Claudie (eds.) 2008, *Les fin de la nature: beauté, vie, liberté. Autour de la* Critique de la faculté de juger *de Kant*, Paris: Vrin.

Bouton, Christophe/Brugère, Fabienne/Lavaud, Claudie/Dumouchel, Daniel (eds.) 2008, *L'année 1790 Kant*–Critique de la faculté de juger–*Beauté, vie, liberté*, Paris: Vrin.

Brandt, Reinhard 2008a, II. Die Kritik der teleologischen Urteilskraft, in: Brandt, Reinhard, *Die Bestimmung des Menschen bei Kant*, Hamburg: Felix Meiner, 457–96.

Brandt, Reinhard 2008b, Von der ästhetischen und logischen Zweckmäßigkeit der Natur (Einleitung VI–IX), in: Höffe, Otfried (Hg.), *Immanuel Kant. Kritik der Urteilskraft*, Berlin: Akademie Verlag, 41–58.
Breitenbach, Angela 2006, Mechanical Explanation of Nature and its Limits in Kant's Critique of Judgment, *Studies in History and Philosophy of Biological and Biomedical Sciences* 37 (4), 694–711.
Breitenbach, Angela 2008, Two Views on Nature: A Solution to Kant's Antinomy of Mechanism and Teleology, *The British Journal for the History of Philosophy* 16, 351–69.
Breitenbach, Angela 2009a, *Die Analogie von Vernunft und Natur. Ansatz zu einer Umweltphilosophie nach Kant*, Berlin/New York: De Gruyter.
Breitenbach, Angela 2009b, Teleology in Biology: A Kantian Approach, in: Heidemann, Dietmar (ed.), *Kant Yearbook* 1, Berlin/New York: De Gruyter, 31–56.
Breitenbach, Angela 2009c, Umweltethik nach Kant, *Deutsche Zeitschrift für Philosophie* 57, 377–95.
Breitenbach, Angela 2014, Biological Purposiveness and Analogical Reflection, in: Goy, Ina/Watkins, Eric (eds.), *Kant's Theory of Biology*, Berlin/New York: De Gruyter, 131–47.
Brockdorff, Cay von 1898, *Kants Teleologie*, Kiel: Gnevkow & Gellhorn.
Busche, Hubertus 1991, Kants Deduktion des Zweckmäßigkeitsprinzips aus der reflektierenden Urteilskraft, in: *Akten des VII. Internationalen Kant-Kongresses. Kurfürstliches Schloß zu Mainz 1990*, hg. v. Gerhard Funke, Bonn/Berlin: Bouvier 1991, Bd. II/2, 3–12.
Butts, Robert E. 1992, Teleology and Scientific Method in Kant's „Critique of Judgment", in: Chadwick, Ruth F. (ed.), *Immanuel Kant: Critical Assessments*, London: Routledge, vol. IV, 88–103.
Chapman, William John 1905, *Die Teleologie Kants*, Halle: C. A. Kaemmerer.
Code, Alan 1997, The Priority of Final Causes Over Efficient Causes in Aristotle's *PA*, in: Kullmann, Wolfgang/Föllinger, Sabine (Hg.), *Aristotelische Biologie. Intentionen, Methoden, Ergebnisse*, Stuttgart: Felix Steiner, 127–43.
Cunico, Gerardo 2008, Erklärungen für das Übersinnliche: physikotheologischer und moralischer Gottesbeweis (§§ 85–89), in: Höffe, Otfried (Hg.), *Immanuel Kant. Kritik der Urteilskraft*, Berlin: Akademie Verlag, 309–29.
Delekat, Friedrich ³1969, *Kant. Historisch-kritische Interpretation der Hauptschriften*, Heidelberg: Quelle & Meyer.
Dessauer, Friedrich 1949, *Die Teleologie in der Natur*, München/Basel: Reinhardt.
Drews, Arthur 1894, *Kants Naturphilosophie als Grundlage seines Systems*, Berlin: Mitscher & Röstell.
Driesch, Hans 1909, *Die Philosophie des Organischen*, Leipzig: Engelmann.
Drossbach, Paul 1943, *Kant und die gegenwärtige Naturwissenschaft*, Berlin: Georg Lüttke.
Düsing, Klaus 1968, *Die Teleologie in Kants Weltbegriff*, Bonn: Bouvier.
Eisler, Rudolf 1914, *Der Zweck, seine Bedeutungen für Natur und Geist*, Berlin: E. S. Mittler und Sohn.
Erdmann, Bruno 1880, *Immanuel Kants „Kritik der Urteilskraft"*, Leipzig: Leopold Voss.
Ernst, Wilhelm 1909, *Der Zweckbegriff bei Kant und sein Verhältnis zu den Kategorien*, Berlin: Reuther & Reichard.
Fisher, Mark 2008, *Organisms and Teleology in Kant's Natural Philosophy*, Diss.
Förster, Eckart 1993, Kant's Third *Critique* and the *Opus postumum*, *Graduate Faculty Philosophy Journal* 16 (2), 345–58.

Förster, Eckart 2002a, Die Bedeutung von §§ 76, 77 der *Kritik der Urteilskraft* für die Entwicklung der nachkantischen Philosophie, *Zeitschrift für philosophische Forschung* 56 (2), 170–90.

Förster, Eckart 2002b, Die Bedeutung der §§ 76, 77 der *Kritik der Urteilskraft* für die Entwicklung der nachkantischen Philosophie (Teil II), *Zeitschrift für philosophische Forschung* 56 (3), 321–45.

Förster, Eckart 2008, Von der Eigentümlichkeit unseres Verstandes in Ansehung der Urteilskraft (§§ 74–8), in: Höffe, Otfried (Hg.), *Immanuel Kant. Kritik der Urteilskraft*, Berlin: Akademie-Verlag, 259–74.

Förster, Eckart 2011, Die Methodologie des intuitiven Verstandes, in: Förster, Eckart, *Die 25 Jahre der Philosophie*, Frankfurt am Main: Klostermann, 253–76.

Frank, Manfred/Zanetti, Véronique 2001, *Immanuel Kant. Schriften zur Ästhetik und Naturphilosophie*, Frankfurt am Main: Suhrkamp, Bd. III, 1158–338.

Friedman, Michael 2013, *Kant's Construction of Nature. A Reading of the Metaphysical Foundations of Natural Science*, Cambridge: Cambridge University Press.

Frommel, Otto 1898, *Das Verhältnis von mechanischer und teleologischer Naturerklärung bei Kant und Lotze*, Hong Kong: Forgotten Books.

Frost, Walter 1906, *Der Begriff der Urteilskraft bei Kant*, Halle: Niemeyer.

Frost, Walter 1906, Kants Teleologie, *Kant-Studien* 11, 297–347.

Fugate, Courtney D. 2014, *The Teleology of Reason. A Study of the Structure of Kant's Critical Philosophy*, Berlin/New York: De Gruyter.

Garelli, Gianluca 1999, *La teleologia secondo Kant. Architettonica, finalità, sistema: 1781–1790*, Bologna: Pendragon.

Geiger, Ido 2009, Is Teleological Judgment (Still) Necessary? Kant's Arguments in the Analytic and in the Dialectic of Teleological Judgment, *British Journal for the History of Philosophy* 17 (3), 533–66.

Ginsborg, Hannah 1995, Purposiveness and Normativity, in: *Proceedings of the Eighth International Kant Congress*, ed. by Hoke Robinson, Milwaukee: Marquette University Press, vol. II, 453–60.

Ginsborg, Hannah 1997, Kant on Aesthetic and Biological Purposiveness, in: Reath, Andrews/Herman, Barbara/Korsgaard, Christine (eds.), *Reclaiming the History of Ethics: Essays for John Rawls*, Cambridge: Cambridge University Press, 329–60.

Ginsborg, Hannah 2001, Kant on Understanding Organisms as Natural Purposes, in: Watkins, Eric (ed.), *Kant and the Sciences*, Oxford: Oxford University Press, 231–58.

Ginsborg, Hannah 2004, Two Kinds of Mechanical Inexplicability in Aristotle and Kant, *Journal of the History of Biology* 42, 33–65.

Ginsborg, Hannah 2006, Kant's Biological Teleology and Its Philosophical Significance, in: Bird, Graham (ed.), *The Blackwell Companion to Kant*, Oxford: Wiley-Blackwell, 455–69.

Ginsborg, Hannah 2014a, *The Normativity of Nature*, Oxford: Oxford University Press.

Ginsborg, Hannah 2014b, Oughts Without Intentions, in: Goy, Ina/Watkins, Eric (eds.), *Kant's Theory of Biology*, Berlin/New York: De Gruyter 259–74.

Giordanetti, Piero 2008, Objektive Zweckmäßigkeit, objective und formale Zweckmäßigkeit, relative Zweckmäßigkeit (§§ 61–3), in: Höffe, Otfried (Hg.), *Immanuel Kant. Kritik der Urteilskraft*, Berlin: Akademie Verlag, 211–22.

Goy, Ina 2008, Die Teleologie der Natur (§§ 64–8), in: Höffe, Otfried (Hg.), *Immanuel Kant. Kritik der Urteilskraft*, Berlin: Akademie Verlag, 223–39.

Goy, Ina 2013, On Judging Nature as a System of Ends. Exegetical Problems of § 67 of the *Critique of the Power of Judgment*, in: *Kant und die Philosophie in weltbürgerlicher Absicht. Akten des XI. Kant-Kongresses*, im Auftrag der Kant-Gesellschaft hg.v. Stefano Bacin, Alfredo Ferrarin, Claudio LaRocca u. Margit Ruffing, Berlin/New York: De Gruyter, Bd. 5, 65–76.

Goy, Ina 2014b, Kants Theory of Biology and the Argument from Design, in: Goy, Ina/Watkins, Eric (eds.), *Kant's Theory of Biology*, Berlin/New York: De Gruyter, 203–20.

Goy, Ina 2015, The Antinomy of Teleological Judgment, *Studi Kantiani* 28, 11–33.

Goy, Ina 2016, Why Animals Let Man Believe in God, in: Allais, Lucy/Callanan, John (eds.), *Kant on Animals*, Oxford: Oxford University Press.

Goy, Ina/Watkins, Eric (eds.) 2014, *Kant's Theory of Biology*, Berlin/New York: De Gruyter.

Guyer, Paul 2000, Critique of the Power of Judgment, in: *The Cambridge Edition of the Works of Immanuel Kant*, ed. by Paul Guyer and Allen W. Wood, Cambridge: Cambridge University Press.

Guyer, Paul 2001, Organisms and the Unity of Science, in: Watkins, Eric (ed.), *Kant and the Sciences*, Oxford: Oxford University Press, 231–58.

Guyer, Paul (ed.) 2003a, *Kant's Critique of the Power of Judgement: Critical Essays*, New York: Rowman & Littlefield.

Guyer, Paul 2003b, Zweck in der Natur. Was ist lebendig und was ist tot in Kants Teleologie?, in: Heidemann, Dietmar/Engelhard, Kristina (Hg.), *Warum Kant heute?*, Berlin/New York: De Gruyter, 383–413.

Guyer, Paul 2005a, *Kant's System of Nature and Freedom*, Oxford: Oxford University Press.

Guyer, Paul 2005b, The Unity of Nature and Freedom: Kant's Conception of the System of Philosophy, in: Guyer Paul, *Kant's System of Nature and Freedom*, Oxford: Oxford University Press, 277–313.

Guyer, Paul 2005c, From Nature to Morality: Kant's New Argument in the „Critique of Teleological Judgment", in: Guyer Paul, *Kant's System of Nature and Freedom*, Oxford: Oxford University Press, 314–42.

Guyer, Paul 2009, Kant's Teleological Conception of Philosophy and Its Development, in: Heidemann, Dietmar (ed.), *Kant Yearbook* 1, Berlin/New York: De Gruyter, 57–98.

Guyer, Paul 2014, Freedom, Happiness, and Nature: Kant's Moral Teleology (*CPJ* §§ 83–4, 86–7), in: Goy, Ina/Watkins, Eric (eds.), *Kant's Theory of Biology*, Berlin/New York: De Gruyter, 221–37.

Hartmann, Nicolai 1951, *Teleologisches Denken*, Berlin: De Gruyter.

Heidemann, Dietmar (ed.) 2009, *Teleology. Kant Yearbook* 1, Berlin/New York: De Gruyter.

Heyse, Hans 1927, *Der Begriff der Ganzheit und die kantische Philosophie*, München: Ernst Reinhard.

Himma, Kenneth Einar 2009, Design Arguments for the Existence of God, in: *Internet Encyclopedia of Philosophy*, http://www.iep.utm.edu/design/ [last visited: 30 March 2016].

Höffe, Otfried (Hg.) 2008a, *Immanuel Kant. Kritik der Urteilskraft*, Berlin: Akademie Verlag.

Höffe, Otfried 2008b, Der Mensch als Endzweck, in: Höffe, Otfried (Hg.), *Immanuel Kant. Kritik der Urteilskraft*, Berlin: Akademie Verlag, 289–308.

Horkheimer, Max 1925, *Über Kants* Kritik der Urteilskraft *als Bindeglied zwischen theoretischer und praktischer Philosophie*, Stuttgart: Kohlhammer.

Horstmann, Ralph Peter 1997, Zweckmäßigkeit als transzendentales Prinzip. Ein Problem und keine Lösung, in: Horstmann, Ralph Peter, *Bausteine kritischer Theorie. Arbeiten zu Kant*, Bodenheim: Philo, 165–80.

Huneman, Philippe 2006b, Naturalizing Purpose. From Comparative Anatomy to the Adventure of Reason, in: *Studies in History and Philosophy of Biological and Biomedical Sciences* 37 (4), 649–74.

Huneman, Philippe (ed.) 2007, *Understanding Purpose: Collected Essays on Kant and the Philosophy of Biology*, Rochester: University of Rochester Press.

Huneman, Philippe 2008a, *Métaphysique et biologie. Kant et la constitution du concept d'organisme*, Paris: Kimé.

Huneman, Philippe 2008b, Les choses en tant que fins naturelles sont les êtres organisés: sens et conséquences, in: Bouton, Christophe/Brugère, Fabienne/Lavaud, Claudie, *L'année 1790 Kant: Critique de la faculté de juger: Beauté, vie, liberté*, Paris: Vrin, 151–64.

Huneman, Philippe 2008c, L'analytique des jugements biologiques et l'amétaphysique de la vie, in: Terra, Ricardo (ed.), *Proceedings of the Xth International Kantcongress*, Septembre 2005, Sao Paulo, Berlin/New York: De Gruyter, 651–65.

Huneman, Philippe 2008d, L'unité de l'histoire naturelle et de la métaphysique dans l'unique fondement, in: Langlois, Luc, *Kant avant la critique*, Paris: Vrin, 57–67.

Huneman, Philippe 2014b, Possibility, Necessity and Purposiveness, in: Goy, Ina/Watkins, Eric (eds.), *Kant's Theory of Biology*, Berlin/New York: De Gruyter, 185–202.

Illeterati, Luca 2014, Teleological Judgment between Technique and Nature, in: Goy, Ina/Watkins, Eric (eds.), *Kant's Theory of Biology*, Berlin/New York: De Gruyter, 81–98.

Illeterati, Luca/Michelini, Francesca (eds.) 2008, *Purposiveness. Teleology between Nature and Mind*, Frankfurt/Paris u. a.: Ontos.

Ingensiep, Hans 1994, Die biologischen Analogien und die erkenntnistheoretischen Alternativen in Kants *Kritik der reinen Vernunft* B 27, *Kant-Studien* 85, 381–93.

Johnson, Monte Ransome 2008, *Aristotle on Teleology*, Oxford: Oxford University Press.

*Kant und die Philosophie in weltbürgerlicher Absicht. Akten des XI. Kant-Kongresses*, im Auftrag der Kant-Gesellschaft hg. v. Stefano Bacin, Alfredo Ferrarin, Claudio LaRocca u. Margit Ruffing, Berlin/New York: De Gruyter 2013, Bd. 5.

Kirchmann, Johann Heinrich 1869/²1882, *Erläuterungen zu Kants „Kritik der Urteilskraft"*, Leipzig: Dürr'sche Buchhandlung.

Klaus, Günzler 1964, *Das Teleologieproblem bei Kant und Goethe*, Diss. Freiburg im Breisgau.

Klemme, Heiner 2009, Einleitung, in: *Immanuel Kant. Kritik der Urteilskraft*, hg. v. Heiner Klemme, Hamburg: Felix Meiner, i–ci.

Klemme, Heiner 2013, Zweckmäßigkeit mit Endzweck. Über den Übergang vom Natur- zum Freiheitsbegriff in Kants *Kritik der Urteilskraft*, in: *Kant und die Philosophie in weltbürgerlicher Absicht. Akten des XI. Kant-Kongresses*, im Auftrag der Kant-Gesellschaft hg. v. Stefano Bacin, Alfredo Ferrarin, Claudio LaRocca u. Margit Ruffing, Berlin/New York: De Gruyter 2013, Bd. 5, 113–24.

Kohlschmidt, Otto 1894, *Kants Stellung zur Teleologie und Physicotheologie*, Neustadt: Emil Patzschke.

König, Edmund 1907, *Kant und die Naturwissenschaft*, Braunschweig: Friedrich Vieweg und Sohn.

Kreines, James 2005, The Inexplicability of Kant's Naturzweck: Kant on Teleology, Explanation and Biology, *Archiv für Geschichte der Philosophie* 87 (3), 270–311.

Kroner, Richard 1913, *Zweck und Gesetz in der Biologie*, Tübingen: Mohr Siebeck.
Lehmann, Gerhard 1927/²1970, Einleitung, in: *Immanuel Kant. Erste Einleitung in die* Kritik der Urteilskraft (1790), hg. v. Gerhard Lehmann, Hamburg: Felix Meiner, i–xxi.
Lehmann, Gerhard 1939, *Kants Nachlaßwerke und die „Kritik der Urteilskraft"*, Berlin: De Gruyter.
Lenfers, Dietmar 1965, *Kants Weg von der Teleologie zur Theologie*, Köln: Dissertationsdruck.
Löw, Reinhard 1980, *Philosophie des Lebendigen. Der Begriff des Organischen bei Kant, sein Grund und seine Aktualität*, Frankfurt am Main: Suhrkamp.
Major, David R. 1896, *The Principle of Teleology in the Critical Philosophy of Kant*, Diss.
Mackie, John 1982, Arguments for Design, in: Mackie, John, *The Miracle of Theism. Arguments For and Against the Existence of God*, Oxford: Oxford University Press, 133–49.
Marc-Wogau, Konrad 1938, *Vier Studien zu Kants* Kritik der Urteilskraft, Uppsala/Leipzig: A.-B. Lundequistska Bokhandeln u. a., Bd. II.
McFarland, John 1970, *Kant's Concept of Teleology*, Edinburgh: Edingburgh University Press.
McLaughlin, Peter 1989a, *Kants Kritik der teleologischen Urteilskraft*, Bonn: Bouvier.
McLaughlin, Peter 1989b, What is an Antinomy of Judgement?, in: *Akten des sechsten Internationalen Kant-Kongresses*, hg. v. Gerhardt Funke u. Thomas M. Seebohm, Washington D. C.: Center for Advanced Research in Phenomenology & University Press of America, Bd. II/2, 357–67.
McLaughlin, Peter 1990, *Kant's Critique of Teleology in Biological Explanation: Antinomy and Teleology*, Lewiston u. a.: Edwin Mellen Press.
McLaughlin, Peter 2001, *What Functions Explain. Functional Explanation and Self-Reproducting Systems*, Cambridge: Cambridge University Press.
McLaughlin, Peter 2014, Mechanism and Mechanical Explanation, in: Goy, Ina/Watkins, Eric (eds.), *Kant's Theory of Biology*, Berlin/New York: De Gruyter, 149–65.
McNeill, Alexander R. 2003, *Principles of Animal Locomotion*, Princeton: Princeton University Press.
Mensch, Jennifer 2013, *Kant's Organicism*, Chicago: Chicago University Press.
Menzer, Paul 1911, *Kants Lehre von der Entwicklung in Natur und Geschichte*, Berlin: Georg Reimer.
Meyer-Abich, Adolf 1942, Kant und das biologische Denken, *Acta Biotheoretica* 6 (3), 185–211.
Michaëlis, Carl Theodor 1892, *Zur Entstehung von Kants „Kritik der Urteilskraft"*, Berlin: R. Gaertner.
Nuzzo, Angelica 2009, „Kritik der Urteilskraft" §§ 76–77: Reflective Judgment and the Limits of Transcendental Philosophy, in: Heidemann, Dietmar (Hg.), *Kant Yearbook* 1, Berlin/New York: De Gruyter, 143–72.
Onnasch, Ernst-Otto 2009, *Kants Philosophie der Natur. Ihre Entwicklung im „Opus postumum" und ihre Wirkung*, Berlin/New York: De Gruyter.
Onnasch, Hans-Otto 2014, Kant's Theory of Biology in the „Opus Postumum", in: Goy, Ina/Watkins, Eric (eds.), *Kant's Theory of Biology*, Berlin/New York: De Gruyter, 239–55.
Ostaric, Lara 2009, Kant's Account of Nature's Systematicity and the Unity of Theoretical and Practical Reason, *Inquiry* 52 (2), 155–78.
Plaas, Peter 1965, *Kants Theorie der Naturwissenschaft*, Göttingen: Vandenhoeck & Ruprecht.
Quarfood, Marcel 2004a, *Transcendental Idealism and the Organism: Essays on Kant*, Stockholm: Almqist & Wiksell.

Quarfood, Marcel 2004b, Acquisitio Originaria and Epigenesis. Metaphors for the A Priori, in: Quarfood, Marcel, *Transcendental Idealism and the Organism*, Stockholm: Almquist & Wiksell, 77–117.
Quarfood, Marcel 2004c, Biological Functions in a Kantian Perspective, in: Quarfood, Marcel, *Transcendental Idealism and the Organism: Essays on Kant*, Stockholm: Almquist & Wiksell, 118–59.
Quarfood, Marcel 2004d, The Antinomy of Teleological Judgment, in: Quarfood, Marcel, *Transcendental Idealism and the Organism: Essays on Kant*, Stockholm: Almquist & Wiksell, 160–208.
Quarfood, Marcel 2006, Kant on Biological Teleology: Towards a Two-level Interpretation, *Studies in History and Philosophy of Biological and Biomedical Sciences* 37 (4), 735–47.
Quarfood, Marcel 2014, The Antinomy of Teleological Judgment, in: Goy, Ina/Watkins, Eric (eds.), *Kant's Theory of Biology*, Berlin/New York: De Gruyter, 167–83.
Rang, Bernhard 1993, Zweckmäßigkeit, Zweckursächlichkeit und Ganzheitlichkeit in der organischen Natur, *Philosophisches Jahrbuch* 100, 39–71.
Ratzsch, Del 2001, *Nature, Design, and Science. The Status of Design in Natural Science*, New York: State University of New York Press.
Roretz, Karl 1922, *Zur Analyse von Kants Philosophie des Organischen*, Wien: Alfred Hölder.
Rosales, Jacinto Rivera de 2002, *Kant: la „Crítica del juicio teleológico" y la corporalidad del sujeto*, Madrid: Universidad Nacional de Educatión a Distancia.
Sala, Giovanni B. 1990, Teleologie und moralischer Gottesbeweis in der „Kritik der Urteilskraft", in: Sala, Giovanni B., *Kant und die Frage nach Gott. Gottesbeweise und Gottesbeweiskritik in den Schriften Kants*, Berlin: De Gruyter, 426–50.
Schäfer, Lothar 1966, *Kants Metaphysik der Natur*, Berlin: De Gruyter.
Schmid, Stephan 2011, *Finalursachen in der Frühen Neuzeit*, Berlin/New York: De Gruyter.
Schmucker, Josef 1983, *Kants vorkritische Kritik der Gottesbeweise: ein Schlüssel zur Interpretation des theologischen Hauptstücks der transzendentalen Dialektik der* Kritik der reinen Vernunft, Weisbaden: Steiner.
Schönecker, Dieter/Wood, Allen 2002, *Kants* Grundlegung zur Metaphysik der Sitten. *Ein einführender Kommentar*, Paderborn: Schöningh.
Sedley, David 2010, Teleology, Aristotelian and Platonic, in: Lennox, James G./Bolton, Robert (eds.), *Being, Nature, and Life in Aristotle*, Cambridge: Cambridge University Press, 5–29.
Sloan, Phillip R. 2007, Kant and British Bioscience, in: Huneman, Philippe (ed.), *Understanding Purpose: Collected Essays on Kant and the Philosophy of Biology*, Rochester: University of Rochester Press, 149–71.
Sober, Elliott 2004, The Design Argument, in: Mann, William E. (ed.), *The Blackwell Guide to the Philosophy of Religion*, Oxford: Blackwell Publishing, 117–47.
Spaemann, Robert/Löw, Reinhard 1981/³1991, *Die Frage Wozu? Geschichte und Wiederentdeckung des teleologischen Denkens*, München: Piper.
Spaemann, Robert 2005, *Natürliche Ziele. Geschichte und Wiederentdeckung des teleologischen Denkens*, Stuttgart: Klett-Cotta.
Steigerwald, Joan (ed.) 2006a, Special Issue: Kantian Teleology and the Biological Sciences, *Studies in the History and Philosophy of Biological and Biomedical Sciences* 37 (4).
Steigerwald, Joan 2006b, Kant's Concept of Natural Purpose and the Reflecting Power of Judgment, *Studies in History and Philosophy of Biological and Biomedical Sciences* 37 (4), 712–34.

Šustar, Predrag 2005, *Il problema delle leggi biologiche: Una soluzione di tipo kantiano*, Padova: Cleup.
Swinburne, Richard 1979/²2004, *The Existence of God*, Oxford: Clarendon Press.
Tanaka, Mikiko, *Kants Kritik der Urteilskraft und das Opus postumum. Probleme der Deduktion und ihre Folgen*, Diss.
Taylor, Graham K./Triantafyllou, Michael S./Tropea, Cameron (eds.) 2010, *Animal Locomotion. The Physics of Flying and the Hydrodynamics of Swimming*, Berlin/Heidelberg: Springer.
Teufel, Thomas, *Purpose and Purposiveness in Kant's „Critique of the Power of Judgment"*, Diss.
Teufel, Thomas 2013, Kant's Non-Teleological Conception of Purposiveness, *Kant-Studien* 102 (2), 232–52.
Theis, Robert 1994, *Gott. Untersuchung zur Entwicklung des theologischen Diskurses in Kants Schriften zur theoretischen Philosophie bis hin zum Erscheinen der* Kritik der reinen Vernunft, Stuttgart Bad-Cannstatt: Fromann Holzboog.
Toepfer, Georg 2004, *Zweckbegriff und Organismus*, Würzburg: Königshausen & Neumann.
Tonelli, Giorgio 1957, Von den verschiedenen Bedeutungen des Wortes Zweckmäßigkeit in der Kritik der Urteilskraft, *Kant-Studien* 49, 154–66.
Tufts, James H. 1892, *The Sources and Development of Kant's Teleology*, Chicago: Chicago University Press.
Ungerer, Emil 1922, *Die Teleologie Kants und ihre Bedeutung für die Logik der Biologie*, Berlin: Gebrüder Borntraeger.
van de Vijver, Gertrudis/Speybroek, Linda/Vandervyvere, Windy 2003, Reflecting on Complexity of Biological Systems: Kant and Beyond, *Acta Biotheoretica* 51 (2), 101–40.
van de Vijver, Gertrudis/Speybroek, Linda/de Waele, Dani/Kolen Filip/de Preester, Helena 2004, Philosophy of Biology: Outline of a Transcendental Project, *Acta Biotheoretica* 53 (2), 57–75.
van de Vijver, Gertrudis/Kolen Filip 2007, Philosophy of Biology: Naturalistic or Transcendental?, *Acta Biotheoretica* 55 (1), 35–46.
van den Berg, Hein 2014, *Kant on Proper Science*, Dordrecht: Springer.
Vasconi, Paola 1999, *Sistema delle scienze naturali e unità della conoscenza nell'ultimo Kant*, Firenze: L. S. Olschki.
Vuillemin, Jules 1955, *Physique et Métaphysique kantiennes*, Paris: PUF.
Watkins, Eric (ed.) 2001, *Kant and the Sciences*, Oxford: Oxford University Press.
Watkins, Eric 2008, Die Antinomie der teleologischen Urteilskraft und Kants Ablehnung alternativer Teleologien (§§ 69–73), in: Höffe, Otfried (Hg.), *Immanuel Kant. Kritik der Urteilskraft*, Berlin: Akademie Verlag, 241–58.
Watkins, Eric 2009, The Antinomy of Teleological Judgment, in: Heidemann, Dietmar (Hg.), *Kant Yearbook* 1, Berlin/New York: De Gruyter, 197–221.
Watkins, Eric 2014, Nature in General as a System of Ends, in: Goy, Ina/Watkins, Eric (eds.), *Kant's Theory of Biology*, Berlin/New York: De Gruyter, 117–30.
Wood, Allen W. 1970, *Kant's Moral Religion*, Ithaca: Cornell University Press.
Wood, Allen W. 1978, *Kant's Rational Theology*, Ithaca: Cornell University Press.
Wood, Allen 1998, Humanity as an End in Itself, in: Guyer, Paul (ed.), *Kant's Groundwork of the Metaphysics of Morals*, Oxford: Rowman & Littlefield, 165–87.
Zahn, Manfred 1957, *Das Problem der Einheit und des Zwecks in der Philosophie Kants*, Diss.

Zammito, John H. 1992, The Genesis of the „Critique of Teleological Judgment", in: Zammito, John H., *The Genesis of Kant's* Critique of Judgement, Chicago/London: The University of Chicago Press, 149–260.

Zanetti, Véronique 1993, Die Antinomie der teleologischen Urteilskraft, *Kant-Studien* 83, 341–55.

Zanetti, Véronique 1994, *La Nature a-t-elle une fin? Le problème de la téléologie chez Kant*, Bruxelles: Ousia.

Zuckert, Rachel 2007, *Kant on Beauty and Biology. An Interpretation of the ‚Critique of Judgment'*, Cambridge: Cambridge University Press.

Zumbach, Clarke 1984, *The Transcendent Science. Kant's Conception of Biological Methodology*, Boston/Lancaster: Martinus Nijhoff Publishers.

# Personenregister

Abbas Ibn Firnas 211
Abu al-Hasan al Ash'ari 149
Abu Hamid Muhammad ibn Muhammad al-Ghazali 150
Aldrovandus, Ulysses 295
Allison, Henry 89, 102, 112
Ameriks, Karl 13, 138, 179
Anaximenes von Milet 107, 148
Andry, Nicolas 362
Archytas von Tarent 211
Aristoteles XVII, 76, 106–7, 148, 188, 294, 315–7, 352, 362
Aromatariis, Joseph de 366
Aulus Gellius 211

Bacon, Francis 76
Balme, David 316
Beaune, Jean-Claude 326
Beck, Lewis White 259
Bernasconi, Robert 11
Biewener, Andrew A. 208
Bleier, Ruth 316–7
Blumenbach, D. Johann Friedrich 11, 79, 86, 149, 152, 309, 315, 340–5, 353, 357, 359, 364–8
Blundell, Sue 316–7
Boerhaave, Herman 292, 295
Bommersheim, Paul 67
Bonamico, Franz 366
Bonnet, Charles 72, 289, 296, 298–301, 311–5, 340, 357–9, 364, 366–8, 376–7
Brandt, Reinhard 23
Breitenbach, Angela XVI, 23, 59, 89, 94, 112, 141, 189–90, 197, 219, 258, 260–1, 346
Bojanowski, Jochen 23
Buffon, Georges-Louis Leclerc de 11, 308–10, 314–5, 326–32, 345, 357, 361–4, 368
Burnet, Thomas 361

Chapuis, Alfred 212
Cheung, Tobias 72, 77, 154, 228, 287, 358

Clauberg, Johannes 150
Clerselier, Claude 150
Cordemoy, Gérauld de 150
Cunico, Gerardo 138, 162, 170, 282

Daubenton, Louis Jean-Marie 326, 345
Depew, David 346, 361, 369, 372, 374
Descartes, Rene 78, 150
Diderot, Denis 145
Droz, Edmond 212
Duchesneau, François 326, 334, 346
Duhamel, Henri Louis du Monceau 72
Dupont, Jean-Claude 335, 357, 365

Elsthain, Jean Bethke 316–7
Empedokles von Akragas 148
Epikur 105–6, 108–9, 137

Fabricius von Aquapendente 290, 362
Fakhr al-Din al-Razi 150
Fisher, Mark 4, 138, 149, 321, 369
Forge, Louis de La 150
Förster, Eckart XVI, 80, 89–90, 112, 121–2, 132, 137–8, 192
Forster, Georg 11–2, 145, 363, 372–3
Frank, Manfred XVI, 23, 59, 67, 75, 89, 112
Friedman, Michael 198
Friedrich II. 321
Frigo, Gian Franco 77, 367

Garde, François Théodore de la 24, 366
Gayon, Jean 326
Geiger, Ido 59
Genova, Arthur 346
Geoffroy, Étienne François 322–3
Geulinx, Arnold 150
Ginsborg, Hannah XVI, 38, 59, 78, 89, 112, 114, 116–7, 138, 189, 195–7, 216–7
Giordanetti, Piero 61
Girtanner, Christoph D. 10–1
Goedaert, Johannes 295
Goethe, Johann Wolfgang 146–7, 345
Goy, Ina XIX, 59, 77, 90, 93–4, 119, 138, 158, 172, 252, 262, 357, 365

Graaf, Regnier de   303, 362
Grene, Marjorie   346, 361, 369, 372, 374
Guyer, Paul   XVI, 96, 138, 158, 192, 241–3, 248, 283

Haller, Albrecht von   289, 295–8, 301, 310–1, 333, 340, 357–8, 366, 368
Ham, Johan   289, 302
Hanov, Michael Christoph   5
Hartsoeker, Nicolaas   301, 305, 311, 357, 359, 362, 366, 368
Harvey, William (Harveo, Guilielmo)   289–90, 295, 303, 310, 315, 318–21, 357–8, 362, 366, 368
Hegel, Georg Friedrich Wilhelm   XVII, 188
Heraklit von Ephesos   107–8, 148
Herder, Johann Gottfried   XV, 3, 13–4, 22, 345, 349, 358–9, 363–4, 377
Herschel, Friedrich Wilhelm   360
Hevelius, Johannes   360
Himma, Kenneth Einar   261
Hippokrates   362
Höffe, Otfried   138, 158–9, 241
Hume, David   101, 143, 146, 163, 165, 257, 267
Huneman, Philippe   XVII, 75, 90, 138, 146, 287, 306, 326, 345, 357, 365, 369, 374

Ingensiep, Hans   346

Jahn, Ilse   287
Jenisch, Daniel   359
Johannes de Fontana   211

Klemme, Heiner   24, 141
Kosman, Aryeh   316
Kreines, James   59, 79, 89, 113–4

Lacépède, Bernard Germain   326
Lamarck, Jean-Baptiste   5
Leeuwenhoek, Antoni von   5, 289, 301–5, 312, 357, 359, 362, 366, 368
Lehmann, Gerhard   23–4
Lehmann, Johann Heinrich Immanuel   366
Leibniz, Gottfried Wilhelm   XVII, 150, 188, 301, 305–8, 312, 349, 356–8, 360–1, 364, 368, 377

Lenhoff, Howard M.   312–3
Lenhoff, Sylvia G.   312–3
Lennox, John   318
Lenoir, Timothy   XVII, 77, 340, 344–5, 357, 367
Leonardo da Vinci   212
Lesky, Erna   316
Libavius, Andreas   295
Lieberkühn, Johann Nathanael   366
Linne, Carl   11
Look, Brandon   77, 367
Löw, Reinhard   112, 316
Ludwig XV.   326
Lukrez   145
Lulofs, Johannes   361

Mackie, John   261
Malebranche, Nicolas   150, 352
Malmesbury, Eilmer   211
Malmesbury, Wilhelm von   211
Malpighi, Marcellus   289–93, 306, 357–8, 362, 364, 366, 368, 376
Manfredi, Eustachio   359
Maupertuis, Pierre-Louis Moreau de   11, 315, 321–6, 329, 357, 360, 362–4, 368
McFarland, John   XVI, 3, 59, 89, 138, 191, 194–5, 197, 257–8, 262
McLaughlin, Peter   XVI, 3, 40, 80, 89, 112, 132, 137–8, 144–6, 190, 195–7, 206, 256, 287, 308, 369
McNeill, Alexander R.   208
Mensch, Jennifer   287, 346
Monti, Maria Teresa   296
Morsink, Johannes   315, 317
Müller-Sievers, Helmut   77
Muybridge, Eadweard   208

Nachtomy, Ohad   287
Needham, John Turberville   315, 330–3, 341, 357–8, 362, 364, 366, 368
Needham, Joseph   315–6
Newton, Isaac   5, 194, 200–1, 288, 315, 321, 323, 326–7, 329, 332, 344, 359
Nuzzo, Angelica   89

Ostaric, Lara   15, 138
Ovid   344

Paley, William   165, 261–2
Peck, Arthur Leslie   316
Perrault, Charles   300
Phélypeaux, Jean-Frédéric (Graf de Maurepas)   326
Platon   66, 108, 164, 362

Quarfood, Marcel   XVI, 59, 84, 89–90, 94, 102–3, 105, 112, 137, 196, 346

Ratzsch, Del   261
Réaumur, René Antoine Ferchault   360, 366, 376–7
Reill, Hans Peter   138, 287, 345
Richards, Robert J.   XVII, 77, 340, 344–5, 357, 367
Riskin, Jessica   212
Robinet, Jean-Baptiste-René   145, 345
Roe, Shirley   296–8, 321, 325–6, 330–1, 333, 335
Roose, Theodor Gustav   5
Roth, Siegfried   346
Rousseau, Jean-Jacques   160

Sala, Giovanni B.   260
Schmid, Thomas   232
Schmucker, Josef   258
Schönecker, Dieter   236, 240–1, 243
Sedley, David   232
Simplikios   106
Sloan, Phillip   XVII, 13, 138, 146, 330, 346, 363, 374
Smith, Justin E. H.   287
Smith, Samuel Stanhope   11
Sober, Elliott   261
Spaemann, Robert   316
Spallanzani, Abbé Lazzaro   289, 298–9, 311, 314, 357–8, 366, 368
Spinoza, Baruch de   105–10, 143, 146–7, 164, 167, 174, 176
Steigerwald, Joan   XVII, 36, 146, 346
Swammerdam, Jan   289, 292–5, 306, 310, 357–8, 366, 368, 376
Swinburne, Richard   261

Taylor, Graham K.   208
Teufel, Thomas   38, 74
Thales von Milet   107, 148
Theis, Robert   258
Thevenot, Melchisedeck   293
Thomas von Aquin   164
Toepfer, Georg   188, 232
Trembley, Abraham   295, 299, 308, 312–4, 366
Treviranus, Gottfried Reinhold   5
Triantafyllou, Michael S.   208
Tropea, Cameron   208

Vallisnieri, Antonio   362
van den Berg, Hein   59, 77, 138, 190, 196, 218, 367
Varenius, Bernhard   361
Vaucanson, Jacques de   212
von Gleichen, Carl Heinrich   366
Vorländer, Karl   13

Watkins, Eric   59, 85, 89, 94, 96–7, 102–3, 108, 112
Whiston, William   361
White, Charles   11
Wittgenstein, Ludwig   189, 217
Wolff, Caspar Friedrich   77, 315, 333–41, 357, 364–6, 368
Wolff, Christian   196
Wood, Allen   236, 240–1, 243, 259–60, 262, 283
Woodward, Jean   361

Xenophanes von Kolophon   107–8

Zammito, John H.   XVII, 4, 13, 79, 110, 113, 138, 151, 168–9, 192, 287, 325, 345–6, 357, 360, 362–3, 366–7, 369, 374
Zanetti, Véronique   XVI, 23, 59, 67, 75, 89, 112
Zuckert, Rachel   XVI, 13, 15, 23, 53, 59, 89, 138, 191, 196, 218–9, 227
Zumbach, Clarke   XVI, 38, 79–80, 113, 137, 345

# Sachregister

Abenteuer der Vernunft 146–7
Absicht/absichtlich 21, 43, 45–6, 49, 65, 67, 88, 104–11, 114, 117–21, 124, 136–7, 148–9, 154, 156, 159, 161–2, 164, 167, 173, 184, 189, 202, 204–6, 215, 220–1, 242, 248–9, 257, 259–60, 266, 272, 275, 278, *siehe auch* Intentionalität/intentional
Abstammung 308
Ästhetik/ästhetisch 4, 22, 24–5, 34, 37, 45, 47–53, 57–8, 60–3, 65, 67, 82, 87
Aggregat 17, 76, 147, 151, 155, 196, 218, 226, 239, 265, 340
Allgüte/allgütig 163, 169, 171, 268, 274–5, 280
Allmacht/allmächtig 163, 169, 171, 184, 268, 274–5, 280, 288, 310
Allwissen/allwissend 163, 169, 171, 184, 268, 270, 274–5, 280
analog 24, 33, 79, 81–2, 87, 104, 132–3, 189, 222, 237, 259, 265–6, 280, 282, 291–2, 316, 324, 328–9, 336
Analogie 31–3, 35, 37, 39, 60, 65, 73–4, 79–81, 84–5, 87, 89, 104, 114, 116, 120, 141, 165, 177–8, 189–90, 195–6, 261–3, 265–6, 291, 325, 327, 329, 377–8
Analytik/analytisch XV, 3, 23, 58–61, 73, 76, 80–4, 86–7, 89–90, 93, 101, 130–1, 138–40, 194, 259, 261, 263–7
Anatomie/anatomisch 5, 143–4, 290, 293, 304, 358, 364
Animalkule 289, 301, 331, *siehe auch* Sperma(tierchen)
Animalkulismus/animalkulistisch XVIII, 287, 289, 295, 301, 303, 305, 307, 309, 311, 314, 316–7, 323, 330, 341, 346–8, 351–2, 357, 359–60, 362, 368–9, 379, 384, *siehe auch* Ovismus/ovistisch, *siehe auch* Präformation/präformistisch
Anlage XVIII, 4, 9–10, 12–3, 19–20, 143, 146, 150–1, 159, 230, 287, 335, 345, 347, 349–51, 353, 355, 369–76, 379–80, 382–4, *siehe auch* Keim

anschauendes Denken 121, 123, 126, 129, 147, 255–6, 270, 275, *siehe auch* Verstand, intuitiver
Anschauung 29–30, 34–5, 47, 49–51, 65–6, 89, 123–6, 128–31, 180, 190, 205, 225, 254–6, 275
Antinomie 29, 75, 89–91, 93–4, 96–103, 105, 108, 111–3, 120–1, 125–6, 132–4, 137–9, 156, 163, 190, 216, 252, 266, 270, 306
Anziehungskraft 15, 200, 202, 315, 322–5, 327, 335, 340, 364, *siehe auch* Zurückstoßungskraft
Archäologie der Natur 143–6, 375
Architekt/architektonisch 61, 82, 88, 101–2, 133, 135, 146, 165, 194, 256, 311
Art XVI-VII, 4, 7–10, 13–4, 16–7, 20, 26–7, 38, 43, 45–51, 56–7, 59–61, 68, 72, 75, 89–92, 96–7, 101, 104, 106, 109, 113, 126, 130–4, 138, 148, 150–1, 153–4, 157–8, 162–3, 178–80, 187, 189, 193–5, 198–9, 203–4, 211, 216–7, 221–3, 227–30, 236–7, 242, 250–5, 257, 261, 263, 267, 269, 271–2, 278, 299–300, 306, 308–9, 312, 314, 324, 327–9, 335–8, 342, 349–50, 355–6, 375, *siehe auch* Gattung
Auftrieb(skraft) 205, 209–10, 213–4, 220
Auswickelung 11, 144, 150–2, 326–9, 347, 349–50, 356, 363, 370, 372, 381, 384
Automat 78, 211–2

Bastard 9–10, 151–2, 308, 314, 342, 350, 366
Baum 22, 60, 71–3, 78, 145, 228–31, 262, 322, 328, 352, 376
Begriff XVIII, 9–12, 14, 16–7, 19–20, 23, 25–9, 31, 33, 35–8, 40–6, 49, 51–2, 54–6, 58–61, 65–7, 70–4, 79–81, 86, 88, 94, 103–4, 107, 110, 113–7, 119, 121, 124–32, 135–6, 141, 149, 153–4, 157, 163, 166, 168–9, 175–7, 180, 182, 189–90, 193–203, 205–6, 208, 215, 217, 219–20, 223–6, 230, 232–4, 237,

245–6, 254–6, 258, 262–3, 265–9, 273, 275–7, 281, 287, 300, 308, 316, 319, 329, 335, 344, 346–9, 364–5, 369, 372, 374, 376, 379–80
- Freiheits~ 25–7, 29–34, 47, 50, 54–5, 57–8, 198, 271, 273
- Gottes~ XVIII, 8–9, 91, 101, 110, 113, 119, 133, 163–4, 166–9, 171, 173, 176–7, 179, 181–4, 222, 248, 259, 264, 266, 268, 279, 280–2, 284, 287, 369–71, 379, 384
- Natur~ 16, 18, 25–30, 32–4, 36, 47, 50, 54–5, 57–8, 63–4, 158, 183, 198, 220, 225, 271–2, 274
- Vernunft~ 17, 25–6, 34–5, 37, 51, 53, 71, 74, 115, 121, 129, 131, 194–5, 205–6, 223–5, 245–6, 252–6
- Verstandes~ 16–7, 25–6, 33–5, 38, 40, 43, 48–9, 51, 53, 65, 80, 121, 123–6, 128–31, 195, 205–6, 223, 225, 252–5, 348–9
- Zweck~ 19, 35–8, 40, 44, 46, 51–2, 54, 57, 60, 71, 110, 130, 136, 153, 155–6, 169, 188, 206, 216, 220, 226, 231, 233, 236–7, 239–40, 243, 245, 247, 265, 383

Beweisgrund XV, 3–4, 6–9, 119, 163, 169, 173–4, 178, 181–4, 203–4, 208, 221–2, 249, 258–60, 267, 360–3

Bewusstsein 4, 258, 277, 354
- göttliches ~ XVI–VIII, 4, 57, 83–5, 91, 94, 99, 112, 117, 122, 125, 138–9, 141, 179, 187–92, 207, 243, 248, 250–2, 255–8, 261, 263–4, 267–71, 273–6, 278–80, 282, 287, 354, 371, 379
- menschliches ~ 16, 30, 49, 52, 91, 94, 117, 121, 125–30, 134, 138–9, 187, 190, 217, 223, 243, 251–2, 254, 256–7, 264, 269–72, 274–5, 278, 280

Bildungskraft 10, 79–81, 152, 288, *siehe auch* Kraft, bildende

Bildungstrieb 10, 86, 152, 309, 340–5, 359, 364–8

Biologie/biologisch XV, XIX, 1, 5, 39, 76, 80, 89, 101, 113, 185, 188, 190, 216, 218, 240, 252–3, 284–5, 287, 306, 308, 315–6, 319, 321, 326, 347, 359–60, 365

Brücke 22, 24–5, 34, 54, 56, 59, 138, 195, 198, 272, *siehe auch* Übergang

Brüten 290–2, 300, 333

Design 116, 165, 189, 216, 262
- göttliches ~ 158, 164
- intelligentes ~ 117, 217, 242
- ~-Argument 252–3, 260, 283, *siehe auch* Physikotheologie/physikotheologisch

Designer 112, 135, 262
- göttlicher ~ 81, 191, 268, *siehe auch* Gott/göttlich
- intelligenter ~ 116–7, 242, *siehe auch* Gott/göttlich

Dialektik 12, 15, 23, 92, 259
- ~ der teleologischen Urteilskraft XV, 3, 23, 80, 89–93, 95, 138–40, 147, 168, 190, 252–3, 265–8, 270, 275

Druck(kraft) 193, 205, 209–11, 213, 291, 380

Dynamik/dynamisch 14–5, 145, 199–201, 205, 210, 214

Edukt 150, 230, 352, *siehe auch* Produkt

Ei 289–94, 296–7, 301, 303–4, 310, 312, 336, 370, 374, 377, *siehe auch* ovum

Eidotter 297–8

Einbildungskraft 22, 25, 47, 49–51, 53, 60, 63, 67, 157

eingeschlechtlich XVIII, 287, 348, 357, *siehe auch* zweigeschlechtlich

Einheit XVI–VIII, 4, 7–11, 13, 15–7, 19, 25, 28, 31, 34–47, 53–4, 57–8, 61, 67, 72, 83–4, 87, 90–1, 94–5, 97, 99, 101, 110–8, 121–2, 125–6, 128–36, 138–9, 142–4, 147, 156, 163, 167–8, 171–2, 179, 187–95, 197, 202–4, 206–7, 215–6, 218–22, 224–7, 234, 237, 241–2, 244–6, 250–61, 263–5, 267–71, 273–80, 282–4, 287, 309, 354, 363–4, 371–3, 380–3
- ~ der Kräfte und Gesetze der Natur 251–269
- ~ der Kräfte und Gesetze der Natur und der Moral 269–278
- ~ des theoretischen Bewusstseins Gottes 251–269
- ~ des theoretisch praktischen Bewusstseins Gottes 269–278
- ~ Gottes 278–84

## Sachregister — 411

Einschachtelung  230, 300, 311, 350, 352–3, 355, *siehe auch* Involutionstheorie
Einwickelung  144
Eltern/elterlich  XIX, 9–10, 152, 288, 308, 312, 314, 317, 319, 323, 325, 327, 351, 354–5, 369, 374, 379–80
Embryo/Embryologie/embryologisch  290–1, 296–9, 315–8, 327, 333, 335–6, 352, 365, 374
Ente, verdauende  212
Epigenesis  XVIII–IX, 148, 151–2, 230, 287–8, 296, 308, 315–6, 318–9, 321, 326–7, 330, 333, 341, 344–50, 352–7, 360, 363, 367–8, 378, 384–5, *siehe auch* Präformation/präformistisch
– mechanische Form der ~  321–33
– vitalistische Form der ~  333–34
epigenetisch  XVIII, 149–50, 152, 229–30, 287–8, 290, 296, 316–9, 326, 333, 340–3, 345–51, 353–7, 359–60, 363, 365–6, 368–9, 378–85
Erfahrung  13, 17, 19, 22, 28–9, 35–7, 39–43, 52, 63–4, 66, 73, 78, 82, 87, 89, 94–5, 97, 100–1, 111, 113–5, 117–8, 121–4, 127–9, 131–2, 135, 145, 148, 152–3, 155, 157, 164, 166–7, 179–80, 183, 195–6, 205, 219, 224–6, 253–4, 256, 258, 267–8, 283, 291, 300, 314, 341, 344, 349, 352
– ~sgegenstand  14, 17, 22–3, 29, 41–2, 48, 87, 115–6, 118, 125, 127–8, 131, 136, 141, 164, 177, 193–4, 197, 201–2, 206, 254–5, 280, 284, 349, 380
– ~swelt  XV, 3, 16–9, 22–3, 29–30, 35, 44, 79, 114–5, 127–8, 168, 193, 254–5, 284
– Ganzes der ~  23, 43–4, 67, 95, 100, 224, 284
Erkenntnis  14, 17–8, 22, 24, 27, 29–30, 33–4, 43, 45–6, 48–9, 52, 58, 78, 81, 105, 111, 122–3, 125, 127, 130, 136–7, 144, 149, 172, 177, 179, 181, 208, 217, 255, 260, 273, 249, 359
– ~prinzip  4, 32, 50, 354
– ~vermögen  23–4, 29–34, 44–6, 50, 52, 54, 57, 59, 67, 97, 122–3, 130, 170, 180

Erklärung  XVII, 6, 19, 21, 37, 64, 72, 75, 80, 85, 88, 91, 93, 101–4, 107, 114, 118–9, 125–6, 132–5, 143–4, 150, 156, 166–7, 181, 196, 216, 222, 237, 240, 254–5, 257, 265, 268, 284, 288–9, 301, 307–10, 318, 321, 325–6, 330, 350, 353, 356, 363, 366, 370, 375
– epigenetische ~  333, 350–1, 354–6
– kausale ~  16, 97, 120, 124, 136, 188
– mechanische ~  6, 10, 20, 116, 126, 131–5, 140, 142–4, 148–9, 152, 156, 196–7, 208, 216–7, 219–20, 265, 367, 379–80
– präformistische ~  325, 351, 353, 355
– teleologische ~  4, 12, 19, 65, 81, 89–90, 93, 103–4, 120, 125, 131–7, 140, 143–4, 146, 148–9, 156, 164, 166–7, 188, 199, 246, 365, 383
– theologische ~  88, 140, 264, 308, 370
Ernährung  150, 238, 290, 301, 306, 327–8, 337, 341–2, 352, 377, 381, *siehe auch* Nutrition
Erzeugung  4, 6, 9, 12, 36–7, 39, 52, 71–3, 78, 95–8, 104, 111, 117–8, 125, 131–2, 135, 145, 147–53, 156, 192–3, 197, 200, 202, 215, 217, 222, 226, 228–9, 231, 253, 261–3, 265, 290–1, 295, 298–9, 301, 306, 312, 314–9, 321, 323–5, 327, 329–31, 335, 340–2, 344, 346–7, 350–1, 353–4, 356, 359, 361–4, 366, 368–9, 376, 379, 385
– Selbst~  67, 74, 76–7, 151, 228–9, 266
Ethikotheologie/ethikotheologisch  139, 163–6, 168–9, 171–5, 179, 184, 208, 258, 260, 270, 276, 279, 281–2, *siehe auch* Moraltheologie/moraltheologisch
ethikotheologischer Gottesbeweis  139, 163, 165–6, 168–9, 171–2, 174–5, 179, 208, 270, 276, 279, 281–2, *siehe auch* Gott/göttlich
Evolution  148, 150–1, 230, 288, 300, 340, 350
Ewigkeit/ewig  105, 108, 169, 171, 179, 264, 274–5, 280, 311, 358

Fatalität  107, *siehe auch* Zufall/zufällig
Fisch  194, 208–10, 212, 303, 326

Flügel 64, 120, 208, 211–4, 216, 219–20, 225, 234
Flug 194, 199, 208, 211, 213–4, 220, 233
Fötus 296–8, 336
forces pénétrantes 327, 329–30, *siehe auch* Kraft, durchdringende
Form, innere 85, 327–9, 362, 364, *siehe auch* moules interieurs
Freiheit V, 5, 19, 21, 24–34, 38–9, 47, 50, 54–9, 79–80, 84, 86, 110, 127, 137–8, 159, 161–2, 168, 170–1, 173–5, 180–2, 190–1, 195–6, 198, 234–6, 239–42, 244, 246–9, 259, 261, 263, 271, 273, 276–8, 345, 383
Frosch 298–9, 305, 311, 314
Funktion/funktional 29, 56, 64, 71, 73, 76, 103, 118, 132–3, 153, 164–5, 172, 178, 188, 195, 198, 216–8, 223, 228, 231–4, 245, 258, 267, 277, 280–2, 301, 312, 317, 326, 334, 342–3, 375, 384–5

Ganzes 7, 18, 21–2, 31, 42–3, 57, 60–1, 71–7, 80, 82–5, 87–8, 98–100, 104, 111, 117–8, 122–6, 130–1, 154, 156–7, 159, 169, 171, 196–7, 217–8, 222–6, 228, 237, 242, 245–6, 263–4, 271–2, 291, 300, 325, 328, 333, 336–8, 340, 343, 363–5, 382–3, *siehe auch* Teil
Gattung 9–10, 13, 16, 42–3, 45–6, 72, 78, 145, 151, 195, 207, 228–30, 262, 311, 324, 346, 350, 353, 355–6, 369, 372, 374–5, 382, 384, *siehe auch* Art
Gebärmutter 145, 290, 375, *siehe auch* Uterus
*generatio* 145, 147–8, 151–2, 288, 290–2, 294, 306, 310–1, 318–9, 321, 324, 331, 333–4, 336–7, 339–41, 345, 355, 362, 365, 374
– – *aequivoca* /~ *spontanea* 145, 147–8, 152, 288, 331, 341, *siehe auch* Urzeugung
– – ~ *univoca heteronyma* 145, 147–8
– – ~ *univoca homonyma* 145, 147–8
Gerechtigkeit/gerecht 156, 160, 169, 171–2, 274–5, 280
Gesetz XV–VI, XVIII, 3–4, 6, 8–9, 13, 19–20, 22, 25–7, 29–37, 41–7, 53–9, 61, 67, 88, 90–9, 101, 103, 105–6, 109–10, 112–3, 117–8, 127–30, 132–8, 157, 168, 177, 184, 187–8, 193–9, 201–7, 209, 221, 224, 226, 235–40, 243, 246, 249–56, 260–1, 263, 265, 269, 271–5, 277–9, 282, 287–8, 321, 339, 341, 344, 348, 352, 354–5, 361, 363, 378, 380–1, 384–5
– Natur~ V, XVI–VIII, 8, 24–7, 30, 32, 36, 42, 45–7, 53–8, 67, 88, 90–1, 94–5, 98, 113, 116–9, 121–2, 124–5, 131, 133–5, 138–9, 163, 168, 182, 184, 187–8, 190–5, 197–8, 200–4, 206–7, 215, 218, 221–2, 224, 227–9, 235, 242, 244, 246, 250–7, 260–1, 263, 266–73, 278–80, 282, 287–8, 363, 371–2, 378–9, 384
– Kausal~ 64, 71, 74, 95–6, 100, 197–8, 215, 236
– mechanisches ~ XV–VIII, 3–6, 15, 23, 25, 44, 59, 61, 64, 67, 78, 89, 93, 95–6, 98, 112, 116–7, 124–5, 131, 133–8, 152, 163, 167, 187, 190–5, 197–208, 211–2, 215–22, 227–31, 247, 250–7, 261, 263, 266–8, 270–3, 278, 282, 287, 371, 378–81, 384–5
– moralisches ~ XV, XVII, 3, 18, 23, 26, 139, 162, 171, 173–7, 183–4, 187, 190, 192, 235–6, 240–2, 251, 269, 271, 274, 276–80, 282
– moralteleologisches ~ XVI–VII, 4, 163, 187–8, 191–2, 207, 234–7, 240–5, 247, 251, 260, 269–73, 278
– physisch teleologisches ~ XV–VIII, 3–4, 22, 25, 34, 36, 46, 59–61, 75, 90–1, 93–5, 103, 112–3, 115–6, 125, 133–8, 163, 168, 187–8, 190–2, 194, 203, 206–7, 214–6, 218–23, 226–31, 234, 236, 244–7, 250–7, 261, 266–73, 278, 282, 287–8, 371, 379, 381, 384–5
– praktisches ~ V, 24–32, 54–8, 88, 124, 171, 180, 182, 184, 195, 198, 235, 249, 271, 275
Gewichtskraft 209
Gleichheiten 322–3
Glück(seligkeit) 16, 18–9, 28, 81, 137, 156–8, 170–1, 173–5, 179, 237, 239, 241, 243, 250, 271–2, 274, 276–7, 283, 341, 359

Glückswürdigkeit 137, 158, 173, 276–7
Gott/göttlich XVI–VIII, 4–5, 7–9, 11, 14, 17–9, 37–8, 57, 79, 81, 83–5, 88, 90–1, 94, 97, 99, 101, 103–4, 108, 110–5, 117–22, 125–7, 130–3, 136, 138–42, 145, 147–52, 158, 162–84, 187–92, 194–5, 204, 207–8, 215, 217–8, 221–2, 227–9, 235, 239, 242–3, 248–53, 255–71, 273–84, 287–8, 295, 308, 310, 315, 317, 319–20, 326, 347, 349–54, 356, 359, 363, 369–71, 379, 383–5, *siehe auch* Urwesen
Gottesbeweis 5–8, 117, 119, 139, 162–6, 168–9, 171–6, 178–84, 208, 252, 257–61, 264, 267, 270, 276, 279–83, 295, 310, *siehe auch* Ethikotheologie/ethikotheologisch, *siehe auch* Physikotheologie/physikotheologisch
Gravitation 213, 321, 327, 329
Gut, höchstes 4, 18–9, 127, 158, 162, 168–71, 173–6, 178, 180–1, 184, 235–7, 240–2, 244, 246–7, 259, 271, 273–4, 276–7, 283, 371, *siehe auch* Endzweck

Harmonie 8, 22, 47, 50, 63, 67, 150, 171, 175, 177, 241, 282, 349, 360
Hautfarbe 10–1, 325, 373–4, 380, 382
Hierarchie/hierarchisch 20, 75, 108, 112–3, 133–4, 137, 143, 156, 206, 228, 235, 238, 240, 242, 244, 252, 269, 272–3, 282
Hoffnung V, 47, 145, 178, 181–2, 200, 377
Homunculus 289, 301, 305, 317
Hub(kraft) 64, 78, 199, 213, 220, 380
Hühnchen 290, 296, 301, 333, 358
Hydra 312
Hylozoismus/hylozoistisch 80, 86, 105–8, 110–1, 325

Idee XV, XVII, 3–4, 13, 15–8, 20, 26, 34, 37–8, 40, 44, 56–8, 64, 67–8, 71, 73–4, 77, 80, 83, 85–7, 90–1, 94, 98–101, 103–4, 111–2, 114–7, 121–9, 131, 133, 135–6, 138–41, 143, 145, 149, 157–8, 160–6, 168, 174–81, 184, 187–92, 195, 207–8, 215, 217–9, 222–7, 230–1, 234, 236–7, 242–3, 247–8, 250–3, 255–7, 259–60, 262–6, 268–70, 272, 274, 276–84, 287, 322, 328–9, 347, 349, 355, 358–60, 363, 365–7, 369, 371, 377, 384, *siehe auch* Vernunftbegriff
Impuls 210–1, 301, 344
Intentionalität/intentional XVII–VIII, 79–81, 88, 96, 104, 106, 109, 114, 120, 139, 163, 165, 171, 187, 189, 206, 217–8, 220, 227, 239, 243, 248–51, 257, 262, 265–8, 276–7, 288, 371, 378, 384–5, *siehe auch* Absicht/absichtlich
Involutionstheorie 148, 150–1, 230, 350, 352–3, 355, *siehe auch* Einschachtelung

Jumarren 314

Kasualität 105, *siehe auch* Zufall/zufällig
Kausalität/kausal 16, 20, 22, 29–30, 35, 37–8, 40, 44, 54–7, 60, 64, 66, 68–9, 71, 73–6, 79–80, 94–8, 100–2, 104, 109–11, 114–21, 124, 126–7, 132, 136–7, 143, 158–9, 161–3, 165–7, 180–2, 188, 191–2, 195–8, 201–2, 205, 215, 223–4, 226–7, 233, 235–6, 239, 241–2, 247, 253, 255, 260, 262–3, 266, 270, 274–8, 280–1, 344–5, *siehe auch* Ursächlichkeit
Keim XVIII, 4, 9–13, 19, 108, 150–2, 287–92, 300–1, 305–12, 315–7, 323, 326, 336, 343, 345, 347, 349–51, 353, 369–76, 379, 382–4, *siehe auch* Anlage
Kluft 24, 26, 28, 30–1, 54, 56, 271–2, 274
Knospe 290–1, 294, 328
König(reich) 282
Konflikt XVII, 90, 114, 116–7, 136, 138, 187, 250–1, 269–71
konstitutiv 4, 44, 58, 65, 90, 93–4, 96–7, 99–105, 109, 111–2, 125, 127, 132–4, 136, 142, 176, 179, 195–6, 206, 222, 371, *siehe auch* regulativ
Kontingenz/kontingent 90, 114, 117, 179, 374, *siehe auch* Zufall/zufällig
Kosmologie/kosmologisch 6, 14, 17, 117, 119, 182, 194, 258–9, 266, 308

Kraft   XV–VIII, 3–4, 7, 13, 19–20, 22, 77, 79, 82, 108, 131, 138, 151–2, 155–6, 168, 183, 187–8, 190, 192, 198–201, 203, 206–7, 209–10, 212, 220–1, 226–8, 230, 239, 249, 252–4, 256–7, 261, 265, 269, 271–3, 275, 277–81, 287–8, 312, 315–6, 318–9, 321–2, 325, 329, 332–5, 340–5, 348–9, 351–2, 356, 364–5, 371, 378–9, 384–5
- Anziehungs~, *siehe* Anziehungskraft
- Auftriebs~, *siehe* Auftrieb(skraft)
- Hub~, *siehe* Hub(kraft)
- Schub~, *siehe* Schub(kraft)
- Urteils~, *siehe* Urteilskraft
- Zurückstoßungs~, *siehe* Zurückstoßungskraft
- bewegende ~   15, 77–8, 192, 197–8, 200, 202, 205, 215, 220, 321–2, 325, 332
- bildende ~   XV, XVIII, 3, 22, 38–9, 60, 73–4, 77–81, 86, 101, 113, 191, 193, 215, 218, 221–2, 227–31, 247–8, 261, 264, 288, 312, 315, 321, 325, 333–4, 355–6, 365, 378–9, 381–5
- durchdringende ~   327, 329, 364
- mechanische ~   XV–XVIII, 3–4, 9, 23, 60, 75, 78, 152, 187, 191–5, 197, 199–200, 202–3, 205–9, 211, 214–6, 219–22, 227, 229–31, 247, 251–7, 260–1, 264, 266–8, 270–3, 278, 282, 287, 344, 363–4, 371, 378–81, 384–5
- moral(teleolog)ische ~   XV–VII, 3–4, 23, 187–8, 192, 207, 234–7, 240, 242, 244–5, 247, 260, 269–70, 272–3, 278–9
- physisch teleologische ~   XVI–VIII, 4, 75, 168, 187–8, 192, 206, 214–7, 219, 221–3, 226–7, 234, 236, 247, 250–7, 260–1, 266–73, 278, 282, 287, 371, 381
- vegetative ~   330, 332
- wesentliche ~   333–6, 339–40, 364–5, *siehe auch vis essentialis*
- zeugende ~   XVIII, 9–11, 19, 146, 288, 319, 372–3, 378–83
Kraut   6, 376

Kritik   13, 22, 31–3, 47, 49, 52, 80, 82, 92, 101, 104, 106, 109–10, 140, 152, 164, 167–8, 179, 258, 267–9, 306, 347, 349
- ~ der praktischen Vernunft/zweite ~   V, XV, 3–4, 15, 18, 21–3, 33, 137–8, 170, 198, 212, 259, 270–2
- ~ der reinen Vernunft/erste ~   V, XV, 3–4, 12, 14–7, 23–4, 26, 29, 33, 40, 43–4, 55, 78, 94, 98, 122, 127, 129, 131, 134, 136–7, 159, 177, 182, 193–5, 198, 201, 204–6, 224, 258–9, 270–1, 349, 359
- ~ der teleologischen Urteilskraft   XV, 3, 23–4, 41, 59, 65, 82, 89, 138–9, 190–1
- ~ der Urteilskraft/dritte ~   V, 7, 15–8, 22–4, 31, 50, 53, 84, 89, 117, 127, 137, 142, 154, 159, 162–3, 182, 193, 195–6, 198, 205, 208, 224, 258, 260, 270, 272, 284, 359, 371, 384
kritisch   XV, XVIII, 3, 6, 12, 20, 22, 34, 38, 59, 78, 82, 91–2, 101, 103, 112–5, 117, 120, 139–40, 142, 144, 154, 160, 162–3, 165, 168, 188–90, 192, 208, 217, 257, 259, 267, 279–80, 282–4, 287, 306, 309, 347, 349, 359, 365, 369, 371, 379, 384
Küken   318
Künstler/künstlich   13, 38, 65, 69, 71–2, 80, 104, 112, 117, 119, 159, 166, 191, 198, 204, 212, 222, 226, 261–3, 265, 267, 269, 299
Kultur   84, 156–61
Kunst   4, 20, 25, 27–8, 35, 37–9, 47–8, 52, 57–9, 63, 65–6, 68–9, 71–3, 75–6, 79–81, 104–5, 114, 116–7, 119, 134, 141, 164, 166, 211, 226, 244, 261–3, 265–6, 268, 293, 320

Leben/lebendig   3, 5, 7, 9–10, 12–3, 63, 69–70, 73, 78–80, 105, 107–8, 110, 141, 152, 159, 175, 178, 198, 210–2, 233, 240, 243, 249, 276, 288–9, 292–3, 295, 297, 299, 302, 304, 306, 315, 320–1, 326, 330–1, 333–5, 340–1, 354, 364, 372–3, 375, 378–9, 382, 384
Lebenskraft   5, 13

Mannigfaltigkeit/mannigfaltig  6, 13, 15–7, 22, 25, 36–47, 63, 67, 90, 94–5, 98–101, 114–7, 119–20, 124–8, 138, 145–7, 156, 195, 202–5, 215, 219–20, 224, 226, 245, 252, 254, 282, 373, 380, 383
Maschine  XVI, 77–8, 187, 192–3, 198, 211–2, 215, 306, 331–2
Materie  5–6, 13–5, 19–20, 45–7, 72–3, 77, 80, 84, 86, 94–8, 105–11, 131, 133, 135–7, 143, 147–8, 150, 152, 164, 180, 193–5, 197–202, 205–7, 212, 215–7, 220, 227–31, 247, 253–5, 260, 262–4, 288–90, 303–4, 307–12, 315, 317–9, 321–2, 325, 327–33, 336, 338–40, 345, 348, 350, 352, 361, 363–4, 367, 375, 378, 380–1, 384–5
Maulesel  314–5
Maultier  314
Maxime  34, 43–4, 59, 73–4, 82, 90–7, 99–105, 111–2, 117–8, 120–1, 124, 127, 132–4, 136–7, 142, 184, 196, 235, 237, 243, 293
Mechanismus/mechanisch  XV–VIII, 3–6, 8–10, 14–5, 18, 20, 22–3, 25, 28, 38, 44, 59–61, 63–5, 67, 71, 73–9, 82, 89–91, 93–102, 104–5, 109, 111–3, 116–8, 124–8, 131–40, 142–9, 152–6, 158–9, 161–3, 167–8, 187–212, 214–22, 225, 227–32, 242, 244, 246–7, 250–7, 260–1, 263–74, 276, 278, 282, 287–8, 315, 321, 324–5, 330, 332, 335, 340–1, 344–8, 353–4, 357, 363–5, 367–8, 371, 376, 378–81, 384–5
Mensch/menschlich  V, XV–VII, 3–4, 6, 8–14, 16–25, 27–30, 32, 35–52, 55–7, 60, 62–7, 69–74, 76, 78–83, 85–8, 90–1, 94, 97–102, 104, 108, 110–5, 117–39, 141, 143–7, 149, 153–62, 165, 167–81, 183, 187–92, 198, 200, 204–5, 207, 212, 214–9, 222–7, 233–66, 268–80, 282–4, 287, 290, 292, 297, 302–5, 309–10, 312, 318, 325, 341, 345–7, 349, 351–7, 366, 369, 372–3, 375–6, 382–3
Menschenrasse  XV, 3, 9–11, 19, 373, *siehe auch* Rasse

Menstruation  317
Metaphysik  4, 13–4, 19–20, 39–41, 79, 107, 117, 145, 149, 182, 194, 196–8, 201, 267, 306, 308, 347, 349, 351–5, 358–60, 364, 368, 370–1, 377–8, 380
Methodenlehre  XV, 3, 23, 86, 88, 138–40, 143, 188, 191–2, 267, 270, 375
Mikroskop  78, 301–2, 332, 377
Möglichkeit  7–8, 15, 20–1, 26, 31, 36–7, 40–1, 43, 49, 54, 56, 62, 66, 68, 77–8, 80–1, 91, 97–9, 101, 109, 113–4, 116, 120, 122–4, 127, 132, 136–7, 140, 142, 145–6, 153–4, 156, 161, 172–5, 177, 179, 181, 200–1, 203, 222–3, 226, 230, 238, 251, 253, 256–7, 259, 262, 264–7, 271–2, 274, 277–8, 349, 351, 376, 383
Monstrosität  342
Moral/moralisch  V, XV–VII, 3, 7, 9, 15–6, 18–21, 23–8, 34–5, 37–9, 54, 56–8, 61, 80–1, 84, 86, 127, 137–9, 141, 158–63, 165, 168–78, 181–4, 187–8, 190–2, 223, 234–50, 258–60, 268–84, 347, 375–6, 383
Moralgesetz  139, 162, 235, 251, 269, 282, *siehe auch* Gesetz, praktisches
Moralteleologie/moralteleologisch  XVI–VII, 4, 19–20, 38, 86, 138–9, 141, 153, 163, 187–92, 207, 223, 234–7, 240–51, 258–60, 269–73, 276, 278, 281, 383
Moraltheologie/moraltheologisch  86, 164–5, 191, 258, 260, 281, *siehe auch* Ethikotheologie/ethikotheologisch
moules interieurs  327–8, *siehe auch* Form, innere
Mutter/mütterlich  10, 144–6, 150, 156, 290, 292, 297–300, 313–4, 317, 323–4, 351–2, 357, 374–5, 384

Nachkommen  XIX, 9–12, 77, 288, 314–5, 319, 323, 327, 351, 369, 373, 379–80, 383
Natur  V, XV–VIII, 3–15, 17–21, 23–6, 28–34, 36–48, 50–65, 67–72, 74–6, 78–122, 124–9, 131–5, 137–78, 181–4, 187–92, 194–5, 197–8, 200–5, 207–8, 215–6, 218–31, 233–5, 237–9, 241–7, 249–75, 277–8, 280–4,

287–9, 291, 295, 300, 308, 310, 312, 315, 319, 328–9, 332–4, 340, 342–4, 349–54, 356, 358–9, 362–3, 365, 367, 370–4, 376, 378–85
– ~beschreibung 5, 10, 363
– ~gesetz V, XVI–VIII, 8, 24–7, 30, 32, 36, 42, 45–7, 53–8, 67, 88, 90–1, 94–5, 98, 113, 116–9, 121–2, 124–5, 131, 133–5, 138–9, 163, 168, 182, 184, 187–8, 190–5, 197–8, 200–4, 206–7, 215, 218, 221–2, 224, 227–9, 235, 242, 244, 246, 250–7, 260–1, 263, 266–73, 278–80, 282, 287–8, 363, 371–2, 378–9, 384, *siehe auch* Gesetz
– ~wissenschaft 14, 19–20, 86, 88–9, 139–42, 145, 168, 198, 208, 264, 289, 308, 363, 370–1
– ~zweck 17, 20, 25, 34, 36, 38, 52–4, 56–8, 60–1, 63, 70–4, 79–81, 85–7, 89, 97, 100, 105–6, 113–7, 120, 125, 127–9, 135, 138, 141, 143, 161, 167, 172, 183–4, 188, 195, 215–6, 218–20, 222–7, 231, 237, 245–8, 250, 253–4, 263–4, 266, 268, 273, 378, *siehe auch* Zweck
*nisus formativus* 340–1, 343, 364, *siehe auch* Bildungstrieb
Normativität/normativ 38, 116–7, 189, 216–7, *siehe auch* primitive normativity
Notwendigkeit/notwendig 7–8, 10–1, 13, 15, 17, 21, 25, 28, 31–2, 36, 39–40, 42–3, 45–6, 49, 63–4, 69, 71, 73, 81–2, 85, 96, 100, 107, 109–10, 114–21, 123–6, 128–9, 131, 133–5, 144, 147, 152–6, 159, 162, 164, 167, 170, 172–3, 175, 177, 181–2, 184, 193, 196–8, 201–4, 206, 208, 215, 219–21, 224–5, 227–8, 242, 253–4, 263, 268, 277, 282, 301, 325, 338, 343, 353, 363, 373, 380–1, *siehe auch* Zufall/zufällig
Nutrition 306, 318–9, 329, 340–2, 377, *siehe auch* Ernährung

Objekt 5, 15–7, 26, 32, 36, 41, 44, 48, 51–2, 54, 61, 85, 115, 122–3, 158, 179–80, 198, 200, 218, 223–4, 254, 262–3, 302
– ästhetisches ~ 4, 22, 47, 49–52, 60

– materielles ~ 15, 200
– natürliches ~ 4, 22, 52
– zweckmäßiges ~ 4
Okkasionalismus 148–51, 153
Ordnung XV–VII, 3, 6–8, 21–3, 25, 36, 43–4, 59, 67, 72, 89–91, 100–1, 104, 113, 118–9, 125, 128, 136, 138–9, 142, 146–7, 149, 153, 155, 161–2, 164–6, 171, 188–92, 194, 202–4, 217–8, 221–2, 227, 235, 244, 246, 249–52, 257–8, 262, 265, 267, 269–76, 278–80, 282, 284, 329, 349, 383
Organisation XV, 3–4, 10–1, 13–4, 19–20, 22, 77, 86, 143–6, 152, 227–8, 311, 325, 335, 337–40, 342, 345, 353, 367, 373, 375, 381–3
– Selbst~ 72–3, 77–9, 81, 113, 228, 308, 315
organisch 9, 11, 13, 20, 72, 80, 85, 87, 94, 133, 141, 148, 150, 194, 203–4, 218, 221, 230, 288–90, 307–8, 312, 317–22, 327–34, 336–42, 349, 354, 359, 362–3, 365, 372, 379
organisiertes Wesen XVI–VIII, 3–6, 15, 19, 22–3, 36–7, 40, 47, 52, 59–62, 67–8, 70–1, 73–9, 81–3, 85, 87, 89–90, 113–4, 116–7, 124–6, 138, 141, 143–4, 146, 148–9, 151, 153–4, 156, 166, 187–94, 196–8, 201–3, 207, 210–2, 214–22, 225–9, 231, 234–5, 239–40, 242, 245, 247–8, 250–1, 253–4, 257, 261–6, 269, 278, 288, 306, 345, 363, 372–3, 375–6, 378–85
Organismus 37, 87, 109, 190, 288–91, 301, 308, 314–5, 321, 324–7, 329, 333–4, 337, 339–40, 342, 354, 358, 365, 381, 385
*organon* 76, *siehe auch* Werkzeug
Ovismus/ovistisch XVIII, 287, 289–93, 296, 298, 301, 303–4, 309–11, 314, 316, 318, 333, 341, 346–8, 351–2, 357, 362, 368–9, 379, 384, *siehe auch* Animalkulismus/animalkulistisch, *siehe auch* Präformation/präformistisch
*ovum* 289–91, 320, *siehe auch* Ei

Pangenesis 289, 300, 316
Panspermismus 289, 300, 309, 341
Pflanze/pflanzlich V, 4–6, 13–4, 69, 72, 137, 141, 144–6, 154–5, 204, 222, 233, 238–9, 248, 290–2, 298, 300, 327–8, 331–2, 334–7, 339–40, 354, 358, 363–5, 375, 377, 379
Pfropfung 160, 230–1, 312
Physik/physikalisch 4–5, 19–20, 88–9, 145, 149, 180, 184, 196, 198–9, 218, 220, 314, 332, 335, 350, 359, 367
– rationale ~ 14–5, 194, 198–9, 201, 380
Physikotheologie/physikotheologisch 5–9, 91, 101, 105, 112–3, 119–20, 133, 135, 139, 142, 163–9, 171–3, 176, 178–9, 181–4, 191, 207–8, 252–3, 257–70, 275, 279, 281–3, 358
Polyp 296, 308, 312–4, 341–3
Präformation/präformistisch XVIII, 9, 148–53, 207, 229–30, 287–90, 293, 295–6, 299–301, 303, 305, 307–12, 314–8, 321, 323, 325–6, 331, 333, 340–3, 345–60, 362–3, 366, 368–79, 382–4, *siehe auch* Epigenesis, epigenetisch
Prästabilismus 148, 150, 230, 349, 356, 360, 368
primitive normativity 189, 217
Prinzip XVIII, 4, 10–2, 14, 16–7, 19, 24–8, 31–6, 38–44, 46–7, 49–50, 53–4, 58–9, 62, 64, 67, 80–4, 86–8, 90, 92–4, 96–100, 102–5, 107–8, 111–3, 118–9, 122, 127, 132–4, 136–8, 140, 142, 144, 146, 149, 152, 173, 177, 188, 193, 195–6, 224–5, 260, 306–7, 317, 325, 332, 335, 338, 347, 349, 353–4, 358, 360, 370, 372, 376, 382
– Erfahrungs~ 4
– Erkenntnis~ 4, 14, 32, 50, 354
– Erklärungs~ 10, 37, 88, 102–3
– Entstehungs~/Entwicklungs~ 4, 334
– Kausal~ 35, 40, 44, 68, 94, 98, 195–6, 253
– Sparsamkeits~ 88, 248
– Trägheits~ 200
– Vernunft~ 33, 98, 125, 142, 173, 178
– Verstandes~ 33, 93, 98

– Wechselwirkungs~ 200
Produkt 4, 35, 37–8, 52, 69, 71–3, 76, 79–80, 82–3, 86–7, 95, 109–11, 113, 116–8, 127, 131, 134, 136, 142–3, 147–9, 151, 159, 192–3, 215, 226, 229, 242, 244, 257, 261–3, 265, 284, 337–9, 349, 353, *siehe auch* Edukt

Rasse 9–12, 351, 354, 363, 372–3, 382–3, *siehe auch* Menschenrasse
Raupe 6, 293, 352, 370, 376–8
Reibung 193, 205, 210, 380
Reich XVI, 14, 21, 169, 171, 176, 182, 187, 234–7, 239–41, 244–5, 247, 274, 280, 282
Regeneration 72–3, 308, 312, 378
Regress, infiniter 146, 308–12
regulativ XVII, 4, 17, 37, 44, 57–9, 65, 73–4, 79–83, 90–1, 93–4, 96–7, 99–105, 111–4, 117–23, 126–8, 132–4, 136–43, 163, 168, 176, 179, 187–92, 195–6, 206–8, 215, 217–9, 222–3, 229, 234, 245, 247–8, 250–2, 255–7, 259, 263–6, 269–70, 278–80, 284, 287, 346, 369, 371, 384, *siehe auch* konstitutiv
Reproduktion 72, 295–6, 308, 312, 341–3, 359, 366

Samen 72, 78, 145, 150, 229–30, 288–9, 291–2, 298, 301–5, 307, 312, 316–7, 320, 323–5, 327–8, 331–2, 339–40, 374, 377
Schmetterling 293, 352, 370, 376–8
Schöne, das V, 22, 48, 50, 52, 57–8, 61–3, 87, 138, 169
Schönheit 8, 60–1, 65, 84, 86–7, 142, 165, 168, 172, 258, 262, 311
Schöpfer 9, 91, 112, 114, 117, 120–2, 142, 165, 168–9, 176, 182, 189–92, 204, 208, 217–8, 227, 248, 258, 261–2, 268, 276–7, 282–4, 310–1, 320, 326, 350, 363, 370–1, 376, 378, 384, *siehe auch* Gott/göttlich
Schöpfung XVI–VIII, 5, 8–9, 11, 14, 88, 91, 118, 148–52, 154–5, 161, 166, 168–73, 176, 187–90, 207–8, 218, 222, 229–

30, 238–41, 244, 247, 249–51, 261, 267, 269, 275, 278, 284, 287–8, 311–2, 350, 353, 355–6, 369–71, 379, 382, 384–5
Schub(kraft)   64, 199, 205, 213, 220
Schwimmen   194, 208–10
Seele   14, 17–8, 58, 80, 105, 107–8, 110, 115, 127, 141, 162, 168, 177–81, 194, 259, 317, 319–20, 354–6, 359, 377–8
Selbstorganisation   72–3, 77–9, 81, 113, 228, 308, 315, *siehe auch* Organisation
Sperma(tierchen)   289, 292, 301–4, 307, 309–10, 314–5, 330–1, 352, 362, *siehe auch* Animalkule
Stamm   9–12, 19–20, 145, 230–1, 290–1, 335, 337, 339, 350, 352–3, 355, 369, 372–3, 375, 382–4
Stufenleiter der Wesen   144, 358–9, 367
Synthese/synthetisch   58, 123, 126, 131, 256, 275, 346, 357
System/systematisch   XVI–VII, 3–6, 10, 15–7, 19–20, 22–4, 36, 39, 42–3, 50, 54, 59, 61, 65, 68, 83–8, 103, 105–6, 108–10, 114, 132–3, 138–41, 143, 147, 153–7, 159, 163, 167, 169, 171–2, 187–8, 193–5, 197, 222–3, 225–6, 230, 232, 235, 237, 239–40, 242, 245, 261, 264–5, 278, 282, 284, 287, 305, 308, 321, 325–6, 330, 333, 345, 347, 349, 351–3, 355–6, 359–60, 362–3, 369, 375, 383

Technik/technisch   24, 26–8, 38, 65, 80–1, 89, 104–6, 109, 113–4, 127, 133, 199, 265–6
Teil   XV–VII, 1, 3–4, 8–9, 11, 13–14, 23–9, 31–4, 40, 42, 51–2, 54, 59–61, 63–5, 70, 72–6, 78–80, 82–3, 86, 89, 92–3, 96, 98, 108–9, 119, 122, 126–7, 130–1, 138–40, 142, 144, 154, 160–1, 163, 168, 179, 185, 187, 190, 196–7, 199, 201, 204, 207, 209, 211, 216, 218–9, 222–4, 226, 231, 245, 249–51, 262, 281, 285, 287, 290–1, 293, 295–6, 298, 304, 306–8, 312, 316–22, 324–9, 332, 336–42, 354, 360–1, 363–5, 371–2, 380, 384, *siehe auch* Ganzes

Teleologie   XV, 3, 15, 21–2, 80, 87–8, 103–5, 109–12, 118, 120, 134, 139–44, 148, 162–4, 166–8, 173–4, 176–8, 182–4, 191, 237, 254, 260, 264–6, 272, 277–8, 281
– Moral~   20, 38, 141, 162, 190, 235, 241, 259
– Natur~   10, 20, 53, 86, 88–9, 119–20, 139, 142, 163, 190, 232, 264
teleologisch   XVII, 4, 12, 16–7, 20, 24–5, 38, 47–8, 50–3, 57, 60–1, 65, 83, 89, 110, 162, 164–7, 188, 191, 206, 225, 236, 238–9, 246, 281, 375
– moral~   XVI–VII, 4, 19, 86, 138–9, 159, 163, 187–9, 191–2, 207, 223, 234–7, 240–8, 250–1, 258, 260, 269–73, 276, 278, 281, 383
– physisch ~   XV–VIII, 3–4, 10, 12, 22, 25, 34, 36, 38, 45–7, 51–3, 57, 59–65, 71, 73, 75, 81–4, 87, 90–1, 93–4, 103–5, 108–9, 112–3, 115–6, 118–20, 125, 128, 131–40, 142–6, 148–9, 152–3, 156, 162–3, 166–8, 187–90, 192, 194, 203, 206–7, 214–23, 225–31, 233–4, 236–7, 242, 244–7, 250–8, 260–3, 266–73, 276–8, 281–2, 287–8, 371, 379, 381, 383–5
Theismus   105–6, 108, 110–2, 280, 284
Theologie   5, 14, 60, 88, 91, 101, 112, 114, 119–20, 139–43, 145, 164, 166–8, 173–4, 177–8, 184, 194, 254, 264, 266, 281, 312, 370, *siehe auch* Gott/göttlich
– Rational~   130, 132, 266
theologisch   11, 17, 88, 101–2, 140, 142, 148–9, 152, 183–4, 188–90, 264, 284, 308, 310, 312, 319, 350, 370–1
Tier/tierisch   V, 4–5, 9, 14, 69, 78, 108, 141, 144, 148, 155, 160, 176, 199, 204, 208, 210, 222, 238, 245, 248, 289–91, 293–6, 299, 302, 304–7, 310–3, 317–8, 323–4, 327, 335–6, 339, 358, 363, 375, 377, 379

Übergang   V, 5, 13, 17, 22, 24–5, 28, 31–4, 43, 54–5, 57–8, 138–9, 141–2, 162–3, 195, 271–3, 312, 339, *siehe auch* Brücke
Übersinnliches/übersinnlich   28–31, 55–8, 84, 86–7, 91, 99, 103, 107, 112–4,

116–7, 131, 133–4, 136, 142, 149, 161, 168, 177, 181–3, 189, 236, 248, 255–7, 263–4, 266, 268, 271, 273, 283, 371
Uhr 78, 262
Uhrmacher-Analogie 165, 261–2
Urmutter 144–6, 375, *siehe auch* Mutter/mütterlich
Ursache XVIII, 5–7, 12, 15, 19–22, 27–9, 37–8, 40–2, 55, 66, 68–9, 71–5, 78, 91, 95–7, 100–7, 109–11, 113–4, 117–21, 126, 131–2, 135, 142, 146, 148–55, 161, 164–7, 169, 171–5, 183–4, 188, 191, 194, 196–7, 199, 201–8, 212, 215–22, 224, 226–8, 235, 238, 242, 247–8, 256–7, 260–3, 266–8, 271–2, 274–7, 281, 284, 287, 290, 296, 318–20, 322, 336, 340–5, 349, 352, 355, 370–2, 376–7, 379, 382–5
Ursächlichkeit 38, 74, 81, 104, 120, 125, 192, 196–7, 218, 319, 343, 354
Urteil 24, 34, 36, 38, 44–5, 47–9, 51–2, 58, 60, 62–3, 65, 67, 69, 83, 87, 91, 108–9, 117, 121, 127, 131, 142, 217, 225, 263, 279
Urteilskraft XVI–VII, 17, 22–5, 31–5, 39–41, 45, 50, 53–4, 56–9, 63, 73, 81, 89, 91–6, 98–9, 105, 111, 115, 123–5, 127–8, 132, 140, 142, 147, 163, 187, 189–90, 192, 198, 214, 224–5, 234, 251, 253, 265, 269, 282, 359
– bestimmende ~ 25, 40, 42, 65, 90, 92–4, 98–9, 102–4, 108, 113–6, 128, 132, 136
– reflektierende ~ XVII, 23, 25, 34, 36–8, 43–4, 46–8, 52–4, 57–9, 74, 81, 90–7, 100–3, 105, 111–2, 114, 118–22, 134, 136–8, 141–3, 162, 173–4, 178, 183, 188, 195, 202, 215, 225
Uterus 290–2, *siehe auch* Gebärmutter
Urwesen 105, 107, 109–11, 117, 120–1, 164, 169, 171, 173–4, 177, 184, 230, 266, 275, *siehe auch* Gott/göttlich
Urzeugung 289, 341, *siehe auch generatio spontanea*

Vater/väterlich 10, 314–7, 323–4, 351–2, 357, 374, 384
vegetativ 319–20, 330, 332

Vereinbarkeit 19, 28, 56–7, 90, 111–2, 121–2, 126, 134, 136–7, 187–8, 190, 251–5, 257, 261, 269–70, 273–5, 278–9, 283–4
Vererbung XVIII–IX, 9–10, 12, 154, 287–8, 308, 314, 348, 351, 355, 357, 369, 374, 379, 384
Vernunft/vernünftig V, XV, 3, 8–9, 14, 16–8, 20–6, 29–38, 40, 44, 47, 50–1, 53–9, 61, 63, 67, 70–2, 74, 79–80, 85, 89, 93–5, 97–8, 100–1, 104, 108, 115, 117, 121–32, 137, 141–2, 146–7, 150, 152, 154–5, 160, 162, 164–7, 169–70, 172–5, 177–82, 184, 189–90, 194–5, 198, 205–6, 215, 219, 223–7, 230, 234–43, 245–250, 252–6, 258–9, 262–3, 267–8, 271–8, 280–1, 283–4, 310, 312, 347, 349, 352–4, 359
Verstand V, 5, 8, 16–7, 20, 22, 24–5, 29–38, 43–7, 49–51, 54–61, 63, 67, 71, 74, 80, 89–95, 97–9, 101–2, 105, 107–8, 110–3, 119–34, 136, 139, 141, 144, 146–7, 154–5, 157–8, 161–4, 166–7, 169–72, 175, 183–4, 190–4, 196–8, 202, 205–6, 217, 219, 223–6, 251–7, 260–1, 266–7, 269–70, 274–6, 309, 347, 349, 378, 380
– diskursiver ~ 91, 112, 121–2, 126, 129–30, 132, 254–6
– endlicher ~ 123, 132, 257
– intuitiver ~ 91, 97, 110, 112–3, 121–2, 125–6, 128–33, 136, 146–7, 190, 192, 253–7, 260, 266–7, 270, 275, *siehe auch* anschauendes Denken
*vis essentialis* 77, 334–5, 341, 364, *siehe auch* wesentliche Kraft
Vitalismus/vitalistisch XVIII, 39, 113, 287–8, 315, 321, 325, 330, 332–4, 340, 344–8, 357, 367–8, 378–9, 381, 384–5
Vogel 63–4, 69, 120, 194, 208, 211–4, 216, 219–20, 245, 326, 343, 376

Wachstum 6, 72, 229, 231, 289, 292, 296, 301, 326, 328, 334–5, 377, 379, 381
Weisheit/weise XVII–VIII, 7, 41, 139, 159, 163–4, 167, 171–2, 177, 183, 188–9,

251, 257, 269–70, 274–6, 283, 310–1, 320, 323
Welturheber 102, 163, 166, 174–8, 183, 277, *siehe auch* Gott/göttlich
Weltursache 21, 101, 118–21, 126, 131–2, 149–50, 165–7, 171–2, 183–4, 256–7, 260–1, 267, 272, 274, 277, 281, 349, *siehe auch* Gott/göttlich
Werkzeug 76, 148–9, 173, 275, 293, *siehe auch* organon
Wert 18, 38, 64, 68, 135, 160, 170, 173, 175, 240–1, 243–4, 276, 279, 283, 375
wesentliche Kraft 333–6, 339–40, 364–5, *siehe auch vis essentialis*
Wille 7, 18, 20, 26–7, 39, 47, 159, 167, 170, 184, 235, 239–40, 243–4, 248, 250, 271–2, 274, 277, 294, 310
Wunde 341, 343
Wurzel 291–2, 334, 339, 382

Zeugung 10, 20, 145, 230, 288, 309, 311, 317, 324, 340–2, 351, 353–5, 364–5, 382–3
– ~skraft 9–11, 19, 146, 372–3, 379, 381–2, *siehe auch* Kraft, zeugende
– ~splan 145–6
Ziel 31, 43, 65, 71, 73, 82, 122, 145, 157, 160–2, 165, 170, 174, 179, 205–6, 220, 227, 231–3, 242, 247–8, 250, 290, 295, 298, 320, 371, 378, 382, 384, *siehe auch* Zweck
Zufall/zufällig 7–9, 17, 36, 40, 42–3, 46, 49, 63–4, 67, 69, 71–2, 85, 90, 94, 97, 100, 105–6, 109, 114, 116–20, 123–30, 137–8, 146–7, 157, 161, 165, 173–4, 193–4, 202–4, 220–1, 224–5, 232, 234, 252–3, 262–3, 276, 324, 331, 342–3, 373, 375, 380–1, *siehe auch* Kontingenz/kontingent
Zurückstoßungskraft 15, 195, 200, 332, *siehe auch* Anziehungskraft
Zweck XV–VI, 3–4, 15–25, 31, 35, 37–8, 40–1, 44, 46, 51–4, 57–8, 60, 62–3, 65–72, 74, 76–7, 79–87, 100–1, 104–5, 109, 116, 119–20, 126, 128, 131–5, 137–9, 144, 147, 151, 153–76, 178, 183–4, 187, 189–91, 202, 205–7, 215–6, 218–23, 225–7, 231–47, 250, 253–5, 257, 259, 265–9, 271–4, 276–8, 280–3, 310, 371, 375, 378–9, 381–5
– End~ XVI, 14, 18, 54, 56–9, 69, 81, 85–6, 138–9, 141, 153–5, 158–9, 161–2, 164–73, 175–7, 181, 183–4, 187, 191, 207, 234–5, 237–41, 243–7, 267, 273–4, 276–8, 281
– Reich der ~e 169, 171, 237, 240, 244, 282
zweckmäßig XV, XVII–VIII, 3–4, 12, 15–6, 18–23, 25, 37–9, 41–4, 48–53, 60–3, 65, 67–9, 71, 78, 81, 85, 87–90, 101–2, 104, 111, 117, 119–20, 128, 134–5, 137, 139, 141–7, 152–6, 166–7, 169, 184, 188, 191, 193–4, 207, 216, 218–20, 227–32, 238–9, 243–4, 246, 249, 251, 254, 264, 266, 268, 278, 287–8, 329, 353, 363, 375, 379, 382–4
Zweckmäßigkeit 37, 45, 47, 54, 59–60
– ästhetische ~ 24, 38, 47–53, 57, 59–63, 87
– geometrische und mathematische ~ 39, 60–2, 65–8, 70, 89
– moralische ~ 38, 41, 45, 61, 80, 169, 173, 246, 260
– physisch (logisch) teleologische ~ 11, 18, 24–5, 38–41, 43, 45, 47–8, 50–3, 57, 59–70, 79, 81–2, 84–5, 87–9, 101, 103–11, 113–4, 117, 119–20, 134–5, 139, 141, 144, 147, 151–5, 161–2, 166–7, 169, 173, 176, 225, 231–4, 260, 262–6, 350
– transzendentales Prinzip der ~ 24–5, 34, 38–41, 43, 59, 138, 224
Zweig 230–2, 291–2
zweigeschlechtlich XVIII–IX, 288, 314, 348, 357, 369, 379, 384, *siehe auch* eingeschlechtlich

www.ingramcontent.com/pod-product-compliance
Lightning Source LLC
Chambersburg PA
CBHW051241300426
44114CB00011B/840